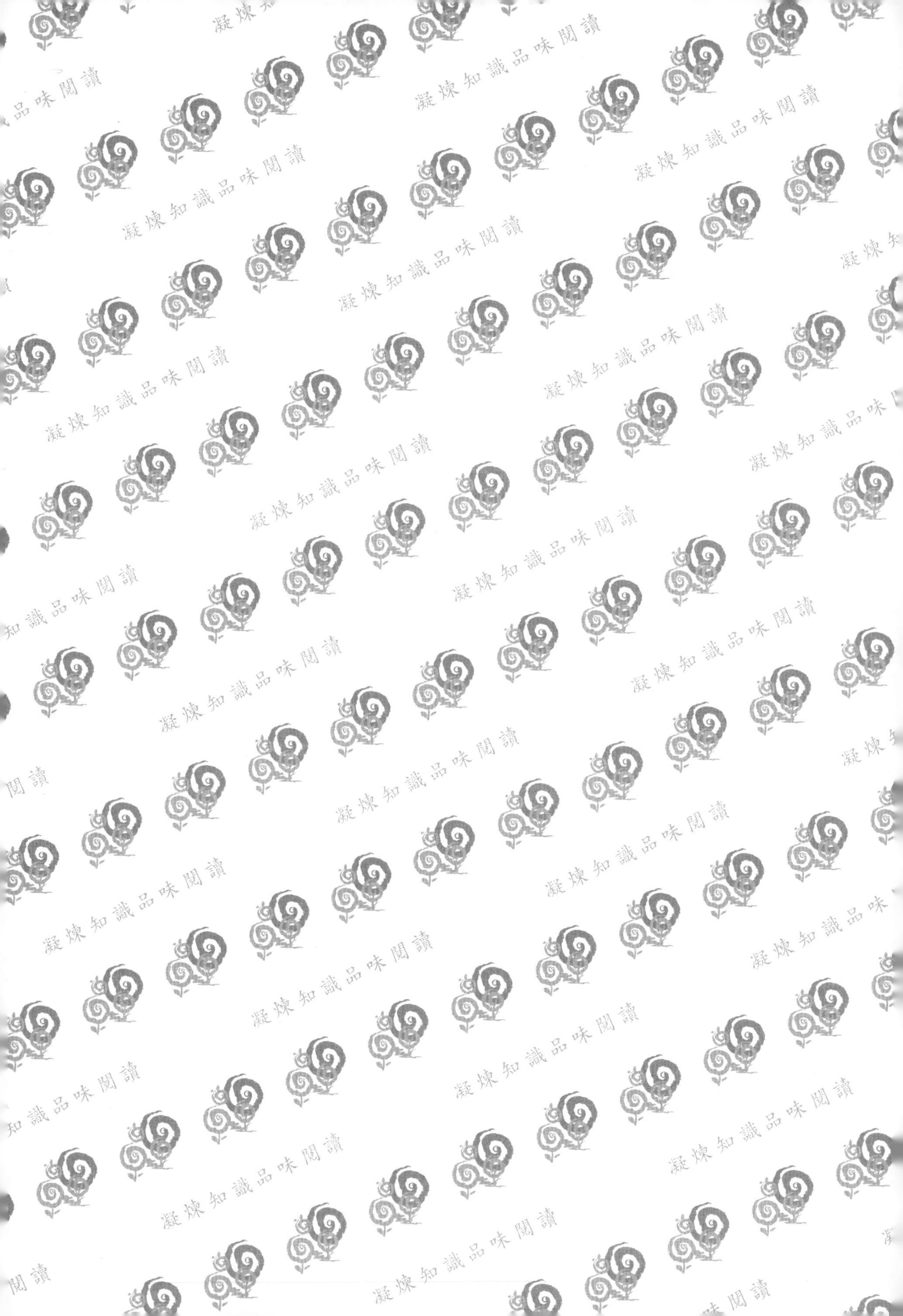

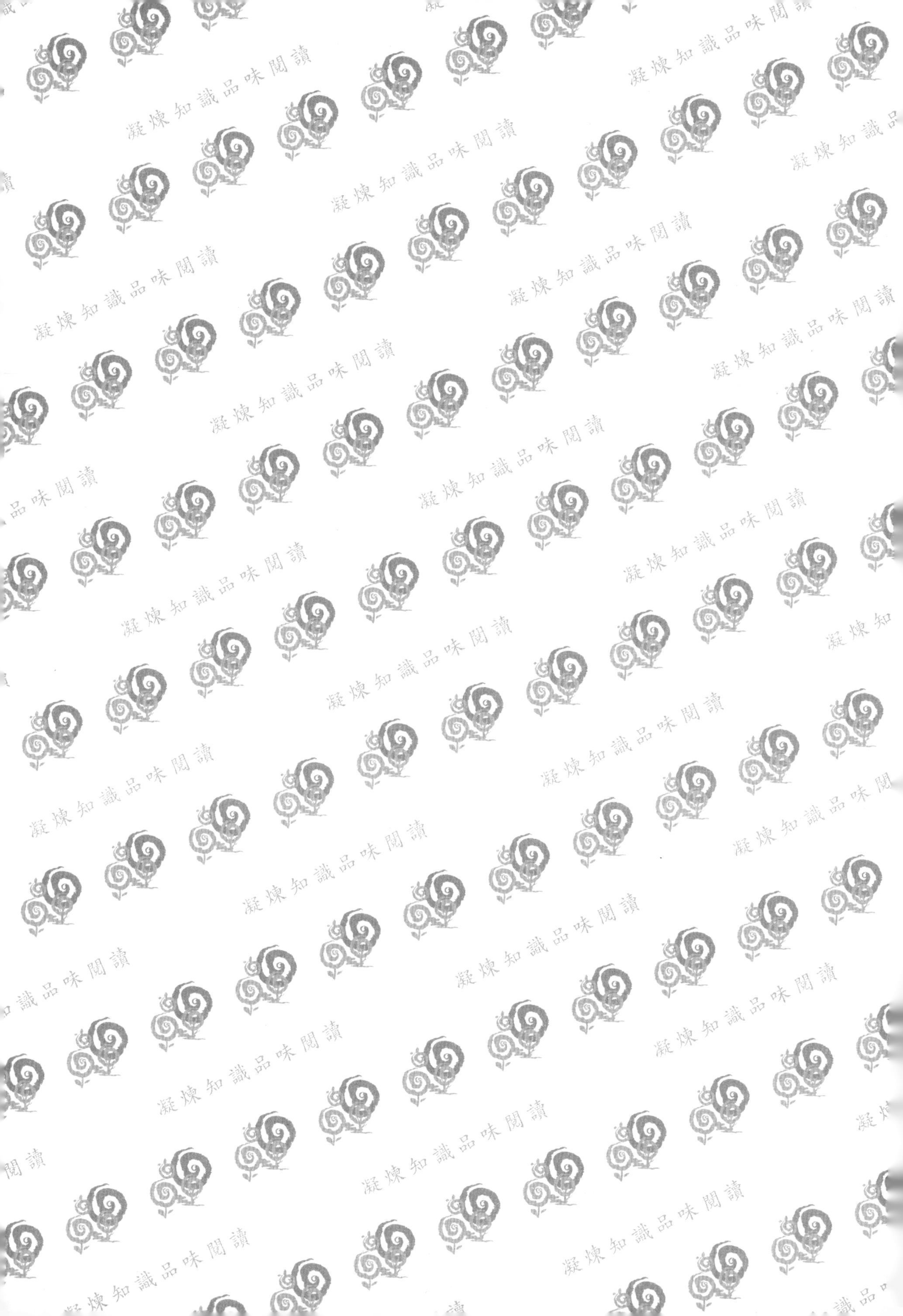
凝煉知識品味閱讀

植物營養學

第三版

Plant Nutrition

張則周 著

五南圖書出版公司 印行

作者簡介

張則周

***現職**

臺灣大學農業化學系兼任教授
板橋社區大學主任

***學歷**

臺灣大學農學博士
臺灣大學農業化學研究所植物營養組碩士
臺灣大學農業化學系土壤肥料組學士

***經歷**

臺灣大學農業化學系助教、講師、副教授、教授
四一〇教育改造聯盟首屆召集人
環保署公害糾紛裁決會委員
環保署及臺北縣環保局環評會委員
公義生態社會聯盟召集人

***榮譽**

榮獲中華土壤肥料學會1999年度「學會獎」

***曾授課程**

植物營養學、高等植物營養學、肥料學、土壤學、作物施肥法、植物對離子的攝取與轉運，退休後繼續開授通識課——生命與人

***研究重點**

植物／作物營養調節
曾於1980-1981年赴國際肥料發展中心（IFDC）研發緩效性氮肥
植物細胞膜對離子吸收之機制
退休後積極鑽研人文與科際整合，繼續參與環境保護、維護農地、國會監督；爲青少年爭取免試升入優質公立高中、取消高中文理分流、倡議大學一二年級不分系；爲提升公民素質，思考如何發展非正規教育體制的板橋社區大學的特色。並呼籲政府及早制定國土計畫法及合理的農業政策，以保障作物營養調節的效果、安全的糧食產量、優良的農產品品質，以及臺灣農業的永續發展。

***著作**

《植物營養學》
《打造公民社會必須從教育做起》
《臺灣，你要走向何方？人，才是臺灣的未來》
《你不可不知的臺灣農業》

獻給我敬愛的母親：

　　她是一位聰慧勤勉的傳統長者，一生在艱困的歲月裡吃苦耐勞，爲家庭、爲需要幫助的人，盡其所能，全心全意地奉獻。自小雖有強烈的求知慾，但因缺乏學習的機會與環境，她的資質與潛能一直遭到壓抑與淹沒，以至無法活出璀璨的一生！

　　爲了使國人不再有這樣的遺憾，我決心在有生之年，盡全力爲無法公平獲得知識的人，爭取求知的權利與機會，並審慎地提供淺顯易懂與生活息息相關的知識與訊息，藉此來告慰母親在天之靈。

知識是人類共同的文化資產。唯有知識普及，才能使大多數人都有理解、享用、批判與創新知識的能力與機會，知識也才眞正能從掌握權力與提升名位者的工具地位中解放出來！

卷頭語

人類的食物主要來自默默奉獻的植物。我們想要吃到有營養的食物，必須要有清潔的水、新鮮的空氣以及沒有污染的土壤。現代社會為了拼經濟，忽視了生態環境，不但殘害了植物，破壞了生態，同時也犧牲了人類的安全與健康。我們現在都走在這條路上，前面的路應該怎麼走，主要決定於政府與人民的智慧及行動。

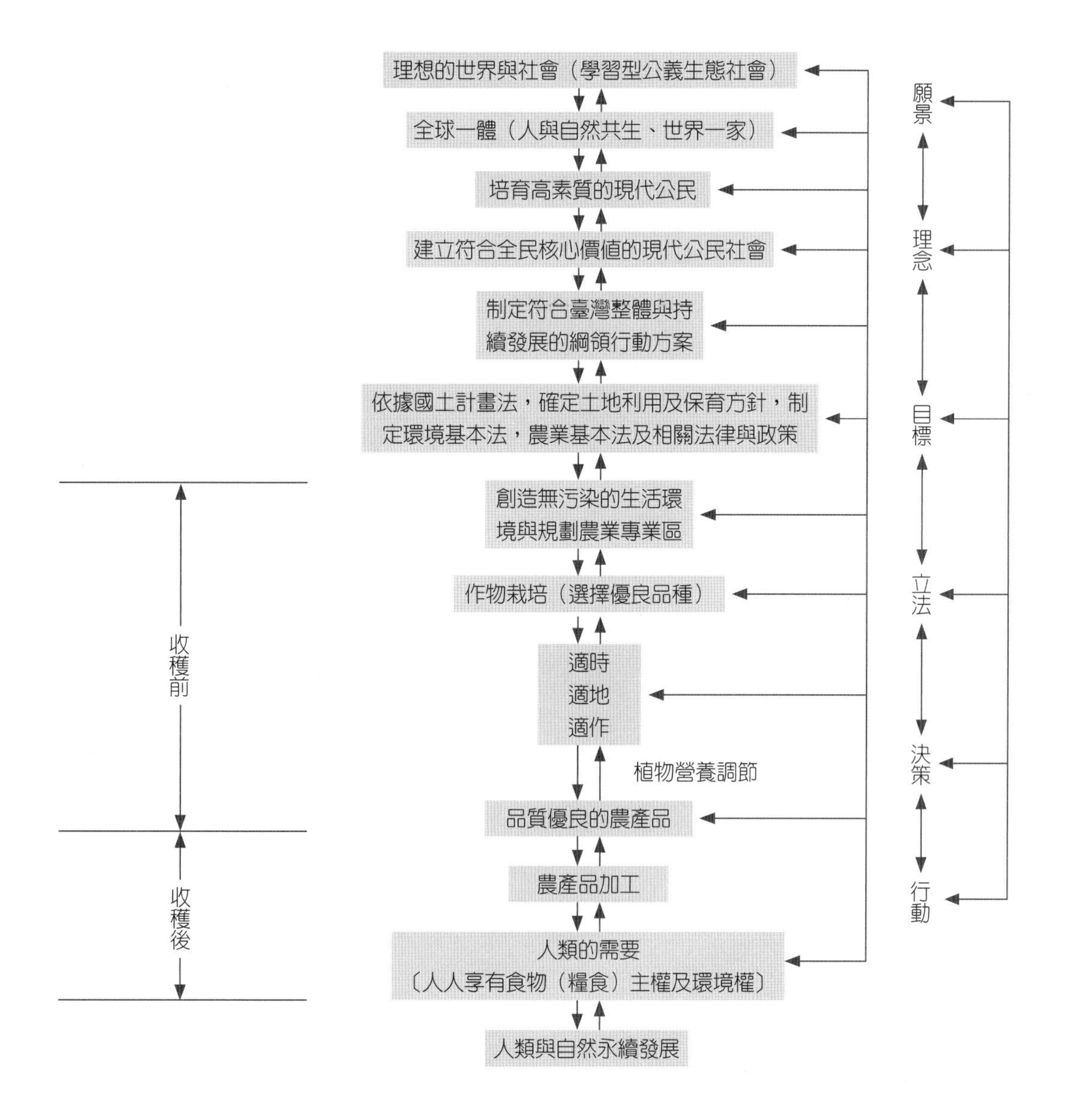

食物主權、環境倫理、國土規劃與農產品品質關係圖

我要大聲告訴你

（原名土壤歌）

C4/4Agitato 張則周　詞／譜

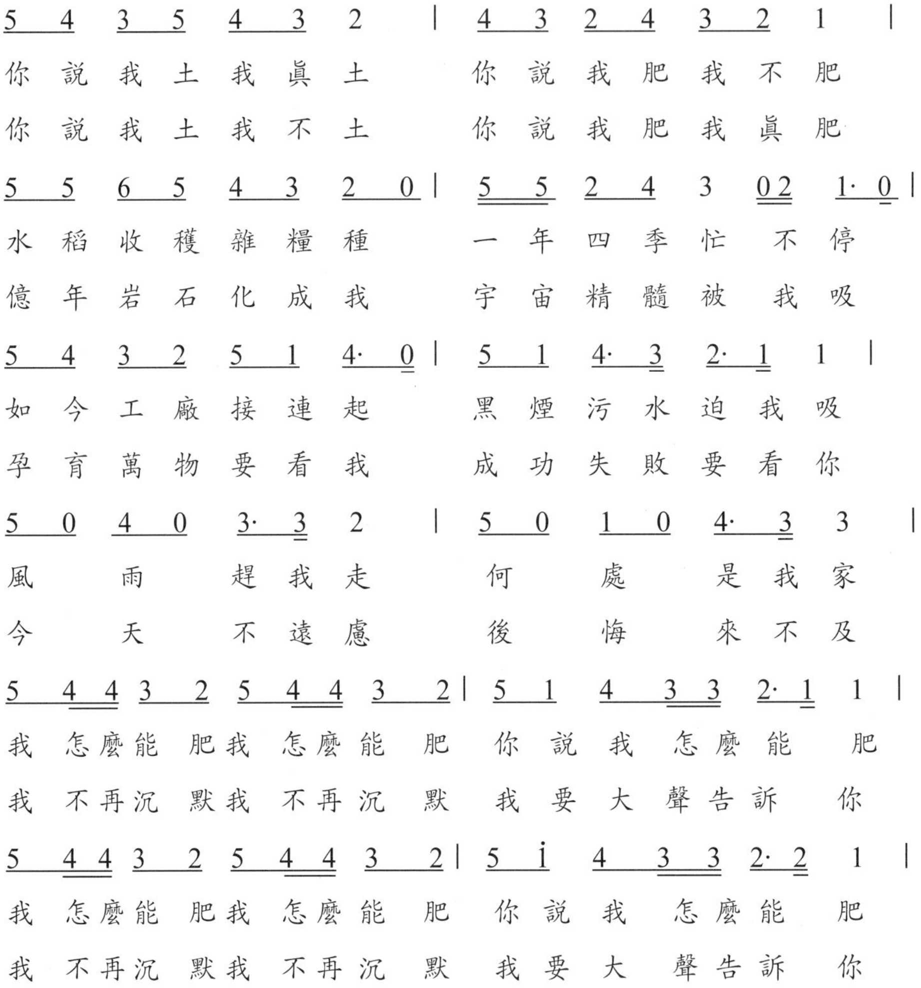

5 4 3 5 4 3 2 | 4 3 2 4 3 2 1 |
你 說 我 土 我 眞 土　你 說 我 肥 我 不 肥
你 說 我 土 我 不 土　你 說 我 肥 我 眞 肥

5 5 6 5 4 3 2 0 | 5 5 2 4 3 02 1· 0 |
水 稻 收 穫 雜 糧 種　一 年 四 季 忙 不 停
億 年 岩 石 化 成 我　宇 宙 精 髓 被 我 吸

5 4 3 2 5 1 4· 0 | 5 1 4· 3 2· 1 1 |
如 今 工 廠 接 連 起　黑 煙 污 水 迫 我 吸
孕 育 萬 物 要 看 我　成 功 失 敗 要 看 你

5 0 4 0 3· 3 2 | 5 0 1 0 4· 3 3 |
風 雨 趕 我 走　何 處 是 我 家
今 天 不 遠 慮　後 悔 來 不 及

5 4 4 3 2 5 4 4 3 2 | 5 1 4 3 3 2· 1 1 |
我 怎麼能 肥 我 怎麼能 肥　你 說 我 怎麼能 肥
我 不再沉 默 我 不再沉 默　我 要 大 聲告訴 你

5 4 4 3 2 5 4 4 3 2 | 5 i 4 3 3 2· 2 1 |
我 怎麼能 肥 我 怎麼能 肥　你 說 我 怎麼能 肥
我 不再沉 默 我 不再沉 默　我 要 大 聲告訴 你

再版序

隨著社會經濟、科學技術及生活水準的提高，人們對健康日益重視，尤其是對維持生命的食物格外關注，其中普遍被大家重視的有兩類：一類爲經由有機農業生產的有機食物（organic food），另一類爲近年來陸續被科學家發現植物體中含有不同的對人體健康有益之植化素（phytochemicals）。

依現代人的觀點，認爲有機食物與植化素對人體的營養與健康有明顯的效果，是近代科學上兩大創新與發現。實際上我們的先民在發明農業的初期，利用自然遷移、混作、間作、輪作、動植物廢棄物循環利用的原理，所生產之健康多樣的產物，就是我們目前希望積極推動的以有機農法或生態農法所生產的多種多樣的產物，其中就包含了數百種、數千種的植化素。但是目前植物的生產環境與先民的耕種環境是迥然不同的。現在因爲科技發展，人口增加，自然環境已遭到嚴重破壞。科學家們雖然利用高科技的方法提高了作物的產量並改良了品質，但作物是否已遭到環境的汙染？基改作物對人體與環境是否有害？一直受到質疑。這也是植物營養學的研究者必須面對的問題。作者希望利用此次再版的機會，把大眾關心的有機農業與植化素，從植物營養的角度做一些剖析與補充。首先把植化素加到第七章做爲植物次級產物的補充，並向消費大眾提供一些建議。有機農業部分則另闢一章，先說明它的起源與發展背景以及有機農法實施的條件，希望藉此能引發產官學民各界共同的討論與重視。

正如我們卷頭語及新製的關係圖顯示，不論是植物的健康或人體的健康，都應從人與自然共生，全人類相互關愛、和諧相處做起。植物營養學雖是一門專業的學問，但若要發揮它眞正的功能，必須要與自然、社會、政治、經濟、歷史、哲學結合，並在全民素養不斷提昇，建立起理想的現代公民社會，制定符合全民永續發展的制度、法律與政策，且能切實執行時，依照植物營養學的原理，調節植物生育、生長、產量及品質的功能，才能眞正達到預期的效果，否則大家都在做隱藏潛在危機的事，臺灣如此，世界亦復如此。筆者衷心期盼臺灣政府與人民能早日認眞思考我們子孫的未來，早日覺醒，並立即付諸行動！

本書再版之初承蒙王俐文主編之鼓勵與許子萱編輯大力協助始能儘速順利的出版，在此特致誠摯的謝忱。

在本書增訂過程，承蒙臺大農藝系郭華仁教授，提供他多年來有關有機農業、綠色農業永續農業精心研究的成果；謝兆樞教授贈其大作「蓬萊米的故事」；中興大學董時叡教授贈其大作「有機之談」，這些寶貴的資訊與深刻的思想對作者取材構思都有莫大的啓迪與幫助，在此特申衷心地感激。女兒張仁在百忙中及時寄來英國有機農業的最新訊息及專訪倫敦郊區另類自然農法的實錄，在此也一併表達謝意。筆者所知有限，倉促付梓，讀者若發現書中有任何不妥之處，請惠予批評指正，筆者將於再版時做適當修正，謝謝！

張則周

序

很高興這本書終於能與讀者以新的面貌見面，同時也覺得對社會大眾盡了一份責任！記得張仲民教授，在退休前曾鼓勵筆者在精力還充沛的時候，最好把所教所學的《植物營養學》寫成一本書。但是筆者總覺得有很多師長與先進更有資格寫這樣的書，況且坊間已經有好幾本與《植物營養學》有關的中文參考書了，我來寫並不一定會寫得更周延。這樣一晃十五年過去了，十年前，也就是退休前兩年，我突然興起了一種強烈的寫書念頭，爲了修習「植物營養學」的學生之需要及提供研習植物營養朋友們的參考，固然是原因之一，最主要的原因則是驚覺到全球糧食的危機，而海峽兩岸耕地卻日益減少及持續遭到污染。身爲一位多年來從事「植物營養學」研究及關心兩岸社會發展的農業工作者，有義務也有責任把這一事實披露出來，讓大眾提高警覺，積極督促政府早日制定國土計畫法及正確的農業政策，保障全民維生的「食」之問題能得到徹底解決。在將多年來授課的講義編寫成書後，感到實例仍然不足，幸賴學者專家們熱心提供寶貴的資訊、實驗成果，使本書在理論與實用上，得以不斷充實。九年前因緣投入了板橋社區大學的建校迄今，盼望能爲民眾提供一個更直接學習與思辨的場域，因此延宕了最後修訂此書的進度。所以當看到此書終於能以新的面貌即將付梓時，心中倍感興奮，希望它也能爲社區大學的朋友及一般民眾提供最基本植物營養學的知識，以及另一種從整體理解食用作物營養的觀點。

多年來大學理、工、農、醫，多數的新知是來自國外，教師們多採用英文參考書。在有些英文名詞譯法尚未統一前，學術上的術語也多採用英文在流通。同時學科不斷地在分化，學生所學的越來越專精，知識也日益窄化。又由於各領域中「顯學」的出現，以及必修課教師對學生的要求，寬嚴不一，有時學生在一個學期只爲應付一兩門課已是焦頭爛額，根本沒有餘力去閱讀其他課程的英文參考書。在這樣的狀況下，如果各科教師願意把上課所教內容整理成一本中文書籍，能使學生對課程容易了解、節省閱讀時間，進而產生興趣，則學生自動閱讀其他中英文參考書的意願才有增加的可能。如果這樣的書，一般社會大眾也能看得懂，並從中獲得與切身相關的資訊，知識才能更發揮它原有的功能。

近年來許多自然與社會科學的學者們譯介了許多科普的書籍，對提升民眾科學知識的水平確實有莫大的貢獻。不過相對地，把專業知識與國內環境和生活結合的書籍與報導則顯然不足。由於很多的學者常認爲撰寫學術著作，尤其是用英文寫的或是在國外雜誌發表的，遠比用中文寫的通俗讀物更容易受到學界的肯定。因此國內外每年生產幾十萬篇的文獻與專書，都是放在大學或各研究機構的書架上，只能供少數的研究者或學習者之參考。雖然也有人偶爾在媒體上介紹新知，卻只是零星的、片段的，並不能滿足大眾的需求。這樣本屬於人類資產的知識漸與大眾脱節，唯有少數懂得專業知識的人，才能踏入菁英階層、參與公共事務的討論與決策，殊爲可惜。有時參與決策者爲了「私利」，甚至與行政、立法、媒體結合，刻意藉專業知識之名，誤導一般民眾，使民眾陷入危險而不自知！

大家都了解，塑造一個理想社會，必須靠全體公民知性與人格的成熟與扮演「積極公民」的角色。知識份子能在國家預算拮据、失業率日增的臺灣社會裡，吹著冷氣，安定工作、專心研究、學習、成長，主要是靠勞心與勞力的生產者在默默支援。可是社會中，下層勞動者的成長與生活卻得不到知識份子及掌握權力與資源者的相對回饋！想想看，種植水稻的農民，辛苦一年，最多一甲地也不過淨得一萬元；學校及研究機構購買一臺精密的分析儀器動輒數百萬；參選國會代議士動輒數億；政府任意利用勞退基金、郵政儲金爲特定財團紓困，爲違規超貸的銀行沖銷呆帳，動輒數千億；強調清廉法治的國會議員，至今卻仍在阻止制定有效防止貪瀆洗錢的「陽光法案」。臺灣國民所得雖逐年增加，試問農民的耕作技術和生活水準是否已普遍改善？大眾的知識水準及民主素養是否已普遍提升？青少年何時才能快樂地接受優質基礎教育，而免遭升學煎熬？我們居住的環境，是否已實質改進了？國會中的代議士爲多數人福祉服務的比例是否逐年增加？民眾對公共事務可獲得多少完整和正確的資訊？民眾每天是否能吃到健康的食物？這些不都是知識份子及居高位者應深切關心與反省，並有責任告知民眾的嗎？

因此我盼望這本書不但能對學習「植物營養學」的學生或在各研究機構研習植物營養的朋友有所幫助，同時更希望大部分的民眾都能看得懂，最少能看懂前三章及最後一章以及附錄的幾篇文章，因爲這些內容都與我們的營養與健康有密切的關係，相信讀者會覺得當把學術的面紗揭開，專業知識也並不是那麼艱深，是任何人都可以接近的。而且大部分學者專家研究的知識也是任何人都有權知道的。因爲知識就是人類經驗的深化與累積，它與我們的生活是分不開的。所有的知識不過是發覺問題、認識問題與解決問題的過程。哪一個孩子不好奇？哪一個人不希望自己健康？哪一位公民不希望我們的社會逐漸變好？您如果平時願意花一些時間在認識植物上，在了解每日食用的稻穀蔬果上，或是願意翻一翻這本小書，可能會發現一些平時一直在忽略的問題；對一些本來認爲是想當然耳的問題，也會產生不同的看法；甚至會發覺不論是解決植物的營養或是人的營養問題，最後都會與政治、教育及價值觀有密切的關係：像我們怎麼才能產生一個賢能負責的政府？怎麼才能選出爲全民福祉、認眞立法與監督政府的代議士？人類應如何對待人與自然？我們應該怎樣的生活？因爲沒有有遠見的政府及無污染的環境，大部分在植物的營養及人的營養上所做的努力，不但目標難以實現，而且常常是一場虛功。根據衛生署今年（2008年）發布的統計資料，臺灣惡性腫瘤連續二十六年高居十大死因之冠，死亡人數首度超過 4 萬人，每 13 分鐘奪走一命。這樣嚴重的事實，一般防癌保健專家們，常把致癌的主要原因歸於國人不良的生活和飲食習慣，而對最根本的社會與環境因子則刻意忽視或很少做積極與深入的探討，因此掩蓋了政府的疏怠，實在令人失望。想到這裡不由得對多年來從事社會改革及環境保育的朋友們致上最高的敬意。

爲了使本書易懂易讀，盡量使用語體文，又爲了避免過於冗長，割捨了一些章節及實驗例證。只有在第九章爲了介紹國內學者近年來在營養診斷及應用上的成就，用了較多的篇幅。書中最難處理的部分是中文譯名問題，雖然有的名詞已有中文譯名，但譯法尚有爭議，甚至英文名詞亦未統一，例如3-phosphoglyceraldehyde，也有寫成 glyceraldehyde 3-phosphate，至於 Tricarboxylic acid cycle，又名 Citric acid cycle，也有叫 Krebs cycle，所以中譯名則有三羧酸循環、檸檬酸循環及克列伯氏循環等，如果能統一用 TCA 循環是否容易記憶？固然中文書中夾雜太多英文是不妥的，但在目前的狀況，爲了使讀者容易閱讀及記憶，只得在該名詞第一次出現時盡量用中文附英文及英文縮寫，以後則視情況單獨使用英文，至於罕見之英文人名則直接用英文。這是不得已的做法，請讀者見諒。爲了便於讀者查閱，在附錄中附有中英文名詞對照表。國內正在大力提倡科學，筆者殷切期盼名詞翻譯的問題能早日獲得解決。附錄的幾篇文章則爲筆者近年來對環境及全民健康所提出的幾點淺見，因與植物營養學有密切關係，故附於書後，提供參考。又鑑於臺灣環境日漸惡化，若再不用心保育，徒有植物營養學的知識，亦無濟於事，特將環境倫理、國土規劃與農產品品質關係圖及多年前爲默默孕育萬物的土壤所譜的土壤歌置於卷首，期與讀者共勉。

此書在完稿後承蒙林鴻淇教授在百忙中細心的審閱，李平篤教授對第七章費神逐字檢視在此深表謝忱。本書終於能完成，對張仲民教授多年的叮囑與鼓勵，再一次表示由衷的感謝。

此時，我必須利用這個機會，對直接或間接貢獻於本書的先進與同仁表達最大的謝意：農委會農糧處黃山内處長；農試所農化組郭鴻裕主任、陳琦玲副研究員；臺中區農改場王錦堂股長、蔡宜峰研究員；高雄區改良場羅瑞生副研究員；茶改場林木連場長、蔡俊明助理研究員；中興大學農藝系陳世雄教授；土環系王銀波教授、莊作權教授、林正錺教授、申庸教授；屏東科大環工與科學系鄭雙福教授；明道大學精緻農業系陳中教授；農藝系賴光隆教授、沈明來教授、盧虎生教授、曾美倉教授；園藝系張祖亮副教授；生化科技學系蘇仲卿教授、王西華教授、宋賢一教授、楊盛行教授、黃青眞教授、莊榮輝教授、王愛玉教授、蕭寧馨教授、楊建志助理教授；農化系洪崑煌教授、王一雄教授、李敏雄教授、陳尊賢教授、鍾仁賜教授、李達源教授、顏瑞泓教授、賴喜美教授、楊光盛兼任副教授、陳建德助理教授、洪傳揚助理教授、陳啓烈博士、陳吉村博士、蘇育萩技正，熱心的提供資訊、文獻、研究成果與寶貴意見、或協助試驗，使本書得以充實，並降低錯誤。

陳聖明及楊灌園兩位助理教授在本研究室進修期間長期協助編輯。八十七年農化系土壤肥料組全體修課同學及助理王秀旬小姐、高至廷同學、張弘儒同學及張仁、張中協助打字、製圖、排版、校對；翁建堯博士及林忠治研究生在解決電腦問題，以及廖秀英小姐在研究室中行政事務上之協助，在此一併致上最大謝意。本書能提早出版，主要是五南圖書出版公司董事長楊榮川先生熱心協助，在此特致謝意。我更要感謝的是吾妻王乃涵，近四十年來的鼓勵與支持才能讓我在專業外，有時間及餘力思考社會深層結構的問題。

最後我必須說的是，這本書的完成應該感謝的人還有很多，包括過去所有啓迪、批評、鼓勵、協助我的：師長、各領域的學者、專家、朋友、學生以及家人們，沒有他們的智慧與愛，這本書不可能以這樣的面貌呈現的。恕我未能一一羅列大名，特在此一併至上最誠摯的敬意與謝意。科學的進步很快，筆者所知有限，如果各位讀者與先進發現書中有任何不妥之處，請惠予批評指正，筆者將於再版時做適當的修正，謝謝！

張則周

目錄

第一章 植物營養學簡介

什麼是營養

在說明植物營養學之前，先談一下有關營養的幾個基本概念，以下提出三個問題，首先我們先談什麼是營養及營養素。

營養及營養素

一般人常把營養與營養素混爲一談，譬如饅頭，我們只能說它含有營養素（nutrient）或營養物質，但說它有營養則不一定是對的。因爲是否有營養應對特定對象而言，如果某人胃腸不好，不適合吃饅頭，那饅頭不但對他無營養，反而會使他的病情加重，所以我們必須清楚地區分營養素與營養。所謂營養素是生物所需或作爲食物的任何物質。至於營養（nutrition）則是指生物自其生長環境中攝取營養素，將其代謝以致排泄的全部過程，我們可以圖 1-1 表示。

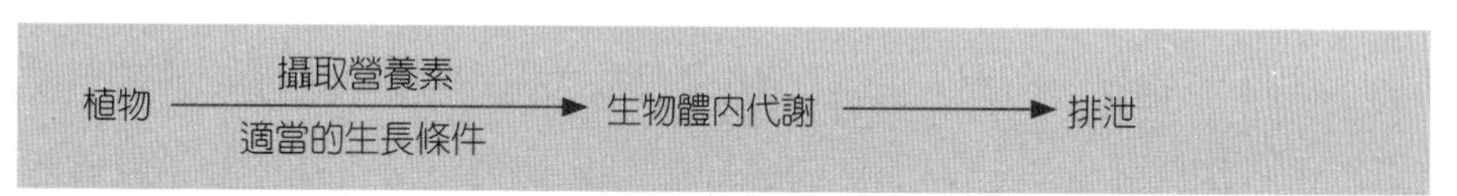

營養就是這樣的一個過程

圖1-1　營養之示意圖

我們了解了什麼是營養及營養素後，以下將再談談不同的營養形式。

營養形式

由於生物的種類很多，除了本書所著重的植物外，還有動物及微生物。它們的生長與代謝有很多相似的地方，但它們的營養形式則有很大差異。一般常把生物依照營養形式分爲兩大類：第一類稱爲自營生物（autotroph），第二類稱爲異營生物（heterotroph）。

自營生物（autotroph）：是指能利用光（主要爲太陽光）或無機的化學能作爲能量來源，並能利用無機碳（如二氧化碳）、氮（如硝酸鹽、銨鹽）等作爲生物合成的起始物質之任何生物。若能利用光能者，稱爲光自營生物（photoautotroph），植物和某些細菌是屬於這一類；若能利用無機物的化學能者，稱爲化學自營生物（chemoautotroph），屬於這一類的生物主要爲細菌。

異營生物（heterotroph）：只能從有機化合物中獲取碳源及能量，以合成其生物體之物質。所有的動物、許多原生生物、微生物，以及多數的眞菌均屬於這一類。

實際上有些生物既是自營又是異營，我們稱其爲兼營的（facultative），包括很多細菌以及寄生或食蟲植物。

若從生態學的觀點來看，也可以把自營生物歸屬於初級生產者（primary producer），異營生物歸屬於消費者（consumer），後者又可分爲初級、次級等不同等級的消費者。很明顯的，植物是提供異營者食物的最大來源，不同等級的消費者構成食物鏈，人類在目前已是超級消費者了。除了對人有毒或是人不能消化的生物體外，人幾乎可以通吃。最後我們談談與營養有關的第三個問題：植物營養與動物營養有什麼不同？

植物營養與動物營養的差異

由於人是高等動物，又是超級消費者，植物生產與人有密切的關係。爲了滿足人的需求，我們應該了解經過演化的過程後，動物與植物營養，除了營養形式不同，還有什麼相異之處。表 1-1 及圖 1-2 做一比較，至於它的深層意義會在以後各章中分別說明。

表1-1　植物營養與動物營養之差異

	植　物	動　物
營養形式	自營生物	異營生物
營養素的大小	顆粒小	顆粒大
營養素的化學能	低	高
代謝傾向	還原	氧化
消化及排泄系統	缺乏	很發達

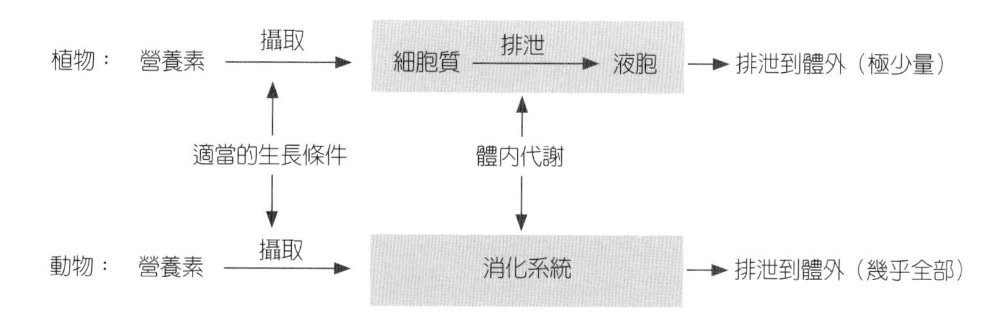

圖1-2　植物與動物在攝取營養及排泄上之差異

植物營養學是一門怎樣的科學

什麼是植物營養學

根據以上對營養的了解，很容易知道植物營養學是一門什麼樣的學問。簡單說，植物營養學是「研究植物從其生長環境中攝取營養素，將其同化、代謝、以致排泄的全部過程之一門科學」，可以圖 1-3 說明植物營養學的內涵。

由圖 1-3 可知植物之生長與分化，基本上是受植物內在因子及外在環境所影響，所以在早期研究植物生長時，主要考慮如何控制生長因子，使其產品的產量與品質能合乎栽培者的需要，至於植物體內代謝部分所知甚少。直至植物生理學、生物化學、生物物理學、分析化學，不斷進步後，科學家們才漸漸了解植物體內的主要奧祕，既可用熱力學的耗散理論（dissipative theory）：$ds=ds_e+ds_i$ 中熵*的變化，解釋植物維持生命的原理，又能了解到植物攝取營養素後輸送及同化、異化的路徑，所以我們才能畫出這種簡單的示意圖，實際上這是累積無數科學家們的智慧。

---

*註：熵（音商），英文爲 entropy(S)，它是一個態函數，是表示系統狀態之變數的函數（$ds \geq dQ/T$），也是系統內部亂度或有序度的量度。根據熱力學第二定律，任何一個封閉系統內的熵都會繼續變大，直至均衡狀態，也就是系統內的物質趨向最大亂度。唯有系統與環境間有物質，能量和信息的交換，才有可能維持穩定狀態或朝向有序性和組織化的方向發展。植物既然是一種生物體，它就有自創生的（autopoietic）能力，因此，在它吸收了環境提供的能量（主要爲太陽能）後，就能將毫無規律的 CO_2 固定成醣類，進而轉變或合成蛋白質、脂質等，並根據遺傳潛力進行生長與分化。我們如果以 ds_e 來衡量由系統外帶來的熵值變化（在生物生長過程 $ds_e < 0$），以 ds_I 來衡量系統內不可逆過程造成熵的增加量（只能是正，即 $ds_I \geq 0$），則植物的生長與衰老就可用 $ds_e \geqq ds_I$ 或 $ds_e \leqq ds_I$ 來決定，亦即可以用 $ds=ds_e+ds_I$ 來決定植物生長發育的狀態。

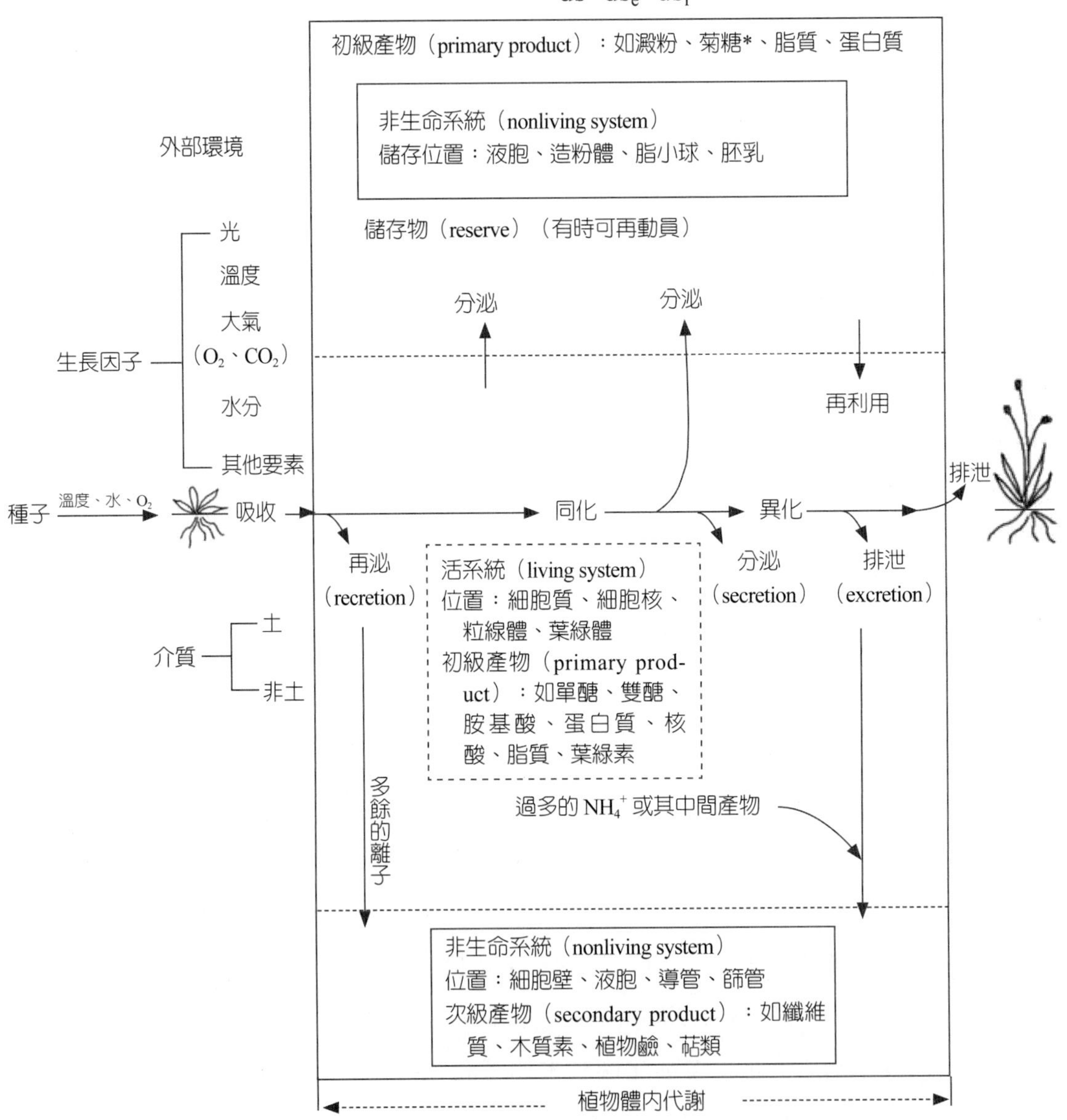

註：1.再泌（recretion）：植物將已吸收，但未經同化作用的簡單物質排出活系統外，稱之爲再泌，如多餘的鈣可排至液胞與草酸結合，形成草酸鈣結晶。

2.分泌（secretion）：植物將已吸收之簡單物質，經同化成複雜的有機物後，自一活系統輸送至另一活系統的作用，稱爲分泌，如醣類、脂類、蛋白質、植物激素等，這些物質常可被活系統轉換再利用。

3.排泄（excretion）：植物將已吸收之簡單物質，經同化和異化作用後，將之排出於活系統外的作用，稱之爲排泄，尤其在氮肥過多時，植物可以合成一些不易再分解的次級產物，以減輕毒性。

*菊糖（insulin）爲果聚糖（fructosan）之一種，是多種菊科植物塊根或塊莖中儲存之碳水化合物。

圖1-3　從營養觀點透視植物的生長過程

植物營養學研究之範圍

從以上的介紹可知植物營養學涉及之範圍很廣，如植物生長之立地環境、土壤及其肥力、肥料及其施用，植物之生理、生態以及以營養調節，與作物產量及品質等。所以，植物營養學的內容可包括：(1)植物需要之養分；(2)植物對養分的吸收及運輸；(3)植物對營養素之代謝；(4)植物生長及作物生產之營養調節，以及農產品與人的營養間之關係。

植物營養學在農業生產上所處之地位

作物生產上有兩大重要課題：第一是育種；第二是栽培。前者是選擇或利用雜交，甚至採取遺傳工程的方法，培育出高產量、優良品質或能抵抗及適合特殊環境的品種；後者則針對特定之品種給予適當的栽培條件，使其發揮最大的生產潛力。簡而言之，植物營養學是一門利用營養要素調節植物生育，使其生長形態、產量及品質能符合人類的主觀目的之學問。因此，若希望發揮植物之生產潛力，在利用營養素或肥料調節之前，除了應先了解植物之特性、植物生長的立地環境、病蟲害之種類以及施肥與灌溉方法外，對營養素調節後，植物之品質是否適於儲藏、加工、運輸，也應做仔細的考量。所以不能只注意植物營養學所在的地位，還要考慮到與其他部門的關係（圖1-4）。

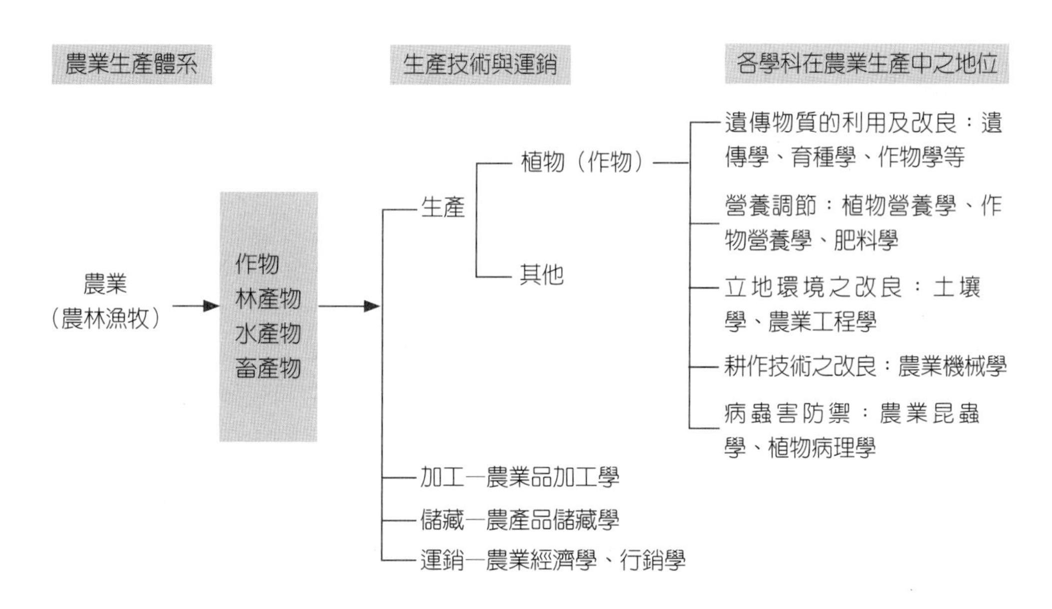

圖1-4　植物營養學在農業生產中之地位

植物營養學與其他學科之關係

植物營養學是由植物生理學發展而來。若從農業的觀點看，我們應把植物營養學的範圍縮小爲作物營養學。嚴格地說，經過人工栽培的植物，都可稱爲作物。由於植物或作物的生長與立地環境有關，所以生態學、農業氣象學、土壤學是研習植物營養學必備的知識。由於植物營養素的代謝在不同植物中有共同性，亦有相異性，要了解其詳細過程，必須要有植物學、作物學及生物化學的基礎。利用營養素調節植物生產，必須要研究肥料學及相關的工業化學、農產品的生產、運輸、銷售，這又與農業經濟學有關。農產品廢棄物的處理，以及肥料不當施用對環境造成的污染，則又進入環境科學的領域。由此看來，植物營養學絕不是一門孤立的科學，它與許多科學甚至與人文學都有密不可分的關係，圖 1-5 說明植物營養學與其他學科的關係，但這絕不是它的全部關係。

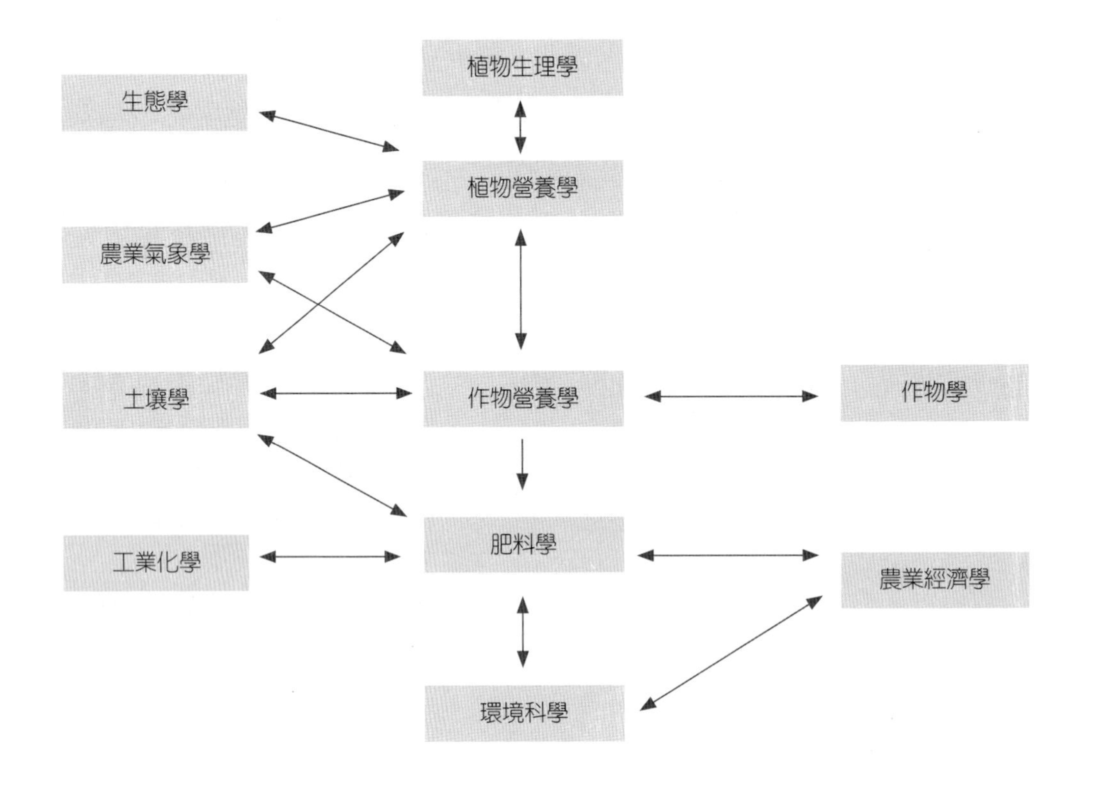

圖1-5　植物營養學與其他科學的關係

研究植物營養學的方法

研究的層次

研究植物營養學可分為不同的層次（詳見表 1-2），最複雜的是田間的群落，其次是植物全株，再者為器官、組織；最簡單的，也是最小的單位則是細胞。對群落的研究，已發展出許多測定各種環境因子及作物生長發育中生理變化的方法；對細胞的研究，則已能利用膜片鉗定技術，來探討植物細胞對離子的吸收機制。

表1-2　植物營養學研究層次與特性

	研究層次與特性
植物層次	群落 → 個體 → 組織 → 細胞、胞器、細胞膜、基因
研究範圍	生態學上 → 生理學上 → 生化學上
試驗方法	田間試驗 → 盆栽試驗（土／非土） → 實驗室實驗
環境	田間 → 溫室、人工氣候室 → 生長箱 （開放系） → （封閉系）
控制之難易	不易控制 → 易控制

控制與非控制試驗相互配合

一般植物營養學試驗常用的方式有二：一為在封閉體系下，控制變因的方法；一為在開放體系中，利用模式及統計的方法。前者可在人工氣候室或生長箱利用栽培盆或玻璃器皿培養作物或細胞，在一定的光照、溫度、溼度、營養等條件下，改變一種因子，觀察該因子所引起的影響。例如利用變換氮素的濃度，來了解氮肥在此生長條件下對產量或品質的影響。至於開放型田間試驗，則是在一定營養條件下，利用生物統計技術尋找各種因子對產量的影響。當然開放體系與封閉體系各有優點，亦有所限制。因農業生產多在田間作業，氣候難以掌握，若要依靠模式及統計學原理，達到預測的目的，則必須對模式中任何變數與資料來源都有深層的認識，而這些卻依賴在控制條件下試驗的結果。因此，控制與非控制條件下之試驗必相互結合與印證。

多學科之科際整合

在科學發展初期我們研究科學多重視事物的整體，偏向於綜合（synthesis）之研究。但科技發展以後，許多學科經過分化，變成多種學門，研究科學則多重視分析（analysis）。固然分析對事物之個別屬性漸能掌握，但對於事物整體關係則常有忽視。有鑑於此，各方有識之士極力鼓吹多學科之科際整合（interdisciplinary integration），植物營養學亦不例外。以營養素而論，若無精密的分析技術則無法確定微量元素是否爲必需元素；以吸收而言，若對細胞膜之構造以及第一訊息（first messenger）和第二訊息無確切了解，則不易徹底認識吸收的眞正機制。同樣的，要改良品種，預測稻穀產量，或制定栽培政策，必須結合遺傳、氣象、土壤、農藝、生理、生化、肥力、統計等各領域專家的意見做整合性的研究，較能做出實用的模擬軟體。因此要解決任何一個複雜的農業生產問題時，不但應與相關領域的專業研究者合作，同時也要不斷學習與自己專長相關的新知。

是何？爲何？會如何？

植物營養學是一門應用科學，最終目的是希望能夠增產或改良品質。所以當我們知道了什麼因子可增產或改良品質，並根據這些研究結果，應用在實際的生產上，似乎已達到了植物營養學的目的。但科學最終目的以及研究科學的樂趣絕不僅止於此，應進一步的問「會如何？」或「會怎麼樣？」。譬如我們都知道茶葉中含有香味及抗氧化劑，我們固然要知道氮肥的形態以及施用量對它的香味或抗氧化物質形成的影響，但也要研究影響的機制，以及當環境因子改變時，可能發生的變化。甚至茶葉經發酵後，香味是否會改變？抗氧化劑的效果是否還存在？科學就是在不斷猜想、反駁與驗證中向前推進的。植物營養學能在短短數十年中有如此豐富的內容與成果，正是無數從事研究者吸取了各相關領域的知識與經驗，不斷地在追求「是何？爲何？會如何？」的結果。

第二章 植物營養學發展簡史

人類的進步主要依賴傳承與創新。因此了解過去的歷史，不但可以擷取先人的經驗為創新提供靈感與啓示，而且可以藉由前車之鑑，提醒我們不要重蹈覆轍。所以本章希望能對過去植物營養學的發展，做一重點回顧。

人類的知識主要來自生活與實踐，當人類從採拾及漁獵經濟漸漸邁入農牧經濟時，生活逐漸穩定，也開始較能仔細地觀察到植物生長及家畜繁殖的過程。植物的生長必須要有水及肥沃的土地，家畜的繁殖又要依賴植物為生，所以中東的兩河流域及中國的黃河長江流域，都可能是農業發源的地方。但是當發現在同一土地種植作物太久，產量大減時，就會開墾另一塊土地，這就是所謂遊耕。慢慢發現在土地休耕一段時間後又可再種植，或是在同一土地輪耕不同的作物，可以增產，就開始了休耕與輪作制度。直至觀察到人與家畜排泄的糞便及植物的殘體，也可以使植物生長良好，人們漸漸懂得把排泄物及殘體耕入土中，開始有了植物養分的觀念。所以若追溯植物營養的歷史，粗略的估算距今至少也有八千年以上。往後對植物生長原理的探討，東西文化顯現不同的內容；但基於生產的目的，東西大國也有相似的發展。

在中國古書中很早就有對農事的描述，例如《尚書》〈禹夏〉中，曾記載禹對九州之土壤已按沃瘠分為九等；西周《周頌》〈良耜〉篇中「荼蓼朽止，黍稷茂止」；《荀子》的〈富國〉篇中「多糞肥田」；《呂氏春秋》的〈任地〉篇所載「力者欲柔，柔者欲力；息者欲勞，勞者欲息；棘者欲肥，肥者欲棘；急者欲後，後者欲急；溼者欲燥，燥者欲溼。」其後西漢（公元前約一百餘年）的《氾勝之書》、東漢王充（公元 1 世紀）所提之「地可使肥，又可使棘的觀念」、北魏（公元四百餘年）的「齊良要術」、南宋（12 世紀）的《陳勇農書》、元代（13 世紀）的《王楨農書》、明朝（14 世紀）的《農政全書》等，對各種作物如何栽培，記載的非常詳盡。

在西方，公元前 3 世紀，希臘哲學家泰奧弗拉斯托斯（Theophrastus）就已知道在貧瘠的土壤上施用肥料，並按肥效大小將肥料排成順序。到了古羅馬時代，農業方面已有很大的進步，其中有幾位代表性人物在農業上多所貢獻。第一位加圖（Cato, 234-149BC），他認爲植物要生長的好，第一爲良好的耕作，第二爲因土種植，第三爲施廄肥。第二位是法農（Vanon, 公元前 1 世紀），他將羅馬的土壤依作物產量劃分成 300 個不同的土種，他認爲許多土壤是需要改良和施肥的，且是第一位提出農業與畜牧間應建立「偉大的聯盟」者。第三位則是庫魯梅拉（Columella），他系統地提出了防止土壤肥力下降的措施，要爲每種作物選擇合適的土壤、適宜的耕作及施肥方法，並對土壤及肥料按其性質分類。這些與農業生產有關的見解及成就，在公元 1240 年由 Petrus Crescentius 首先集成一冊，在當時成爲最流行的論述，影響後代深遠。到了 15 世紀末、16 世紀初，很多農業書籍出現，陸續於義大利及法國出版。由於許多獨到的觀點，缺乏有力的論證予以支持，於是人們開始重視實驗，利用實驗證實理論，開啓了農業化學研究之先河。

由於中國是一個大的內陸國家，在植物的栽培上，主要著重生產，雖然在農業上早已累積豐富的知識，並提供許多國家栽培及育種的經驗。但對植物生長機制的探討，則很少受到重視。西方國家則不然，希臘、羅馬以及歐洲的國家由於地理位置相鄰，又有不同的文化互相激發，學者們除了實用的栽培技術外，對植物生長原理很早即產生濃厚的興趣，並出現多元的看法，這些看法漸漸發展成理論，隨著歷史的演變，理論也不斷地被修正，形成植物營養學的主流。根據庫恩（Thomas Kuhn, 1970）的見解，任何一個歷史階段，科學發展都會或多或少受到當代典範（paradigm）的影響[1]，任何典範，在經過相當長的一段時間後，又會受到一些學者們的挑戰。最後，當舊典範發生危機，新典範則逐漸取代舊典範。植物營養學的發展史，雖然很難依據不同的典範劃分成幾個固定的時期，但是爲了回顧植物營養學發展的趨勢，學者們常根據不同的觀點，把以西方爲主的植物營養學歷史分成幾個階段。著者則從植物養分與植物生長關係的觀點，參考植物營養學先進們的看法（Russell, 1961; Epstein, 1972；何等人，1987），把植物營養學的發展分爲五個階

---

[1] 典範（paradigm）：是由同一研究領域的科學家們形成的科學社群，在進行相關議題研究時的共同信念、指導原則以及研究方法。舊典範被新典範替代的過程：前典範時期→典範確立→常態科學運作→舊典範發生危機（反常事例不斷出現）→科學革命（新典範更有說服力）→新典範代替舊典範。

段，分別是：(1)土和水與植物生長關係的探索期；(2)空氣與植物生長關係的探索期；(3)礦質營養說確立期；(4)礦質營養說發展期；(5)生長因子綜合理論期。

我們從這些植物營養學片段的歷史中，可以隱約地看出每一個階段受到當代典範的影響，同時可以看到科學的發展反映著一個國家的經濟文化與國力。在西方科學中心的轉移，自希臘、羅馬、義大利、法國、英國、德國到目前的美國，與植物營養學發展的歷史也有相似之處。另一項值得注意的是早期科學家知識領域廣泛，並不侷限一種專業，這些可從過去對植物營養學發展有貢獻的學者得到證明，但多數並不只是以研究植物營養爲主。由於文藝復興前，歐洲的大學主要以法律、醫學、神學、哲學爲主，對科學並不重視。當時的科學家多以另外的行業爲生，雖然重視實驗，卻無整套科學方法，做實驗多是自己的嗜好。直到 19 世紀，科學家的地位才建立起來，「科學家」（scientist）這個字才廣泛使用，但仍有別於享有高聲譽的自然哲學家（natural philosopher）。到了 20 世紀，科學研究發展神速，科學與技術已密切結合，科技已成爲世界發展的主導力量。但科學家由於精密的分工，也慢慢變成專業技術型的科學家，知識的領域日益狹窄，對專業知識已目不暇給，更難顧及專業以外的科學知識與人文素養。這就是過去科學家與現代科學家最大的相異之處，也是在探討植物營養學時應該關注的現象。

以下就根據著者所分的五個階段，說明植物營養學的發展。

土和水與植物生長關係的探索期（公元 1700 年以前）

一切物質最基本的組成分是什麼？植物的組成分是什麼？這個問題對於植物營養的發展有相當重要的關係。在西方亞里斯多德時代就盛行物質是由土、水、空氣與火等四種元質（essence）組成；在中國亦有把金、木、水、火、土等五行看成是可以概括世間萬物的五種基本物質。可惜的是五行最後是與方位、顏色和四象相結合，著重於相生相剋的原理，走入了占卜的領域。在西方則從元質的觀點，探究「到底是什麼元質組成了萬物？」這種觀念也影響了對植物生長原理的探討。因爲很久以來，大家便發現肥料、堆肥、屍體或是動物身體的一部分，如血液、骨骼都會增進土地的肥沃性。因此這些想法就成爲「什麼是植物生長之母」的基礎。

亞里斯多德（Aristotle, 384-322 BC）曾提出腐植質學說，認爲植物透過根系在土壤中吸收腐植質裡的養分，當養分被吸收到植物體內，並不發生任何變化，植物枯死後，仍變成腐植質。但這只是一種臆測，直到 19 世紀初 Thaer 才明確地提出腐植質理論。雖然這種理論缺乏實驗的證實，但是在初期植物營養和土壤肥力研究領域裡，腐植質營養學說曾占有支配的地位。眞正開始以觀察和實驗爲基礎來考慮植物營養問題，則是 16 世紀以後的事。

公元 1563 年 Palissy[2] 發表了著名的論著，認爲「把糞施放到土地中，是把從土地中取得的東西再還到土地中」、「農夫第二年連續在地裡播種小麥時，常把從地裡收穫而未加利用的小麥桿燒成草灰。因爲草灰中有麥桿從地裡取得的鹽類，如果把它送還到地裡，則土地可以得到改良。」這個觀念又在將近三百年後，被 Liebig 確切地提出，成爲著名的歸還說。這個觀念可用以圖 2-1 來說明：

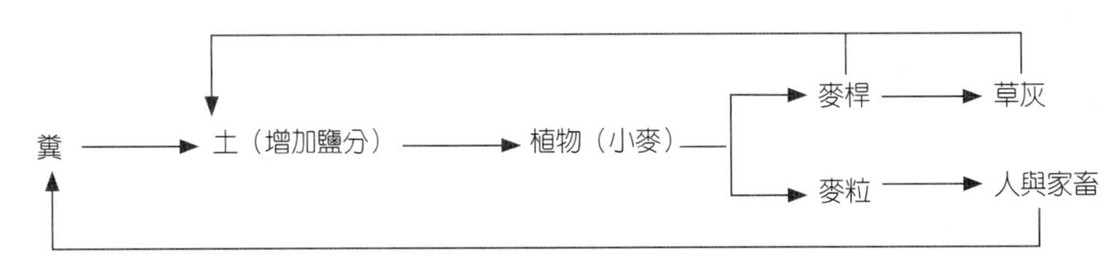

圖2-1 養分歸還說圖

17 世紀初期，英國的哲學家法蘭西斯培根（Francis Bacon）則深信植物主要的營養物是水，至於土壤的目的及作用是在保持植物的直立及使它免於過冷或過熱。比利時醫生兼化學家 Van Helmont（1577-1644）甚至認爲，水是植物唯一的營養素。他曾經在布魯塞爾做過一個有名的實驗：利用一個陶製容器，內裝 200 磅的乾土，然後用雨水將它潤溼，並種下一棵 5 磅重的柳樹幼苗，爲避免灰塵落入，特將容器用鍍鋅的鐵皮包裹，並在鐵皮上戳了很多小洞。柳樹生長的過程只供給雨水及蒸餾水。經過五年，柳樹長到 169 磅 3 盎司（秋天的落葉並未計入），烘乾的土壤大約只減少了 5 盎司，因此他認爲 164 磅的木材、樹皮和根都是由水轉變而來。

這個實驗很簡單，但設計很周延，在當時很容易讓人信服。雖然最後因爲忽

---

[2] 本章引用之史料，部分係採自Russel, E. W.所著 *Soil Conditions & Plant Growth* 的第一章，由於書中所舉之植物營養學學者的論述與實驗缺少完整之文獻來源，故在本書參考文獻內未列入 Russel 所列之原始文獻，請讀者參考原書。

略了空氣和失去的 2 盎司土壤，造成其錯誤的推論，但是他確實是新科學的開拓者。後來英國化學家波義耳（Robert Boyle,1627-1691）用一種南瓜屬的植物重複了 Helmont 的實驗，也得到了類似的結果。Boyle 更進一步將植物蒸餾，從他所得的產物獲得一個結論：「鹽、元氣（spirit）、土，甚至油都可由水製造出來」，當然此結論也是錯誤的。在這裡值得一提的是，根據 Bodem Heimer（1958）所著《生物歷史》中的記載，在義大利文藝復興時期著名的畫家、雕塑家、建築師和工程師達文西（Leonardo da Vinci, 1452-1519），早在 Helmont 前數十年即已做過相似的實驗，但是他對實驗的解釋只寫在筆記簿上，並未發表。早期的科學家很多是業餘的，像達文西一樣，只是為了個人的興趣做實驗，這點與目前的社會是不同的。

幾年後，由法國化學家 J. R. Glauber（1604-1688）建立了一個假說，那就是植物生長最主要的養分是硝石。他認為從牛脫落的毛所得到的硝石，和動物排出的尿所含的硝石，都是從動物所吃的食物而來，而這食物便是植物。同時他也發現若土壤增加額外的硝石，作物產量會大量增加。因此，土壤的肥力完全取決於硝石的多寡。

Glauber 的論點，被 John Mayow's 的實驗所支持。他曾計算一年中各個不同時期土壤中所含硝石的量，發現在春天作物生長初期，硝石在土壤中的含量最高，在作物生長後期，卻沒有發現。他認為這是由於土壤中的硝石完全被植物吸收的緣故。

在這段時間，由 John Woodward（1665-1728）所做的研究最為精確。他從 Van Helmont 和 Boyle 的實驗得到啓發，但對 Glauber 及 Mayow 的研究則一無所知。他利用不同的水源種植綠薄荷，得到表 2-1 的結果。

表2-1　比較不同的水源種植綠薄荷的效果

水　源	植物重（格令）		77 天增加重（格令）	耗用的水（即蒸散作用）（格令）	植物增加的量和用掉的水之比
	種植時	77 天後			
雨水	28 1/4	45 3/4	17 1/2	3,004	1:171
泰晤士河水	28	54	26	2,493	1:95
海德公園溝渠水	110	249	139	13,140	1:94
海德公園溝渠水加1又 1/2 盎司花園泥土	92	376	284	14,950	1:52

註：格令等於 0.0648 公克，是英美制最小的重量單位。
資料來源：John Woodward, 1699.

依照 Van Helmont 的說法，所有植物都供應充分的水，應該會有同樣的生長量。然而從表 2-1 的結果觀之，不同的水源，綠薄荷的生長量顯然是不一樣，而且水越不純，生長量越大。Woodward 於是認為：「植物並不是由水所形成，而是土中的一種特殊物質。」由於在雨水、河水和溝渠的水裡，都含有大量的這種物質，絕大部分的流體物質上升到植物體後便蒸散出去，大部分流質中的特別物質便隨著水的流動進入植物體內。而且若是水裡含的這種物質越多，植物生長量增加的比例越大。因此他認為有理由推論：組成植物的這種物質應當是土（earth）而非水。

很多年後對植物養分的研究，都沒有像 Glauber 和 Woodward 那種出色的文獻發表。直到 18 世紀初，由於植物生理學的發展，對往後植物養分的研究，也產生一定的作用。如英國牧師 Stephen Hales（1677-1761），曾在其《植物靜力學》（*Vegetable Staticks*）中提到對植物「汁液」（sap）的研究，並測定植物吸收及蒸發的水量與根表面積和葉表面積間的關係；也由實驗過程推測，空氣對植物組成物質可能有些貢獻（請參考下節）。這些觀念與實驗結果或多或少都影響了後進學者對植物養分吸收思考的方向，像 Jethro Tull（1731）所提出的耕耘理論就是一例。他堅持生長植物的土壤必須犁的很細，其觀點認為土壤肥力並不是土壤汁液所供給，而土壤與水作用後所釋放出的微小粒子才是植物的養分。植物根部膨脹後壓迫這些小粒子從根上的乳糜小口進入循環系統，這些小粒子不論對植物好壞都會被吸收。輪作並非需要而只是為了方便。因此，只要溫度和水分的供給適當，任何土壤都可以供給植物營養。耕耘的目的是在增加土壤表面積，使土壤容易吸收來自空氣中的養分。

此時期可以 Tull 的一段話來做結語：「大家都同意硝石（nitre）、水、空氣、火、土，這些物質都會以某種方式增進作物生長，大家所爭論的，只是哪一種才眞正是植物的食物，或是最能幫助植物長大。」

1761 年瑞典化學家 Wallerius 分析植物後認為，腐植質是植物養分的來源，土壤中其他成分只有一些輔助性的功能，像白堊（硫酸鈣）和鹽類是促使腐植土內的油脂溶解；黏粒則可吸附油脂，防止雨水沖刷；砂粒則保持土壤的透氣性。因此他將肥料分成兩類：一種是直接作為植物的養分，另一種則只有間接的效用。

約在 1775 年，Francis Home 認為整個農業技術可以植物營養為中心，並經分析得知肥沃的土壤都含有油分。當土壤養分被作物耗盡時，將土壤曝露於空氣中，它又能恢復肥力，再供給養分。Home 做了許多盆栽實驗，確定作物生長所需的食物並非只有一種，而是多種。他列舉了六種，包括空氣、水、土、鹽類、油和火，這些都成結合的狀態存在；他並進一步指出，所有植物的汁液可以提供不同植物當下所需要的元素，並從化學分析中得知，這些汁液有時含火，有時則不含火。

以上所述是一個很大的進步，Home 不只是指出了植物養分的供應是依據很多因素而定，更重要的是，他很清楚的提出了兩個研究問題的方法 —— 盆栽和植物體分析。

所以綜合此一時期植物營養研究者主要在探索什麼是植物生長所必需的元素，但對於植物的根自土壤中吸收了什麼？仍受元質中水與土的影響，因爲這兩種元質是最容易觀察到的。

我們可以把此一時期探索的重點及脈絡用圖 2-2 表示。雖然 Tull 曾提到空氣與火都會以某種方式增進作物生長，但這僅是推測而已，並無實驗證明，故在圖中將空氣與火皆用括號標示，空氣與火和植物的關係則用虛線標示。

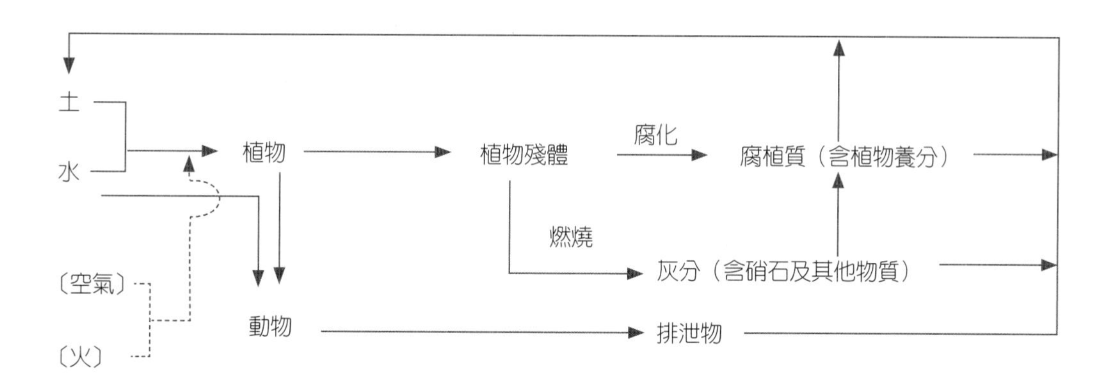

圖2-2　土與水和植物生長的關係

空氣與植物生長關係的探索期（公元 1700-1840 年）

在公元 1770 年到 1800 年之間，很多研究著重於空氣對植物生長的關係，大家也認爲這種觀念對植物生長的探索會產生革命性的改變。前節所提到的 Stephen

Hales，由於他感覺到空氣對植物組成可能有一些貢獻，於是在密閉的玻璃罩裡培養植物，發現若將其中的空氣抽出，則植物會死掉。但是由於燃素的觀念在 18 世紀是科學社群中之中心思想，Hales 也深信所有可燃物質都是含有燃素的化合物。當燃燒時，燃素（phlogiston）被排出，留下的則是灰分（calces）。由於這種觀念的影響，阻礙了對空氣性質有清楚地認識。但這個實驗無疑對往後的光合作用之研究，奠定了最初的基礎。美國植物生理學會由於他在植物生理學上卓著的貢獻，特別用他的名字設立了一個植物生理學最高榮譽獎。

1775 年英國神學家 J. Priestley（1733-1804）觀察到動物經過呼吸，會使空氣變得污濁。他想自然界一定有一種淨化空氣的能力，可能是植物扮演這種角色。於是他把綠薄荷放在有水的瓶中，觀察到綠薄荷可以把污濁的空氣（實際就是含 CO_2）變得新鮮（實際就是含 O_2），這與動物的情形正好相反。由於當時他並沒有發現氧氣，所以對其發現還不能給予精確的解釋。後來他自氧化汞中分離出氧氣，又確認了綠色植物亦會釋放同樣的氣體，但很不幸的是，由於他當時深信燃素理論，便把「氧氣」稱爲去燃素的空氣（dephlogisticated air），並忽略了實驗中一個重要的因素 —— 需要有光。所以他實際上雖然發現了氧，但是仍無法證實植物可以淨化污濁空氣的想法，也無法反駁 Scheele 堅持動物及植物都會使空氣變得污濁的看法。雖然如此，這些實驗結果都爲光合作用奠定了基礎。

1779 年一位荷蘭的醫生 Jan Ingen-Housz（1730-1799），在英國多次重複了 Priestley 的實驗，發現光是綠色植物釋放氧氣的必需條件，所以他調和了 Priestley 及 Scheele 的觀點，認爲淨化只有在有光的時候進行，濁化則是在黑暗中進行，現在我們知道這樣的結論是不正確的。

第一位對光合作用有較合理觀點的學者應是 Jean Senebier（1742-1809），他是一位瑞士的神職人員，也是一位圖書館管理員，他發現置於水中的葉片釋放氧氣的量與溶於水中的二氧化碳成比例。因此他認爲 Helmont 實驗中，柳樹增加的重量是由固定空氣而來。雖然當時 Lavoisier 已證明了氧氣，但 Senebier 和他的前輩一樣，並未用二氧化碳與氧氣的術語，而是推想光與葉片中的某些物質可將被固定的空氣（fixed air，實際上就是 CO_2）分解成去燃素的空氣（dephlogisticated air，實際上就是 O_2）。由於燃素理論仍支配了當代科學家及生理學家的觀念，使 Senebier

的學說在 18 世紀一直未被接受，但無可置疑地，他對光合作用的探討已盡了最大的努力。

公元 1777 年法國化學家拉瓦錫（Antoine L. Lavoisier, 1743-1794）開創了定量有機分析，證明了氧在物質燃燒和生物呼吸中的作用（1772-1777），並認爲「在化學反應中，沒有任何元素會創造出來，亦無任何元素會轉變爲另一元素，化學反應只是元素組合間的變化。」此一學說給予燃素理論致命的一擊，因爲他不但解開了「燃素」之謎，而且對金屬燃燒後，不但重量未減少，反而增加的現象做了合理的解釋，於是奠定了現代化學、生理學及生物化學的基礎。

第一位完全運用 Lavoisier 的新化學理論來研究植物營養者，是瑞士學者 Theodore de Saussure（1762-1845）。他及其後進，大大擴展了關於植物自土中吸收要素之知識。de Saussure 將他的研究工作寫成一本書，名爲《植物之化學研究》，於 1804 年出版。之後，一直到 1845 年去世前幾年，仍繼續研究，做出很多重要貢獻。de Saussure 結合了新化學的知識，謹愼的實驗，並相當小心地解釋觀察到的結果，同時也引入定量的實驗法，此方法較其他農業化學法更爲先進，而且成爲 Boussingault、Liebig、Lawes 及 Gilbert 等人實驗中重要的測定方法。直到現在，這種方法仍被很多研究者採用。當時，de Saussure 所觸及的兩項問題，也是 Senebier 所研究過的問題：空氣對植物體的影響，以及植物體中鹽分的來源與特性。他在空氣中或空氣與 CO_2 的混合氣體中栽培植物，利用量氣管測量氣體的變化，並利用碳化法（carbonisation）分析植物體內元素成分的變化，證實了植物的呼吸作用乃是吸收氧，並釋放二氧化碳。更進一步證明，在有光的情形下，植物則吸收二氧化碳，而釋放氧。二氧化碳的量雖然很少，但對植物而言卻是非常重要，若由空氣中移去二氧化碳，植物將會凋萎，這不但是碳缺乏所致，亦與氧有關。而水亦能被分解並固定於植物中，比較根吸收的水量及所獲的乾物重，他做了一個結論：土壤只能提供給植物極少的養分，然而，它卻是不可缺少的，因爲它提供了不同於來自空氣中的氮以及灰分。接著他又證明了：根部並非允許任何液體進入植物內，它具有特殊的機制，控制物質的進出，因而影響它周圍溶液的濃度。他也種植春蓼（polygonum persicaria）等植物，證明植物對不同的鹽類，吸收的程度亦不同。因此我們可以視他爲植物選擇性吸收溶質的發現者，而且他也發現所有灰分中的組成分，都出現在腐植質中，如果一粒種子吸收水分後長大成植物，它的灰分與種子中所含的量是相差無幾的。因此，他反駁了過去認為植物可以產生鉀的觀念。

較 Wallerius 更進步的 von Thaer 與 Humphry Davy 兩人，由於未能明白 de Saussure 介紹的基本法則，以致農業科學仍無法逃脫落後純粹科學的命運。Thaer 在 1809 年出版了一本優良的農業實用手冊，但內容仍承襲一般的觀點，即植物由土壤中獲得碳及其他元素。Humphry Davy 的著作則拋棄這種論調，他從 1802 年至 1812 年間，提供皇家協會（The Royal Institution）許多有關農業化學的研究報告，這可視為有關植物營養舊時代的最後文獻。雖然他並未有重大的發現，卻仔細選擇前人的立論與假設，其最重要成就便是不採納 de Saussure 的結論。他認為，有些植物似乎主要以空氣中的碳作為來源，但一般說來，碳要由根部吸收。因此，他認為油類是根的肥料，因為它含有碳及氫；煙灰也是有價值的，因為它含的碳可以被溶解；石灰也是很有用的物質，因為它可以溶解很硬的植物體。但這些理論都缺乏可信的證據支持，所以難以被人接受。

德國的研究者 Carl S. Sprengel（1789-1859）與 A. F. Wiegmann（1771-1853）得到的證據，支持了 de Saussure 的觀點。其中更以 Sprengel 在 1830 年至 1840 年間對吸收自土中的營養元素之研究特別重要。他研究了植物灰分組成，認為這些無機成分可能是植物營養上不可缺少的物質，即 C、H、O、N、S、P、Cl、K、Na、Ca、Mg、Si、Fe、Mn、Cu 等 15 種。C、H、O 主要由空氣及水提供，其他 12 種則由土壤提供。這些研究成果為今後 Liebig 的礦質營養說奠定了基礎。他並認為：一種土壤雖然提供了植物各種元素，「但是可能由於缺少單一元素，而使土壤不具生產力」，這可以說是對「最小養分率（the law of minimum）」清晰的說明，很多人，甚至 Liebig 本人，亦誤以為此律是他自己首倡，顯然是值得商榷的。

19 世紀早期及中期，有一位法國人 Jean-Baptiste Boussingault（1802-1887），在植物營養以及植物與土壤間的關係之研究上有很大的成就，被視為現代農業科學奠基者。不同於他的前驅者，其不再滿足於研究植株內的元素組成，轉而強調植株自土壤與肥料基質中吸收各種元素的收支，以及元素之間的平衡。他製作了無數的表格，提供了作物的化學組成，以及每公頃不同元素被吸收的量。他研究肥料與土壤改良劑（amendments）對於作物與土壤間元素平衡的關係。這些研究為以後無數以「某種因子對某種作物的產量及組成分的影響……」為標題之研究的肇始者。

無論早先學者已假定豆類植物擁有某種特殊的能力以獲得氮，或是 Liebig 何其無情的抨擊 Boussingault 實驗的結果，但是 Boussingault 仍爲使人相信大氣中的氮可爲豆科植物所固定利用，最先提出證據的人。

Boussingault 之所以會推論出此一結果，乃是由於紅苜蓿（red clover）及豌豆（pea）種植在不含有可利用的氮之土壤中，除了碳、氫、氧之外，尚可獲得氮。但在相同的情形下，小麥及燕麥則無獲氮的能力。然而豆類如何利用大氣的氮，Boussingault 則無法提出精確的說明，最後連他自己都對這樣的推論感到懷疑。

我們介紹了過去探索空氣對植物生長的影響，就會體會到這百年來植物營養發展的歷史是非常曲折的。現在看起來可能有點好笑，但是科學的發現正如波柏（Karl Popper, 1968）所說，不斷以猜想（guess）及反駁（refute）進行。我們如果把這一節空氣與植物生長的關係做一整理，會發現此一時期對植物營養的認識已比以前有很大的進步。

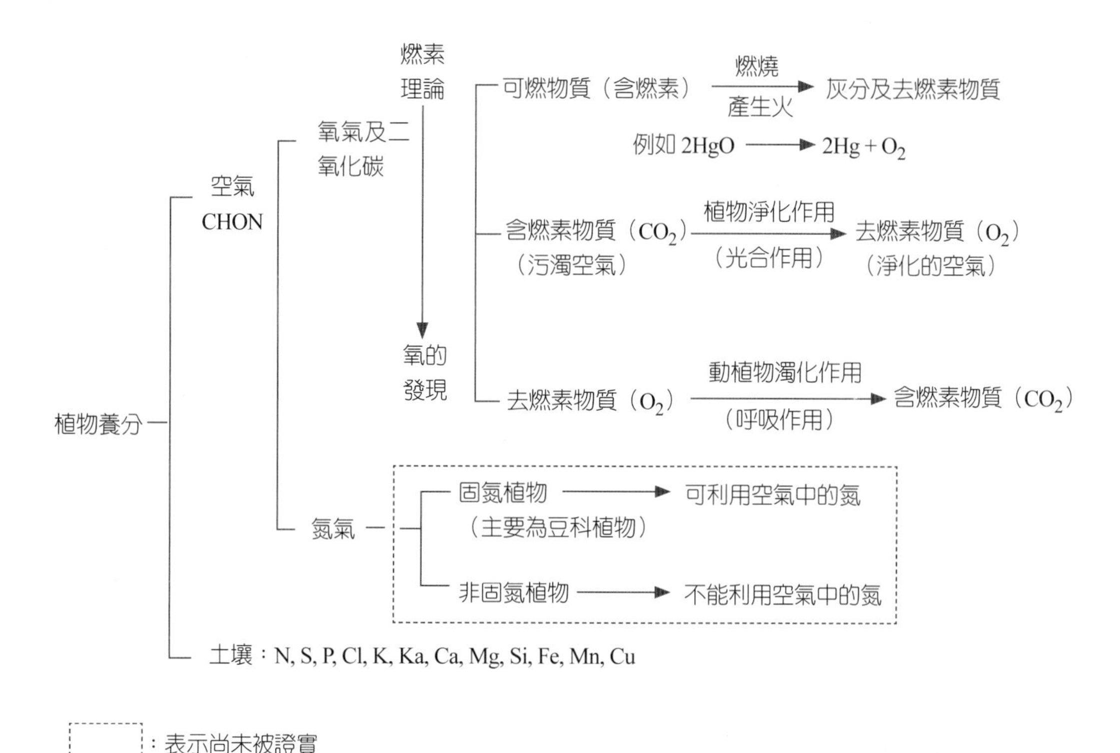

圖2-3　空氣與土壤和植物養分的關係

礦質營養說確立期（公元 1840-1900 年）

從 1840 年在植物營養的認識上有了很大的改變，Justus Von Liebig（1803-1873）不但出版了《有機化學在農業和生理學上的應用》一書，並提出礦質營養的理論。在此之前，他本身並未對農業化學或植物營養實驗方面有顯著的成就，但這並不妨礙他成爲 Sir Humphry Davy（1778-1829）之後，第一位研究「應用化學原則於植物生長」者。他出版的書即爲最佳證明，因爲他將 de Saussure、Sprengel 及 Boussingault 的研究，做了一次總結與闡述。但是他的說明和判斷有些被證明是錯誤的，例如他攻擊 Boussingault 所提出的「豆類植物可以由大氣中獲得氮，而非豆類植物則否」的結論。他認爲，所有植物均以氨的形式，自空氣中吸收氮。de Saussure 已清楚地對植物選擇性吸收溶質提出了證據。但半個世紀後，Liebig 卻寫道：「所有土中溶液的物質均可被植物根所吸收，就像海綿吸收液體中所含的一切物質一樣，是不具有選擇性的。」此外，他也主張：「任何鹼性的鹽類，可以被其他的鹽類所取代，而且作用相同。」這些假說僅是猜測而已，並沒有直接的證據。

Liebig 對植物營養的主要貢獻，在於他推翻了腐植質的理論（humus theory—主張植物吸收的碳源主要來自土中的有機質），他認爲「土壤提供的是可溶性無機成分；碳則是來自於空氣中的二氧化碳」。Liebig 很多的論點是根據一些過去試驗的結果推論而來，並不十分嚴密。但是他的堅持和權威，使得他的「肥料之礦物質理論（mineral theory of fertilizer）」，終獲大家的肯定。

除此之外，他認爲「由於作物對養分的吸收和帶走，土壤養分將越來越少，必須將養分歸還土壤」；這就是 Liebig 的歸還學說，也是後來施用化學肥料的理論基礎。Liebig 還建立了最小養分率：作物的產量高低決定於最小的營養因子。但在三十年後，L. Grandeau 在法國提出「植物的碳一部分可能來自腐植質」，修正了 Liebig 不周延的想法，當時也獲得一些人的接受，可惜的是這樣的論點缺乏確鑿的證據，仍未被普遍的接受。

在 Liebig 的書第一版印行後，他和其許多學生與同僚，轉而進行植物體中礦物質組成的研究，而他書中的缺點，也在以後的版本中逐漸消失，一些改進的分析方法也被設計出來。Liebig 也比他的一些前輩，獲得了更多有關植物體礦物質組成的正確知識。

Liebig 還製造了供給植物養分所需的鉀、磷肥料，由於擔心以水溶性的形態把這些養分施用於土壤中會因雨水而流失，特意使用了不溶性物質，但幾乎沒有肥效。自 Lawes 與 Gilbert 從 1843 年開始製造水溶性的過磷酸鈣後，磷肥才產生了實際上的效果。1850 年 Way 也發現，即使是水溶性成分也不易流失，自此之後，化學肥料的使用逐漸普遍。

不過當我們談到化學肥料的施用時，除了強調 Liebig 的貢獻，也應該提一下德國博物學家 A. V. Humboldt 的貢獻。由於他在 1804 年到南美探險時，曾注意到鳥糞石（guano）及硝石（saltpeter）的肥效。回國後，他是第一個把這些物質輸入歐洲的人。因為鳥糞石含豐富的磷肥，硝石則含豐富的氮肥，這對 19 世紀初期尚未製造化學肥料前，改善歐洲農田肥力及刺激化學肥料的生產，產生一定的作用。根據歷史記載，公元 1800 年左右，中歐穀產量很低，自從肥料工業發達後，產量增加了四、五倍（表 2-2）。

表2-2　中歐中世紀到現今穀類的產量比（產量／種子量）

	穀產量／每公斤種子	
	普通的土壤	最好的土壤
中世紀（12-15 世紀）	3-4	
16-17 世紀	5-6	7-15
1800 左右	5-6	12-20
相較於 1970 年	30-40	

Liebig 曾認為土壤溶液中缺少鉀、磷及氨，植物養分主要是由根自緊密接觸的土壤表面吸收。依照這種想法，植物若生長在有養分的溶液中仍會枯萎死亡。德國植物學家 Knop（1817-1891）為了證明這種看法是否正確，做了一系列的實驗。首先證明了土壤固相可完全提供植物各種養分，繼之利用無機化合物配製了營養液進行水耕實驗，得到沒有土壤，植物也能吸收養分的結論，因此確立了水耕法的基礎。1860 年 Knop 與 Sachs（1832-1897）首先報導水耕法可以成為研究植物營養的基本手段之一，此時植物營養的要素大致上都已經確認，但 Mn、Zn 元素則要等到

四十至五十年後才被確定，而 Mo、Cl 則更晚，要到八十至九十年後才被確認。

Liebig 的書於 1840 年出版以後的幾十年，對於大氣中的氮在植物營養的地位仍在不斷地被研究。一般研究者都逐漸相信豆類植物能固定空氣中游離的氮氣，至於爲什麼會固定，仍不太清楚。尤其在水耕實驗中，並未發現豆類植物有固氮的能力，因此這種假設仍受到懷疑。直到 Lawes 與 Gilbert 兩人在英國 Rothamsted 試驗農場，長期試驗的結果發現：豆科植物確實可累積空氣中的氮素，這才糾正了 Liebig「所有植物均以氨的形式，自空氣中吸收氮」的想法。

1886 年，德國研究者 Hellriegel 與 Wilfarth 發表了他們發現到細菌在豆科植物根瘤中的角色，蘇俄植物學家 Woronin，在較早也發現植物的根含有細菌，但對於其功能尚不明白。

Hellriegel 與 Wilfarth 在無菌的土中種植豌豆，作爲對照組，另外在接種的土壤中也種植豌豆。結果對照組不長根瘤且發育不良，實驗組則長根瘤且發育良好。他們得到一個結論：豆類植物僅在感染了共生菌的時候才有固氮的能力，而非豆類植物則不能固氮，只能依靠土中可利用的含氮化合物，他的研究穩固了 Boussingault 在 1837 年提出的結論。

由於 Liebig 一直認爲植物利用氮素的形式主要是銨態氮，但 Way 於 1856 年發現，在施用氮肥的土壤中產生硝酸鹽，於是他認爲硝酸態氮也可以作爲肥料被植物利用。實際上早在二百年前，Glauber 已發現硝酸鉀（salt petre）可以增產，而且從 1830 年以來，智利的硝酸鉀實際上已被當作肥料使用了，但 Liebig 卻否定了它的效果。直到 1890 年法國微生物學家 Winogradsky 證明了土壤中存在著進行硝化作用的細菌，才確定了銨態氮在土中可被微生物轉變爲硝酸態氮，而硝酸態氮同樣可作爲植物氮的來源。

當每次討論到固氮的時候，常常有人會問，到底誰對豆科植物固氮的問題貢獻最大？這實在是一個很難回答的問題，我們在教科書上常常出現的是 Boussingault 與 Hellriegel 及 Wilfarth，實際上從 Boussingault 提出豆科作物能在土壤中累積氮素，許多學者都在進行類似的實驗，1858 年 J Cachmann 曾非常仔細的觀察豆科植物根瘤的構造，並認爲它們含有類螺旋菌（vibrionenartige）的微生物。但是他的報告僅被刊登在不出名的小雜誌上，以致沒有引起人們的注意。另外，W. O. Atwater 在 1881 年及 1882 年的報告，也提到豆類可以從空氣中獲得大量的氮，之後又提出豆類可以促進固氮微生物之活性，可惜未進一步探討。除了這兩個例子外，還有很多未被記錄下來的試驗，所以我們很難說誰是最大的貢獻者。實際上，任何一個理論的形成，都有其產生的歷史條件，也包含了無數人心血結晶。我們對理論的提出者固然應給予肯定，但對於其他鍥而不捨的探索者，亦應給予同樣的尊敬。像固氮的問題已探索了一個半世紀，現在雖然已進入 21 世紀，但仍未完全了解，唯有學者們繼續努力，才能漸漸揭開固氮的面紗。

這個時期植物營養獲得的最大進展，就是確立了礦質營養學說及發現了微生物的固氮菌和硝化細菌。

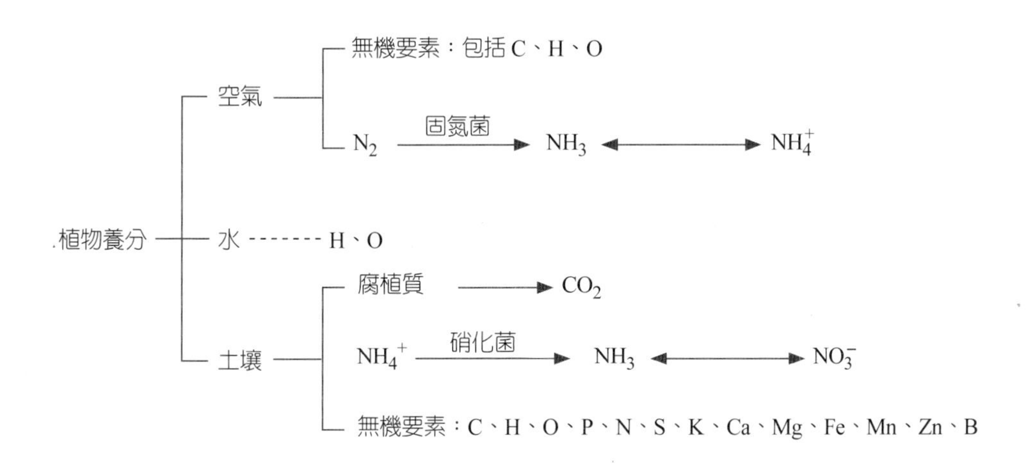

圖2-4　無機要素及微生物與植物養分的關係

礦質營養說發展期（公元 1900-1960 年）

自從 de Saussure 發展出較精確的定量技術後，植物光合作用中 CO_2 的固定及呼吸作用中 CO_2 的排放，以及水被植物的分解都陸續被確定。植物生育的養分及腐植質之意義與植物所需鹽類來源等問題，也大致獲得解決，由於植物生理學所涵蓋的內容日益豐富，所以植物養分之研究逐漸與光合作用之研究分開。

在光合作用的研究上，1882 年 Engelmann 確定了植物進行光合作用的位置，是在含葉綠素的葉綠體上。1913 年 Willstätter 闡明了葉綠素的構造，繼而光合作用之光反應及暗反應也先後被 Blackmam（1905）、Hill（1937）、Ruben（1939）發現。1954 年 Calvin、Benson 及 1966 年 Hatch、Slack 分別闡明了 C_3 型及 C_4 型植物之光合成路徑。至此，植物生理學家已掌握了植物生長的基本原理。

在植物營養的研究上，自從 Liebig 於 1840 年發表了礦質營養學說（mineral theory）後，一方面肥料工業開始發展，如 1843 年 Lawes 及 Gilbert 對過磷酸石灰之製造與 1913 年 Harber、Bosch 利用空氣製造氨氣；另一方面由於水耕栽培之普遍應用，提供了研究植物必需元素的有利條件。尤其是微量要素之研究，更需要在嚴格的條件下進行。Mn、Zn、Cu、Mo、Cl 的必需性都是在 20 世紀以後才發現的，最後一個必需元素 Cl，則是在 1954 年才被 Broyer 發現。

在這期間，除了無機營養學說的確立外，對植物吸收物質亦有廣泛的探討，如 1897 年 W. Pfeffer 對細胞膜之研究，1937 年 H. Molisch 對植物間相剋作用（Allelopathy）之研究，以及 Hoagland 配製 A-Z 水耕溶液，Arnon 與 Stout（1939）也綜合了學者對植物生理的研究，提出了必需元素的概念。

在光合作用及植物營養研究之外，土壤肥力及土壤微生物之研究亦在世界各地同時進行，前者如 1930 年德國農業化學家 Mitscherlich 提出的米氏盆栽法以及有名的生產因子與生產量關係之米氏方程式（Mitscherlich equation）；1940 年代土壤肥力測試科學之奠基人 Bray；1955 年 Woodruff 提出之離子交換能量與 Schofield 養分位勢的觀念。後者則如 1901 年 Beijerinch 發現游離的固氮微生物 Azotobacter。除此之外，在植物荷爾蒙之研究上亦有很大的進展。自從 1880 年 Darwin 提出植物荷爾蒙存在的可能性後，引發了後進學者研究的興趣。如 1926 年 Went 發現芽鞘尖端含有促進生長的物質；1931 年 Kögl 從尿中抽取生長素 A（auxin-A）；1946 年 Haagen-Smit 自玉米種子中分離出吲哚乙酸（IAA）；1955 年 Miller 分離出細胞裂素（cytokinins）；1961 年 Carns 與 Addicott 等人自棉花幼果分離出剝離素（Abscisins）。

至此，植物學界對植物生長與代謝已有較清楚的認識，這些研究成果也直接或間接對農業生產，產生重要的作用。

生長因子綜合理論期（公元 1960年-迄今）

近代科學家們雖然用了四百餘年的時間，累積大量植物養分與生長方面的知識，但也同時發現，農業生產只靠植物營養學及肥料學的知識，是無法突破現狀的（圖 2-5）。由於世界人口不斷增加，能夠開發的土地已經有限，所以必須要能在既有的土地上設法利用各種生物科技增產。可是自 20 世紀以來，研究者發現經過綠色革命大量施肥後，土壤品質已漸趨劣化，各種病蟲害相繼出現，農藥的施用已不可避免。有的地區農業不但未能增產，反而減產（凌，1975）。尤其在各國皆以發展經濟爲中心的目標下，工廠與廢棄物之污染日趨嚴重（請參考附錄一第二圖），所以下一個階段，植物營養學的研究必定是結合多學科的綜合研究，包括基因工程、植物生理、環境保育、土壤改良、病蟲防治等各種形式的農業也陸續提出：如有機農業、生態農業、綠色農業、自然農法、綜合農業、智慧農業，應運而生。

臺灣這方面已在學界共同努力下，完成了農地土壤肥力及氣候資料之調查，目前正進行國土資訊系統、自然環境資料庫之土壤調查資料庫以及農地資源資訊系統之建立，以規劃農地資源合理利用與管理。可惜至今，國土計畫法（原稱國土綜合開發計畫法）仍未立法，全國土地規劃亦未確定，政府對農業政策至今仍搖擺不定，所以今後即便是適地適作之規劃完成，也無法預測最後良田沃土之命運。所以，今日之農業問題已不是單獨科學可以解決，更不是植物營養一門學問可以擔綱，必須執政者能高瞻遠矚，盡早完成國土整體規劃，同時全民要有環境保育的意識，並在各種專長的結合下，才能在 21 世紀爲臺灣農業開啓一條康莊大道。

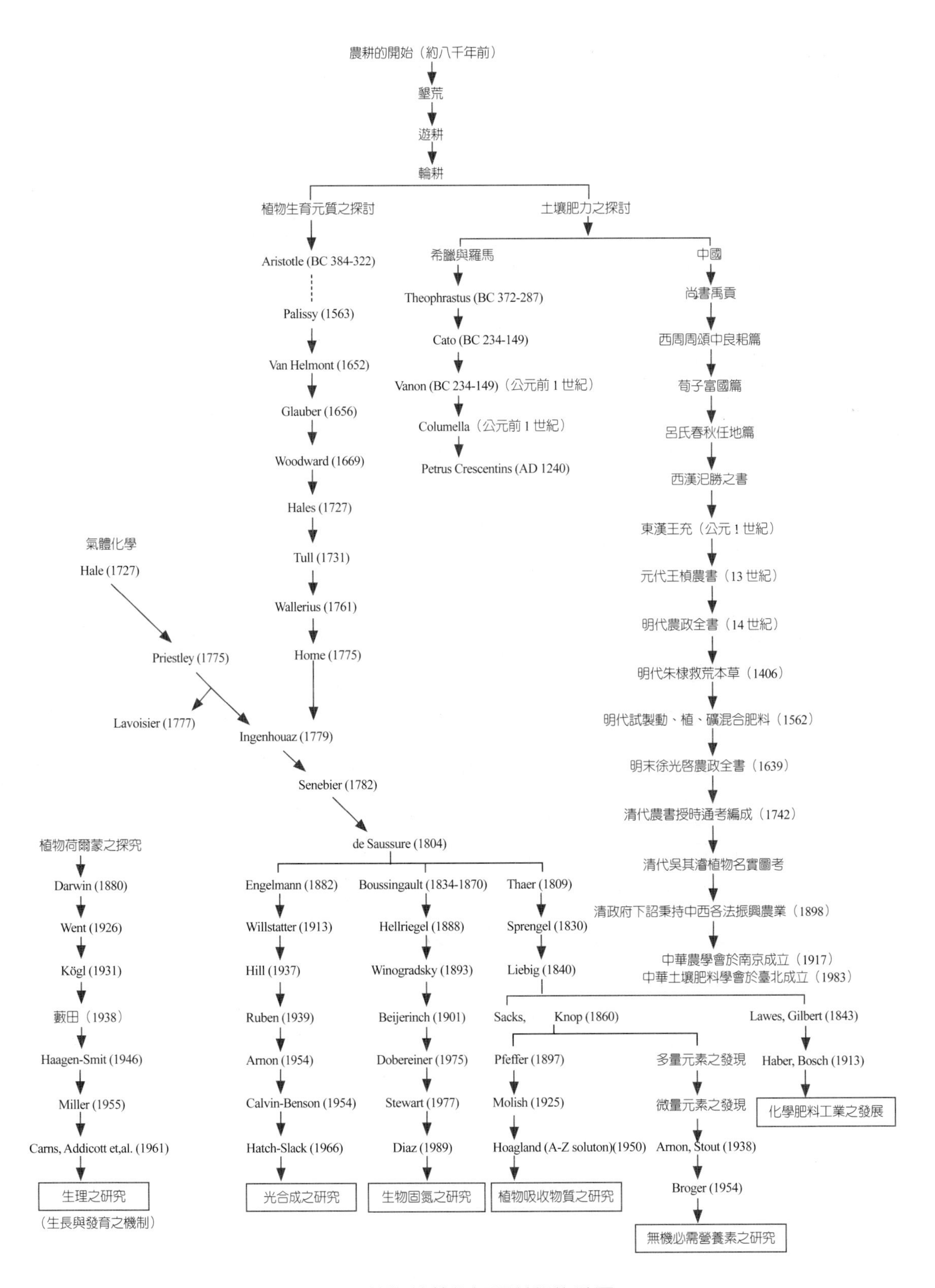

圖2-5 植物營養學相關科學的發展

第三章 植物生長需要什麼養分？

物質與能量的生物循環

我們由第一章知道生物為維持正常的代謝，必須從外界吸取能量和物質。這些從外界吸取的能量和物質，從廣義的方面來看，就是生物的養分。因為植物能利用太陽能，經由光合作用固定空氣中的二氧化碳，以維持自己的生活，所以植物是屬於自營生物（autotroph）。由植物生產，富含化學能的有機物再轉移給異營的（heterotrophic）動物與人類利用，最後動物的排泄物以及動植物的殘體，經過微生物分解又歸還無機界，形成一個物質與能量的生物大循環（圖 3-1）。植物雖然有時可利用部分有機物，但所需的養分主要是由無機物而來。以下我們將討論植物體內到底含有什麼？什麼才是它們必需的？它們來自何處？

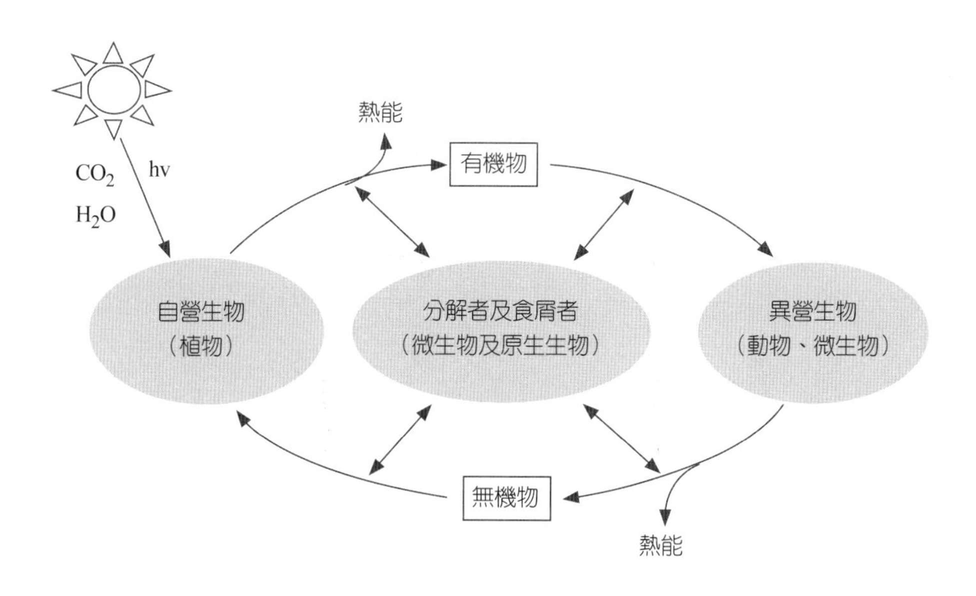

圖 3-1　物質與能量的循環

植物吸收的元素來自環境

宇宙間任何物質與能量都不可能是無中生有的，植物吸收了各種離子或分子，經過代謝，其中的元素只能有不同的組合，不可能轉變為其他的元素。因此，植物體內的元素必來自生長的環境。以下我們將了解大氣、地殼以及土壤主要含有什麼元素，植物吸收元素的多少是否與環境中存在量有關，來作探討。

大氣與地殼之組成分

大氣之組成分包括：(1)N 占 78%；(2)O_2 占 21%；(3)CO_2 占 0.03%；(4)其他如 H_2O、N_2O、NO_2 、H_2、He……等。

地殼之組成分：地殼已發現之元素已逾 80 種，常見的只有十餘種，為使讀者對這些常見的元素在地殼的儲存量有一簡單的概念，下列所列的只是一個大約的比例：

O_2	Si	Al	Fe	Ca	Na	K	Mg	P	Mn	S
1/2	1/4	1/10	1/20	1/25	1/40	1/40	1/40	$1/10^3$	$1/10^3$	$1/2\times10^3$

生物與地殼中元素之比例

由圖 3-2 可知，生物中元素之相對含量與地殼中者迥異。

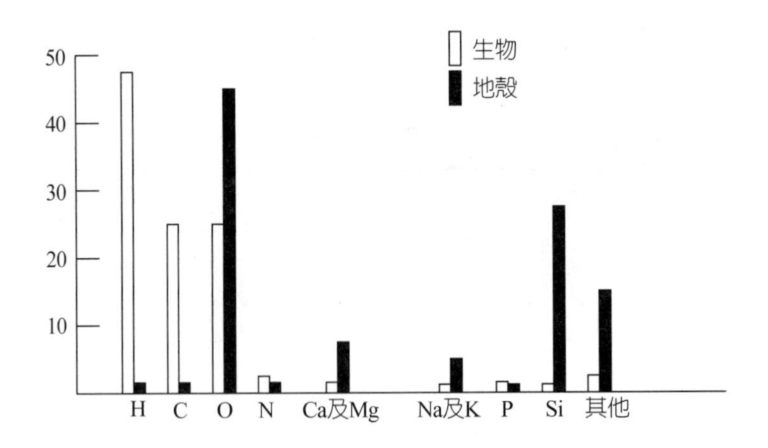

圖3-2 元素在生物與地殼中相對含量比較

植物體與地殼中元素之比例

雖然不同植物體中元素的含量不同，但各元素含量之多少仍有一大致的趨勢（如表 3-1 及 3-2）。某些元素在植物體中與土壤中之含量相似，但大部分不同，此說明了植物對元素之吸收，大部分是有選擇性的，但有些元素也會因土壤溶液中含量高，植物相對的累積較多。

表3-1　植物體內化學元素的平均含量（% 鮮重）

元素	含量	元素	含量
O	70	Cu	2×10^{-4}
C	18	Ti	1×10^{-4}
H	10	V	1×10^{-4}
Ca	0.3	B	1×10^{-4}
K	0.3	Ba	$n\times10^{-4}$
N	0.3	Sr	$n\times10^{-4}$
Si	0.15	Zr	$n\times10^{-5}$
Mg	0.07	Ni	5×10^{-5}
P	0.07	As	3×10^{-5}
S	0.05	Co	2×10^{-5}
Al	0.02	F	1×10^{-5}
Na	0.02	Li	1×10^{-5}
Fe	0.02	I	1×10^{-5}
Cl	0.01	Pb	$n\times10^{-5}$
Mn	1×10^{-3}	Cd	10^{-6}
Cr	5×10^{-4}	Cs	$n\times10^{-6}$
Rb	5×10^{-4}	Se	10^{-6}
Zn	3×10^{-4}	Hg	$n\times10^{-7}$
Mo	3×10^{-4}	Ra	$n\times10^{-14}$

資料來源：Vinogradov, 1982, n: 1～9.

表3-2　植物體及土壤中元素含量（ppm）

元素	植物體	土壤	元素	植物體	土壤
C	454,000	20,000	Si	220	330,000
O	410,000	490,000	Zn	160	50
H	55,000	—	Fe	140	38,000
N	30,000	1,000	B	50	10
Ca	18,000	13,700	Sr	26	300
K	14,000	14,000	Rb	20	100
S	3,400	700	Cu	14	20
Mg	3,200	5,000	Ni	2.7	40
P	2,300	650	Pb	2.7	10
Cl	2,000	100	V	1.6	100
Na	1,200	6,300	Ti	1	5,000
Mn	630	850	Mo	0.9	2
Al	550	71,000			

資料來源：Bowen, 1966，此表以被子植物爲主。

植物的組成成分

怎麼知道植物組成是什麼？

我們從植物營養學發展史了解，過去由於對化學分析的知識與經驗缺乏，以致對植物的組成有很多錯誤的認識。直至近兩百年來分析化學及有機化學的發展，我們才有一套比較進步的方法來認識植物的組成。但是由於植物是複雜的生命體，爲了分析的目的，必須使用各種物理化學方法。然而不論是利用烘乾或低溫冷凍後分析，或是直接利用溶提，甚至用非破壞的方法（nondestructive method），直接分析、觀察、測定，不是破壞了原有的存在狀態，就是只能觀察到植物體的表象，或是只能分析到單一的要素和化合物，很難詳細了解各物質間原有的有機結構，這也就是目前分析所面臨的瓶頸。不過若只要求對植物體的構造及組成成分有一概括的了解，現代的分析方法已是很進步了（陳，2003），圖 3-3 就是一般對植物體組成成分的簡單分析步驟之一。

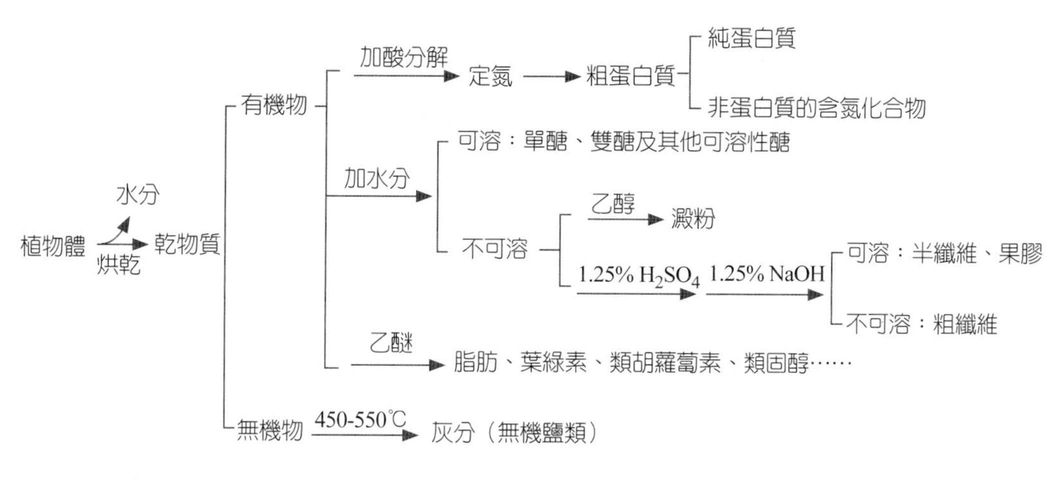

圖3-3　植物體組成成分分析

植物體主要含哪些成分？

如果將圖 3-3 分析簡化後，可知植物體主要分爲兩大部分：即水及乾物質。至於乾物質中有機物及無機物之相對比例，請參照圖 3-4。

水

植物體中水的含量，在新鮮植物體一般含水量爲 70-95%，葉片含水量較高，幼葉及部分果實含水量最高，莖幹含水量較少，種子含水量更少，一般爲 5-15%（表 3-3）。

爲什麼水對植物這麼重要？爲什麼水占活植物體的大部分呢？這可能是反映了地球上最初的生命是在水中生存的。水對植物的重要性，主要因爲水具有下列優點：(1)水是地球上含量最豐富的液體，植物容易攝取；(2)水是最好的溶劑，可以溶解無機鹽類，使植物易於吸收輸送，並促成代謝作用；(3)水黏性低，表面張力大，可以迅速上升或移動；(4)水的比熱大，當外界的溫度變動時，水可產生一定的緩衝作用；(5)水的汽化熱大，當太陽直射時，水的蒸發可防止植物過熱；(6)水的元素組成爲氫（H）與氧（O），而氫與氧是植物的必需元素。

表3-3　不同植物組織含水百分率（%）

植物組織	含水量（%）
幼嫩綠色植物	90-95
幼根	92-93
老葉	75-85
成熟穀類的禾桿	15-20
乾草	15
穀粒	10-16
油菜子	7-10
蕃茄果實	92-93
柑橘	86-90
蘋果	74-81
香蕉	73-78
馬鈴薯塊莖	75-80
甜菜根	75-80

資料來源：Mengel & Kirkby, 1982.

乾物質

無機物：主要爲灰分，一般可分析出七十餘種礦質元素，約占植物鮮重的3%，乾重的5-10%。

有機物：有機成分占植物體之比例，一般約占植物鮮重的 5-30%，乾重的 90-95%（圖 3-4）。依不同植物種類、部位及生長條件而異。表 3-4 是以水稻爲例。

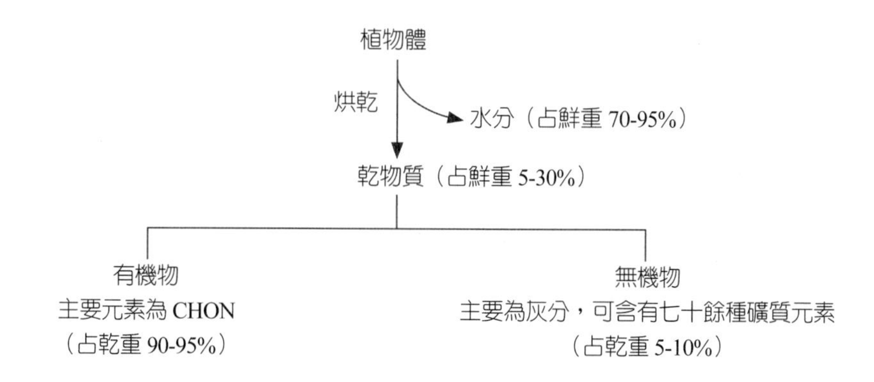

圖3-4　乾物質中有機物及無機物之相對比例

表3-4　水稻的組成

	莖葉	根	穗
粗蛋白	6.9	8.9	13.1
澱粉及糖	0.3	0.3	51.7
半纖維質	24.6	31.2	9.3
纖維質	43.7	36.4	12.2
木質素	18.0	20.6	7.1
粗灰分	14.9	6.4	5.2
N	1.01	1.28	1.88
P_2O_5	0.29	0.28	0.80
K_2O	1.54	0.11	0.35
CaO	0.57	0.19	0.05
MgO	0.20	0.11	0.21
Mn_2O_3	0.03	0.01	0.005
Fe_2O_3	0.27	0.77	0.075
SO_3	0.57	0.68	0.64
SiO_2	10.24	1.68	2.43

註：粗灰分並不含氮，爲說明方便，原著者特將從粗蛋白換算得的無機氮含量列入。
資料來源：大川，1936。

有機成分的分類與舉例：(1)碳水化合物：單醣（如葡萄糖、果糖）、雙醣（如蔗糖）、多醣（如澱粉、纖維素）等；(2)蛋白質及其組成單位：胺基酸、醯胺、卵蛋白、球蛋白、穀蛋白、醇溶蛋白等；(3)脂質：單純脂質類（油脂、蠟）、複合脂質類（磷脂質、醣脂質、脂蛋白）等；(4)有機酸：草酸、檸檬酸、蘋果酸、丙酮酸等；(5)核酸、核苷酸：DNA、RNA、ATP、ADP、AMP 等；(6)色素：葉綠素、胡蘿蔔素、花青素等；(7)次級產物：纖維素、木質素、植物鹼、萜類、酚類等。

有機成分構成要素：活植物體可分爲兩大部分，即活系統及非生命系統。這兩個系統雖然是以有機組成爲主，但它們主要是由 6 種元素組成（表 3-5）。(1)活系統主要以碳、氫、氧、氮、磷、硫元素爲主，其他元素則在不同有機物中出現；(2)非生命系統主要以碳、氫、氧、氮爲主。

表 3-5　細胞中主要組成分

	細胞主要胞器及初／次級產物	主要有機成分	主要元素組成
活系統	原生質	•蛋白質、酶 •胺基酸、醯胺	•CHONP •CHONS
	原生質膜	磷脂、蛋白質	CHONP
	細胞核	核酸（RNA、DNA）	CHONP
	粒線體	ADP、ATP	CHONP
	葉綠體	葉綠素、澱粉、蛋白質磷脂、核酸（RNA、DNA）	CHONPS
	初級產物	•單醣、雙醣、澱粉、有機酸 •胺基酸、蛋白質、脂質、核酸、葉綠素	•CHO（Ca、K） •CHON，CHONSP
非生命系統	細胞壁	•纖維素 •半纖維素 •果膠、木質素	CHO
	液胞		
	次級產物	纖維素、木質素、植物鹼、萜類、酚類	CHO，CHON

主要有機成分結構式舉例：

(1)碳水化合物（carbohydrates）：$C_n(H_2O)_n$

①D-葡萄糖（glucose）　　②D-果糖（fructose）

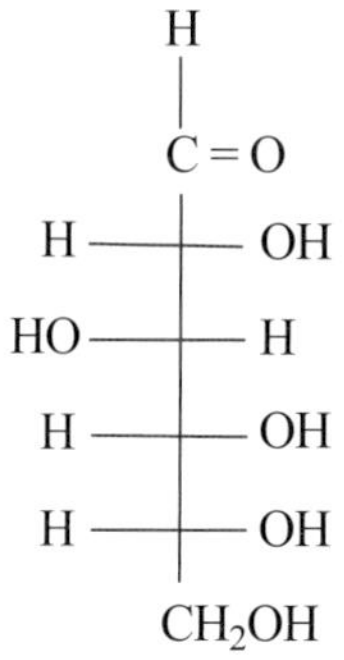

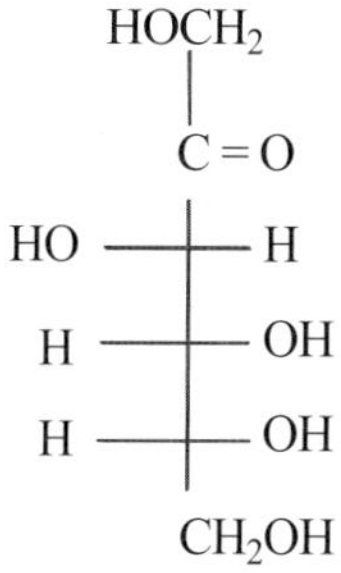

③蔗糖（sucrose）：由葡萄糖及果糖組成的非還原性雙醣。

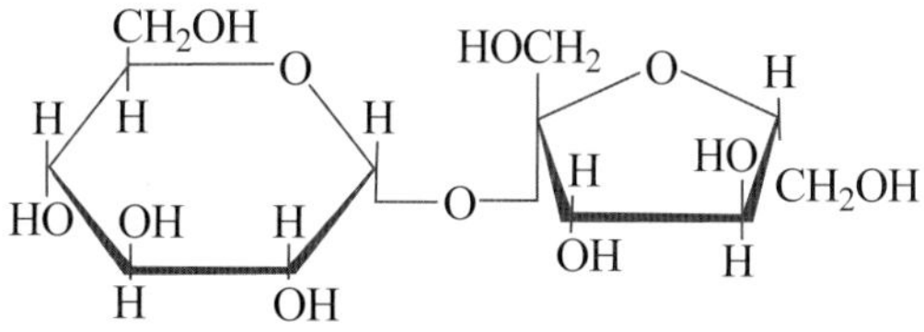

葡萄糖（glucose）　果糖（fructose）

④澱粉（starch）：只由一種葡萄糖單元組成的同多醣（homopolysaccharide），是葡聚醣（glucan）的一種。可分為兩類：只藉 α（1→4）鍵結所構成的，稱為直鏈澱粉（amylose）；若直鏈上有分支，其分支點是以 α（1→6）鍵結所構成，則稱為支鏈澱粉（amylopectin）。

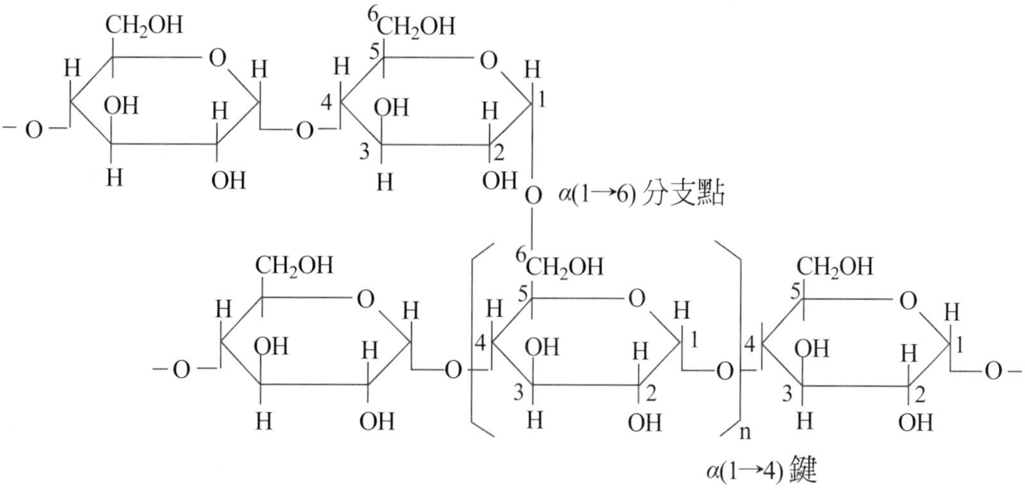

α(1→6) 分支點

α(1→4) 鍵

⑤纖維素（cellulose）：由大約 2,000-10,000 個葡萄糖，藉由 β（1→4）鍵結所構成的直鏈多醣。

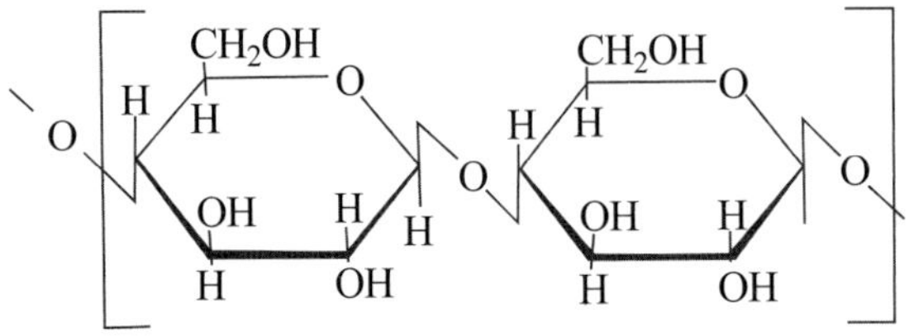

(2)蛋白質（protein）：由一條或多條多肽鏈組成。

①胺基酸的一般式。

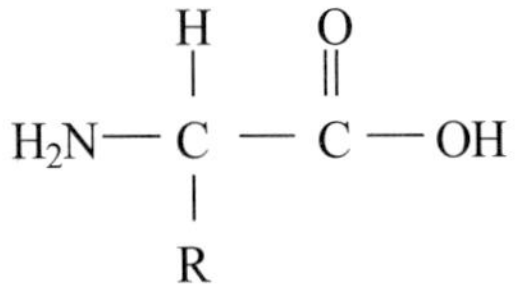

$$H_2N-\underset{R}{\overset{H}{C}}-\overset{O}{\overset{\|}{C}}-OH$$

②肽鏈（peptides）：由數十到數千個胺基酸連接而成。

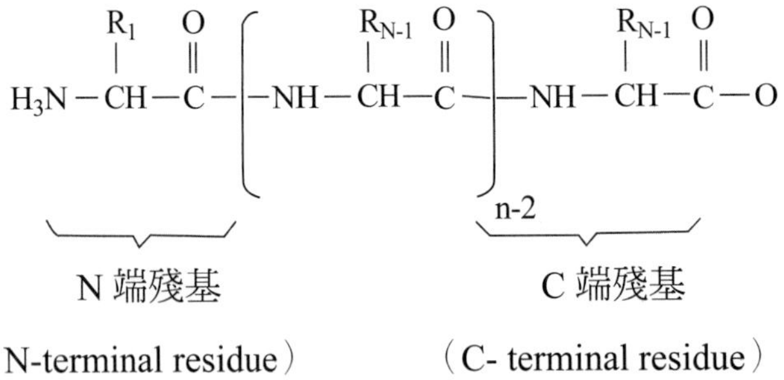

$$H_3N-\underset{}{\overset{R_1}{CH}}-\overset{O}{\overset{\|}{C}}-\left[-NH-\overset{R_{N-1}}{CH}-\overset{O}{\overset{\|}{C}}-\right]_{n-2}-NH-\overset{R_{N-1}}{CH}-\overset{O}{\overset{\|}{C}}-O$$

N 端殘基（N-terminal residue）　　C 端殘基（C- terminal residue）

(3)脂質（lipids）：由脂肪酸和甘油與高級醇結合，或由脂肪酸和甘油、磷酸、氮素化合物所組成的磷脂。下圖所繪爲磷脂之一種形式，磷脂醯膽鹼又稱卵磷脂（phosphatidylcholine），是細胞膜的主要成分。

O
CH₂—O—C ⋀⋀⋀⋀⋀⋀⋀⋀⋀⋀ R1
O
O　HC —O—C ⋀⋀⋀⋀⋀⋀⋀⋀⋀⋀ R2
(CH3)3N —CH2—CH2 —O — P — O — CH2
O-

⑷核酸（nucleic acid）

①核酸

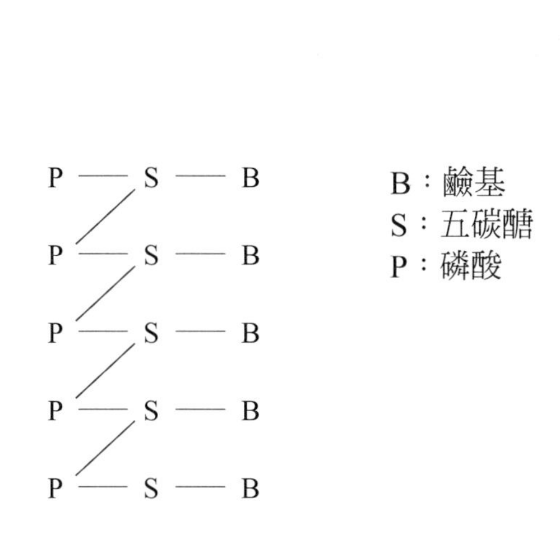

②核酸中的鹼基，包括嘧啶（pyrimidine）及嘌呤（purine）兩類，各舉一例如下：

O　H　H3C　N　N　O　H

NH2　C　N　N　C　CH　HC　C　N　NH

胸腺嘧啶（thymine）　　腺嘌呤（adenine）

⑸次級產物（secondary products）：植物鹼、酚類、萜類（參考圖 7-57、7-58）。最常見之尼古丁煙鹼（nicotine）即爲植物鹼的一種。對苯二酚（hydroquinone）則爲自然界分布最廣而構造又最簡單的酚類之一。

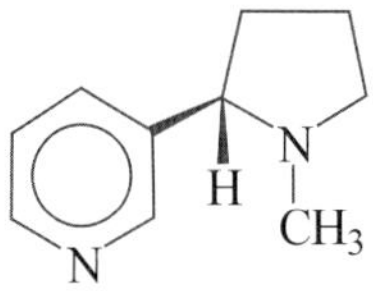

OH
N
H
N
CH_3
OH

尼古丁，煙鹼（Nicotine） 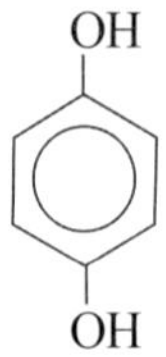　　苯二酚（Hydroquinone）

植物營養元素之分類

首先我們必須澄清的是，某種元素在植物體中可以發現，與這種元素對植物生長發育是否爲不可缺少的是兩回事。因爲土壤中含有爲數眾多的化學元素，都有可能被植物或多或少吸收（表 3-6）。因此，植物體的元素分析結果只能告訴我們，植物從生長地方吸收了哪幾種元素與吸收了多少，而不能告訴我們這些元素就是植物的必需元素。以下將討論什麼是必需元素、什麼是非必需元素、必須元素要具備哪些條件。

必需元素

判斷必需元素的依據

Arnon 與 Stout（1939a）在六十年前就提出元素的必需性（essentiality of elements）概念，他們認爲判斷植物必需營養素，要在嚴密水耕試驗法下進行，並且要符合三個條件。何謂嚴密的水耕試驗法？首先要用精緻蒸餾水及試劑，並要防止由水耕容器及大氣而來的污染物，然後在培養液中有系統的減去植物灰分中發現的某些元素，觀察對植物的生長發育是否產生影響；而符合三個條件，即：

- 條件一：當缺乏此元素時，植物就不能完成營養生長和生殖生長的全部過程。
- 條件二：缺乏這種元素，植物會表現出特有的症狀，其他任何一種化學元素，均不能取代其作用，唯有添加這種元素，症狀才會減輕或消失。
- 條件三：這種元素必須在植物體內直接參與新陳代謝，而不僅是間接地影響植物的正常生長。

根據這三個條件，到目前為止，一般認為植物營養必需元素為：碳（C）、氫（H）、氧（O）、氮（N）、磷（P）、鉀（K）、鈣（Ca）、鎂（Mg）、硫（S）、鐵（Fe）、錳（Mn）、鋅（Zn）、銅（Cu）、鉬（Mo）、硼（B）與氯（Cl）共 16 種。總之，必需元素在植物體內不論數量多少都是同等重要的，任何一種營養元素的特殊功能，皆不能為其他元素所代替。所以我們也可以把必需元素的條件簡化為：當缺乏此元素時，植物將產生一定的症狀，除非補充此一元素，否則不能完成營養生長和生殖生長的全部過程。

不過，自從 Arnon 提出必需元素的三個條件，由於設想周延，很少人提出質疑。但 1954 年 Broyer 等人在研究氯的必需性時，就遇到溴可以取代氯的問題。雖然在自然界及植物體中，氯與溴相比氯占絕對優勢，同時控制缺乏症的效果氯比溴大十倍，但是這卻凸顯了 Arnon 否定一切代替性的第二項標準是否過於嚴格的問題。又如市岡等人（1955）的報導：斜生珊藻只有把硝酸鹽作為氮源供給時才需要鉬，而把銨鹽和尿素作氮源時，施鉬與否不受影響，這很顯然地，鉬對這種藻類的必需性是有條件的。

其次 Arnon 等人判斷元素對植物是否為必需，是從植物是否能完成營養生長與生殖生長的觀點出發的，而不是從提高作物產量或改善作物品質的觀點出發，這是我們也應該注意的。

但根據 D. J. Nicholas（1961）的看法，他認為 Arnon 的規定條件過於嚴格，於是他擴充了必需養分元素的概念，提出了功能養分元素（functional nutrient）和代謝養分元素（metabolism nutrient）的概念。這個概念不管有無代替性，包括了與植物代謝有關的一切元素。如果依照這個標準，必需元素除上述公認的 16 種外，其他可使某些特定植物生長得好的元素，如矽（Si）、硒（Se）、鈉（Na）、鈷（Co）、釩（V）、鎳（Ni）等元素，也可以屬於植物營養的必需元素。但是，目前一般學者仍是沿襲 Arnon 與 Stout 的說法。因此，關於必需性（essentiality）概念之討論，似乎並沒有結束。

必需元素的分類

必需元素的分類方法有很多種，有的按植物的含量分類，有的則按功能分類。

若按在植物體內的含量分類，可分為⑴巨量元素：一般占乾物重的 0.1% 以上者；⑵微量元素：一般占乾物重的 0.01%（100ppm）以下者（表3-6）。

表3-6　從高等植物必需元素含量分類

元素		化學符號	有效狀態	原子量	乾物組織中之濃度		以鉬為 1 之相對量
分類	名稱				ppm	百分比	
微量元素	鉬	Mo	MoO_4^-	95.95	0.1	0.00001	1
	銅	Cu	Cu^+, Cu^{2+}	63.54	6	0.0006	100
	鋅	Zn	Zn^{2+}	65.38	20	0.002	300
	錳	Mn	Mn^{2+}	54.94	50	0.005	1,000
	鐵	Fe	Fe^{3+}、Fe^{2+}	55.85	100	0.01	2,000
	硼	B	H_3BO_3	10.82	20	0.002	2,000
	氯	Cl	Cl^-	35.46	100	0.01	3,000
巨量元素	硫	S	SO_4^{2-}	32.01	1,000	0.1	30,000
	磷	P	$H_2PO_4^-$、HPO_4^{2-}	30.98	2,000	0.2	60,000
	鎂	Mg	Mg^{2+}	24.32	2,000	0.2	80,000
	鈣	Ca	Ca^{2+}	40.08	5,000	0.5	125,000
	鉀	K	K^+	39.01	10,000	1.0	250,000
	氮	N	NO_3^-、NH_4^+	14.01	15,000	1.5	1,000,000
	氧	O	O_2、H_2O	16.00	450,000	45	30,000,000
	碳	C	CO_2、HCO_3^-	12.01	450,000	45	35,000,000
	氫	H	H_2O、H^+	1.01	60,000	6	60,000,000

資料來源：Epstein, 1972.

然而由於從元素含量多少來分類，界線並不明確，所以不少人試圖從元素在植物體中的功能來分類。Mengel 在 1982 年就曾提出依照必需元素在植物體中功能分類，將營養元素分爲四組，各組功能如表 3-7。但從作物生產角度來看，有人認爲還是以含量多少來分類較爲實際。

表3-7　從必需元素在植物體中之功能分類

	營養元素	吸收型態	生物化學功能
第一組	C、H、O、N、S	CO_2、HCO_3^-、H_2O、O_2、NO_3^-、NH_4^+、N_2、SO_4^{2-}、SO_2、離子來自土壤溶液，氣體來自大氣	是有機物質的主要成分。是催化過程中原子團的必需元素，可經過氧化還原反應進行同化作用
第二組	P、B、Si	$H_2PO^-_4$、HPO_4^{2-}、H_3BO_3、SiO_4^{2-}	與植物中天然醇類進行酯化作用，磷酸酯參與能量轉化反應
第三組	K、Na、Mg、Ca、Mn、Cl	K^+、Na^+、Mg^{2+}、Ca^{2+}、Mn^{2+}、Cl^-	一般功能，是形成滲透勢。特殊功能，使酶蛋白質的構造成爲最佳狀態，以利酶的活化；作爲兩種反應物之間的橋梁；平衡可擴散與非擴散的陰離子
第四組	Fe、Cu、Zn、Mo	Fe^{2+}、Cu^{2+}、Zn^{2+}、MoO_4^-或嵌合物	主要以嵌合物結合於輔基內，透過這些元素氧化數的變化而傳遞電子

資料來源：Mengel, 1982.

必需元素在週期表上的位置

⑴大部分爲原子量較小者；⑵有相鄰性。它們的位置至少在一個方向，或是橫向，或是垂直，或是對角與另一必需元素相鄰；⑶部分爲過渡性元素，有氧化還原作用，並爲輔助因子。

有關必需元素在週期表上的位置詳細呈現，請見表 3-8。

表3-8　必需元素在週期表中的位置

	Ia	IIa	IIIb	IVb	Vb	VIb	VIIb	VIIIb	Ib	IIb	IIIa	IVa	Va	VIa	VIIa
1	H														
2	(Li)										B	C	N	O	(F)
3	[Na]	Mg									[Al]	[Si]	P	S	Cl
4	K	Ca	Sc	(Ti)	[V]	(Cr)	Mn	Fe[Co] [Ni]	Cu	Zn				(Se)	
5	(Rb)	(Sr)				Mo			(Ag)	(Cd)					(I)
6												(Pb)			

註：1.必需元素：只以元素符號表示。
2.有益元素：以括號〔〕表示。
3.尚未公認者：雖有些學者認爲是必需或有益元素，但尚未公認者，則以括號（）表示。

必需元素之發現

有些巨量的必需元素，人類很早就知道了，但大部分的微量元素，都是在 20 世紀初期，化學分析技術精進後，才陸續被發現。由於過去資訊不甚發達，而且各國都希望爭取國譽，因此，有幾個必需元素究竟是誰發現的，至今仍有爭議。所以在表 3-9 中，同一微量元素才會列有數位發現者。

1800-1844 年：發現的巨量元素有⑴氫和氧。早在化學元素發現以前，人們就知道水是植物必需的營養物質，後來才發現水原來是由氫和氧兩種元素組成；⑵碳於1800 年由 Senebier 和 Saussure 確定；⑶氮於 1804 年由 Saussure 確定；⑷磷、鉀、鈣、鎂、錳、硫於 1865 年由 Sacks 和 Knop 確定。此時期發現的微量元素有鐵，於 1844 年由 Cris 確定。

1905-1954 年：首先發現高等植物中鐵以外微量養分元素的人及年代，見表 3-9。

表3-9　首先發現高等植物中鐵以外的微量養分元素的人及年代

元素	發現者	年代	供試植物
Mn	Bertrand Maze J. S. McHargue	1905 1915 1922	豌豆、大豆、蘿蔔
B	K. Wartington	1923	蠶豆
Zn	A. L. Sommer C. B. Lipman Maze	1926 1914	向日葵、大麥

（續）

元素	發現者	年代	供試植物
Cu	A. L. Sommer	1931	向日葵、亞麻
Mo	D. I. Arnon P. R. Stout	1939	蕃茄
Cl	T. C. Broyer A. B. Carlton C. M. Johnson P. R. Stout	1954	蕃茄

非必需元素

由於對植物營養的逐步認識，學者們在非必需元素中又發現了有益元素。所以非必需元素又可分爲有益元素及未知元素。

有益元素

有些元素雖尚未證明對高等植物的普遍必需性，但它們對特定植物的生長與發育確實有益，我們稱這些元素爲有益元素。像矽、鋁、鈉、硒爲特定植物的有益元素，鈷則參與豆科植物根瘤固氮，鎳則是催化尿素水解的脲酶金屬輔基，碘是海生藻類所需，釩則是淡水藻類所需。但對某些有益元素，學術界尚存有分歧。有些學者則把鋰、鉫、銀、鍶、鎘、鈦、鉛、鉻、氟等，都歸入有益元素。

未知元素

由於化學藥品的純度不斷增加，分析技術改進，微量元素才能陸續被發現其必需性。但地球上已知的植物有 37 萬多種，只就開花植物而言就有 20 萬種以上，而我們仔細研究其營養者也不過幾百種，而且利用水耕法判定微量必需元素時，必需要嚴格控制實驗條件。最確實的方法應是了解該元素在組織構造及代謝機能上之不可或缺性。所以到目前爲止，我們對植物營養的研究還是不夠的，預料今後隨科學技術的進步，以及對植物採樣範圍的擴大，植物必需營養元素的數目可能還會增多，也可能有些植物並不需要 16 種元素中的某些元素。

植物需要營養的共同性與差異性

共同性

根據植物營養學者研究地球上所常見，尤其是作爲作物的植物，知道有 16 種元素是這些植物的必需養分，它們的功能是普遍性的，如表 3-10 所示。

表3-10 植物必需元素之主要吸收形態及功能

元素		植物之吸收形態	主要功能
巨量元素	C	CO_2、HCO_3^-	植物中有機化合物的主要成分，爲光合作用的原料。
	O	O_2、H_2O	植物中有機化合物的主要成分，爲呼吸作用所必需。
	H	H_2O、H^+	植物中有機化合物的主要成分，爲光合作用的原料。
	N	NO_3^-、NH_4^+	核酸、蛋白質、荷爾蒙及輔酶、葉綠素的組成成分。
	P	$H_2PO_4^-$、HPO_4^{2-}	核酸、磷脂質、ATP，及某些輔酶的組成成分之一。
	S	SO	蛋白質、含硫的胺基酸及輔酶的組成成分之一。
	K	K^+	爲蛋白質合成當中的輔因子（Cofactor），調控氣孔的開關，可以維持植物細胞中的電中性。
	Ca	Ca^{2+}	爲細胞間質果膠的構成成分，與細胞壁物質結合，並維持細胞膜的完整性、通透性及維持細胞膨壓。
	Mg	Mg^{2+}	爲葉綠素、果膠及多種酶的組成成分，並且可活化許多植物體內的酶。
微量元素	Cl^-	Cl^-	在光合作用中，水分解（water-splitting）的過程中所需要，並有維持植物細胞內電荷平衡的功能。
	Fe	Fe^{3+}、Fe^{2+}	細胞色素的組成成分之一，合成葉綠素所必需，並且牽連到許多酶的活化作用，與光合作用、氮的固定，以及與呼吸作用相關的去氫反應有關。
	B	H_3BO_3	有間接的證據證明，硼與碳水化合物的運輸有關，並能促進細胞生長和分裂，參與細胞壁物質的合成，生殖器官的發育，以及調節酚的代謝和木質化作用。
	Mn	Mn^{2+}	與合成胺基酸有關，參與光合作用水分解釋出氧之反應，並可活化植物體中的許多酶（dehydrogenases、decarboxylases、kinases、oxidases、peroxidases）。

（續）

元素		植物之吸收形態	主要功能
微量元素	Zn	Zn^{2+}	植物體中一些酶的組成成分，如 alcohol dehydrogenases、glutamic dehydrogenases、lactic dehydrogenases、carbonic anhydrases、alkaline phosphatases、carboxypeptidase B。
	Cu	Cu^{+}、Cu^{2+}	爲含銅金屬蛋白之組成成分，參與氧化還原反應，如 plastocyanin 之組成成分。
	Mo	MoO_4^-	固氮酶及硝酸還原酶之組成成分。

差異性

所需營養元素的差異

高等植物及低等植物：一般高等植物所需的元素比低等植物多，但亦有少數元素是低等植物所需，高等植物並不需要的情形（表 3-11）。

表3-11　高等和低等植物對礦質元素必需性的差異

礦質元素	高等植物	藻類	真菌
N、P、S、K、Mg、Fe、Mn、Zn、Cu	0	0	0
Ca	0	0	?
B	0	?	×
Cl	0	0	×
Na	?	?	×
Mo	0	0	0
Se	?	×	×
Si	?	?	×
Co	×	?	×
I、V	×	?	×

註：0 爲必需；?爲尚未肯定；×表示未知其爲必需。
資料來源：Epstein, 1972.

特定植物的有益元素：某些特定植物缺少某種元素，雖然不致枯死，但常會生長發育都不好，因此可以說是特定植物栽培上所需要的有益元素，這些元素有硒、鈉、鋁、矽等。

1. 硒：豆科黃芪（Astragalus）屬中，有少數品種需硒，其硒含量可達數千ppm，為一般植物的一百至一萬倍以上。
2. 鈉：有些植物加入鈉後，生長明顯增加，如甜菜。若以鈉置換鉀，對不同品種之甜菜的乾重及含糖量，有明顯之影響（表 3-12）。
3. 鋁：如八仙花缺鋁，則不能有鮮豔的藍色；茶缺鋁，則生長不良。一般植物鋁含量是 200ppm 左右，但有的茶樹葉可超過 30,000ppm。（Matsumoto et al., 1976b）
4. 矽：矽對禾本科植物有益，研究最多的是水稻，由於矽能使水稻葉片挺立與稻桿之交角小，可增加光合作用，並能使葉表皮充分矽質化，增加機械抗性，減少病蟲害，所以水稻缺矽則減產明顯（表 3-13）。

表3-12　在水耕液中以鈉置換鉀對三種不同基因型之甜菜乾重及含糖量之影響

品種	處理(mM)		乾重（克／株）	儲藏根之含糖量	
	K^+	Na^+		（% 溼重）	（克／儲藏根）
Monohill	5.0	—	115	9.2	54.4
	2.5	2.5	133	11.9	49.6
	0.25	4.75	126	7.6	34.2
Ada	5.0	—	86	4.9	19.0
	2.5	2.5	131	7.1	43.3
	0.25	4.75	132	7.7	20.9
Fia	5.0	—	44	10.0	13.7
	2.5	2.5	65	10.4	20.3
	0.25	4.75	84	11.2	27.9

資料來源：Marschner et al., 1981b.

表3-13　矽酸的供給時期對水稻生育的影響

處理區		地上部重量（乾重）（g／株）	穀實產量					SiO_2 吸收量（g／株）
生育前期	生育後期		每株穗數	每穗粒數	成熟率%	千粒重（g）	精米產量（g／株）	
–Si	–Si	23.6	9.5	49.3	55	20.4	5.25	0.01
+Si	–Si	26.5	10.3	47.1	67	20.4	6.64	1.18
–Si	+Si	31.0	10.0	65.4	78	20.2	10.30	2.29
+Si	+Si	33.6	11.0	63.2	76	20.5	10.83	3.56

註：在五萬分之一公畝的盆中進行水耕試驗，水耕液中的矽酸濃度以 SiO_2 計算爲 100ppm，以幼穗形成期爲界，分爲生育前期和後期。

資料來源：奧田　東等人，1961。

所需營養元素「量」的差異

一、**不同種植物間比較**：必需元素的需要量是依植物的不同而有差異，其中以微量元素的差異較大。

1. 高灰分及低灰分含量：表 3-14 是對生長在同一土壤上的 129 種植物，進行無機成分的分析結果，比較最高 10 種的平均含量和最低 10 種的平均含量，發現兩者均相差十倍以上，這說明不同植物吸收不同養分的能力不同。

表3-14　生長在同一土壤中 129 種植物的無機灰分含量（對乾重的 %）

	灰分	必需元素							有益元素	
		P	K	Ca	Mg	Fe	Mn	B	Si	Al
最高 10 種的平均含量(A)	21.4	0.67	6.42	4.15	0.74	0.234	0.113	0.0081	3.91	0.65
最低 10 種的平均含量(B)	3.8	0.08	0.68	0.32	0.08	0.009	0.003	0.0002	0.02	0.01
(A)／(B)	6	8	9	13	9	26	39	45	196	65

註：隱花植物 15 種，顯花植物 114 種。

資料來源：高橋英一、三宅靖人，1973。

2. 喜矽植物（silicophile）與喜鈣植物（calciphile）：從表 3-14 可知巨量必需元素中，植物間差異最大的是鈣。在植物生態領域，很早就有喜鈣植物和嫌鈣植物之分。一般而言，單子葉植物之含鈣量大多比雙子葉植物低，尤其禾本科植物，如水稻、玉米、高粱為然。而且常有鈣含量多的植物，矽的含量低；矽含量多的植物，鈣的含量低的現象，所以也有喜鈣植物及喜矽植物之分，表 3-15 就是明顯的例子。

表3-15 玉米與苜蓿植體中各元素含量之差異（乾物的 %）

植物 / 元素	玉米（單子葉）	苜蓿（雙子葉）
C	43.70	45.38
O	44.57	41.04
H	6.26	5.54
N	1.46	8.30
Si	1.17	—
K	0.02	0.91
Ca	0.23	2.31
P	0.20	0.28
Mg	0.18	0.33
S	0.17	0.44
Cl	0.14	0.28

二、同一種植物比較

1. 依作物生長期而異：不同生長期，營養元素之相對含量不同。生長初期吸收養分快，相對濃度高；植物漸漸長大，則吸收的養分，被光合作用產物稀釋，含量則相對減少；但至生殖生長期則生長減緩，吸收速率亦降低，因而養分含量漸趨穩定，這幾乎是一般植物養分含量的變化規律。若再仔細觀察，這種變化趨勢以 N、P、K 最為明顯（圖 3-5）。但對 Ca、Mg、Mn、Fe、Al、B 而言，由於隨植物年齡增加，這些元素常有在老葉中蓄積的現象，故有時不但含量不降低，反而有升高現象。Smith（1962）曾對不同植物的葉片做過分析，如表 3-16。

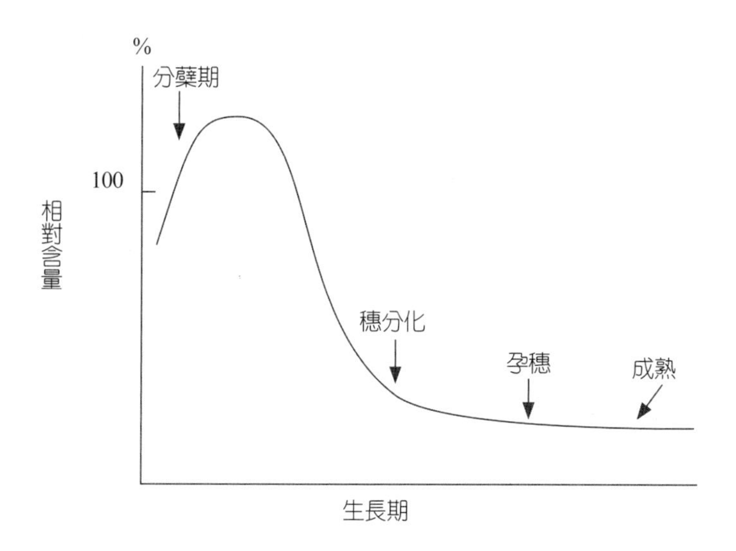

圖3-5　水稻在生長過程中氮磷鉀含量之變化

表3-16　不同植物的葉片中各元素隨年齡變化趨勢

植物種類	隨年齡增加濃度降低	隨年齡增加濃度升高
蘋果	N、P、K	Ca、Mg
越橘	P	Ca、Mg
柑橘	N、P、K、Cu、Zn	Ca、Mg、Mn、Fe、Al、B
柑橘（果）	N、P、K、Mg	Ca
無花果	N、P、K	Ca、Mg
桃	N、P、K、Cu、Zn	Ca、Mg、Mn、Fe、Al、B
松樹	K	Ca
蔬菜	N、P、K	Ca

資料來源：Smith, 1962.

2. 依不同部位而異：植物不同器官之間，礦物質含量是很不相同的。通常生長部位如莖葉和根中的礦物質成分，多比果實、塊莖與種子來得高。若植物從莖葉中供應礦物質與有機物質給果實和種子，植物的生殖器官和儲藏器官的礦物質，在植物生長後期則變化很小。早期在 Schreiber（1949）的報告中，已顯示穀類的禾稈中鎂之含量隨養分之供給會繼續增加，但在穀粒中，生育後期鎂之含量幾乎一定，如圖 3-6 所示。

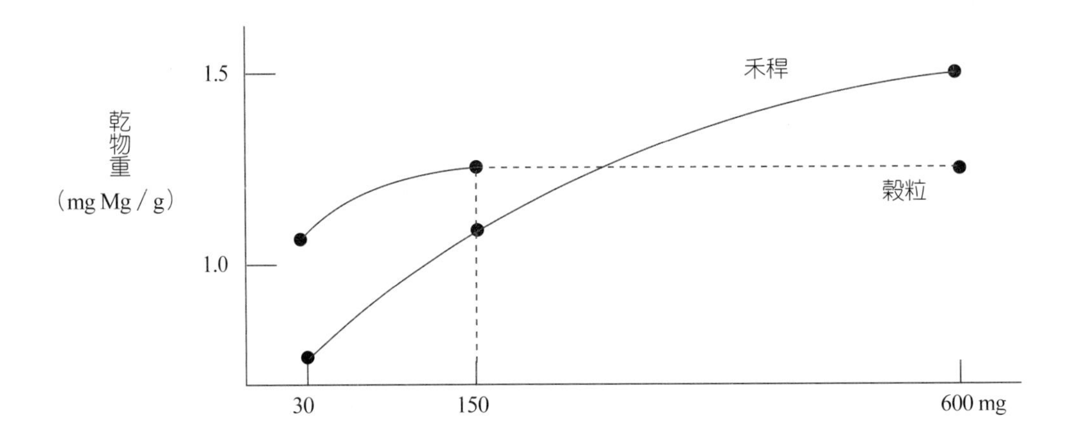

圖3-6　增加 Mg 的供應量對禾稈和穀粒中 Mg 含量的影響（Schreiber, 1949.）

3. 某種離子受其他種離子之影響：一種離子對其他離子之吸收，有時有加強作用，有時則有拮抗作用。今以鉀、鈣爲例，適當之鈣能保持細胞膜之完整性，可降低鉀的流出率，有利於鉀的吸收；過多之鈣，則將抑制鉀之吸收。Viets 效應即在說明這種鉀、鈣之相互影響（圖 3-7）。

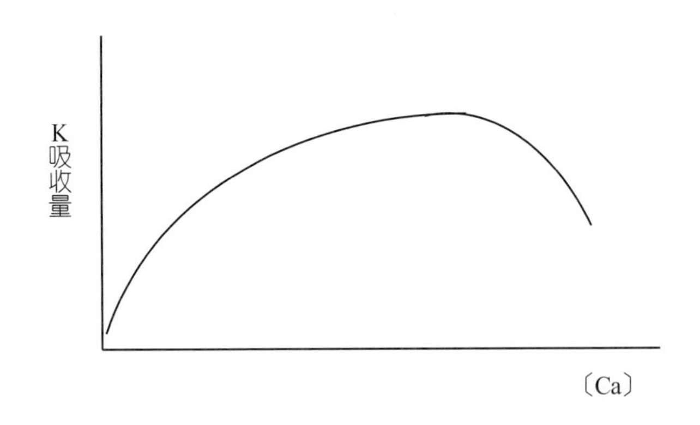

圖3-7　Viets 效應（Viets, 1944.）

對所需營養元素存在形態喜好的差異

營養元素通常以離子形態被植物攝取，但同一元素常有不同的存在形態，如不同的原子團或不同的電荷數。最常見的例子是氮素的硝態（NO_3^--N）和銨態（NH_4^+-N）。植物對這兩種形態雖然都可以利用，但常依植物種類，會對兩種形態有不同的喜好與忍受性。

一、**好硝態氮植物**：一般植物多喜好硝態氮，因為吸收硝態氮時可同時帶進多種陽離子，可增大代謝池（metabolic pool）。

二、**好銨態氮植物**：植物在吸收銨態氮或氨態氮（NH_3）後，能迅速把氨轉變成毒性小的有機態氮，如胺基酸或醯胺，並以有機態氮的形式利用或輸送，可以防止氨過剩的危害，例如茶樹及水稻就屬於這一類的植物。

關於植物界為什麼存在著對硝態氮與銨態氮不同喜好的植物，一種看法認為是遺傳特性，另一種看法則認為與植物長期對環境的適應有關，您的看法是如何呢？

第四章　植物對養分的攝取

第三章已經簡單介紹了植物需要哪些養分，但是植物要利用這些養分滿足生命活動，則必須先從環境中攝取這些養分，經過短距離或長距離的輸送，進入細胞內才能代謝。在這裡用「攝取」（uptake）的用意是希望與「吸收」（absorption）有所區別。我們暫時將「攝取」定義爲養分由環境進入植物體的過程，而「吸收」則表示養分透過細胞原生質膜進入細胞內部。

這一節我們就先討論植物如何攝取養分，在養分進入植物體後如何在短距離內進入細胞。至於經過長距離的運輸，才能進入細胞內的部分，留待下一章再談。

植物攝取養分的器官及途徑

器官

植物可經由細胞及不同器官攝取養分，但一般植物，養分主要從根部及葉部攝取。根有地下根和氣根兩種，有的地下根可直接由水、土壤或其他介質攝取養分；有的則經由共生或自由固氮菌，將空氣中的氮轉變爲可利用的氮由根攝取，或經由根菌之菌絲，將土壤中之無機養分，輸入根之表皮及皮層的細胞間隙或細胞內部。而氣根可由空氣獲得水分及養分。

葉部可自葉攝取無機物及有機物。例如⑴葉可自空氣中攝取二氧化碳、二氧化硫、水蒸氣及氧氣；⑵葉面可吸收無機肥料及尿素。

其他攝取養分的部位：⑴吸器（haustoria），某些寄生植物的莖或根的突起，可自寄主的植物攝取養分，例如菟絲子（dodder）。⑵細胞，如單細胞的藻類，可由細胞直接攝取養分。

途徑

一般物質進入植物體有兩個路徑，一條稱爲質外體（apoplast）的路，另一條稱爲共質體（symplast）的路。前者是在細胞質膜外移動（包括在細胞壁或細胞間隙內），後者則可經由胞質連絲（plasmodesmata），藉細胞內原生質的流動，帶動溶質輸送。其路徑可簡繪如圖 4-1，同時可與植物根之橫切面圖做一對照（圖 4-2）。

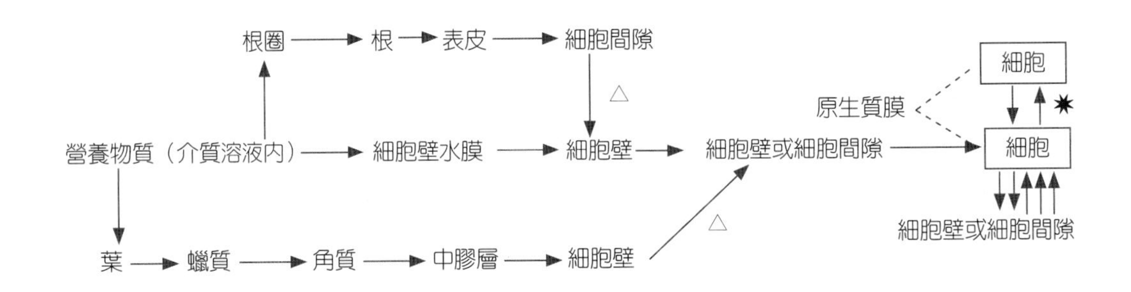

△表質外體， ✷表共質體（原生質經胞質連絲流通）。

圖4-1　物質進入細胞體內的路徑

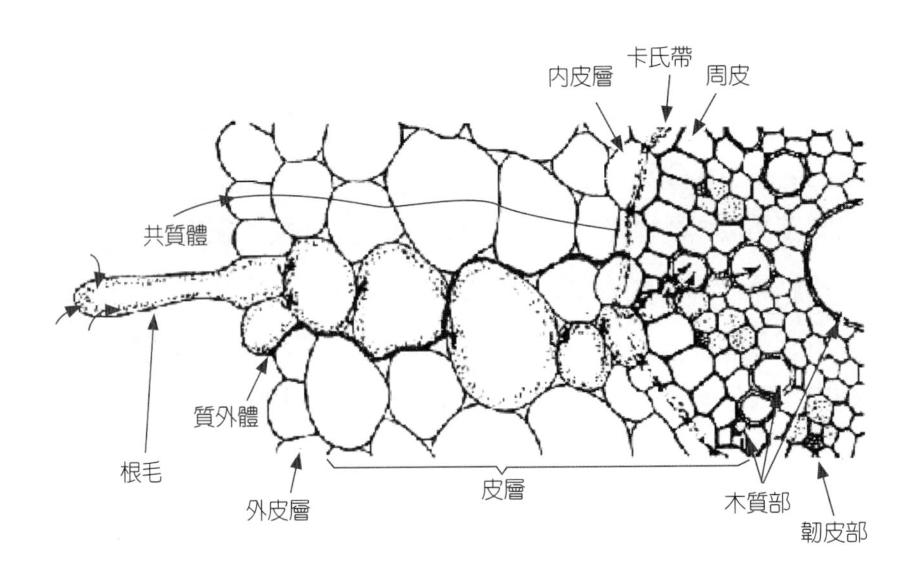

圖4-2　植物根之橫切面

從圖 4-1 與 4-2 可以理解植物攝取水分或養分雖然分爲兩條路徑，但不是隔絕的，而是可以相通的。爲了方便說明，暫時分爲兩個部分來了解。

自由空間

自由空間（free space）是指植物組織中容易爲外部溶質擴散通過的部分，它的內部邊界是原生質膜。自由空間是由細胞間隙、細胞壁微孔和細胞壁與原生質膜間的空隙三部分組成。細胞壁主要構成物質是纖維素，其次爲半纖維素（hemicellulose）、果膠（pectin）及醣蛋白（glycoprotein）；纖維素分子聚集成束稱纖維束（micelle）。數個纖維束形成纖維素微纖絲（cellulose microfibril），簡稱微纖絲（microfibril），我們可把微纖絲看成細胞壁之骨架，其他物質稱爲基質（matrix），富有韌性之微纖絲嵌埋於基質中。此外，由醣蛋白組成的延伸蛋白（extensin）則與微纖絲形成網狀結構，以增加細胞壁的強度（圖 4-3）。纖維束間隙及微纖絲間隙構成細胞壁微孔（圖 4-4）。根據 Bruce 等人（1983）之研究，一般細胞壁之微孔直徑約在 3.5nm 至 5.2nm 之間。從根的橫切面來看，細胞與細胞間

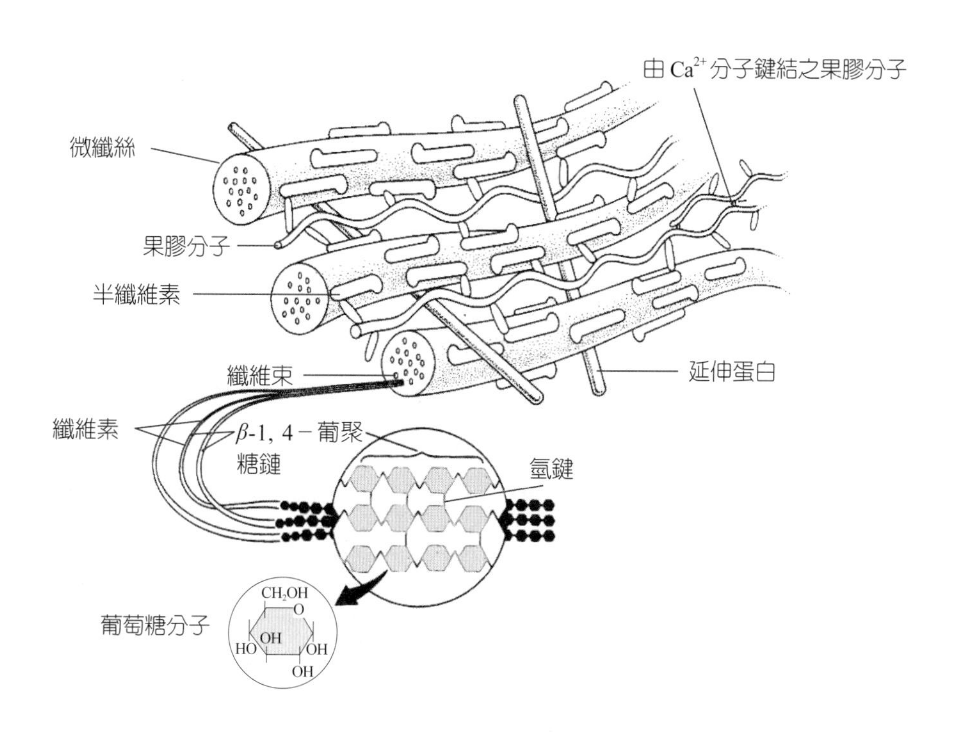

註：重組 Taiz 及 Zeiger, 於 1991 年所繪細胞壁及纖維束組成圖

圖4-3　初生細胞壁之組成模式圖

的空隙（圖 4-2），又遠大於細胞壁之微孔，由於小分子及離子之直徑都很小，所以離子及水分子都可以在這些微孔及間隙中通過（表 4-1）。由於年輕的細胞，初生細胞壁代謝活性很大，隨細胞質增加而生長擴大，所以微孔之數目及大小亦不斷在改變，此時會發覺常稱之細胞壁是否會被誤爲「不具活性的壁」？近年來已漸漸有用胞外基質（extracellular matrix）代替細胞壁的趨勢（Dey, 1997），筆者認爲胞外層（extracellular layer）是否亦可考慮，盼讀者一起思考。

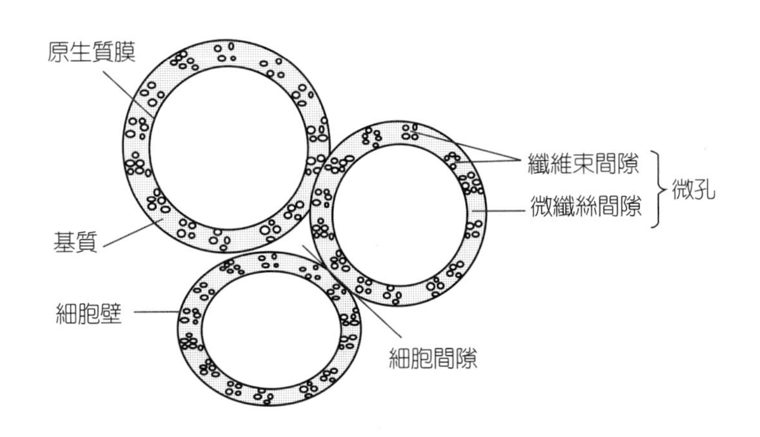

圖4-4　細胞壁微孔之示意圖

表4-1　根之細胞壁及養分粒子大小之比較

	厚度或直徑（nm）
表皮細胞壁（玉米）	500-3,000
皮層細胞壁（玉米）	100-200
細胞微孔	1-10
蔗糖	0.9
水合離子 K^+ Ca^{2+}	 0.66 0.82

由於在細胞壁中網狀的結構間，含有許多由中膠層、多醣酸等產生之羧基（RCOO-）或羥基（-OH）吸附，或交換陽離子及排斥陰離子作用，因此自由空間很難定義。1952 年 Hope 與 Stevens 爲此引入表觀自由空間（Aparent Free Space,

AFS）的概念。表觀自由空間包括水分自由空間（Water Free Space, WFS）或外層空間（outer space）與道南空間（Donan Free Space, DFS）兩部分，其中道南空間即指上述由羧基或羥基能吸附交換性陽離子所占據的空間（圖 4-5）。簡單說，即 AFS = WFS + DFS。

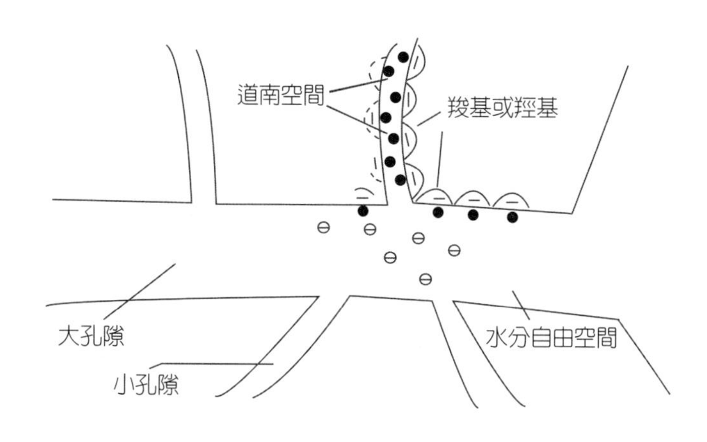

圖4-5　根中表觀自由空間的模式圖

由圖 4-5 可知分子或離子進入自由空間的速率，主要會受根中非活性組織間空隙大小及陽子交換能量之影響。一般雙子葉植物根部之陽離子交換能量，常大於單子葉植物（表 4-2）。主要由於雙子葉植物根表皮組織上帶負電荷之羧基及羥基多於單子葉植物者。

表4-2　單子葉及雙子葉植物根之陽離子交換能量的比較

作物	CEC（meq/100g wieght）
小麥	23
玉米	29
大豆	54
蕃茄	62

資料來源：Kelle & Deuel, 1957.

Epstein 及 Legett（1954）曾利用大麥根在短時間內吸收放射性 $^{89}Sr(Sr^*)$，來證明根中有相當大的自由空間（圖 4-6）。根在開始攝取 Sr* 的速率很大，隨時間而減少。60 分鐘後把這些根放到只有非放射性的 Sr 或含鈣、鎂離子的溶液中，很快的會有 75% 的 Sr* 被置換出來，證明了根的確有許多可以吸附陽離子的位置，這與活細胞的吸收無關。我們平時做短時間的離子吸收實驗常會忽略這點，只把烘乾後植物體中離子的含量當作離子的吸收量，實際上分析的結果，有一部分並未被植物吸收到細胞內，而只吸附在根的表面或是存在於根的自由空間中，所以在做精密的離子吸收實驗時，是不能不注意的。

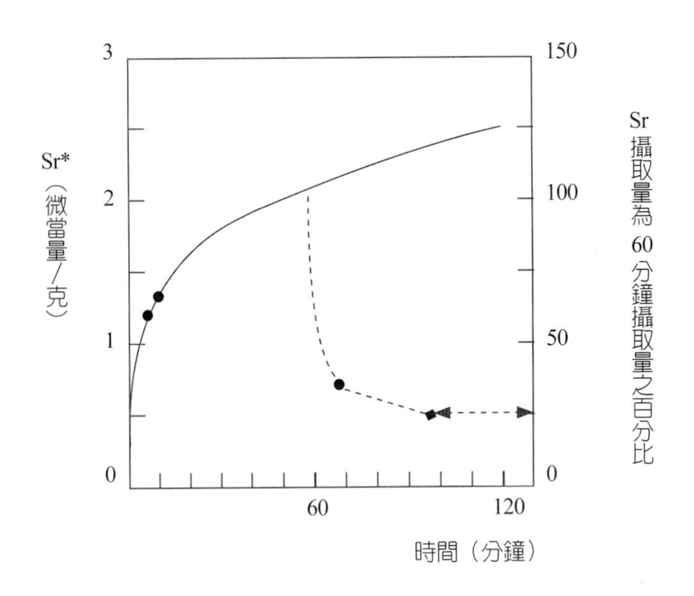

圖4-6　利用 $^{89}Sr(Sr^*)$ 證明大麥根的自由空間（Epstein & Leggett, 1954）

我們可以用圖 4-7 說明植物自根部攝取離子後，進入細胞及表觀自由空間的部分。

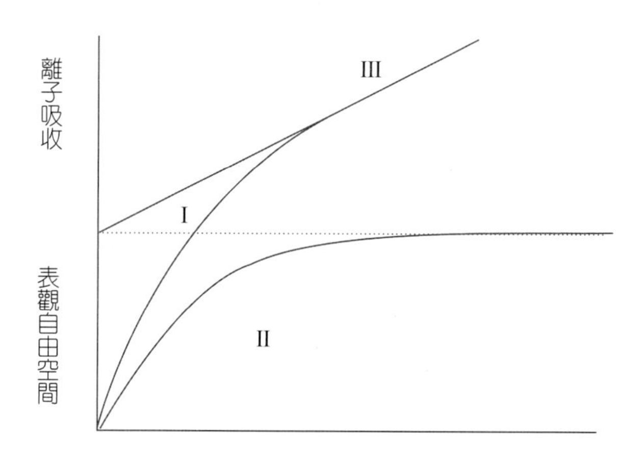

I：正常吸收（非代謝性吸收＋代謝性吸收）
II：在 0℃ 或有呼吸抑制劑存在（只有非代謝性吸收）
III：代謝性吸收（I－II）

圖4-7　根吸收離子的模式（何、孟，1987）

生物膜

小分子或離子進入自由空間後，還需通過原生質膜和各種胞器膜（如粒線體、葉綠體、液胞等），進入細胞或胞器內部，才能參與各種代謝活動。這樣的膜是生物與外界隔離但又能控制吸收與蓄積養分所必需的。爲了更深入了解分子與離子吸收的過程，必須對生物膜結構和性質有一基本的認識。一般的生物膜主要是由脂質與蛋白質組成（圖 4-8）。

下面我們對生物膜上之脂質與蛋白質做一簡單介紹：

1. 膜脂（生物膜上的脂質）

⑴膜脂的構造：一般脂質（lipid）分爲兩個部分，頭部爲親水性，尾部爲疏水性；親水性部分主要含 OH 基、NH_2 基、磷酸鹽基、羧基等；疏水性部分則爲碳氫鍵（由脂肪酸而來）。親水性的頭靠頭排成一個平面，形成一個單脂層，然後上下兩層脂分子的尾巴相對排列，形成雙脂層；膜上下兩層不一定對稱，種類也不一定相同（圖 4-9）。Seelig（1980）由試驗結果指出，磷脂中甘油部分的軸垂直於膜平面，在 C_1C_2 位置的脂肪酸則位於膜的疏水部分，C_3 位置則突出於膜，進入水相。

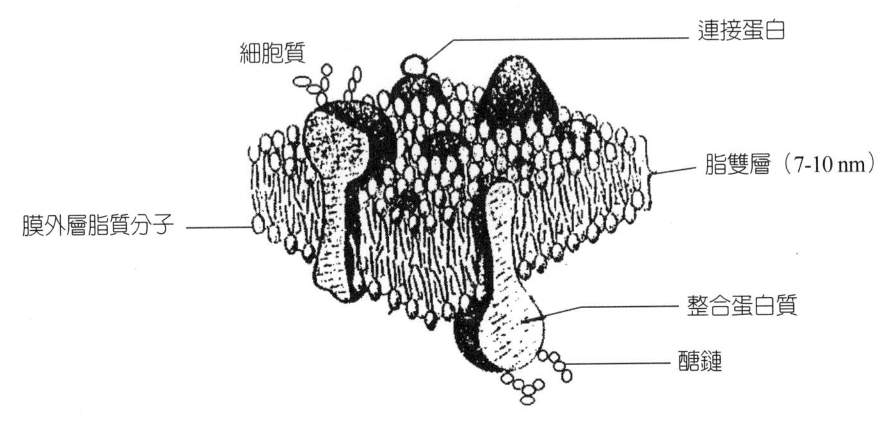

圖4-8　生物膜之示意圖

$$
{}^{-}O-\underset{\underset{\underset{\underset{H_3N^{+}-CH_2}{|}}{CH_2}}{|}}{\underset{O}{|}}{\overset{O}{\overset{|}{P}}}-O-\overset{3}{H_2C}-\underset{\underset{\underset{CO\sim\sim\sim}{|}}{O}}{\overset{2}{CH}}{\,}-\overset{1}{CH_2}-O-CO\sim\sim\sim
$$

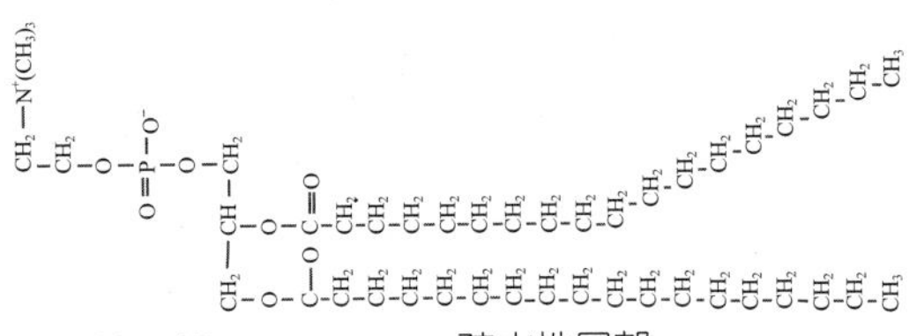

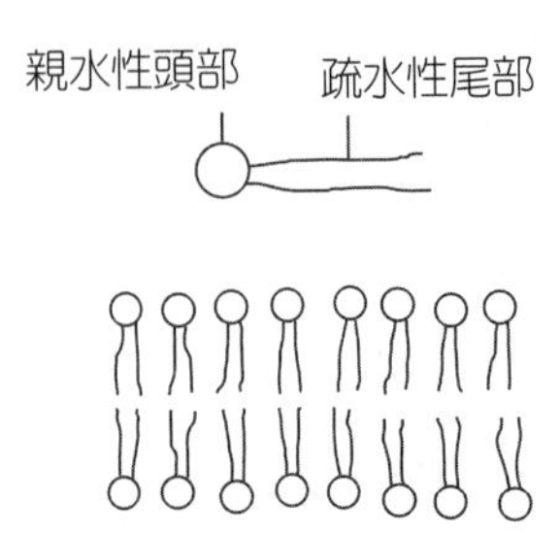

圖4-9　磷脂的構造及在生物膜中的排列

⑵脂質的種類：脂質的種類很多，但主要有磷脂（phospholipid, PL）、醣脂質（glycolipid, GL）和類固醇（steroid）。所占比例最大的為磷脂，包括磷脂醯膽鹼（phosphatidylcholine, PC）、磷脂醯乙醇胺（phosphatidylethanolamine, PE）、磷脂醯肌醇（phosphatidylinositol, PI）和磷脂醯絲胺酸（phosphatidylserine, PS）。植物種類不同，胞器不同，構成生物膜脂類的種類與數量也不同，而且外膜和內膜的脂類成分也有差異。

⑶脂質的特性：生物膜中的膜脂分子並不是靜止的，它們既可以進行側向移動交換，也可以上下震盪，或自旋轉動。溫度對這些運動有很大的影響（圖 4-10），在溫度較高時，膜是液晶態（liquid crystal phase）；溫度較低時，是凝膠態（solid gel phase），膜的通透性也隨之降低。一般脂質中雙鍵越多之不飽和脂肪酸，液晶態轉變為凝膠態的溫度越低（transition temperature, Tt）。耐寒植物在低溫下，磷脂酶 A（phospholipase A）會將甘油上 C_1C_2 的飽和脂肪酸切掉，接上不飽和脂肪酸，以降低凝固溫度，使雙層分子仍能保持無序的液晶構造，而使膜的功能正常。類固醇（steroid）除了有穩定膜的作用外，也能防止細胞膜在溫度驟然下降時，影響膜的正常功能，如圖 4-10(C) 所示。

2. 膜蛋白（生物膜上的蛋白質）

由於分析化學及生物化學的進步，加上電子顯微鏡技術的發達，目前對生物膜上蛋白質的複雜構造已逐步了解。大體而言，蛋白質在膜上的分布很廣，功能也很多（圖 4-8）。有些蛋白質是在膜的表面借鈣離子做橋梁與脂質結合；有的則藉靜電鍵、氫鍵與疏水性鍵，鑲嵌於脂質內或凸露於脂質上下兩側。一般位於膜內側的蛋白質是疏水性的，而露出膜外側的是親水性的。膜上向細胞外凸出的那些蛋白質，往往與碳水化合物連結起來，形成醣蛋白；向膜內的原生質伸出的蛋白質，常與其他蛋白質結合。有的穿越於脂雙層的蛋白質，形成一個孔道可供離子的輸送。膜蛋白有很多種，像葉綠層（thylakoid）膜是由四十餘種不同的蛋白質所構成，原生質膜或葉綠層膜上 ATP 酶，是一種相當大的蛋白質分子，它對 H^+、Ca^{2+}、K^+ 的輸送具有重大功能。

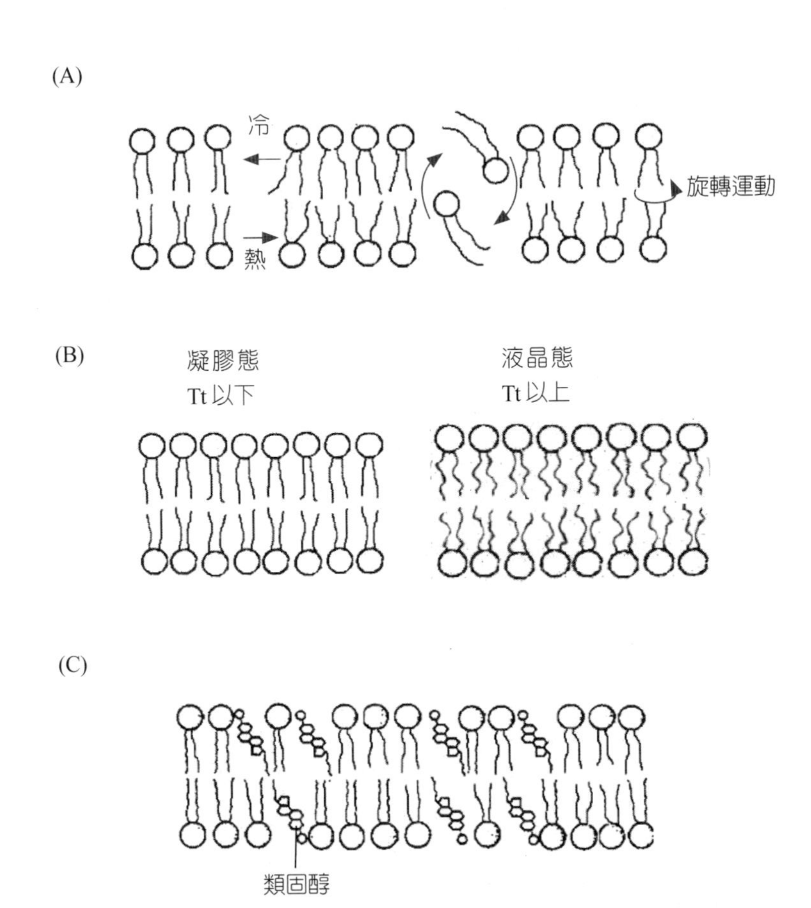

圖4-10　生物膜上脂質分子的活動力

根部對養分的吸收

由前面對根部自由空間及質外體之認識，可知養分如果要進入細胞，必須先接近根或細胞，然後才能穿過原生質膜被細胞吸收，以下將分爲兩個部分做說明。

養分接近根的方式

水生植物的根一直浸在水中，營養物質就圍繞在根的周圍，根很容易攝取養分。但是陸生植物則不然，由於土壤的性質及離子的種類不同，離子在土壤中移動速率亦不同（表 4-3）。一般黏質或有機質土壤對離子的吸附力及陽離子交換能量皆高於砂質土壤，因此，離子在黏土中擴散較慢，又離子的溶解度積（Ksp）越小，越易生成沉澱，也影響了離子的移動。植物在這麼多的限制下，分子或離子仍能接近根，主要是因爲除了擴散外尚有截獲與質流兩種方式。圖 4-11 表示離子接近根的三種方式，另分別說明之。

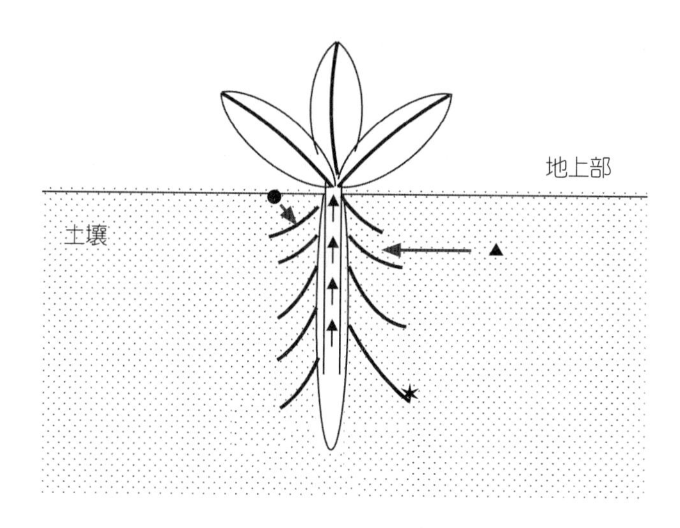

✶表截獲；▲表質流；●表擴散。

圖4-11　離子接近根表面的三種方式

截獲（interception）

截獲是指根系在土壤裡伸展的過程中，根表面上的離子直接與土粒表面上之離子進行接觸交換。但接觸交換只有當根與土壤表面相距小於 5 毫微米（nm）時才能發生，所以養分純由截獲攝取所占的比例較小。

質流（mass flow）

由於水在土壤中受到淨水壓或土粒吸力的作用，以及植物的吸水作用，使水勢高的一方流向低的一方，在水流動的過程中，水中養分也隨水流移動到根的表面，進入根的自由空間。質流與擴散相比，離子運動的速率較快，質流方式的離子移動可以下列公式表示：

$$F = VCi$$

F：進入根系的離子通量

V：水分通量

Ci：離子濃度

一般認為在土壤中，溶解性和移動性較大的離子，如 NO_3^-、Mg^{2+}、SO_4^{2-}、Na^+、Cl^- 等，植物以質流方式吸收為主（Barber, 1962）。另外，質流亦與植物的生育期有關。一般幼苗期植株較小，蒸散作用較弱，質流的作用也就小些；而當植物長大後，蒸散速率變大，質流也相對增加。

擴散（diffusion）

擴散是依靠分子或離子，由濃度高的地方向濃度低的地方移動的過程，而擴散速率主要決定於濃度梯度及擴散係數的影響。根據 Fick's 定律，離子擴散速率可以下列公式表示：

$$F=D\frac{dc}{dx}$$

F：擴散速率

D：擴散係數

dc/dx：濃度梯度

c：濃度

x：距離

由上式可知擴散速率受濃度梯度與擴散係數的影響，但在土壤中，擴散係數又會受水分含量（表 4-3）土壤曲率因子及離子緩衝容量的影響。根據 Fick's 擴散定律，可得出：

$$De = Dw \cdot \theta \cdot f/b$$

De：有效擴散係數

Dw：水溶液中某離子的擴散係數

θ：水的容積百分率

f：曲率因子（土壤中擴散路徑）

b：緩衝容量

表4-3　離子態養分的擴散係數（cm/sec）

離子	水中（%10^{-5}）	溼潤土壤（%10^{-5}）
NO_3	1.92	0.5
Cl^-	2.03	0.5
K^+	1.98	0.01-0.24
PO_4^{3-}	0.89	0.00001-0.001

上述公式及表 4-3 說明土壤會隨水量增加，擴散係數增加。同時因水分增加，減少曲折率也會提高有效擴散係數。如果土壤中養分濃度提高，緩衝容量通常下降，則擴散速率提高。所以施肥可以提高有效擴散係數。

由於根對離子的吸收速率往往大於離子由質流或擴散到達根表面的速率，此時根表面的離子濃度下降，出現根際附近某些離子的耗竭現象（depletion），除非根表面與附近土體間形成濃度梯度，離子得由高濃度向低濃度擴散，否則此時根際將無法自介質中吸收到這些養分（圖 4-12）。

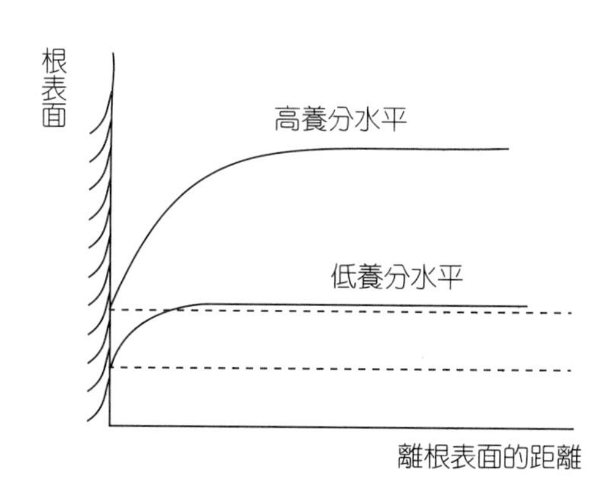

圖4-12　離子濃度的擴散關係

一般易被土壤吸附或固定的離子，多以擴散方式接近根的表面，如鉀離子及磷酸根離子。不易被土壤吸附的離子，則多以質流方式接近根的表面，如氮（主要爲 NO^-_3-N）及鎂離子（表 4-4）。

表4-4　估算離子經由三種接近玉米根的方式提供養分的量

離子	需要量（公斤・噸$^{-1}$）	估算供給量（公斤・噸$^{-1}$）		
		截獲	質流	擴散
鉀	195	4	35	156
氮	190	2	150	38
磷	40	1	2	37
鎂	45	15	100	0

資料來源：Barber, 1984.

由於截獲不易與擴散區分，很多學者主張流質接近根的方式，只有質流與擴散兩種。擴散速率可將 $F = VCi$ 與 $F = D \cdot dc/dx$ 結合為：

$$F = VCi + D\frac{dc}{dx}$$

實際上，由於土壤環境複雜，溶質接近根的表面，除了物理的因子外，水流中帶來的養分是否有效以及菌根菌在土壤中產生的影響，都與養分接近根表面有密切的關聯，所以只用質流與擴散並不能說明全部。

養分如何進入細胞

對養分吸收研究的回顧

植物通常是從土壤及淡水或海水吸收養分，但是有一個普遍的現象是：植物體內要素的濃度除少數外，一般皆比介質溶液中元素的濃度高，而且對不同離子的濃縮比例也不一樣。在水生植物通常比陸生植物為高，甚至一些非必需物質也被植物蓄積。這使人很容易聯想到這種現象，是由於蒸散作用把由根部隨水分帶入植物體的物質濃縮了。但是對不同離子，為什麼濃縮率不同，則不容易說明（表 4-5、4-6）。

1944 年 Hoagland 做了一個很有名的實驗（表 4-7），證明了植物對元素的吸收有選擇性，而且不同的植物對同一元素的濃縮率也不同。他用屬淡水藻的棒形麗藻（Nitella clavata）及屬海藻的大孢法囊藻（Valonia macrophysa），比較它們生長的池水、海水和細胞汁液中離子組成。用單細胞藻類做材料可以排出葉片的蒸散因

表4-5 甘藍對土壤溶液中主要元素之濃縮率

元素	土壤溶液中濃度	葉片中濃度 ppm	濃縮率
Ca	750	10,000	13
Cl	29	1,100	38
Cu	0.04	1.1	27.5
Fe	0.25	30	120
K	5.4	6,250	1,157
Mg	22	385	17.5
Mn	0.072	3.3	45.8
N	215	10,600	49
Na	39	730	19
P	0.70	1,100	1,571
S	205	4,300	21
Zn	0.2	8.2	41

表4-6 淡水水生植物（32種）對無機元素之平均濃縮率

元素	平均濃縮率	元素	平均濃縮率	元素	平均濃縮率
Ca	265	Ge	0.5	Ru	1,700
Cd	1,260	Hg	5,915	S	16
Ce	7,100	I	370	Sr	475
Co	4,425	Nb	7,640	Y	6,880
Cr	695	P	5,480	Zn	4,600
Cs	480	Pb	1,230	Zr	6,230
Fe	4,935				

子，及離子在多細胞植物體內長距離運輸留在質外體（apoplast）的部分，保證所吸收的離子絕大部分都進入了細胞內。實驗顯示，麗藻中的所有離子之濃度皆比池水中者高，但法囊藻只有 K^+ 顯著地被濃縮。如從擴散的原理來看，物質應從濃度

高的地方向濃度低的地方移動，而這些藻類卻能從非常稀薄的溶液中，積極地吸收自己所需要的無機養分，所以除了對離子吸收有選擇性外，一定還需要能量。

表4-7　棒形麗藻與大孢法囊藻細胞汁液和培養基中各種離子的濃度比

離子	麗藻（mM）			法囊藻（mM）		
	池水（A）	汁液（B）	B/A	海水（A）	汁液（B）	B/A
K^+	0.05	54	1,080	12	500	42
Na^+	0.22	10	45	498	90	0.18
Ca^{2+}	0.78	10	13	12	2	0.17
Cl^-	0.93	91	98	580	597	1

資料來源：Marshner, 1995.

但分子或離子究竟是怎麼進入細胞，又為什麼可以逆梯度進入細胞？它們的能量從何而來？這些問題已經研究很久了，目前也逐漸獲得了比較清楚的認識。雖然過去很多理論最後是被推翻或大幅修正，但這些科學家們所提出的吸收理論建構，對我們後輩學者仍是有相當的啓迪作用。因此在回答離子吸收機制之前，對過去重要理論做一重點回顧，是有意義的。讀者若願聞其詳，可查閱相關文獻（王，1991）。

1. 最早許多學者對於養分的吸收，認為與水之吸收同時進行，離子隨水分流動進入細胞，因此無機養分之吸收是一種被動吸收。
2. Mulder（1851）則強調根對養分吸收為滲透作用，認為養分因濃度梯度擴散通過細胞膜，進入細胞內。
3. Traube（1867）提出分子篩網說（molecular sieve theory），認為細胞膜上有微細的小孔，植物只能吸收比孔徑小的物質。
4. Overton（1895）則提倡脂質說（lipid theory），認為物質要通過細胞膜，最重要的是要比細胞膜上之脂質親和力大。
5. Nathanson（1904）提倡鑲嵌說（mosaic theory），認為細胞膜上有許多格子，分別帶正電或負電，物質若為正電離子，必經由帶負電的格子進入胞內；反之，物質若帶負電荷，則需由帶正電的格子進入胞內。

6. Collander（1933）提倡脂篩說（lipid filter theory），這是合併篩網說與脂質說，認為物質能通過細胞膜，不僅因為細胞膜上有一定大小的孔，同時亦受脂質溶解性之影響。
7. Lundegådh（1932）提倡陰離子呼吸說（anion respiration theory），他認為植物吸收陰離子與根的呼吸，有密切關係；隨著電子傳遞鏈末端，細胞色素氧化酶（cytochrome oxidase）中 Fe 的氧化還原，電子由內部向外傳遞；相對的，陰離子則向內進入植物細胞內。伴隨陰離子之移動，陽離子也向內移動。雖然後來被證實細胞色素在離子吸收過程中不起作用，因為這種物質既不存在於質膜內，也不存在於液胞膜內，但 Lundegardh 在引導大家去思考陰離子吸收與代謝的關係上，確實有很大的貢獻。
8. Honert（1936）首先提出擔體說（carrier theory）之概念，認為物質必須由某種物質攜帶，才能進入細胞內。後由 Jacohson 與 Overstreet（1947）將此說擴展，認為離子先與膜上之蛋白質、胺基酸或有機酸形成嵌合物，再輸送至細胞內。實際上，這個擔體說的擔體包括很廣，任何介入離子穿越細胞膜的物質都可稱為擔體，甚至 Lundegardh 也認為細胞色素是陰離子之擔體，所以擔體說為離子吸收的機制開啓了一扇大門。
9. Hodges（1973）認為細胞膜一般帶負電荷，少量的 K^+、Na^+ 等離子，可以直接進入根細胞內。ATP 酶則可促使 ATP 分解，放出能量，驅使 H^+ 泵出膜外，這樣使膜內比膜外有更多的負電荷，利於膜外的陽離子被吸入細胞。這種依靠水解 ATP 產生能量，運輸離子的「質子泵」的想法，就是目前認為離子吸收主要機制之一的離子泵之早期理論，現在已逐漸發現其他的離子泵。

主動吸收與被動吸收的判定

主動吸收與被動吸收：過去研判植物是主動吸收或被動吸收，是看吸收是代謝性還是非代謝性的，需要消耗能量還是不需要消耗能量。實際上，植物在生長與吸收過程一直在進行代謝活動，很難以此區分主動吸收或被動吸收。若從自由能的觀點看，離子通過質膜或液胞膜同時受兩種驅動力作用：一種由化學梯度引起，另一種由電位梯度引起（Dainty, 1962），兩種驅動力的總和即為電化勢梯度。因此，離子可依順電化勢梯度及逆電化勢梯度兩種方式通過細胞膜，以此來區別離子是主動吸收還是被動吸收，是比較有理論的基礎。

1. 被動吸收：離子由梯度高的向梯度低的一方流動，不論是否經由載體或通道進入植物細胞內，都可視爲被動吸收（passive absorption）。
2. 主動吸收：由於不同植物在長期演化過程，對外界物質的攝取，不但有選擇性，而且所需的濃度亦異，所以必須發展出逆電化勢梯度的吸收機制，這時就需要消耗基礎代謝以外的能量，即所謂的主動吸收（active absorption）。

主動及被動吸收的判定：Spanswick 與 Williams 在 1964 年，曾利用藻類（細胞較大）進行離子係主動或被動吸收的實驗。隨後，Higinbotham（1967）與 Glass 及 Dunlop（1979）也進而利用高等植物，如豌豆、燕麥的根做實驗。他們應用的理論是 Nerst 的公式，因爲 Nerst 公式主要是表示內外液離子的濃度與電位差的關係。從這種關係可以聯想到如何判定離子吸收是主動或被動？判定的步驟是先測量細胞內外液離子的濃度，然後代入 Nerst 方程式，計算出膜內外的電位差（E_{cal}）及膜電位，再用微電極直接測細胞膜內外之電位差與膜電位（E_m）（圖4-12）。對陽離子而言，凡是實測值（E_m）小於計算值，即 $E_d = E_m - E_{cal} < 0$（E_d 表示驅動力），則視爲被動吸收，表示離子吸收不需要能量；如實測值大於計算值時，則視爲主動吸收。對於陰離子而言，則與此相反。今以 K^+ 或 Cl^- 爲例：

$$E = \Psi_i - \Psi_o = \frac{RT}{NF}\ln\frac{K_0^+}{K_i^+} = \frac{RT}{NF}\ln\frac{Cl_i^-}{Cl_0^-}$$

E = 膜內外電位差

Ψ_i = 內介質（如細胞質）電荷

Ψ_o = 外介質（如培養液）電荷

R = 氣體常數

T = 絕對溫度

F = 法拉第常數（96500 庫侖莫耳 $^{-1}$）

Z = 離子價

K_0^+、Cl_0^-：膜外側離子濃度

K_i^+、Cl_i^-：膜內側離子濃度

若測得 K_0^+ 為 1mM，K_i^+ 為 10mM，溫度為 25℃，代入 Nerst 方程式可計算出膜電位如下：

$$E_{cal(K_0^+)}=\frac{RT}{ZF}\ln\frac{K_0^+}{K_i^+}=\frac{2.3RT}{ZF}\log\frac{K_0^+}{K_i^+}=58\log\frac{1}{10}=-58\,mv$$

同理，若 Cl_0^- 為 1mM，Cl_i^- 為 10mM，則 $E_{cal(cl-)}=58mv$

若測得的膜電位為 −100mM，根據 $E_d=E_m-E_{cal}$

$$E_{d(K^+)}=-100-(-58)=-42<0$$

$$E_{d(cl^-)}=-100-58=-158<0$$

對 K^+ 而言，由於 $E_d<0$，表示被動吸收。

對 Cl^- 而言，由於 $E_d<0$，則為主動吸收。

圖 4-13 表示膜電位的測定方法，同時說明若測定的膜電位 E_d 為 $-58mv$，細胞外液之 K^+ 為 1mM，Cl^- 為 1mM。從電化學平衡的觀點，根據 Nerst 方程式可計算出細胞質中的〔K^+〕應為 10mM；而〔Cl^-〕只能有 0.1mM，〔Cl^{--}〕若大於此值，則必須消耗能量，即為主動吸收。

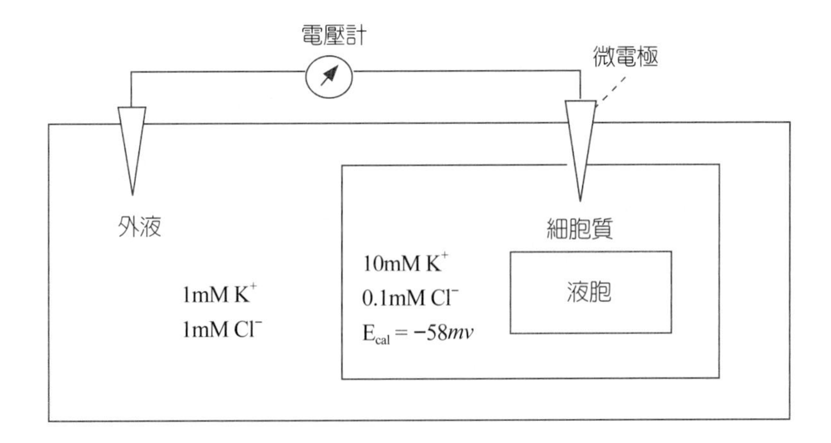

圖4-13　膜電位測定及電化學平衡示意圖

表 4-8 就是 Spanswick 與 Williams（1964）根據以上的原理，先測量了半透明麗藻（nitella translucens）外介質和細胞內三種離子濃度，並計算細胞膜內外之電位差，然後再直接測量膜內外之電位差，並從兩者之差（驅動力）來判定各種離子係主動或被動吸收（表 4-8）。

表4-8 半透明麗藻對三種離子的吸收試驗

離子種類	Em（測量電位）	Ecal（計算電位差）	Ed（驅動力）	吸收類型
Na^+	−138	−67	−71	被動
K^+	−138	−179	+41	主動
Cl^-	−138	+99	−237	主動

資料來源：Spanswick & Williams, 1964.

近年來對於植物細胞膜化學的研究已經有很大的進展，對於膜上的載體及離子通道已經有較詳細的認識，而且在任何時間通過細胞膜的離子都有很多種。單一離子的吸收理論已難涵蓋多離子的吸收方式，雖然某一離子可能占主要地位，但其他離子的存在亦不容忽視。所以 Goldman-Hodgkin-Kat（簡稱 GHK）發展出下列方程式，其中 P_X 表示離子對膜之滲透係數：

$$\Delta E = \frac{RF}{ZF} \ln \frac{P_X[K_0^+] + P_{Na}[Na_0^+] + P_{Cl}[Cl_i^-]}{P_X[K_i^+] + P_{Na}[Na_i^+] + P_{Cl}[Cl_0^-]}$$

實際上，參與的離子越多，互相影響越大，絕非這樣一個方程式可以完全解釋。況且植物的吸收，除了受各種離子濃度的影響，也因離子種類的不同，而有拮抗與加強作用，同時也受植物本身的生理狀況及地上部莖葉蒸散與代謝的影響。因此，不論以 Nerst 方程式來解釋主動吸收或被動吸收，或利用 GHK 公式來對膜電位之估計，只是一個權宜的指標，很難做精確的估算。

養分通過細胞膜的機制

植物營養學及生理學家與生物化學家們經過一個世紀以上的時間，從細胞膜的構造以及離子吸收機制上，逐漸對養分如何穿透細胞膜有比較清楚的認識。雖然還有很多問題尚未獲得解決，但以下細胞吸收分子及離子的機制，已被學者普遍接受。

1. 小分子及離子

⑴被動攝取（passive uptake）：小分子或離子順著濃度或電化勢梯度穿越生物膜，無需能量的吸收過程，最常見的有以下兩種（圖 4-14）。

①簡單擴散（simple diffusion）：分子或離子直接由脂雙層或藉由通道的一側擴散至另一側。

②促進擴散（facilitated diffusion）：小分子或離子藉由膜上載體通過生物膜。

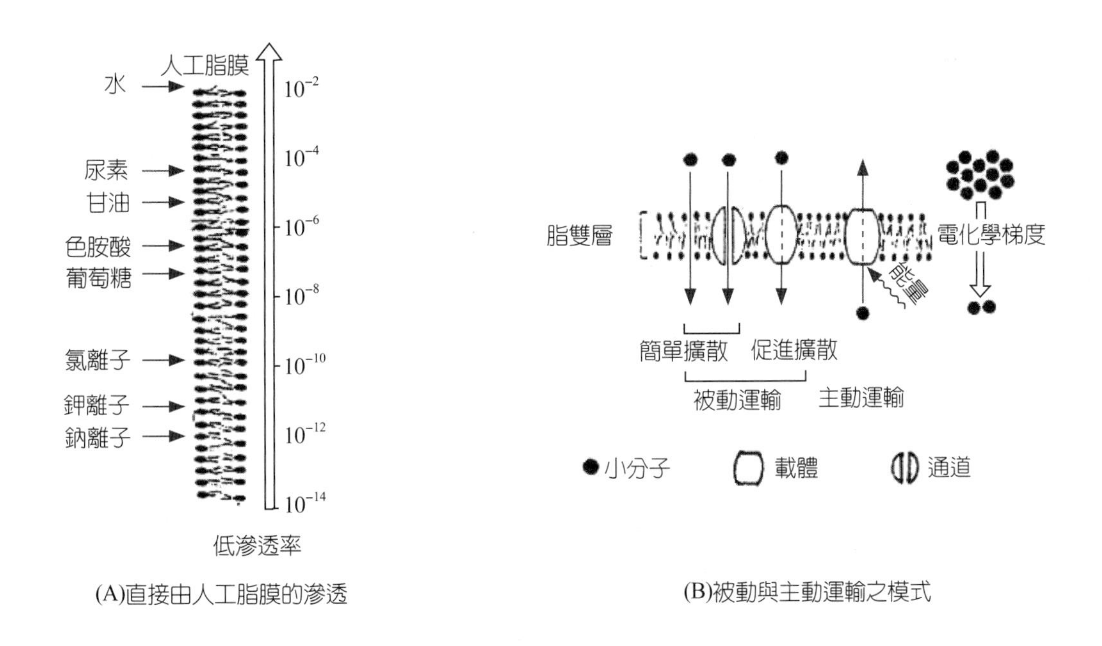

圖4-14　小分子及離子吸收的模式圖

⑵主動攝取（active uptake）：小分子或離子以逆濃度或電化勢梯度穿越細胞膜，需要能量的吸收過程。最常見的有以下三種：

①載體（carrier）：分子或離子是藉載體穿過生物膜，在對膜化學研究初期，對膜上的結構所知甚少，所以把攜帶離子進入質膜的中介物質通稱爲載體。當多肽自膜上分離的技術成熟後，通道即由載體獨立出

來。目前我們所稱的載體，可分為膜上載體、載離子體及自由載體三種：

i 膜上載體（membrane carrier）：多數載體是存在於膜上，它對於特種離子或分子具有特定的束縛位置（binding site），離子要通過生物膜，必須先在膜的外端與此載體結合，然後運送至膜的內端，將離子釋放。除順著電位梯度藉載體促進小分子或離子擴散外，一般載體不論是否需要活化都需要能量運轉，所以這是一種耗能的吸收。圖 4-15 說明離子藉載體進入膜內的過程。

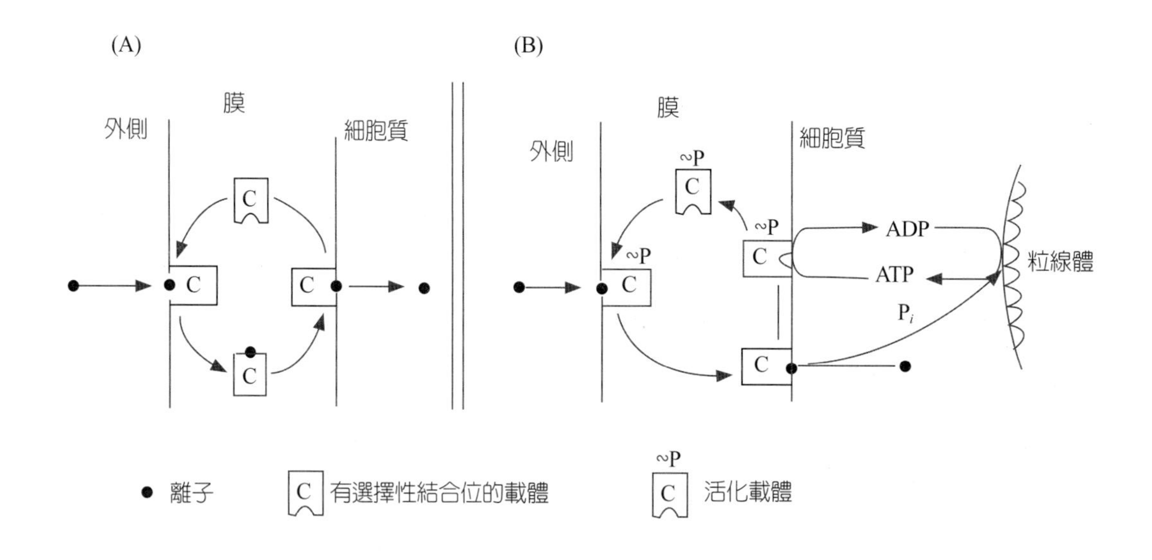

圖4-15 離子藉膜上載體穿過生物膜的模式圖

ii 載離子體：另外，有一個在離子吸收上常見的名詞是載離子體（ionophore），如細菌與真菌所產的抗菌素，他們在嵌入細胞膜上時，能大大地增加生物膜對離子的通透性，因此會對受侵入的生物造成傷害，這種載離子體可分為兩類：即嵌合載離子體和通道載離子體（圖 4-16）。嵌合載離子體（chelated ionophore）：這種載離子體與離子形成嵌合物後，可藉在膜上之轉動而進入膜內，如纈胺黴素（valinomycin）與 K^+ 嵌合後，K^+ 的輸送速度要比 Na^+ 快三百倍。通道載離子體（channeled ionophore）：由螺旋狀分子形成一個孔道，這種孔道對於單價離子有高度的通透性，如短桿菌肽 A（gramizidin A）在膜內，由兩個螺旋形分子形成孔道，可使 K^+、Na^+ 離子易於通過。

這兩種載離子體的分子量與分子結構，以及它們參與離子吸收的機制已經大致清楚（表 4-9），而且常常被用在離子吸收的研究上，可惜這些載離子體都是從微生物的分泌物或化學合成而來，並非自植物的細胞膜上分離出來，而且通道載離子體又容易與下面所講的離子通道混淆，這也就是筆者在此章仍然沿用載體的原因。為使分子或離子通過細胞膜的機制更容易被一般學習者了解，實有必要對載體（carrier）及載離子體做更精確的定義。

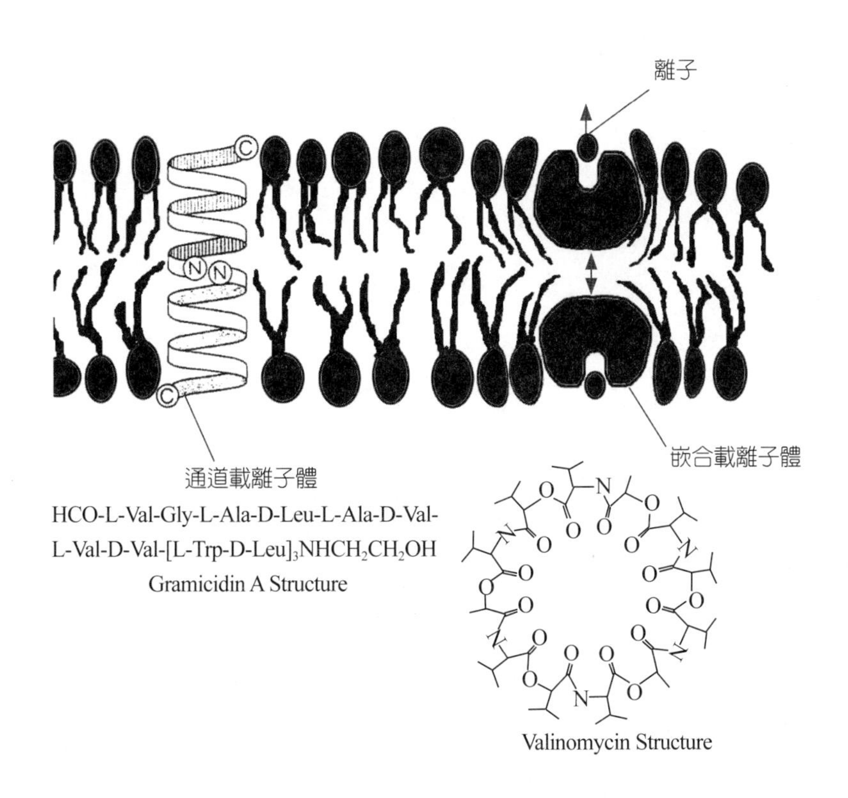

圖4-16　兩種載離子體之構造與功能模式圖（Miles & Keith, 1982）

表4-9 兩種載離子體的性質

載離子體	分子量	機制	離子的選擇性
Valinomycin	1110	可移動的載體	一價離子（$K^+ \gg Na^+$）
Nigericin	762	可移動的載體	一價離子（K^+、H^+）
A23187	523	可移動的載體	二價離子（Ca^+）
Gramicidin A	1882	縱向形成孔道	一價離子
Amphotericin B	924	側向圍成孔道	陰離子＞陽離子

資料來源：Miles & Keith, 1982.

Epstein（1952）爲建立離子藉載體進入細胞膜內的動力模式，曾借用酶動力學公式，說明溶質藉膜上載體進入細胞質的速率。他認爲若將溶質視爲基質，載體視爲酶，則載體吸收離子速率即可用密切斯門騰方程式表示。

$$v=\frac{V_{max}[S]}{K_m+[S]} \quad (1)$$

v ：吸收速率

V_{max}：最大吸收速率

K_m ：Michaelis 常數

（K_m 表示吸收速率達最大輸送速率一半時的離子濃度，亦可視爲溶質與載體　的親和力，K_m 越小，親和力越大。）

S：溶液中的離子濃度

實際上，離子的淨吸收是由於流入和流出的結果，當離子濃度甚低時，亦即低於吸收之臨界濃度 C_{min} 時，植物的根並沒有淨吸收。Barber（1979）爲了說明玉米根對離子的吸收速率，根據淨流入的想法，認爲(1)式中溶液離子濃度（C）應減去植物吸收之臨界濃度（C_{min}），修改後的公式如下：

$$I=\frac{I_{max}(C-C_{min})}{K_m+(C-C_{min})} \quad (2)$$

I：吸收速率

I_{max}：最大吸收率

K_m：Michaelis-menten 常數

C：溶液中的離子濃度

C_{min}：吸收之臨界濃度，亦即溶液之濃度小於此濃度將無淨吸收

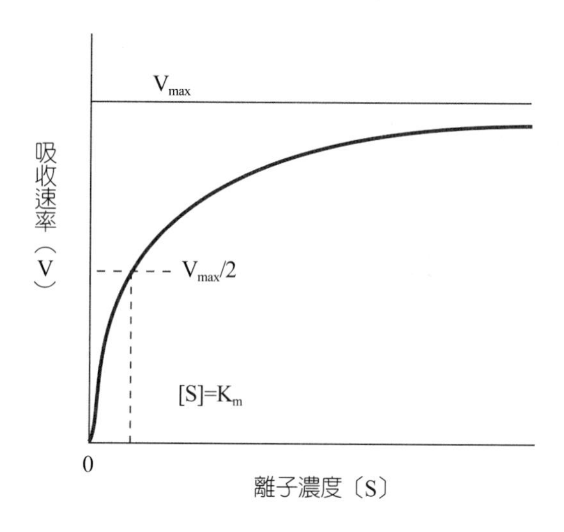

圖4-17　離子濃度與植物吸收之關係

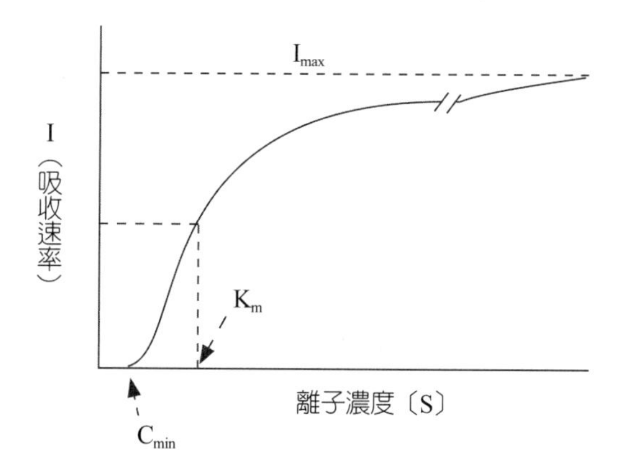

圖4-18　離子濃度與吸收之臨界濃度和植物吸收之關係

但臨界濃度又非定值，它會因作物及環境而不同。以磷爲例，蕃茄的 C_m 爲 0.12μM（Itoh & Barber, 1983a），大豆則爲 0.04μM（Silberbush & Barber, 1984）。又如銨離子則會因爲溫度升高，C_m 可由 30μM 降至 1.5μM（Marschner et al., 1991）。不論是⑴或⑵式都是在低濃度時的關係式，如果考慮 Epstein 等人（1963）所提出的雙重型吸收理論，以及 Nissen（1971）所提出的多重型吸收理論，則吸收機制更爲複雜（圖 4-19）。其實影響吸收的因子很多，而且溶質亦非直接進入細胞質，所以藉用 Michaelis-Menten 方程式，只是一種在低濃度時，藉膜上載體吸收的權宜說明。實際上，只考慮離子在膜上吸收的機制，就有很多種，這樣簡單的模式，已無法有效的應用，今後必須再發展新的數學模式。

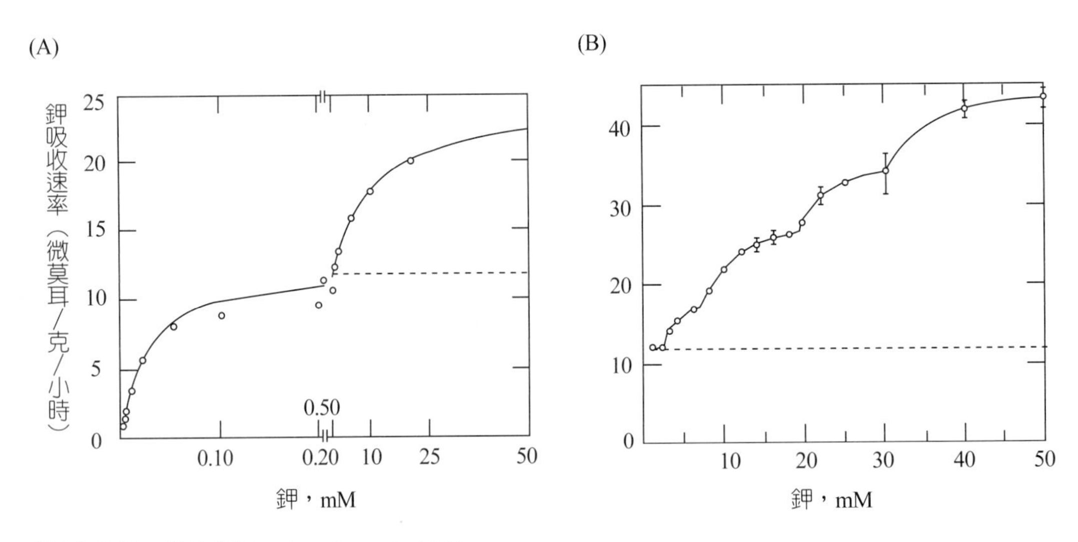

(A)雙重型，資料來源：Epstein et al., 1963.
(B)多重型，資料來源：Epstein & Rains, 1965.

圖4-19　雙重型及多重型離子吸收曲線

- 自由載體（free carrier）：這類載體是產生於細胞質，它可以穿過生物膜到植物體外與離子結合後再回到細胞質內，將離子釋放出來，我們最熟悉的莫過於鐵載體（phytosiderophore）。它最初由 Takagi（1984）自大麥根中發現，命名爲大麥根酸（mugineic acid, MA）。它是一種非蛋白質胺基酸，圖4-20 左半部表示此酸的構造式以及它如何與鐵結合。這種鐵載體對提高土壤中的有效鐵有很大的貢獻。這種自由鐵載體是禾本科植物在缺鐵（有效性極低）環境下特有的吸收鐵的機制，我們稱它爲植物吸收鐵的第二策略（strategy Ⅱ）。至於雙子葉植物及非禾本科的單子葉植物，則是利用膜上的還原酶將 Fe(Ⅲ) 先還原爲 Fe(Ⅱ) 再輸入細胞內，這種機制則稱爲第一策略（strategy Ⅰ）（詳見離子泵及圖 4-23）。實際上此類自由鐵載體也可與鋅銅結合，不過結合力較弱而已。目前有很多禾本科作物的根部，都發現了這種類似大麥根酸（MA）的載體，並對質膜上負責輸送鐵（鋅）鐵載體錯合物的輸送子（translocator）亦有了進一步的研究。

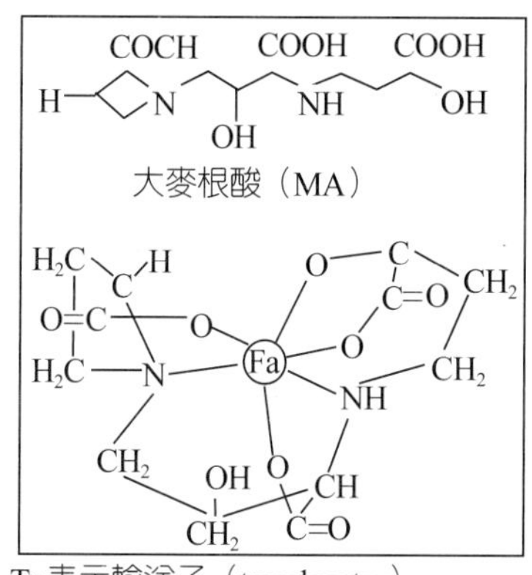

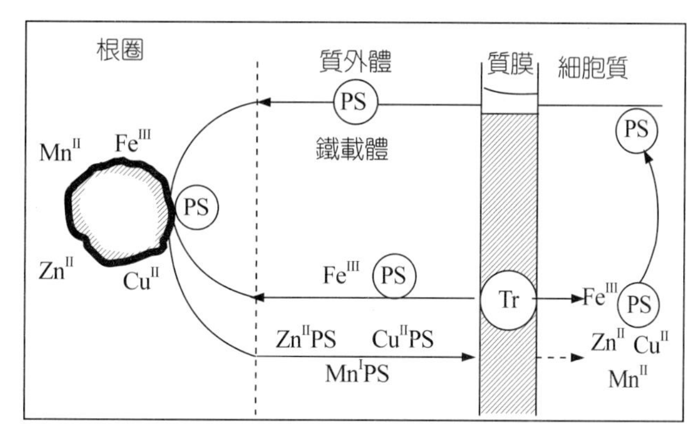

Tr 表示輸送子（translocator）

圖4-20 禾本科植物在缺鐵環境下藉自由鐵載體輸送鐵離子的模式圖（Marschner, 1995）

②離子通道（ion channel）：有些膜蛋白是由許多條貫穿脂雙層的多肽構成，這些肽鏈在膜上形成一個通道，可使離子通過。有些通道是一直開啓，離子的通過只靠離子濃度或電化勢梯度。但是大部分的通道都有一個閘門（gate），僅在受到特定的刺激（電壓、配體、接觸）時才能開啓。圖4-21 即爲常見的兩種閘門，前者 (A) 圖常與特定分子結合，(B) 圖則當質膜的電位在去極（depolarized）或增極（hyperpolarized）到一定程度時，閘門才會打開。目前已證實植物細胞膜上有 K^+、Ca^{2+}、H^+、Cl^- 等通道，新的通道也在不斷發現。Kourie（1992）並曾估算每個葉細胞質膜上 K^+ 通道大約有 200 個。離子經由通道穿越細胞

膜的速率很快，每秒鐘可通過 10^6-10^8 個離子，常是載體的千倍以上。

楊（1998）在玉米種子根尖（0−5mm）原生體（去細胞壁的細胞）膜上，發現有兩種不同性質之鉀離子通道。圖 4-22(A) 表示在外加電壓至 −17mV 時，則外向鉀通道開啓；加至 −157mv 時，則內向鉀離子通道開啓。圖 4-22(B) 則表示另一根尖之原生體，在外加電壓至 −148mV 時，內向鉀離子通道即開啓，鉀離子由細胞外進入胞內，這說明了同一器官中極小範圍內細胞的歧異性，也說明了研究植物細胞吸收離子的複雜性。

(A)配體閥通道

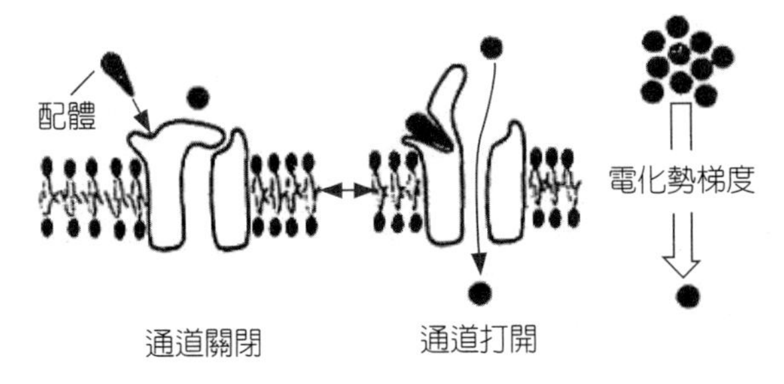

(B)電位閥通道

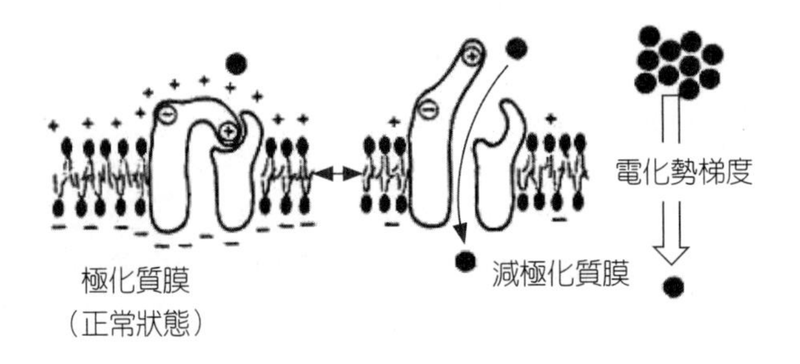

●表示輸送的分子或離子

圖4-21　離子通過兩種通道的模式圖

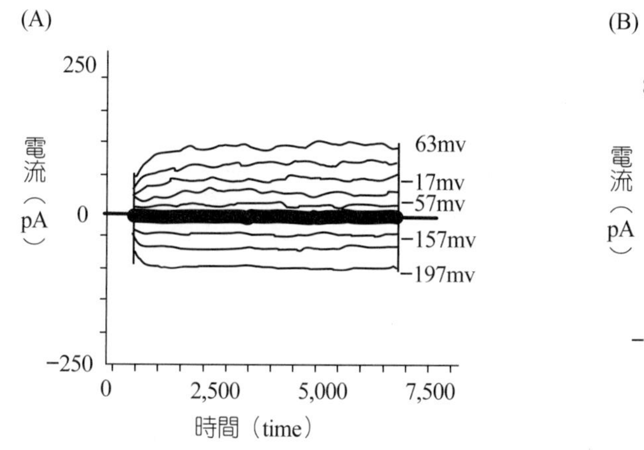

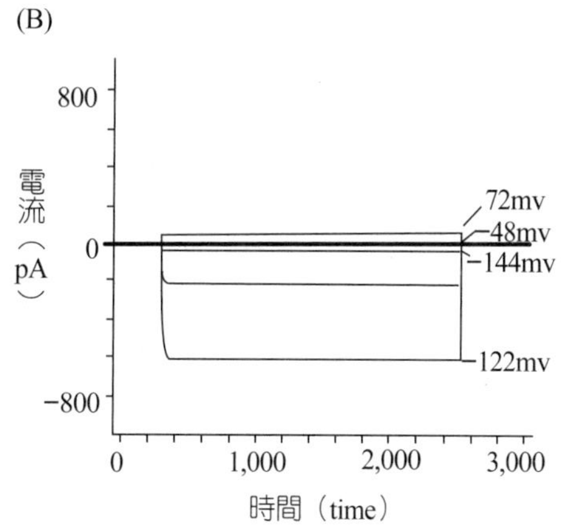

圖4-22　玉米種子根尖原生質體細胞膜上兩種鉀離子通道之特性（楊，1998）

③離子泵：這是一種利用 ATP 酶或雙磷酸酶（PPi 酶），分別在水解 ATP 成 ADP 或水解雙磷酸鹽成單磷酸鹽時，釋放出來的能量，用在離子的輸送上。如 H^+ 泵則可使 H^+ 泵到細胞外面，引起跨膜的 pH 梯度，有利於陽離子的吸收及陰離子的交換。這一類的酶已從植物的細胞膜上分離出來，而且不同的部位（原生質膜、液胞膜、內質網膜）及不同離子泵上的 ATP 酶亦不同。如 H^+ 泵（proton pump）、Ca^{2+} 泵（calcium pump）、Na-K 泵，各有不同的ATP酶。

以下我們再以植物吸收鐵的另一種機制爲例，藉此可以同時認識 H^+ 泵及膜上載體在吸收鐵離子的另一種策略（圖4-23）。

一般雙子葉植物及非禾本科的單子葉植物，在缺鐵的環境下有兩種明顯的反應：⑴增加 H^+ 排出量；⑵增加還原力。H^+ 之排出主要是由 H^+ 泵〔膜上氧化還原泵，transmembrane redox pump 或 NAD（P）oxidase 亦有此功能〕將 H^+ 泵至質膜外（Beinfait, 1985）。在低 pH 下，膜上誘發還原酶（R：inducible reductase）的活性增加，同時也刺激像酚類（phenolics）等的還原劑或嵌合劑的分泌。這些嵌合劑能與難溶於水的鐵化合物中之 Fe(Ⅲ) 嵌合，與質膜接觸後，由膜上還原酶將 Fe(Ⅲ) 還原爲 Fe(Ⅱ)，然後藉膜上載體（TR）輸送至細胞內。這種吸收的機制即爲在自由載體中所提及的第一種策略（strategy Ⅰ）。實際上，植物吸收鐵的機制尚未研究得很透徹，譬如缺鐵的信號如何傳送到細胞內及細胞膜（Beinfait, 1989）？膜上還原酶是否即為傳送 Fe(Ⅱ) 之膜上載體（TR）（Grusak et al., 1990）？都還需要進一步的探討。

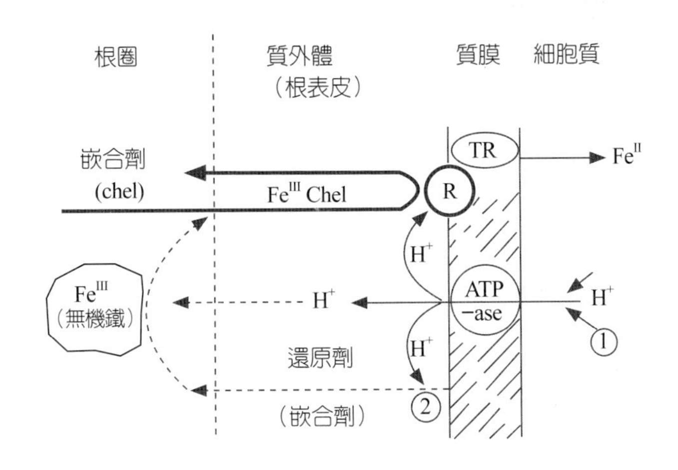

R 表示誘發還原酶

TR 表示膜上載體或通道

①表示激發 H^+ 泵排出 H^+

②表示促進還原劑／（嵌合劑）的釋出

圖4-23 雙子葉植物及非禾本科的單子葉植物在缺鐵環境下吸收鐵的機制（Marschner, 1995）

綜合以上三種常見離子進出原生質膜的模式，我們可用下面實際的細胞膜圖來表示出來（圖4-24）：

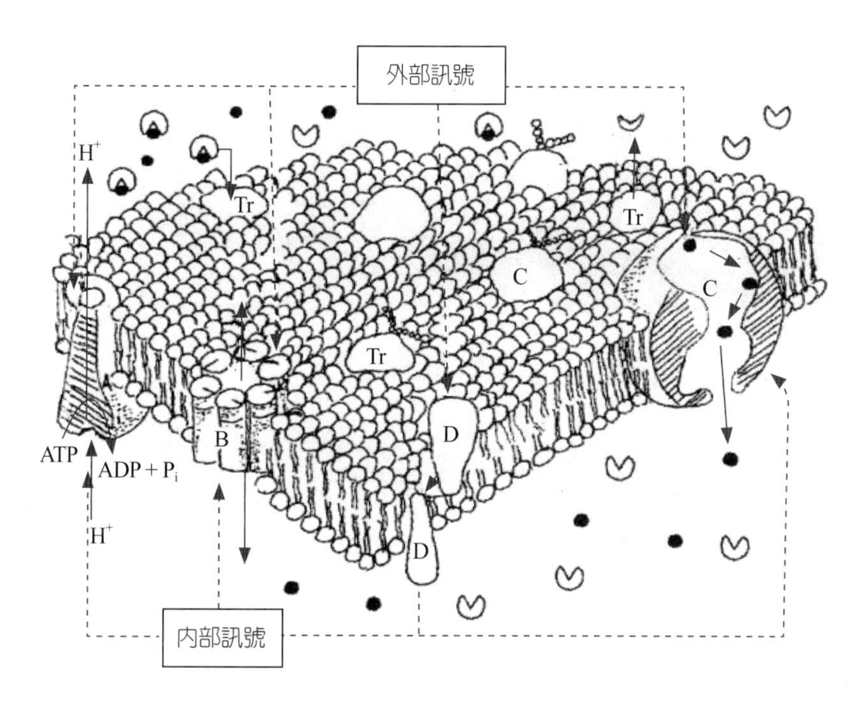

A 表示 H⁺ 泵 -ATP 酶
B 表示離子通道
C 表示膜上載體
Tr 表示膜上載體或通道
D 表示接受信號或傳遞信號
● 表示離子
ఆ 表示自由載體

圖4-24　離子穿透原生質膜常見的三種方式

2. 大分子

目前已能用同位素及螢光技術，證明植物可直接吸收利用某些有機化合物。例如單醣及部分胺基酸及有機磷。單醣及雙醣常利用載體穿過細胞膜，較大醣類或其他大分子，則需靠內吞作用（endocytosis）及外溢作用（exocytosis）；前者又可分爲胞飲作用（pinocytosis）及吞噬作用（phygocytosis），胞飲作用主要是胞吞較小粒子，吞噬作用主要是胞吞較大的顆粒，像細菌及眞菌菌絲。以下將外溢及內吞兩種作用以圖 4-25 表示。

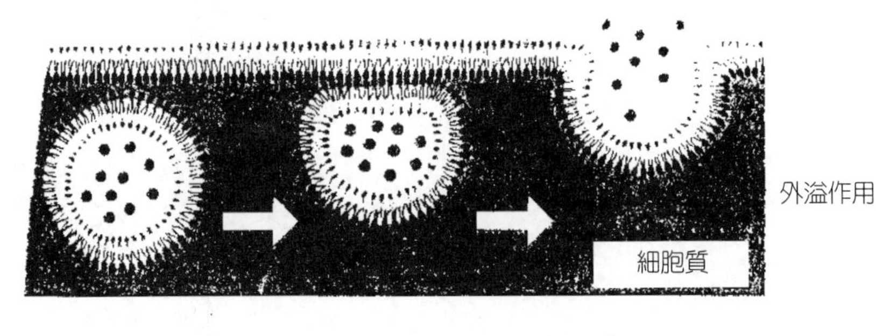

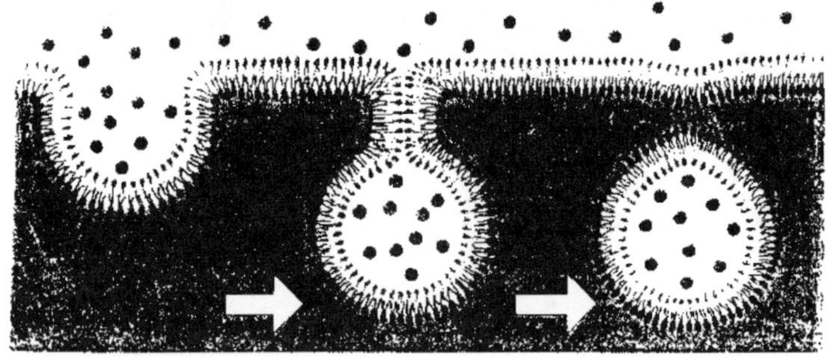

圖4-25 植物對大分子吸收之機制（Bruce et al., 1983）

葉部對養分之攝取

植物葉面吸收養分主要是以氣體與溶質兩種形式進行：氣體主要經由氣孔，溶質主要經由角質層進入葉內。爲了說明方便，我們繪製葉片的橫切面圖（圖4-26），請讀者特別注意的是葉的表皮層及氣孔，因爲氣孔主要是分布在葉的背面。

氣體的吸收

由於植物的種類不同，氣體經由葉片進入葉內的量亦不同。一般生長於乾旱的多汁植物（如景天科）氣孔甚少，每平方毫米小於 20 個，常見的一年生植物多在100-200 個之間；有些樹種則可高達 800 個（如槭樹科）。以氣體的形式進入氣孔，其養分主要是 CO_2、O_2、SO_2、NH_3、NO_2 等。由表 4-9 可知硫不論自根部或葉部供給，都有相似的效果，硫由葉部供給 SO_2 與根部供給 SO_4^{2-}，除了硫在菸草葉部及根部之分配不同外，菸草之硫含量及乾物重則非常接近。

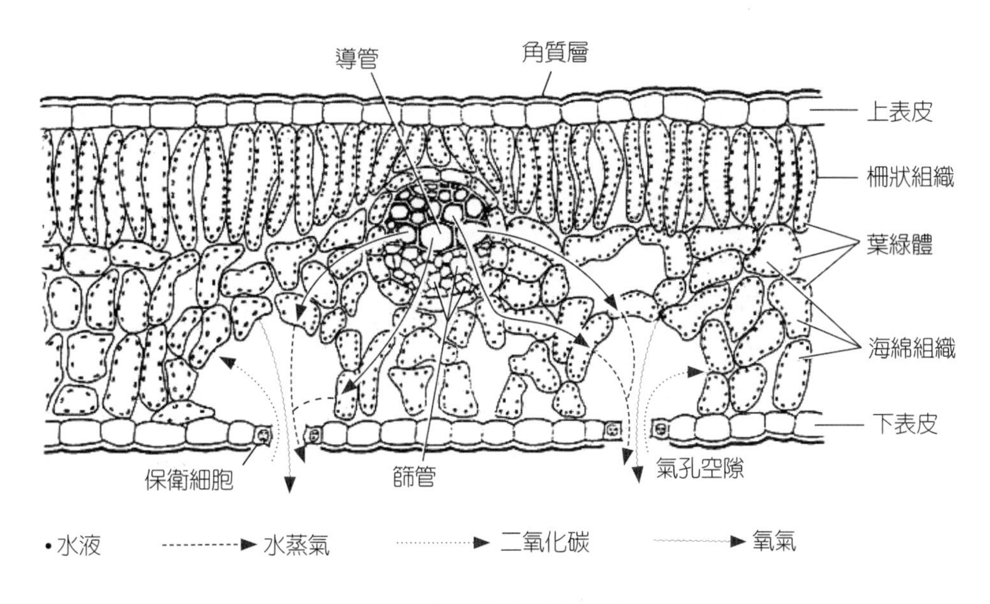

圖4-26　葉片的橫切面示意圖

表4-10　葉吸收 SO_2 及根吸收 SO_4^{2-} 對菸草乾物重及硫含量的影響

	乾物重（毫克／每株）			硫含量（毫克 S/1 克乾重）		
	對照組（不施硫）	SO_2	SO_4^{2-}	對照組（不施硫）	SO_2	SO_4^{2-}
葉	0.8	2.0	2.0	1.5	11.4	7.4
根	0.6	0.6	0.6	1.9	1.9	4.9

資料來源：Faller, 1972.

溶質之吸收

由於葉之表面到表皮細胞質間，要經過蠟質、角質層、角質化層、中膠層、初生細胞壁及次生細胞壁，所以溶質滲透表皮細胞看似並不容易。但是由於蠟質層上有大約 4.5-4.6Å 直徑之孔道，在角質層中也有很多小於 10Å 的小孔，這樣的小孔大概每平方釐米有 10^{10} 個（Schönherr, 1978），所以溶質應不難通過（圖4-27、4-28）。又由於角質化層包含纖維素、蠟質及角質與果膠，這些多帶負電荷，而且電荷密度越向內部越大，因此較有利於陽離子之攝取。1967 年 Franke 曾認爲，在表皮層上有親水性之小通道（ectodesmata）可使水氣及溶質通過，但後來經過電子顯微鏡檢視後，證明並無此類通道。

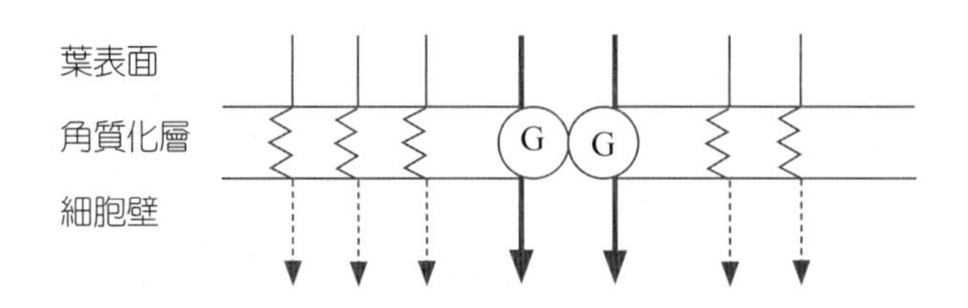

G 表示保衛細胞

圖4-27　流質穿透葉之表皮細胞角質化層之模式圖

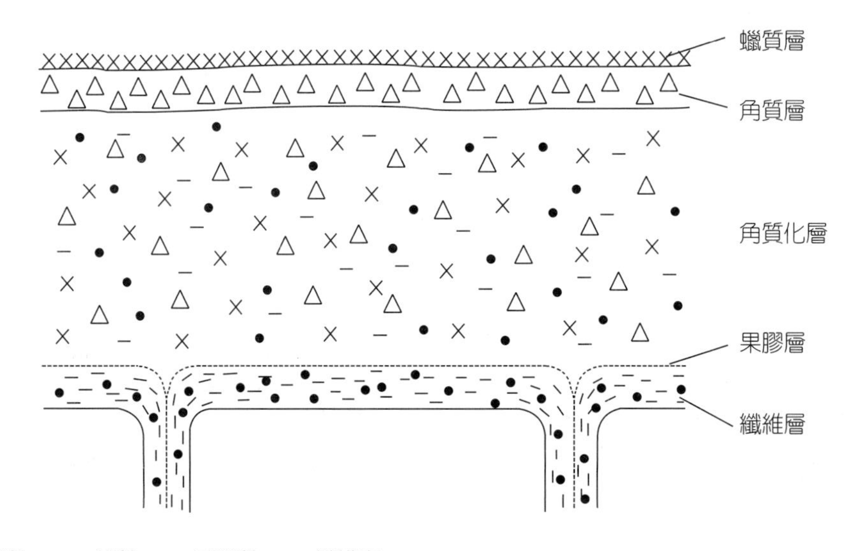

●：蠟質　△：角質　×：果膠質　–：纖維素

圖4-28　表皮細胞壁外各層之模式圖（Lyshede, 1982）

由於自葉部攝取養分不需要經過漫長的路徑，所以比由根攝取養分要快，但不論分子與離子自細胞膜進入細胞質的機制是和根相似的，因此若發現植物缺乏某種元素，則自葉部施肥可以立即改變營養狀況。但在葉部施肥亦有很多限制，如乾旱時不易滲透；降雨時則容易被淋洗；施肥之濃度太高又會使葉片灼傷。因此，一般用於葉片施肥的除尿素外，常為微量要素或不易移動之離子。

養分通過細胞膜之各種方式

這一節雖然只提到根部及葉子對分子及離子的吸收，實際上在分子或離子被輸送到其他組織或器官時，若要進入細胞內，同樣是利用上述各種機制。因此在這一節即將結束前，我們把養分通過細胞膜之各種方式做一總整理，使讀者可以有整體概念。

小分子及離子通過細胞膜的方式

小分子及離子通過細胞膜的方式有兩種，單一輸送和共同輸送，分別說明如下（圖4-29）：

單一輸送

單一輸送（uniport）意指單一離子或分子通過細胞膜，可分爲被動吸收與主動吸收。被動吸收有簡單擴散及促進擴散。主動吸收有載體說、離子通道與離子泵。

共同輸送

共同輸送（cotransport）意指兩個離子或一個離子及一個分子同時輸送。有同向和反向兩種輸送方式。同向輸送（symport）指兩個離子或一個離子及一個分子同向輸送。反向輸送（antiport）指兩個離子或一個離子及一個分子反向輸送。

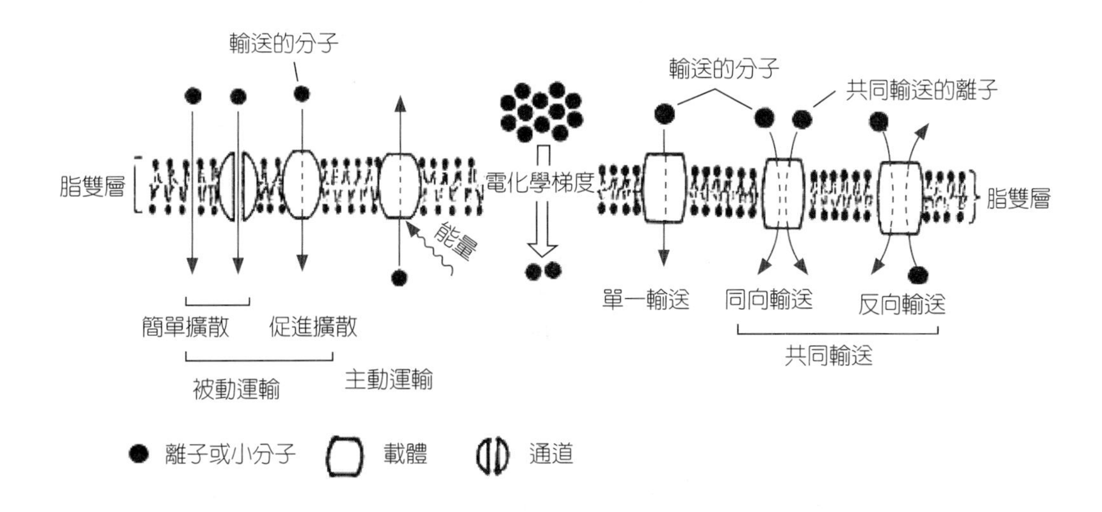

圖4-29　小分子及離子通過細胞膜的方式

分子及離子通過細胞膜的整體觀

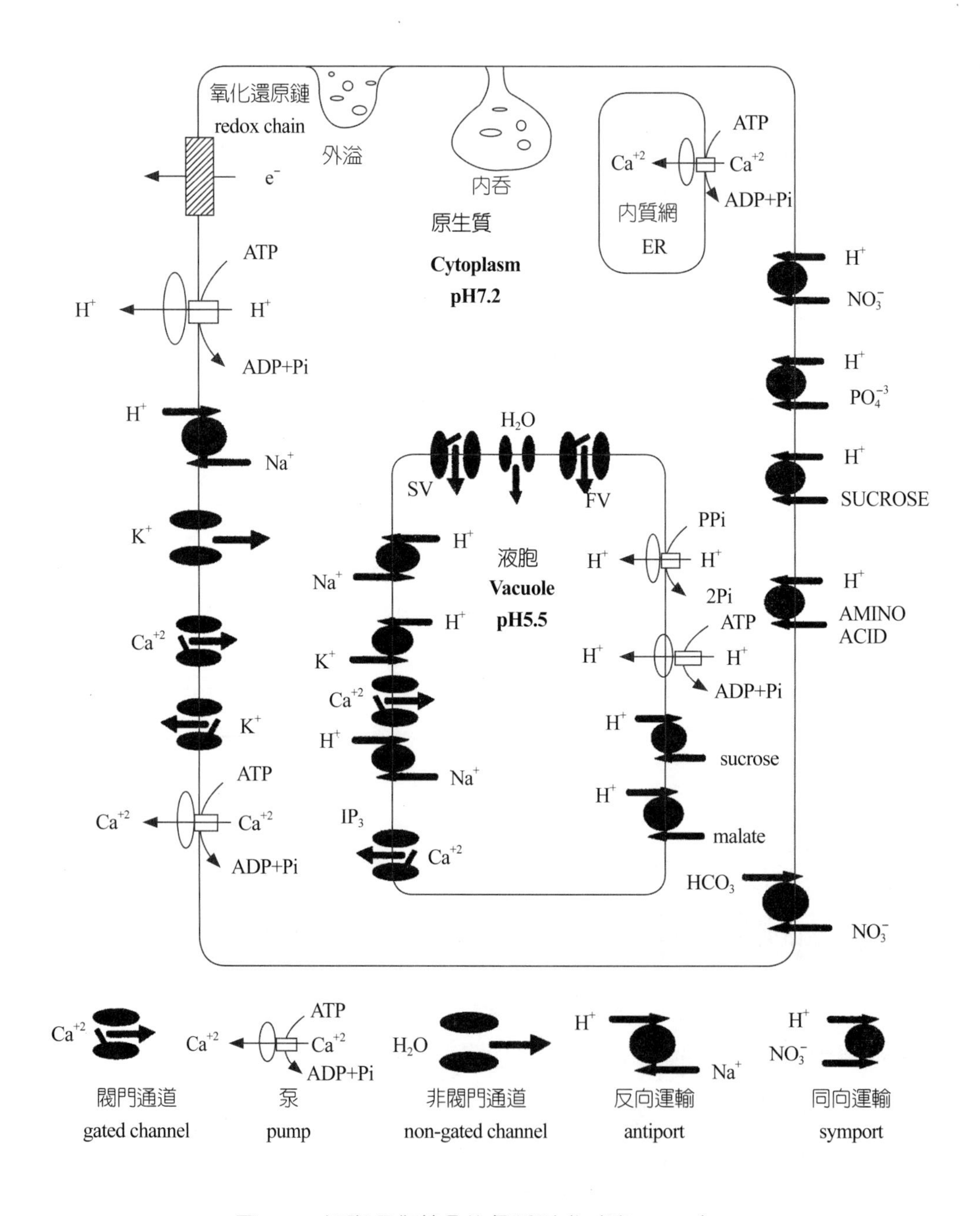

圖4-30　細胞吸收養分的各種形式（陳，1998）

第五章 植物體內的物質運輸

木質部的運輸

演化過程

最早的植物主要是屬於單細胞原核植物的藍藻類，很少有分化的構造。等到演化到有性生殖，孢子及配子的世代交替分化已非常明顯。配子體產生配子再接合爲受精卵（接合子），由受精卵在藏卵器中或胚珠中發育成爲幼小的植物體，叫做胚（embryo），進而發育成爲孢子體。由於有性生殖必須減數分裂，配子的雌雄染色體可以發生交叉及重組，能夠增加變異的機會。因此，在演化至有性生殖後，地球上的植物除了增加多樣性、複雜性外，也大大地提高植物適應各種生存環境的能力。最明顯的是植物有了各種形態的根莖葉的分化。

苔蘚植物（bryophyta）

苔蘚植物雖然已進化爲陸生，但是它們的雄性生殖細胞內仍保留在具有鞭毛的階段。在生殖時藉地面上的水分，將配子體、藏精器中之精子傳播到雌性藏卵器而進行受精。苔蘚植物很少有超過幾公分以上的，因此苔蘚植物不需要有特別的運輸系統，只靠各細胞互相傳遞養分、水分就可達到運輸的目的。蘚類（hepaticae）如地錢較苔類如土馬鬃（musci）更矮小，更需要潮溼，所以在高山上蘚類較少，而苔類較多。

維管束植物（tracheophyta）

維管束植物的主要植物體都是孢子體，除了胚的階段寄居在配子體中外，成長時都可以獨立生活。維管束植物的孢子體都有一個主軸，叫做莖。在莖上可以生出供光合作用的葉，莖的下端生有專供吸收水分、養分及有固持作用的根。莖除了支持葉片外，並負有將水分、養分運輸到離根部較遠葉片中的功能。所以在演化過程分化出維管束系統（vascular system），此系統包括木質部（xylem）及韌皮部（phloem）。前者主要運輸水分及溶解在水中的無機鹽類，後者除了運輸一些無機鹽類外，主要運輸在根或葉中已合成的有機化合物。初等維管束植物如松葉蕨，構造簡單尚未分化明顯，一般高等植物，維管束系統可以向下延長到根，向上延長到葉片，使水分、養分可貫通植物體的全部。

木質部構造

雖然有關木質部及韌皮部的知識在普通植物學中都已學過，但在談到物質輸送前，對相關構造做一複習（圖5-1），相信對輸送機制的了解，會有所幫助。

管胞（tracheids）

管胞主要是裸子植物及初等維管束植物（如蕨類）的輸送管道。管胞大多是長形而兩端尖削的原壁細胞，擔任輸送工作的管胞都是已死的細胞。而管胞的次生胞壁上，散生有很多小型圓孔，叫做導孔，導孔有兩種，爲單導孔及重紋導孔。且管胞的細胞壁上會有環行及螺旋的花紋。

1. 單導孔（simple pits）：通常存在於韌皮部纖維細胞、硬核細胞及薄壁細胞的次生細胞壁上，導孔都是在相鄰細胞壁的兩側相對而生，在兩個小孔的中央有胞質連絲（plasmodesmata），連結兩個細胞的原生質。
2. 重紋導孔（bordered pits）：常存於管胞、導管細胞以及一些木質部纖維細胞的次生細胞壁上，在次生細胞壁上留有一個較大的導孔膜，而周圍的次生細胞壁向內伸張，形成一孔緣（pit border），孔緣中央有一小孔，這樣的導孔叫做重紋導孔，兩個相對導孔之間的初生細胞壁中央，有一塊加厚的圓形凸起，叫做孔阜（forus），孔阜周圍的初生細胞壁上也有許多胞質連絲，連結相鄰細胞的原生質。

導管（vessel）

導管主要爲被子植物的輸送管道。導管呈柱狀體，截面呈圓形或多角形，首尾相接，接頭的橫壁上有許多大孔，有些橫壁已完全消失，使細胞連成相通的管道，所以被稱爲導管。通常每支導管的長度不過幾公分，在一些藤蔓和樹木中，也能長到好幾公尺。但爲什麼水分可以輸送到幾十公尺呢？我們在下面就會討論這個問題。

導管壁花紋的形成：導管壁之花紋是由纖維素及木質素沉澱而來，在導管細胞未死亡前，就形成薄而不均勻的次生細胞壁，最初沉積的物質是纖維素，最後再沉積木質素。被子植物的導管中花紋共有五種：⑴環紋（annular）、⑵螺紋（spiral）、⑶梯紋（scalariform）、⑷網紋（reticulate）、⑸孔紋（pitted），前兩種導管仍可隨生長拉長，稱為先成木質部，後三種導管形成較晚，細胞不再拉長，叫做後成木質部，在這些導管形成過程，導管細胞兩端的橫壁，在細胞死亡前，就由酶分解而消失，原生質體也隨之漸漸死亡。

薄壁細胞與纖維細胞（parenchyma cells and fibrous cells）：⑴導管兩側由薄壁細胞包圍，薄壁細胞是木質部中生命最長的細胞，它的功能就是儲藏水分及養分，有時也能做短距離的運輸。⑵木質部中也夾雜著纖維細胞，這種細胞之次生細胞壁上常具有重紋導孔，它的壽命也比導管稍長，但形成後不久，也都相繼死亡，死去的纖維細胞主要是提供細胞壁強大的支持力。

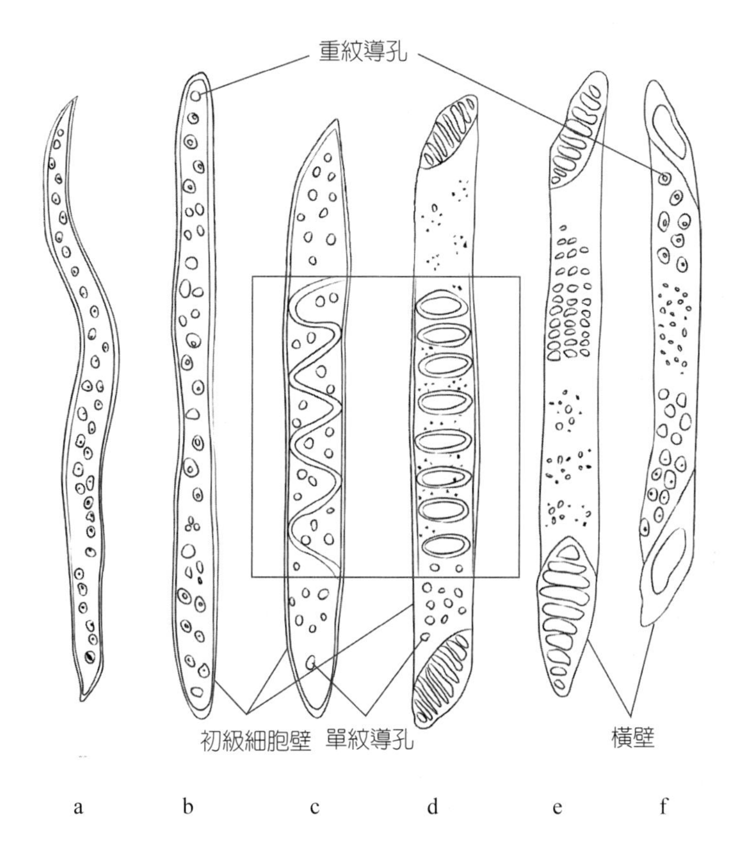

1.管胞：a、b、c；導管：d、e、f
2.框內為縱切圖：c.螺紋管胞；d.環紋導管

圖5-1　管胞及導管示意圖

木質部輸送的證據

Stout 與 Hoagland（1939）爲了了解植物吸收離子主要是經過木質部還是韌皮部，曾利用柳樹做吸收鉀的實驗。實驗的方法是先將一棵小柳樹苗靠基部兩邊各切一長約 20 公分之縱裂縫，小心將樹皮（bark）及木質部（wood）間插入石蠟紙，然後將樹苗放入含有放射性鉀（K^{42}）的溶液中。5 小時後將用蠟紙隔開之部分，從上而下分爲六段，每段再將樹皮及木質部分開，並測其放射劑量，其結果如圖 5-2 所示。從這些數字顯示，柳樹苗的根部吸收了鉀，主要是由木質部向上輸送的，但仍可能有一部分是在韌皮部中進行。在靠近未剝皮部分之 S_1 及 S_6 之樹皮片段，其所含放射性鉀均較 S_2 及 S_5 爲高，此可解釋爲 S_1 及 S_6 中放射性鉀，是由兩端鄰近未剝皮處之木質部中所含放射性鉀，經導孔橫向移入薄壁細胞，再達韌皮部。

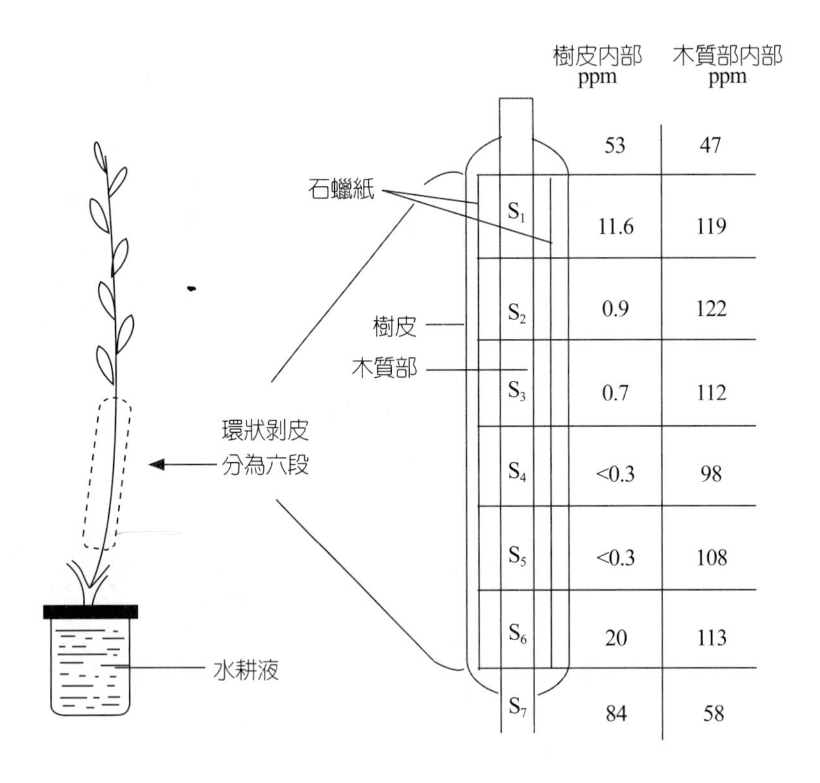

圖5-2 植物吸收鉀離子直接由木質部輸送之證據（Stout & Hoagland, 1939）

木質部輸送的路線

由於木質部能將根部吸收的無機離子向上輸送得到了證明，我們可以把前面一章所敘述的短程輸送路徑，延長到長程的輸送路徑如下：

表皮（epidermis）→皮層（cortex）→內皮（endodermis）→中柱薄壁細胞（stele parenchyma）→導管（xylem vessels）→莖（stem）→葉柄（petiole）→葉脈（leaf vein）→葉肉細胞（mesophyll cell）。

木質部輸送的機制

一般認為離子經由導管向上輸送有下列三種機制，在一般的植物學及植物生理學中，都有詳細的說明，以下僅做一簡單介紹。

蒸散力（transpiration）

蒸散就是葉片將水分以水蒸汽的形式蒸發到空氣中。由於葉片水分的蒸發，使葉片水分含量降低，導致根部到葉部之間產生一水勢梯度，使水分經由土壤→根部→維管組織→葉部的連結系統向上流動。

根壓（root pressure）

木質部汁液中鹽類的濃度，通常高於環境中溶液濃度（Anclerson & Reilly, 1968），此導致木質部中水勢低於外界溶液之水勢，水分乃向木質部滲透，造成一水壓，稱之為根壓（root pressure）。常有人對根壓持懷疑的態度，但目前已證明當導管中產生氣泡時，水柱常會中斷，此時根壓則能使水的輸送復原。Davis（1961）曾測棕櫚樹的根壓，發現根壓可把水供應到高達 10 公尺以上的部位，也說明了根壓對某些單子葉樹木而言，可能擔任了極重要的角色。

毛細管力（capillary force）

由於水在導管壁之附著力（adhesion）與水在水－空氣界面所產生的表面張力，使水面不斷上升，此即所指的毛細管力。一般導管的半徑大約在 10-100μm 之間，若以 75μm 計算，則水不過上升 0.02 公尺。所以單獨用毛細管是不能解釋木質部輸送的機制。

物理學家 Robert Finn（1989）對毛細管力與植物導管輸送水分的關係有濃厚興趣，多年來一直從事這項研究。他曾利用美國太空總署的設備，研究在無重力的條件下，多角形柱狀導管吸收水分的狀況，結果他由微分幾何的推演得到了證明。如圖 5-3 所示，即毛細管水面與管壁的夾角（γ）和二分之一管柱夾角（α）之和，若小於 $\pi/2$，即 $\alpha+\gamma<\pi/2$，則 div Tu $=\sum/\Omega\cos\gamma$ 無解（其中 T 與 u 分別爲曲平面上任意一點之切平面及超過大氣壓所支持水平面之高度），表示水柱可無限上升。雖然這是在無重力的狀況下所得的結果，但這對植物導管輸送水分或養分問題，提供新的啓示。可能由於他的實驗結果未發表在植物生理學相關期刊上，二十年來未曾見到在植物生理學或植物營養學的參考書上引用過他的實驗。從這個例子，我們可以體會到雖然科學界大聲疾呼跨領域的交流與合作的重要，但還是受到分工及本位主義的影響，缺乏相互學習的熱忱，使資訊無法暢通，這是非常遺憾的事。

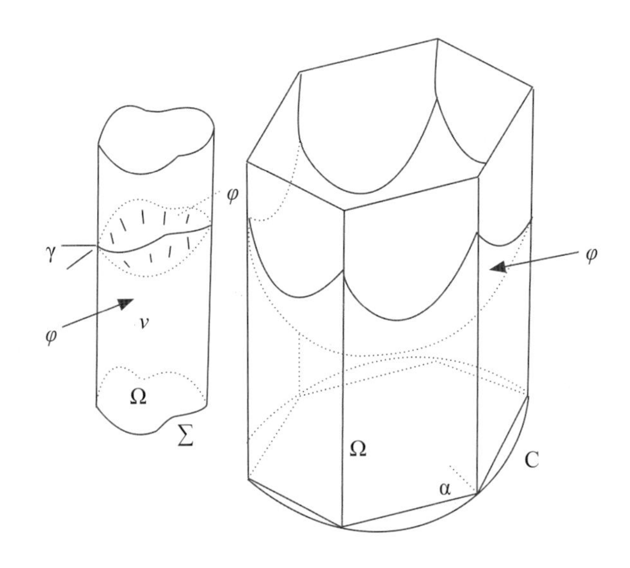

圖5-3　水由多角柱狀毛細管向上爬升的實驗（Finn Robert, 1986）

韌皮部的運輸

演化過程

蕨類和裸子植物（ferns and gymnosperms）：此類植物的韌皮部上只有細而長負責輸導的篩胞（sieve cell），在細胞壁上有細小的篩孔與鄰近篩胞相連，但並無首尾相連的篩板構造。

被子植物（angiosperms）：此類植物有較精緻之篩管，每一篩管都由一長串長形細胞首尾相接而成，兩細胞相連處有篩板。篩管細胞與伴細胞以胞絲相連，由於生態環境的不同，在韌皮部裝載（loading）及卸載（unloading）輸送物質的方式，也產生很大的差異，Van Bel 和 Gamalei（1992）將韌皮部裝載分爲三類：

1. 開放型（open type）：這種運輸的裝載模式主要是經由共質體進行，屬於第 1 型，可稱爲細胞內裝載模式（symplastic loading mode），篩管細胞與伴細胞間的胞質連絲數目每 μm^2 大於 10，有的植物像 Fraxinus ornus，每 μm^2 可多達 60，輸送的醣類主要以寡糖爲主，如 raffinose、stachyose 及 verbascose。以這種模式輸送物質的植物，大多分布在熱帶和亞熱帶區域，對乾旱相當敏感。
2. 關閉型（closed type）：這種運輸的裝載模式主要是經由質外體進行，屬於第 2 型，可稱爲細胞間隙裝載模式（apoplastic loading mode），有三個亞型：
   ⑴2a 型：篩管細胞與伴細胞和鄰近細胞之間，胞質連絲數目爲每 μm^2 少於 1 者，稱爲 2a 型。
   ⑵2b 型：每 μm^2 數目在 0.1 以下，且伴細胞壁成內皺摺型態，此模式稱爲 2b 型，又稱進化關閉型裝載模式，例如 Lactuca sativa，每 μm^2 只有 0.03。
   ⑶2c 型：胞質連絲與 2a 型相似，但葉肉細胞與維管束鞘細胞（C_4 植物）之間，則有較多胞質連絲，如 Portulaccaceae、molluginaceae 等植物。
   屬於細胞間隙裝載模式的植物，主要以 sucrose 爲運輸醣類。由於 sucrose 分子量較 raffinose 低，sucrose 溶液達到最大集體流動的濃度爲 $750molm^{-3}$，而 raffinose 溶液則約在 $250molm^{-3}$ 即已達飽和，因此細胞內裝載模式（1 型）植物的運輸速率，皆較細胞間隙裝載模式（2 型）者低。這種具有快速運輸機制的細胞間隙裝載模式的植物，常分布在溫帶和乾旱環境，具有高光合效率（蔡及朱，1996）。
3. 中間型（intermediate type）：這種結合兩種裝載模式的植物，則沒有明顯的分布界限，此可能是植物經演化產生多種裝載結構的結果（Van Bel, 1993）。

韌皮部的構造

由於蕨類及裸子植物不具眞正之篩管，只有單純的篩胞，所以在此只將被子植物的韌皮部做一說明，相信對下一節討論輸送路徑時將有所幫助。從圖 5-4 的韌皮部之模式圖，可知韌皮部的輸導部分主要包括下面四個部分：

篩管細胞（sieve element）

篩管細胞都是長管形，上下相連構成篩管，是韌皮部的主要運輸組織，幼嫩的篩管細胞原本和一般細胞相似；但在成長時，細胞核逐漸消失，粒線體也漸漸縮小，原生質也減少。整個細胞的中央都充滿了由微小管狀物構成的黏粒（slime bodies）或細絲，由於現在已經知道此黏粒是由蛋白質構成，稱其爲韌皮蛋白質（P-protein）。這 P- 蛋白質最後也逐漸分散消失，使篩管內部的水分及養分可以暢通，並能形成運輸系統，若篩板上沉積多量蛋白質，篩管就會逐漸堵塞而失去運輸作用。

伴細胞（companion cell）

每一枚篩管細胞的旁邊，都有至少一枚伴細胞相伴而生。這兩枚細胞是由原始形成層的一枚細胞分裂而成。由於伴細胞始終都具有正常的細胞核及原生質，且篩管與伴細胞間有胞質連絲相連，所以篩管細胞的生理作用可能要靠伴細胞來幫助調節。

薄壁細胞（parenchyma cell）

有的薄壁細胞緊臨篩管細胞，有的則與篩管細胞間有伴細胞相隔。由於次生細胞壁很薄，水分及養分容易進出，活力很強，所以薄壁細胞爲韌皮部儲存水分及養分的重要基地。

篩域（sieve area）

篩域即篩管細胞、篩胞或薄壁細胞壁上的一個區域，其上有小孔（篩孔），胞質連絲可通過篩孔，穿入鄰位細胞，篩管細胞的篩域大多位於細胞末端，即兩枚篩管細胞連結處的篩板（sieve plate），細胞質可以經篩孔相連，形成整個莖中的運輸系統。如果在篩管細胞側壁所形成的許多小孔區域，則稱爲側篩域。韌皮部中尚有韌皮射線細胞，爲一束帶狀呈橫向之活細胞，是與木質射線相連，亦常與韌皮薄壁細胞，藉壁孔互相連通，負責橫的運送。除此之外，木本植物韌皮部常有韌皮纖維（phloem fiber），多具有厚且木質化細胞壁之細胞，形成細而長的強固之纖維束，可能不具有輸送作用。

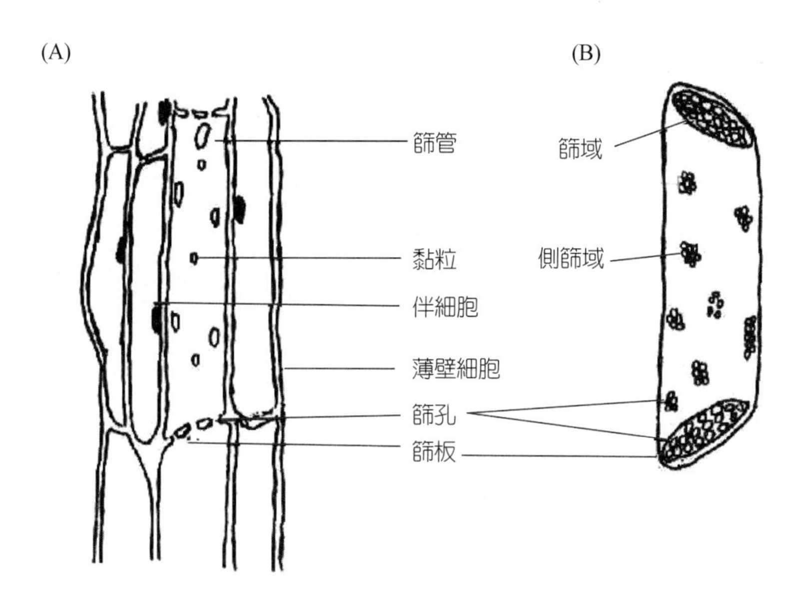

(A)為輸導系統；(B)為篩管細胞簡圖

圖5-4　韌皮部的構造

韌皮部運輸的證據

實驗的證據

向下運輸：根據 Taiz 及 Zeiger（1991）之記載，Malpighi 在 1686 年就做過利用環狀剝皮（girdling），研究有機質的輸送實驗，直到本世紀，Mason 與 Maskell（1928）才清楚地證明了環狀剝皮對蒸散並無立即的影響，因爲水分的輸送，主要是經由木質部，但醣類輸送則受剝皮的阻礙，而且醣是蓄積在靠葉子一邊的剝皮處上方（圖5-5）。

雙向運輸：自從放射性同位素追蹤術在生理的研究上廣泛被利用後，^{14}C 及 ^{32}P 等很快就被應用在有機物或無機物在植物體的輸送上。方法是可將被標示的醣類（labeled sugar）施入植物體的任何部分，經過一段時間，分析各部位放射性元素的含量；或直接利用放射顯影術（autoradiography），由 X 光感光片顯影，直接觀察醣類或其他離子及化合物之輸送動向，證明除由根部吸收時，木質部的導管是向上輸送的重要管道外，其他部位所吸收的有機或無機物以及生合成之物質，主要由韌皮部輸送，而且可以向上下運輸。

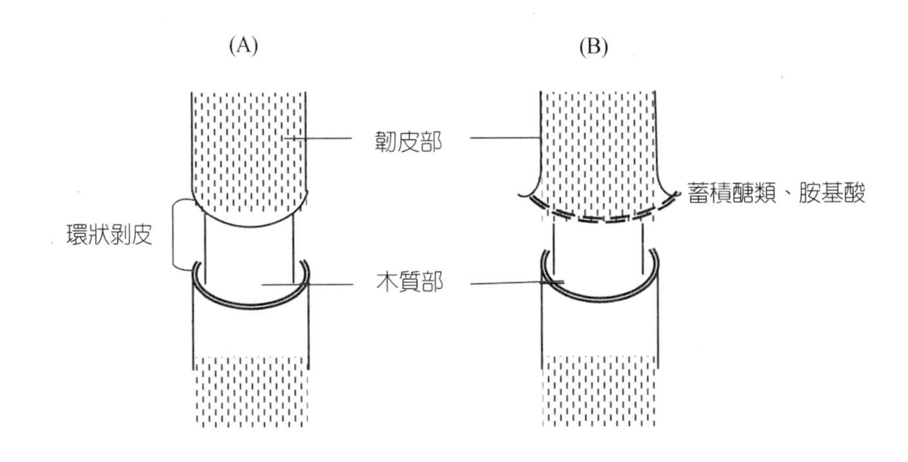

(A)為環狀剝皮時；(B)為環狀剝皮後

圖5-5 環狀剝皮示意圖

橫向運輸：我們若從植物維管束的構造來看，木質部與韌皮部中間是以幾個細胞相隔（圖 5-6），為了調節長距離的輸送和物質相互的交換，兩個輸送系統相互交換是非常必要的。此部分的研究很多，Kao 等人（1980）及 Jeschke 與 Pate（1991a）認為，木質部與韌皮部中的有機或無機溶質，可藉兩者間的薄壁細胞來運輸，並稱這類可負責運輸的細胞為轉移細胞（transfer cell）。尤其是自木質部輸送到韌皮部的研究很多，如 Haeder 與 Beringer（1984a、b）曾證明穀類在莖、節的部位，有大量的鉀自導管輸入韌皮部。Da Silva 及 Shelp（1990）也發現大豆在根部合成的胺基酸，由根部的木質部輸往地上部時，可在莖部及葉部輸入韌皮部，前者占 21-33%，後者占 60-73%。但由韌皮部輸送到木質部的實驗則不多。Matin（1982）曾證明小麥在開花後，旗葉（最後一片葉子）中，除鉀外，P、Mg、N 皆大量地由韌皮部輸入木質部，再由木質部運至穀粒；Jeschke 等人（1987）則從白魯冰的實驗發現，自莖部輸送養分到新梢的頂端時，在莖的某些部位自韌皮部輸送到木質部的量，明顯地比相反方向的運輸為多。

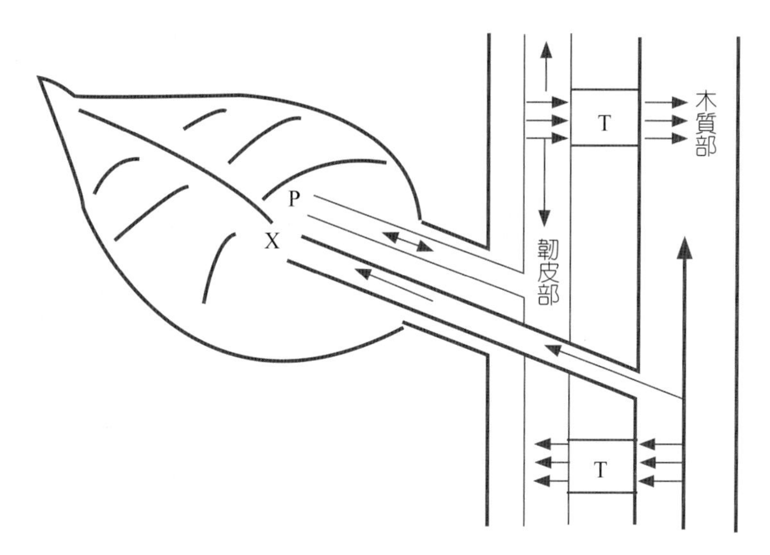

T為轉移細胞；P為韌皮部；X為木質部

圖5-6　橫向運輸示意圖

供源至儲池的輸送原則

在韌皮部的輸送，簡單說就是物質由供源（簡稱源）到儲池（簡稱庫）的移動（source-to-sink movement）（圖 5-7）。供源主要是光合產物產生的地點，如成熟葉。儲池則爲經韌皮部將合成物質輸入的地方，如根、莖、新葉、種子和果實等。供源與儲池是相對的，尤其對葉片而言，兩者是可以轉化的。生長初期新葉是儲池，當新葉成熟時，又可變爲供源；當根或種子把養分運輸到莖葉，使莖葉得以代謝或長大，這時根或種子也成爲供源。但輸入儲池的物質不可能等量的來自各個供源，而是某些供源會將營養物質和光合產物，經韌皮部依照需要的部位及植物荷爾蒙的調控輸送到某些儲池（植物荷爾蒙對植物發育的影響請參考第八章）。像草莓的種子中產生的 IAA 調控著莖葉中的同化物流向正在發育的果實中，就是最明顯的例子。下面是草本植物在韌皮部輸送物質的幾個原則：

1. 就近原則：靠近上部的成熟葉，主要將合成物輸向莖頂或幼葉，靠近下部的成熟葉則供給根部，中間的成熟葉則可上下輸送。
2. 依生長期改變

⑴種子發芽時，胚中的養分輸入子葉，這時胚即爲供源，子葉爲儲池。

胚→產生 GA（gibberellin）→進入糊粉層（aleurone layer）→產生澱粉分解酶（L-amylase）→分解澱粉→提供單醣或雙醣爲新葉的碳源及能源。

⑵營養生長期，地上部接近根的成熟葉即爲供源，根及莖的尖端則是主要的儲池。

⑶生殖生長期靠近成熟葉的果實或根莖，則是最主要的儲池。

3. 有導管直接連結者：在莖部垂直縱列葉（orthostichy）的上下葉，很容易互相運輸。
4. 網狀運輸（anastomoses）：當同側枝葉受傷或被修剪時，有些植物的合成物則可經由枝條間網狀連結的導管向相對方向運輸。Singh 與 Pandey（1980）曾證明鷹嘴豆（chick pea: cicer arietinum L.）在去豆莢的枝條，無法將葉子中的光合成物移至鄰近的摘葉豆莢，但 Gent（1982）則報告，大豆（glycine max[L.] merrill）可從部分摘莢的枝條中，轉移至部分摘葉的一邊（圖 5-7C）。

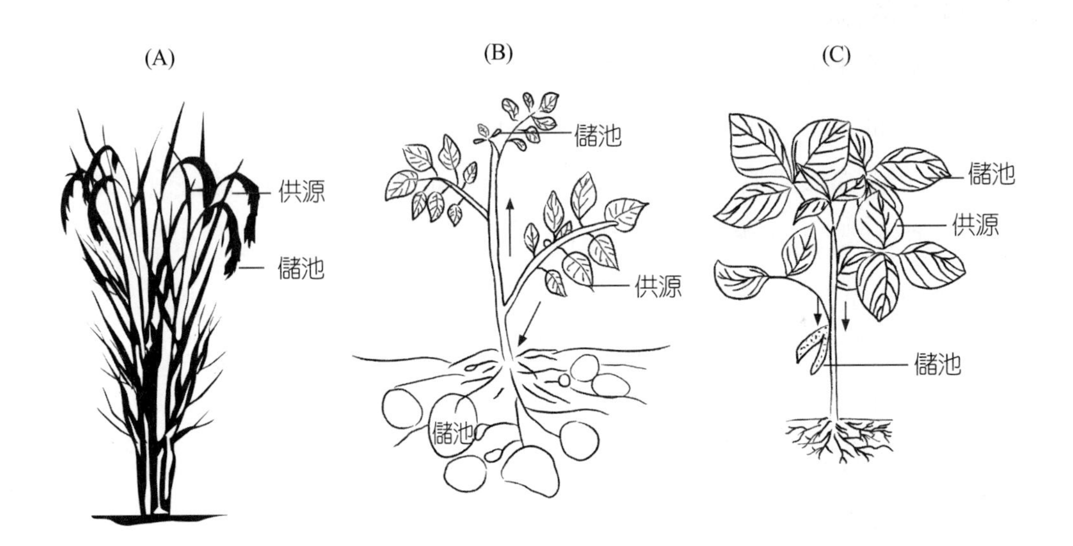

圖5-7　供源與儲池示意圖

韌皮部輸送的路線

韌皮部的輸送路線一般為：葉肉細胞（供源）→維管束脈鞘細胞→韌皮部薄壁細胞→伴細胞 $\xrightarrow{\text{裝載}}$ 篩管細胞 $\xrightarrow{\text{卸載}}$ 篩管細胞→葉肉細胞、果實、種子、根、莖（儲池）

這個路線有時是開放式的，即經過共質體（symplast），有時則是封閉式的，經過質外體，雖然一般是自供源至儲池（end to end），但有時也有側向輸送（side by side）。因為任何路線最後都必須穿過細胞膜，所以都需要一定能量，下面我們把光合產物自葉肉細胞輸送至篩管細胞之實際過程，用圖 5-8 表示。

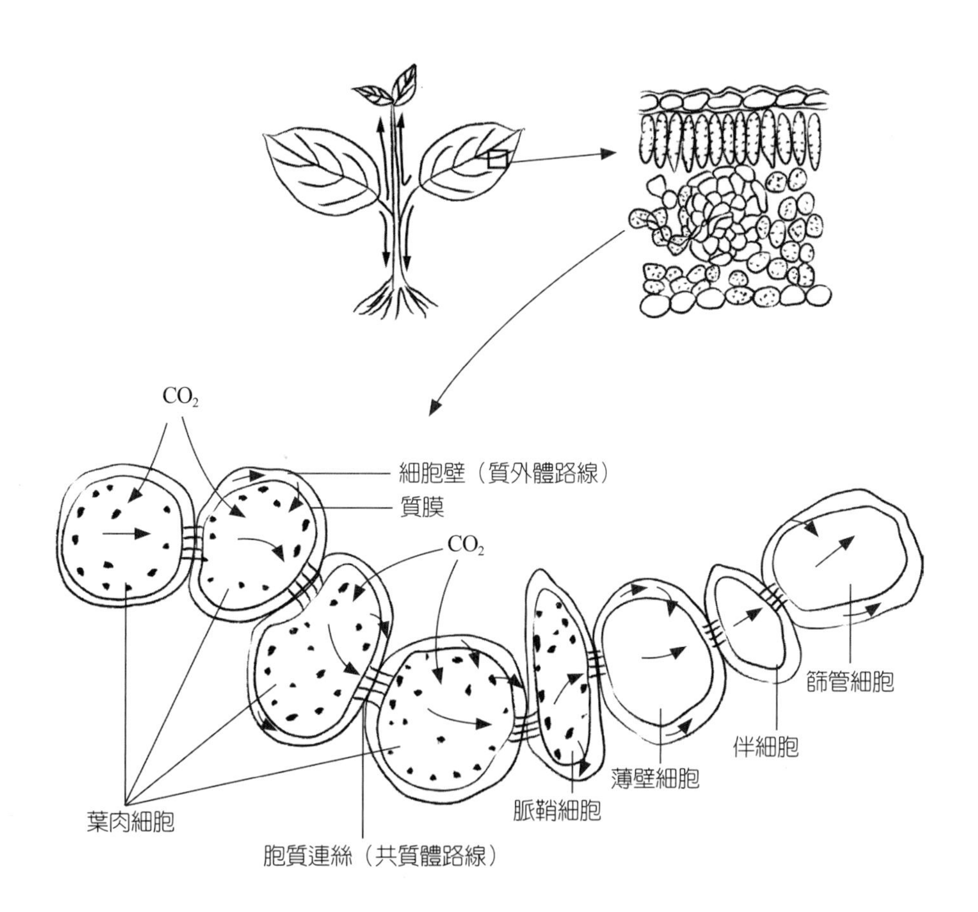

圖5-8　韌皮部輸導路線

韌皮部輸送的機制

從上述的實驗中，已證明韌皮部中物質之輸送是由供源到儲池，但這只是考慮一種元素或一種化合物。實際上，在多種物質的供需上，並非這麼簡單，爲了對此問題有進一步的認識，我們試從整體與局部觀察。

從整體的觀察

自從 1930 年到 1970 年，對韌皮部構造問題已有很多學者研究，其中被大多數人接受的理論是 1930 年，Ernst Müch 所提出之壓流說（press-flow hypothesis）（圖 5-9），認爲由於供源與儲池間有一很大的濃度差，才造成物質之流動。但壓流說只能解釋在一個篩管中，一定時間內僅能依同一個方向進行的現象（圖 5-10）。

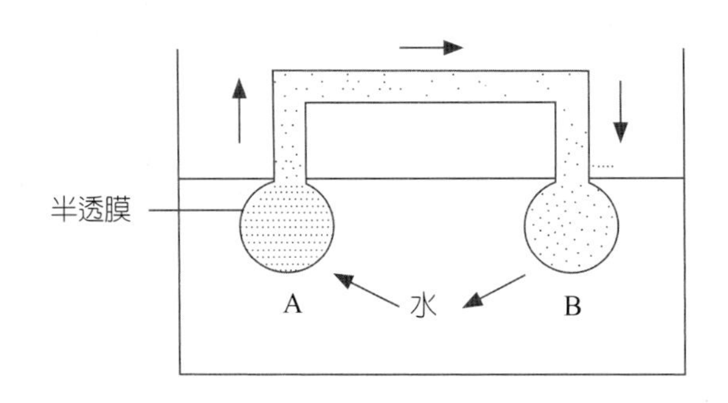

*A 瓶中之溶質濃度大於 B，所以溶質流動方向由 A→B。

圖5-9　壓流說之示意圖

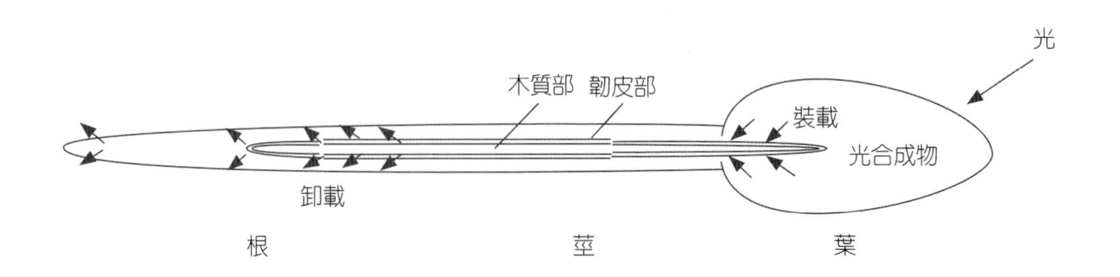

圖5-10　利用壓流說說明植物的光合成物自葉脈的韌皮部輸送至根的示意圖

後來 Qureshi 與 Spanner（1971）發現，韌皮部之輸送也可雙向進行。學者們認爲輸送機制除了壓流說外，可能還有其他的原因。因此，以下的學說相繼提出：⑴收縮蛋白質說（P- 蛋白質）（contractile protein）；⑵細胞質泵說（cytoplasmic pumping）；⑶電滲透說（electro-osmosis）；⑷加速擴散說（accelerated diffusion）。因爲這些學說尚未成定論，請讀者自行參考一般植物生理學的書籍。

從局部的觀察

供源所蓄積的物質若要輸送至其他需要此物質的部位，必須經過很多關口。以葉肉細胞所合成的光合成物爲例，如果要把這光合成物轉移到其他新葉，必須要經由共質體或質外體，從葉肉細胞到達篩管細胞，經裝載（loading）把輸送物質運到目的地，再經過卸載（unloading），把輸送物質卸至儲地（圖 5-11）。

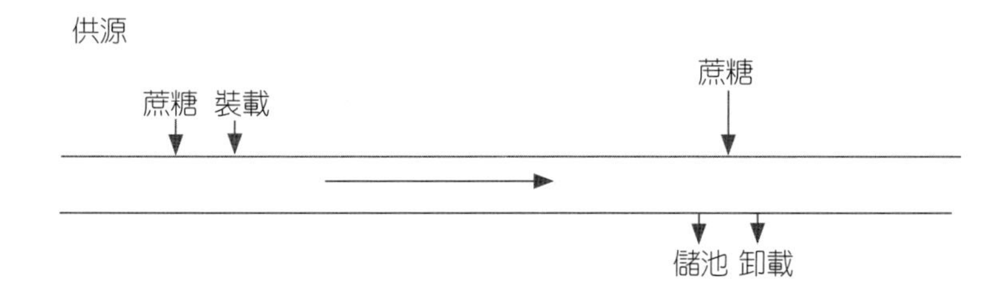

圖5-11　蔗糖在供源及儲池間之裝載與卸載

目前對這個裝載與卸載過程的機制逐漸了解的比較清楚，以下僅就圖 5-11 做一局部的觀察。

1. 從裝載區別第 1 型及第 2 型：PCMBS（parachloromercuribenzenesulfonic acid）爲一種可抑制質膜上蔗糖載體活性的抑制劑。如果韌皮部裝載不受 PCMBS 的抑制，顯示此類植物進行細胞內裝載模式。相反地，若韌皮部裝載明顯受到 PCMBS 的阻斷，則此種植物顯然是進行篩管細胞間隙運輸（圖 5-12）。
2. 蔗糖卸載後進入儲池中的三種形式（圖 5-13）：
   ⑴蔗糖在篩管細胞卸載後，在自由空間，需將蔗糖分解爲葡萄糖及果糖，才能進入儲池細胞的質膜。但自由空間內 pH 值必須小於 6.3，蔗糖轉化酶才能活化（圖 5-14）。

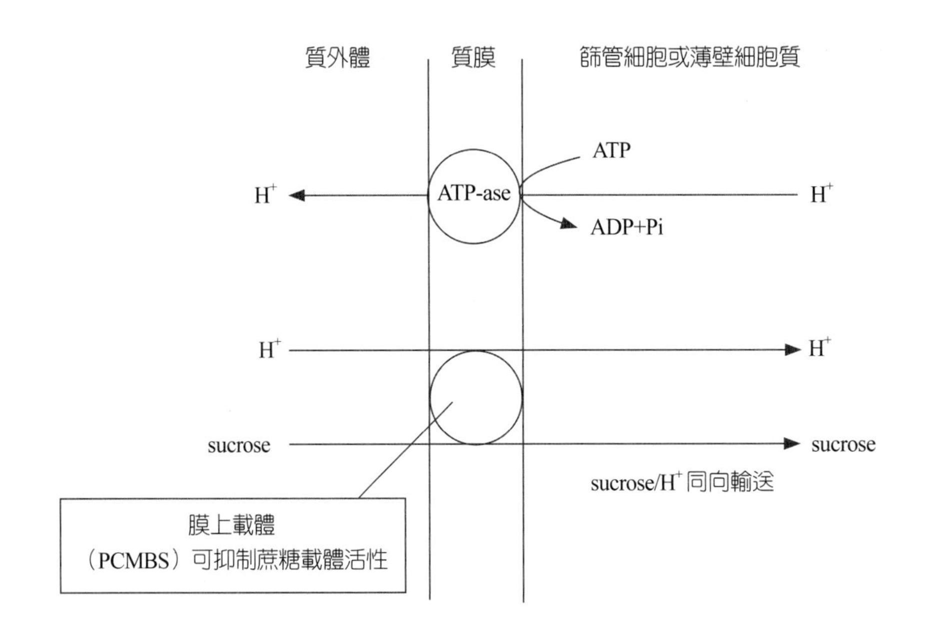

圖5-12　H^+ 泵與蔗糖／H^+ 同向輸送示意圖

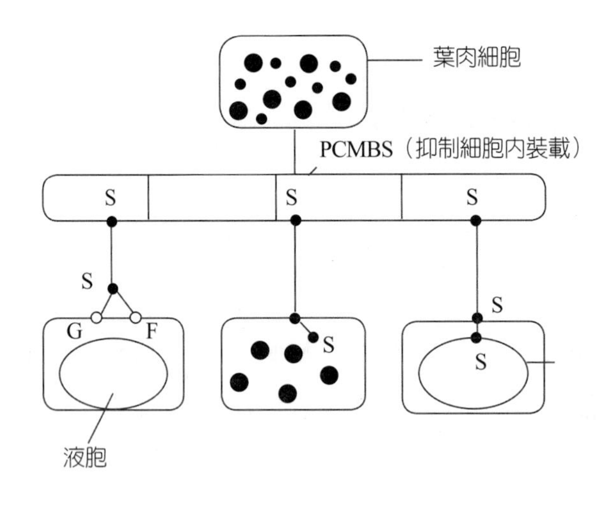

圖5-13　蔗糖自葉肉細胞進入韌皮部之方式

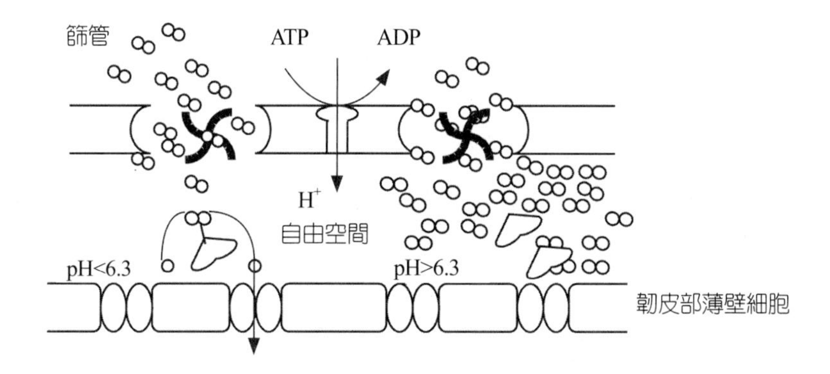

圖5-14　蔗糖轉化酶對蔗糖進入自由空間後的影響

⑵蔗糖直接進入儲池細胞，如穀粒，然後在造粉體（amyloplasts）內形成澱粉。

⑶蔗糖進入儲池細胞內（如果實），直接進入液胞中儲存。

韌皮部輸送的物質

因為在植物體內輸送的物質都是能溶於水的，所以水是輸送物中，量最多的物質。醣類則以蔗糖（sucrose）及寡糖為主，還原糖（含醛基及酮基的糖，如葡萄糖及果糖）在篩管液中甚少發現。由於蔗糖本身為電中性與易溶於水，所以蔗糖是韌皮部中最常見的非還原糖，它的濃度可達到 0.3-0.9M。其他的有機物主要是含氮化合物，如胺基酸（amino acid）、醯胺（amide）和醯脲（ureides）等。部分植物荷爾蒙、核苷酸（如 ATP）及酶也出現在韌皮部中。無機物則以鉀、鎂、磷、氯為主，硝酸鹽、鈣、硫、鐵相對則甚少。

Hall 及 Baker（1972）與 Richardson 等人（1982）曾分別分析蓖麻及南瓜韌皮部之滲出液（表 5-1），顯示兩種植物韌皮部的內含物，除鉀外，其他成分皆差異很大，尤以有機物之差異最為明顯：蓖麻輸送物以蔗糖為主，南瓜則以水蘇糖（stachyose）為主，蔗糖甚少，而且南瓜中之胺基酸及有機酸含量皆比蓖麻為高。

醣類的輸送

在韌皮部的構造中，已提及 Van Bel 與 Gamalei（1992）對韌皮部裝載分為三類，他們認為光合產物經由韌皮細胞內裝載的（第 1 型）效率較低，因為內裝載運輸的醣類，主要以 raffinose、stachyose 及 verbascose 爲主；而屬於封閉式的間隙裝載模式（第 2 型）植物，則以 sucrose 爲主。由於以單位質量而言，sucrose 溶液較 raffinose 等寡糖有較高的滲透勢，較低的水分潛勢，有利於韌皮部細胞間隙的裝載及運輸；相對地，開放式細胞內裝載效率則低，且對乾旱相當敏感。

表5-1　蓖麻及南瓜韌皮部滲出液的內含物

成　分	濃度（mg/ml）	
	蓖麻[1]	南瓜[2]
蔗糖	80.0-106.0	0.5-12.0
胺基酸	5.2	5.0-30.0
有機酸	2.0-3.2	3.0-5.0
蛋白質	1.45-2.20	76.2-112.2
氯	0.355-0.675	0.041-0.176
磷	0.350-0.550	0.028-0.083
鉀	2.3-4.4	2.1-4.6
鎂	0.109-0.122	0.016-0.033

[1] Hall & Baker, 1972.
[2] Richardson, 1982.

單醣與寡糖的構造式如下所示：

1. 還原糖類（reducing suger）：韌皮部中甚少發現。

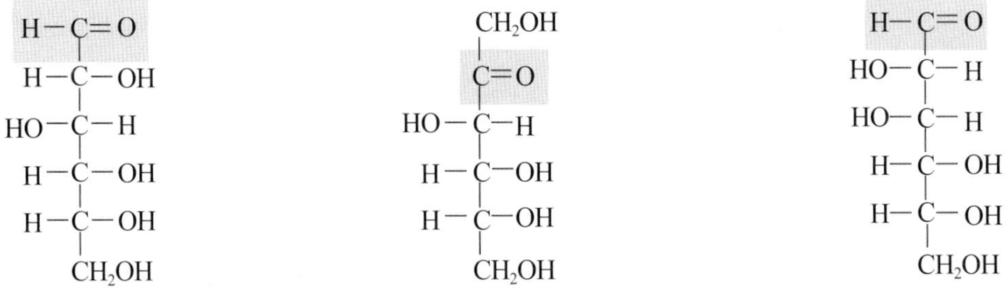

H－C=O
H－C－OH
HO－C－H
H－C－OH
H－C－OH
CH_2OH
D-glucose

CH_2OH
C=O
HO－C－H
H－C－OH
H－C－OH
CH_2OH
D-fructose

H－C=O
HO－C－H
HO－C－H
H－C－OH
H－C－OH
CH_2OH
D-mannose

2. 非還原糖（nonreducing suger）：韌皮部中常見的糖類。

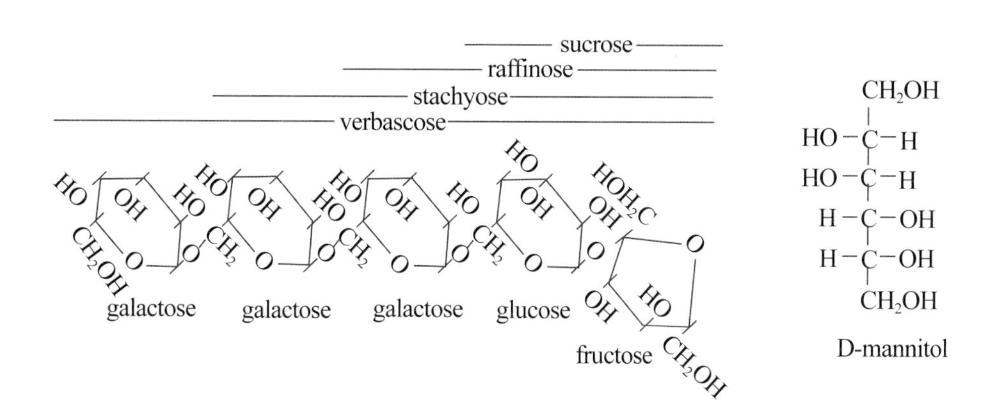

含氮化合物的輸送

因爲含氮有機化合物都含有碳骨架，而這些碳的來源主要由醣類而來，植物爲了節省碳源，不論是由根部或葉部合成的含氮化合物，N/C 比都大於 0.4，（Streeter, 1979; Pate, 1975）。由根部合成後向上部輸送的多爲醯胺（amide），由葉部合成後輸出的多爲胺基酸，有些如豆科植物則常用尿囊素（allantoin）及尿囊酸（allantoic acid）來輸送。表 5-2 是幾類作物運輸系統中常見含氮化合物。

表5-2　長距離輸送常見的含氮化合物

含氮化合物	N/C	植物的屬名
glutamate, aspartate		一般植物
glutammine, asparagirne	2N/5C(0.4), 2N/4C(0.5)	gramineae
glutamine	2N/5C(0.4)	ranuneulaceae
asparagine	2N/4C(0.5)	fagaceae
arginire, glutamine	4N/6C(0.67), 2N/5C(0.4)	rosaceae
proline, allantoin	4N/4C(1)	papilionaceae

含氮化合物的構造式如下所示：

1. 胺基酸（amino acid）及醯胺（amide）

```
          H   H   H
          |   |   |
HO—C —C —C —C —C—OH
   ‖   |   |   |   ‖
   O   H   H   N   O
              / \
             H   H
```

glutamic acid

```
            H   H   H
            |   |   |
H2N—C —C —C —C —C—OH
    ‖   |   |   |   ‖
    O   H   H   N   O
               / \
              H   H
```

glutamine

2. 醯脲（ureides）

```
           H
           |
H2N—C—N   H
    ‖   \ /
    O    C—C—OH
        /   ‖
H2N  C  N   O
     ‖  |
     O  H
```

allantoic acid

```
O=C——NH
  |    |
 HN   C—N—C—NH2
   \ /  |   ‖
    C   H   O
    ‖
    O
```

allantoin

```
          H                        H
          |                        |
H2N—C— N—CH2 CH2 CH2 C—COOH
    ‖                        |
    O                        NH2
```

citrulline

物質的儲存及再分配——今以碳水化合物為例

碳之光合產物在植物體的分布：光合產物是一切產物之源，由於植物自營養生長到生殖生長，中間經過許多代謝過程，所以作物在收穫前，光合產物要經過很多次分配轉變及再分配的過程（圖 5-15）。作物生產的目的在於收穫，希望利用各種方法，使標的物的輸入物增加，以增加產量及提高品質。對於如何利用植物營養調節的方法達到這個目的，將在以下三章中討論。

碳水化合物在不同器官及細胞隔室中之儲存及再利用：圖 5-16 即爲單醣及蔗糖進入細胞內儲存的位置，以及可能的轉變及再利用的概況。

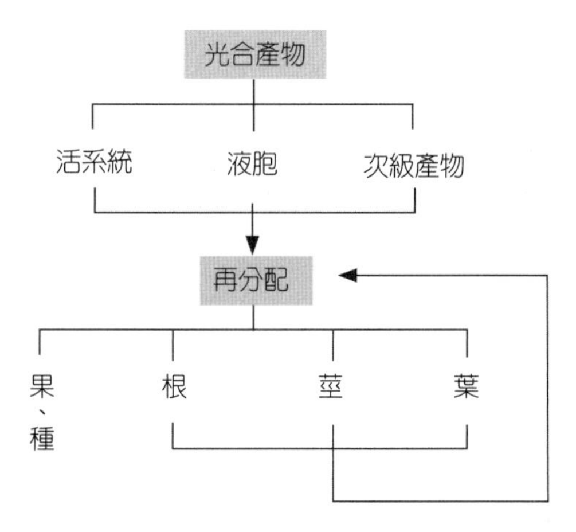

圖5-15　光合產物在植物體分布示意圖

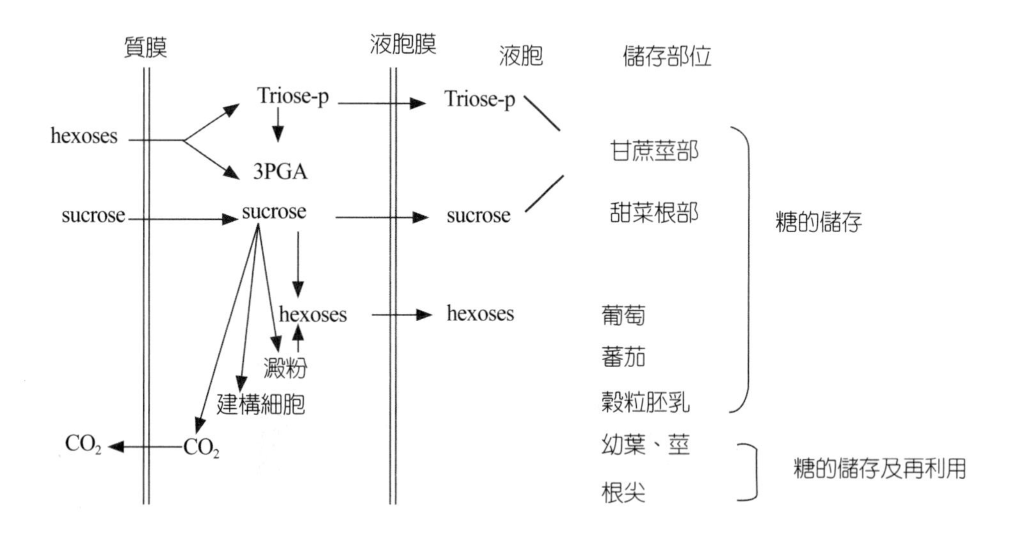

圖5-16　單醣及蔗糖在不同器官及細胞隔室中之儲存及再利用

第六章 養分吸收、運輸和環境的關係

前面兩章已把植物吸收及運輸養分的機制做了概括的介紹，這一章我們希望把影響植物吸收與運輸的因子，以及植物在環境中如何適應做一說明，作爲今後討論以肥料（營養素）調節植物生長時，考慮各種因素的依據。

植物吸收與運輸養分是一種複雜的生理現象，尤其是栽種於田間的作物，會受到許多的外來因素所影響，但是不論多複雜，仍然可以將它分爲內在因子與外在因子兩種。前者主要是植物的遺傳特性，後者主要是氣候和土壤條件，如果植物生長在土壤中，它的養分主要是來自根的吸收，則根的吸收量主要是受根的系統與土壤系統的狀態所決定，可用 6-1 式表示。但眞正影響吸收與運輸的因子是非常複雜的，在逐項說明前，爲使讀者有一整體概念，繪圖 6-1 以供了解。

植物根吸收量=〔根的系統〕〔土壤系統〕……………………（6-1）

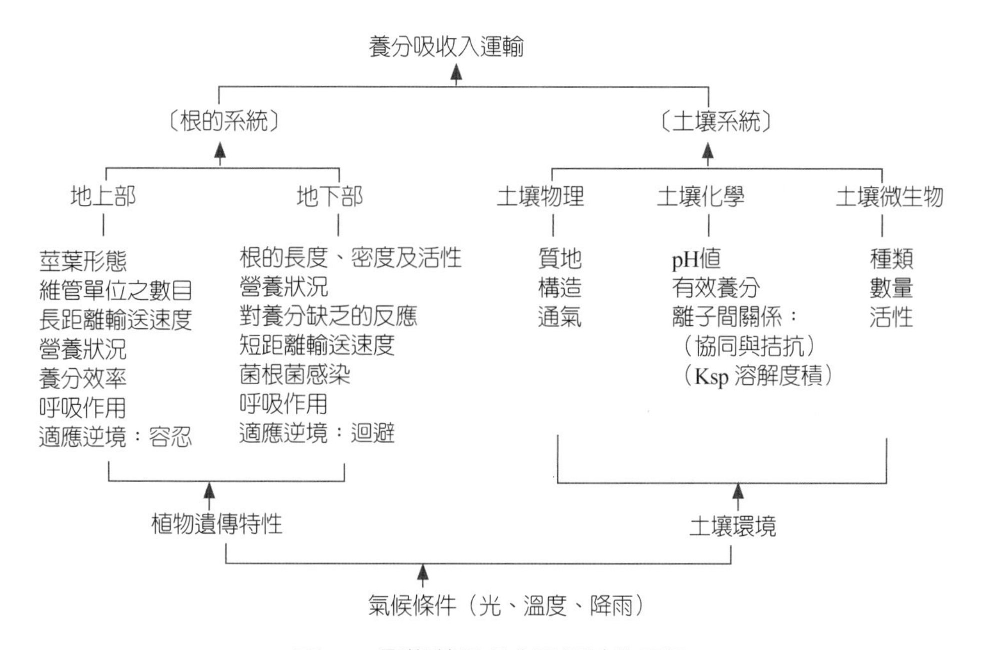

圖6-1　影響養分吸收及運輸的因子

影響養分吸收的因子

植物的遺傳特性

1. 植物的形態、構造

⑴莖和葉對養分吸收的影響：植物葉子的形狀、大小、厚度、位置，以及葉綠素的排列與密度，與光能及 CO_2 的吸收和光合產物的製造有密切的關係。光合產物越多，可供吸收養分的能量越多，必有利於養分的吸收。同時莖中的維管單位數越多，則越有利於養分的輸送。

⑵根的形態、特徵對吸收養分的影響：根的形態，包括根的長度、密度、側根數量、根毛與根尖數及根活性，與植物吸收養分和水分的能力有密切相關。同時介質中養分也影響根的形態和分布，進而又影響養分的吸收。一般在養分供應良好的地方，根系密度皆大。

①單子葉植物和雙子葉植物有異：單子葉植物和雙子葉植物在根的生長和形態上有顯著的不同。在雙子葉植物生長初期，主根即向土壤深處伸長，之後側根生長。但在單子葉植物，特別在禾本科植物中，在發芽後幾天即開始生長側根，並且通常形成許多細長稠密的根系。因此，兩者在土壤中吸收養分的深度及廣度迥異。至於陽離子交換能量（CEC），一般雙子葉植物皆比單子葉植物大，因此養分吸收量亦多。

②根吸收養分的重要參數

- 根密度（Lv：Root density）$=2\overline{m}$

  $\overline{m}$ 爲三個主平面單位面積上穿過的平均根軸數。

  例如：三個主平面每平方公分穿過的根軸數分別爲 3, 4, 5，則

$$Lv=\frac{2(3+4+5)}{3}=\frac{8\text{ 根}}{\text{厘米}^2}$$

- 根長指數（RLI：Root Length Index）$=\dfrac{\text{根總長度（厘米）}}{\text{土壤表面積（厘米}^2\text{）}}$

- 根面積指數（RAI：Root Area Index）$= \frac{\text{根的總表面積（厘米}^2\text{）}}{\text{土壤表面積（厘米}^2\text{）}}$
- 根比活性（SRA：Specific Root Activity）$= \frac{\text{單株根活性面積}}{\text{單株根的總表面積}}$
- 根尖數：有些離子如 Ca^{2+}、Mg^{2+} 和 Fe^{2+} 等，主要靠根尖的幼嫩組織吸收，因爲這些組織的內皮層細胞壁尚未木栓化，離子容易通過。
- 根毛數：大部分生長在土壤中的根系具有根毛，由於根毛維持土壤與根組織的密切接觸，且根毛的附著生長使得根系表皮細胞的表面積增加二至十倍，所以根毛對養分吸收具有特別的重要性。

2. 植物的生理、生化特性

⑴生長速率：生長速率小的植物，吸收的養分較少；相反的，生長速率大的作物，則吸收較多的養分。一般而言，C_4 型的植物多比 C_3 型的植物吸收及運輸快，因此生長亦快。

⑵選擇性吸收：有的植物屬喜矽植物（siliciphile），則吸收矽多，如禾本科植物。禾本科植物中有的是喜銨植物，如水稻。雙子葉植物則多屬喜鈣植物（calciphile），吸收鈣多，如苜蓿（一種牧草）。有的則需生長在酸性土壤中，不但可以耐鋁，而且必須吸收鋁，如茶樹。

⑶生育階段（請參考第八章）

①營養臨界期：此時期對養分要求迫切，若供應不當，很難糾正，多數作物臨界期在幼苗期。

②最大效率期：此時期對某種養分能發揮其最大效能。

③吸收的節律性：植物吸收養分有週期性變化，掌握其節律性有助於增產。

⑷酶活性：植物吸收養分與體內酶活性有一定的相關。例如磷的吸收速率，可因植物體內磷酸脂酶（phosphorylase）活性的增加而加速；硝酸的吸收，也因硝酸還原酶活性增加而提高。水稻幼苗期硝酸還原酶活性低，不易利用硝酸態氮，因而吸收硝酸態氮亦少。

⑸植物激素與毒素

①生長素（auxins）：生長素可使植物細胞壁疏鬆，細胞伸長，並可促進

H^+ 經由 H^+ 泵排出，有利於 K^+ 或 Cl^- 的吸收。

②激勃素（GA）：氣孔的開閉是由保衛細胞中 K^+ 濃度的變化來控制的，而 K^+ 濃度的變化則又受激勃素及離層酸（ABA）的調節。

③離層酸（ABA）：離層酸主要影響質膜結構，可抑制 K^+ 及 Cl^- 的吸收。在甜菜中，ABA 則能促使甜菜增加 Na^+ 的吸收，而減少 K^+ 的吸收。

④植物毒素（phytotoxin）：植物所產生的次級代謝產物（secondary product），有時對植物本身或其他植物會造成毒害而影響質膜的功能，如膜的電位差及膜的結構，因而也影響養分的吸收與運輸。微生物的次級代謝物也常對植物產生毒害，影響植物對養分的吸收與代謝，有些是專一性的，而大多數是非專一性的。不論是由植物或微生物所產生之對植物有害的次級產物，皆稱爲植物毒素。

氣候條件

植物不論生長在任何介質中（如水、砂、土壤），如果是處於自然條件下，時時刻刻都會受到氣候的影響。對於吸收養分來說，氣候方面主要的影響因子爲光照、溫度和降雨。

光照

光照對於植物養分吸收的影響主要有兩方面。⑴能量的供應：一般而言，植物吸收養分是個耗能的過程，養分吸收的數量及其速率受到能量供應的影響。光照充足，光合作用強度大，ATP、NADPH、醣類亦蓄積多。ATP 及醣類可以提供能量，直接影響吸收；NADPH 則是氧化還原反應中最重要的還原劑，例如它可參與還原硝酸態氮（NO_3^--N），直接影響 NO_3^--N的吸收。⑵蒸散作用：由於光可調節葉片氣孔的開閉，因而會影響蒸散作用及呼吸作用，進而間接影響植物對養分的吸收。

Alberda-Sutcliffe（1962）曾做過光線影響玉米吸收磷的實驗（圖 6-2），發現若將陽光照射後之玉米，移入暗室，磷之吸收量即逐漸下降，到第六天後，吸收量幾乎爲零。若將此玉米再移置於陽光下，則玉米很快的又能恢復其吸收量。若在磷吸收量下降時，使玉米吸收蔗糖或葡萄糖，則根對磷的吸收量大部分可恢復。因此，可推測光合產物代謝後所產生的能量，必與養分吸收有關，而根的代謝雖有糖的供應，尚不能完全恢復，是因爲無光時氣孔關閉，水的蒸散作用與呼吸作用，皆受抑制而間接影響養分之吸收。

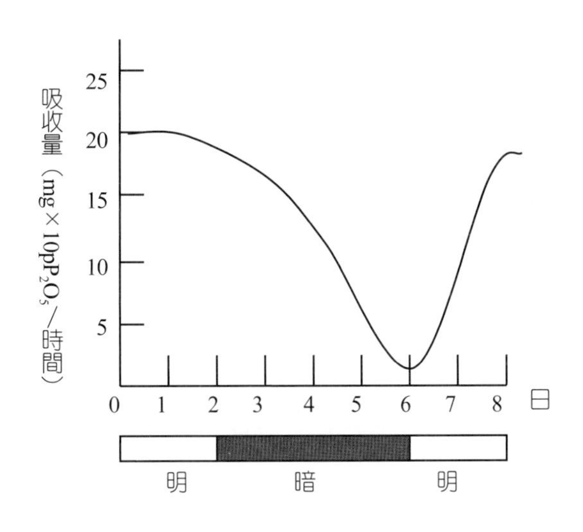

圖6-2　光對作物吸收磷酸的影響（Sutclitte, 1962）

溫度

一般而言，隨溫度升高，植物對養分的吸收加速。但到了某一溫度，吸收速率可達最高，超過此溫度反而下降，此最大溫度約在 40℃ 左右。溫度低時，由於能量供應減少，也由於質膜的阻抗增加，故植物對養分吸收速率減慢。

當溫度增加時，不但增加質膜的活性，同時也增加酶的活性，使代謝加速，於是促進養分的吸收。但溫度過高時，很多酶的活性降低，養分吸收將快速下降。Sutcliffe（1962）研究胡蘿蔔在不同溫度下，對鉀吸收的狀況（圖 6-3），實驗分 2 小時與 30 分鐘兩種吸收時間，結果發現較長時間的吸收，在低溫區與高溫區養分吸收速率的增加顯著不同。在 35℃ 以下的低溫區，每 10℃ 爲一單位，約增加吸收率 1.2/μeq，但 30℃ 到 40℃，則增加 2 至 3/μeq，超過 40℃ 則迅速下降，這表示溫度越高，呼吸作用及酶活性的影響越大，若超過 40℃ 時，植物體內許多酶活力降低，甚至沒有活性，使養分吸收快速下降。

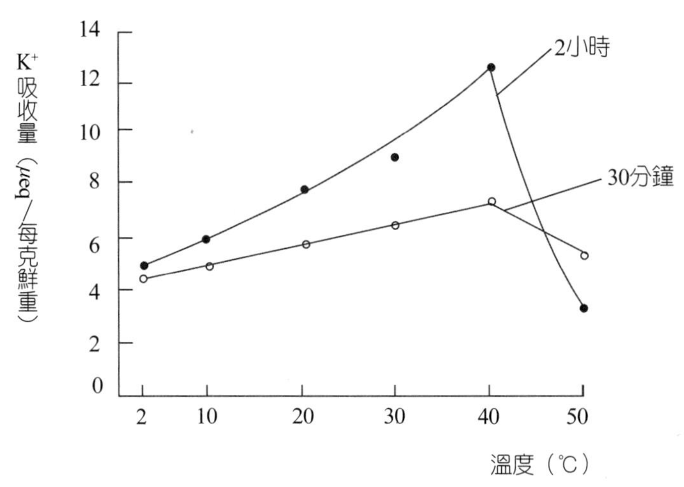

圖6-3 溫度對胡蘿蔔吸收鉀的影響（Sutcilitte, 1962）

降雨

降雨對植物吸收養分的影響，可分爲直接和間接兩個方面，直接影響是雨水可補給養分，也可使養分自植物葉中流失；間接影響是雨水影響土壤中養分離子的濃度及土壤氧化還原狀態。大氣受工業污染比較嚴重的地方，雨水的 pH 值較低，常會形成酸雨，使土壤的 pH 值下降，增加鐵鋁和重金屬的溶解度，降低磷的有效性。

土壤環境

雖然植物可以生長在很多介質中，但土壤仍是植物最重要的生長介質。地球陸地上植物吸收的營養物質，除了從空氣中獲得 CO_2 與 O_2 外，大部分來自土壤，因而土壤環境條件對植物養分的吸收影響極大。這些影響有的是直接的，有的是間接的，而且是互相關聯的。

土壤的養分

土壤養分有有效養分及全量養分之分。

有效養分：是指直接從土壤溶液中吸收，或與膠體上離子交換獲得的養分，以及當土壤溶液中養分濃度下降時，能夠由潛在養分中直接補充的養分，包括水溶性養分、交換性養分和弱酸溶性養分。一般而言，土壤中有效養分的含量與作物吸收量，往往有很好的相關性。

全量養分：即是土壤中養分的總量，包括有效養分及潛在養分。潛在養分又可區分爲易轉變的與難轉變的養分。易轉變的養分即容易在植物生長期內，透過風化、礦化和其他物理化學因素的改變而轉變爲有效養分者；難轉變的養分則是一些不容易分解的有機質或難風化的礦物質，在短時間內不易轉變爲有效的養分。

養分的緩衝力：所謂土壤的緩衝力又稱爲緩衝容量，是指土壤溶液中養分濃度降低時，土壤潛在養分補充有效養分的能力（請參閱圖 6-4 及第九章）。

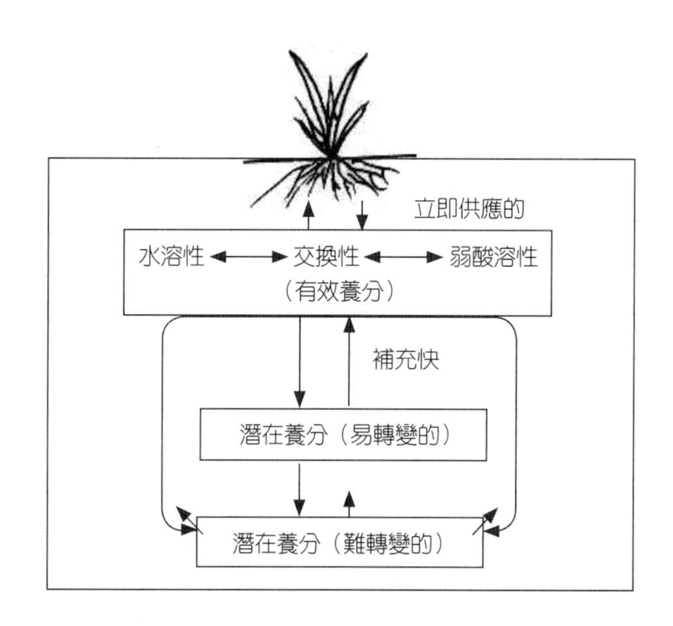

圖6-4　土壤中有效養分與潛在養分示意圖

養分的保持性：土壤養分的保持性，即爲土壤保存養分的能力。土壤保存養分的能力與土壤的養分和土壤的養分緩衝能力有密切關係，土壤保持性主要與下列三種作用有關。

1. 物理性吸附作用

⑴表面吸附：土壤表面常帶負電荷，能夠吸附陽離子，這種吸附的能力是隨土壤質地、構造、黏土礦物及有機質的種類而異。一般而言，土壤粒子越小，比表面積越大，養分的吸附能力及保持性也相對的大。團粒構

造的粒子上吸附的離子，也比分散的容易保持。陽離子交換能量在黏土礦物中，以蒙特石最高，高嶺石最低，腐植質又比蒙特石爲高。所以施用有機質，可提高養分的表面吸附量，同時也可增加養分的保持（表6-1）。

表6-1　土壤中主要黏土礦物及腐植質的陽離子交換量及表面積

黏土礦物	陽離子交換量（meq $100g^{-1}$）	表面積（m^2g^{-1}）
蒙特石	60-150	600-800
伊利石	10-40	65-100
高嶺石	3-15	7-30
腐植質	200-300	範圍很廣

⑵層間固定：2：1 型的黏土礦物能夠吸水膨脹，增加層間距離，K^+、NH_4^+、Cu^{2+}、Mg^{2+} 等離子就可能進入層間；如果黏土礦物一旦收縮，這些離子就遭到固定，不能被利用，必須透過風化或浸水過程，才有重新進入土壤溶液的機會。所以層間固定對施肥過多時，有防止肥害或減少淋洗的益處，也有因固定使有效性養分減少，對作物不利的一面。

2. 化學沉澱作用

兩種以上離子存在時，當陰陽離子（A, B）濃度積超過溶解積（Ksp）時，即 [A][B]>Ksp 時，則會生成沉澱。如 CO_3^- 和 SO_4^{2-} 可與土壤中的 Ca^{2+}、Mg^{2+} 形成溶解度小的碳酸鹽或硫酸鹽的化合物。$H_2PO_4^-$ 在不同 pH 值下，可與 Ca^{2+} 形成 $CaHPO_4$ 或 $Ca_3(PO_4)_2$，與 Al^{3+}、Fe^{3+} 可形成或溶解度很小的 $AlPO_4$ 和 $FePO_4$，這也可以說明爲什麼在 pH 值很低或很高時，鐵與磷的有效性都很低的原因（圖 6-5）。

3. 生物固定作用

土壤微生物和藻類繁殖生長，需要自土壤中吸收很多營養物質，構成它們的軀體，我們稱這種現象爲生物固定（immobilization）。被生物固定的元素固然暫時不能被植物利用，但它的好處是暫時被儲存起來，當微生物或藻類死亡後，經過礦化作用（mineralization），這些養分可從有機物轉變爲無機的離子，供作物吸收。所以生物活性高的土壤，新陳代謝旺盛，土壤保肥性能也佳。但是當土壤中 C/N 比很高時，微生物繁殖旺盛，將利用很多土壤中無機態氮，會使植物無法吸收足夠的氮。所以我們常把 C/N 比高的作物殘體做成堆肥，目的就在降低 C/N 比，有利於有機態氮的礦化（請參考第八章堆肥的製做）。

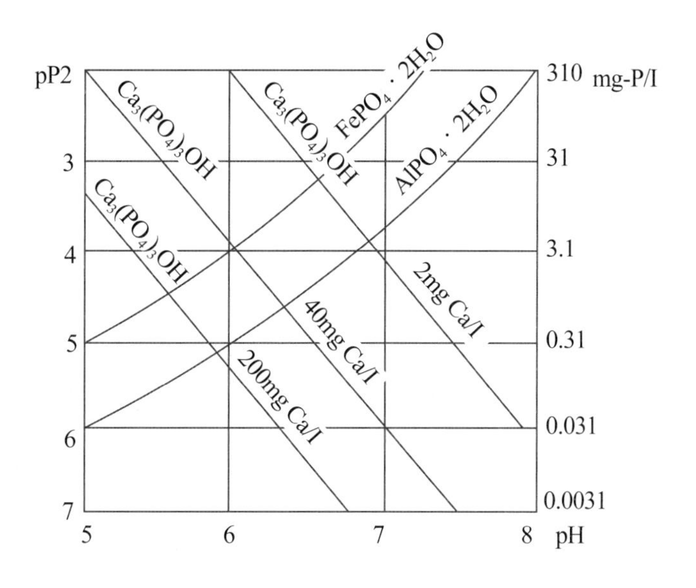

圖6-5　磷酸鹽在不同 pH 值下之有效性（張，1969）

離子間的相互關係

在第四章談到植物吸收養分時，因為是要探討植物吸收養分的機制，所以只從單一離子或分子去考慮。實際上，土壤中存在各種形態的養分，植物吸收離子時不僅受到離子濃度的影響，也受到離子間相互的影響，最常見的有增強作用及拮抗作用。但這兩種作用是相對的，而不是絕對的，只對一定的作物和某一範圍的離子濃度而言，若濃度超過了一定限度，有時增強作用反而會變為拮抗作用。

增強作用（synergism）：是指某一種離子的存在，能夠促進植物對另一種離子的吸收。這種作用又稱為協助作用或協同作用。(1)陽離子對陰離子：如 NH_4^+ 可增加 $H_2PO_4^-$ 之吸收。(2)陰離子對陽離子：如 NO_3^- 可增加 K^+ 之吸收。

拮抗作用（antagonism）：當增加一種離子的供給量會降低植物體吸收另一種離子速率的現象，叫做離子間的拮抗作用，這種作用也可視為抑制作用。過去認為離子間的拮抗作用主要起因於離子競爭同一載體，但是各種離子大小不同，電荷密度以及水合程度各異，不可能皆共用一個載體。由於近年來對膜的了解逐漸深入，發現有些離子有其專一的輸送通道及載體，至於非專一性的通道及載體，對不同離子的親和性也不同。基於這一想法，Epstein（1972）曾試圖將離子間拮抗作用是否由競爭同一通道及載體而引起的問題，藉酶抑制模式來描述。依據 Lineweaver-Burk 的雙倒數作圖法（圖 6-6），可將 Michaelis-Menten 方程式 $V=V_{max}[S]/(Km+[S])$（請參閱圖 4-17）轉換為：

$$\frac{1}{V}=\frac{K_m}{V_{msx}}\frac{1}{[S]}+\frac{1}{V_{\max}}$$

根據實驗結果可繪出三條直線：A 表示無抑制或無拮抗；B、C 分別表示競爭性抑制，與非競爭性抑制（圖 6-6）。若用近代膜化學的解釋，競爭性抑制是多種離子競爭同一載體或通道，從吸收曲線可知 K_m 增加，V_{max}（最大吸收速率）不變，由於 K_m 是表示使吸收率達到最大吸收率一半時之離子濃度，故 K_m 可視為離子與載體或通道親和力之指標，K_m 越大，則親和力越小；反之，K_m 越小，則親和力越大。非競爭性抑制則是各離子經由各自的載體或通道進入細胞內，因此 K_m 不變，V_{max} 減小。實際上，離子間的拮抗有很多種，以上所舉的兩種，只是最常見的狀況，像以共價鍵與載體或通道結合的重金屬離子，抑制其他離子的吸收，就是另一種抑制機制。

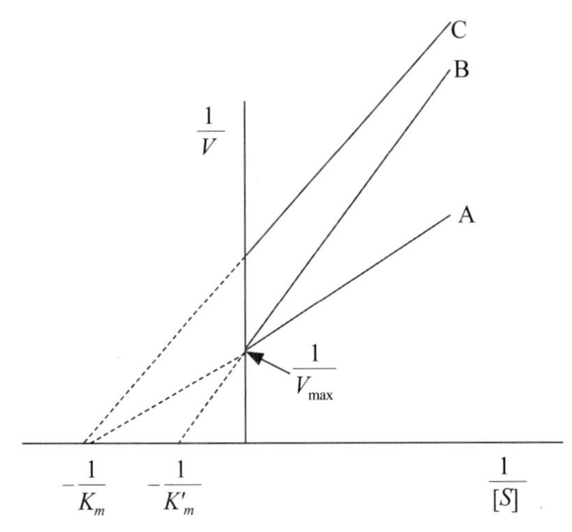

A：無抑制（non-inhibition）
B：競爭性抑制（competitive inhibition）
C：非競爭性抑制（non-competitive inhibition）

圖6-6　Lineweaver-Burk 雙倒數作圖法

以下分別舉幾個陽離子間及陰離子間拮抗作用的例子：

1. 陽離子—陽離子

(1)價數相同者

①性質相近者：K^+ 和 Rb^+，Ca^{2+} 和 Sr^{2+}，吸收抑制時，K_m 皆增加。

②性質相異者

- Na^+ 對 K^+ 而言，只有在高濃度時，才有抑制現象。
- 對 Fe^{2+} 而言，各種離子與其拮抗作用爲 $Cu^{2+}>Ni^{2+}>Co^{2+}>Zn^{2+}>Mn^{2+}$。

(2)價數不相同者：如 Mg^{2+} 和 K^+、Na^+，由於價數不同，性質多不相似，相互抑制能力亦不同。

下面舉一個 Scharrer 和 Jung（1955）所做實驗爲例，他們改變鎂的用量，觀察向日葵乾物質中 K^+、Na^+、Cu^{2+}、 Mg^{2+} 的含量。發現隨鎂的增加，Na^+ 和 Ca^{2+} 的濃度減少，但 K^+ 略有增加，植株中陽離子的總量改變很少，從這個例子就可知 K^+ 的吸收，在這種 Mg^{2+} 濃度處理的範圍間，不但未受到抑制，反而有加強作用（表6-2）。

表6-2　鎂的施用量對向日葵中鉀、鎂、鈣離子含量的影響

Mg	陽離子含量（毫當量 / 100 克乾重）				
	K^+	Na^+	Ca^{2+}	Mg^{2+}	總量
Mg1	49	4	42	49	144
Mg2	57	3	31	61	152
Mg3	57	2	23	68	150

資料來源：Scharrer & Jung, 1955.

Claassen 和 Dunlop 等人（1973, 1977）曾利用實驗分別計算玉米和大麥 K^+、Ca^{2+}、Mg^{2+} 之 K_m 值，發現一價之鉀的 K_m 值遠小於 Mg^{2+} 者，亦即 K^+ 通過細胞膜的速率遠大於 Mg^{2+}。至於 Ca^{2+} 之 K_m 值，也只有 Mg^{2+} 的四分之一至十分之一（表6-3）。這可以間接說明上述向日葵的實驗中，鎂對鉀沒有拮抗作用的原因。

表6-3 植物在水耕溶液中吸收三種離子之 K_m 值（Michaelis 常數）

離子種類	K_m,(μmol / L)	植物種類	資料來源
K^+	6-18	Corn	Claassen & Barber,1977
Mg^{++}	150-400	Corn	Maas & Ogato,1971; Leggett & Gilbert
Ca^{++}	39	Barley	Dunlop,1973

Schimamsky（1981）曾利用水耕觀察鈣鉀對大麥幼苗吸收鎂的影響（表6-4），發現鈣鉀對鎂離子的吸收有明顯的抑制，其中尤以一價鉀之影響爲甚，與上述 K^+、Ca^{2+}、Mg^{2+} 各離子 K_m 值與吸收的關係甚爲符合。

表6-4 鈣鉀離子對大麥幼苗吸收鎂之影響

	Mg^{2+} 吸收量（μeq Mg^{2+} / 10 克鮮重）		
	$MgCl_2$	$MgCl_2$＋$CaSO_4$	$MgCl_2$＋$CaSO_4$＋KCl
根	165	115	15
莖葉	88	25	6.5
全株	253	140	21.5

註：水耕液中每種離子濃度皆爲 0.25meq/L。
資料來源：Schimansky, 1981.

2. 陰離子—陰離子

陰離子吸收過程以 NO_3^- 及 Cl^- 之吸收速率最快，因此也以 NO_3^- 和 Cl^- 之間的拮抗作用最大，同時也以 NO_3^- 或 Cl^- 抑制其他離子吸收的現象最爲明顯。

(1)離子性質相近者：如 SO_4^{2-} 與 SeO_4^{2-}，PO_4^{3-} 與 AsO_4^{3-}，吸收抑制時，K_m 值皆增加。

(2)離子性質相異者：①NO_3^-減少，Cl^- 增加，反之亦然。②NO_3^- 減少時，SO_4^{2-} 和 $H_2PO_4^-$ 的吸收增加。

3. 維茨效應（Viets effect）：維茨（1944）發現溶液中的 Ca^{2+} 有助於植物對 K^+ 和溴化物的吸收，其他多價陽離子，如 Mg^{2+}、Sr^{2+}、Ba^{2+}，甚至 Al^{3+} 也有

類似的作用，但效果不如鈣。根據 Mengel 和 Helal（1967）的研究，Ca^{2+} 是影響 K^+ 和 PO_4^{3-} 流出，而不影響其流入。如果膜上 Ca^{2+} 被 H^+ 代換，膜的滲透性明顯提高。目前很多研究已證明爲了維持膜的完整，必須要有 Ca^{2+}。但維持正常滲透所需的 Ca^{2+} 濃度約爲 10^{-4}M，這樣的濃度已超過土壤溶液中通常 Ca^{2+} 的濃度。因此，如果 pH 值不是太低的土壤，維茨效應並不容易發生，反而在 Ca^{2+} 過高時，常會減少植物對其他陽離子的吸收。不過自從維茨發現了這個效應後，引起大家探討 Ca^{2+} 影響細胞膜滲透性的興趣，更了解鈣在植物生長中所扮演的多種角色。

4. 相對離子效應（counter ion effect）

(1)濃度之影響：我們在第四章已知道植物吸收離子在低濃度與高濃度時不同，即所謂雙重型（dural pattern）或多重型（multiple pattern）吸收理論，所以離子被植物吸收時，在低濃度與高濃度離子間互相的影響也不同。Hiatt（1968）曾將大麥的切根分別浸入不同濃度的 KCl 及 $CaCl_2$ 中 4 小時，結果發現：低濃度時，切根自 KCl 及 $CaCl_2$ 吸收的 K^+ 或 Cl^- 差異甚小；但濃度超過 10^{-4} 克當量時，就有顯著的差異。這顯示離子在低濃度時，相互影響較小，一旦濃度高時，各膜上的通道及載體靠胞外一端與各離子接觸的機率皆增加，離子通過膜的速率必與各種離子及通道和載體之親和力有關。一般而言，單價離子皆比多價離子容易通過，當單價離子通過時，帶相反電荷的相對離子也容易同時進入胞內。相反的，某一離子不容易吸收時，也抑制了另一種相對離子進入胞內（圖6-7）。

(2)不同電價之影響：植物吸收無機離子的速率，常因離子種類而不同。一般而言，吸收一價離子比二價離子快，如 NO_3^-、K^+、$Cl^- > Ca^{2+}$、SO_4^{2-}。Hiatt 等人（1967）曾分別在 K_2SO_4、KCl、$CaCl_2$ 溶液中，短期培養大麥幼苗（表 6-5），發現用 K_2SO_4 處理時，根吸收 K^+ 比吸收 SO_4^{2-} 快很多。爲補償這種陽離子的吸收大大超過陰離子吸收的現象，植物體則用有機陰離子的累積來平衡電荷，在這種累積過程也反應在 CO_2 同化率提高，植物生長與代謝旺盛上。由於代謝池增大，植物對離子吸收的速率也相對增加。在 $CaCl_2$ 處理中，情況卻相反，由於 Cl^- 是一價離子，它的吸收

遠遠超過 Ca^{2+}。這樣則自動降低 CO_2 的同化率，以及降解有機酸來平衡吸收過多的陰離子。在 KCl 處理中，K^+ 和 Cl^- 的吸收率相近，所以根中有機陰離子變化很小，而且 CO_2 同化率相對的不受影響。

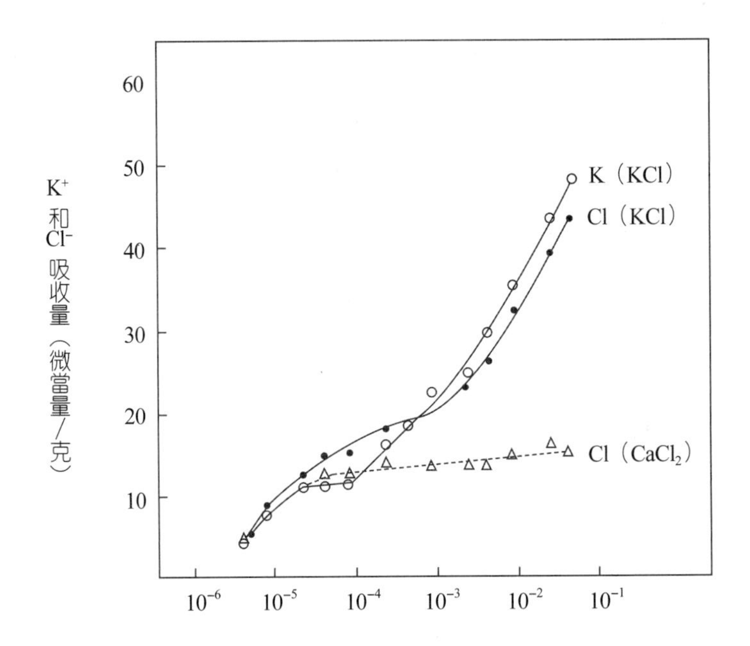

註：此圖爲 KCl 及 $CaCl_2$ 兩個實驗的合成圖。

圖6-7　相對離子對大麥切根吸收 K^+、Cl^- 之影響（Hiatt, 1968）

表6-5　大麥幼苗根對陰陽離子吸收及有機酸含量的變化和 CO_2 同化之間的互相關係

營養液（毫當量，毫升-1）	陽離子吸收（微當量，克-1）	陰離子吸收（微當量，克-1）	有機陽離子當量的變化	CO_2 相對同化率
K_2SO_4	17	<1	＋15.1	145
KCl	28	29	−0.2	100
$CaCl_2$	<1	15	−9.7	60

資料來源：Hiatt 等人，1967。

當我們看到這種奇妙的結果，不禁要問，植物細胞爲什麼能利用有機酸的合成與降解，來調節陰陽離子的平衡呢？這主要是由細胞中的 pH 值來控制，以蘋果酸爲例（參考以下兩反應式）：

① 高 pH 值下有利於 PEP 的羧化作用

$$\begin{matrix} CH_2 \\ \| \\ C\text{-}O\text{-}(p) \\ | \\ COOH \end{matrix} \xrightarrow[\text{PEP carboxylase}]{CO_2 \downarrow HCO_3^- \quad Pi} \begin{matrix} COO^- \\ | \\ CH_2 \\ | \\ C=O \\ | \\ COOH \end{matrix} \xrightarrow{NADPH+H^- \quad NADP^+} \begin{matrix} COO^- \\ | \\ CH_2 \\ | \\ HCOH \\ | \\ COOH \end{matrix} \quad \cdots\cdots\cdots\cdots\cdots(1)$$

磷（酸）烯醇丙酮酸（PEP）　草（醯）乙酸（OAA）　蘋果酸（malate）

② 低 pH 值下有利於蘋果酸的脫羧基化作用

$$\begin{matrix} COO^- \\ | \\ CH_2 \\ | \\ HCOH \\ | \\ COOH \end{matrix} \xrightarrow[\text{malic enzyme}]{NADP \quad NADPH+H^+} \begin{matrix} COO^- \\ | \\ CH_2 \\ | \\ C=O \\ | \\ COOH \end{matrix} \xrightarrow{HOH \quad OH} \begin{matrix} CH_3 \\ | \\ C=O \\ | \\ COOH \end{matrix} + CO_2 \quad \cdots\cdots\cdots\cdots\cdots(2)$$

蘋果酸（malate）　草（醯）乙酸（OAA）　丙酮酸

當 K^+ 被吸收時，若是反向運輸機制（antiport），則 H^+ 會排出，使細胞內 pH 值升高，活化 PEP 羧化酶（PEP-Carboxylase），有利於蘋果酸的合成，同時也消耗了胞內的 HCO_3^- 或 CO_2 和 OH^-；當 Cl^- 被吸收時，則反向排出的離子主要爲 HCO_3^-，使細胞內 pH 值下降，活化蘋果酸酶（malic enzyme），有利於蘋果酸降解爲丙酮酸。

從 Hiatt 的實驗，我們不但了解植物對不同離子吸收速率不同，同時也知道陰陽離子吸收速率的不同，也會影響植物代謝池（metabolic pool）的大小，以及 CO_2 的同化率。這中間 pH 值微弱的變動與調節產生重要的作用。生物的代謝靠 pH 值調控的例子不勝枚舉，這只是其中之一而已。在第七章將會談到植物吸收 NO_3^--N 與NH_4^+-N 時，會引起不同的反應，它的基本原理，也是由於細胞質中 pH 值的改變，屆時反應式 (1)、(2) 仍會出現，因爲這兩個反應式是非常重要的，尤其是 (1)

註：PEP即Phosphoenol-pyruvate，中譯為磷（酸）烯醇丙酮酸，不論是讀或記，都不如PEP簡單。

式，就是 C_4 型 CO_2 固定的反應式。

土壤的通氣性和氧化還原

土壤的通氣性：植物生長過程必須通過呼吸作用產生能量，所以養分吸收與土壤中含氧狀況有密切關係。

1. 土壤空氣的特性：大氣中 O_2 的含量約爲 21%，CO_2 含量約爲 0.03%，如果是在土壤表層，氣體可充分進行交換，如砂質土壤，則土壤空氣和大氣組成是大體相同的；否則會因土壤中生物體的呼吸作用和有機質的分解，O_2 的濃度將逐漸降低，CO_2 濃度可增加至 0.2-1%。
2. 對植物吸收的影響

⑴影響吸收：一般陸生植物，當 O_2 的分壓降至某一程度時，離子吸收會大幅下降。Hopkin 等人（1950）曾以水耕進行大麥吸收磷鉀的實驗，顯示氧分壓降至 5% 時，K 的吸收只到達正常大氣壓的三分之二，P 的吸收減少更多，幾乎只有正常吸收的一半（表 6-6）。

表6-6　營養液中氧分壓對大麥吸收磷鉀的影響

氧分壓（%）	相對吸收量	
	K	P
20	100	100
5	75	56
0.5	37	30

資料來源：Hopkin 等人，1950。

⑵產生有害物質：在低氧嫌氧條件下，由於嫌氧微生物的大量繁殖，它們所形成的終極產物，如乙烯、甲烷、硫化氫、丁酸和其他脂肪酸大量蓄積，對植物根產生毒害，且抑制呼吸作用及養分吸收，甚至使根枯萎腐爛，這樣的狀況一般是常發生在密實或淹水的土壤。

土壤的氧化還原：土壤是一個複雜的氧化還原體系，不斷地在進行氧化還原作用，這個過程會使土壤的氧化還原電位變化，對土壤養分的形態及移動之影響亦甚顯著。

1. 對養分形態的影響：很多營養元素，在不同的氧化還原電位下，呈現不同的形態（表 6-7）。對植物而言，除了少數還原態的養分如 NH_4^+、Fe^{2+} 和 Mn^{2+}，多數是利用氧化態養分，有些還原態養分不但是無效，而且是有害的。
2. 影響養分的移動性：土壤氧化還原電位的變化，會使某些養分的移動性增加，而使另一種養分移動性減少，甚至固定，這種變化最明顯的例子就是磷與氮了。
   (1)磷酸鹽的變化：因為磷容易被土壤中的鐵鋁固定，減低了對作物的有效性。如果在水稻田，土壤淹水後，氧化還原電位下降，部分磷酸鐵就被還原為磷酸亞鐵，溶解度增加，一部分磷就能釋放出來，供水稻吸收。又由於 Fe^{2+} 可以形成 FeS 沉澱，有助於降低還原性硫化物的毒害。然而在還原強的土壤，過多 Fe^{2+} 的生成，不但會抑制水稻對鉀與矽酸的吸收，甚至會使呼吸受阻（田中等人，1969）。

$$FePO_4 \xrightarrow{\text{淹水}} Fe(H_2PO_4)_2 \longrightarrow 2H_2PO_4^- + Fe^{2+}$$

$$Fe^{2+} \xrightarrow{H_2S} FeS\downarrow$$

表6-7　各種營養元素的氧化態、還原態的形式

營養元素	氧化態	還原態
C	CO_2	CH_4*、CO
N	NO_3^-	N_2、NH_3、NO_2^-
S	SO_4^{2-}	H_2S*
P	$H_2PO_4^-$、HPO_4^{2-}、PO_4^{3-}	PH_3、HPO_2、HPO_3
Fe	Fe^{3+}	Fe^{2+}
Mn	Mn^{3+}、Mn^{4+}	Mn^{2+}
Cu	Cu^{2+}	Cu^+

註：*表示對植物是有害的。

(2)氮肥的損失與保存

①旱田：施用銨態氮（NH_4^+-N）或尿素後，大部分 NH_4^+ 會吸附在土壤膠體上，但由於旱田之氧化還原電位高，所以經微生物的參與，NH^+ 很快就會轉變為 NO_3^-，經降雨或灌溉，NO_3^- 常會被淋洗，造成氮的損失，這就是我們要分期施肥的原因之一。

②水田：由於水田之氧化還原電位低，NH_4^+ 在水田中較穩定，但在水田中之表層土壤是屬於氧化層，NH_4^+ 很容易被氧化成 NO_3^-，即所謂硝化作用（nitrification）。當 NO_3^--N 被淋洗至還原層，則又被還原為 NO_2、N_2 等散失到空氣中，我們稱這個過程為脫氮作用（denitrification）。為解決這樣的問題，可採取幾種策略，第一是深層施肥或全層施肥，第二則是應用硝化抑制劑（如 N-serve）減緩 NH_4^+-N 被氧化為 NO_3^--N 的速率。

土壤 pH 值

1. 直接的影響

(1)植物對 pH 值適應範圍的差異性

①全生長期階段：不同植物對土壤酸鹼的敏感度以及適應的範圍皆不相同，植物這種性狀是由遺傳基因所決定。其中差異最大的部分是根的構造，包括細胞壁與細胞膜的組成與構造。細胞膜中又以組成膜蛋白的胺基酸種類影響最大。為了植物能在土壤中順利吸收離子並正常生長，必須要了解植物生長的適宜 pH 值範圍。表 6-8 選擇了一些大部分在臺灣可栽培的作物，從它們適宜的 pH 值範圍獲得一些初步的概念，然後再依照它們對酸的敏感性分為四大類。根據表 6-8 我們可以把作物對 pH 值的反應分為四類：

- 對酸性最敏感的作物：如甘蔗、甜菜、白菜等，它們只能在中性或弱鹼性（pH 值 7-8）的情況，才能正常生長。
- 對酸性較敏感的作物：如大麥、小麥、玉米、大豆、向日葵、黃瓜、洋蔥和萵苣等，它們適宜在弱酸性到中性（pH 值 6-7）的範圍內生長。

表6-8　幾種作物較適應之 pH 值範圍

作物	最適 pH 值	作物	最適 pH 值
甘蔗	7.0-7.5	棉花	6.5-7.3
甜菜	7.0-7.5	水稻	5.5-7.5
白菜	7.0-7.4	黑麥	5.0-7.7
黃瓜	6.4-7.5	燕麥	5.0-7.5
洋蔥	6.4-7.5	蕎麥	4.7-7.5
小麥	6.3-7.5	蘿蔔	5.0-7.3
大麥	6.0-7.5	胡蘿蔔	5.6-7.0
玉米	6.0-7.5	蕃茄	5.0-8.0
大豆	6.5-7.5	亞麻	5.5-6.5
萵苣	6.0-7.0	馬鈴薯	4.5-6.3
向日葵	6.0-6.8	茶	4.0-5.0

- 對酸不敏感的作物：如水稻、黑麥、蕎麥、蕃茄、蘿蔔和胡蘿蔔等，它們可以從酸性到鹼性，很寬的 pH 值範圍（5.0-7.0）內正常生長，而弱酸性是它們生長最適宜的 pH 值。
- 耐酸的作物：如馬鈴薯和亞麻較耐酸，而茶則只適宜在酸性土壤中種植。

②不同生育階段：植物對酸性的敏感一般是全生長期的，但有的作物則在不同生育階段對酸性介質的反應度不同。如禾本科植物在生育初期對酸特別敏感，對產量影響也最大，抽穗前也很敏感，但生育後期則較能耐酸。有時我們只從觀察植物在酸性介質中是否生長的好，不足以判斷此種植物是否耐酸。因爲植物生長的不好可能不是它不耐酸，而是因爲酸性介質引起的其他不適因子。如雲杉可在 pH3.3 的營養液中生長得很好，但在酸性土壤中卻生長得很差，原因是酸性土壤常常引起有效養分之不足，並不是雲杉對酸敏感，這些是不可不查的。

⑵不同 pH 值對植物吸收陰陽離子的影響：植物生長在適宜的 pH 值環境

內，氫離子濃度對養分吸收的影響很大。一般在 pH 值高時，陽離子吸收較多；而在 pH 值低時，陰離子吸收較多。如表 6-9 所示，陽離子 NH_4^+ 在中性附近被吸收的較多，而陰離子 NO_3^- 在微酸性時被吸收的較多。這種變化是由於培養液中 pH 值不同，影響到根的表面，特別是細胞壁的電荷。根的表面通常帶負電荷，但 pH 值降低，則抑制羧基的解離並使胺基質子化（圖 6-8），有利於陰離子吸收；相反的，pH 值如果升高，羧基或羥基易解離，則有利於陽離子吸收。

表6-9　pH 對蕃茄吸收銨態氮及硝酸態氮的影響

培養液的 pH 值	6 小時離子吸收量（N 毫克 / 100 克鮮重）		
	NH_4^+-N	NO_3^--N	總氮
4.0	3.4	4.8	8.2
5.0	4.2	5.9	10.1
6.0	4.6	4.1	8.7
7.0	6.6	3.0	9.6

資料來源：Clark, 1934.

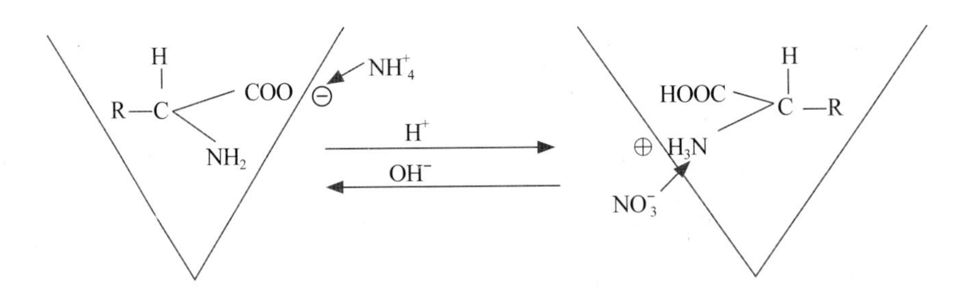

圖6-8　不同 pH 值下根表面蛋白質分子的解離

2. 間接的影響

由於土壤 pH 值的變化，引起土壤環境因子的變化，進而間接影響植物對養分的吸收。

(1)養分形態：在不同 pH 值下，植物營養元素可呈現不同的形態，如水溶態、交換態和難溶態，由於形態不同，植物對它們的吸收也有難易之分。

①酸性土壤

- 由於氫離子濃度較高，有利於礦物的風化，進而增加礦物中離子的釋放。
- 由於土壤膠體上的交換位置大部分為 H^+ 和 Al^{3+} 占據，K^+、Mg^{2+}、Ca^{2+} 和銅鋅等微量元素容易被淋洗，以致酸性土壤之鹽基飽和度常很低，一般都缺鉀、鈣、鎂。
- 由於酸性土壤中鐵錳鋁等重金屬之溶解度增加，常發生植物對它們過度吸收，以致造成傷害。
- 磷在酸性土壤中常被鐵鋁固定，結果磷鐵要素的有效性都降低，請參考圖 6-5，酸性土壤中鉬的有效性也很差。

②鹽鹼土和石灰性土壤

- 提高土壤 pH 值，很多離子會形成沉澱，除鉬外，幾乎其他微量元素的有效性都降低。因為石灰性土壤中，鈣離子濃度高，而鈣與其他陽離子的拮抗作用，而使植物對鐵、錳、銅、鋅的吸收減少。
- 在鹼性土壤中，鈣、鎂等元素往往以碳酸鹽或磷酸鹽的形式存在，溶解度減少，雖然流失減少，但有效性也降低。
- 磷不論在酸性或鹼性土壤中有效性皆低，只有在微酸性（pH6.0-6.5）時的有效性最大，所以在改良酸鹼土壤時，特別應考慮到磷的有效性。

(2)微生物活動：土壤 pH 值直接影響土壤微生物之活動。一般而言，在 pH 值較低時（<5.5），土壤微生物以眞菌為主；pH 值較高時，細菌則占優勢。土壤微生物的活動對有機質的礦化、提供植物氮、磷、硫等營養素有顯著影響。由於硝化細菌和亞硝化細菌喜歡中性偏鹼的土壤，因此在臺灣強酸性的紅壤中，NO_3^--N 含量較少。但因菌根菌是眞菌，適合酸性土壤，可提高植物有效磷及增加微量要素的吸收。

土壤含水量

充足的土壤水分是植物正常生長的先決條件，也是影響植物營養的主要因素。土壤含水量對於植物吸收養分的影響，有的是直接的，有的是由於土壤含水量的變化而引起的其他土壤環境的改變，造成間接的影響。我們可概括的把土壤含水量對植物吸收養分的影響，歸納爲下列幾點：

1. 水分充足可增加蒸散作用，促進光合作用、蛋白質合成。
2. 土壤水分不足，影響養分的擴散，進而降低光合作用速率，植物也易遭受熱害。
3. 土壤水分過多，某些離子如 Fe^{2+}、Mn^{2+} 若大量的增加，植物體內易累積過多而中毒。
4. 土壤水分過少，根毛發達，根系的伸展範圍擴大，根的密度也增加。
5. 土壤水分含量與通氣程度、土壤 E_h 及 pH 值和有毒物質的產生，都有直接關聯。
6. 土壤水分多少可影響土壤微生物活動，進而影響到有機物質的礦化，及植物有益和有毒物質的合成與分解。

根際和根內微生物的活動

過去我們思考根與土壤的關係，只是整體的思考。目前我們已了解到與根緊密相連的土壤，受到根的分泌物影響，土壤的性質與養分狀態隨時都在變動，與遠離根的土壤有很大的區別。這些變動對植物生長及有效性有重要的意義，因此我們將對根圈的概念以及根圈微生物、對養分吸收之影響做一簡介：

根圈與根圈土壤

根圈（rhizosphere）又稱爲根際，是指根系與土壤交界面，一般常指距離根面 1-2 毫米（mm）的範圍，但也因土壤的質地使根圈的範圍不易統一界定。不過此範圍內的土壤，由於直接受到根的影響，與離開根表面的土壤顯然不同，爲了把它和其周圍的土壤相區別，特稱爲根圈土壤（圖 6-9）。根圈土壤並非是一個均質的區域，其理化的、生物的性質與周圍的土壤有一定的梯度，爲了對根圈仔細的研究，可將根圈再分爲外根圈（outer rhizosphere）、內根圈（inner rhizosphere）和根表區（rhizosphere）。

有時因爲分離根圈土壤比較困難，常用振動法把土體土壤去除，留在根上的土壤即視爲根圈土壤，但常因緊鄰根面的砂粒或砍粒也被振落，使根圈土壤的測定受到限制。

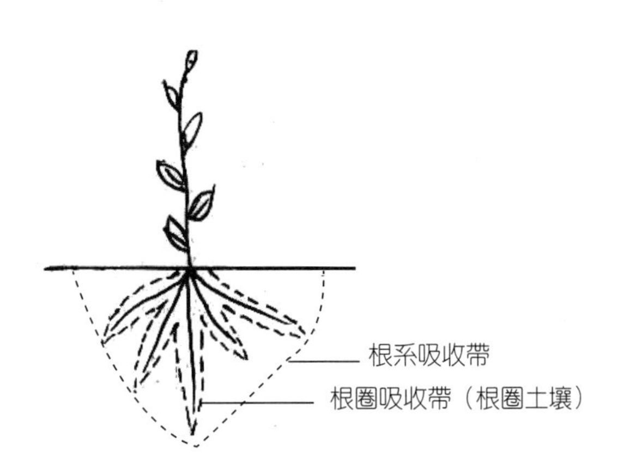

圖6-9　根的養分吸收區域

根系對根圈土壤的影響

根表皮細胞的脫落：Sauerbeck 與 Johnen（1976）用 ^{14}C 做追蹤劑，發現小麥到成熟期止，從地上部輸送到根系的總碳量中，除了留在根系的 30%，因根呼吸以 CO_2 形式釋放出，另有50% 的有機碳釋放到土壤中。這部分碳中，根系脫落物（包括根毛、表皮細胞）是主要部分，它們是微生物能量重要的來源。

根分泌有機物：由於植物根的代謝作用旺盛，根會分泌黏液（mucilage）到根的表面，以及緊鄰根的介質中，其中包括醣類、胺基酸、有機酸、酚類、核苷酸及各種酶。尤其植物生長在缺乏營養素的環境時，低分子量的根分泌物常顯著增加。它的組成成分也因缺乏不同的營養素而異。例如玉米缺鉀時，根分泌物增加，同時有機酸在分泌物中的比例也隨之增加（Kraffczyk et al., 1984）；雙子葉及禾草類缺鋅時，根分泌物中醣類、酚類和胺基酸皆增加；但據 Zhang 等人（1991a）報告，唯有禾草類的分泌物才能提高鋅的有效性。

一般根分泌物可提高離子活性的物質，主要是有機酸和酚類。這兩者不但可降低根圈 pH 值並對金屬離子有嵌合力，能增加許多微量要素的移動性，同時也可提高磷的有效性。像檸檬酸、蘋果酸和酚類可與 Fe（Ⅲ）及鋁，形成相當穩定的錯合物，一方面可以解除鋁的毒害，一方面又可使磷釋放出來（Gerke, 1992a）。蘋果酸和酚類又可作爲還原劑，使 MnO_2 還原爲 Mn^{2+} 增加錳的有效性。此外，植物根系還會分泌植物毒素（phytotoxin），主要包括次級代謝產物如酚類（phenolics）、萜類（terpenoids）和生物鹼類（alkaloid）等，常會對其他植物或微生物的生長有抑制作用，即所謂植物相剋作用（allelopathy）。同時對作物本身也有不利的影響，常常是造成連作減產的原因之一。

根系對土壤 pH 及 E_h 之影響

1. 會改變 pH 值：一般情況下，禾本科植物的根圈呈鹼性、藜科呈中性、蓼科（如蕎麥）呈酸性。根圈 pH 值常受肥類供應種類及形態的影響。例如：若施用銨態氮（NH_4^+-N），則根圈 pH 值下降；施用硝酸態氮（NO_3^--N），根圈 pH 值則會升高。
2. E_h 的改變：一般情況下，旱作時根系土壤的 E_h 值要低於土體，但蕎麥根圈土壤的 E_h 值則稍高於土體。正常發育的水稻，根的氧化力很強，所以根圈土壤的 E_h 值常高於周圍土體很多。土壤養分狀況對根圈 E_h 值常有顯著的影響，缺鉀時，水稻根際 E_h 值下降，缺氮又缺鉀時，E_h 值下降得更爲明顯。

根圈土壤對根系之影響

影響植物養分吸收的重要因素，在土壤方面是土壤溶液中的養分濃度。因此，根直接接觸根圈土壤溶液的養分濃度高，養分的吸收增加。但是，由於根圈土壤溶液有限，植物需要大量的元素，必須經常把從根圈土壤固相或非根圈土壤中之有效養分，送到根圈土壤溶液，以補充由於根的吸收而減少的養分。因此，土壤養分的緩衝能量對植物是否能充分吸收養分，有關鍵性的影響。

Claassen 與 Jungk（1982）曾用 A、B 兩種土壤種植玉米，觀察玉米根際周圍 K^+ 梯度的變化（圖 6-10）。由於土壤 A 的黏粒含量占 21%，有很高的陽離子交換容量，因此 K^+ 在土壤溶液中的平衡濃度，遠低於僅含 4% 黏粒的土壤 B，兩種土壤在根圈中 K^+ 的濃度皆已降至 2-3 μM。但土壤 A 中 K^+ 的耗竭區，則僅有 0.5 毫米，而土壤 B 則有 1 毫米，說明土壤 B 補充根表面所消耗的 K^+ 能力，遠低於土壤 A。

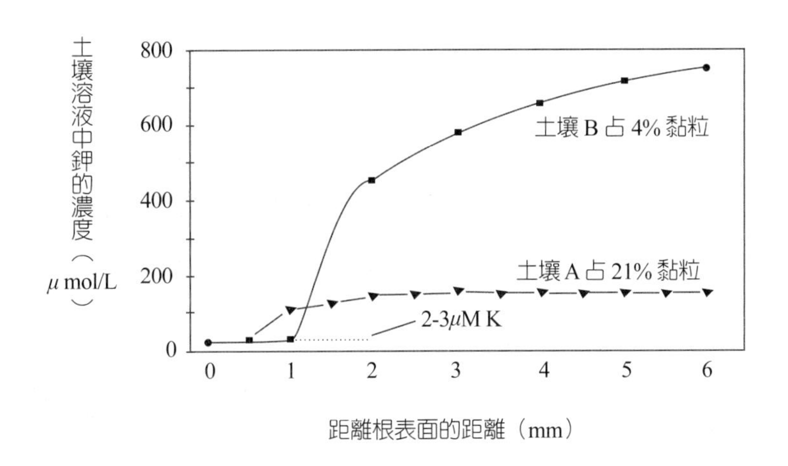

圖6-10 不同黏粒含量的土壤與玉米根際鉀離子的濃度分布之關係
（Marschner 修正 Chassen & Jungk, 1982）

因此，養分的有效性以及養分離子的移動性，對供給養分的能力有很大的關係，如果有效態的養分充分，該養分離子移動性又大，如硝酸態氮（NO_3^--N），則根的吸收不受限於根圈。但磷則不然，由於磷容易固定或形成難溶的鹽類，植物一旦把根圈範圍的磷耗竭後，一時很難充分補充。

根圈微生物對根系的影響

由於根圈的有機物遠超過土體，所以微生物繁殖迅速，根圈微生物的數量也顯著比周圍土體多。根圈微生物主要有細菌、眞菌和放線菌。在中性條件下，以細菌爲主；酸性條件下，則眞菌比例較高。根菌微生物對於植物營養方面的作用，可歸納以下五點：

1. 對有機質進行礦化作用，釋放 CO_2 和 N、P、S 等無機養分。
2. 分泌有機酸對金屬離子起嵌合作用，促使養分吸收利用。
3. 固氮菌（rhizobium）包括細菌、放線菌和酵母等，能夠固定相當數量的氮素，提供作物利用，但在根圈附近也有反硝化之脫氮菌造成氮素損失。
4. 提供植物有效養分：微生物固然與植物根部競爭養分，然而從生物量來說，微生物比例仍然是有限的，而且它對土壤養分的有效化確實有很大的貢獻。尤其是對磷而言，微生物中溶磷菌可將難溶之磷酸鹽溶解，菌根眞菌也能把遠離根圈被固定的磷帶到根的表皮或皮層，提供植物吸收或利用（楊等人，1980；張等人，1990）。微量元素同磷一樣，都是菌根菌生長發育所必需的，菌絲體吸收這些元素後，部分可提供植物利用（鍾等人，1989）。

5.分泌抗生素和有機物質：有些抗生素，作物吸收之後，可以加強對有害微生物侵染的抗性，但有些微生物分泌物則對植物的根有害。吳敏慧等人（1975）曾報導連作甘蔗田中，宿根之根系眞菌 Fusarium oxysporum 與 F. Solani 分泌有毒物質 Fusaric acid，造成甘蔗生育不良，就是最明顯的例證。

植物對逆境的適應

前面所談的主要是哪些因子影響到植物吸收離子，這裡是介紹植物遇到逆境時，如何調節自己的生理與形態，以繼續生存下去。所謂逆境（stress）就是指不適於植物生長和發育的環境，逆境可分爲兩大類：包括自然逆境和人爲逆境，自然逆境又可分爲生物逆境和非生物逆境，生物逆境是指由昆蟲、病原菌和雜草所引起的，非生物逆境主要由高溫、低溫、乾旱、淹水、pH 值過高或過低、鹽分高、離子毒素、輻射線等所致；人爲逆境是指由人類活動等導致的殺蟲劑、除草劑、施肥不當、重金屬、空氣汙染和工廠排放的汙染物。植物在長期演化過程中，對環境產生了一定的適應能力。某些植物在一定程度上，能忍耐上述不良的生長因子。了解植物對抗拒逆境的能力及機制，對農業生產是十分重要的。因限於篇幅，在此僅舉出植物對高低溫、旱澇、高低 pH 值、鹽分和重金屬五種逆境的策略，在這五種逆境中與我們的環境特別有關係的是鹽分及重金屬。因爲臺灣是一個海島，沿岸地區土壤的鹽分都很高，應該對植物耐鹽的機制多一些了解，並選擇能適應高鹽土壤的作物；另外一個重要現象是，近數十年來臺灣重視工業生產，但環保工作未能適當配合，以致土壤遭到工廠廢水及廢棄物的污染，面積日益擴大，所以我們應特別提高警覺。

對高低溫的適應

高溫時

1. 具有保護結構，如蠟質層和茸毛，可減少對輻射能的吸收。
2. 改變葉片位置，減少輻射能吸收。

3. 氣孔開放，增加蒸散速率，以降低植物溫度上升幅度。
4. 木質化的厚層樹皮，具隔熱性。

低溫時

1. 增加不飽和脂肪酸的脂質，以提高細胞膜之活動力。
2. 游離胺基酸及可溶性醣類增加，束縛水量多，有助於防止低溫下細胞結冰和脫水。
3. 增加膜蛋白，以備修復失活的離子泵。
4. 土溫降低時，離層酸（ABA）在莖葉的含量增加。Atkin 等人（1973）曾發現土溫自 28℃ 降至 8℃，玉米木質部的滲出液中，ABA 增加一倍；相反的，在土溫 18℃ 時，玉米由根製造及輸出之細胞分裂素（CYT）只有 28℃ 的 15%。這說明了像缺水的情形一樣，ABA 也擔任了傳遞信號的功能，使莖葉延遲生長。

對乾旱與淹水的適應

缺水時

1. 提高根／地上部之比。Sharp 等人（1988）發現在玉米幼苗尚未缺水時，根／地上部之比為 1.45，一旦缺水時則變為 5.79。Creelman 等人（1990）已證實根／地上部之比是受離層酸（ABA）控制。離層酸是由根尖合成，然後運到地上部傳遞了地下部水的信號，加速了氣孔的關閉，以防止水分蒸散。
2. 增加根的長度及根毛，可增加吸水能力（Mackay & Banber, 1987）。
3. 蓄積 proline，以利細胞中水分之保持。

淹水時

通氣組織發達：根部進行呼吸作用所需之氧氣，可由葉部的氣孔吸收後，經莖部的中心腔（central cavity）或氣道（air space）輸送到根部組織中。如水稻、茭白筍、蓮藕等，只要有地上部存在，即使在無氧之環境，其根部也可維持正常之生理機能。也有像水杉（taxodium distichum）可藉由伸出水面的氣生根（特稱為樁根 stump roots），吸收空氣中的氧，再將根中的疏鬆組織運送到體內各部。

乙醇酸之代謝：溼地作物的根部常有類似過氧化體（peroxisome）的微粒體（microbody），此種微粒體分散於原生質中，其中含有與乙醇酸（glycolic acid）代謝有關之酶，可產生氧氣（圖 6-11）。

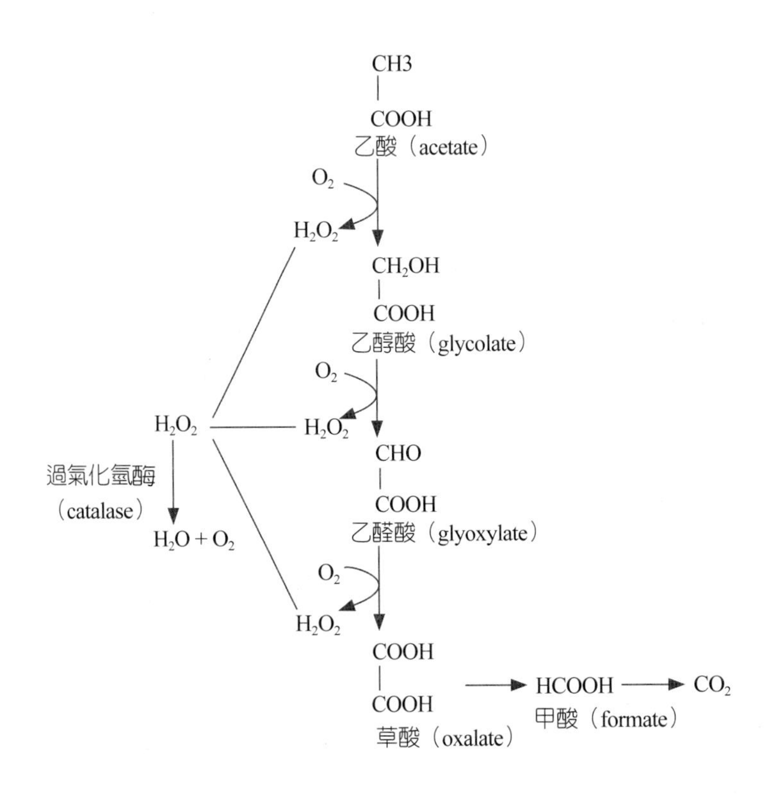

圖6-11　乙醇酸產生氧的路線圖

對高低 pH 值的適應

不同植物對酸性土壤及石灰性土壤適應的能力與機制各異，但常見的機制歸納起來，可分爲下列幾種。

對酸性土壤的適應

在酸性土壤中，主要阻礙植物生長的因子，除了鋁、錳毒害外，養分缺乏也是植物必須克服的因素。

1. 耐鋁機制

(1)拒吸：植物根系將鋁離子拒於根表以外，免除其危害。

①提高根際 pH 值：有些耐鋁品種在有鋁存在的條件下，能吸收較多的陰

離子（如 NO_3^-），並釋放 OH^- 或 HCO_3^-，使根圈土壤的 pH 值上升。可迅速降低 Al^{3+} 的濃度與毒害（Mugwira et al., 1977；Foy & Fleming, 1982）。但 Taylor（1988b）與 Klotz 及 Horst（1988a）分別以小麥及黃豆作材料，證明高 pH 值並不是抗鋁的重要原因。Grauer 及 Horst（1990）研究黃魯冰（yellow lupin）抗鋁機制時，甚至發現在營養液嚴格控制下，pH4.1 比 pH4.5 生長得更好。

②根分泌黏液：耐鋁的植物根尖可分泌黏液（mucilage），限制鋁向分生組織穿透（Horst et al., 1982）。

⑵滯留在根部：有些植物不具備完善的拒鋁機制，但能將絕大部分吸收的鋁滯留在根的自由空間或液胞中，避免運輸到地上部，如水稻、小麥、馬鈴薯皆具有這樣的機制。

⑶聚積於地上部：耐鋁植物如茶樹與羽扇豆，能分泌大量有機酸與高度酸化礦質土壤中的游離鋁結合，並能迅速吸收根際所形成的嵌合物，運輸到葉片，將其蓄積在葉片的表皮層裡，老葉的蓄積量，有達到 3 萬 ppm 的紀錄（Matsumoto et al., 1976b）。

2. 耐錳機制

⑴錳在葉片中分布均勻：不同植物及其各品種如大豆、紅豆之間，葉組織中錳毒害的臨界濃度相差很大。耐錳品種的錳分布均勻，非耐錳品種則以斑狀聚集，且在斑點周圍有失綠或壞死現象，但矽酸則可阻止這種累積（Horst & Marschner, 1978a）。

⑵降低錳的吸收率：由於錳毒害主要起因於高濃度的還原錳，但土壤溶液中錳的轉變是受 pH 值和氧化還原電位影響（$MnO_2+4H^++2e^- \rightleftharpoons Mn^{2+}+2H_2O$），因此在長期厭氣條件的酸性土壤，容易出現濃度高的 Mn^{2+}，水稻就是最常見的例子。若土壤中有足夠的有效性矽，則可增強根系的氧化能力，進而降低錳的吸收（Okuda & Takahashi, 1965）。

3. 耐養分缺乏

在酸性土壤中，最常缺乏的養分爲磷、鉀、鈣、鎂、鉬等。其中最易缺乏的是磷，植物適應低磷環境能力的核心，在於植物根系吸收土壤磷的能力。

⑴降低吸收磷的最低濃度 Cmin 與 K_m 值。

⑵擴大根系，增加根毛。

⑶與菌根眞菌形成共生體系，通過菌絲快速將磷運輸給寄生植物的根系。

⑷根分泌可溶性有機化合物與 Fe-P 或 Al-P 化合物中 Fe、Al 結合，使磷釋放出來。

對石灰性土壤的適應

主要是植物對石灰性土壤缺鐵及缺磷的適應：

1. 對缺鐵的適應：可分爲非適應性機制與適應性機制兩種。

⑴非適應性機制：不受植物體內鐵營養狀況之影響。

①增加根／地上部之比。

②根系分泌有機酸。

③根系釋放 H^+，降低 pH 值有利於鐵離子吸收。

⑵適應性機制（請參考第四章植物在缺鐵環境中吸收鐵的兩種策略）

①策略 I ：雙子葉植物和非禾本科單子葉植物在缺鐵時，質子和酚類化合物的分泌量大，增加對 Fe^{3+} 的還原能力及對 Fe^{2+} 的吸收。

②策略 II ：禾本科植物在缺鐵的條件下，根際主動分泌非蛋白質胺基酸之植物鐵載體（phytosiderophores），這種機制不受 pH 值影響。因此，在高 pH 值的石灰性土壤，具有較強的抗低鐵能力。

2. 對缺磷的適應：⑴在低磷環境中，適應能力強的植物，對磷的親和力高（K_m 值低），且吸收起始濃度（Cmin）低，能以較高的速率從缺磷土壤中吸收磷。⑵菌根侵染顯著：適應於缺磷之石灰性土壤，絕大多數植物都有菌根菌的侵染，菌絲吸收的磷通過菌絲內部，可迅速運輸至宿主植物。⑶根系分泌物的活化作用：在缺磷條件下，植物能分泌多種有機酸與 Fe-P、Al-P 或 Ca-P 中的 Fe、Al 或 Ca 結合，可將磷釋放出來，或增加磷酸酶的數量以分解有機磷。

對鹽分的適應

植物對鹽分有不同的忍耐程度

不用作物對鹽分適應能力如圖 6-12 所示。

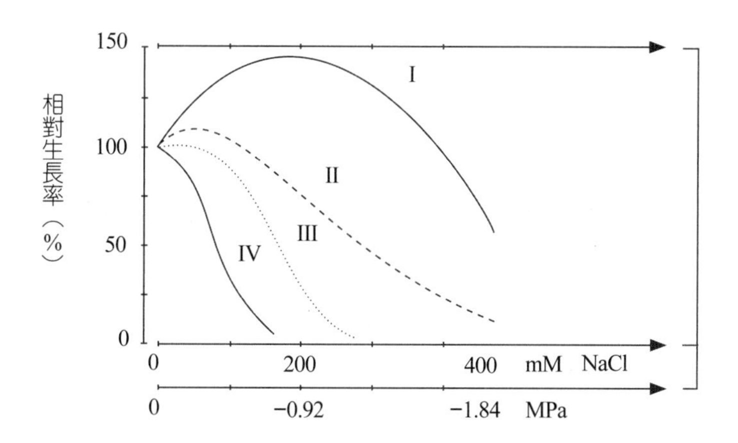

I 耐高鹽作物（halophytes）：一般生長在海水中，如水筆仔。
II 喜低鹽作物（halophilic crop species）：低濃度的鹽可刺激作物生長，如甜菜。
III 耐低鹽作物（salt-tolerant crop species）：可耐低濃度的鹽類，如大麥。
IV 對鹽敏感作物（salt-sensitive crop species）：如豆類。

圖6-12　不同作物對鹽分適應的能力（Marschner, 1995）

植物對抗鹽的機制（resistance mechanism）

1. 排斥者（excluder）：(1)細胞膜對 Na^+ 滲透率很小；(2)蓄積於根部，盡量不轉運於莖葉；(3)植物爲避免鹽分進入體內，又不致缺水，盡量合成許多有機溶質，如 glycine、betaine、proline、D-sorbitol，提高胞內滲透壓，可以增加吸水的能力。
2. 吸收者（includer）：植物可以吸收許多鹽分，儲存於液胞中。
3. 可經由鹽腺（salt gland）排出體外。

對重金屬離子的適應

目前知道的途徑有：(1)使其在介質中失去活性；(2)將其聚集在細胞壁上，避免進入細胞膜影響細胞中的代謝作用；(3)將其儲存於某一分室（compartment）中，與有機酸結合，如蘋果酸可將鋅嵌合於液胞中；(4)在胞質中產生某些物質，將其鍵結或包裹著；(5)排出體外。

因此可以將抵抗重金屬之機制區分爲迴避性（avoidance）和容忍性（tolerance）兩種，前者採逃避或排拒的策略，即避免重金屬進入植物體，或盡量留在根部的不活性組織不要轉運到地上部；後者是採容忍的策略，即當重金屬轉運至莖葉時，設法使其失去活性，不致影響到植物生長。

迴避性機制

一般認爲植物避免重金屬毒害的首要步驟，即降低吸收與轉運的速率。最常見的就是與植物根分泌物生成沉澱或與有機物（如酸類、苯酚類）鍵結，減少重金屬活性或將其排出體外，達到避免毒害的目的。以汞爲例，有兩種避免毒害之機制：⑴將吸收的汞，部分鍵結在細胞壁上；⑵將汞還原，以氣體方式溢出，正如甘藍菜可將硒轉變成具揮發性的物質一樣（dimethyl selemide）。

以鉛爲例，耐鉛的玉米是：⑴在根面形成沉澱；⑵形成結晶，慢慢聚集在細胞壁上；⑶由根部吸收的鉛，被濃縮在分散的高基體囊（dictyosome vesicles）中，之後此囊分解，將鉛包圍並運出原生質膜與細胞壁融合，以避免鉛之毒害。以下整理植物於根部對抗重金屬的主要迴避策略（avoidance）如圖 6-13 所示。

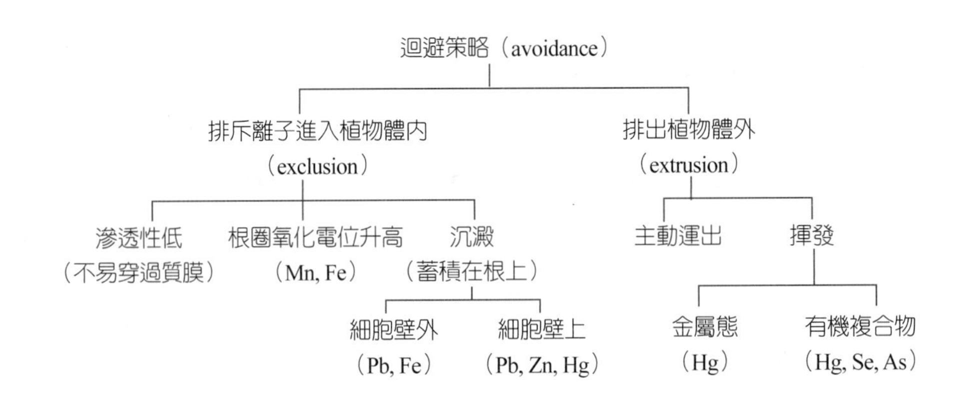

圖6-13　植物於根部對抗重金屬的迴避策略

忍耐性機制

要嚴格區分植物對重金屬逆境產生迴避性或忍耐性是不太容易的。爲方便討論，此處暫時把忍耐性侷限於植物如何忍受進入細胞內的金屬離子。一般而言，重金屬離子存在於原生質中，形成無毒性物的機制主要有三類：⑴將其排入液胞中與有機酸結合；⑵在細胞質中沉澱；⑶以可溶的無害嵌合物形態存在（常是與蛋白質結合）。在對銅具有忍受性的植物中，可發展出一特殊的酶系統，以避免銅對 TCA 循環的抑制。某些耐鋅植物在大量施用鋅時，可刺激草酸鹽（oxalate）及芥子油配糖體（mustard oil glycosides）的合成，此兩種物質被認爲是鋅的最終接受者。在耐銅及鎳的機制中，則分別以檸檬酸鹽（citrate）及苯酚類（phenols）爲解毒的化合物。

上述由重金屬如銅、鋅、鎘等所誘導在植物體內形成的多胜類物質，一般被稱作金屬硫基蛋白（metallothionins）或稱作植物嵌合劑（phytochelatins）。由綠豆（mung bean）植物體中可分離出在含高濃度的銅離子介質中培育後，所產生的低分子量（大約 8,000D）含銅的蛋白質，稱作 Cu-chelatin。當使用 SH- 氧化劑處理時，可使銅釋出，顯示 SH 基爲銅的鍵結位置。

不同作物中植物嵌合物的組成常有很大差異，Tukendorf 與 Rauser（1990）發現在高鎘溶液下，玉米植物體含多量 cysteine 之植物嵌合物。但 Palma 等人（1990）用豌豆做材料，在高鎘處理下，則發現其多胜基植物嵌合物中，主要是含 leucine 和 isoleucine，含 cysteine 則極少。Jackson 等人（1985b）由抗鎘的蔓陀蘿（datura innoxia）細胞中，分離出金屬硫基蛋白，發現分離物含有三種胺基酸：glutamate、cysteine 及 glycine，以 2：2：1 及 3：3：1 的比例組成爲五個及七個胺基酸長度的鏈，此類物質已相繼的由其他作物中分離出來。以下將植物對抗重金屬的主要容忍策略整理如圖 6-14。

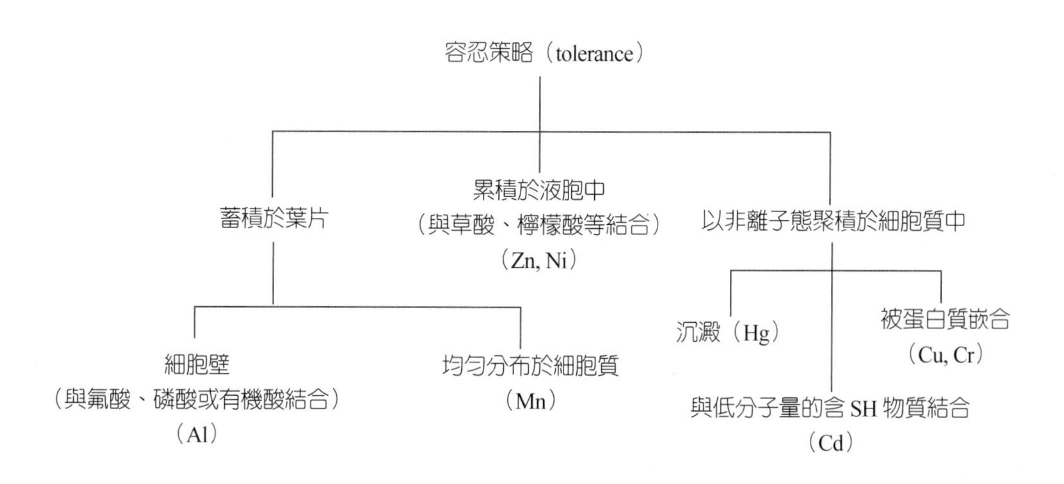

圖6-14　植物對抗重金屬的容忍策略

轉殖植物在抗逆境研究上的突破

過去在了解了各種植物對抗逆境的能力與機制後，爲了提高農業生產，最重要的是篩選或培育高抗逆境的品種，或爲高產量的品種尋找適當的生長環境，並研究合理的培肥管理。自從分子生物學發展以來，不但對基因的生理功能有了新的認識，而且利用基因轉殖的技術調控植物代謝路線亦成爲可能。所以轉殖植物不但在發展抵抗各種逆境的策略上出現曙光（Chawla, H.S., 2002），而且也因爲能調控代謝方向可以合成許多有價值的產品，使農業生產有了新的面貌。以下僅以基因轉殖方式提高脯胺酸（proline）的含量爲例，來說明轉殖植物的發展潛力。

前面曾提到抗乾旱或抗鹽的植物在逆境時，細胞內部會蓄積大量的脯胺酸。經研究顯示，它可能有以下幾項功能：保護酶（Sharma et al., 1998）、穩定膜系（Songstad et al., 1990）、清除自由基（Mehta & Gaur, 1999）、降低脂質過氧化作用（De Vos et al., 1993）、調節水分潛勢（Girousse et al., 1996）、提供細胞從逆境中恢復的能量來源（Aspinall & Paleg, 1981）。

了解了脯胺酸抗旱、抗寒、抗鹽的機制後，已有許多學者進行轉殖研究，Kavi Kishor 等人（1995）將 Mothbean（Vigna aconitifolia）的 P5CS（脯胺酸合成基因）轉殖進入菸草（Nicotiana tabacum cv. Xanthi），發現 P5CS 轉基因菸草因有較高的脯胺酸含量，而對乾旱及鹽分（400mM Nacl）的耐性增加。Roosens 等人（2002）將阿拉伯芥的 OAT（脯胺酸合成基因）轉殖進入菸草中，結果亦顯示轉基因菸草對鹽害與滲透壓逆境有較高的耐受性。Nanjo 等人（1999）將 PDH（脯胺酸代謝基因）反譯股序列轉殖進入阿拉伯芥中，以寒害（-7℃）及鹽分（600mM Nacl）逆境處理，結果反譯股 PDH 轉基因阿拉伯芥的脯胺酸含量增加，與非轉基因阿拉伯芥相較，對寒害及鹽分逆境有較高的耐受性。

陳建德等人（2004）更進一步利用病毒（tobacco masaic virus, TMV）誘導基因消寂機制（virus-induced gene silencing, VIGS），改變菸草脯胺酸代謝相關的基因，檢測能否藉此系統改變脯胺酸的生成與代謝，以期未來能利用此一技術，進行天然藥物主要組成成分的植物鹼（alkaloid）生產的研究（圖 6-15）。研究結果發現，利用 VIGS 抑制脯胺酸生成基因 P5CS，可使脯胺酸的累積減少 30-50%，若以 VIGS 抑制脯胺酸代謝基因 PDH，則可使脯胺酸的累積增加 30-50%（圖 6-16、圖

6-17）。可知，慎選基因片段進行 VIGS 處理，的確可以對成熟菸草植株，實施代謝物的生產調控，既可以發展抗鹽逆境的品種，又可達成生產高價值產品的目標。

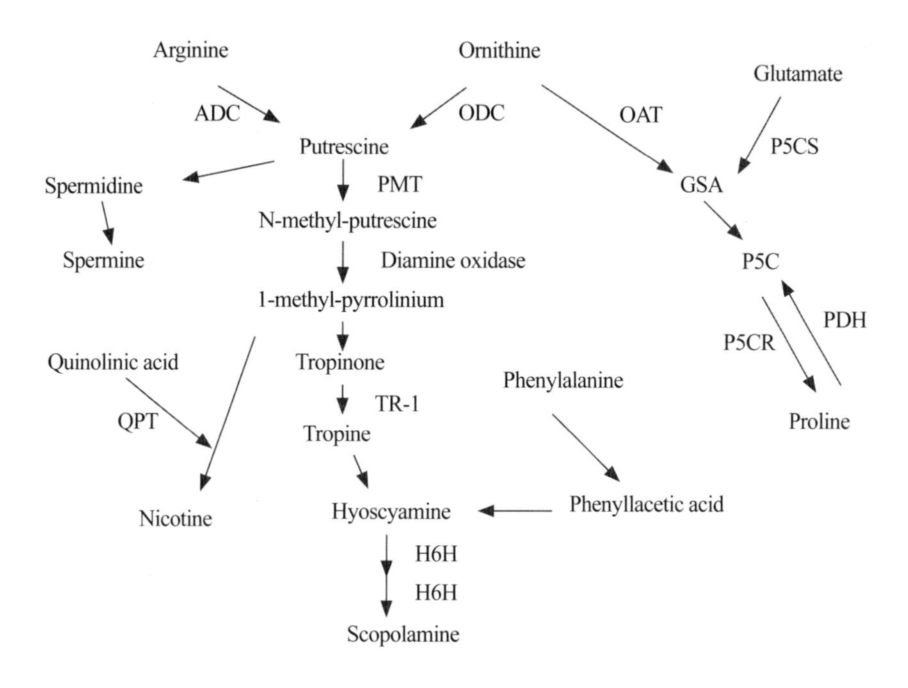

圖6-15　莨菪胺（Scopolamine）與脯胺酸（Proline）的合成路徑（陳等人，2004）

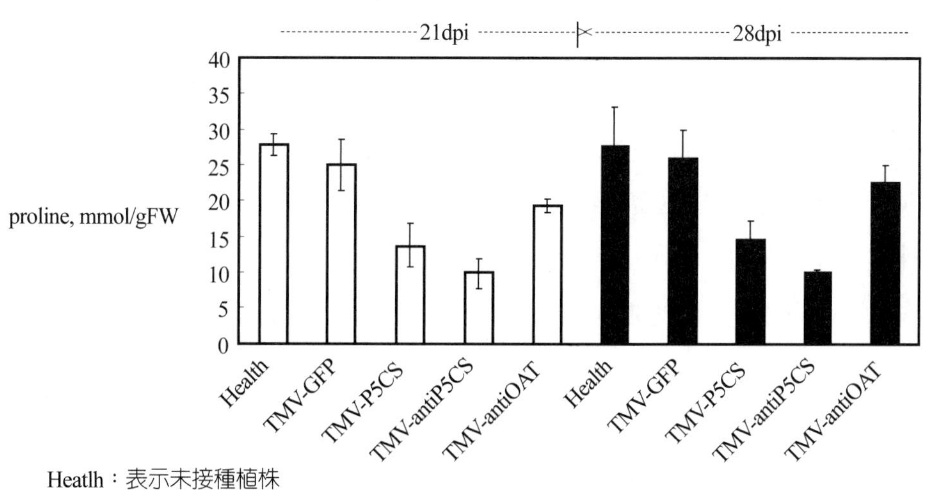

Heatlh：表示未接種植株
I：表示標準誤差（n = 3）

圖6-16　在乾旱條件下，將成熟的菸草植株接種不同的脯胺酸代謝相關基因片段建構之菸草鑲鉗病毒 21 天及 28 後脯胺酸累積量（陳等人，2004）

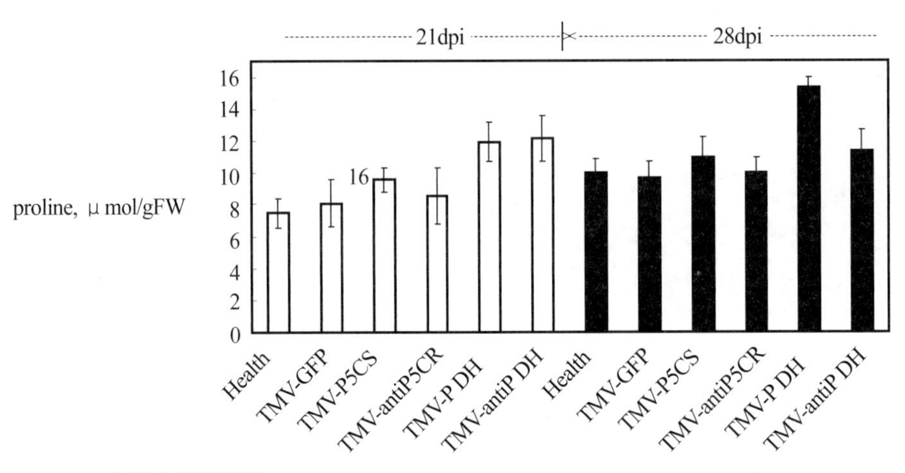

Heatlh：表示未接種植株
I：表示標準誤差（n＝3）

圖6-17 在乾旱條件下，將成熟的菸草植株接種不同的脯胺酸代謝相關基因片段建構之菸草鑲鉗病毒 21 天及 28 後脯胺酸累積量 （陳等人，2004）

讀者若希望對植物適應各種環境的機制了解的更詳細，請參考植物與逆境相關書籍。目前國內外很多研究機構，對天然環境及因發展工業所造成的土壤污染之防治與清除的研究不遺餘力，甚至希望將來能將抗拒各種逆境的基因，轉移到一般穀類作物上，使重金屬能在不被食用的器官中被嵌合。若我們的標的物是穀粒，則將其嵌合在根莖葉中，不致影響到穀粒。但最重要的是要知道，植物適應環境是經過漫長時間的演化，基因的轉殖固然可以應付一種環境因子，可是新品種對其他環境因子是否可以適應，或品質是否會因之改變，對人體是否有害，則又是新的問題。所以根本解決之道，是應重視農田環境的維護，積極規劃全國農業專區；嚴格限制工廠排放汙染物，並引導農民禁用人工合成的殺蟲劑、除草劑以及改進栽培方法（如輪耕制或複種制）合理的施用各種肥料與土壤改良劑。

第七章 植物對能的轉換與物質的代謝

生物體的生長是物質代謝的整體表現。代謝（metabolism）包括物質的合成和物質的分解；代謝作用的維持，必須消耗富含能量的物質。生物用其吸收的養分及能量合成較複雜的分子，並儲存能量的過程叫做合成作用，又稱爲同化作用（anabolism）。光合作用就是最基本的同化作用。合成的物質經分解，將大分子變爲小分子，同時可釋放能量或將能量儲存於高能物質（如 ATP）中，以供生長及合成其他物質之用，這個過程叫做降解作用，又稱爲異化作用（catabolism）。呼吸作用是最基本的異化作用。

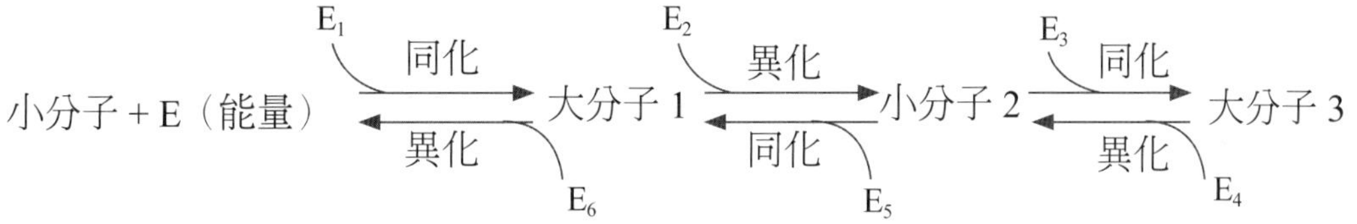

E_1　　　　E_2　　　　E_3

同化　　　異化　　　同化

小分子 + E（能量） ⇄ 大分子 1 ⇄ 小分子 2 ⇄ 大分子 3

異化　　　同化　　　異化

E_6　　　　E_5　　　　E_4

實際上，自然界生命的原動力，主要依賴光合作用提供的有效能源及進行呼吸作用的氧氣。如果地球上沒有進行光合作用的植物，生物界多采多姿的生命現象可能無法進行。因此，本章在討論物質代謝時，首先從植物對太陽能的利用與固定二氧化碳的光合作用談起。

太陽能的利用與碳的固定

植物對太陽能的利用

光合作用的場所——葉綠體

1. 葉綠體存在葉肉細胞、維管束鞘細胞中

⑴葉肉細胞（mesophyll）：①柵狀組織（palisade parenchyma）中之柵狀細胞；②海綿組織（spongy parenchyma）中之海綿狀細胞。

⑵維管束鞘細胞（vascular bundle sheath cell，簡稱 VBSC）：位於葉脈周圍，故又稱為脈鞘細胞，只有 C_4 型植物脈鞘才發達，而且其中有多量葉綠體。

2. 葉綠體的構造

⑴葉綠體膜：是由內外雙膜層構成而圍繞在葉綠體周圍的外殼。

⑵基質（stroma）：是充滿整個葉綠體中流動性高的無色液體，是進行暗反應的場所。基質中主要包含親水性的蛋白質與暗反應固定 CO_2 有關的酶（如 RuBP Carboxylase）以及 DNA、RNA、核糖體（ribosome）、澱粉粒等。

⑶葉綠層（thylakoids）：是扁平的膜囊，又稱為類囊體。可分為葉綠層膜（thylakoid membrane）及葉綠層腔（thylakoid lumen）兩部分，是進行光反應的場所。葉綠層膜主要由蛋白質（40-50%）、脂質（約占 30%）構成。膜上有許多由結合著葉綠素及類胡蘿蔔素的蛋白質形成的光反應系統，每一葉綠層的膜上，有時可發現幾百個這樣的反應物系統（Rost, 1979），目前已比較了解的光反應系統有兩種：即第一光反應系統（PS Ⅰ）及第二光反應系統（PS Ⅱ）。每一系統周圍有一集光複合體（light harvesting complex）及核心天線系統，構成天線系統（antenna system），並連結一個反應中心（reaction center）。光化學反應是在反應中心進行，除此之外，亦包含與光反應有關的各種酶及電子傳送物質。

⑷葉綠餅（grana）：葉綠層相疊形成之餅狀構造。

⑸餅間層（intergrana）：是聯繫各葉綠餅間的葉綠層。

以上葉綠體的位置、構造與功能整理如圖 7-1。

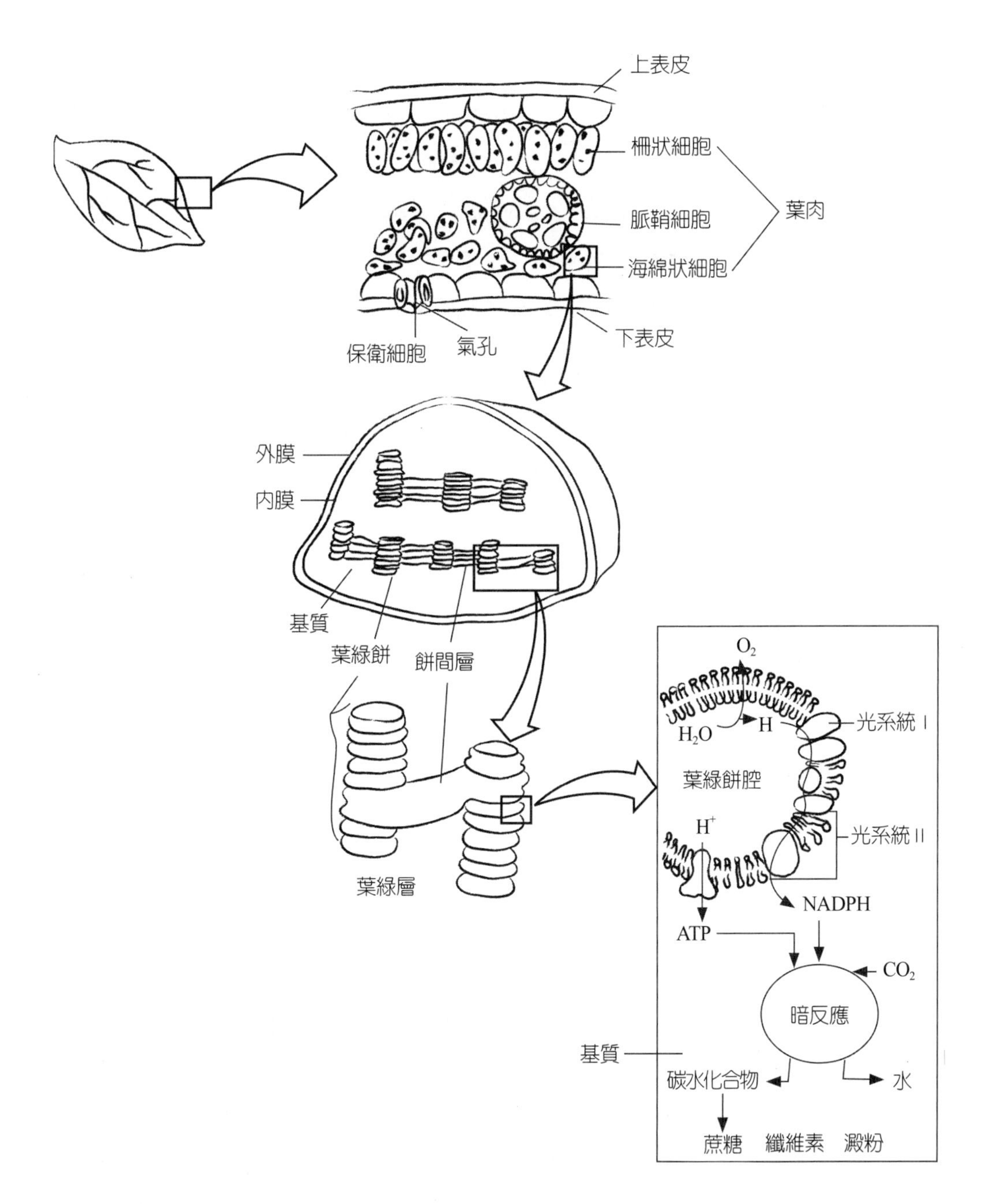

圖7-1　葉綠體的位置、構造與功能

由誰來吸收光能？

光能若能轉變爲化學能，必須先被葉片吸收，能吸收光的主要是葉中的發色團（chromophore），又名爲光合色素（photosynthetic pigment），因爲它們都具有共軛雙鍵，照光後電子容易被激發。與光合作用有關的色素有兩大類：

一、主要色素（main pigments）：主要色素是葉綠素（chlorophyll），一般植物主要含葉綠素 a 及葉綠素 b，藻類中也有含葉綠素 c、d 的，但在普通植物則少見。葉綠素分子構造很複雜，具有一個吸收光能的「頭部」和一個含碳氫長鏈的「尾部」。頭部是由四個含氮的吡咯核（pyrrole nuclei）所圍成的紫質環（porphyrin ring），中央有一個鎂原子。且在 D 環上接長鏈之葉綠醇（Phytol, $C_{20}H_{40}$），此鏈可附著於葉綠層膜上脂雙層之疏水部分（圖 7-2A）。

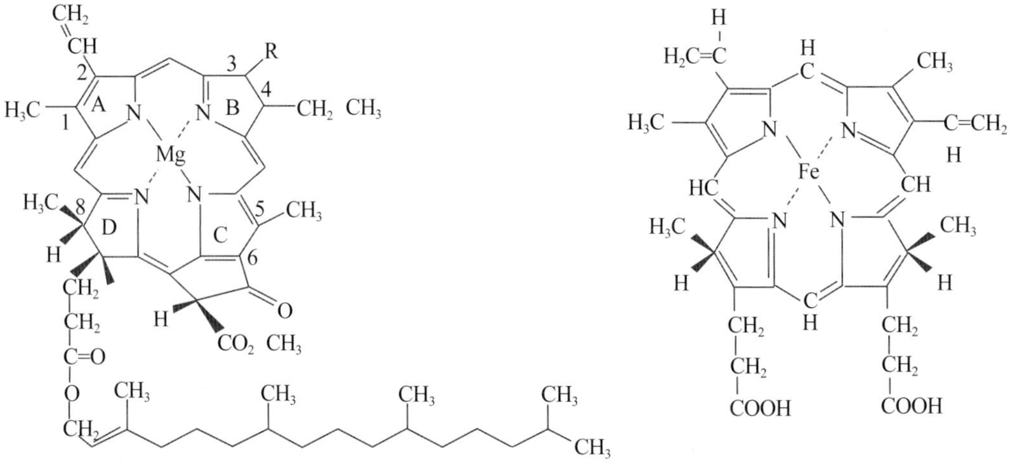

(A) 葉綠素 Chl a：R=CH_3
Chl b：R=CHO

(B) 血質（鐵原紫質 IX）

圖7-2　葉綠素與血質分子構造之比較

葉綠素 a、b 最大之差異爲葉綠素 a 分子之 C_3 上，接甲基（$-CH_3$），葉綠體 b 在同一位置上卻接醛基（-CHO），葉綠素 a、b 皆爲光合作用的主要色素。

在此可附帶一提的是：葉綠素中之原紫質環（protoporphyrin）在化學構造上，與血質（heme 或 haem）分子非常相似。血質是數種生理上極重要的血質蛋白（heme protein）之輔基（prosthetic group）。如動物細胞中之血紅素（hemoglobin）和肌紅蛋白（myoglobin），植物及動物細胞中之細胞色素 C（cytochrome C）及過氧化氫酶（catalase）等。這些蛋白質中之原紫質環中心之金屬不是鎂，而是鐵（圖 7-2B）。

二、輔助色素（accessory pigments）：輔助色素中最常見的是類胡蘿蔔素（carotenoid），係次級產物類的一種，主要可分爲兩類：一類爲不含氧，屬於還原態之胡蘿蔔素（carotene），另一類爲含氧屬於氧化態的葉黃素（xanthophyll）。當葉子老化時，像 β 胡蘿蔔素經加氧酶（oxygenase）作用後，即生成葉黃素，其中最常見的是黃體素（lutein）（圖 7-3）。

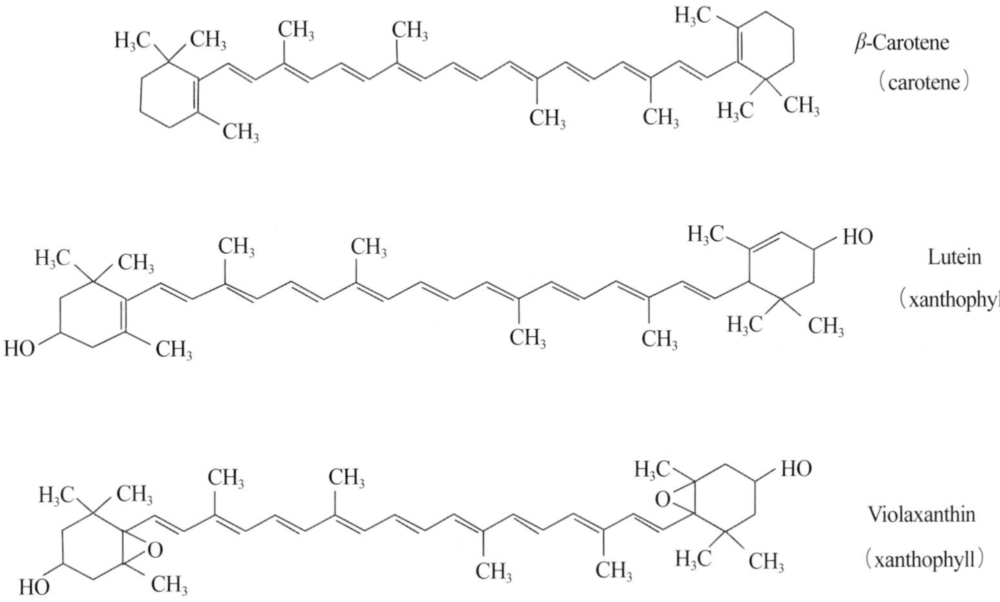

圖7-3　胡蘿蔔素及黃體素之構造式

除了類胡蘿蔔素外，藍綠藻所含的藻青素（phycocyanin），及紅藻類含有的藻紅素（phycoerythrin），都屬於輔助色素。它們都不直接參加光合作用，而必須藉天線系統（antenna system）及天線色素分子（antenna pigment molecules）間的共振傳遞（resonance transfer），把光能轉移給光系統中的葉綠素 a 或 b，最後進入只含有葉綠素 a 的光系統反應中心（reaction center）。此中心被許多能吸收短波長光線的輔助色素（如類胡蘿蔔素）圍繞，這樣的結構有利於保護葉綠素 a、b 及葉綠層膜。與葉綠素 a 分子同在反應中心的特化分子稱爲「初級電子接受者（primary electron acceptor）」，在氧化還原反應中，此反應中心內被光激發的葉綠素 a 分子會失去一個電子，而轉移給初級電子接受者。這是太陽能驅動電子由葉綠素轉移到電子接受者光反應的第一步驟，此電子再傳遞至反應物後，才能進行光化學反應及化學能的儲存（圖 7-4）。

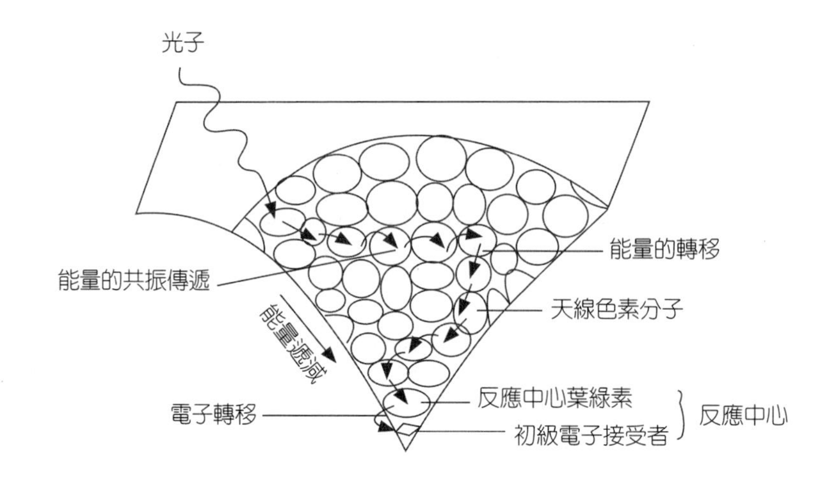

圖7-4　光反應系統中太陽輻射能的傳遞示意圖

光合色素吸收光之範圍

光合色素吸收的範圍有二：一為太陽輻射能的波長，大約在 10^{-7}-10^{13} nm（nanometer = 10^{-9} m）；二爲植物對太陽輻射能利用的範圍，大約在 300-800 nm，波長越短，能量越大（表 7-1）。

表7-1　波長與光子能量之關係

波長（nm）	光子能量（K-cal/Einstein）
800	35.6
700	40.9
600	47.6
500	57.1
400	71.5
300	95.1

植物對各種波長的反應：其中對光合作用（photosynthesis, PS）最有效的波長是在 500-700 nm 的範圍（表 7-2）。

表7-2　各種波長對植物的影響

波長（mm）	對植物的影響
700-800	PS↓
610-700	PS↑
510-610	PS↑
400-510	光合作用效率低
280-400	葉厚短
<280	傷害

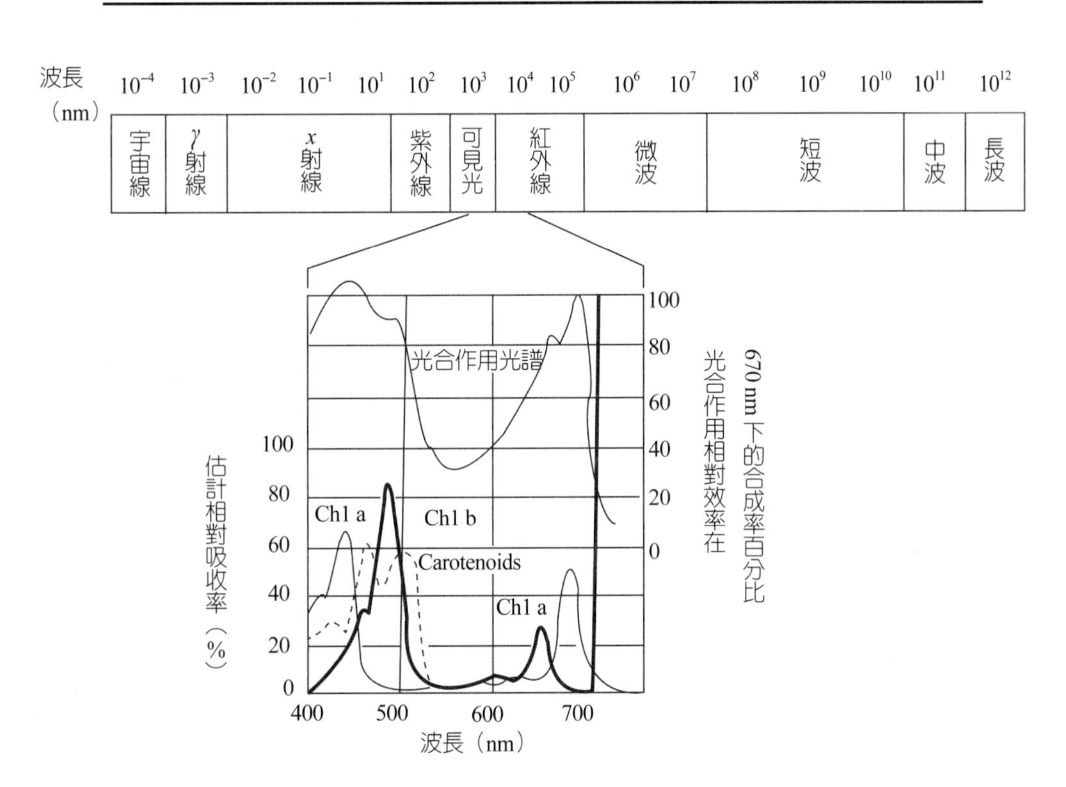

資料來源：Nogle等人，1976及Raven等人，1992，再經整合。

圖7-5　植物對太陽輻射能利用的範圍

植物對太陽能的利用率

植物對太陽能的利用率：(1)理論上：如圖 7-6 所示。(2)實際上：由於植物生長之內在與外在因子變異很大，尤其外在因子難以控制，作物對太陽能的利用率（實際效率）大多遠低於理論值（C_3 占 5.1%、C_4 占 7.3%），因此品種改良常被認爲是作物增產最重要的方法。但 Boyer（1982）曾根據 8 種主要食用作物，在美國已有

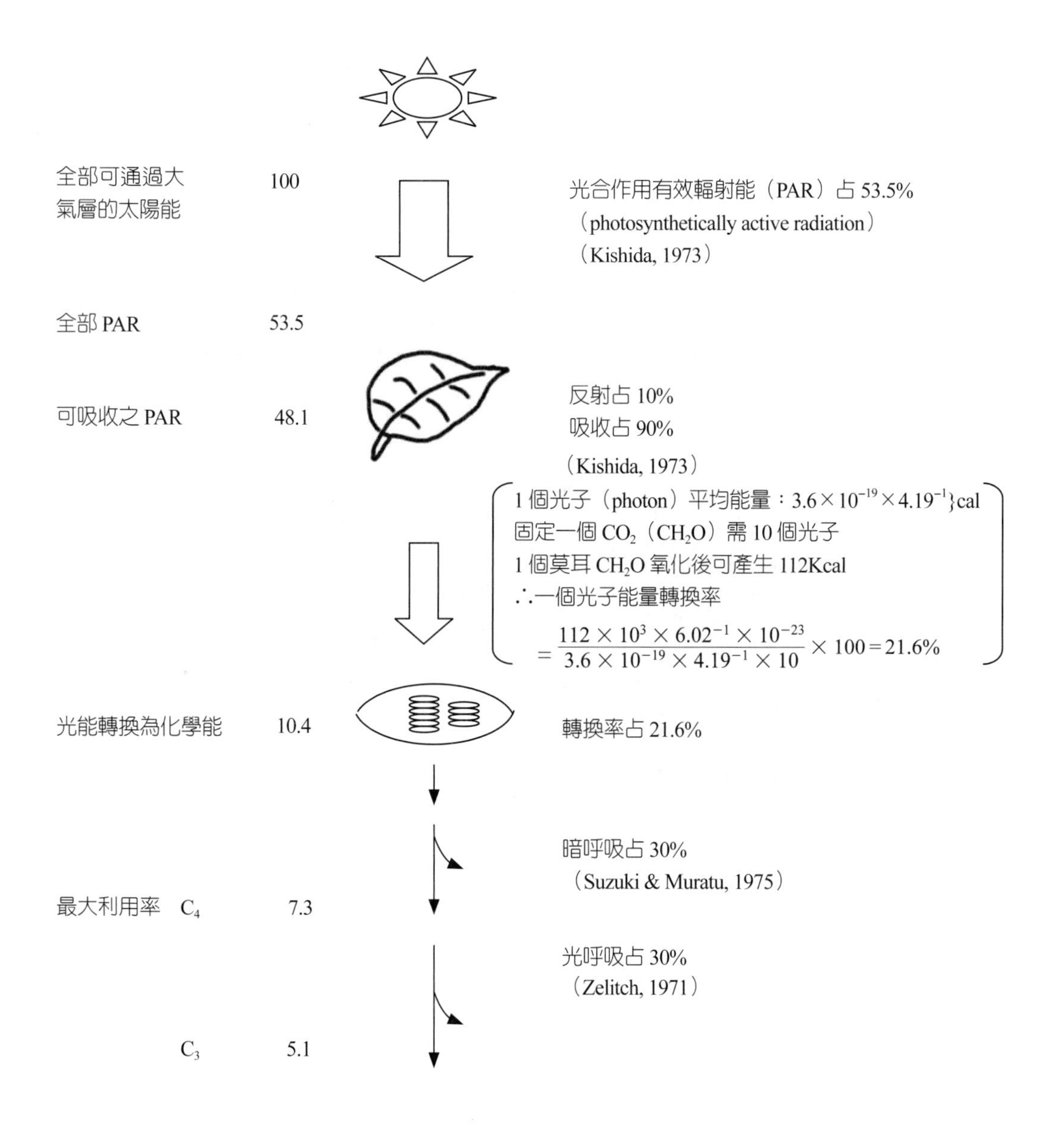

圖7-6　植物對太陽能的利用率

紀錄的最高產量與平均產量的差異得知（表 7-3），目前已有很多品種具有高產潛能，只是由於耕作技術與環境不當造成低產，其中病害及蟲害只分別影響 4.1% 及 2.6% 而已，所以選擇及改進耕作方法及立地環境，對目前作物既有品種之增產，尚有很大改善空間。這也是今後植物營養學要發展的方向。

表7-3　作物因環境因子造成產量之差異

作物	有紀錄的最高產量	平均產量*	平均損失*			
			病害	蟲害	不適當的環境	
					雜草	其他
玉米	19,300	4,600(24%)	750	691	511	12,700
小麥	14,500	1,880(13%)	336	134	256	11,900
大豆	7,390	1,610(22%)	269	67	330	5,120
高粱	20,100	2,830(14%)	314	314	423	16,200
燕麥	10,600	1,720(16%)	465	107	352	7,960
大麥	11,400	2,050(18%)	377	108	280	8,590
馬鈴薯	94,100	28,300(30%)	8,000	5,900	875	50,900
甜菜	121,000	42,600(35%)	6,700	6,700	3,700	61,300
占有紀錄的最高產量百分比		21.6	4.1	2.6	2.6	69.1

*產量和損失量的單位爲公斤／公頃。

註：括號中的數字爲平均產量占最高產量的百分比。

資料來源：Boyer, 1982。

自然界二氧化碳的循環

由於碳的原子量很低，而且它的電子有很多軌域，所以能和自己與其他原子結合成不同氧化數的大小分子，尤其它以 CO_2 的形式遊蕩於空氣中，使植物能將吸收的光能固定於以 CO_2 爲骨架的化合物中。動物、微生物又能利用植物的光合成物爲能源，及作爲合成自己身體的材料。與它同族的矽雖然在地球上含量極豐，但卻沒有碳的這些優點，只有被少數的植物利用（如矽藻類），所以至今仍未被認爲是動植物的必需元素。其實碳雖然是生物的骨架，在生物圈占重要的地位，其中又以植物占絕大多數（99%），且植物固定的 CO_2，97% 以上可以分解，然後再回到大氣中，但活的生物體之含碳量占地球總碳量之比例畢竟很小，不足以維持大氣中 CO_2 穩定的含量。主要由於海洋中溶有大量的碳酸，保有巨大的緩衝能量，才能防止大氣中 CO_2 濃度之激烈變化，一直可以保持大約 300 ppm（0.03%）的濃度。其他的碳主要以難溶的化合物沉積於海洋，蓄積於火成岩或以石油及煤炭的形式蘊藏於礦脈。在圖 7-7 中很明顯地看到，碳除了在自然界自然地循環外，由於人類的介入，將數十億年累積的石油、煤炭大量開採，以致近百年來，大氣中的 CO_2 濃度上升 10%，最近仍在不斷地增加中，這也是溫室效應使大氣溫度升高的最重要原因之一。

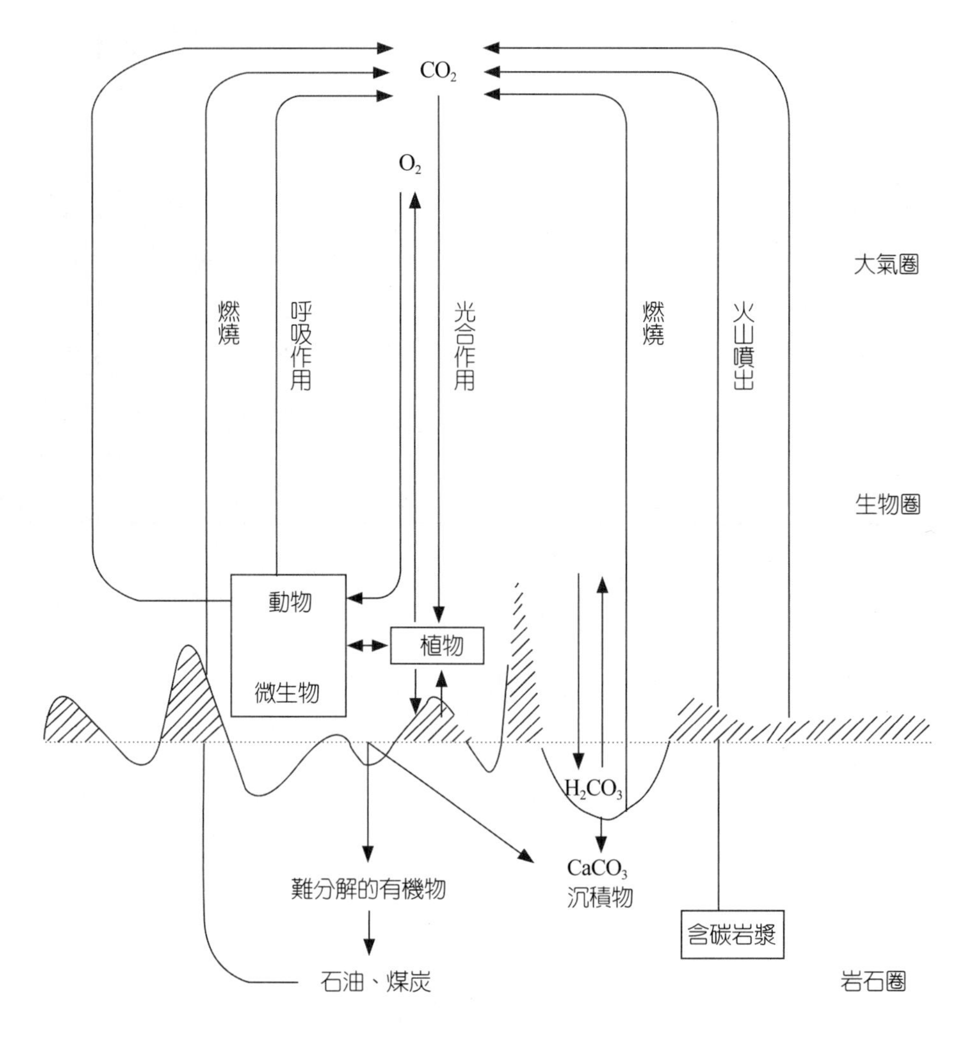

圖7-7　自然界二氧化碳循環簡圖

光合作用與 CO_2 之固定

以上我們把植物可利用光的葉綠體之構造和吸收光的範圍，以及自然界二氧化碳的循環，做了簡要的說明。在這個基礎上，我們再來談光合作用就容易理解了。

光合作用基本上分為兩個部分，一個是光反應（light reaction），一個是暗反應（dark reaction），前者是形成高能 ATP、NADPH 的過程，後者是使用這兩個高能物質將 CO_2 中的碳還原，並固定為醣的過程（圖 7-8）。暗反應（dark reaction）是因為此反應不需在有光的環境下進行而得名，實際上在光照下仍可進行。故 Buchanan 等人（2000）認為，暗反應以「聚碳反應」（carbon linked reaction）取代較為恰當。

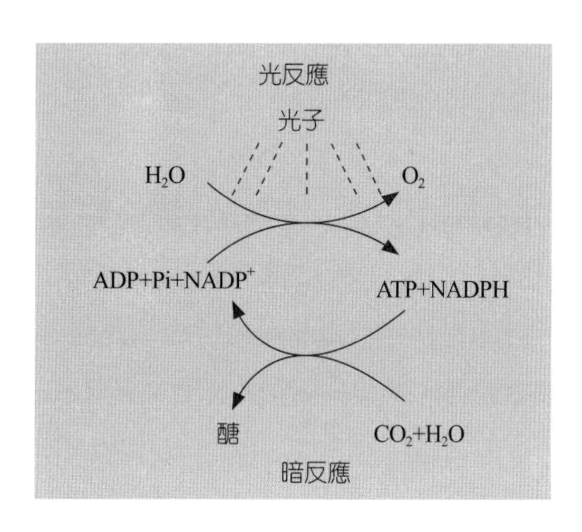

圖7-8　光合作用之光反應與暗反應簡化圖

光反應

目前研究比較清楚的有兩種反應系統，即第一與第二光反應系統，因為第二光反應系統在高等植物中占關鍵地位，所以我們先談第二光反應系統。

第二光反應系統（photosystem II），又稱為 P680。此系統主要是葉綠素受到光的激發會釋放高能量的電子，並能將水分子分解產生氧氣，同時可將部分電子能量儲存在 ATP，電子經 plastoquinone 及 Cyt-b_6/f 複合體，再轉至 plastocyanin，最後到達 PS I。所得能量再經 PS I 將 Fd_{ox}（oxidized ferredoxin）還原為 Fd_{red}，繼而將 $NADP^+$ 還原為 NADPH，由於這些自葉綠體釋放的電子不能再回 PSⅡ，所以我們又稱此系統爲非循環光合系統（non-cyclic photosystem）。又由於在此過程能使 ADP 加磷產生 ATP，因此稱此作用爲非環式光磷酸化反應（non-cyclic photophosphorylation）。讀者會問 PS II 反應中心之葉綠素被激發後釋放之電子由誰補充？由於失去電子之葉綠素（Chl-a）$_2^+$的氧化電位可達 1.1V，很容易將光分解水所產生之電子搶去，所以葉綠素失去之電子即由水分解所產生之電子不斷補充。實際上，這個過程並非如此簡單，至少包括了 Mn 及蛋白質中之 tyrosine 的參與，詳細的說明可參考植物生化或其他涉及光合作用的相關參考書（Dey & Harborne, 1997）。由於此系統之關鍵在於水的分解，我們可以下列反應式概括：

$$2H_2O \xrightarrow[Cl^-,\,(Mn)^{n+}]{\text{光能}} 4H^+ + 4e + O_2$$

第一光反應系統（photosystem I），又稱爲 P700，葉綠素在此系統釋放的能量較 PS II 爲低，如果接受電子的 NADP$^+$ 供應量不足，則釋放之電子就會再回到此反應系統中被葉綠素所接受，在此過程也能形成 ATP。此種自 PS I 釋放的電子又能回到原系統而形成一循環體系，故又稱爲環式光合系統（cyclic photosystem）。此系統可用下式概括：

$$4e + 2H^+ + 2NADP^+ \longrightarrow 2NADPH$$

如果由電子循環而產生 ATP 時，此一作用則稱爲環式光磷酸化反應（cyclic photophosphorylation）。

以上兩個反應系統皆在葉綠層的膜上，並與葉綠層腔的 H$^+$ 之進出膜密切聯繫，因此光反應基本上是在葉綠層的膜上及膜內進行。圖 7-9 表示 PS I 及 PS II 的位置及其功能，圖 7-10 則用電位高低表示電子流動方向及光能轉爲化學能之過程。

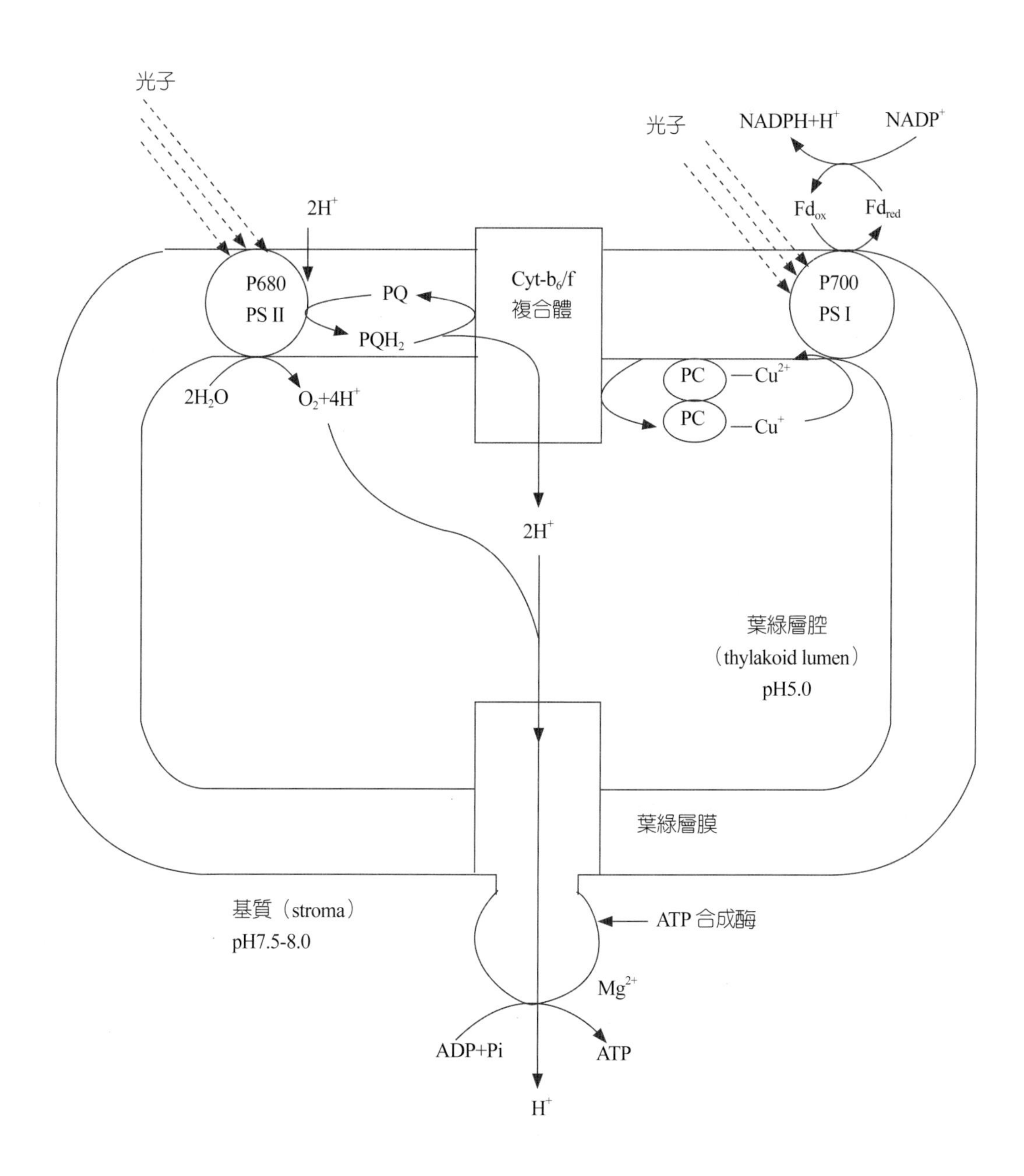

註：此圖主要表示各組成之相對位置與功能，以及電子與質子之流向，並未依實際比例繪製。

圖7-9　PS I 及 PS II 在葉綠層上之位置及其功能

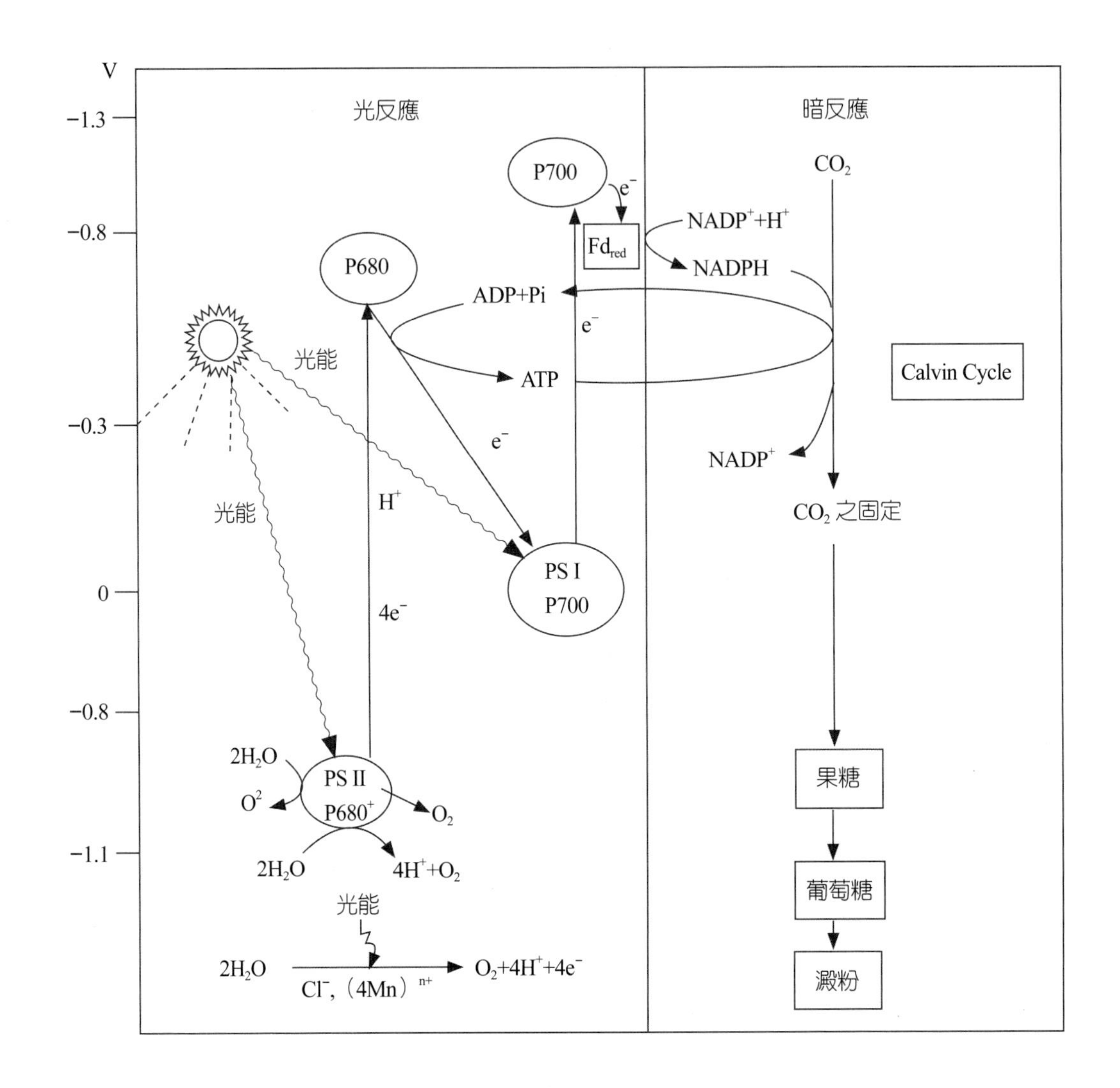

圖7-10　光合作用中光能轉換為化學能之示意圖

由圖 7-10 可知光合作用的光反應，可歸納爲三點：第一、葉子中的色素吸收光子在第二光反應中心，將水分子分解成 H^+ 及 O_2，並釋放電子。第二、由光能推動電子轉移，經第二光反應系統及第一光反應系統而爲 $NADP^+$ 所接受，並與 H^+ 結合成高能量及還原能力強的 NADPH。第三、在電子由高能位降至低能位的過程，又可釋放能量，使 ADP 加磷產生高能量的ATP。

所以光反應的全部歷程可用圖 7-11 及下列平衡式表示：

平衡式：$2ADP + 2Pi + 2NADP^+ + 4H_2O \rightarrow 2ATP + O_2 + 2NADPH + 2H_2O + 2H^+$

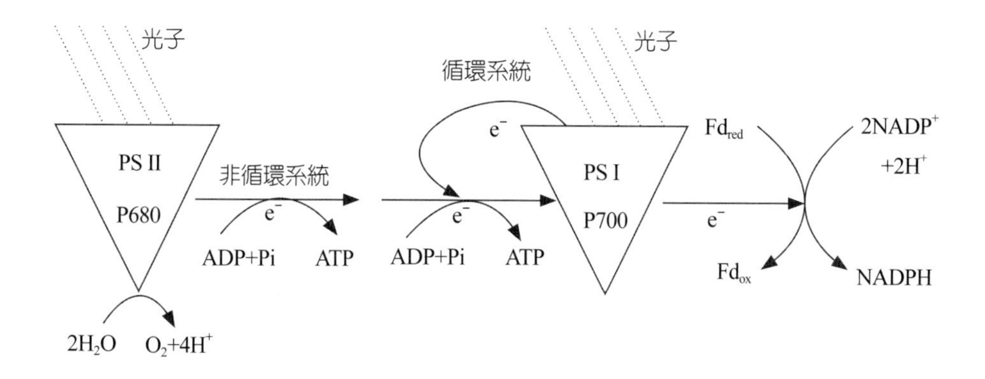

圖7-11　光反應能量之轉移

暗反應（dark reaction）

光合作用的第二個步驟，就是由葉綠體將空氣中的二氧化碳固定爲醣類，這個過程並不需要光能的直接幫助，因此它稱爲暗反應。因爲光合作用暗反應的循環過程是由卡爾文（Calvin）與班森（Benson）於 1948 年至 1949 年間，應用放射性同位素追蹤技術已被 C-14 標示的 CO_2 爲材料所證實，所以此一循環又稱爲卡爾文—班森循環（Calvin-Benson cycle 或 Benson-Calvin cycle），這個循環是在葉綠體的基質內進行，是任何植物都有的代謝過程。

卡爾文循環在植物生理、植物生化中都會提到，並常把所有反應物與合成物的構造式及反應式都詳細地列出來，初學的讀者，常不易掌握重點。實際上，卡爾文循環最重要的兩件事，就是不斷利用 RuBP 將 CO_2 固定，產生三碳醣，進而轉變及儲存多醣類，同時 RuBP（C_5）不斷補充與再生（regeneration）。因此，卡爾文初始關鍵的反應物、酶及生成物，可認爲是 RuBP、RuBP 羧化酶及固定 CO_2 之第一產物 3PG（3PGA），其反應式如圖 7-12。

H_2C — O — Ⓟ
|
HCOH
|
HCOH
|
C=O
|
H_2C — O — Ⓟ
（RuBP）

RuBP 羧化酶 → 2（CO_2 加入）

H_2C — O — Ⓟ
|
HCOH
|
COO^-
（3PG）

圖7-12　卡爾文循環固碳的第一個產物

我們可繪製兩個簡圖，表示卡爾文循環中重要反應物及生成物之位置，及實際上碳的固定（圖 7-13）與轉變（圖 7-14），其中的構造式在此省略。

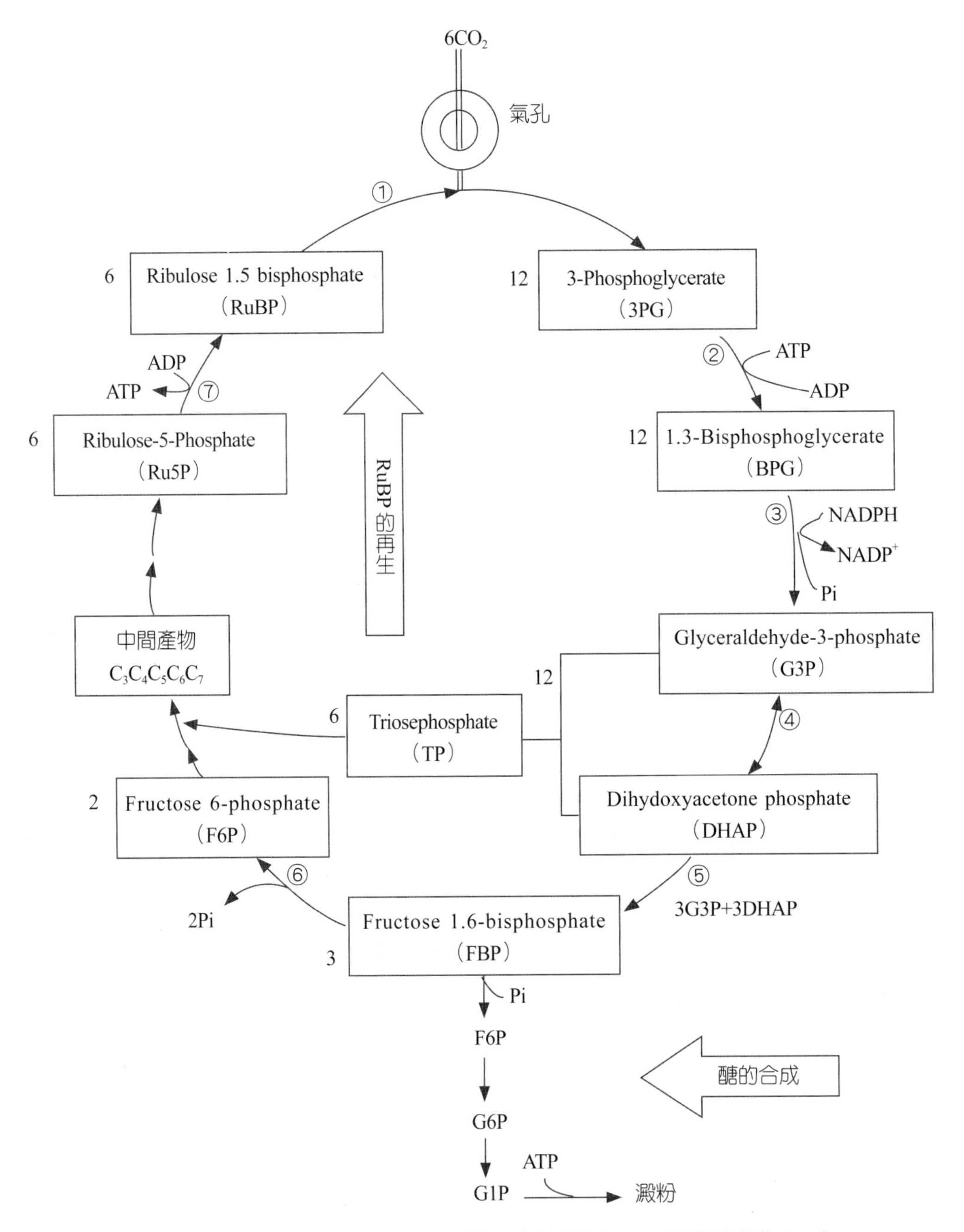

圖7-13　卡爾文循環中重要之反應物及參與酶。①核酮醣 1, 5- 雙磷酸羧化酶（RuBP carboxylase）；②3 磷酸甘油酸激酶（3-phosphoglycerate kinase）；③NADP- 磷酸甘油醛脫氫酶（NADP-glyceraldehyde-3-phosphate dehydrogenase）；④丙醣磷酸異構酶（triosephosphate isomerases）；⑤果糖雙磷酸醛縮酶（fructose-bisphosphate aldolases）；⑥果糖雙磷酸酶（fructose bisphosphatases）；⑦核酮醣 5- 磷酸激酶（ribulose 5-phosphate kinase）。

由圖7-13可知，每加入 $6CO_2$ 就會產生 12 個丙醣磷酸（triosephosphate, TP），其中 10 個補充 RuBP，2 個用來合成六碳醣及澱粉或自葉綠體輸出。換句話說，就此循環而言，就是六分之五的三碳醣轉變爲 RuBP，只有六分之一的三碳醣可以輸出或合成六碳醣（圖 7-14）。

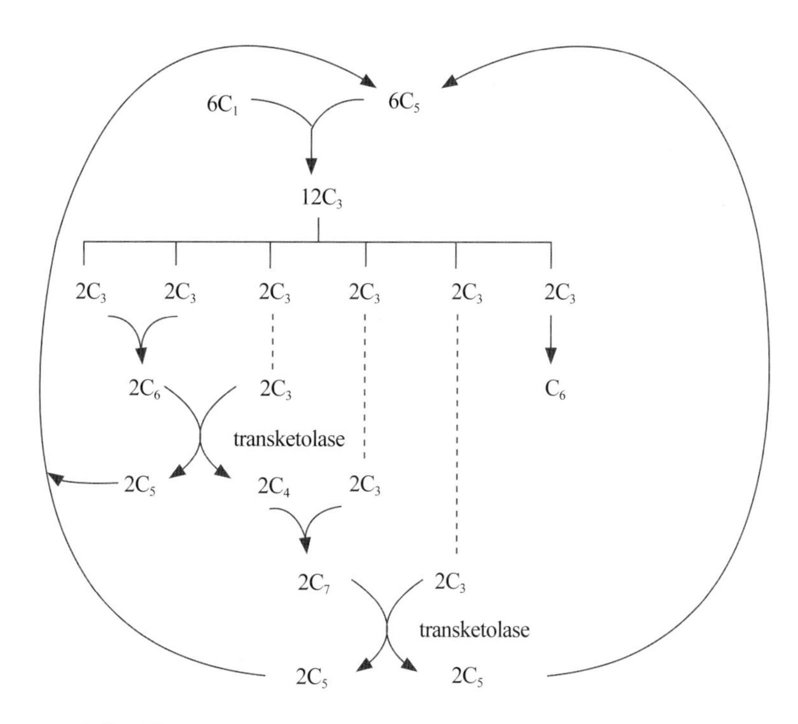

註：transketolase 爲轉酮酶。

圖7-14　卡爾文循環中糖之轉變簡圖

由圖 7-13、7-14 可以清楚看出三碳循環的重要反應物及產物如下：

1. 反應物：(1)二氧化碳；(2)核酮醣 1, 5- 雙磷酸（Ribulose 1, 5-bisphosphate）及相關五碳醣；(3)ATP、NADPH。
2. 產物：主要以醣磷酸形式存在，包括(1)三碳醣，有 3PG、G3P；(2)核醣（C_5）、果糖（C_6）；(3)其他如 C_4 醣及 C_7 醣等。

光合作用有三種形式：C_3 型、C_4 型以及 CAM 型

由於地球的環境因時間空間而異，植物在演化過程也產生適應各種環境的固定二氧化碳方式，目前一般參考書中依據固定二氧化碳的方式，把植物分爲三大類，

即所謂的 C_3 型、C_4 型以及 CAM 型。

為什麼稱為 C_3型、C_4型、CAM 型？

1. C_3 型植物之二氧化碳固定

(1)爲什麼稱爲 C_3 型植物？因爲此循環在二氧化碳被葉綠體基質內五碳醣（RuBP）固定後，所產生的第一個化合物是三碳的 3-磷甘油酸（3PG），所以稱這一類的植物爲 C_3 型植物。這一型植物的最大特點是，因爲它葉片組織中沒有完整的維管束鞘構造，而又有光呼吸作用，致使光合作用的效率低（圖 7-15）。

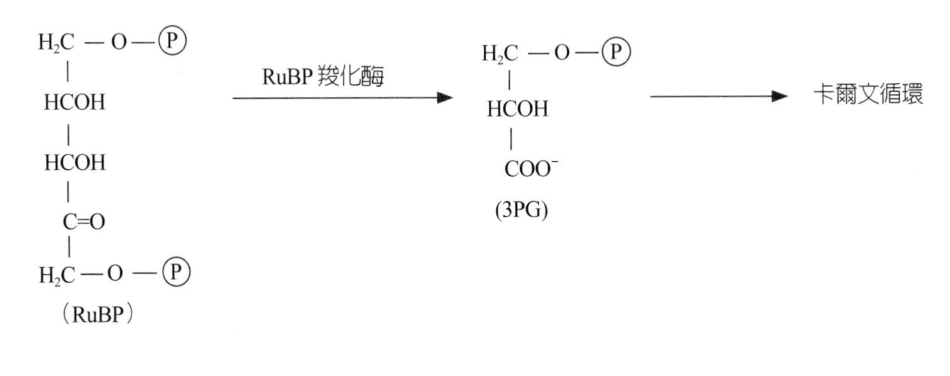

圖7-15　C_3 型植物固定 CO_2 第一個產物

(2)光呼吸作用（photorespiration）

①定義：在乾熱而有光的情形下，葉綠體中含 O_2 豐富而含 CO_2 低時，O_2 能氧化 RuBP 爲磷羥乙酸（phospho-glycolate），進而經過過氧化體（peroxisome）及粒線體（mitochondrion）中的一系列轉變，最後將已固定的 CO_2 經 glycine 轉變爲 serine 的過程中，又由粒線體釋放出來，這個過程稱之爲光呼吸作用（圖 7-16，7-18）。因爲光呼吸是一個浪費能源的過程，在此代謝中雖然可以合成 glycine 和 serine，但並非必要，因此它與一般有氧或無氧呼吸的功能是不同的。

爲什麼這樣浪費能源的系統會發展出來？這很可能是早期演化的遺跡（relic）。因爲生物開始在地球上繁衍的時候屬於無氧狀態，自從有了光合作用，產生了氧氣（O_2），氧氣反而成了生物的毒物。在這個環境裡，生物若能發展出一種減少氧濃度的機制，可能會容易適應環境吧！光呼吸可能就符合了這種需要。

光呼吸作用最初反應物仍爲 RuBP，其關鍵酶爲 RuBP 加氧酶（RuBP oxgenase），它和 RuBP 羧化酶（RuBP carboxylase）是同一個酶，當溫度高時，RuBP oxgenase 活性增加，此時若葉綠體基質中氧氣分壓（P_{O_2}）顯著增加時，則 RuBP 很容易被氧化，其第一產物則爲磷羥乙酸。

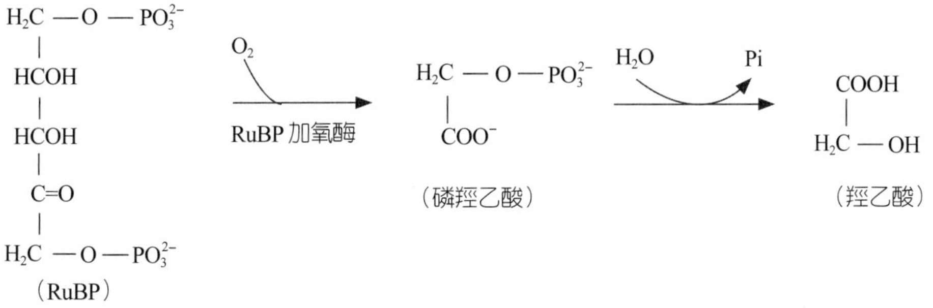

$H_2C-O-PO_3^{2-}$
|
HCOH
|
HCOH
|
C=O
|
$H_2C-O-PO_3^{2-}$
（RuBP）

$\xrightarrow[\text{RuBP 加氧酶}]{O_2}$

$H_2C-O-PO_3^{2-}$
|
COO^-
（磷羥乙酸）

$\xrightarrow{H_2O \quad Pi}$

COOH
|
H_2C-OH
（羥乙酸）

圖7-16　光呼吸第一個產物

既然 RuBP 羧化酶（RuBP carboxylase）與 RuBP 加氧酶（RuBP oxgenase）是同一酶，就應該有一通用的名字。因此它的全名應是雙磷酸核酮醣羧化／加氧酶（Ribulose 1,5-bisphosphate carboxylase/oxygenase），簡稱爲 RubisCO。這個酶常占葉綠素中可溶性蛋白質的 50% 以上，是生物圈中含量極豐富的酶，據估計地球上約有四千萬噸之多。由於這個酶在光合成上占很重要的地位，又有雙重性格，我們會很容易把它記住。圖 7-17 就是在說明 RubisCO 的雙重性格。當二氧化碳分壓高時，該酶固定 CO_2 的效率顯著，卡爾文循環占優勢；在光度強、溫度高、氧氣分壓也高時，RubisCO 與氧親和力強，RuBP 易被氧化，光呼吸作用占優勢。

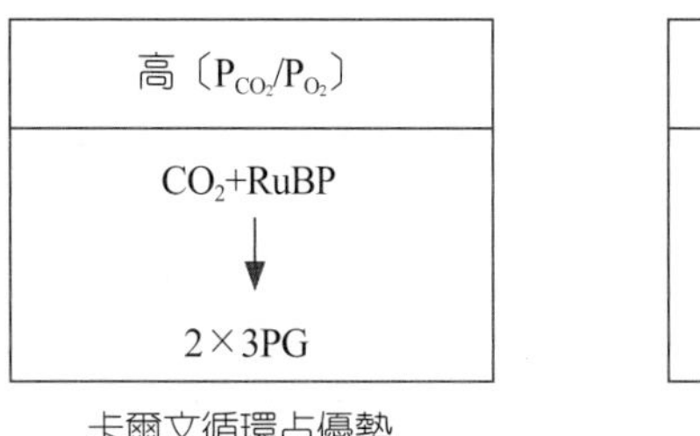

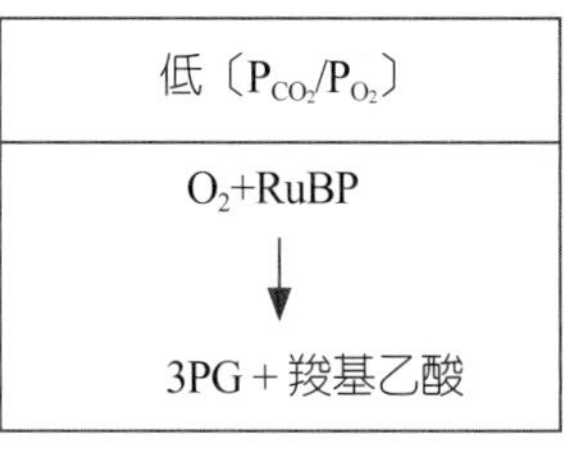

光呼吸作用占優勢

圖7-17　RubisCO 的功能主要受 P_{CO_2} 與 P_{O_2} 之影響

②光呼吸進行的位置：光呼吸作用主要在葉肉細胞中下列三處進行：葉綠體的基質、過氧化酶體（peroxisome）、粒線體。

由電子顯微鏡觀察這三個胞器非常接近，顯示光呼吸與這三個胞器密切的關聯（Noggle，1976）。大多數的植物經由光呼吸作用會損失 30% 以上固定的碳，使得生長速率減緩。不過當光照強時，有了光呼吸作用也可以藉消耗高能量的激發子（exciton）來保護葉綠層膜，以免影響光合作用系統。這點或許可以為 Hans 等人（1997）所提的一個事實做解釋。他們說：「在長期演化中，植物在光合作用中並未成功地去除耗費能量的核酮醣加氧反應。RubisCO 的羧化酶／加氧酶之活性在高等植物比藻氰菌（cyanobacteria）至今只提高了尚不及兩倍。」圖 7-18 就是光呼吸在三種胞器如何將已固定的 CO_2、NH_3 釋放出的運作過程。在此圖應注意的是，需自葉綠體輸出兩分子的磷羥乙酸（2-P-glycolate），才能收回一分子的甘油酸（glycerate）。

2. C_4 型植物二氧化碳之固定

⑴為什麼稱為 C_4 型植物？由 C_3 型植物知道在乾熱高氧的環境，大多數的植物經由光呼吸，移去光合作用中的重要中間物，而減少了糖的合成量，這是極大的損失。雖然經過長時間的演化，RubisCO 中 oxygenase 的氧化功能仍未消失。不過有些植物在乾熱高氧的環境，已發展出一套輔助系統來解決這個問題。在卡爾文循環提出十一年後，Kortschack 等人（1965）在夏威夷甘蔗研究所，發現甘蔗葉片固定二氧化碳之最先產物並非 3PG，而是蘋果酸（Malate）和天門冬酸（Asparate），這引起人們極

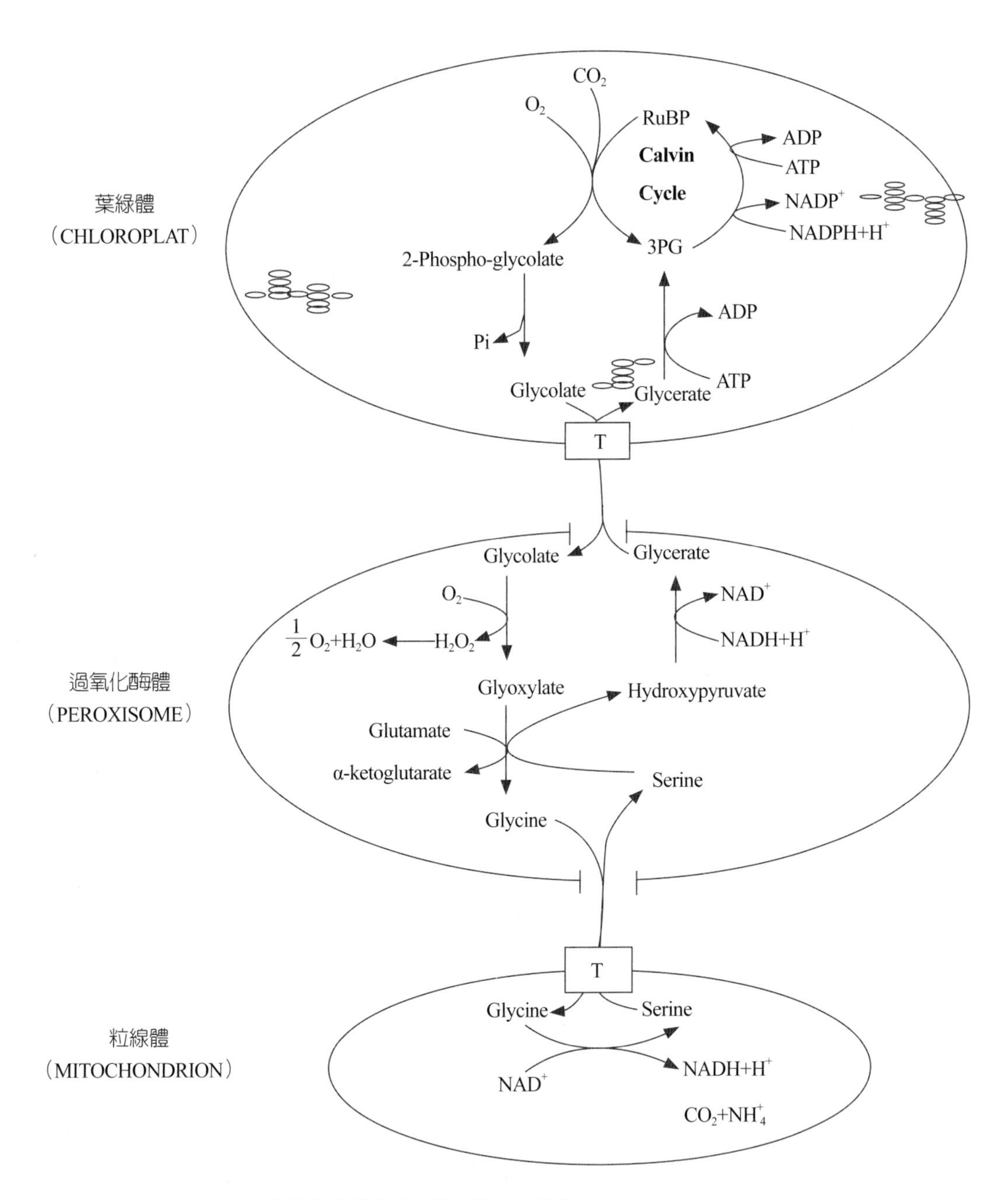

T 表示載體（Translocator）位於葉綠體和粒線體內膜上之載體。

圖7-18　光呼吸在三種胞器運作的過程

大的重視。翌年（1966）在澳洲 Hatch 與 Slack 報告甘蔗、玉米等之光合作用，是在進入 Calvin 循環之前，由葉肉細胞之葉綠體中磷烯醇丙酮酸（Phosphoenol pyruvate，簡稱 PEP）作爲二氧化碳的接受者，最初產物爲四碳之草（醯）乙酸（Oxaloacetate，簡稱 OAA），故稱這一型的植物爲 C_4 型植物。這種固定碳的方式稱爲 Hatch 與 Slack 循環（Hatch-Slack Pathway），又稱爲四碳雙羧酸循環，簡稱爲 C_4 循環。這一型作物的特點是因爲葉片中有很好的維管束鞘細胞，又幾乎沒有光呼吸作用，並連結 C_4 與 C_3 兩套循環系統，有較高的光合作用效率。

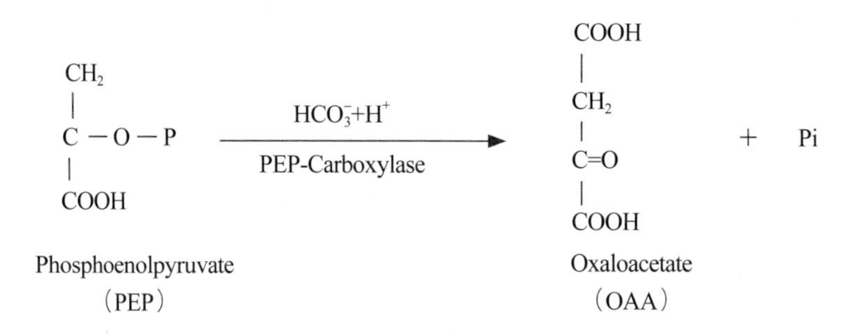

圖7-19 C_4 型植物固定 CO_2 第一個產物

(2) C_4 型植物二氧化碳之固定：C_4 型植物葉片的維管束周圍有緊密的維管束鞘細胞（簡稱脈鞘細胞，bundle sheath cell）（圖7-20），而且脈鞘細胞內含有葉綠素。CO_2 被葉肉細胞中 PEP 固定後，生成草乙酸（OAA），繼續被 NADPH 還原爲蘋果酸或天冬胺酸，再經由胞質連絲進入脈鞘細胞之葉綠體內將 CO_2 放出，進行卡爾文循環。這是 C_4 型植物之特色，因爲 Rubisco 只存在於脈鞘細胞的葉綠體內。由於固定二氧化碳的 PEP-carboxylase 與 HCO_3^- 的親和力很大，亦即 K_M 值很小，只有 7 μM（RuBP 則爲 20 μM）。CO_2 進入脈鞘細胞後，可累積很高的濃度，一般多超過飽和濃度，因此 CO_2 的固定效率很高。加以 C_4 型植物的氮利用率（Nitrogen utilization efficiency, NUE）亦高，即單位氮能產生較大的葉面積，增加了光的接受面，因此 C_4 型植物突破了 C_3 型植物的困境（圖 7-21）。

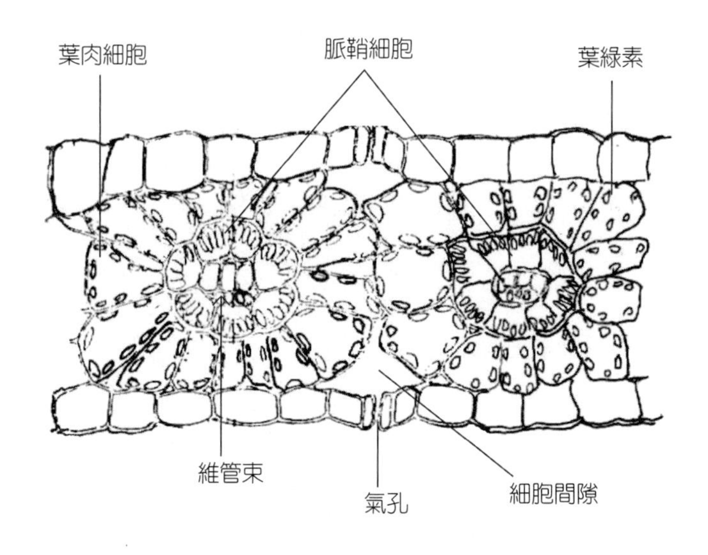

圖7-20　C_4型植物脈鞘細胞排列之縱切面模式圖

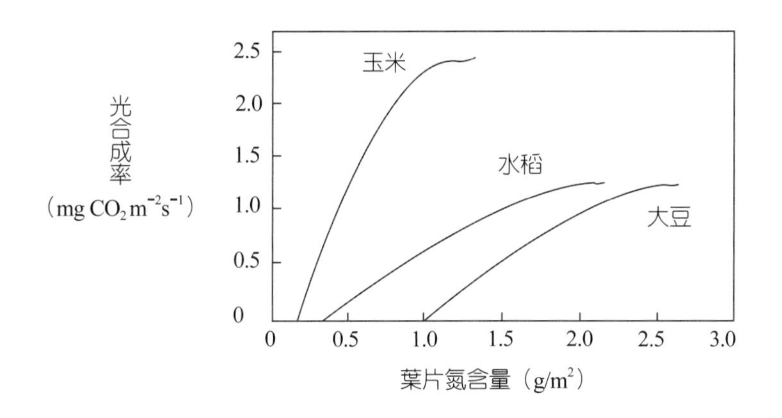

圖7-21　在飽合光照下玉米、水稻及大豆之葉片氮含量與光合成率之關係（Sinclair & Horie, 1989）

雖然C_4型植物固定CO_2之過程需要較多之ATP，但相較於C_3型植物光呼吸的損失，仍是很有效率的固定二氧化碳的方式。圖7-21及圖7-22可以說明爲什麼C_4型植物光合作用效率高的原因，但是無論如何，四碳歷程只是三碳歷程的輔助步驟，並不能代替卡爾文循環的功能。

目前已知屬於C_4型的高等植物有18屬（genus），是可以根據在脈鞘細胞中不同位置，進行四碳酸脫羧作用（decarboxylation）。可分爲三類（Dey & Harborne, 1971）：

①C_4-Ⅰ型是利用 $NADP^+$-Malic 酶，在葉綠體進行，像玉米、甘蔗皆屬於此型，它的反應式爲：

$$Malate + NADP^+ \rightarrow Pyruvate + CO_2 + NADPH$$

②C_4-Ⅱ型是利用 NAD^+-Malic 酶，在粒線體進行，像黍、小米皆屬於此型，它的反應式爲：

$$Malate + NAD^+ \rightarrow Pyruvate + CO_2 + NADH$$

③C_4-Ⅲ型是利用 PEP Carboxykinase 在細胞質進行，像生長快速的熱帶草類，如飼草作物等多屬此類，它的反應式爲：

$$OAA + ATP \rightarrow PEP + ADP + CO_2$$

這三類型的 C_4 植物，除了被固定的 CO_2 在進入脈鞘細胞後再釋放外，其次還有一共同現象，即在 Calvin 循環中形成的 3PG 部分會擴散至葉肉細胞，經轉變爲 TP（Triose-P），再回流至脈鞘細胞內，因爲這樣可利用葉肉細胞中，由葉綠體產生的 ATP 化學能及 NADPH 的還原力。

對 C_4-Ⅰ型而言，它的脈鞘細胞中的 PSⅡ 系統活性很小，電子傳遞主要靠 PSⅠ，因此在推動卡爾文循環所需之 ATP、NADPH 皆不足，必須由葉肉細胞輸入之 Malate 及 TP 經氧化後產生之。（圖 7-21 中 TP 由葉肉細胞轉入脈鞘細胞之葉綠體後，除了可直接進入卡爾文循環，亦可先轉變爲 PBG，再轉變成 3PG，部分 3PG 再擴散至葉肉細胞。在此過程中，先後產生之 NADPH 及 ATP，可提供卡爾文循環固定 CO_2 之用。此部分未在圖中標示出。）

對 C_4-Ⅱ型及 C_4-Ⅲ型而言，雖然它們都具有 PSⅡ系統，能產生足夠的 NADPH，但是如果不斷地利用 NADPH，還原 3PG 至 TP（Triose-P），則 PSⅡ系統會因電子不斷向 $NADP^+$ 傳遞，水亦不斷光解，進而不斷產生 O_2，營造了有利於光呼吸的環境，這樣就會失去了 C_4 型植物固定 CO_2 的優勢。Weiner 與 Heldt（1992）研究發現，脈鞘細胞中 3PG/Triose-P 約爲葉肉細胞中的二十倍，前者爲 8.3，後者爲 0.42。這表示兩種細胞間已出現很大的濃度梯度，可使 3PG 向葉肉細胞擴散，經還原爲 Triose-P（TP）再向脈鞘細胞擴散。可見經過長期的演化過程，C_4 型植物在這方面已不像 C_3 型一樣，只靠葉肉細胞中葉綠體之 Triose-P/Pi 的比例來調節多醣之合成，而將葉肉細胞與脈鞘細胞做了適當的分工。以下我們將這三類型的 C_4 植物之 CO_2 同化物，在葉肉細胞及脈鞘細胞間移動及代謝的狀況用圖 7-22 表示出來。

3. CAM 型（Crassulacean acid metabolism，景天酸代謝）植物之二氧化碳固定

⑴爲什麼稱爲 CAM 型植物？在很早以前人們就知道有一種叫景天科的植物，在高溫乾燥地帶有另一類型的光合作用。它是在夜間大量蓄積以蘋果酸爲主的有機酸，日間有機酸量則減少。實際上除景天科外，還有一些莖葉多肉多汁的植物，如仙人掌科、蘭科、鳳梨科都有類似的現象，我們稱這一類的植物叫 CAM 型的植物。

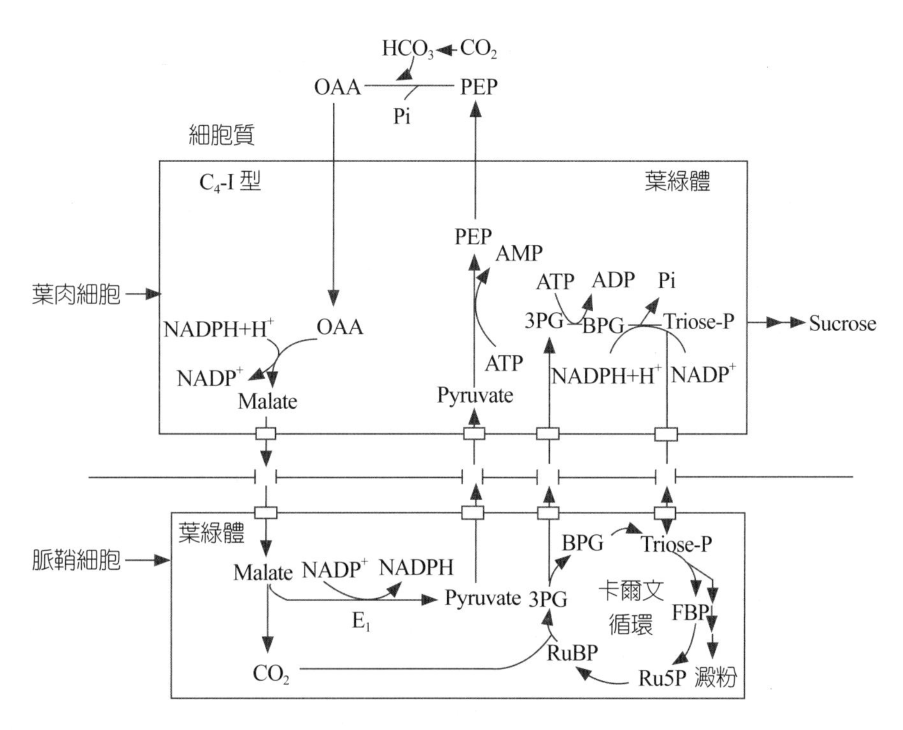

▭為載體（Translocator）；⊣ ⊢為胞質連絲；E_1 為 NADP-malic enzyme。

圖7-22a　C_4-I 型植物之 CO_2 同化物在葉肉細胞與脈鞘細胞間的移動

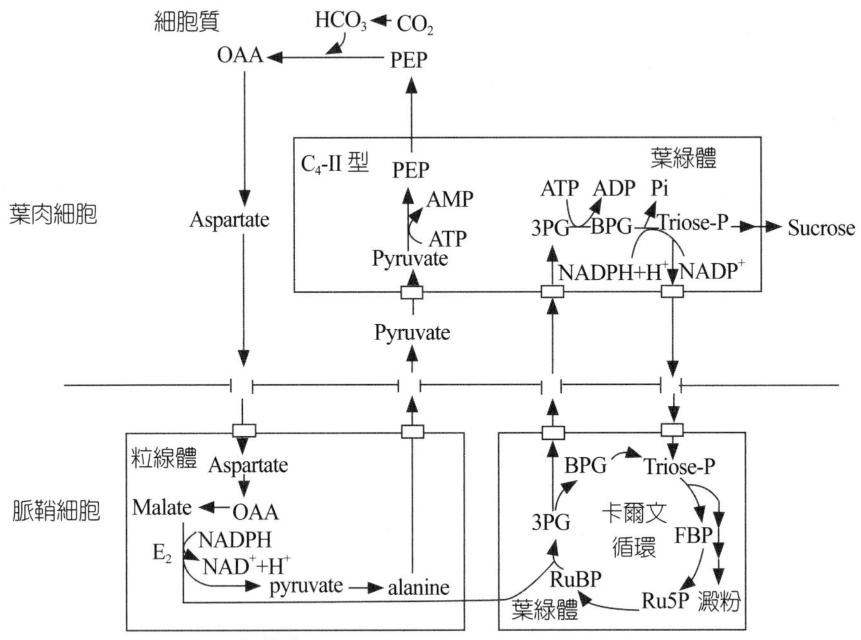

E₂ 表示 NAD-malic enzyme；▭為載體。

圖7-22b　C_4-II 型植物之 CO_2 同化物在葉肉細胞與脈鞘細胞間的移動

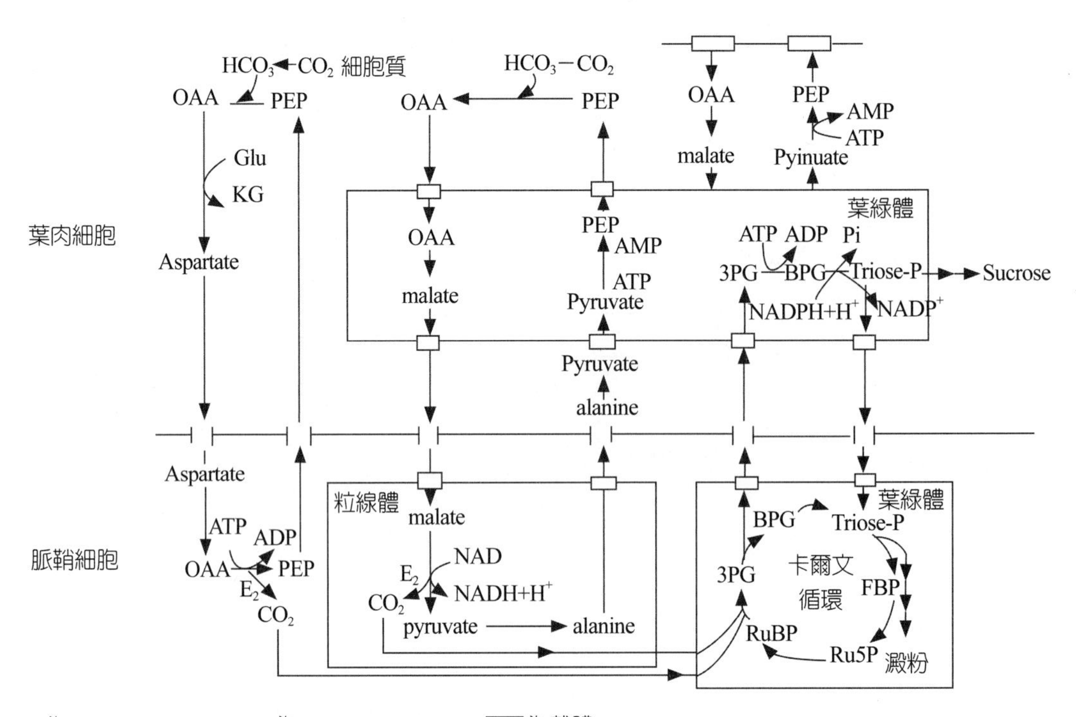

E_2為NAD-malic energy；E_3為PEP carboxykinase；▭為載體。

圖7-22c　C_4-III 型植物之 CO_2 同化物在葉肉細胞與脈鞘細胞間的移動

(2)CAM 型植物二氧化碳固定：這一類的植物都是夜間氣孔張開，吸收二氧化碳與 PEP 結合成草乙酸（Oxaloacetate, OAA），進而轉變為蘋果酸（Malate），大量儲存於液胞內；白天氣孔則關閉，以防止水分蒸散，這是適應乾燥地區最好的辦法。

由於白天氣孔關閉，二氧化碳進出皆少，這時蘋果酸酶在低 pH 值下活性大，於是進行分解蘋果酸為丙酮酸及 CO_2，CO_2 則進入卡爾文循環，產生各種糖類及澱粉（圖7-23）。因為 CAM 型的植物脈鞘細胞並未形成像 C_4 植物的脈鞘，所以 C_4 雙羧酸路徑與卡爾文循環皆在葉肉細胞進行；而 C_4 型植物之 C_4 雙羧酸路徑則在葉肉細胞進行，而卡爾文循環在脈鞘細胞內進行，這也是 CAM 與 C_4 型植物的最大差異。讀者可能會問，同在葉肉細胞進行羧化（Carboxylation）及去羧化（Decarboxylation），不是在做虛功嗎？植物在演化過程，已發展出一種機制，可以克服這種現象。1986 年 Brulfert 等人曾發現 CAM 中 PEP carboxylase 存在兩種形式：一種

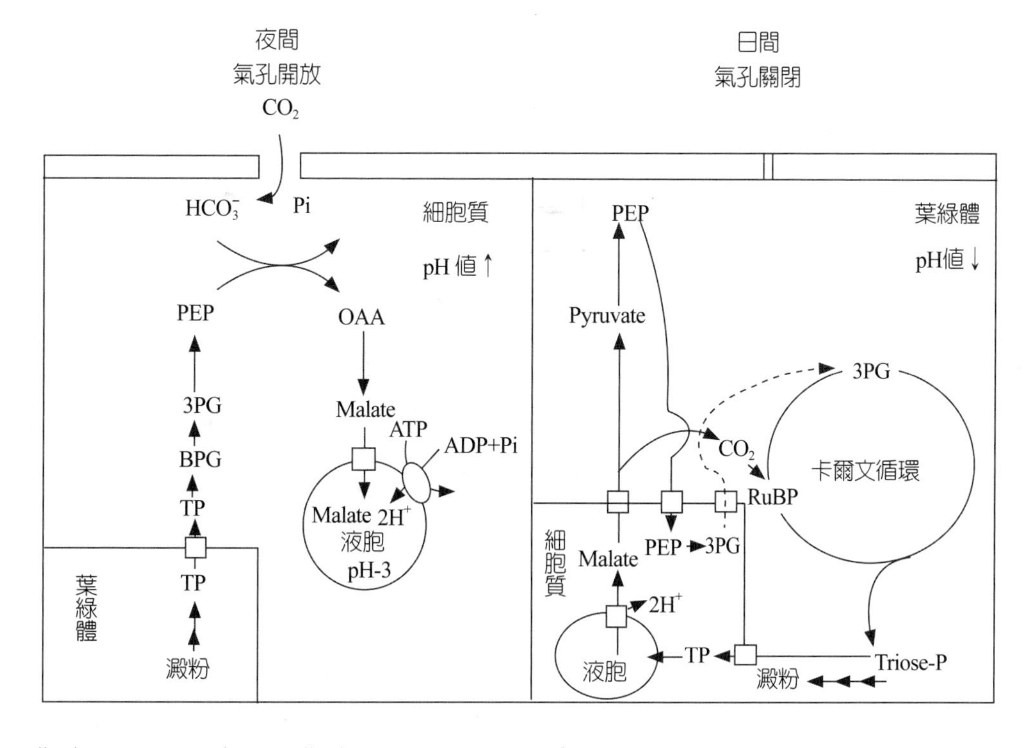

TP 為（Triosephosphate）; BPG 為（1,3-Bisphosphoglycerate）

圖7-23 景天酸（CAM）型植物在植物葉肉細胞之代謝模式

是在夜間出現，對 Malate 不敏感；另一種在日間出現，則會被 Malate 抑制（圖 7-24）。這樣就可以利用晝夜節律、pH（PEP carboxylase 在 pH 值高時，活性大；Malic enzyme 在 pH 值低時，活性大）及反饋機制，使 Malate 的濃度在葉肉細胞裡保持在一定範圍內。

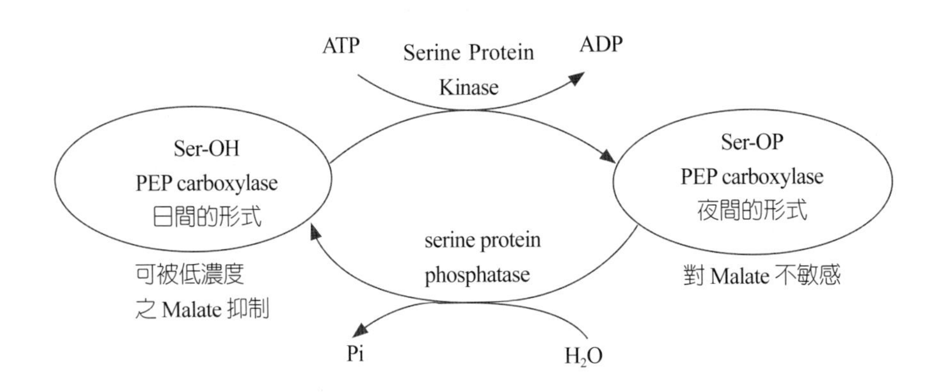

圖7-24　PEP 羧化酶在日間與夜間的兩種形式

三種光合作用型之比較

以下我們用表 7-4 來比較 C_3、C_4 及 CAM 型植物，在 CO_2 固定過程之同異性。從本章表 7-3 就已知道植物對太陽能的利用率之理論值與期望值相差甚多，因此我們尚有很大的改善空間。實際上，自然界並非只有這三種形態的植物，已經發現很多中間型的植物，其中最普遍的是 C_3 型植物，且各種型皆包括卡爾文循環。而 C_4 及 CAM 型的植物在不同屬的單子葉及雙子葉植物中皆有發現，且 C_4 及 CAM 植物部分組織構造及細胞中的酶在 C_3 植物中也有出現（如氣孔保衛細胞中液胞膜上之載體及 H^+-ATPase）。顯示爲適應高溫乾燥的環境，C_4 及 CAM 型植物可能皆自 C_3 型植物獨立演化而來。育種專家們除了不斷發現新品種外，也利用雜交或基因轉殖的方法，盡量培育出光呼吸低而光合效率高的植物。

表7-4　C_3、C_4 及 CAM 型植物與光合作用有關性質之比較

代表植物與性質	C_3	C_4	CAM
代表植物	穀類、菠菜、菸草、甜菜、豆科植物	玉米、甘蔗、高粱及部分莧屬、沙藜屬等	景天科與仙人掌科
葉的構造	無明顯之維管束鞘，葉綠素主要在葉肉細胞	有完整之維管束鞘，且有多量葉綠體，但葉綠餅甚少	一般無柵狀細胞，但在葉肉中的薄壁細胞中有大的液胞
固定 CO_2 之羧化酶及進行羧化之位置	RuBP 羧化酶（在葉肉細胞）	PEP 羧化酶（在葉肉細胞）及 RuBP 羧化酶（只在維管束鞘細胞）	暗：PEP 羧化酶 光：主要爲 RuBP 羧化酶（皆在葉肉細胞）
光合作用固定 CO_2 之最初產物	3PGA	OAA	暗：OAA
理論上固定一分子 CO_2 所需之能量（CO_2 : ATP : NADPH）	1：3：2	1：5：2	1：6.5：2
CO_2 之補償點（CO_2 ppm）	30-70	0-10	暗：0-5
氧氣濃度對生長之影響	高時可抑制（尤以 CO_2 相對少時爲甚）	無	高時可抑制（尤以 CO_2 相對少時爲甚）
過氧化體	較多	無或少（只存在於維管束鞘）	極少
光合作用最適溫度	15-25℃	30-40℃	約35℃
蒸散係數（所失水量：（克）／1 克乾重）	450-950	250-350	50-55
乾物產量（噸／公頃／年）	22±0.3	39±17	變動很大

影響光合作用之因子

我們既已知道作物的理論生產值遠比實際的生產值高，就該探討一下，是什麼因子造成這麼大差異？這與一般影響生物生長的因子是一樣的道理，不外是遺傳因子與環境因子。同一品種的光合作用自然受環境的影響最大，因爲植物不能移動，

必須以本身的適應力來應付外界的環境，如果我們了解這些道理，就能改善培養的環境，以提高作物的光合作用率。但是影響光合作用的環境因素很多，以下所要討論的是四種非常重要的環境因子，分別是光照、溫度、二氧化碳及營養要素。

光照對光合作用的影響

光的性質：一般而言，植物能夠吸收而用之於光合作用的波長，主要以藍光（400-510 nm）及紅光（610-700 nm）為主，紫外線的波長太短，常對植物造成傷害，所幸大部分紫外線被大氣臭氧層吸收（圖 7-25）。多種植物幼葉都是紫紅色，可抵抗紫外線的侵襲，紅外線則大部分被葉片反射，部分被吸收的則轉成熱能。

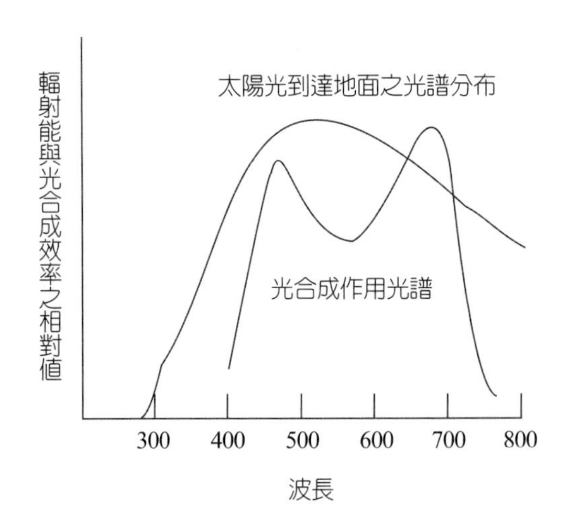

圖7-25　太陽輻射能與光合成有效波長的關係

光量：光量是光的強度與照光的時間之積，由於植物可分為陽性植物（Helio plants）與陰性植物（Shadow plants），它們的葉片構造不同，所需最低的光強度也不同（圖 7-26）。

1. 陽性與陰性作物

⑴陽性作物

①一般葉片單位面積葉綠素較多，而且排列緊密。

②光補償點（Light compensation point，簡稱 LCP）較高：即 CO_2 淨固定

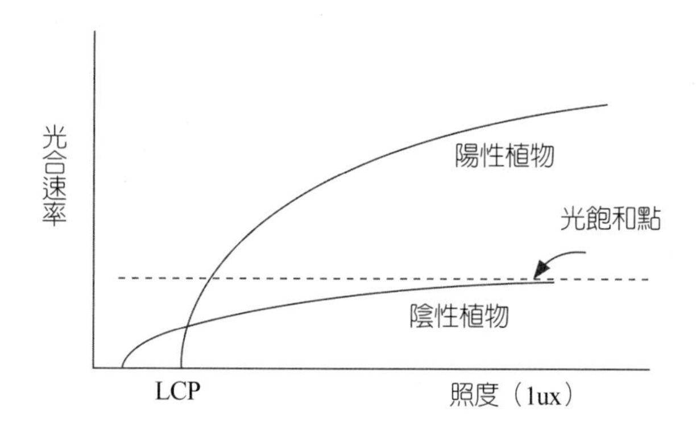

圖7-26　不同光強度對陰性植物及陽性植物光合速率之影響

量，必須要有較強的光才能達成。

③光飽和點亦高：即需很強的光，才可以達到光合成的最高點。

⑵陰性作物

①一般葉片單位面積葉綠素較少，而且排列鬆散。

②光補償點較低：即 CO_2 淨固定量在很低的光強度下即可達成。

③光飽和點低：即不需很強的光即可達到光合成的最高點。

2. 光強度與葉面積指數的關係

一般而言，隨光強度之增加，葉面積指數也會隨之提高，但每一種植物葉的形狀、面積、層次、生長的部位都不同，所以植物每一葉片吸收光的強度及面積都不相同。圖 7-27 表示光強度及葉面積指數皆增加時，向日葵生長速率顯著提高，在達到最高點時，葉面積指數有一最適值。如果我們能了解在一定光強度範圍內，最適葉面積指數，則在栽培密度上就可以有適當的選擇。

溫度對光合作用的影響

植物能進行光合作用的溫度範圍很廣，低到 0℃（像在阿爾卑斯山），或高到 50℃（像在美國加州的死谷），都有可進行正常光合作用的植物。一般溫帶植物只能在 11-35℃ 之間的溫度下進行光合作用，若純從化學反應的角度來看，每增加 10℃，反應速率可增加一倍，也就是溫度係數 $Q_{10}=2$。但是由於植物生長是由酶催化，溫度過高酶會變質，而且自然界影響光合速率的因子很多，植物的溫度係數多在 2 以下。溫度對光合作用的光反應影響很小，但對暗反應的影響則很大。如果光照強度適當，二氧化碳又很充分，光合作用率可以隨著溫度升高而增加（圖7-28）。若以 C_3 型與 C_4 型相較，由於 C_3 型植物固定 CO_2 之 RubisCO，在高溫時 RuBP oxygenase 活性較大，光呼吸作用加強，固定 CO_2 之量子產值因而減少。因此，低溫反而有較高的產值；然而 C_4 型則在 40℃ 以下，產值幾乎不受溫度之影響（圖7-29）。

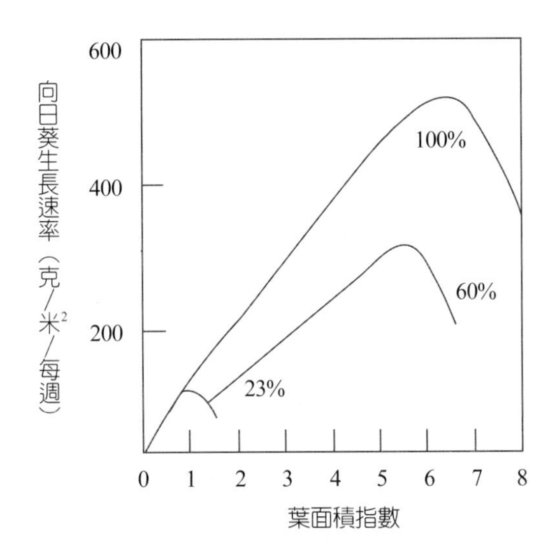

圖7-27　光強度與葉面積指數的關係

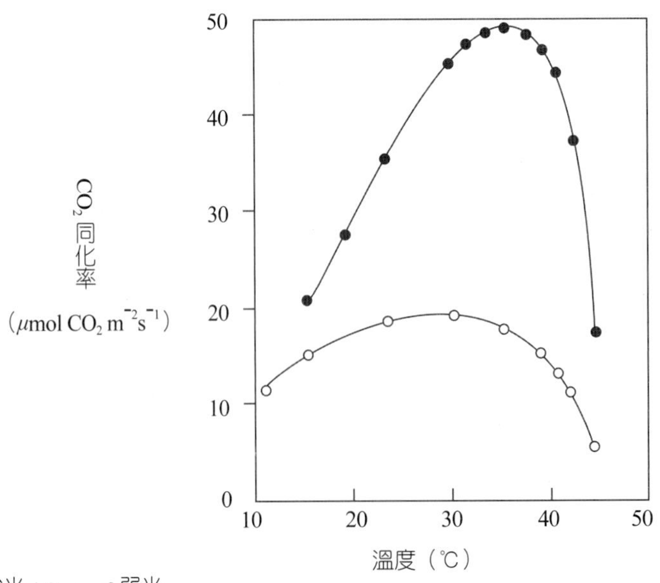

圖7-28　溫度對光合作用率的影響（Berry & Bjorkman, 1980）

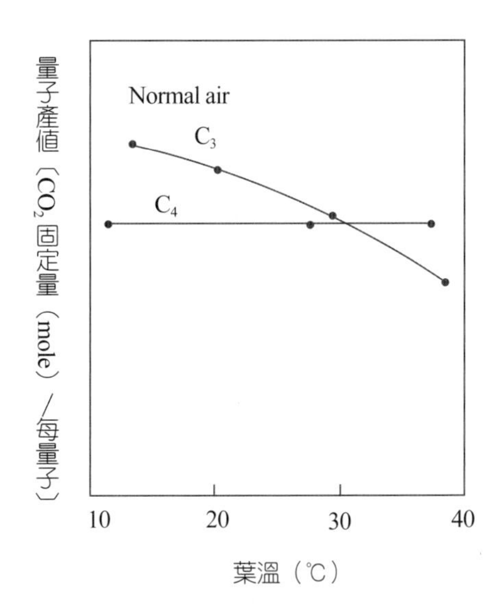

圖7-29　溫度對 C_3 與 C_4 型植物光合固碳之量子產值的比較
（Berry & Downton, 1982）

二氧化碳對光合作用的影響

大氣中二氧化碳的平均濃度爲 0.03%（300 ppm），C_4 型植物 PEP 羧化酶對 CO_2 之親和力強，其 K_m 值僅有 7 μm，但 C_3 型植物之 RubisCO 對於 CO_2 之親和力較弱，其 K_m 值高達 20 μm，所以 C_4 型植物 CO_2 之補償點甚低，且在 CO_2 的濃度很低時即可到達飽和點（圖 7-30）。

實際上，光照、溫度和二氧化碳對光合成率而言，雖然都是限制因子，但是互爲條件的，所以我們在研究光合成率時，三者應同時考慮。以圖 7-31 爲例，在大氣中 CO_2 的平均濃度下（0.03%），大約在光強度爲 0.3-0.4 cal $cm^{-2}min^{-1}$ 時，光合成率就已達到光飽和點，而且溫度影響極小。但 CO_2 濃度提高至 0.15% 時，光合成率亦隨著光強度增加而增加，但光強度增加至 0.6 cal $cm^{-2}min^{-1}$ 時，光合成率不再增加，只有在提高溫度時，光合成率才大幅增加。由於一般大氣中 CO_2 的濃度相當穩定，並不構成限制因子。但有時在集約耕耘的環境下，光度及溫度適當，作物的光合成率極高時，CO_2 也有出現不足的可能，這時可把固態 CO_2 當肥料一樣施入田中。

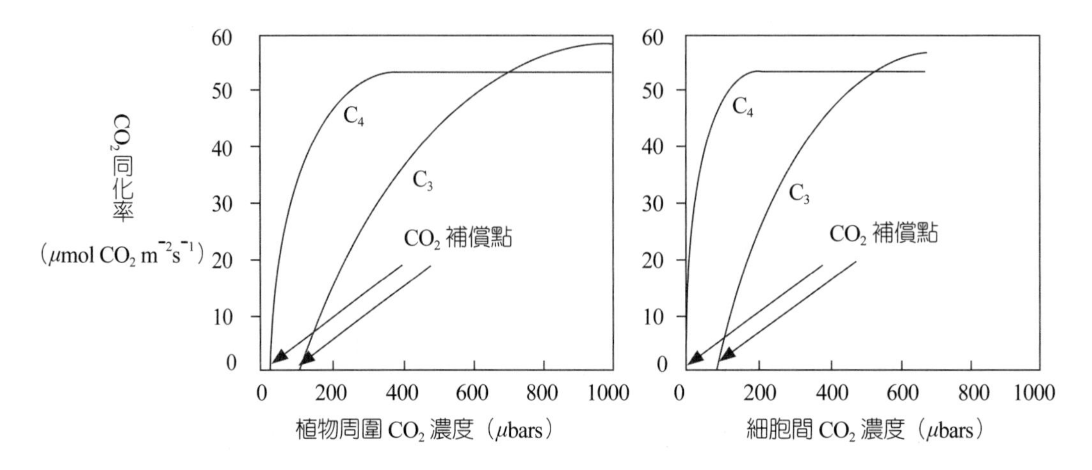

圖7-30　CO_2 的濃度對光合成率的影響（Berry & Downton, 1982）

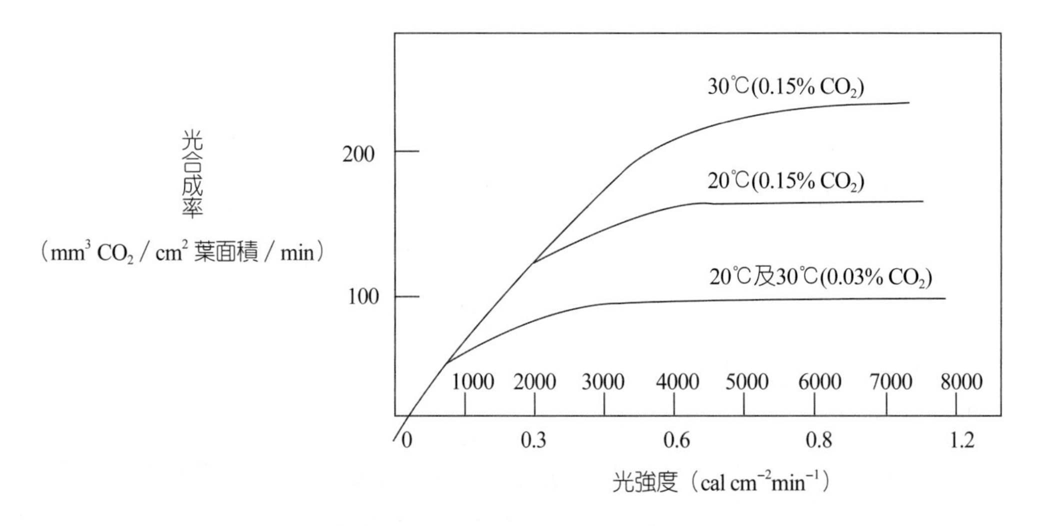

圖7-31　光照、溫度與 CO_2 對光合成率之影響（Noggle & Fritz, 1976）

營養要素對光合作用的影響

光合作用能夠進行，除了外界的環境適合，營養素也要供給得充足，在這裡我們檢視一下在進行光合作用最重要的葉綠體，到底需要些什麼元素？很明顯地，幾乎必需要素都用上了，下面所舉的只是 14 種元素在光合作用中部分的功能，至於其他功能請讀者再一一補充。

1. C、H、O 是 H_2O 及 CO_2 的組成分。

2. K 是與氣孔開關有關。

3. N、Mg 是葉綠素中不可缺少的成分。

4. Mn、Cl 是在光分解水時需要的。

5. Ca 與葉綠層膜的滲透性有關。

6. P 是 ADP、ATP 必需的。

7. Cu、S 是 Plastocyanin（PC）的組成分。

8. Fe、S 是合成 Ferredoxin 的組成分。

9. Zn 是 carbonic anhydrase 的組成分。

光照、溫度與氮肥對光合作用的影響

當我們將氮肥的因子一併考慮時，便會發現光照、溫度與氮肥對光合成率的影響更爲複雜。以臺灣水稻的實驗爲例，在臺灣二期水稻平均比一期水稻減產約20%，其主要原因是來自光照與溫度。圖 7-32 是在人工氣候室，利用三種溫度、兩種氮肥比較一、二期盆栽水稻稻穀產量試驗的結果（林與張，1977）。此圖表示在第二期水稻 R_0（30℃）因生長初期日照長而強，迅速耗用大量的氮，因此在 N_1 處理下，僅能做有限的生殖生長。C_0 者因生長早期相對較少，其後期之缺氮情形較緩，因之，在 N_1 處理下，B_0、Q_0 穀產量都較高。當 N_2 處理時，水稻皆趨向遺傳型之極限，而 C_0、R_0 處理者比 B_0、Q_0 者有更佳之生產型。固然人工氣候室與田間條件不盡相同，但從這個實驗可以知道在兩種光照條件下，溫度與氮肥對水稻光合作用有迥然不同的影響。所以在做水稻的營養調節時，施肥量、肥料形態以及施肥期，都要因季節、氣候變化以及水稻品質做適當的選擇。

呼吸作用與能量的轉移

植物光合作用所製成的光合產物，一部分用來合成建構植物體所需要的各種物質，一部分則被氧化分解，提供植物生長所需的能量，還有一部分是不易溶解的產物，儲藏在一些細胞中。在植物需要能量及合成必需之有機物時，必須先將大分子分解成簡單的物質，再加以利用。這些分解與合成的代謝過程，除了都需要酶的參與外，有時還需要含高能量與還原及氧化能力的物質〔如 ATP、NAD（H）、NADP（H）、FAD（H_2）〕的參與。植物的呼吸作用，從生物化學的涵義來看，即是經由氧化劑及適當酶的媒介發生氧化反應，產生小分子並釋出能量的化學作

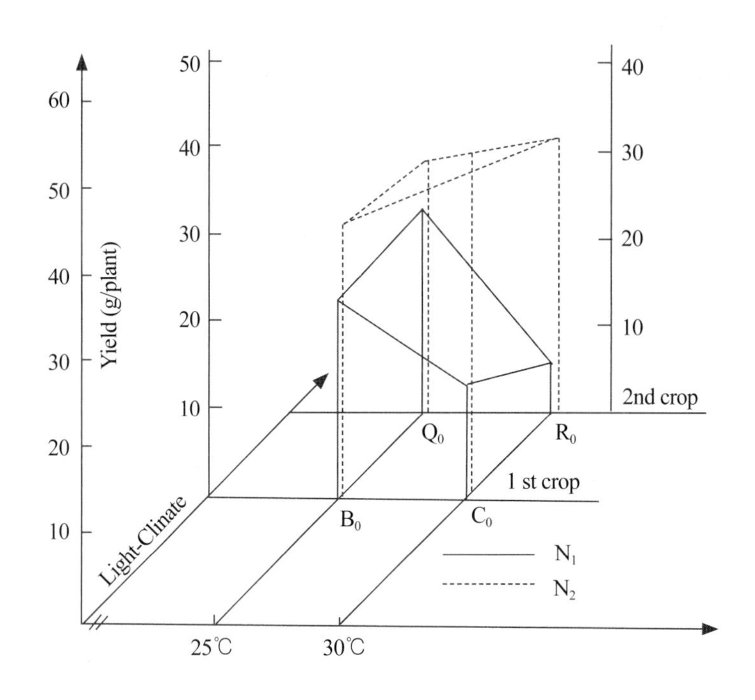

圖7-32　臺南 5 號（TN5）水稻對溫度與氣候及氮素營養之交感效應

用。因此，呼吸作用在植物代謝過程占有極重要之地位。呼吸作用可分爲無氧呼吸及有氧呼吸兩大類；前者在細胞質中進行，後者則在粒線體中進行，而且無氧呼吸常是在有氧呼吸前所必經的階段。下面簡單介紹這兩大類的生化路徑以及兩個重要分路。

無氧呼吸（Anaerobic Respiration）

呼吸作用雖然能使養分氧化分解釋出二氧化碳及能量，但卻不一定必須要游離氧的供給及 CO_2 的產生。因爲廣義而言，凡失去氧原子或失去電子，都屬於氧化現象。無氧呼吸就是指沒有氧參與的呼吸作用，其中最重要的無氧呼吸過程就是解糖作用。有些學者認爲解糖作用在有氧環境下，仍可進行，故不宜將其列在無氧呼吸下；筆者則是從生化反應過程是否有氧參加的觀點去分類。

解醣作用（Glycolysis）

所謂解醣作用，其意義就是醣的分解，是自燃料分子如葡萄糖等獲得能量的最原始過程。在嫌氧細胞裡，它是唯一的產能過程，所以又稱爲嫌氧發酵（anaerobic fermentation）。因此，科學家推測在三十五億年前，地球尚無氧氣時，原核生物可能已經具有這種代謝方式，但是生物演化到現在雖然生長在有氧的環境，仍然保有解醣的過程。它的反應是將六碳醣氧化產生能量及丙酮酸（Pyruvate），其過程及重要產物如圖 7-33 及以下之說明。

1. 丙酮酸（Pyruvate）的產生

(1)ATP 的輸入：葡萄糖必須轉變爲果糖雙磷酸才能分解，所以磷酸果糖激酶（Phosphofructokinase）爲控制代謝酶，一旦此反應進行後，葡萄糖才能被分解。

(2)ATP 的輸出：從 G3P[1] 到 Pyruvate，可放出 4 個 ATP 及 2NADH，若細胞具有足夠能量時，ATP 濃度會升高，高濃度的 ATP 又會抑制 PFK-1（Phosphofructokinase-1）的活性，進而減緩解醣作用。

(3)此反應歷程可淨得 2ATP、2NADH 及 2Pyruvate。

$$\text{Glucose} + 2\text{ADP} + 2\text{Pi} + 2\text{NAD}^+ \longrightarrow 2\text{Pyruvate} + 2\text{ATP} + 2\text{H}_2\text{O} + 2\text{NADH} + 2\text{H}^+$$

(4)乙醇（Ethanol）及二氧化碳之產生：丙酮酸（pyruvate）於嫌氧條件，動物及部分微生物可將其轉變爲乳酸：

$$\text{Pyruvate} + \text{NADH+H}^+ \rightleftharpoons \text{Lactate} + \text{NAD}^+$$

但在植物及微生物，則可將丙酮酸還原成酒精及 CO_2：

$$\text{Pyruvate} \xrightarrow{\text{Pyruvate decarboxylase}} \text{Acetaldehyde} + \text{CO}_2$$

$$\text{Acetaldehyde} + \text{NADH} + \text{H}^+ \rightleftharpoons \text{Ethanol} + \text{NAD}^+$$

---

[1] 過去常把 G3P 稱為 3PGAL，以與 3PGA 區別，目前有一趨勢，凡是醛酮醣磷酸酯，則先寫醛酮醣再寫磷酸（如 G3P、F1P），醣酸磷酸酯則先寫磷酸再寫醣酸（如 3PG、6PF），這樣可以只用三個字，比較簡單一些。

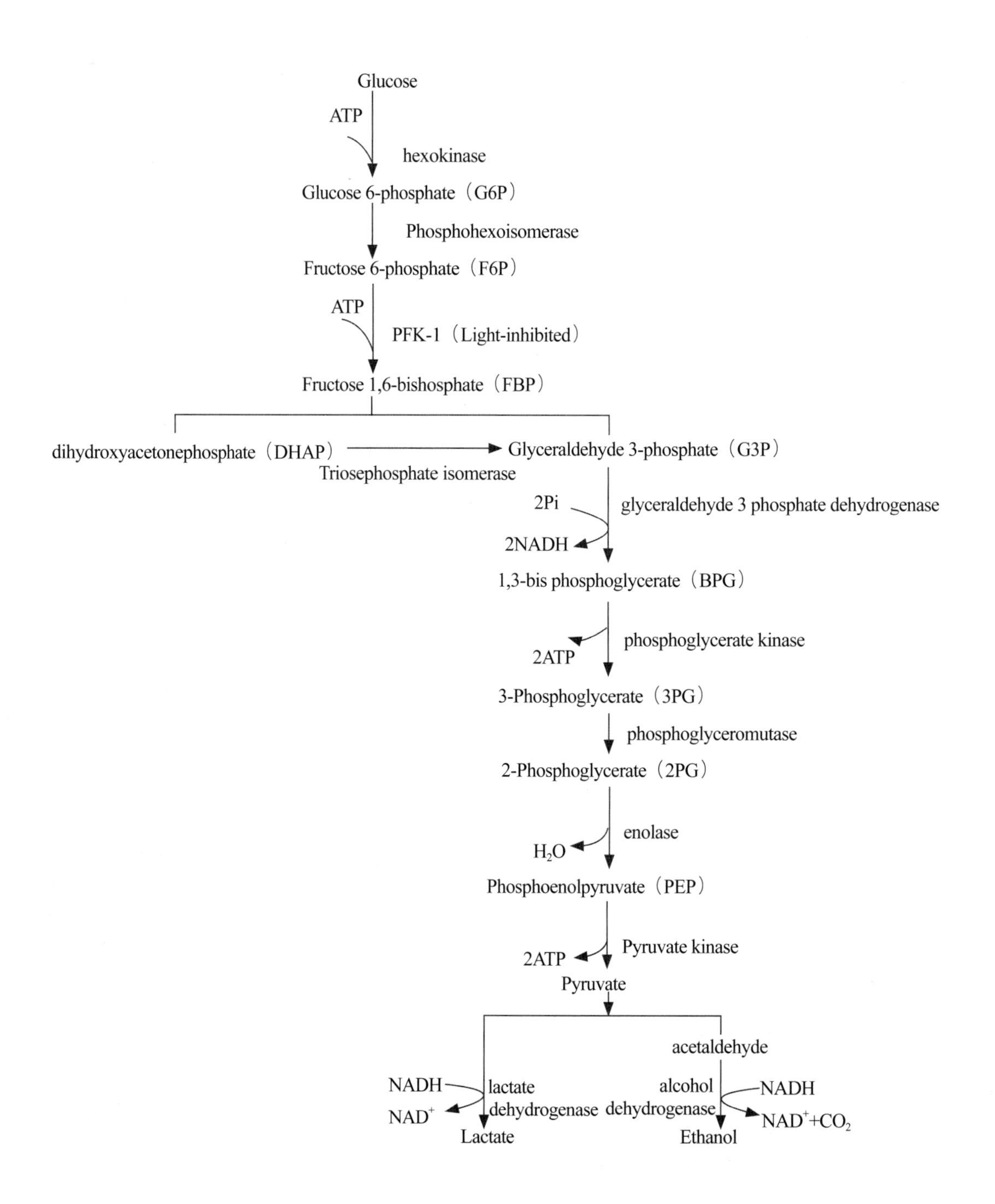
Glucose
ATP
hexokinase
Glucose 6-phosphate（G6P）
Phosphohexoisomerase
Fructose 6-phosphate（F6P）
ATP
PFK-1（Light-inhibited）
Fructose 1,6-bishosphate（FBP）
dihydroxyacetonephosphate（DHAP）
Glyceraldehyde 3-phosphate（G3P）
Triosephosphate isomerase
2Pi
glyceraldehyde 3 phosphate dehydrogenase
2NADH
1,3-bis phosphoglycerate（BPG）
phosphoglycerate kinase
2ATP
3-Phosphoglycerate（3PG）
phosphoglyceromutase
2-Phosphoglycerate（2PG）
enolase
H_2O
Phosphoenolpyruvate（PEP）
2ATP
Pyruvate kinase
Pyruvate
acetaldehyde
NADH
NAD^+
lactate dehydrogenase
Lactate
alcohol dehydrogenase
NADH
$NAD^+ + CO_2$
Ethanol
為使圖簡化，部分反應物或生成物被省略如
ATP
(ADP)

圖7-33 解醣之路徑

實際上，解醣作用並不是一直向一個方向進行，有時候也可以由非醣類向合成葡萄糖的方向進行，即所謂轉醣作用（Glyconeogenesis）（請參考圖 7-42 及說明），究竟向哪一個方向走，端視細胞代謝的需要以及細胞質中存在的各種化合物與無機離子的濃度而定。值得注意的是，在解糖有兩個關鍵酶，一個是 PFK-1，另一個是 Pyruvate kinase；在相反的方向轉化成葡萄糖時，則需利用另外兩個關鍵的酶：PEP carboxykinase 及 Fructose-1,6-bisphosphatase。下面我們把這四個酶催化的反應以及影響解糖作用的因子，利用四個反應式及解糖作用的調節簡圖（圖 7-34）表示出來。

在圖 7-34 中為了簡明，並沒有把所有的酶及影響反應因子標示出來。例如 F6P 可經 PFK-2（Phosphofructokinase-2）催化產生 F-2, 6-bisP，此產物對 PFK-1 有強烈的活化作用（Dey & Harborne, 1997），因在圖中不易表示，故被省略。但從已標示影響解醣的兩個關鍵酶因子，如 ATP 與 ADP 之比例，中間產物以及 Pi、K^+、Na^+、Mg^{2+} 等之濃度，就可了解僅此兩酶能牽連到數種中間產物的回饋機制，及多種無機離子的增強效果。同時也能體會到細胞若能正常發育，細胞質中各種同時發生的化學反應必須在相依相剋，和諧而整合的環境下進行。因此，不論是希望作物增產或是改良品質，都應對植物的代謝、中間產物及所需的無機離子，有一整體認識。

分路：磷酸五碳醣路徑（Pentose phosphate pathway，簡稱 PPP）

1. 特點及功能

(1)這條路徑是葡萄糖酵解的分路，早年稱為六碳醣單磷酸分路（Hexose monophosphate shunt）。後來發現所有此路徑之酶在葉綠體中都有，而且此路徑又與 Calvin 循環都可產生五碳醣。不同的是前者可氧化 G6P 為 6PG（6-phosphogluconate），進而脫去一個 CO_2，後者則在加羧基後，形成 3PG 及 BPG，並能被還原為三醛醣（G3P）。因此生化學者們常稱前者為 OPPP（Oxidative pentose phosphate pathway），即氧化性磷酸五碳醣路徑；後者則稱為 RPPP（Reductive pentose phosphate pathway），即還原性磷酸五碳醣路徑。在本書中除了比較這兩種五碳醣循環時，才用這兩個名詞，其他場合仍沿用 PPP 及 Calvin 循環。

$$F6P + ATP \underset{}{\overset{PFK\text{-}1}{\rightleftharpoons}} FBP + ADP$$

$$PEP + ADP \xrightarrow{\text{Pyruvate kinase}} pyruvate + ATP$$

$$OAA + ATP \underset{}{\overset{\text{PEP carboxy kinase}}{\rightleftharpoons}} PEP + ADP + CO_2 \cdots\cdots\cdots\cdots (1)$$

$$FBP \underset{}{\overset{\text{Fructose-1, 6-bisphosphatase}}{\rightleftharpoons}} F\text{-}6\text{-}P + Pi \cdots\cdots\cdots\cdots (2)$$

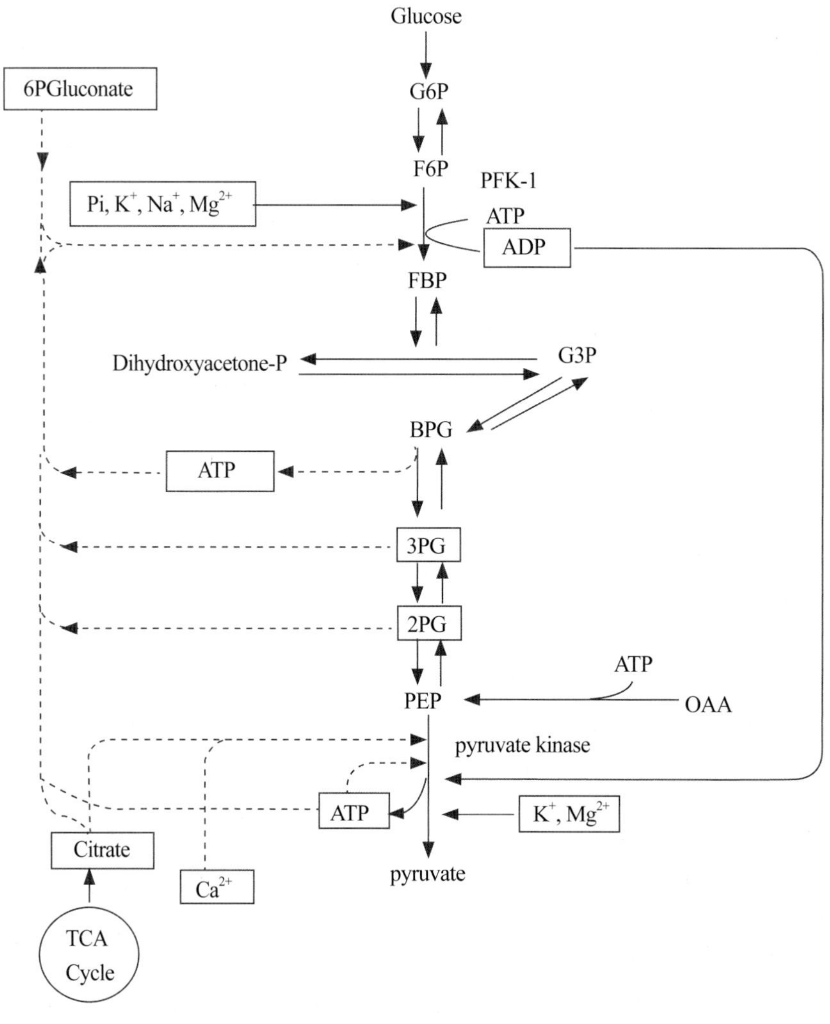

——► 表示增強 phosphofructokinase 及 pyruvate kinase 活性

- - -► 表示抑制 phosphofructokinase 及 pyruvate kinase 活性

圖7-34　解醣的調節（Turner & Turner, 1980）

(2)這條路徑可分爲兩個階段：第一階段是氧化反應，將 G6P 氧化爲 6PG，產生 2 莫耳 NADPH，進而脫羧基產生 1 莫耳的 Ru5P。NADPH 可在生合成中提供還原力，Ru5P 轉變爲 R5P，則可提供合成核苷酸或核酸等之反應物。第二階段是非氧化反應，第一階段所產生之 Ru5P 在轉回 G6P 之過程，可重新組合，產生 C_3、C_4、C_5、C_6、C_7，這與 Calvin 循環也很相似。

2. 路徑簡圖

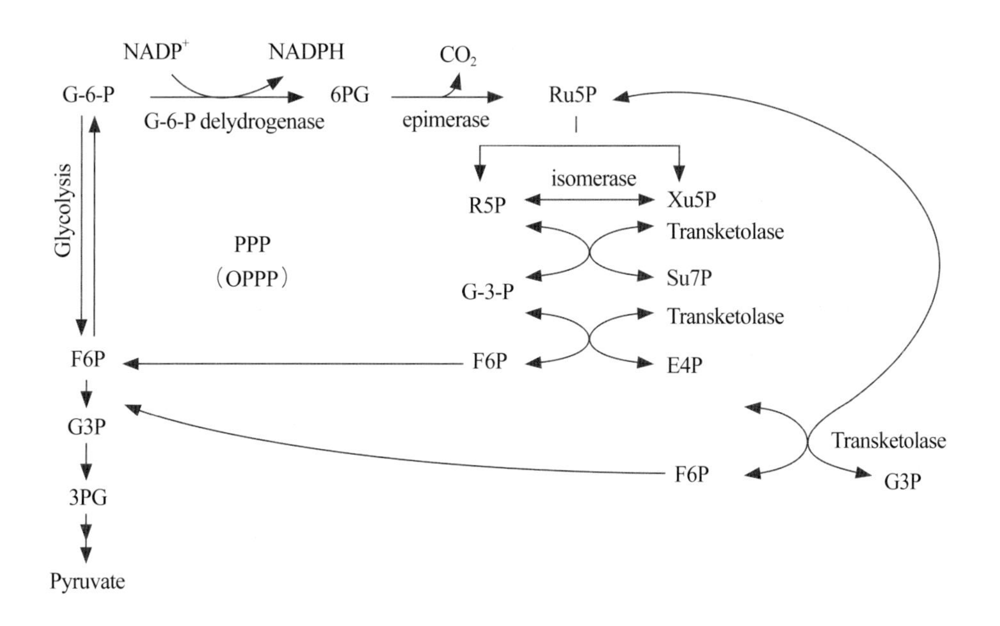

圖7-35　磷酸五碳醣路徑

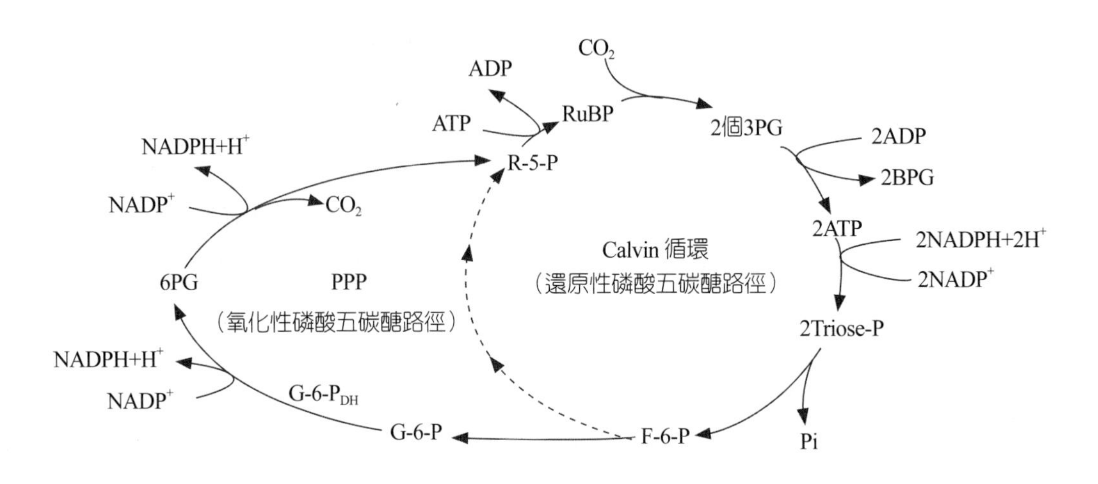

圖7-36　兩種磷酸五碳醣途徑的結合

3. 硫氧化還原蛋白（Thioredoxin）的調控

有一個重要的現象，在這裡必須要指出的，由於這個 PPP 路徑與光合作用 CO_2 固定（Calvin 循環）皆在葉綠體中進行，如仔細觀察這兩個路徑的反應物及生成物（圖 7-36），將發現後者還原一個 CO_2 要利用 3ATP，及 2 個 NADPH，但當進入磷酸五碳醣路徑（PPP）時，雖可再產生 2 個 NADPH，但六碳醣變成五碳醣，CO_2 又被放出，結果在 Calvin 循環中被還原的 CO_2 不但實質上未增加，卻多消耗了 3 個 ATP，如果這兩個路徑不停地工作，將會做很多的虛功。幸好，在演化過程產生了可以防止這種現象的機制，調控的物質就是在硫氧化還原蛋白（Thioredoxin）。它是在植物受光時，可使固定 CO_2 的有關酶活化，可以盡情地製造糖類，但卻抑制了磷酸五碳醣途徑的第一個步驟中的 G-6-P 去氫酶（G-6-P dehydrogenase, G-6-PDH），使 G-6-P 不能轉變為 6PG，因此 PPP 代謝的路徑無法進行。但在黑暗時，G-6-PDH 則又發揮效用，Calvin 循環中之許多酶則又失去活性（圖 7-37）

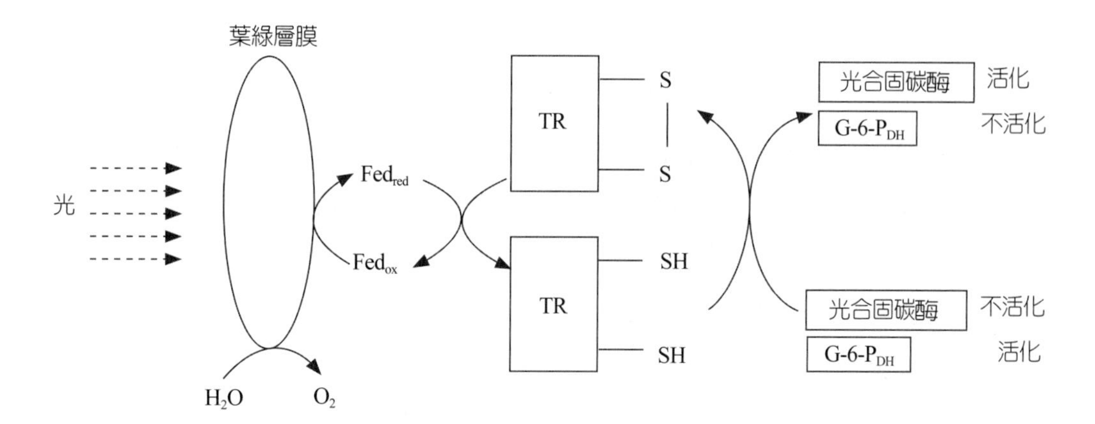

Fd：Feredoxin
TR：Thioredoxin
DH：Dehydrogenase

圖7-37　硫氧化還原蛋白在光照下對光合固碳酶的調控

有氧呼吸（Aerobic Respiration）

有氧呼吸就是有氧的參與，使醣類氧化為 CO_2 及 H_2O，同時產生及儲存能量的過程。讀者可能會問，在光合作用 CO_2 固定的部分曾提到光呼吸作用，應該也屬於有氧呼吸吧！是的，光呼吸應屬於有氧呼吸。我們所以沒有把它放在這一部分裡，原因有二：第一，它並不是所有植物都有的反應；第二，它直接減弱了光合成效率，應與光合作用更有關係。所以我們把它放在 C_3 型植物固定 CO_2 的部分。在此重點主要是放在 TCA 循環中，很多參考書中常把有氧呼吸的反應式寫成：

$$C_6H_{12}O_6 + 6O_2 \rightarrow 6CO_2 + 6H_2O$$

實際上這個反應式並不是這麼簡單，它是包含了許多反應步驟。如果從葡萄糖開始，它應該分為兩個階段：第一階段是發生在細胞質，經無氧呼吸的解糖作用產生丙酮酸（圖 7-33）；第二階段則發生在粒線體，是藉一連串的有機酸之轉變，將丙酮酸氧化為 CO_2，這些反應就是在 TCA 循環中完成。

TCA 循環（Tricarboxylic acid cycle，簡稱 TCA cycle）

TCA 循環原是由英國生化學家 H. A. Krebs 所提出，因此最初稱為克氏循環（Krebs cycle），又由於循環反應的第一個中間產物是檸檬酸，所以也稱為檸檬酸循環（Citric acid cycle），又因爲檸檬酸是三羧酸，所以又叫做三羧酸循環（Tricarboxylic acid cycle），簡稱 TCA 循環（TCA cycle）。

TCA循環的中間產物：首先丙酮酸需氧化爲 Acetyl CoA，才能進入 TCA 循環，經逐步氧化爲 CO_2，所以從 TCA 循環的觀點來看，Acetyl CoA 才是關鍵的反應物。而且它的來源也並非只來自葡萄糖的解糖，也可來自胺基酸及脂肪酸，所以 TCA 循環是一個能量轉換中心，在代謝中占著非常重要的地位。如果從丙酮酸開始，它的代謝過程及重要產物可用圖 7-38 表示。

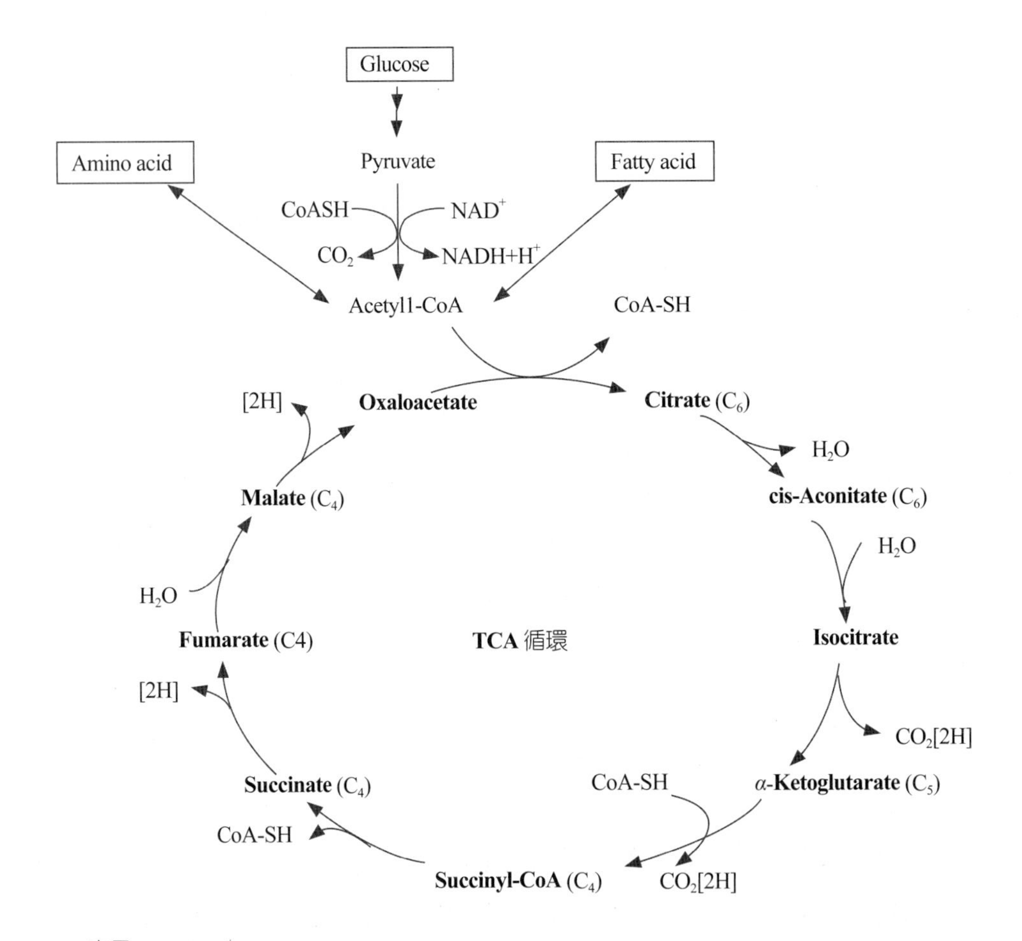

圖7-38　TCA 循環圖

若將無氧呼吸之解糖作用與有氧呼吸之 TCA 循環結合在一起，就可清楚地看出無氧呼吸之效率很低，直到進入 TCA 後，才能把大部分的能量儲藏在 ATP 內

（圖 7-39），從釋能的效率得知葡萄糖在轉變過程中能量的損失很多，有效的能量也僅有四成而已。

1. 進入 TCA 循環前：兩個丙酮酸自細胞質進入粒線體的內隔室後，即轉變爲二碳之 Acetyl CoA，同時產生 $2CO_2$、2NADH。
2. 進入 TCA 循環後：Acetyl-CoA 與 Oxaloacetate 結合成 Citrate，經一系列的反應，再轉變爲 Oxaloacetate，此過程產生 $4CO_2$、8NADH、$2FADH_2$ 及 2ATP，亦即兩個丙酮酸完全氧化變爲 CO_2，並產生相當於 30ATP。

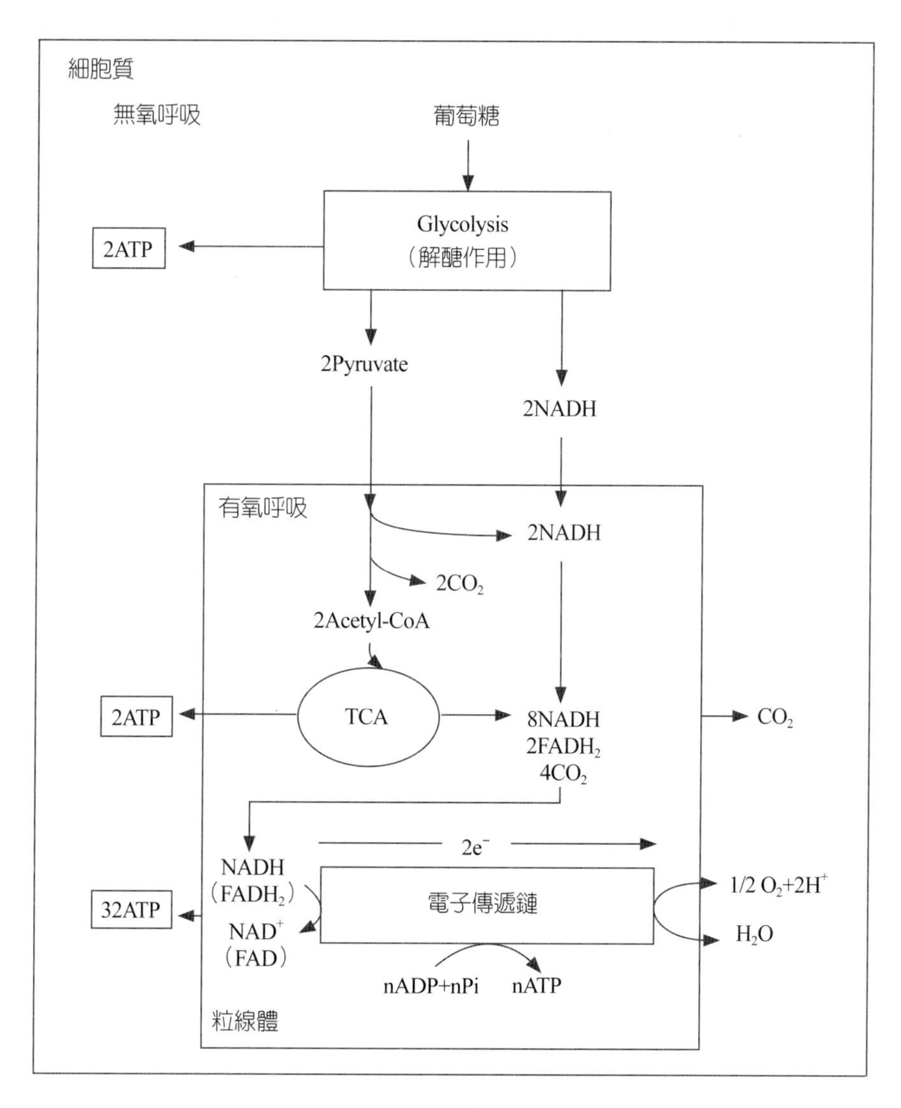

圖7-39　葡萄糖代謝簡圖

3. 如果從葡萄糖之糖解到 TCA 循環之氧化，則最後可得 $6CO_2$ 及 $6H_2O$，並可產生 36ATP，以一莫耳葡萄糖完全分解可釋出 686 Kcal，每個 ATP 分子約可產生 7.5 Kcal 的熱計算，則此路徑的釋能效率僅爲 39%（36×7.5/686＝39%）。若只經解糖作用，釋能效率更低，則僅有 2%（2×7.5/686＝2%）而已。

有關一莫耳的葡萄糖經解醣作用與丙酮酸的氧化後，究竟可產生多少 ATP，至今仍未獲得一致的看法。其中最關鍵的問題，在於 NADH 及 $FADH_2$ 與 ATP 的轉換比例。根據 Siedow 與 Day（2000）推論，氧化一個粒線體的 NADH，可以合成 2.5 個 ATP，氧化 $FADH_2$ 可以合成 1.5ATP，但究竟這種轉換比例是多少，尚需進一步的研究。

最後我們把光合作用蓄能與呼吸作用釋能繪一簡圖（圖 7-40）如下：

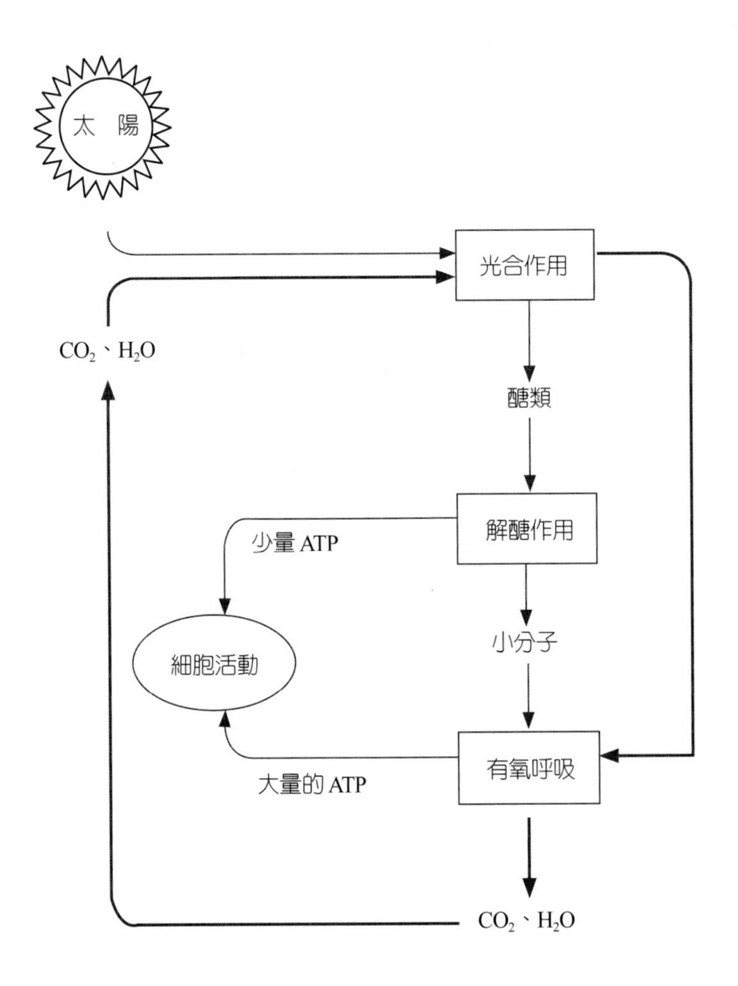

圖7-40 光合作用及呼吸作用的關係

TCA 循環中間產物的進出：前面我們已經提到 Acetyl-CoA，可由不同的來源來補充，也同時可以在 TCA 循環以外進行合成反應。實際上，TCA 循環中很多的中間產物，也像 Acetyl CoA 一樣可以進進出出，但並不是漫無章法的。仍舊是受到各反應物的濃度、酶、無機離子的影響，其中很重要的控制因子之一即是 NAD^+/NADH。圖 7-41 僅把重要的幾個中間產物之進出標記出來，目的在於提醒讀者當細胞中進行呼吸作用時，同時還有無數的反應在同時進行。

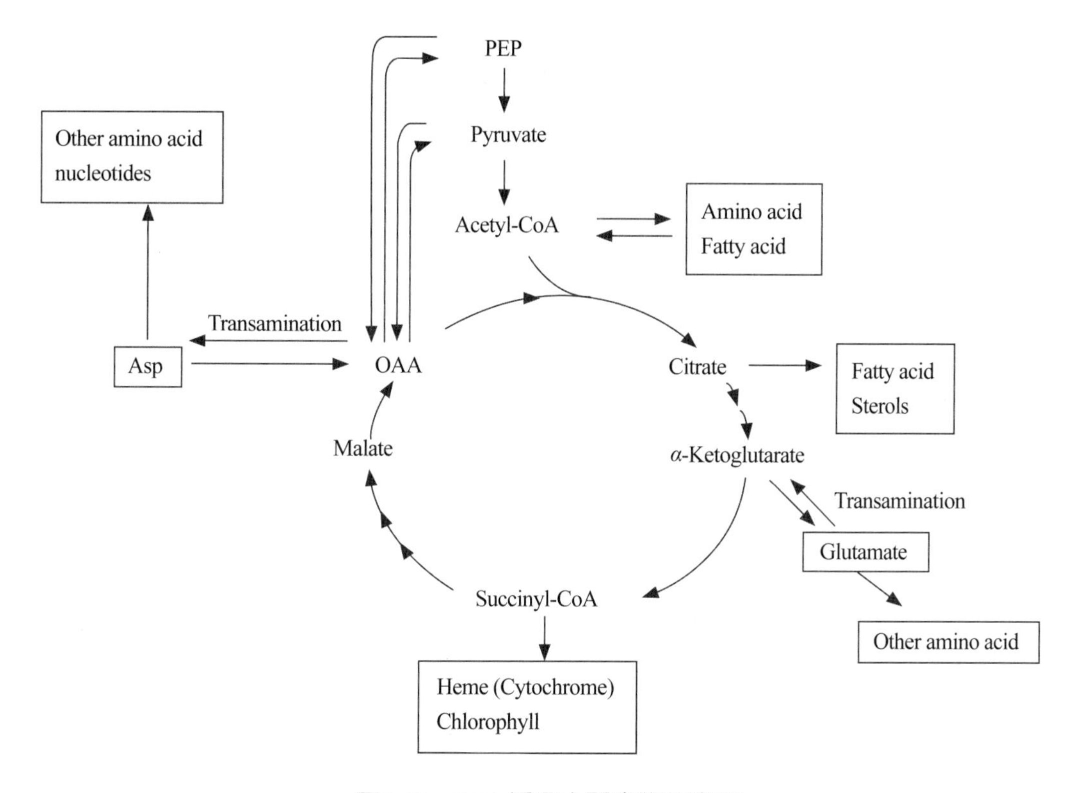

圖7-41　TCA 循環中間產物的進出

分路：乙醛酸循環（Glyoxylate cycle）

乙醛酸循環（圖 7-42）是 TCA 循環的變形，只見於高等植物及少數微生物，這一循環對發芽中的種子意義很大，因爲它可以將脂質轉變爲醣類，但動物則缺乏這種能力。乙醛酸循環有以下四個特點：

1. 乙醛酸循環在乙醛酸體（Glyoxysome）中進行，它使脂肪酸氧化爲 Acetyl-CoA，再轉變爲 Citrate 與 Isocitrate。

2. Isocitrate 轉化爲 Glyoxylate 及 Succinate，Glyoxylate 則繼續轉化爲 Malate，所以這一點可視爲 TCA 循環的一個分路。
3. Succinate 經由細胞質又轉入粒線體，在粒線體中又將 Succinate 經 Fumarate 轉爲 Malate，在此可視爲 TCA 循環的一部分。
4. Malate 進入細胞質再轉爲 OAA，放出 CO_2 後變爲 PEP，再經一連串的反應可變爲醣類，這種從非碳水化合物開始，最後變爲碳水化合物的過程稱爲轉醣作用（Glyconeogenesis）。

在這裡必須一提的是，在談到任何一個生化反應，爲了說明方便，常把問題簡化了。就以種子發芽來說，它所關聯的光敏素（Phytochrome）、植物荷爾蒙以及多胺類（Polyamines），如 Putrescine、Cadaverine、Spermidine 與 Spermine 等，對乙醛酸循環中各種酶的活性，皆可能有某些影響（高，1985），但所知甚少，在這方面的研究尚有很大空間。

最後讀者可能會問：脂肪酸氧化爲 Acetyl-CoA，經過乙醛酸循環爲何不能轉爲醣呢？這有兩個原因：

⑴Acetyl-CoA 無法轉爲 pyruvate。因爲由 pyruvate 轉爲 Acetyl-CoA 的自由能變化，可知此反應是不可逆的：

$$\text{Pyruvate} + NAD^+ + \text{CoA-SH} \rightarrow \text{Acetyl-CoA} + NADH + CO_2 \quad \Delta G = -33.5 \text{KJ/mol}$$

⑵Acetyl-CoA 與 OAA 轉變爲六碳的 Citrate 及 Isocitrate，但在 Isocitrate 轉入Succinate 前已損失兩個碳，所以在此循環中，並沒有蓄積多餘的碳做醣的骨架。

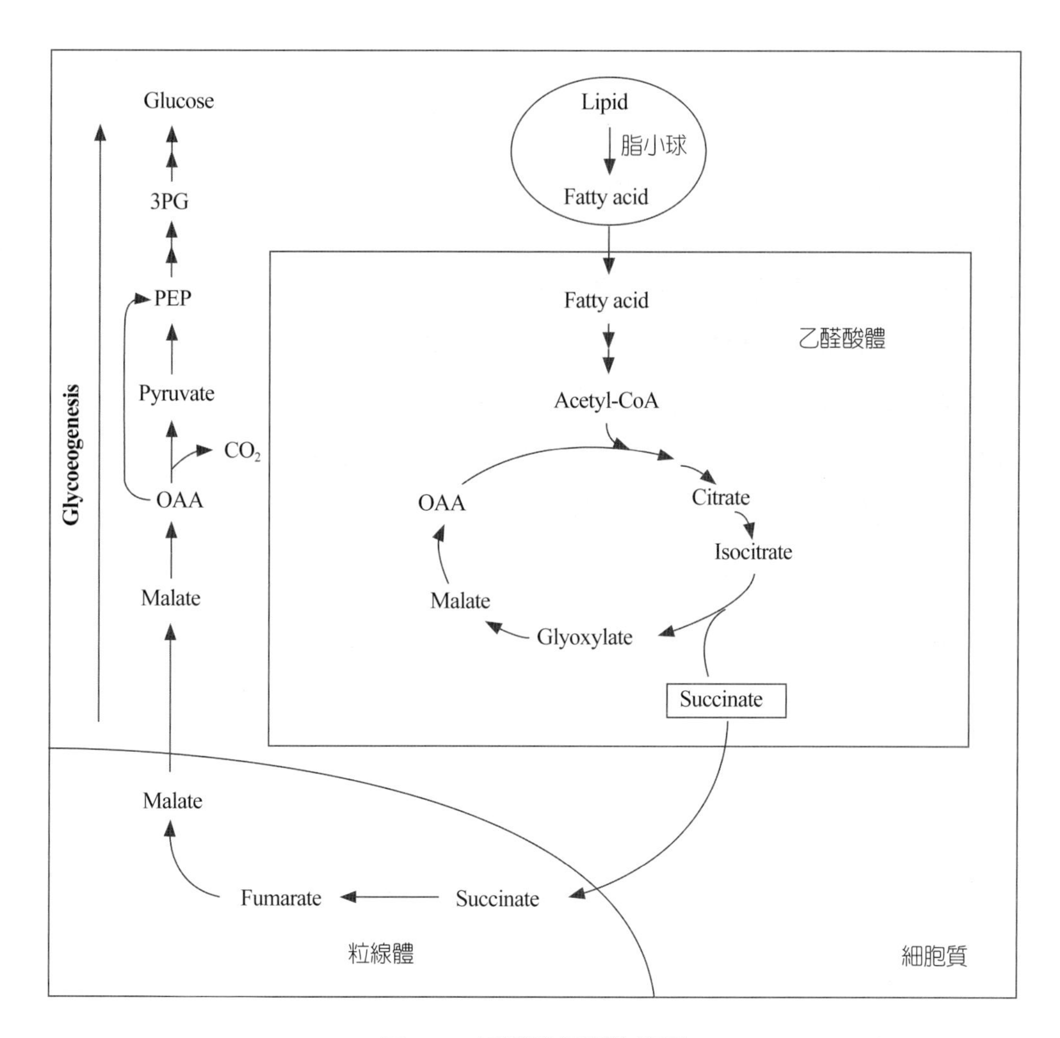

圖7-42 乙醛酸循環的簡圖

植物營養素的代謝

氮素代謝

植物營養必需要素有 16 種，它們的重要生理功能已在第三章做了簡要介紹。其中氮磷硫在植物活系統中的代謝占有非常重要的地位，因此我們在本章擬作進一步說明。

氮的重要性

氮爲生命體中構成活組織之最重要元素。雖然植物的含氮量只約占乾重的

0.3-5%，比含碳量（40%）少得多，但植物細胞中的原生質，主要以蛋白質為結構物質，而蛋白質則由含碳、氮、氫、氧、硫等元素的胺基酸所組成。其中氮之成分約占 16%，僅次於碳、氧。若缺氮，則所有的胺基酸及蛋白質皆無法合成，自然也沒有生命現象。

除了蛋白質為植物體內主要之含氮化合物外，其他如核酸（Nucleic acids）、葉綠素（Chlorophyll）、酶（Enzyme）及部分植物荷爾蒙（Plant hormone）皆含氮，此等物質乃直接關係到植物之光合作用、呼吸作用及生長等代謝機能。如果說研究氮在植物體內所扮演的角色，相當於研究全部的植物生化也不為過。圖 7-43 試繪氮在植物體中的代謝簡圖，顯示氮與合成植物各組成成分間的關係。（OPPP：Oxidative pentose phosphate pathway）

氮的存在形式

1. 大氣中的氮占 78%，主要以 N_2 的形式存在，其他也含 NO、NO_2、N_2O 等。
2. 土壤中的氮
   (1)含量約為 0.1-0.2%，約為有機質含量之二十分之一。
   (2)氮的形態：有機態氮一般大約占全氮的 95%；無機態氮主要為NO_3^--N、NO_2^--N、NH_4^+-N。
3. 可被植物吸收及利用的形式
   (1)主要：NO_3^-、NH_4^+（或 NH_3）。
   (2)其他：有機態氮：部分胺基酸（Amino acids）及醯胺（Amide），如天門冬胺酸、麩胺酸及尿素。氮氣（N_2）：有固氮能力的植物，則可利用空氣中之氮。

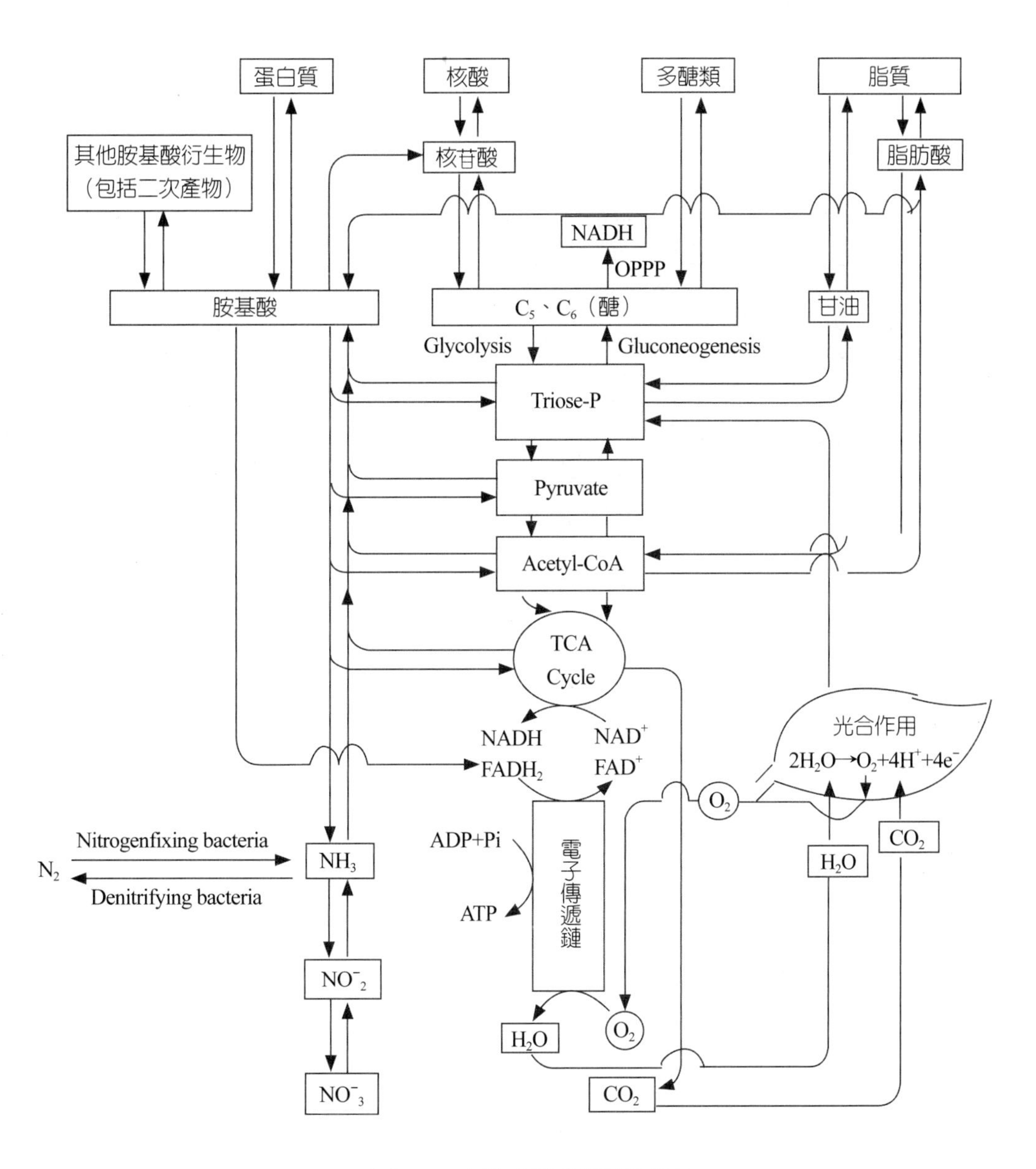

圖7-43　氮在植物體代謝簡圖

氮之循環

氮存在於大氣、土壤、生物體、海洋、岩石中，它們的存在量及存在形式，都隨時間及環境的變動而改變。這其中的變化是很複雜的，部分的機制我們在此會說明，如果想知道更詳細的過程，請參考有關植物化學及土壤化學的書籍。為了使讀者對氮的循環有一概括的認識，特別繪一簡圖以供參考（圖 7-44）。

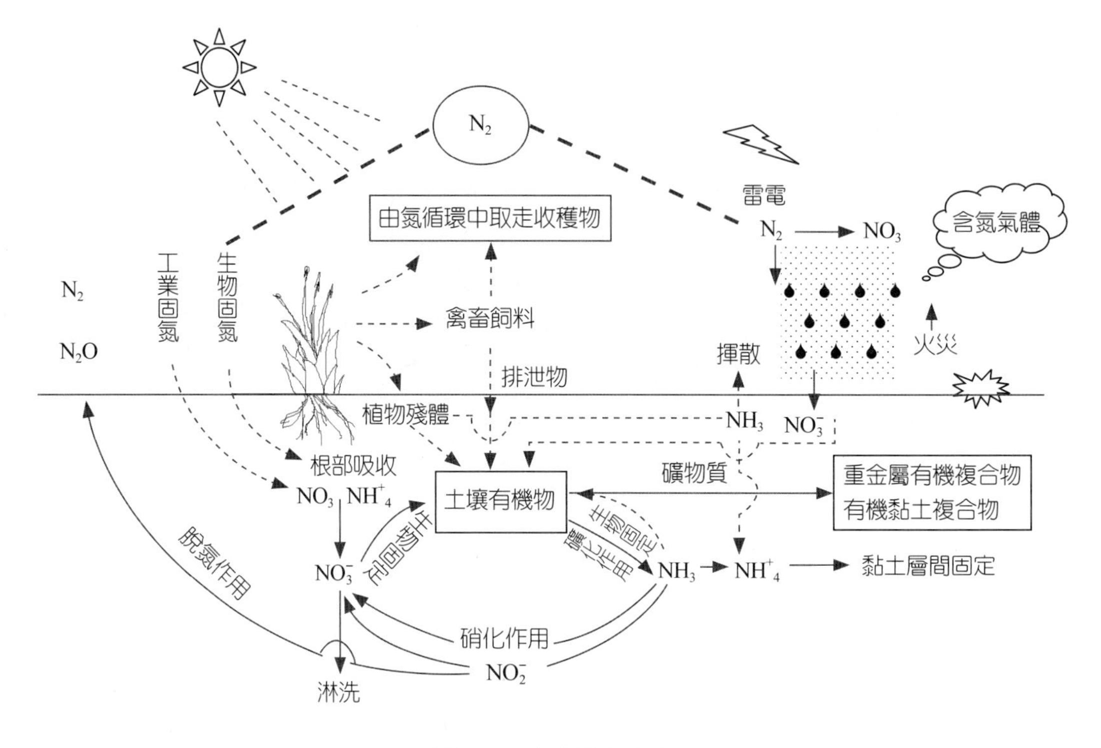

圖7-44　氮循環簡圖

氮之代謝

1. 氮之固定（Nitrogen fixation）

固氮一般常指生物固氮，實際上凡是可以將空氣中的氮氣（N_2）轉變爲植物可利用的含氮化合物，皆稱之爲固氮，一般有三種固定的方法。

⑴雷電固氮

$$N_2 + 3O_2 + 2H^+ + 6e^- \xrightarrow{\text{雷電}} 2HNO_3$$

⑵工業固氮〔哈伯法（Haber-Bosch process）〕（1913）

$$N_2 + 6e^- + 6H^+ \xrightarrow{\text{高溫高壓}} 2NH_3$$

⑶生物固氮

①微生物固氮之機制

$$N_2 + 6H^+ + 6e^- \xrightarrow{\text{Nitrogenase}} 2NH_3$$

實際上，微生物固氮反應並不是這麼簡單，因爲除 Nitrogenase 外，尙需 ATP 及還原物質。同時 N_2 以外還有其他基質可被 Nitrogenase 還原，所以下面的反應式比較接近事實，如果同時參考圖 7-45，則對微生物固氮機制將有比較清楚的了解。

$$N_2 + 8H^+ + 8e^- + 16Mg \cdot ATP + 16H_2O \longrightarrow 2NH_3 + H_2 + 16Mg \cdot ADP + 16Pi + 16H^+$$

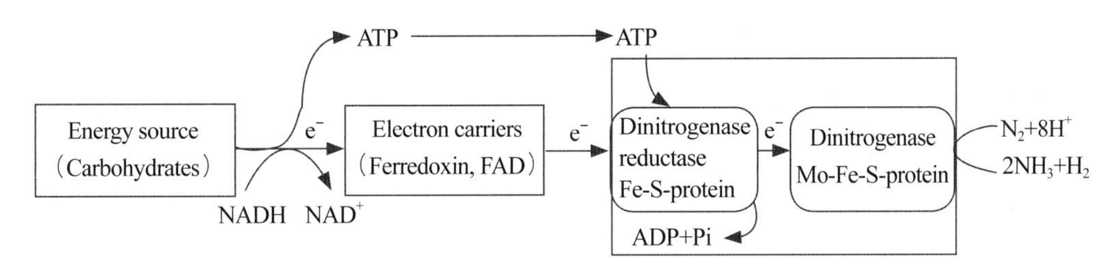

*Nitrogenase 表示固氮酶

圖7-45　微生物固氮的機制

②微生物固氮的三種類型

• 共生型（Symbiosis）：約占固氮的 70%（Peoples & Craswell, 1992），細菌與植物共生，細菌所需的碳源及能源來自寄主之醣類及其代謝物。在根部固定的氮，常以 Allantoin 及 Allantonic acid 的形式，很快被輸送到植物的各器官。豆科植物（Legume）：如根瘤菌（Rhizobium）；非豆科植物（Nonlegume）：如放線菌（Actinomyces）；非共生型（Non-symbiosis）：約占生物固氮之 30%。

- 協和型（Association）：固氮微生物主要生長於根表皮及細胞間隙，它的生長所需的碳源及能源，主要來自植物根的分泌物，所固定的氮 90% 以上要等到細菌死後才能被植物所利用。有固氮螺旋菌（Azospirillum）及固氮球菌（Azotobacter）二種。
- 游離型（Free living）：這些固氮菌均不與植物根接觸，除了有些可行光合作用的細菌可直接由 CO_2 及太陽能獲得碳源及能量外，其他的則得自植物的殘留物。藍綠藻：如念珠藻（Nostoc）；酵母菌：如紅酵母（Rhodotorula）；細菌：有好氧性菌如固氮球菌（Azotobacter）；兼氧性菌如單胞菌（Pseudomonas）；嫌氧性菌如非光合菌：如芽孢桿菌（Clostridium）；光合菌：如紅螺旋菌（Rhodospirillum）。

2. 硝酸根的還原

因為硝酸態氮（NO_3^-）無法被植物直接利用，必須先在細胞質中還原為亞硝酸態氮（NO_2^-），並進而在根中的白色體（Leucoplast）或葉中之葉綠體中還原成 NH_4^+ 或 NH_3，才能進入氨的代謝系統。圖 7-46 顯示 NO_3^- 及 NO_2^- 還原的位置及所需的還原劑。若在黑暗或是在根部，由 PPP 可提供之 NADPH 有限，於是 NO_2^- 有蓄積的可能。但 NO_2^- 對細胞是有毒的，為防止毒害，在細胞內有一個自動調節機構：當光照不足時，碳水化合物合成少，由解糖產生之 NADH 亦少，同時 Nitrate reductase 合成少，活性低，自然 NO_3^- 還原為 NO_2^- 亦少。雖然在浸水土壤中，細胞累積的 NO_2^- 可排入水中，但在葉中則無法排出，因此在葉中自動調節的機制就顯得特別重要。我們常常發現在溫室或戶外陽光不充足時，種植的蔬菜含 NO_3^- 都很高，原因就在此。

3. 氨的同化（Ammonia assimilation）與解毒（Detoxification）

不論氨是直接來自根葉的吸收，NO_3^- 的還原，或是光呼吸作用，如果蓄積過量和 NO_2^- 一樣會對植物造成毒害。所以必須先要將氨同化，一方面同化物可被植物利用，另一方面可以解毒。最常形成的胺基酸是麩胺酸（Glutamate），最常形成的醯胺是麩醯胺（Glutamine）。第202頁的(1)、(2)式就是最常見的氨同化反應式。當然所形成的胺基酸也可經由轉胺酶（Amino-transferase）轉變為其他的胺基酸（圖 7-47）。

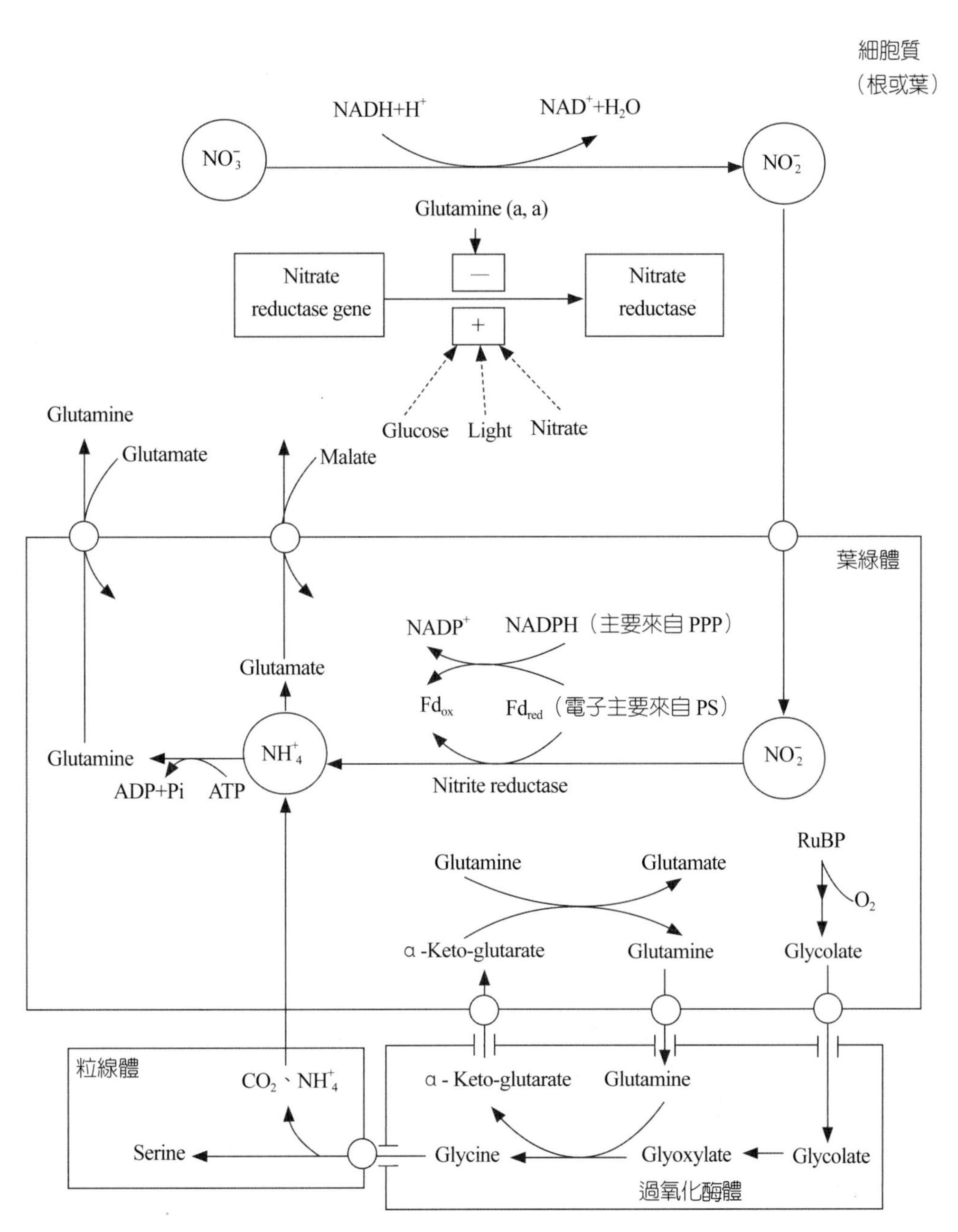

圖7-46　硝酸態氮及亞硝酸態氮在根及葉中之還原及同化

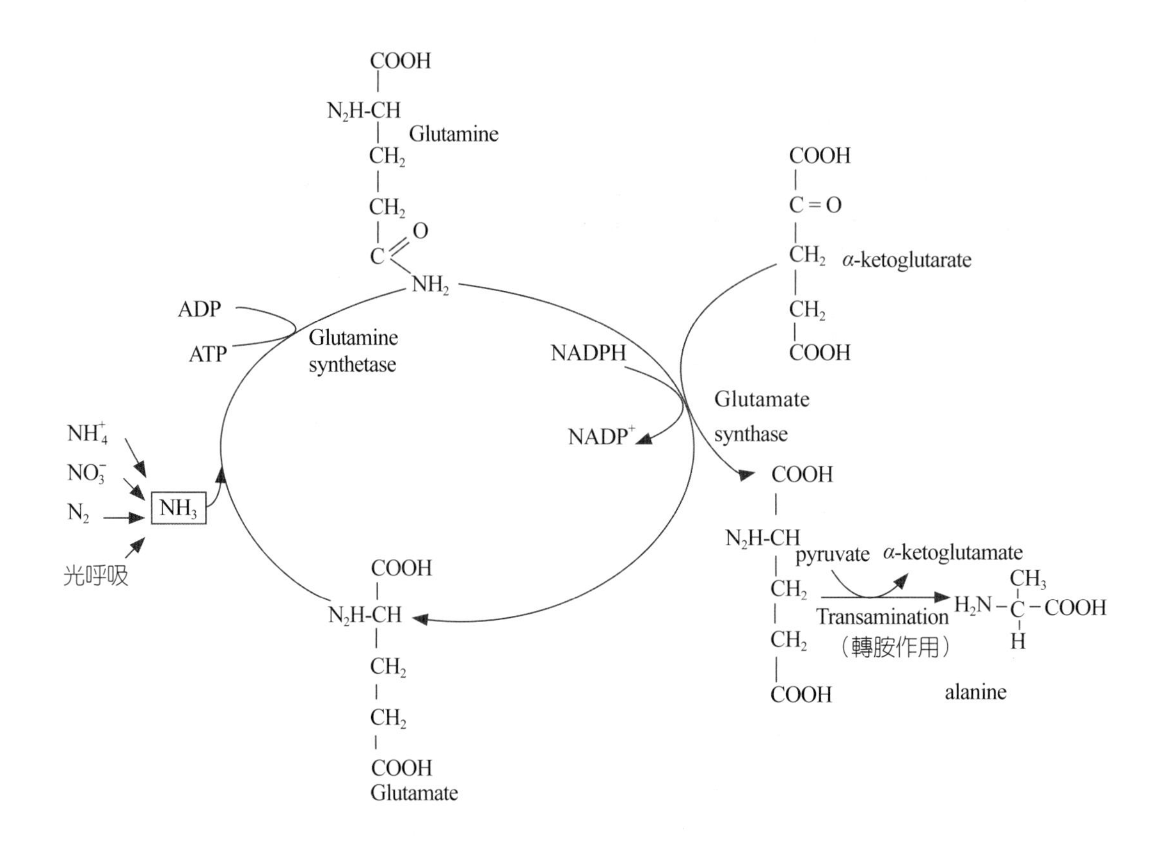

圖7-47 麩醯胺的合成與轉變

$$\text{Glutamate} + NH_3 + \text{ATP} + H^+ \rightarrow \text{Glutamine} + H_2O + \text{ADP} + \text{Pi} \cdots\cdots\cdots\cdots (1)$$

此反應酶為 Glutamine synthetase。之所以稱 Synthetase，而不稱 Synthase，主要是因為前者的反應物有 ATP 之參與。

$$\alpha\text{-Ketoglutarate} + \text{Glutamine} + \text{NAD(P)H} + H^+ \rightarrow 2\text{Glutamate} + \text{NAD(P)}^+ \cdots (2)$$

此反應之酶為 Glutamate synthase，如果將(1)+(2)，其淨反應即是 Glutamate 的合成：

$$NH_3 + \alpha\text{-Ketoglutarate} + \text{ATP} + \text{NAD(P)H} + 2H^+$$
$$\rightarrow \text{Glutamate} + \text{ADP} + \text{Pi} + \text{NAD(P)}^+ + H_2O \cdots\cdots\cdots\cdots\cdots\cdots (3)$$

$$\alpha\text{-Ketoglutarate} + NH_3 + \text{NAD(P)H} + 2H^+ \rightarrow \text{Glutamate} + H_2O + \text{NAD(P)}^+ \cdots (4)$$

此反應之酶為 Glutamate dehydrogenase，對 NH_3 而言，此酶之 K_m 值遠大於 Glutamate synthase，所以 NH_3 濃度低時，此酶在 Glutamate 生合成上，較不重要。

4. 重要胺基酸之生合成

(1)胺基酸生合成與光合作用及呼吸作用的關係：胺基酸的合成必須有碳骨架、氨及能量。碳骨架主要由光合作用而來，氨則由施肥、生物固氮或土壤中有機氮之轉變而來；能量之來源，部分由光合作用，部分則由呼吸作用而來。圖 7-48 即為胺基酸碳骨架較直接之來源，圖 7-49 則為胺基酸合成與光合作用與呼吸作用間的關係。

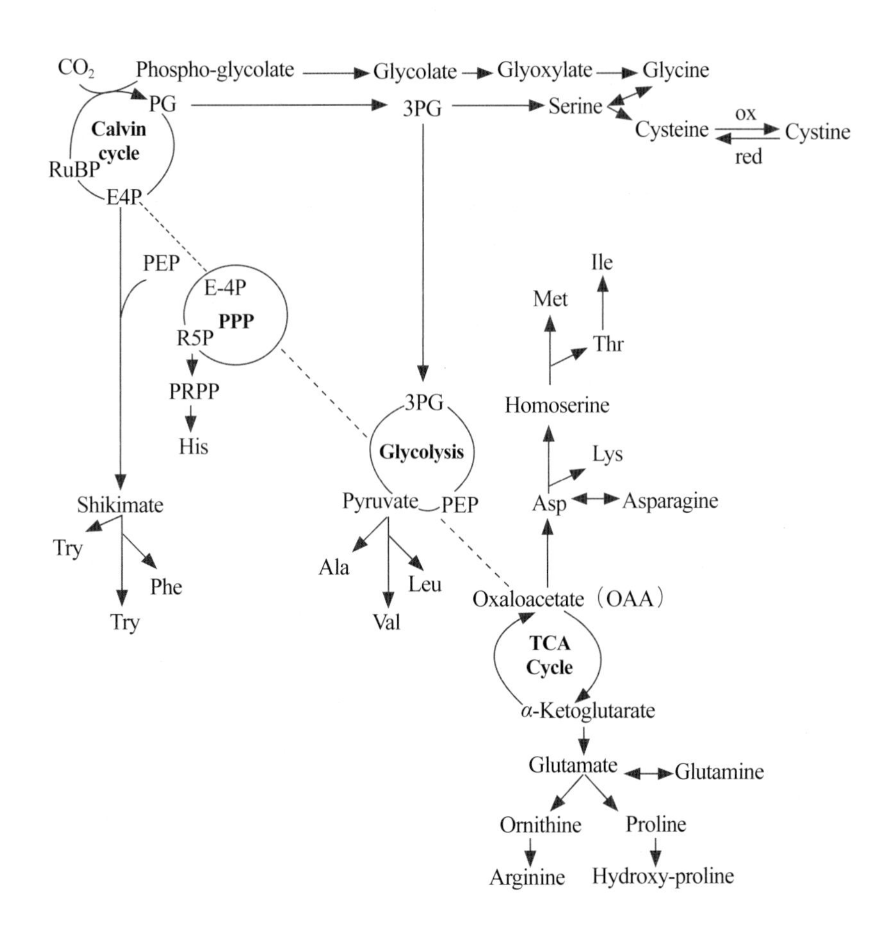

圖7-48　數種常見之胺基酸碳骨架較直接之來源

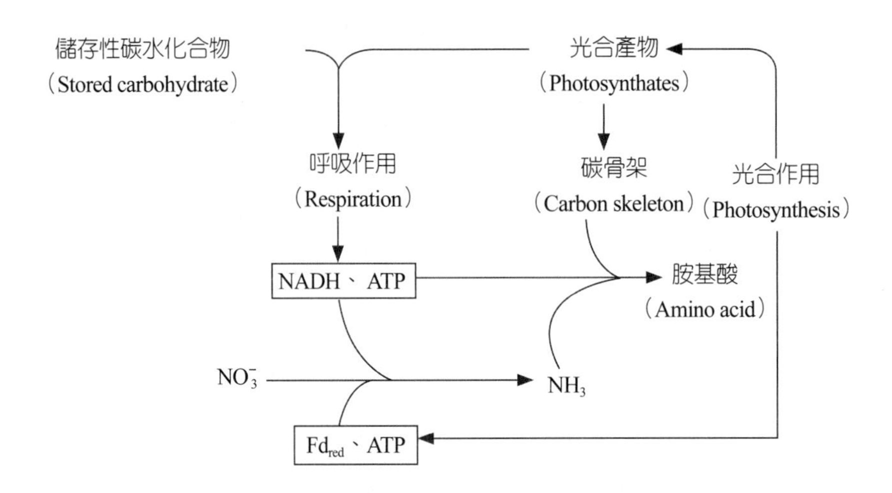

圖7-49　胺基酸生合成與光合作用及呼吸作用的關係

(2)胺基之轉換：自然界胺基酸之合成最常見的，是由麩胺酸與不同的酮酸反應後，將麩胺酸之胺基（NH_2-）轉入酮酸，所用之酶爲轉胺酶（Amino transferase）。下面舉一個由麩胺酸向丙酮酸轉胺的例子，並將一些常見的酮酸經轉胺（Transamination）後所形成的胺基酸羅列如下：

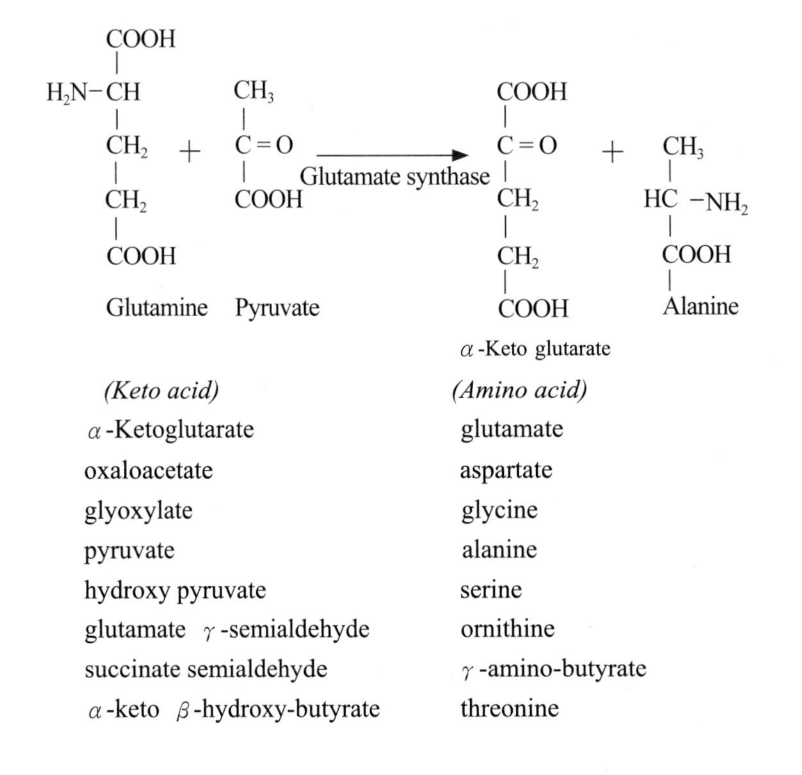

(Keto acid)	*(Amino acid)*
α-Ketoglutarate	glutamate
oxaloacetate	aspartate
glyoxylate	glycine
pyruvate	alanine
hydroxy pyruvate	serine
glutamate γ-semialdehyde	ornithine
succinate semialdehyde	γ-amino-butyrate
α-keto β-hydroxy-butyrate	threonine

5. 以胺基酸為前體（Precursor）的重要合成物

(1)蛋白質

胺基酸 ⟶ 肽 ⟶ 蛋白質

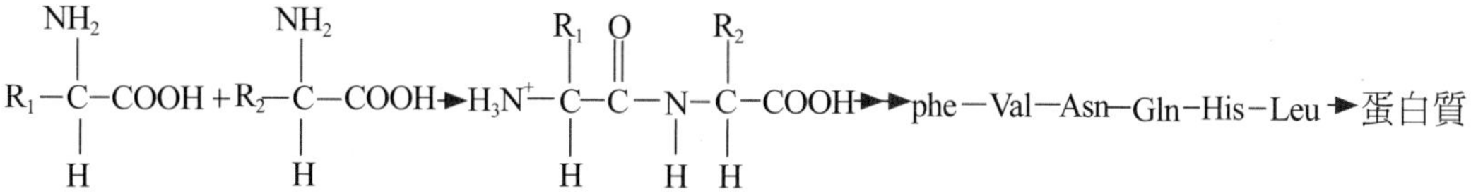

$R_1-C(NH_2)(H)-COOH + R_2-C(NH_2)(H)-COOH \rightarrow H_3N^+-C(R_1)(H)-C(=O)-N(H)-C(R_2)(H)-COOH \rightarrow$ phe−Val−Asn−Gln−His−Leu → 蛋白質

(2)嘌呤及嘧啶的前體

PRPP：5-phosphoribosyl-pyrophosphate

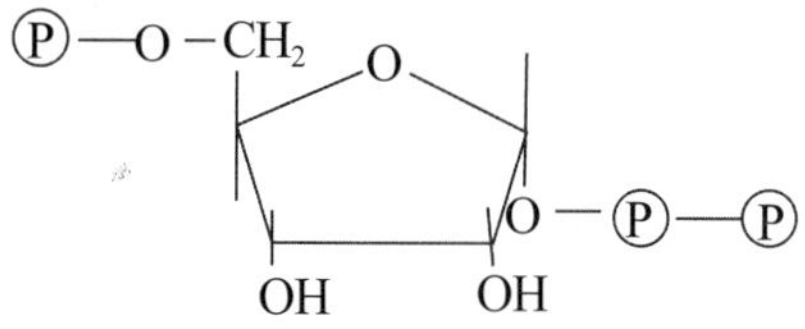

PRA：5-phosphoribosylamine

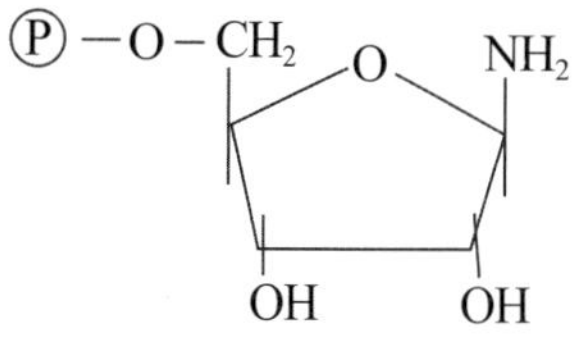

IMP：inosine monophosphate

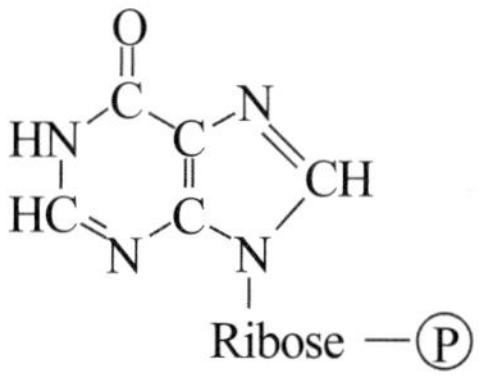

Carbamoyl-phosphate

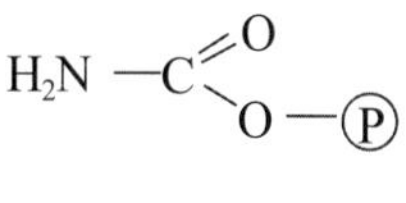

Orotate

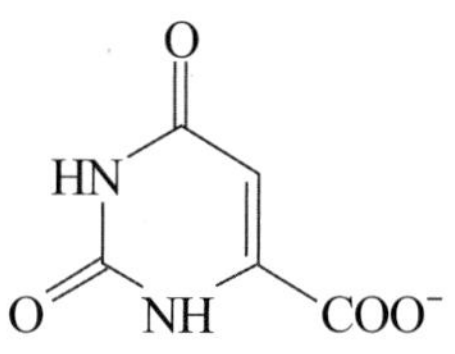

OMP：Orotidine monophosphate

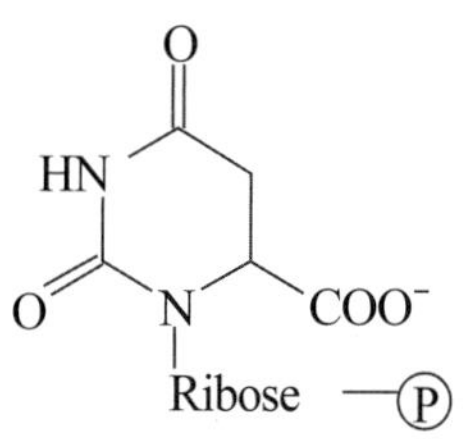

(3)核酸

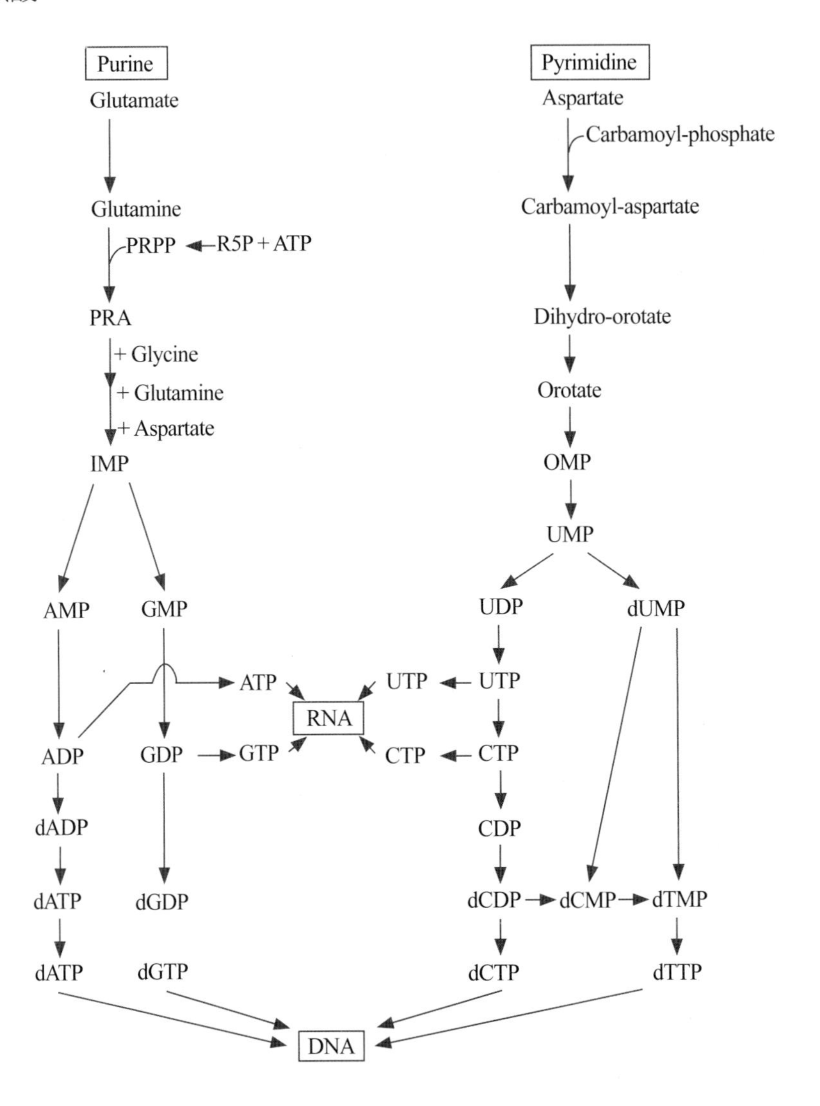

圖7-50　由胺基酸合成 DNA 及 RNA

(4)植物鹼：植物鹼是屬於鹼性的次級產物，它們大部分是屬於雜環，有抵禦其他生物侵害的功能。這些植物鹼多數爲不可逆的終極產物，已發現的有一萬餘種，多數的生合成路徑尚不明瞭，下面舉幾種常見的以胺基酸爲前體的植物鹼。

前體	植物鹼
Lysine	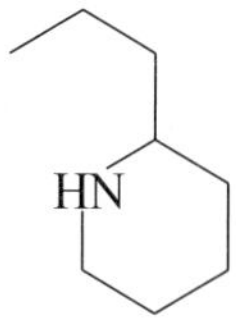 毒芹鹼（Coniine）：蘇格拉底死前所飲毒物
Ornithine	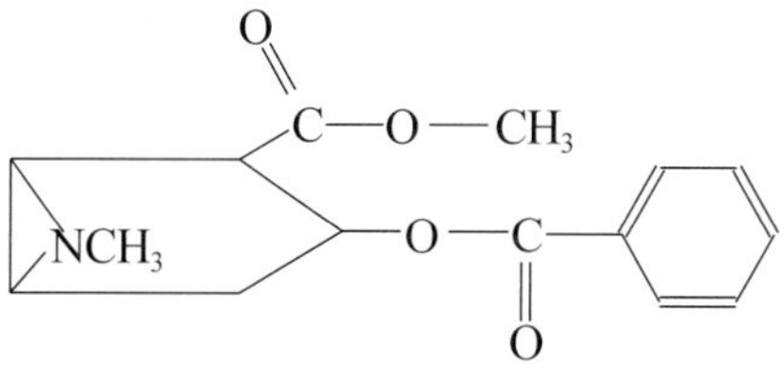 古柯鹼（Cocaine）
Ornithine + Asp	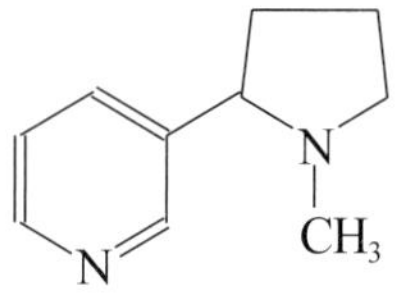 尼古丁（Nicotine）
Aspartate Glycine Glutamine	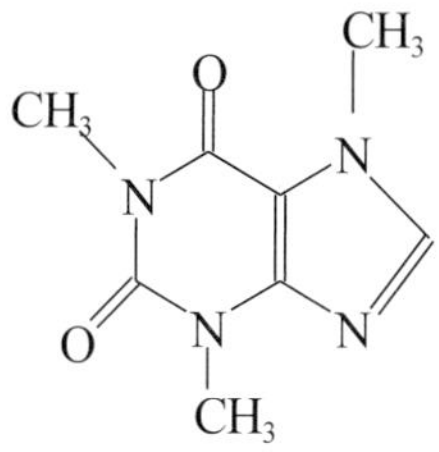 咖啡因（Coffeine）
Tyrosine	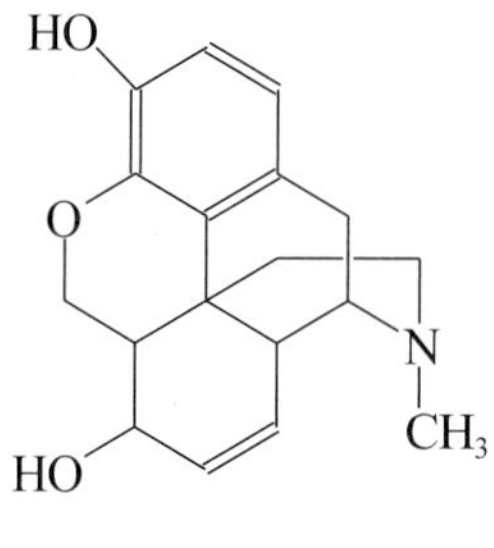 嗎啡（Morphine）

6. 銨態氮（NH_4^+-N）與硝酸態氮（NO_3^--N）之比較

一般的氮肥不論是以有機或無機肥料施入非浸水的土壤，最後多轉變為 NH_4^+-N 或 NO_3^--N 的形式存在。在臺灣常用的氮肥有三種，即尿素〔$(NH_2)_2CO$〕、硫酸銨〔$(NH_4)_2SO_4$〕及硝酸銨鈣〔$Ca(NH_4)_x(NO_3)_y$〕。施入土壞後之變化，可用下列三式表示：

$$(NH_2)_2CO \rightarrow (NH_4)_2CO_3 \rightarrow 2NH_4^+ + CO_3^{2-}$$

氧化 → NO_3^-

$$(NH_4)_2SO_4 \rightarrow 2NH_4^+ + SO_4^{2-}$$

氧化 → NO_3^-

$$Ca(NH_4)_x(NO_3)_y \rightarrow Ca^{2+} + xNH_4^+ + yNO_3^-$$

氧化 → NO_3^-

不論是在水田或旱田的狀況，當 NH_4^+-N 尚未轉變爲 NO_3^--N 時，NH_4^+-N 與 NO_3^--N 對植物的代謝有顯著的不同。Mengel 等人（1975）曾利用蕃茄爲材料做水耕試驗，比較兩種形式的氮肥對蕃茄的影響，發現施用 NO_3^--N 者，植物體中的有機酸及灰分皆較施用 NH_4^+-N 者多，代謝池（Metabolic pool）也較大。造成這樣結果主要受細胞內 pH 的影響，因爲當植物吸收 NO_3^- 時，同時也吸收帶正電荷的無機離子（如 K^+、Ca^{2+}、Mg^{2+} 等），當 NO_3^- 被還原後：

$$NO_3^- + 5H^+ + 4e^- \rightarrow NH_3 + H_2O + O_2$$

細胞內的 pH 值隨即升高，PEP 羧化酶的活性增加，故有利於三碳的 PEP 與 HCO_3^- 合成四碳的蘋果酸（Malate）。相反地，植物在吸收 NH_4^+，同時放出 H^+，使胞內 pH 值降低，蘋果酸酶（Malic enzyme）活性增加，有利於蘋果酸分解爲丙酮酸（Pyruvate）。下面兩個方程式就是在植物細胞內 pH 值改變時所進行的不同代謝。表 7-5 爲兩種形態氮肥對蕃茄代謝池的影響，表 7-6 則爲兩種形態氮肥對植物 pH 值及乾重的影響。

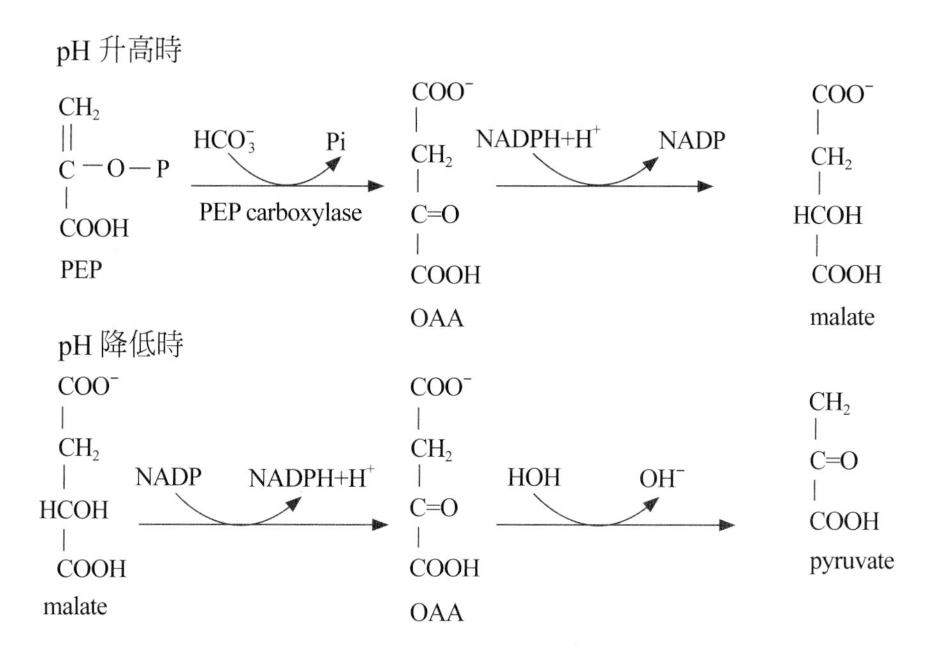

表7-5　兩種形態的氮肥對蕃茄代謝池的影響

	陽離子（me/100g DM）			陰離子（me/100g DM）	
	NO_3^--N	NH_4^+-N		NO_3^--N	NH_4^+-N
Ca^{2+}	161	62	無機：SO_4^{2-}	22	35
Mg^{2+}	30	25	$H_2PO_4^-$	13	15
K^+	58	29	Cl^-	12	14
Na^+	19	15	NO_3^-	4	
			無機合計	51	64
			有機：Uronic	44	46
			草酸	41	8
			非揮發性酸	117	11
			有機合計	202	65
總量	268	131	總量	253	129

資料來源：整合自 Kirkby 及 Mengel 文獻（1967）。

表7-6 兩種形態的氮肥對植物及水耕液 pH 值及乾重的影響

	PH值		乾重（克）	
	NO_3^--N	NH_4^+-N	NO_3^--N	NH_4^+-N
葉	5.55	5.00	30.2	9.6
根	5.6	4.70	10.2	4.8
水耕液	6.3	4.0		

資料來源：整合自 Kirkby 及 Mengel 文獻（1967）。

我們若將以上所述綜合爲表 7-7，則可對施用兩種形態的氮肥之作物所造成的結果有一整體的認識。在此必須說明的是：不是所有作物都是適合施用 NO_3^--N，必須要考慮作物的習性及立地環境。

表7-7 施用 NH_4^+-N 與 NO_3^--N 對作物的影響

	NH_4^+-N	NO_3^--N
灰分	少	多
有機酸合成	少	多
生長	較慢	較快
消耗能量	較少	較多（主要來自光合作用）

硫與磷之代謝

磷與硫不但是屬於巨量要素，它們也是生物活系統中的重要元素。因爲缺少了硫，無法合成有正常功能的蛋白質，許多參與代謝的酶也無法合成，進一步也阻止了醣類、脂類的代謝。至於磷在細胞內的化合物如核苷酸（ATP、GTP 等）及糖磷酸酯（G6P、3PG 等），則是在能量的儲存與釋放上產生重要作用。如果沒有硫與磷的參與，植物的代謝將會停頓。所以我們在這一章介紹了氮以後，接著也把硫及磷的代謝與重要功能做一簡要介紹。有關其他要素的代謝過程與功能，請讀者參考第三章及有關植物生物化學的書籍。

硫的代謝

1. 硫的吸收與重要化合物

⑴吸收形式：雖然植物可自大氣中吸收氧化硫的氣體，但大部分植物所需的硫是由根部吸收，而且是以 SO_4^{2-} 的形式吸收。

⑵存在植物體內之形式

①除了 SO_4^{2-}，還有很多是以有機態硫存在。

②硫有多種氧化態，經還原後依序為：

$$SO_4^{2-} \rightarrow SO_3^{2-} \rightarrow S \rightarrow S^{2-}$$

③氧化態轉變之意義

$$SO_4^{-} \underset{\text{衰老（趨向氧化）}}{\overset{\text{生長（趨向還原）}}{\rightleftharpoons}} S^{2-}$$

今以 L-Cysteine 氧化為 L-serine 為例：L-Cysteine 中之 -SH 經氧化後，轉變為游離的 SO_4^{2-}。

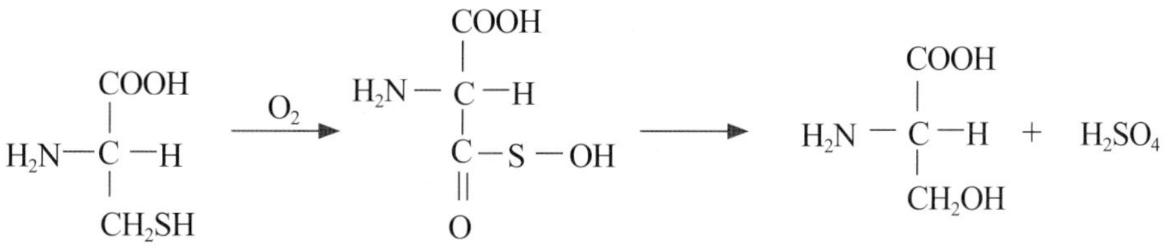

$$H_2N-\underset{\underset{CH_2SH}{|}}{\overset{\overset{COOH}{|}}{C}}-H \xrightarrow{O_2} H_2N-\underset{\underset{\underset{O}{\|}}{C}-S-OH}{\overset{\overset{COOH}{|}}{C}}-H \longrightarrow H_2N-\underset{\underset{CH_2OH}{|}}{\overset{\overset{COOH}{|}}{C}}-H + H_2SO_4$$

L-Cysteine　　L-cysteic acid　　L-serine

2. 常見的生物體內含硫化合物

⑴含硫的胺基酸及蛋白質：含硫的胺基酸總共有三種，即 Cysteine、Cystine、Methionine。

⑵酶：含 -SH 之活性中心。

(3)輔酶：B_1、B_6（Thiamine pyrophosphate）、Lipoic acid、Biotin、CoA-SH、Ferredoxin 都含有硫。下面的反應式是由糖解葡萄糖產生的 Pyruvate 轉變成AcetylCoA，進而合成 Fatty acid 之過程。它所用的分解酶，大部分都是含硫的輔助酶。

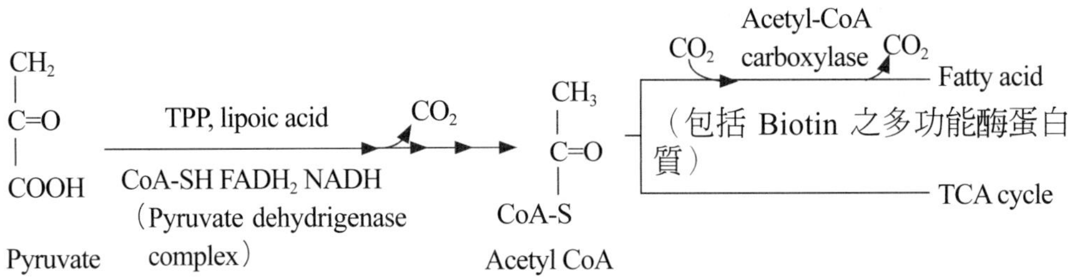

CH_2–C=O–COOH (Pyruvate) —TPP, lipoic acid; CoA-SH $FADH_2$ NADH（Pyruvate dehydrigenase complex）→ CO_2 → CH_3–C=O–CoA-S (Acetyl CoA)

Acetyl CoA → CO_2 Acetyl-CoA carboxylase CO_2 → Fatty acid（包括 Biotin 之多功能酶蛋白質）

Acetyl CoA → TCA cycle

(4)細胞膜之成分——Sulfolipid：Sulfolipid 是生物膜之組成分，尤其在葉綠層膜中含量最多，大約占 5% 脂質量（Schmidt, 1986），因此 sulfolipid 可能與調解離子進出膜有關。目前已證實根中 sulfolipid 含量越高，對鹽類越有忍受力（Erdei et al., 1980；Stuiver et al., 1981）。

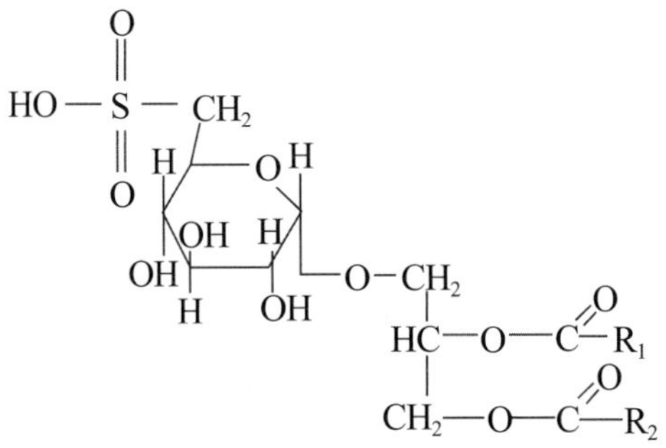

HO—S(=O)(=O)—CH_2 (sulfoquinovose ring: H, O, H, OH, H, OH, H, OH) —O—CH_2—HC(—O—C(=O)—R_1)—CH_2—O—C(=O)—R_2

(5)Glutathione：（γ-glutamyl-cysteinyl glycine）

①因含有 -SH，可作爲抗氧化劑使用，亦可用來還原其他物質，如 NAD^+、Cystine 等。

②近年來研究已發現，很多植物根部會受重金屬的刺激，而產生植物嵌合劑（Phytochelatin）。此即由 Glutathione、Cysteine 和 Glycine 合成 $[(\gamma\text{-Glu-Cys})_n\text{Gly}(n=2-11)]$。Tekendorf 及 Rauser（1990）曾用玉米

做實驗，證明玉米根浸泡於含鎘的溶液中 1-2 小時後，根尖部分所含 Glutathione 的下降與 Phytochelatin 上升的趨勢非常明顯（表 7-8）。由於工業發展後，全世界環境的污染日益嚴重，國內外都在研究如何利用基因轉殖的方法，使糧食作物能利用 Phytochelatin 將重金屬箝制在根或葉中，避免輸送到穀粒內。

表7-8　玉米根經 3μM 鎘處理後，根尖 10 公分內 Cysteine、Glutathione、Phytochelatin 及鎘的含量

Cd^{2+} (μM)	Thiol (nmol g^{-1} fresh wt)			Cd in roots (nmol g^{-1} fresh wt)
	Cysteine	Glutathione	Phytochelatin	
0	43	421	3	n.d
3	44	156	230	13.1

註：n.d 表示測不出
資料來源：Tukendorf & Rauser, 1990.

(6)二次代謝物：具有防蟲及儲存硫之功能

①Alliins：Alliins 是俗名，它的學名是 S-alkylcysteine sulfoxides，蔥屬植物 80% 以上的硫都集中在這種化合物內。由於分解此化合物之酶 Alliinase 儲存於不同的胞器內，細胞一旦經過壓擠或破壞，Alliins 則會被這種酶分解。我們在切大蔥、洋蔥或搗蒜時，感到眼睛不舒服或是有刺鼻之氣味，就是因為 Allicins 或其他衍生物的產生。

$$\underset{\text{Alliins}}{R-\overset{\overset{\large O}{||}}{S}-CH_2-\underset{\underset{\large NH}{|}}{C}-COOH} \xrightarrow{\text{Alliinase}} \underset{\text{Allicins}}{R-S-S-R}$$

洋蔥之 R：$CH_3-CH_2-CH_2-$

蒜頭之 R：$H_2C=CH-CH_2-$

②Glucosinolates：最少有 15 屬的雙子葉植物會合成這種辛辣味的化合物，其中以芸苔屬（Brassica）或芥子類（Sinapis）的含量最多。同 Alliins 一樣，需要酶分解後，才會產生有辣味的化合物。

$$R{=}C(=N{-}O{-}SO_3^-)(S{-}Glucose) \xrightarrow[\text{Glucose, Sulfate}]{\text{myrosinase}} R{-}N{=}C{=}S$$

Glucosinolate (GS)　　　　Isothiocyanates 芥子油（Mustard oil）

若 R 為 $CH_2=CH-CH_2-$時，即 allyl-GS，又名 Sinigrin（Brassica nigra）。

若 R 為 R=HO—⟨苯環⟩—CH_2—時，即 4-hydroxybenzyl-GS，又名 Glucosinalbin（Sinapis alba）。

3. 硫的代謝

硫酸根必須先被還原才能同化，這個還原過程主要在葉綠體中進行，由於 SO_4^{2-}/SO_3^{2-}（$\Delta E^0=-517mV$）之氧化還原電位相差甚大，在葉綠體中並沒有這樣大的還原能力，可直接將 SO_4^{2-} 還原為 SO_3^{2-}，必須先利用 ATP 使 SO_4^{2-} 活化，然後再逐步還原。

$$SO_4^{2-} \xrightarrow{ATP} APS \xrightarrow{ATP} PAPS \xrightarrow[PAP]{Thio_{red}\ \ Thio_{ox}} SO_3^{2} \xrightarrow{FD_{red}\ \ FD_{ox}} H_2S \xrightarrow[Acetate]{O\text{-}Acetylserine} Cysteine$$

(1)SO_4^{2-} 的活化

$$ATP + SO_4^{2-} \rightleftharpoons APS + PPi \qquad \Delta F^0 = +11{,}000cal \cdots\cdots (1)$$

$$APS + ATP \rightleftharpoons PAPS + ADP \qquad \Delta F^0 = -6{,}000cal \cdots\cdots (2)$$

$$PPi \rightleftharpoons 2Pi \qquad \Delta F^0 = -5{,}000cal \cdots\cdots (3)$$

從(1)式自由能之變化，顯示不利於 APS 之生成，所以必須配合(2)、(3)式才能啓動硫酸鹽之活化系統。

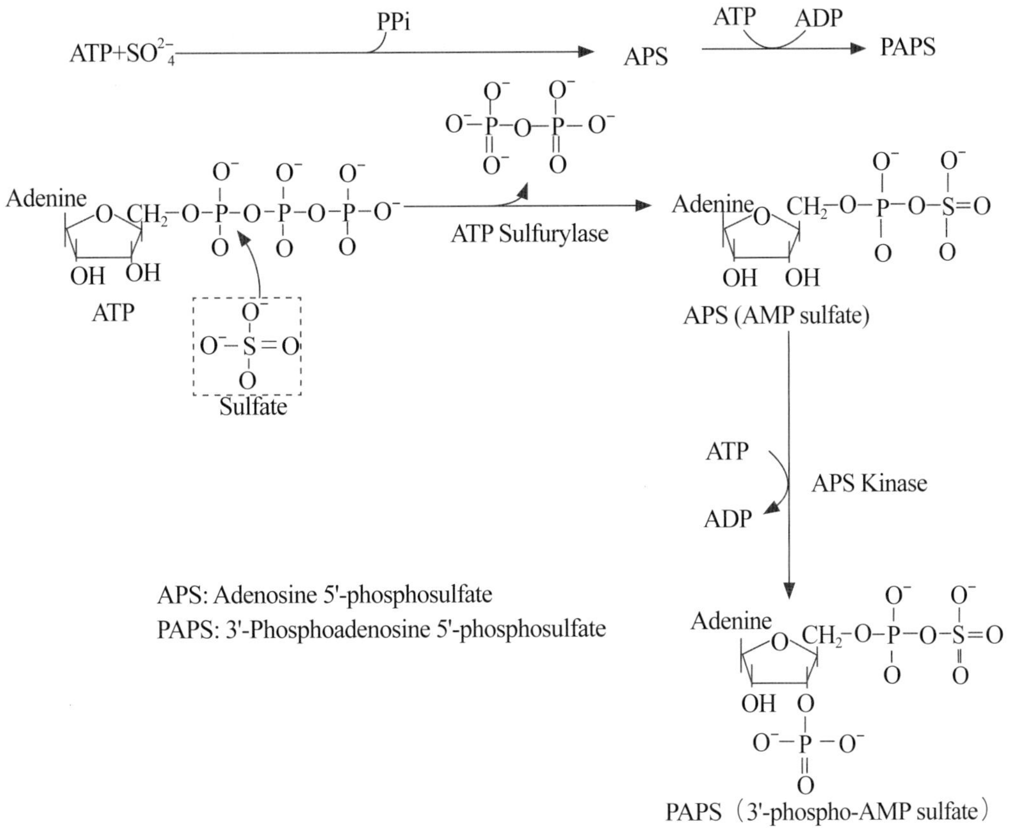

$ATP + SO_4^{2-} \xrightarrow{PPi} APS \xrightarrow{ATP \rightarrow ADP} PAPS$

ATP Sulfurylase

ATP

Sulfate

APS (AMP sulfate)

APS Kinase

PAPS（3'-phospho-AMP sulfate）

APS: Adenosine 5'-phosphosulfate

PAPS: 3'-Phosphoadenosine 5'-phosphosulfate

(2)SO_4^{2-}的還原

$PAPS \xrightarrow{Thioredoxin_{red} \rightarrow Thioredoxin_{ox},\ SO_3^{2-}} PAP$（3'-phospho-AMP）

PAPS reductase

PAPS

PAP

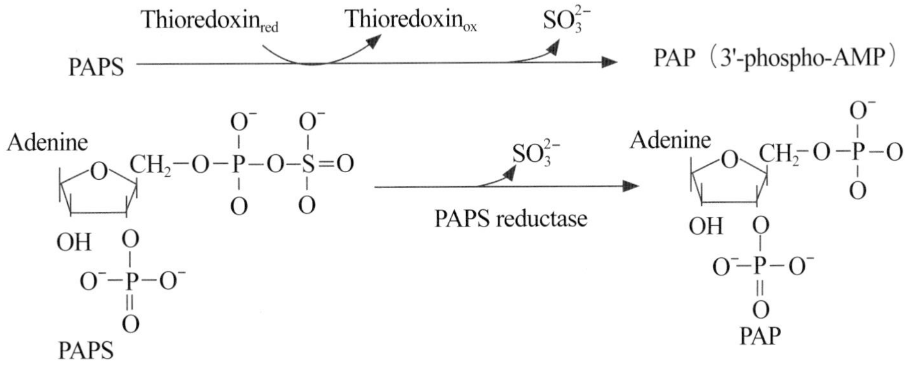

(3)SO_3^{2-}的還原

$$SO_3^{2-} \xrightarrow[\text{Sulfite reductase}]{\text{Feredoxin}_{red} \rightarrow \text{Ferredoxin}_{OX}} H_2S$$

(4)含硫胺基酸的合成：當 SO_4^{2-} 經前面三個步驟被還原為 S^{2-} 時，可與被 Acetyl CoA 活化之 Serine 所形成的 O-Acetyl-L-serine 結合，產生第一個含硫胺基酸。

$$\underset{\text{L-Serine}}{H-\overset{\overset{COO^-}{|}}{\underset{\underset{H_2C-OH}{|}}{C}}-NH_3^+} + \underset{\text{Acetyl-CoA}}{H_3C-\overset{\overset{O}{\|}}{C}-S-CoA} \xrightarrow{\text{serine transacelylase}} \underset{\text{O-Acetyl-Serine}}{H-\overset{\overset{COO^-}{|}}{\underset{\underset{H_2C-O-\underset{\underset{O}{\|}}{C}-CH}{|}}{C}}-NH_3^+} + CoASH$$

$$\underset{\text{O-Acetyl-Serine}}{H-\overset{\overset{\overset{C}{|}}{COO^-}}{\underset{\underset{H_2C-O-\underset{\underset{O}{\|}}{C}-CH_3}{|}}{\overset{|}{C}}}-NH_3^+} \xrightarrow[\text{O-AcetylSerine (thiol) lyase}]{HSH} \underset{\text{Cysteine}}{H-\overset{\overset{COO^-}{|}}{\underset{\underset{H_2C-SH}{|}}{C}}-NH_3^+} + \underset{\text{Acetate}}{\overset{\overset{CH_3}{|}}{COO^-}}$$

從 SO_4^{2-} 到 Cysteine 的合成，可用下式及圖 7-51 表示：

$$SO_4^{2-} + ATP + H^+ + e^- + \text{Acetyl-serine} \rightarrow \text{Cysteine} + \text{Acetate} + 3H_2O + AMP + PPi$$

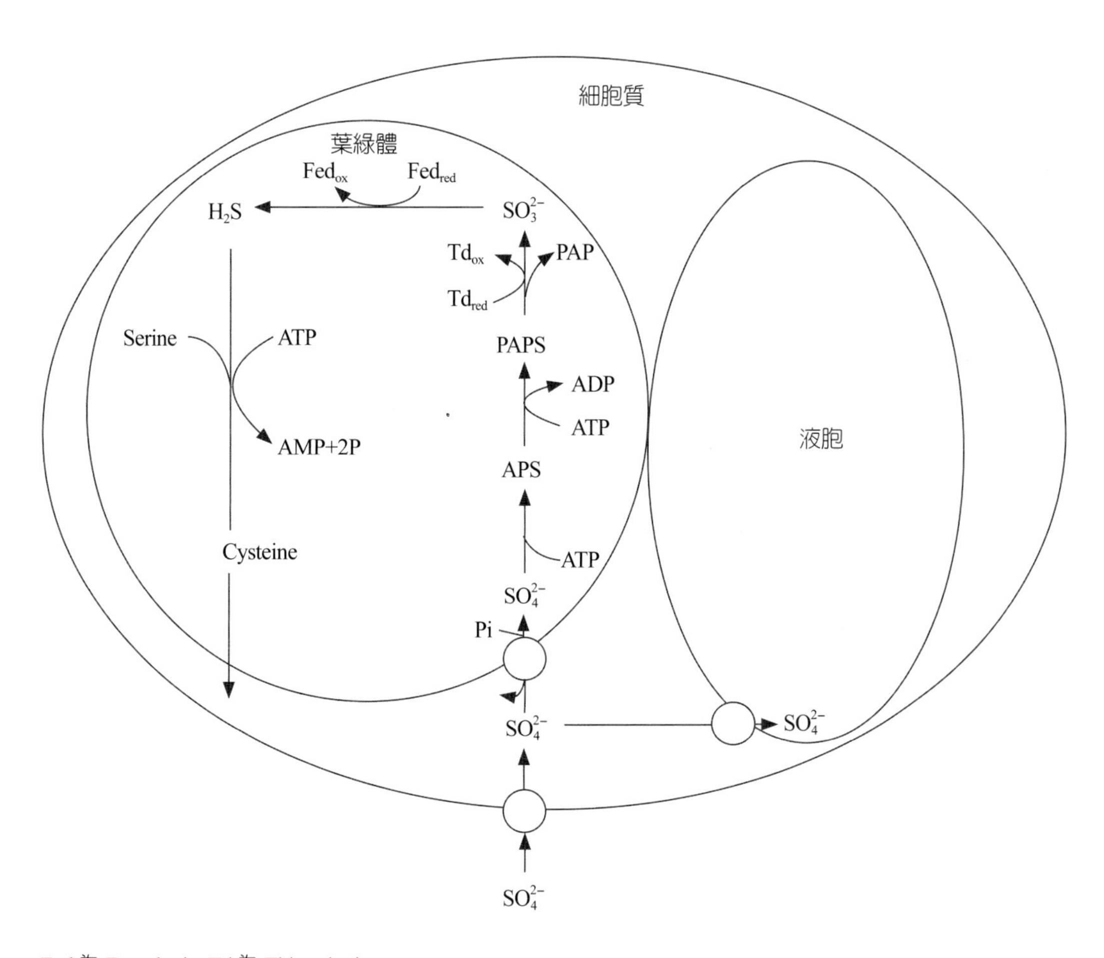

Fed 為 Ferredoxin, Td 為 Thioredoxin
SO_4^{2-} 經由木質部輸送至葉部，再轉運到葉內細胞，最後在葉綠體內進行還原及同化。

圖7-51　Cysteine 在葉綠體的合成

(5)以 Cysteine 爲前體之化合物

①Cysteine $\underset{\text{還　原}}{\overset{\text{氧　化}}{\rightleftharpoons}}$ Cystine

$$\begin{array}{c} H_2C - SH \\ | \\ H - C - NH_2 \\ | \\ COOH \end{array} \qquad \begin{array}{ccc} H_2C - S & - S - & CH_2 \\ | & & | \\ H - C - NH_2 & & H - C - NH_2 \\ | & & | \\ COOH & & COOH \end{array}$$

②Cysteine ⟶ Methionine

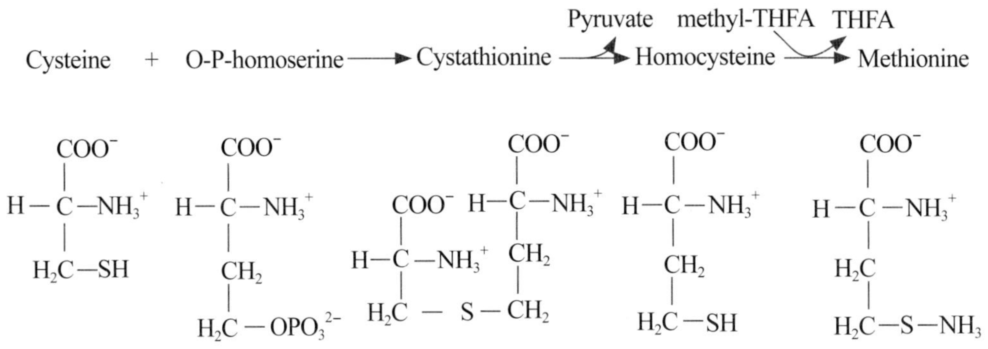

Cysteine + O-P-homoserine ⟶ Cystathionine ⟶(Pyruvate) Homocysteine ⟶(methyl-THFA → THFA) Methionine

$$\begin{array}{c} COO^- \\ | \\ H-C-NH_3^+ \\ | \\ H_2C-SH \end{array} \quad \begin{array}{c} COO^- \\ | \\ H-C-NH_3^+ \\ | \\ CH_2 \\ | \\ H_2C-OPO_3^{2-} \end{array} \quad \begin{array}{cc} & COO^- \\ & | \\ COO^- & H-C-NH_3^+ \\ | & | \\ H-C-NH_3^+ & CH_2 \\ | & | \\ H_2C - & S-CH_2 \end{array} \quad \begin{array}{c} COO^- \\ | \\ H-C-NH_3^+ \\ | \\ CH_2 \\ | \\ H_2C-SH \end{array} \quad \begin{array}{c} COO^- \\ | \\ H-C-NH_3^+ \\ | \\ H_2C \\ | \\ H_2C-S-NH_3 \end{array}$$

③Cysteine ⟶ Glutathione (GSH)

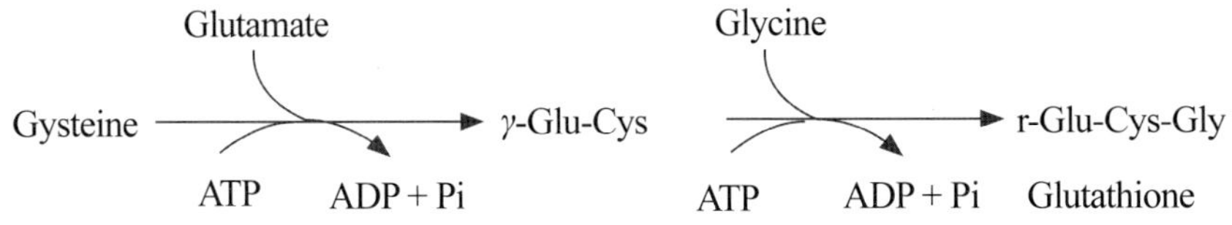

Gysteine ⟶(Glutamate; ATP → ADP + Pi) γ-Glu-Cys ⟶(Glycine; ATP → ADP + Pi) r-Glu-Cys-Gly Glutathione

Glutathione 在植物細胞中含量很高，它是由 Cystiene 及 Glutamate 所組成，它的重要功能有三：

- cysteine 的儲藏庫

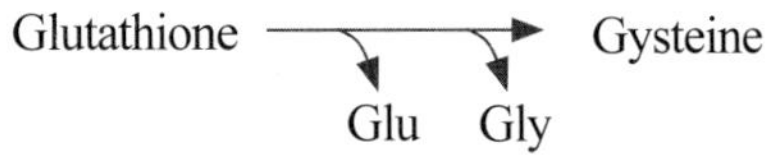

Glutathione ⟶ Gysteine (Glu, Gly)

- 主要的抗氧化劑（還原劑）：Glutathione 和 Ascorbate 都是植物中重要的抗氧化劑（antioxidant）。當 Ferredoxin 被高度還原時，由 PS I 來的激發子（exciton）撞擊到 O_2 產生了 $O_2^{-\cdot}$（這個過程稱作 Mehler 反應），此時 superoxidase dismutase 可將這有害的 $O_2^{-\cdot}$ 轉變爲 H_2O_2，Ascorbate 則可藉 Ascorbate peroxidase 將 H_2O_2 還原爲 H_2O。因爲

H_2O_2 對許多酶是不利的，所以此一轉變對植物是十分重要的。不過 Ascorbate 在這反應中也被氧化為含自由基的 Monodehydro ascorbate 及 Dehydro-ascorbate，但前者隨即被 PSI 中 Fd_{red} 還原為 Ascorbate；Glutathione（GSH）則可將 Dehydro-ascorbate 還原為 Ascorbate。當然 Glutathione 在植物體中作還原劑的情形很多，這只是其中一例而已。

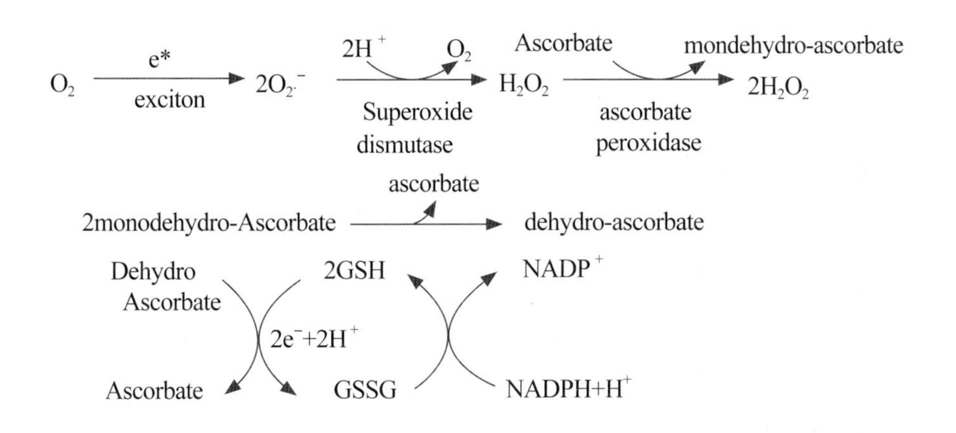

• 植物嵌合劑的前體（precursor）

2Gultathione —[植物嵌合劑合成酶；Cd^{2+}、Pb^{2+}、Cu^{+}；Gly]→（γ-Glu-Cys）$_2$・Gly ⟶⟶（γ-Glu-Cys）$_n$- Gly

植物嵌合劑（Phytochelatin）
（n＝2−11）

當植物根曝露於有重金屬的環境時，細胞中的植物嵌合劑合成酶即被活化，開始將 Glutathione 中 cysteine 與 glycine 裂解，並將另一 Glutathione 之胺基與被裂解之 cysteine 的羧基結合，如此繼續相似反應而形成長鏈的植物嵌合劑（圖 7-52）。此大分子中 cysteine 之 S 及 SH 可將重金屬嵌合，使植物免於重金屬之毒害。由於 Glutathione 中儲存大量的 cysteine，所以用 Glutathione 作為合成重金屬嵌合劑的原料，是快速防禦重金屬毒性最好的方法。

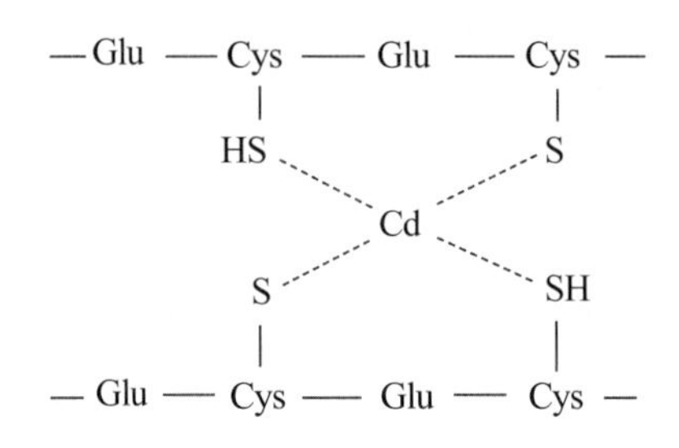

圖7-52　以 Glutathione 為前體的植物嵌合劑之去毒機制

磷的代謝

1. 磷與氮、硫相異處

⑴磷：氧化數不變。植物是以 $H_2PO_4^-$、HPO_4^{2-} 的形態吸收磷，吸收到細胞內，主要以正磷酸、磷酸酯或磷酸鹽的形態存在，但 +5 的氧化數不變。

⑵氮：由氧化數 +5 還原至 −3，且不可逆。植物若吸入氨或銨離子可直接同化，但若吸收 NO_3^--N，則必須先還原爲NH_3，才能進行同化作用，亦即 N 的氧化數需由 +5 降至 −3，而且下面的途徑是不可逆的：

$$NO_3^- \rightarrow NO_2^- \rightarrow (NH_2OH) \rightarrow NH_3$$

⑶硫：由氧化數 +5 還原至 −2，但可逆。植物由根部主要以 SO_4^{2-} 的形態吸收硫，吸入細胞後必須先還原成 S^{2-} 才能進行同化，這點與氮相似，但 S^{2-} 在植物老化時，仍可氧化成 SO_4^{2-}，且 -SH 與 -S-S- 經常在代謝過程中相互轉變，這點是與氮不相同的地方。

$$SO_4^- \underset{\text{衰老，向氧化進行}}{\overset{\text{生長，向還原進行}}{\rightleftharpoons}} S^{2-}$$

2. 植物體中重要的含磷化合物

⑴正磷酸鹽

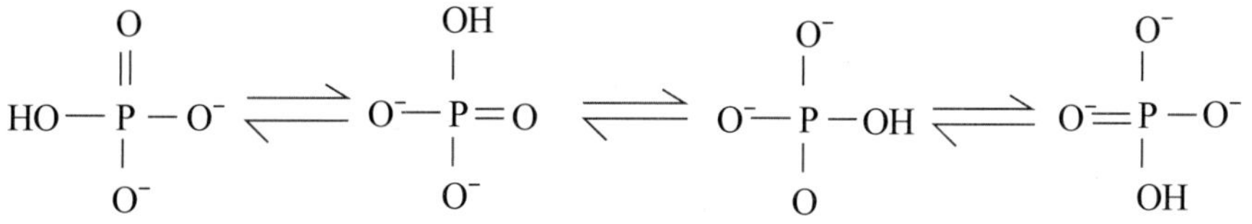

⑵核酸：磷酸是核糖核酸（RNA）及去氧核糖核酸（DNA）的基本成分，下面的構造式即表示磷酸在 RNA 中的位置。

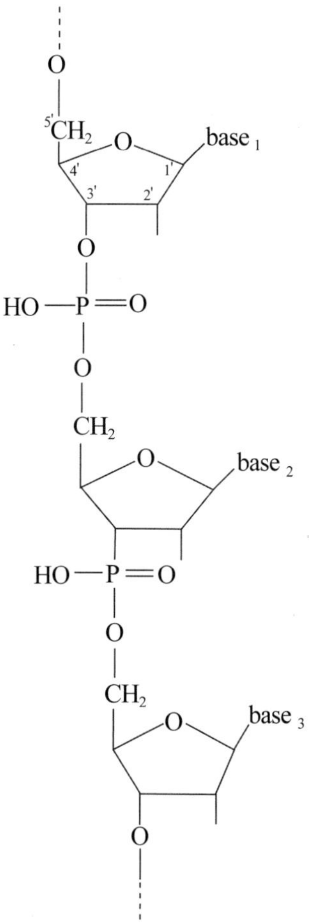

(3)醣磷酯：很多醣類在轉化或運輸過程經常先經過磷酸化過程，如 G-3-P、PEP、RuBP、G-1-P、G-6-P、UDPG、ADPG，下面就是常見的 G-6-P。

$$\alpha\text{-D-Glucose} + ATP \longrightarrow \alpha\text{-D-Glucose-6-phosphate} + ADP + H^{+}$$

α-D-Glucose　　　　α-D-Glucose-6-phosphate

(4)磷酯（Phospholipid）：如 PE、PC、PS、PI 主要爲細胞膜的構成物，下面爲 PC 的構造式，即目前流行的健康食品——卵磷酯（Lecithin）。

$$(CH_3)_3\overset{+}{N}-CH_2-CH_2-O-P(=O)(O^-)-O-CH_2-CH(-O-C(=O)-R_2)-CH_2-O-C(=O)-R_1$$

(5)ATP：ATP、ADP 等是植物體內重要的能量儲存及傳送的化合物。

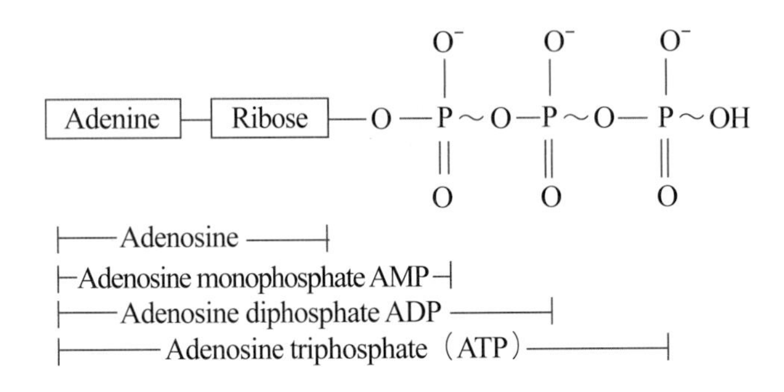

(6)含磷酶：磷是許多酶及輔助酶的組成分子，如 NAD、NADP、FAD、CoA、ACP 都含有磷，下面的 A 圖即為 NADP 的構造式，若右上角之嘧啶還原後即為 NADPH，B 圖則為 Coenzyme A（CoA）的構造式。

• NADPH——A 圖

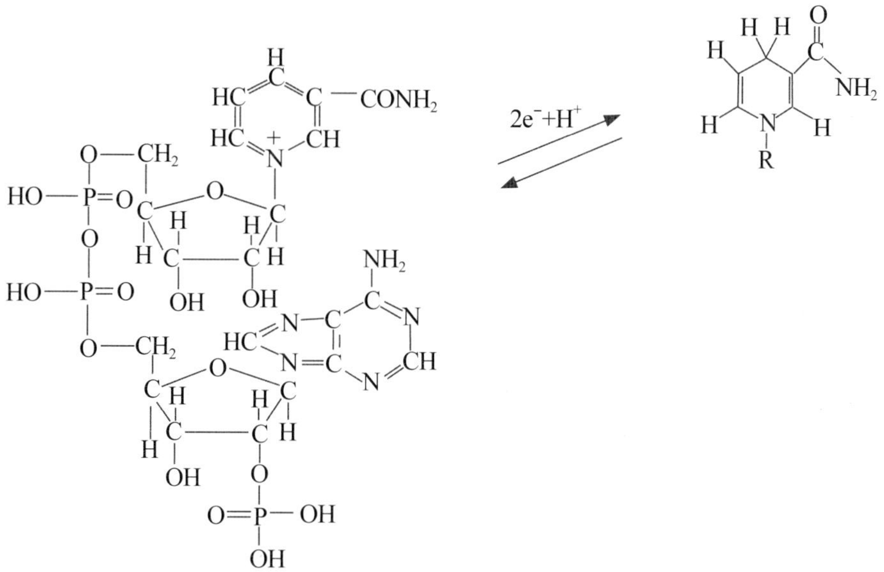

• COA（Coenzyme A）——B 圖

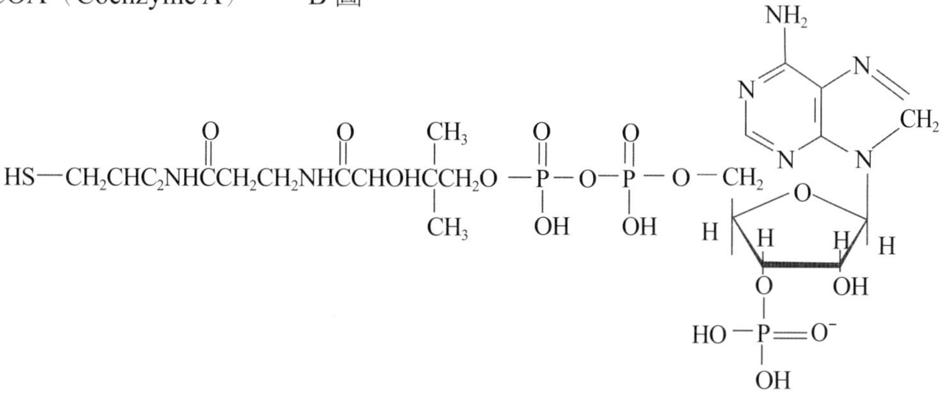

(7)植酸（Phytate）：植酸是種子中儲藏磷的重要形態。Ogawa（1976b）曾以水稻做實驗發現，開花兩星期後，穗中的植酸急速上升，二十天後漸趨緩和（圖 7-54）。Mukherji（1971）則發現在種子發芽時，植酸大量減

少，而脂質、磷脂、無機磷與核酸、去氧核糖核酸等則急速增加。這說明了在發芽過程含磷多的植酸不斷水解，釋放出磷。呼吸時，則可利用磷產生 ATP，進而合成蛋白質、DNA、RNA 等物質（表 7-9）。

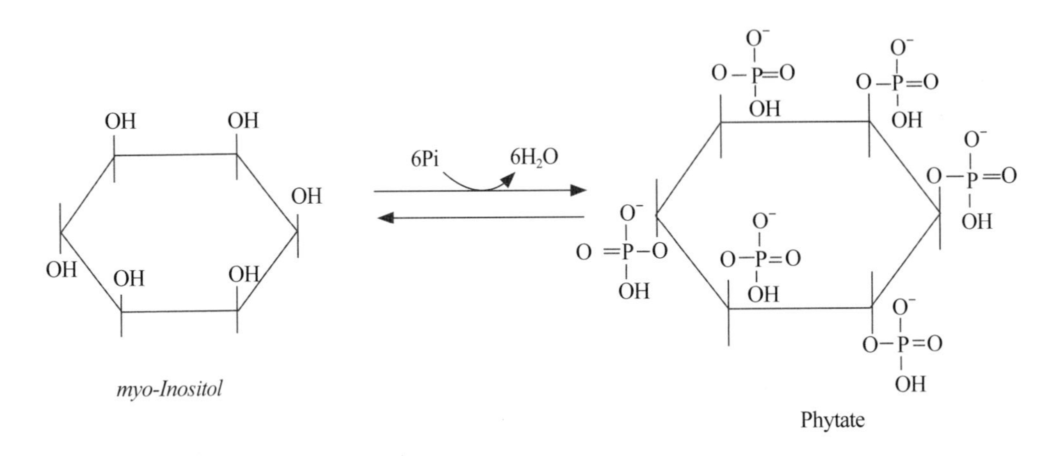

圖7-53　種子中植酸之合成與水解

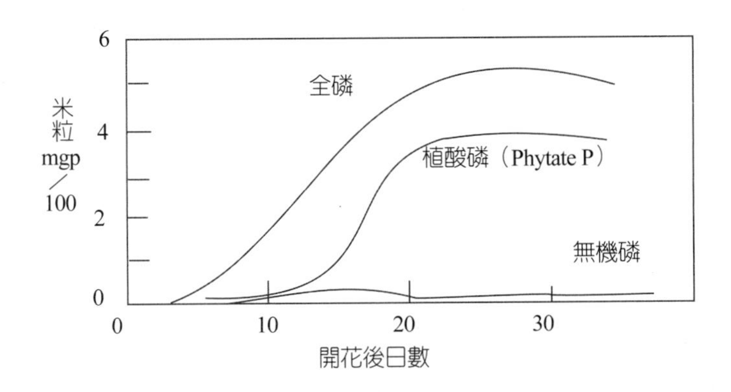

圖7-54　水稻穀粒發育期無機磷與植酸磷含量之變化（Ogawa et al., 1976b）

表7-9　水稻發芽過程各種含磷化合物之消長

發芽時間（小時）	各種含磷化合物（毫克磷／每克乾物重）				
	Phytate	Lipid	Inorganic	Ester	RNA+DNA
0	2.67	0.43	0.24	0.078	0.058
24	1.48	1.19	0.64	0.102	0.048

（續）

發芽時間（小時）	各種含磷化合物（毫克磷／每克乾物重）				
	Phytate	Lipid	Inorganic	Ester	RNA+DNA
48	1.06	1.54	0.89	0.110	0.077
72	0.80	1.71	0.86	0.124	0.116

資料來源：Mukherji et al, 1971.

3. 磷的代謝與功能

(1)參與光合作用，固定 CO_2：無論是 C_3 植物或 C_4 植物，固定 CO_2 時，都必須要有磷的參與。

$$C_3：RuBP \xrightarrow[\text{NADPH} \to \text{NADP}]{\text{ATP} \to \text{ADP+Pi}} PGA$$

$$C_4：PEP \xrightarrow{CO_2} OAA \xrightarrow{\text{NADPH} \to \text{NADP}^+} Malate$$

(2)將光能轉變為化學能：在光合作用之光反應中，可以產生 ATP 和 NADPH。

$$nADP + nH_3PO_4 \xrightarrow{hv} nATP + nH_2O$$

$$2Fd_{red} + H^+ + NADP^+ \longrightarrow NADPH + 2Fd_{ox}$$

(3)醣的合成與運輸：若細胞質中之磷濃度高時，則丙醣磷酸酯（Triose-Phosphate, TP）在葉綠體膜上與磷相對運輸（Antiport），TP 在葉綠體基質中減少，且 ADPG 焦磷酸酶又會受高磷之抑制，則澱粉不易形成，TP 運出葉綠體後，再合成六碳醣及蔗糖運至其他部位。

Portis（1982）從菠菜實驗證明，葉綠素中 Pi/TP 比例高時，則明顯影響澱粉之合成。Walker（1980）認為，植物澱粉在葉綠體之合成，主要由磷及光合成之 TP（Triose-Phosphate）經丙醣磷酸酯—磷酸鹽載體（Trose phosphate-Phophate translocator）簡稱磷載體（phosphate translocator）反向運輸所調節。十年後又由 Heldt 等人（1991）的實驗得知，菠菜葉綠體膜上磷載體蛋白含量甚豐。

(4)穀粒中澱粉的合成：穀粒成熟過程若磷過多，同樣會抑制 ADPGpyrophosphorylase 之活性及ADPG 之形成，澱粉也不易蓄積，此時若穀粒中 *myo-Inositol* 與磷酸結合形成植酸（Phytate）（圖 7-53），則減少穀粒中磷之濃度，有利於澱粉之形成（圖 7-55）。

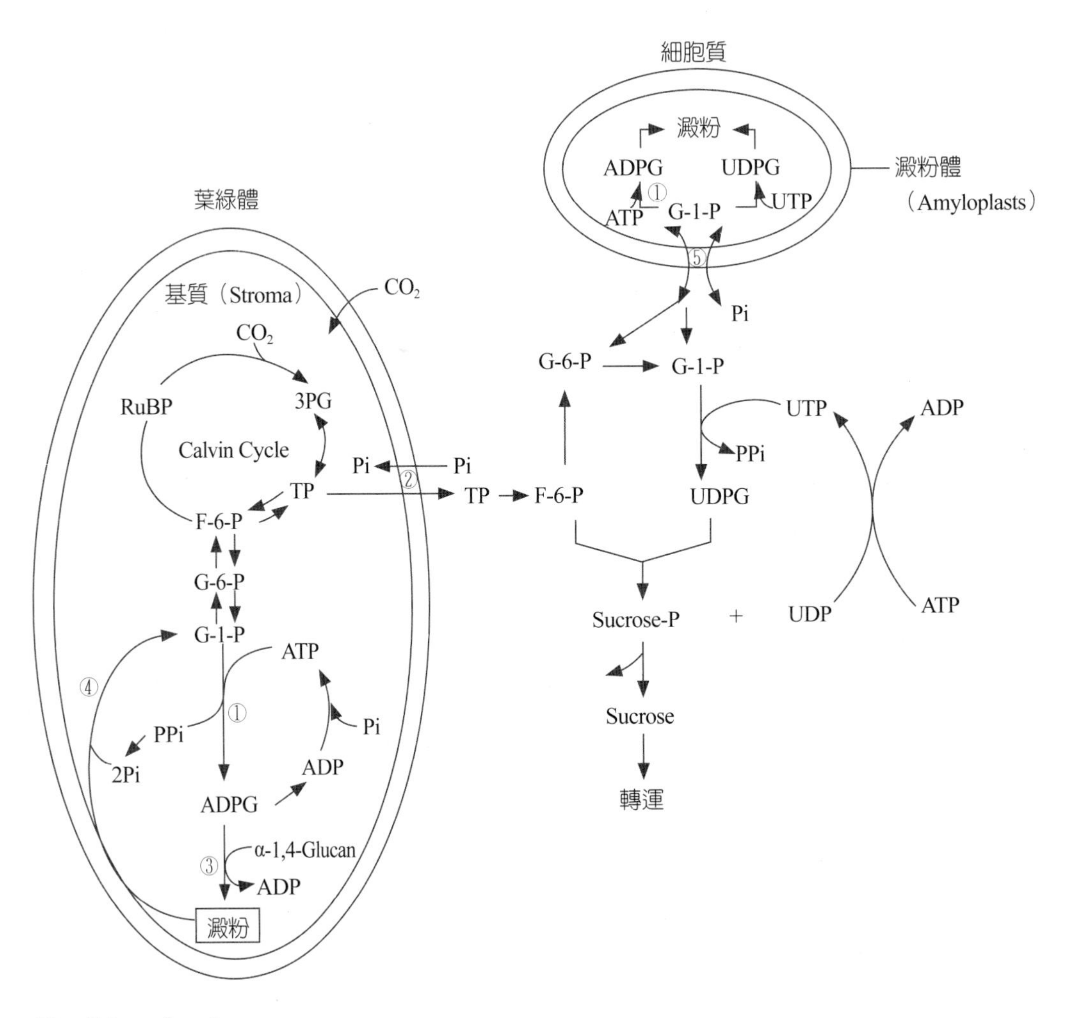

圖7-55　磷酸調節澱粉之合成與糖之轉運（部分取材自 Walker, 1980）

植物代謝的整體觀

植物只要是活著，就在不停的代謝。同時在不同和相同器官進行著無數的生化反應。這樣一個大的代謝系統，必須有完整的基因、酶及充足的受質，以及良好的回饋機制，如果把本章之前的內容整合起來，可以歸納爲下面三點：

植物的初級產物及次級產物

植物體可分爲有生命的活系統（Living system）及無生命的非活系統（Nonliving system），這些活系統中的物質不斷地在合成與分解，而在非活系統中的物質一旦被合成後則多不具活性，爲區別這些物質，我們常把植物體內合成物分爲初級產物及次級產物（圖 7-56）。

初級產物（Primary product）又可稱爲初級或初生代謝物（Primary metabolites）：植物的光合產物以及利用這些產物，轉變爲其他有代謝活性的有機物，皆稱之爲初級產物。它們是維持細胞生命所必需，與植物生長發育有直接關係。這些產物不論是大小分子皆是可降解的，它們多在活系統中進行代謝，有的是暫時儲存在非活系統中。例如：單醣、雙醣、澱粉、胺基酸、蛋白質、脂肪酸、脂類、核苷酸、核酸等都屬於初級產物。

次級產物（Secondary product）又可稱爲次生代謝物（Secondary metabolites）：從初級產物經代謝轉變爲不易分解，甚至是不可逆的終極產物，我們稱它們爲次級產物。一般而言它們對植物的生長與發育雖沒有明顯或直接作用，但對植物生態適應與協同進化常具有重要作用。譬如植物在開花期產生次級代謝物，使植物呈現特殊的顏色與氣味。有的有利於吸引昆蟲傳粉、授粉以繁衍後代；有的則可幫助植物抵抗細菌、病毒、眞菌或驅趕傷害植物的大型動物或昆蟲；有的則可以擔任抗氧化劑的角色，會把太陽光照射在植物上所產生的自由基清除，讓植物展現旺盛的生命力；另一些次級產物則可通過莖、葉揮發和自根系分泌出來，使有些植物，如皀莢與七里香在一起生長時，有明顯的促進作用；像杜鵑花（azalea）下雜草稀少，蕃茄（Lycopersicon esculentum）和紫苜蓿（Medicago sativa）種於黑核桃（Juglans nigra）樹下，就很難存活。總之植物要能在各種生長環境下繁衍，必須要有克服不利的生長環境的能力。這時次級產物就發揮了極大的功效（詳閱第六章中植物對逆境的適應）。

次級產物與化感作用（Allelopathy）：Allelopathy 源於希臘語 Allelon（相互）和 pathos（損害、妨礙）所以此辭應譯爲相剋作用。化感作用（Allelopathy）的概念是由德國科學家 H. Molish 在觀察到植物間相剋相生現象後於 1937 年首先提出的。他將化感作用定義爲：所有類型植物（含微生物）之間生物化學物質的相互作用，包括有益和有害兩方面。20 世紀 70 年代 L. Rice 根據 H. Molish 的概念，做進一步的研究於 1984 年將化感作用提出較完整的定義：植物或微生物的代謝分泌物對環境中其他植物或微生物有利或不利的作用。這個定義雖已被廣泛的接受，但實際上，目前所看到的實例仍以相剋爲主。可能這也是英文的化感作用仍沿用 allelopathy 而不願另造符合相剋相生的新字的原因吧！

次級產物與化感物質：目前我們已知植物的化感作用普遍存在於自然界中。這些植物化感作用的媒介物是生物化學物質，稱爲化感物質（Allelochemical），主要是次級產物，或稱次級（生）代謝物質，但很多具體物質並沒有被分離出來。這些代謝物質在植物間對陽光、水、養分和空間的競爭、森林更新、植被演替以及農業生產都扮演著重要的角色。

次級產物的分類：植物次級產物種類繁多，結構迥異。目前發現的次級產物已有數萬種，依據其基本化學結構與生合成途徑（參考圖 7-58）大致可分爲三大類：

1. 酚類（Phenolics）

   一種複雜的芳香族化合物，有些是大分子的聚合物。如：單寧（Tannins）、木質素（Lignin），也有的是可溶性的色素，如類黃酮（Flavonoid）。

2. 萜類（Terpenoids）

   一種由五碳異戊二烯（Isoprene，構造式如下）爲基本單位構成的芳香化合物，例如類胡蘿蔔素（Carotenoids）、類固醇（Sterols）等。

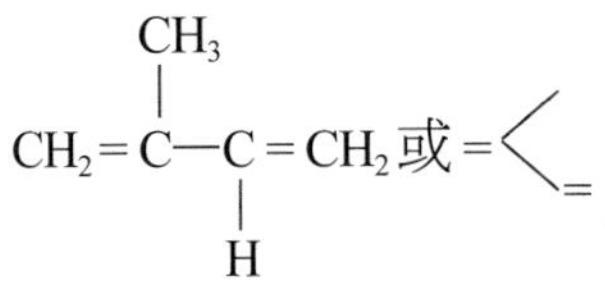

$$CH_2=\overset{\displaystyle CH_3}{\overset{|}{C}}-\underset{\displaystyle H}{\underset{|}{C}}=CH_2 \text{ 或 } =\!\!<_{=}$$

Isoprene

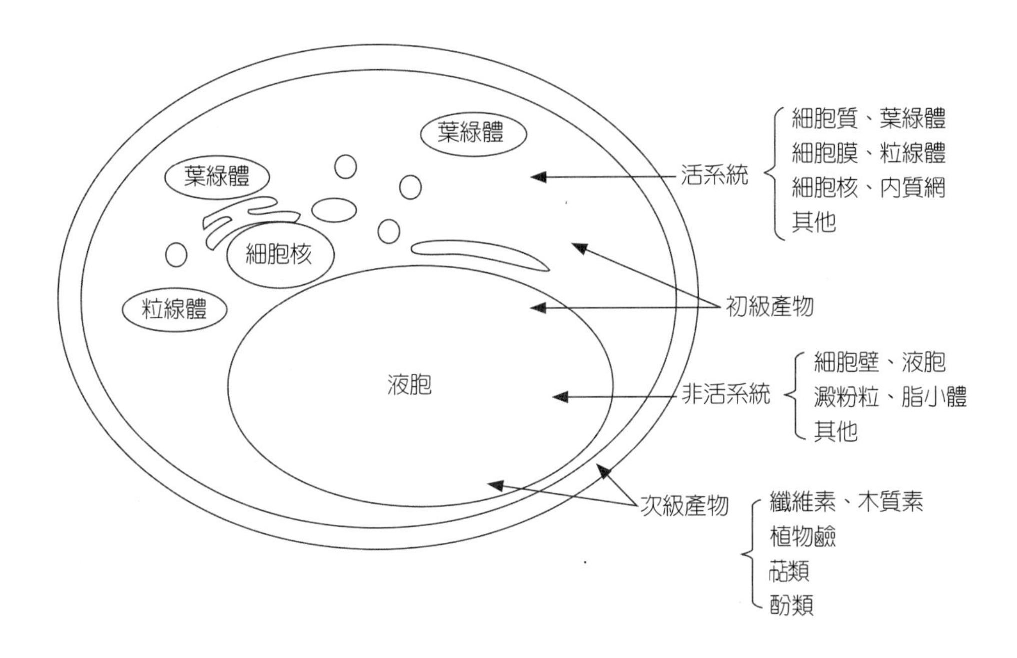

圖7-56　植物細胞中的初級產物與次級產物

3. 植物鹼（Alkaloids）

它是植物體內含氮的有機鹼，這些化合物多是因爲氨的含量高，爲解除氨的毒害逐步轉變成的。植物鹼對動物或微生物常具刺激性及毒性，有時亦具醫藥特性，例如咖啡、嗎啡等。

植物合成物轉變的原因與條件

1. 維持生命生長與延續

(1)製造活組織及代謝物質，以維持生長與分化。

(2)爲提供子代生長初期的營養，必須製造能量高的物質儲存在生殖器官內，如種子及塊莖。

(3)爲了去毒及製造防禦物質，例如氨過多，則合成醯胺（Amide）或植物鹼。

2. 轉變的基本條件

(1)要有碳骨架（C-Skeleton）：碳骨架主要來自醣類：如三碳、四碳、五碳、六碳醣等，一方面醣類可以互相轉換，另一方面醣類也可以轉變爲胺基酸及核酸等。

⑵要有足夠的能量及還原物質：儲存能的化合物主要爲 ADP、ATP 等，還原物質主要爲 NADH、NADPH、$FADH_2$ 等。生物體中各種受質最常見的反應是水解作用及氧化還原作用。經 ATP 磷酸化的化合物最容易進行水解作用，且能產生大量的能量。如有 NAD、NADP 或 NADH、NADPH 參與反應，則容易進行氧化還原作用。

①光磷酸化作用（Photophosphorylation）：在葉綠體中，光合作用的光反應可以產生 ATP 與 NADPH，這已在以前光合作用中說明。

②氧化磷酸化作用（Oxidative phosphorylation）：在粒線體中養分經過氧化產生能量及電子，電子經過電子傳遞鏈產生 ATP，最後以分子氧爲電子受體。這種產生 ATP 的過程稱爲氧化磷酸化作用，產生 ATP 的同時也產生 NADH，這已在之前呼吸作用中說明。

③受質磷酸化作用（Phosphorylation in substrate level）：在受質經酶反應過程有 ATP 參與，使受質進行磷酸化，可以在磷脂的鍵結中儲存更多的能量，這樣的加磷反應在代謝過程是很普遍的。

⑶要素的供應：不論在營養生長期或是生殖生長期，各種要素都需要充分供應，否則生命循環無法完成。

植物營養代謝過程及產物

1. 植物重要代謝過程及產物

圖 7-57 是將植物自光合作用合成物到胺基酸、脂類的轉變，以及次級產物的生合成，整合而成的簡圖，基本上是包含下列四項，從此圖可對植物的代謝有一整體之了解。⑴醣的合成與代謝；⑵胺基酸及蛋白質的代謝；⑶脂類的生成路徑；⑷次級產物的生成過程。

2. 次級產物的生成與初級產物代謝的關係

圖 7-58 是針對次級產物如何自初級產物合成做一描繪，爲了簡化相互的關係，所以許多中間步驟及產物都省略了。

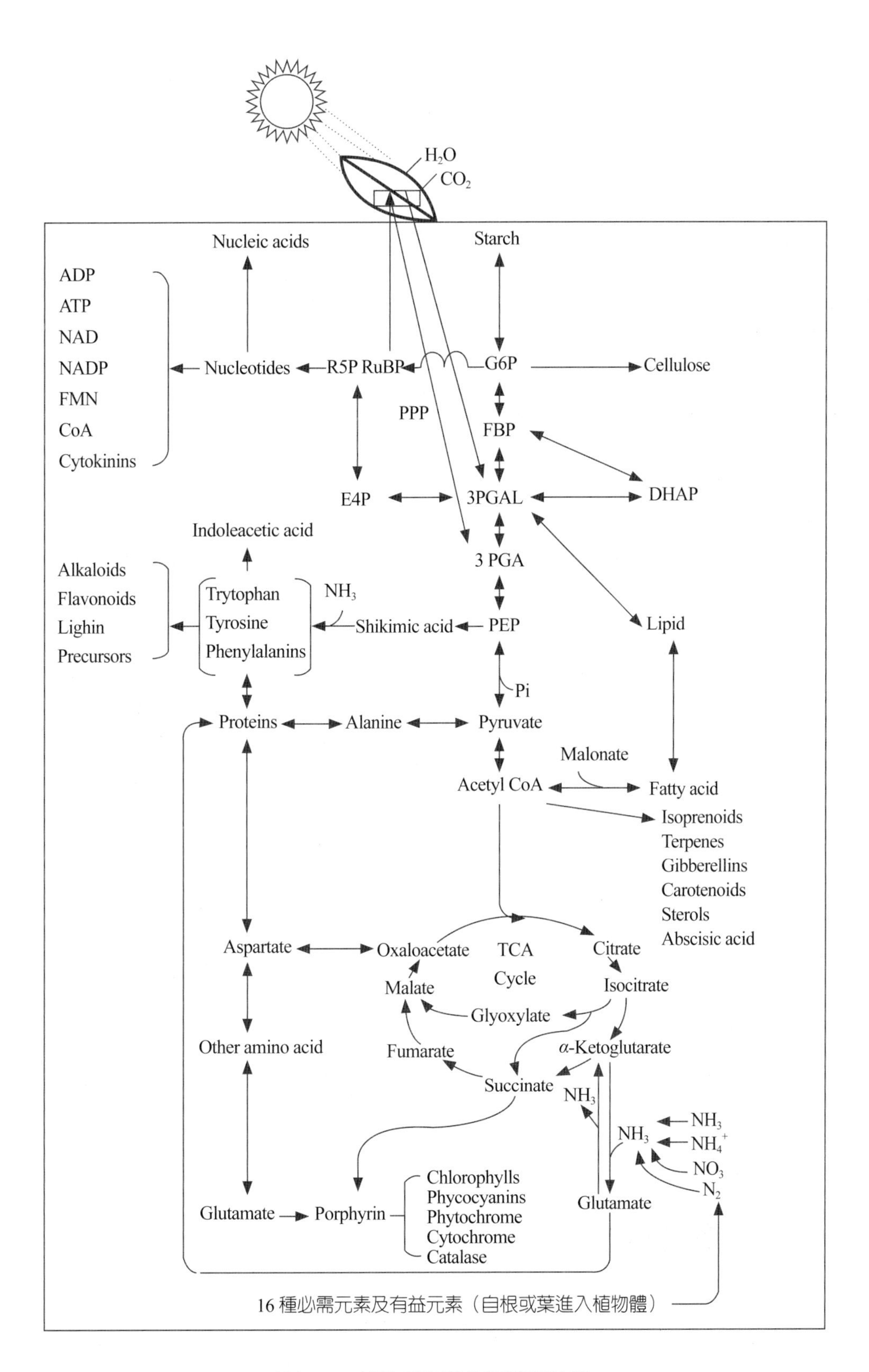

圖7-57　植物重要代謝過程及產物

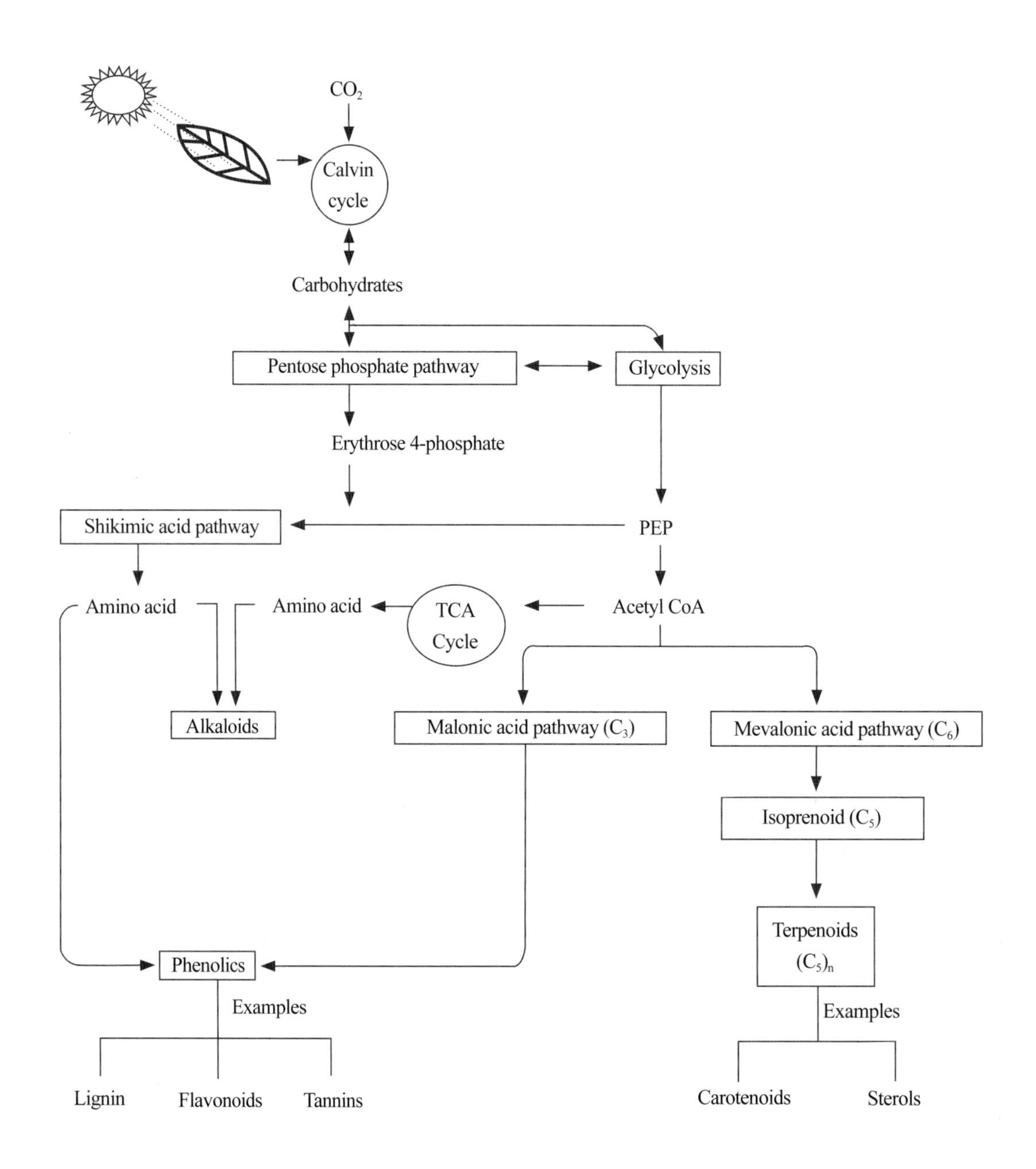

圖7-58　次級產物的生成與初級產物代謝的關係

植物次級產物的應用價值

植物次級產物因具有重要的經濟價值，所以很早就被人類廣泛應用。如用作藥物、香料、化妝品、農藥和一些工業原料等。自 20 世紀以來，由於植物生物化學的進步，營養學家們已陸續發現數千種對人體健康有明顯效果的次級產物，有的已提煉製成丸劑出售，學術界遂將這些次級產物命名爲植化素、或植物化學物質（Phytochemicals）[1,2]，或命名爲植物營養素（Phytonutrients），並視其爲人類第八種營養素。但這兩個名稱涵蓋的範圍過廣，幾乎包括了所有植物合成的初級與次級產物，無法與人類來自植物的必需營養素區分。應考慮改用其他比較適當的名詞爲宜，譬如有益的植物次級產物（Beneficial plant secondary product，簡稱BPSP），或稱爲有益的植物次生代謝物（Beneficial plant secondary metabolites，簡稱 BPSM）。近年來由於表觀遺傳學（Epigenetics）的蓬勃發展，發現許多飲食、有害化學物質、壓力、環境因子等可影響基因的表現（Gene expression），而且這種表現型的改變能世代傳遞，也可能導致或防治疾病的發生（奈莎，2019），最引人注目的是植化素有抑制或降低各種癌症發生的效果（圖 7-59）。以下僅就常見的蔬果、豆類、穀粒中對人體健康有益的植化素，參照國內營養學者吳映蓉博士的分類法（吳，2010）及國內外相關文獻做一簡要介紹。

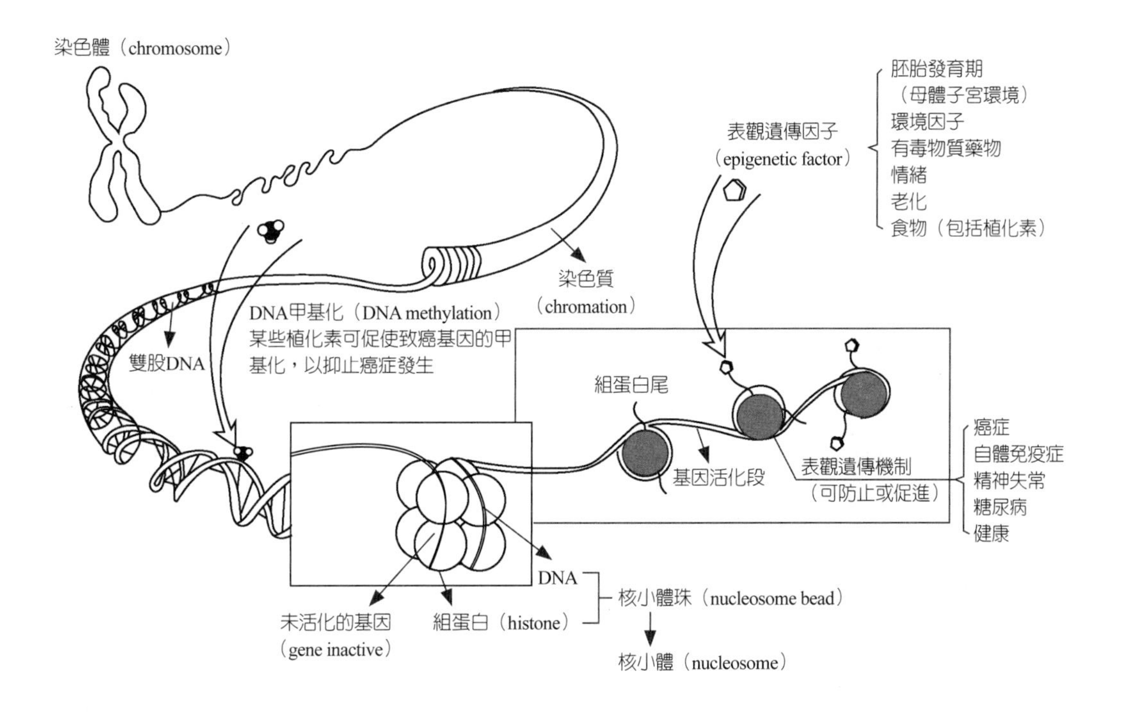

圖7-59　表觀遺傳機制示意圖

資料來源：美國國家衛生研究院，2018年。

1. 類黃酮素（Flavanoid）

類黃酮素普遍存在於植物中，約有 4000 多種，它最主要的功能是增強抗氧化作用，保持細胞完整、年輕的重要物質，此外還能有效預防高血壓、對抗過敏、強化血管壁、對緩和攝護腺炎也有效果。常見的類黃酮素有：

(1)前花青素（proanthocyanidin）：它是花青素的前身，多存在於葡萄皮、葡萄籽、藍莓、蘋果、蔓越莓葉。此外紅酒及茶亦會有許多前花青素。許多研究發現它不只是超強的抗氧化劑，而且還能預防過多自由基引起的疾病如粥狀動脈硬化、關節炎、腸道腫瘤、白內障等，除此之外尚能改善慢性靜脈功能不全（Chronic venous insufficiency）的症狀，增強血管彈性，能幫助下肢血流回心臟，並有預防尿道感染及胃潰瘍的功能。

(2)花青素（Anthocyanin）：植物呈現紅、藍、紫色，都是因為有花青素。如葡萄、草莓、藍莓、櫻桃、紫色高麗菜、茄子等蔬果都含有豐富的花青素。它除對增強抗氧化作用、抗發炎作用有效外，也具有糖尿病的預防作用。

(3)兒茶素（Catechin）：茶葉中含量較多，蔬果中的蔓越莓、蘋果、柿子也含有兒茶素。它除了是超級抗氧化高手，而且在抗菌、抗病毒、降低血糖、降低血脂質及增加好膽固醇（HDL-cholesterol）的濃度上都有明顯的功效。

(4)檸檬黃素（Hesperetin）：主要存在於檸檬、橘子、柳丁、葡萄柚等柑橘類的果皮、果肉、果汁中，它能清除體內活性很強的過氧化物——過氧亞硝基陰離子（Peroxynitrite），減少中風、心臟病、血管硬化等疾病發生，也能減緩一些病毒複製的機會，如使感冒症狀減輕，並能抑制芳香酶的活性，減少雌激素的合成，減緩乳癌細胞生長。

(5)芹菜素（Apigenin）：芹菜素主要是存在於芹菜和西洋芹菜中，此外萵苣、九層塔、大白菜、小白菜也含有高量的芹菜素。它可中斷腫瘤細胞複製的過程，具有優秀的抗腫瘤特性；並能抑制血小板凝集，保持血管的暢通；又能抑制一氧化氮及前列腺素 E2 這些誘發發炎反應的物質產生，可以降低中醫所謂的火氣，同時也是良好的抗氧化劑，讓細胞保持年輕狀態。

(6)槲皮素（Quercetin）：槲皮素主要是存在於蘋果、櫻桃、洋蔥、花椰菜、芥蘭、甜椒、萵苣、甘薯葉、小白菜等。蔬菜中，以洋蔥含量最多，水果中，以蘋果含量最高。槲皮素可以對抗許多因自由基所引起的疾病，如癌症、心血管疾病、老年失智等，除此之外對抗過敏、減緩關節炎症狀、抑制攝護腺癌細胞的生長、降低肺癌的發生率以及預防白內障發生也有研究證實。

(7)山奈酚（Kaempferol）：富含山奈酚的蔬果如蘋果、葡萄、柑橘、洋蔥、甘薯葉、花椰菜等，紅酒、紅茶、綠茶及銀杏也是山奈酚好的來源。山奈酚除了是細胞的保養品外，對預防粥狀動脈硬化、降低卵巢癌的發生率都有明顯的效果。若能多吃一點同時含有山奈酚及槲皮素的蔬果如蘋果、洋蔥、綠色花椰菜等，或多喝一些茶，都是防癌保健的好方法。

(8)白藜蘆醇（Resveratrol）[3]：多存在於葡萄、桑椹、藍莓等水果中，紅酒與花生也是白藜蘆醇的良好來源。喝紅酒能減少冠心病的發生，主要是白藜蘆醇的貢獻，在紅酒中除了白藜蘆醇外還存在著槲皮素、山奈酚及前花青素，所以淺酌紅酒對心血管是有保護作用的。經研究發現白藜蘆醇能增加抗愛滋病毒藥物的功效、抑制皰疹病毒、流行性感冒病毒的複製，甚至能抑制腫瘤的生長，許多科學家已鎖定白藜蘆醇為防癌的明日之星。

(9)芸香素（Rutin）：槲皮素是芸香素的前身，當槲皮素加上一個雙醣基後就變成芸香素。在蘋果皮、蘆筍、柑橘、紅茶中都富含芸香素。它不但是抗氧化高手，對強化血管壁、減輕發炎症狀、促進傷口癒合、保持血管暢通都有明顯效果。

2. 類胡蘿蔔素（Carotenoids）

類胡蘿蔔素是脂溶性，能使植物顯現黃色、橙色、紅色的色素。它擔負著保護植物的責任。當植物行光合作用時，會產生一些不安定的自由基，類胡蘿蔔素能抓住自由基，避免自由基進一步攻擊植物細胞。類胡蘿蔔素約有 650 種，可分為兩大類：第一類是維生素 A 的先體（Precursor）約占 10%，包括 β-胡蘿蔔素（β-carotene）和 β-隱黃素（β-cryptoxanthin）；第二類是不能轉化成維生素 A 的，包括葉黃素（Lutein）、茄紅素

（Lycopene）、玉米黃素（Zeaxanthin）、辣椒紅素（Capsanthin）。對人體的功能分述如下：

(1)β-胡蘿蔔素（Beta-carotene）

β-胡蘿蔔素存在於綠色、黃色及紅色蔬果中，如胡蘿蔔、南瓜、番薯、蕃茄、花椰菜、菠菜、萵苣、芒果、哈密瓜等，它是兩分子的維生素 A 結合而成的，所以它經身體分解可以生成維生素 A，對預防或改善夜盲症及乾眼症、加速 DNA 的修復速度及保護表皮、黏膜的完整，都比服用維生素 A 的藥丸更有效。

(2)β-隱黃素（Beta-cryptoxanthin）

β-隱黃素多存在於黃色的蔬果中，如木瓜、柳橙、橘子、玉米、甜椒等。它也是維生素 A 的前體，除了可預防夜盲症、乾眼症、保護表皮及黏膜外，還可以降低肺癌及結腸癌的發生率，並能舒緩關節炎症狀、預防骨質流失、強化骨骼等。

(3)葉黃素（Lutein）

一般越是深綠色的蔬菜葉黃素的含量越高。如芥藍、綠色花椰菜、菠菜、蘆筍、綠色萵苣等。葉黃素不但是最佳抗氧化劑，延緩身體老化，而且是視力的守護者，它可減緩因陽光所產生的自由基對黃斑區及晶狀體的傷害，並有保護心血管及避免粥狀動脈硬化的功效。

(4)茄紅素（Lycopene）

茄紅素主要存在於紅色的蔬果，如蕃茄、紅色石榴、胡蘿蔔、紅色葡萄柚、西瓜等。它不但是優秀的抗氧化劑且是防癌的戰士，對保護心血管及攝護腺的健康以及預防白內障都有明顯的效果。此外也能抵抗紫外線護膚美白。蕃茄是茄紅素的最佳來源，吃蕃茄最好是煮熟，並加少許油類，因茄紅素是脂溶性的，可幫助茄紅素從植物細胞中釋放出來，以利人體吸收。

(5)辣椒紅素（Capsanthin）

辣椒紅素主要存在於紅辣椒、朝天椒的外皮，它鮮豔的紅色常用於食品加工上的天然食用色素。因爲辣椒紅素具有共軛性酮基（Conjugated keto group），被破壞的速度低於其他種類的類胡蘿蔔素，所以是很好的抗氧化劑，對抑制腫瘤生長、減少粥狀動脈硬化也在實驗上證明有效。須注意的是辣椒紅素是不同於辣椒素（Capsaicin），後者是這些椒類辛辣味道的來源，它主要存在於辣椒的籽中，與辣椒紅素是兩種不同的植化素。

(6)玉米黃素（Zeaxanthin）

玉米黃素多存於綠色及黃色的蔬果中，如南瓜、玉米、柳橙、菠菜、芥藍等。玉米黃素與葉黃素爲護眼雙傑，兩者都存在於我們眼睛的視網膜，可幫助擋掉傷害眼睛的藍光，使視網膜黃斑部免於受傷害，保持視覺的清晰度，並能減少白內障的發生。所以爲了護眼，尤其是老年人，平時應多攝取一些這類的護眼食物。

3. 酚酸類（Phenolic acids）

酚酸類是帶有苯環的植物次級產物，廣泛的存在植物中，這些酚酸類通常會與醣基或是與細胞壁的構造鍵結。當人體攝取蔬果後經過消化的過程，酚酸類會從鍵結中釋放出來，發揮抗氧化的功能。酚酸類常見的有以下五種：

(1)綠原酸（Chlorogenic acid）

綠原酸是存在於咖啡中的主要多酚類，有一些蔬果也含有綠原酸，如酪梨、蔓越莓、蘋果、櫻桃、紅石榴、藍莓、胡蘿蔔、番薯、牛蒡等。它除了和其他酚類一樣具有抗氧化的作用外，對緩和飯後血糖升高、降低膽結石生成也有效，並能誘發解毒酵素的活性，保護身體遠離癌症。

(2)鞣化酸（Ellagic acid）

鞣化酸又名併沒食子酸，是沒食子酸的二聚衍生物，屬於多酚二內脂。天然的鞣化酸廣泛存在於各種軟果、堅果等植物組織中，尤其在雙子葉植物中，至少有 75 個科含有鞣化酸，常見的水果如蔓越莓、草莓、覆盆子都會有鞣化酸，其中尤以覆盆子含量最豐。鞣化酸具有多種生理功效，它的抗氧化活性是維生素 E 的 50 倍，對抗癌、抗菌、抗病毒、預防胃潰瘍、減輕癌症患者化療的不適以及凝血、降血壓都有效。

(3)阿魏酸（Ferulic acid, FA）

阿魏酸是在植物界普遍存在的一種酚酸，它存在於許多植物的葉子與種子中，不同顏色的蔬果中也都可以看到阿魏酸的蹤跡，如酪梨、草莓、蘋果、鳳梨、南瓜、玉米中都富含阿魏酸。因其具有較強的抗氧化活性和防腐作用，而被廣泛應用於醫藥、農藥、保健品、化妝品原料和食品添加劑方面。近幾年在其生理活性方面廣泛而深入的研究後發現阿魏酸及其衍生物具有抗血栓、降血糖、降血脂、消炎、防癌等生物活性，激起了營養學家莫大的興趣。尤其在發現它可延緩腦部退化時間及抵抗紫外線對皮膚的傷害後，阿魏酸已成為一種內吃外用兼優的抗老化保養品。

⑷沒食子酸（Gallic acid）

沒食子酸可以單獨存在，也可能來自單寧（Tannins）水解後的產物。在很多水果中，如芒果、櫻桃、蘋果、紅石榴、葡萄及葡萄籽等都含有沒食子酸，茶葉中含量也很多，它不但能增強維生素 C、維生素 E 的抗氧化作用，保護我們的心血管，科學家也證實葡萄籽抽出物中的沒食子酸能抑制攝護腺癌細胞的生長。

⑸對香豆酸（P-coumaric acid）

對香豆酸在青椒、胡蘿蔔、蕃茄、大蒜、草莓、鳳梨中都含量豐富。它除了可減少粥狀動脈硬化發生的機率外，並能抓住蔬菜或加工食品中的硝酸鹽，避免硝酸鹽在胃腸中還原為亞硝酸鹽，進而轉變為容易引起胃癌的亞硝酸胺致癌物，所以如果喜歡享用香腸或臘肉的朋友們，在吃的時候不妨配一兩顆大蒜，炒的時候放一些青椒，可以減少致癌的疑慮。

4. 有機硫化物（Organosulfur compounds）

這一類的植化素因為都含有硫，所以稱為有機硫化物，主要存在於百合目石蒜科植物或十字花科植物中，但它們並不像上述其他三大類的植化素，彼此間含有類似構造，因此，有機硫化物在植物中所扮演的功能不盡相同，經攝食進到人體後也會發揮不同的功效。有機硫化物常見的植化素有以下六種：

⑴蒜素（Allicin）

蒜素具有特別的氣味，當大蒜植物受到傷害或蟲害時，植物細胞中的蒜胺酸（Alliin）會經由蒜酶素轉化成蒜素（又稱為大蒜辣素）用來驅趕昆蟲及消滅微生物，後來科學家發現蒜素對人體不但可抑制幽門桿菌的生長，預防胃潰瘍，並具有抗氧化能力，預防粥狀動脈硬化。由於蒜素不是很穩定，烹煮會加速破壞，所以吃大蒜最好整顆直接生吃。

⑵麩胱甘肽（Glutathione）

麩胱甘肽是一種由三個胺基酸組合而成的有機硫化物，在某些氧化還原反應中作爲一種輔酶，人體可以自行合成。它的主要來源是動物食品如肉類、奶類，蔬果中含麩胱甘肽較多的如蘆筍、花椰菜、菠菜、帶皮馬鈴薯、蕃茄、酪梨、葡萄柚、草莓、柳橙等。麩胱甘肽是細胞內保有還原力的最佳物質，是細胞年輕的泉源。它在肝臟的解毒酵素系統中扮演非常重要的角色。肝臟中重要的解毒酵素稱爲麩胱甘肽-S-轉移酵素（Glutathione-S-transferase）。此酵素主要功能就是把原本脂溶性的有害物質或致癌物附上麩胱甘肽後，變成水溶性的型態，比較容易排出體外。爲維持麩胱甘肽的還原態，最好能有足夠的維生素 C 及維生素 E 做輔助。

⑶異硫氰酸鹽（Isothiocyanate）

異硫氰酸鹽俗稱芥子油，它是含硫配醣體芥子油苷（Glucosinolates）的降解產物，芥子油苷在雙子葉植物中分布很廣，現在被鑑定出的芥子油苷已有 100 多種，主要存在於十字花科類植物中，它使這類蔬菜具有特殊氣味，像我們常吃的綠色花椰菜、芥菜、高麗菜、大白菜、蕪菁、白色花椰菜等都含有異硫氰酸鹽，據研究發現異硫氰酸鹽能夠抑止肺癌、食道癌、腸癌、胃癌以及前列腺癌，可誘發腫瘤細胞走向凋零。

⑷蘿蔔硫素（Sulforaphane）[4]

蘿蔔硫素主要存在於綠色的十字花科蔬菜中，它是由含硫代葡萄糖苷（Glucosinates）經植物體內黑芥子酶（Myrosinase）水解所得。主要存在於我們常吃的綠色花椰菜、甘藍菜、芹菜、高麗菜、大白菜、小白菜、蕪菁、白色花椰菜等蔬菜中。蘿蔔硫素本身是良好的抗氧化劑，它可降低罹患大腸癌、乳癌、前列腺癌的風險；又能有效抵禦幽門桿菌，像花椰菜、甘藍菜都可用來預防或治療消化性潰瘍；除此之外，蘿蔔硫素也可以對抗紫外線的傷害，不論是口服或外用，都能達到保護皮膚的效果。

5. 植物性雌激素（Phytoestrogen）

植物性雌激素的構造與身體中的雌激素類似，它的功效雖不及體內的雌激素，但根據近年來的研究已證實它在調節荷爾蒙的作用上扮演重要的角色，無論在預防醫學或是在治療的使用上都越來越重要。目前研究最多的植物雌激素有以下三大類，分別是豆香雌酚、大豆異黃酮素及木酚素。

⑴豆香雌酚（Coumestrol）

豆香雌酚主要存在於綠色或黃色的豆類以及豆類發芽的組織中，尤其在苜蓿（Alfalfa）、紅三葉草豆芽（Clover sprout）、黃豆芽、綠豆芽的含量特別高。豆香雌酚可以抑制噬骨細胞（Osteoclast）的活性，減緩骨質流失的速度，因此要預防骨質疏鬆時，不但要注意鈣質的補充，也要多攝取一些含有豆香雌酚的蔬果。除此之外，豆香雌酚也可舒緩停經症候群、減少乳癌發生率，並增加肝臟細胞內「低密度脂蛋白接受器」（LDL receptor）的活性，可幫助降低血漿中的膽固醇。

⑵異黃酮素（Isoflavone）

大豆異黃酮素（Soy isoflavone）是近年來熱烈被研究的異黃酮素之一。它是來自於黃色大豆，像豆漿、豆腐及許多豆製品都是華人重要的蛋白質及大豆異黃酮素的良好來源。大豆異黃酮素不但可降低罹患乳癌、子宮內膜癌、前列腺癌的風險，對預防骨質疏鬆症及心血管疾病也有效果。

⑶木酚素

木酚素是一種植物的多酚，英文是 Lignan，常與木質素（Lignin）相混，實際上兩者的功能迴異。木酚素廣泛存在於不同顏色的蔬菜、豆類、穀類中，其中亞麻籽（Flaxseed）及芝麻的含量較高。木酚素本身是非活性物質，經由腸道微生物作用可以轉換成構造與雌激素類似的物質（Enterolactone 和 Enterodiol），因而有植物性雌激素（Phytoestrogen）之稱。這些雌激素通常在低濃度時具有與雌激素相同的作用，而在高濃度時則具有拮抗雌激素的效果。研究發現，木酚素能夠抑制卵巢合成過多的雌激素，可降低罹患乳癌的風險；對婦女停經期間身體不適的症狀：如皮膚潮紅、陰道乾燥、骨質疏鬆也能改善。除此之外荷蘭科學家也發現血漿中 Enterodiol 與 Enterolactone 含量和罹患結腸與直腸癌的嚴重程度呈反比，因此，我們可以多吃一些含有木酚素的食物，以預防結腸、直腸癌的發生。

6. 未分類的（unclassified）

有許多對人類健康有益的植化素無法被分在以上五大類中，著者暫時把它放在「未分類的」第六大類中。讀者可能對這一大類的植化素感到陌生，但其中有一些在媒體與廣告上宣傳已久，以下分別做一簡單介紹。

(1) β-胚固醇（β-Sitosterol）

β-胚固醇是一種植物固醇類，廣泛存在於植物中，蔬果中則以酪梨、豌豆、黃豆、南瓜籽爲主，其他如麥芽、花生、玉米油都是 β-胚固醇的來源。它主要的功效是減少腸道對膽固醇的吸收與抑制慢性攝護腺的增生，這也是爲什麼醫生會建議攝護腺肥大的人多吃一些南瓜籽的原因。

(2) 苦瓜苷（Charantin）

苦瓜苷是一種皀素類，是存在於苦瓜中的一種可降低血糖的植化素。古代的中國及印度已經用來醫治糖尿病了。近代科學家發現苦瓜苷能刺激胰臟的 β 細胞分泌胰島素，可將血液中的葡萄糖帶入細胞內利用，因此達到降血糖的功能。但苦瓜苷只是對成年不需要靠打胰島素來治療的糖尿病患才有效。若希望用苦瓜苷來治療高血糖，應遵照醫生的指示。

(3) 葉綠素（Chlorophyll）

葉綠素最主要的功能在於能讓植物進行光合作用，可以將陽光、二氧化碳、水轉化成碳水化合物及氧。一般葉菜類、藻類含量較豐富，水果含量較少。它是優秀的抗氧化劑，能增加身體對氧氣的利用率，又能增強肝臟的解毒能力，也能加強傷口的癒合能力。除此之外，它又是身體的淨化劑，能抑制壞菌的生長，因此葉綠素也被視爲天然的除臭劑。

(4) 薑黃素（Curcumin）

薑黃（Turmeric）是我們常吃的咖哩中的主要成分。以前在亞洲熱帶地區，除了把薑黃作爲調味料之外，經常把它和其他草藥一併使用來治療扭傷、肝病、眼疾、牙痛等疾病。現在發現咖哩與薑都含有一種特殊的植化素——薑黃素，它是一種強氧化劑，不但能保護心血管，有效地降低血管中低密度脂蛋白（LDL）被氧化，因此能減少粥狀動脈硬化的機會，也能保護腦細胞免於自由基的攻擊，以及抑制β類澱粉蛋白沉積在腦神經的突觸，是防止或延緩阿茲海默症重要的植化素。除此以外，許多動物實驗發現，薑黃素能抑制腫瘤細胞生長速度，並能夠選擇性地殺死癌細胞，薑黃素很有可能是抗癌的明日之星！並在臨床發現薑黃素也能舒緩類風濕關節炎症狀。

(5)檸檬苦素類（Limonoids）

檸檬苦素類主要存在於柑橘類的水果或果皮中，此類植化素中有兩種可增加我們肝臟中解毒酵素——麩胱甘肽-S-轉移酵素的活性，分別是檸檬苦素（Limonin）與諾米林（Nomilin），它們都能將體內的致癌物質轉化成較容易排出體外的型態。目前已知檸檬苦素類對抗口腔癌、皮膚癌、肺癌、乳癌、骨癌及直腸癌等都有令人興奮的研究成果。

最後必須提醒讀者的是植化素雖然被證實對人體健康有顯著的功效，但在攝取時仍要注意個體的差異，最好還是先諮詢專業醫生或營養師，經評估後再依自己的體質取用。有些植化素對人體健康是不利的，如木薯中的生氰醣苷（Cyanogenic glycosides）、菜子油中的芥子油苷（Glucosinolates 或 Mustard oil glucosides）等，至於含高量單寧（Tannins，又稱鞣酚）的植物會影響人畜的消化，從而降低食物或飼料的營養價值。因此不同的植物中的次級產物對植物產品品質及商品價值，有決定性的作用。當我們在享用新鮮的蔬果前，必須對蔬果內的植化素有清楚的理解，並且也要知道它們的產地（如土壤是否受汙染？）與種植狀況（如是否施用農藥？），才不致誤用植化素或受保健食品廣告的誤導。

1. http://www.fruitsandveggiesmorematters.org/what-are-phytochemicals

2. http://lpi.oregonstate.edu/mic/dietary-factors/phytochemicals

3. http://lpi.oregonstate.edu/infocenter/phytochemicals/resveratrol

4. http://www.clinicalepigeneticsjournal.com/content/3/1/3

第八章　植物生長要怎樣調節營養

由以上七章，我們已經了解了植物需要哪些營養要素，而且如何吸收及代謝，但是植物營養最終目的，是研究如何用營養素來調節植物的生長。所以在這一章主要是說明如何以營養素來調節營養，對某些作物來說是比較簡單的，但對需經過不同生長階段才能收穫或是多年生作物而言，則必須了解作物生長各階段的營養特性，再針對我們的需要進行營養調節，才能獲得最大的經濟收益及良好之品質。

植物的生長與生長因子

植物的生長、分化與發育

植物的生長（Growth）

生長的涵義：生長乃爲植物的增殖，原生質增加，乾物質增加，以及植物體增大，所以植物的生長不但只是體積的增大，同時也是使周圍環境中散漫的物質，如二氧化碳、水分與無機化合物轉變爲具有結構性之大分子，如澱粉、蛋白質、脂質等，這也是我們在第一章所提到的植物生長是熵（entropy）減少之過程。

生長率與生長量：如從反應物與生成物的角度去看，植物生長也可視爲化學反應之綜合表現。它的反應物主要爲各種小分子及離子，其生成物即爲初級產物及次級產物（圖 8-1）。因此，植物生長的每一階段（Stage）或相（Phase）所增加的物質，即爲此階段或相所經歷之時間（t）與單位時間反應量（生長速率）（V=G/t）之積，即 G=（G/t）· t。生長速率大，生長相長，則生長量必大（圖 8-2）。

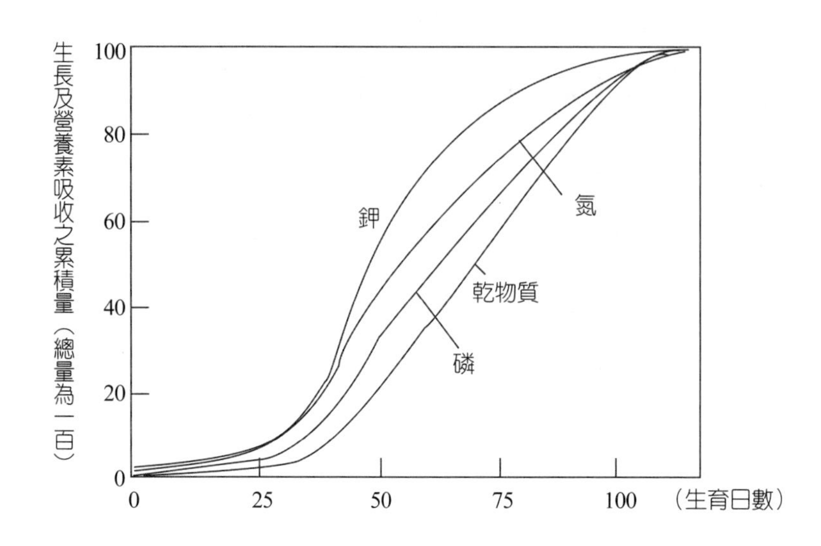

圖8-1　玉米在生長過程中吸收鉀、氮、磷及乾物質累積之模式圖

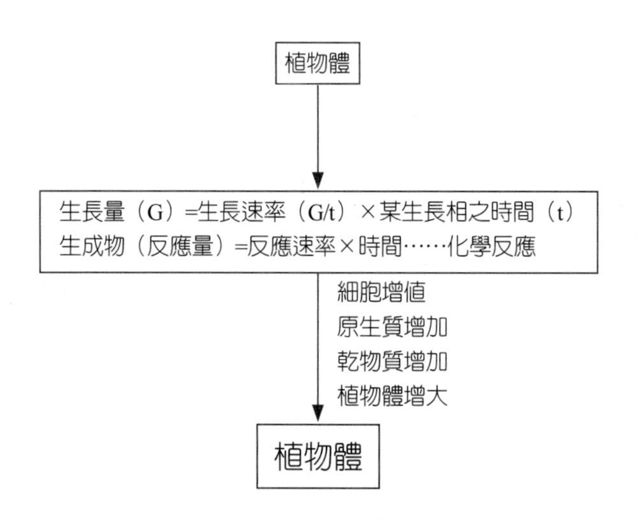

圖8-2　生長之示意圖

植物的分化（Differentiation）

分化通常是指質的變化而非量的變化。此種質的變化可能是結構上的變化，亦可能是生理或生化功能之變化。植物的分化有很多的層次（level），其中最高的層次是植物體的形成，該層次包含根與枝條（shoot）。枝條內又可分化爲各種器官，如莖、葉、芽與花，而各器官內又有組織層次與細胞層次之分化。

植物的發育（Development）

一般所指的發育是包括了生長與分化兩種過程，植物的生長與分化可同時進行，如根之表皮細胞分裂成兩個細胞時，其中一個可繼續分裂，另外一個則可分化成根毛。有時生長與分化並不同時進行，例如種子形成時，胚乳生長之同時並無分化現象發生。

植物發育的過程為：

1. 植物從種子萌芽開始，只依靠種子中儲存之養分進行生長（異營過程）。待幼根發育後，則能吸收介質中的營養素，以 CO_2 和水為原料，以太陽光為能源，進行光合作用（自營過程），及各種同化與降解作用，植物得以生長與發育。今以水稻為例（圖 8-3）。

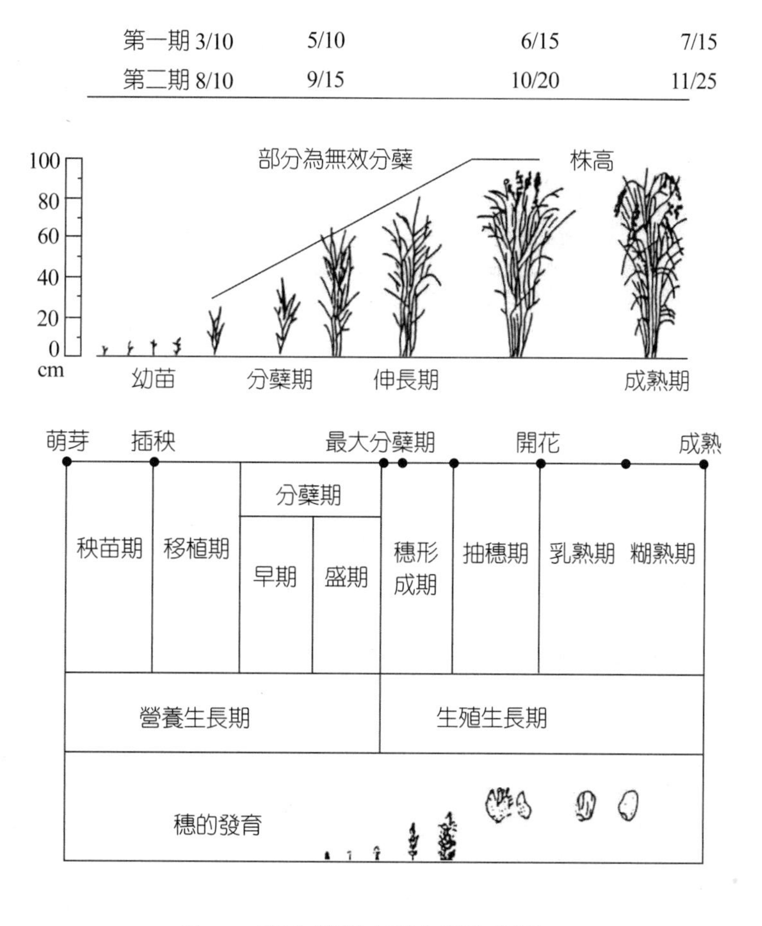

圖8-3　臺北栽培水稻之各生長期

2. 植物之生育與乾物質之累積：圖 8-4 表示水稻的生育過程。隨著株高的生長，葉莖的擴大，乾物質增加，田間單位面積產量亦隨之增加。葉面積與水稻立地田間面積之比的葉面積指數（Leaf area index, LAI），和株高都大約在開花期達到最大值；乾物質在開花後，則繼續增加；而透過稻冠（canopy），到達地面的光量與照射到水稻葉面的光量比例 —— 透光率（Light transmission ratio, LTR），則隨 LAI 的增大而減少。如果從生育期的變化來理解植物的生長，則多數一年生植物，從播種到莖葉的繁茂發育可視爲營養生長，自花芽分化到開花結果則視爲生殖生長。以稻穀爲例，由播種到幼穗分化爲營養生長期，幼穗分化後到收穫爲生殖生長期。從圖 8-5 則可知，水稻的營養生長期以分蘗爲主，生殖生長期則以結實爲主。

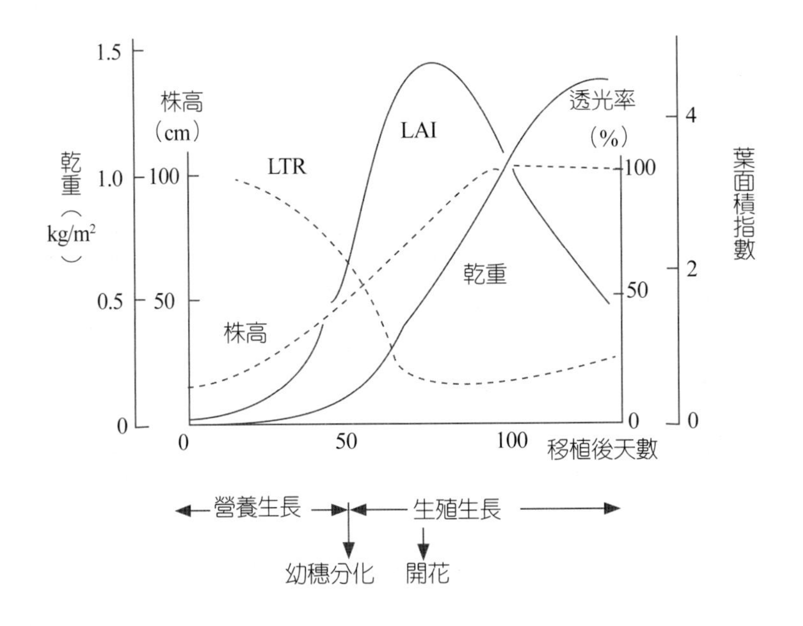

圖8-4 水稻生長過程株高、葉面積指數、透光率及乾物重變化

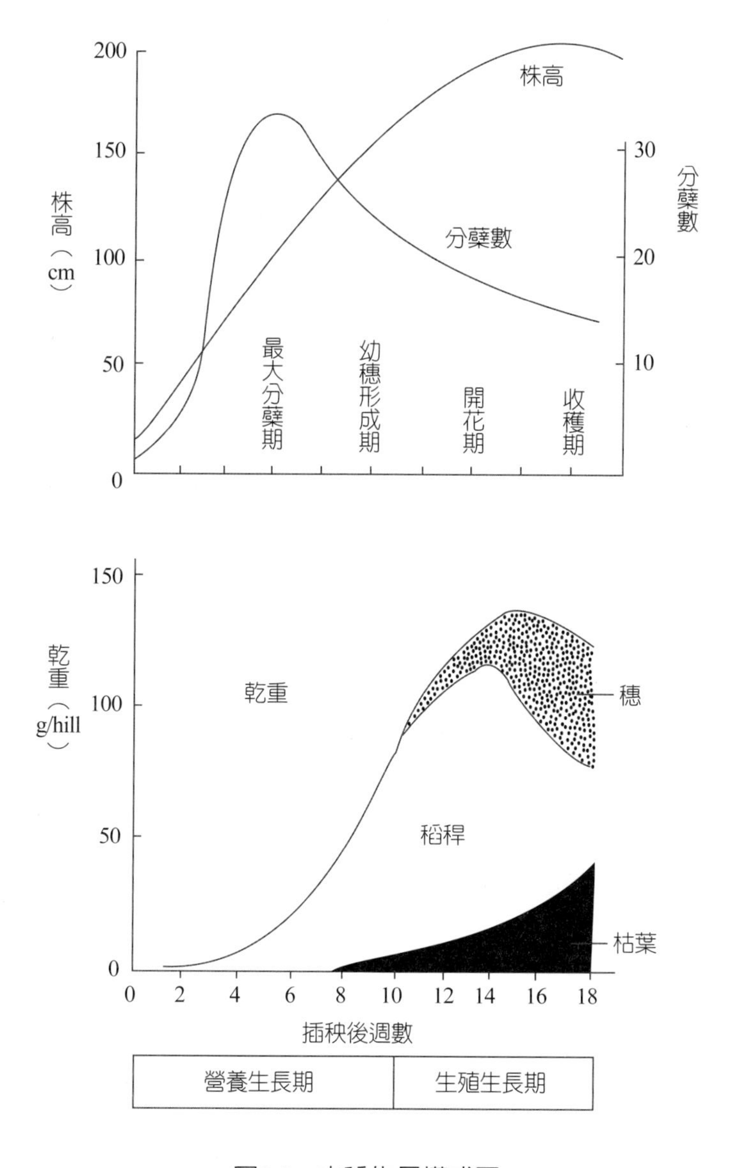

圖8-5　水稻生長模式圖

接下來，我們再來談談何謂植物荷爾蒙與植物之發育。植物荷爾蒙，又名植物激素，是一種有機物質，它在植物體內某一部位合成，運輸到其他部位後能產生特殊之生理、生化或形態上反應。因此，植物荷爾蒙可視爲一種生長過程中的訊號（signal），通常所需之濃度極低。植物荷爾蒙常見的六大主要類別爲：

1. 細胞分裂素（Cytokinins: CYT）

(1)生合成：由 AMP 經 N^6-dimethylallyl-AMP 最後合成 zeatin 及 kinetin。

(2)構造式：以 zeatin 及 kinetin 爲例呈現如下：

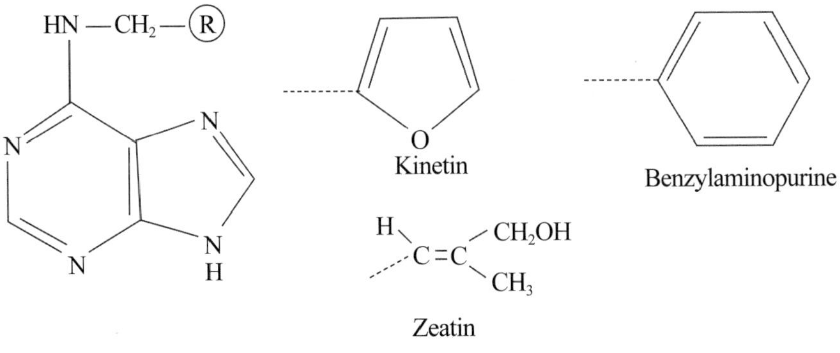
HN—CH2—R
N
N
N
N
H
O
Kinetin
Benzylaminopurine
H
C=C
CH2OH
CH3
Zeatin

Cytokinins(CYT)

(3)合成位置：合成的位置有三種；主要合成於根之分生組織、部分合成於莖葉分生組織及種子的胚部，及主要由根轉入莖葉。

(4)功能：其功能有促進細胞分裂及增大，刺激 RNA 及蛋白質的合成，並防止老化；開花後自根部輸出大增，同時也有大量自葉轉入花及種子，促使植物老化。

2. 激勃素（Gibberellins: GA）

目前已知的有八十餘種，下面僅以 GA_3 爲例。

(1)生合成：可由 mevalonic acid 經由 GGPP（geranylgeranyl pyrophosphate）、ent-Kaurene 及 ent-Kaurenoic acid 合成。

(2)構造式如下所示：

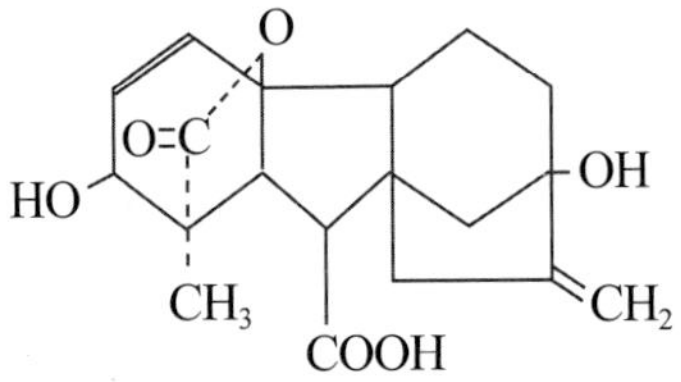
O
O=C
HO
OH
CH3
COOH
CH2

Gibberellic acid(G_3)

(3)合成位置：合成的位置有二種，伸展葉及莖間與果實及種子。

(4)功能：細胞擴張、打破芽及種子的休眠、引發開花及水解的合成。

(5)拮抗物／抑制劑：滯克素（商品名爲 Cycocel，化學名爲 Chlorocholine Chloride，簡稱 CCC），可抑制植物生成 GA，使作物的莖短矮粗壯，不易伏倒。

3. 生長素（Auxins）：以 IAA 為例

(1)生合成：由 tryptophan 經 indole-3-pyruvic acid 最後合成吲哚乙酸（IAA）。

(2)構造式如下所示：

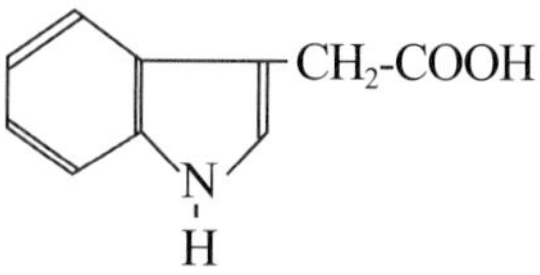

Indole-3-acetic acid

(3)合成位置：主要爲分生組織或年幼的伸展組織，而雙子葉主要爲頂端分生組織及幼葉，與向下輸送。

(4)功能：細胞增大；形成層中細胞之分裂及分化；引發頂端優勢，可抑制下部側芽萌發；誘發及活化酶（如H^+-ATPase）；拮抗物／抑制劑：ABA。

4. 剝離素（Abscisins）：以剝離酸或稱離層酸（ABA）為例。

(1)生合成：由類胡蘿蔔素（carotenoid）的 violaxanthin 或 neoxantin 經裂解成 ABA。

(2)構造式如下所示：

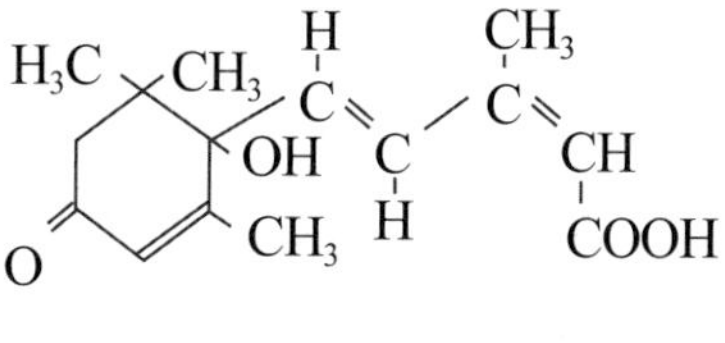

Abscisic acid(ABA)

(3)合成位置：在分化完成之莖葉根芽等部位。

(4)功能：其功能有抑制莖葉細胞之延伸、誘發氣孔關閉，促使葉子及果實脫落、誘發種子及芽的休眠、抑制 DNA 合成、活化核醣核酸酶、增加質膜的滲透性。

(5)拮抗物／抑制劑：IAA、CYT、GA。

5. 乙烯（Ethylene: ET）

⑴生合成：由 L-methionine 經由 SAM（s-adenosyl-L-methionine）及 ACC（1-aminocyclopropane - 1-carboxylic acid），最後合成乙烯。

⑵構造式爲：$CH_2 = CH_2$

⑶合成位置：植物的各器官。

⑷功能：促進發芽；改變根的生長；通氣組織的形成；促進開發、結果、老化。

⑸拮抗物／抑制劑：可能爲 Co、Ag

6. 茉莉酸（Jasmonic acid: JA）：

⑴生合成：Linolenic acid 氧化 13-Hydroproxy-linolenic acid，經過氧化氫環化酶（Hydroperoxide cyclase），再經脂肪酸之 β- 氧化途徑，最後可得到 JA。

⑵構造式如下所示：

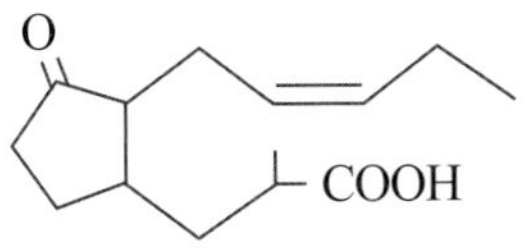

O
COOH

Jasmonic acid

⑶功能：促進葉片老化、果實成熟、塊莖發育（如馬鈴薯）、儲存蛋白質的形成以及氣孔關閉；抑制細胞生長及種子發芽；活化合成抗毒素（phytoalexin）的基因，以減低受傷組織之感染。

⑷拮抗物：CYT。

以上只列出六類常見的植物荷爾蒙。實際上荷爾蒙的種類繁多，人類所知的仍很少。即使對植物細胞及各組織中普遍存在，且有荷爾蒙功能的多胺化合物（polyamines, PAs），如腐胺（putrescine）、亞精胺（spermidine）、精胺（spermine）的確實功能，也還沒有獲得一致的看法。目前已知多胺化合物既有保護質膜的作用，又有延緩老化的功能。在穀粒作物中，它合成的前驅物主要爲精胺酸（arginine），且在受到乾旱、高溫及鹽害時，能急速增加（Galston & Sawhney, 1990）。在缺鉀或施用 NH_4^+-N 時，也會累積（Gerendas & Sattelmacher, 1990），但缺氮時，即使缺鉀，濃度仍很低。根據這些資料，這些多胺化合物應視爲荷爾蒙，還是視爲第二訊號（second messenger），至今仍有爭議。爲了使讀者對第二訊號有更清楚的認識，特用圖 8-6（Marschner, 1995），以 Ca^{2+} 作爲第二信號爲例，做一說明。此圖中之 Ca^{2+} 是很明顯受環境因子的影響，由攜鈣素（calmodulin）及液胞轉出，先活化蛋白激酶（proteinkinase），最後促進 mRNA 的合成，並刺激各種生理反應。讀者看了此圖，認爲應將多胺化合物看成荷爾蒙呢？還是質膜上的受體受了環境因子的刺激後所產生的物質，作爲第二信號活化特定基因？或啓動其他生化反應呢？它與光敏素（photochrome）有沒有關聯呢？不妨仔細思考一下。

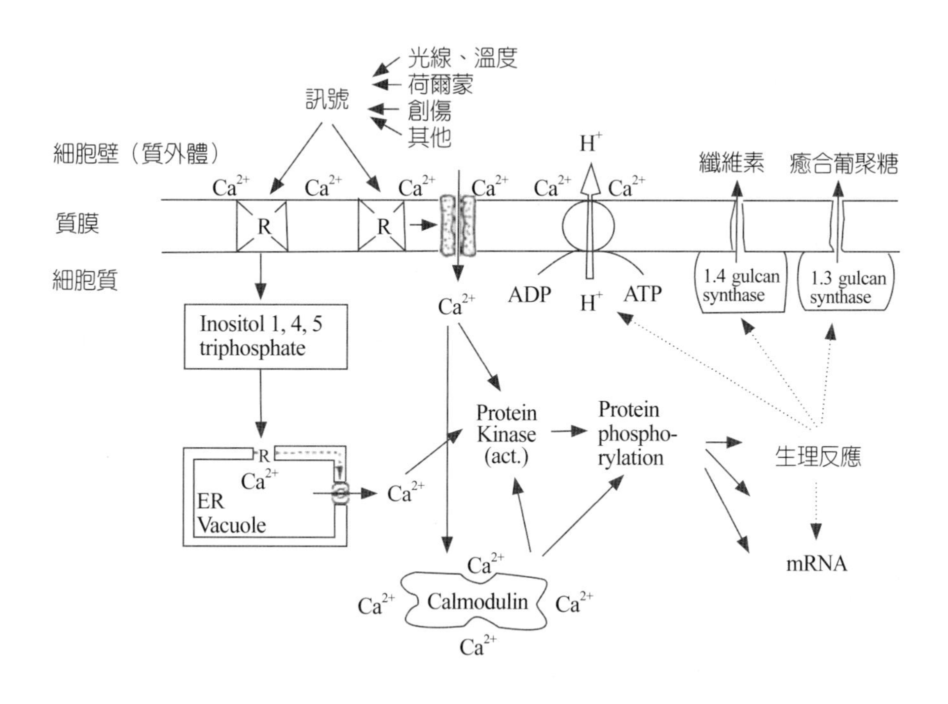

圖8-6　植物細胞中鈣作為第二信號示意圖（Marschner, 1995）

如果我們稍微注意，合成各種植物荷爾蒙的前驅物（precursor），會發現一個共同點：就是這些前驅物平時即在細胞中存在，而且它們可合成很多化合物，端視細胞每一個生長期的需要，及基因與酶的活化。在此過程，植物若遇有逆境，或受到傷害，則這些前驅物立即可合成抵抗逆境或減低傷害的物質。圖 8-7 即是合成茉莉酸（Jasmonic acid）及癒傷素（traumatin）之路徑。若遇乾旱，則茉莉酸（JA）會大量合成並誘發抗旱的蛋白質（Parthier, 1991）；若遇傷害，則能合成癒傷素使受傷附近的細胞分裂，盡早癒合。同時也產生了有揮發性的已醛、已醇、已烯醛、已烯醇。這些醛醇類本來即是水果及蔬菜中特有的氣味及味道的來源，但在遇到傷害時，則又有抵禦細菌、眞菌、昆蟲之能力。至於合成 JA 前驅物的次亞麻油酸（linolenic acid）則是可作建構細胞膜脂質的重要材料，因此隨時都在細胞中合成。從這個例子，我們不但可以體會到植物細胞工廠的複雜性，並能了解到植物為了適應外界環境，必須演化及發展出一套既經濟有效，而又能迅速反應的生存之道。

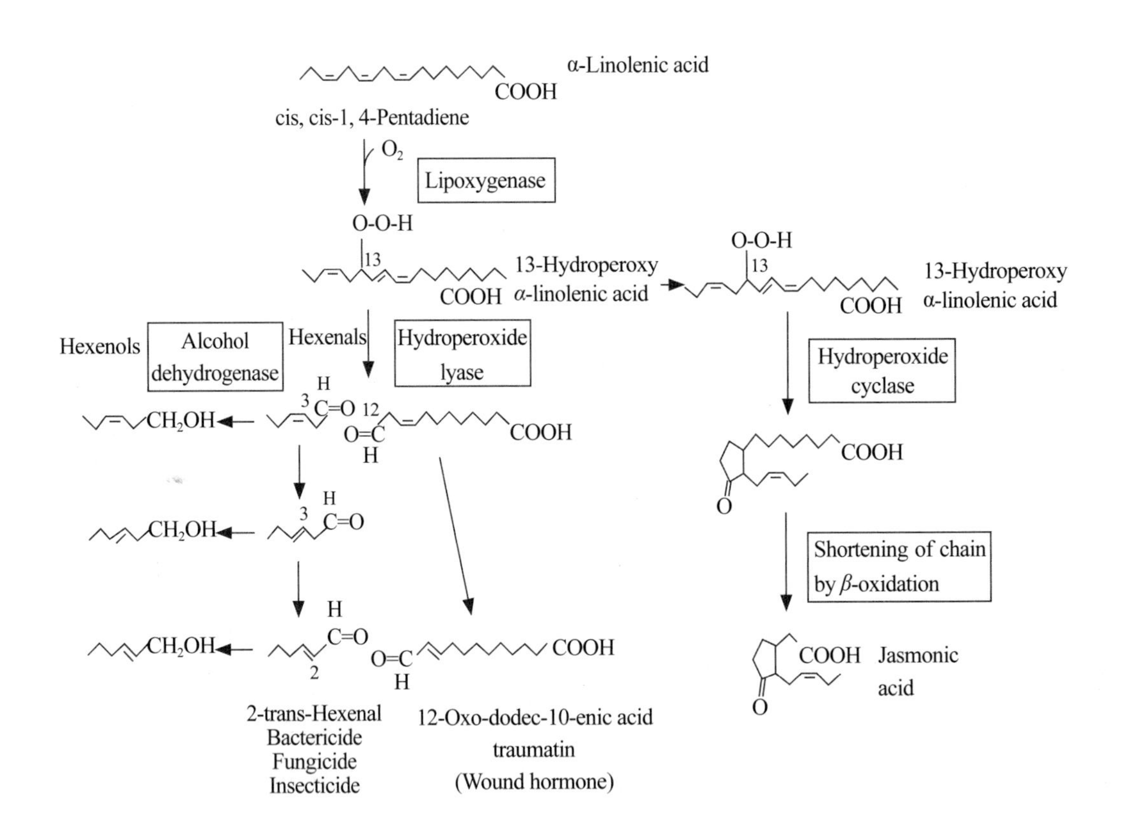

圖8-7　由次亞麻油酸合成癒傷素及茉莉酸之路徑（Hans-Walter Heldt, 1997）

植物荷爾蒙與植物之發育：植物的發育受其遺傳特性之控制，因此不同品種之植物在相同環境下，其生長與分化各異。許多資料顯示，植物荷爾蒙可以影響基因訊息的表現及生化反應進行。換言之，植物荷爾蒙可以經由基因訊息，控制植物發育。例如禾穀類種子發芽時，胚乳內澱粉之分解，係受 α-amylase 之控制，而激勃素（Gibberellins）可以經由轉錄作用控制 α-amylase 之合成（Higgins et al., 1976），合成纖維分解酶（cellulase）所需的 mRNA，則是受 2-4D 之控制（Verma, 1975）。

環境影響植物的發育，一般可經由兩個步驟：⑴經由光敏素（Phytochrome）系統。光敏素是一種帶有可吸收光的輔助基之蛋白質，以 P_r 與 P_{fr} 兩種可逆的形式存在，對紅光及遠紅光（$P_r \underset{\text{遠紅光}}{\overset{\text{紅光}}{\rightleftharpoons}} P_{fr}$）以及日照的長短非常敏感，與荷爾蒙反應、酶活性以及植物的生長與分化都有密切關係。⑵經環境的訊息轉變爲化學訊息，再由化學訊息促成或抑制某一特定反應之進行，結果使植物生長受到促進或抑制。有很多實驗證明這裡所指的化學訊息就是荷爾蒙。例如屬於長日照的菠菜，它的莖在長日照下要比在短日照下爲高，若在短日照下以 GA_{20}（Gibberellins 之一種）處理，也可促進莖的生長。經分析菠菜體內之 GA_{20} 含量，發現長日照處理者比短日照處理者高七倍（Metzger & Zeevaart, 1980），而且 GA_{20} 含量在莖開始生長以前即增加，這說明了環境因子可影響植物體內荷爾蒙濃度變化，進而影響植物的生長與發育。

以荷爾蒙在乳熟期之表現爲例：Marschenr（1995）根據 Michael 和 Beringer（1980）、Wheeler（1972）以及 Goldbach 和 Michael（1976）、Jameson（1982）對小麥及大麥之研究結果，繪製圖 8-8。由圖中顯示，細胞分裂素大約在開花後一星期出現高峰，它能控制穀粒胚芽細胞的形成，因而對穀粒大小有顯著影響。激勃素和吲哚乙酸（IAA）大約在開花後 3 至 4 週分別出現高峰，所以這類激素也可能促進穀粒生長。近年 Lur 及 Setter（1993）在玉米成熟過程亦發現細胞分裂素與吲哚乙酸高峰的出現有相同的順序。而剝離酸（ABA）增加的速率則很慢，一直要到穀粒成熟後期快速失水時，才到達最高點。根據 Goldbach 等人（1977）的研究，ABA 所以延後累積，主要是由於穀粒生長初期，輸入穀粒的 ABA 很快就被分解，但到穀粒生長後期，則能大量儲存，正可發揮抑制種子發芽的功能。這些變化都說明植物荷爾蒙在植物生育過程扮演重要的角色。

以上荷爾蒙在穀類的功能及出現的先後次序，也同樣呈現在新鮮的果實中，如蕃茄（Desai & Chism, 1978）和葡萄（Alleweldt et al., 1975）。實際上，植物荷爾蒙影響植物的生長過程非常複雜，其製造、運輸、儲存、活化、反饋訊息的傳送，與受體（receptor）的結合和第二信使（second messenger）的產生，不但與供源和儲池的供需有關，也與不同品種及環境有密切關係（圖8-9）。

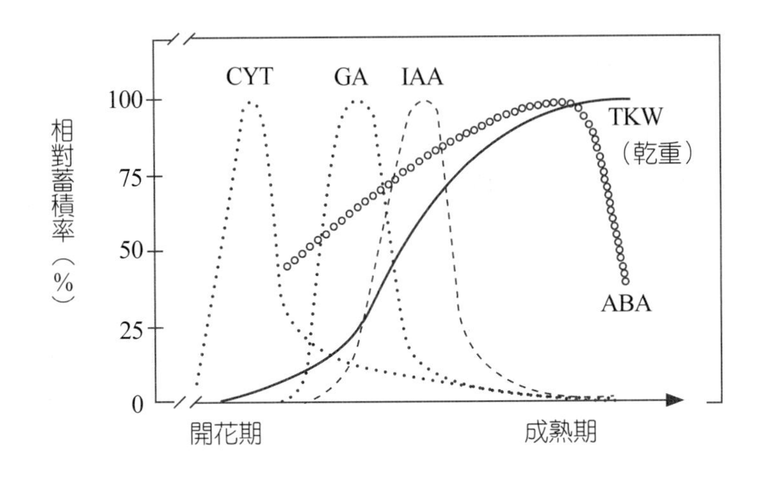

圖8-8　植物發育與植物體內荷爾蒙含量的關係（Marschner, 1995）

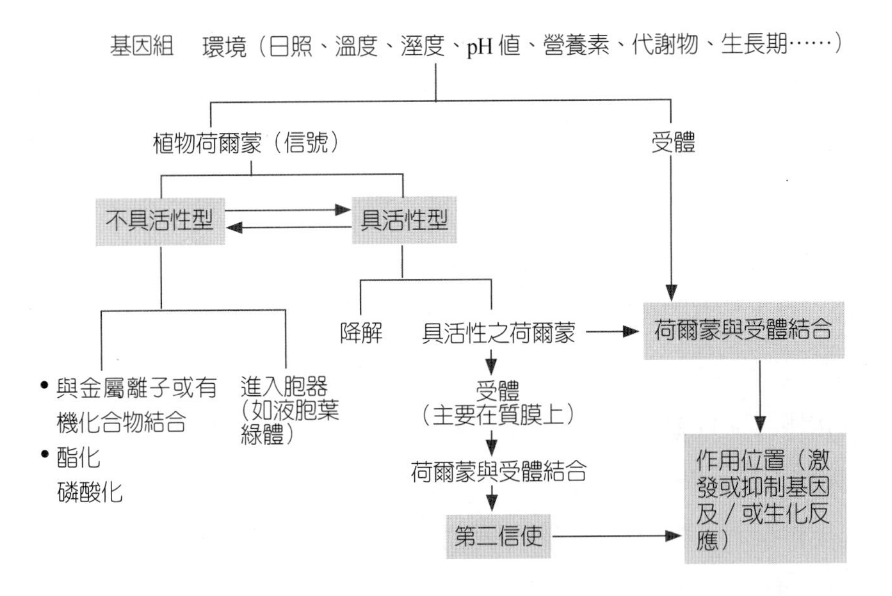

圖8-9　植物荷爾蒙在植物體內之轉變與作用之簡化示意圖

植物的生長型與生產型

生長型（**Growth type**）：植物營養既然是希望利用營養調節達到增產的目的，就必須知道作物的生長形態。作物從營養生長及生殖生長觀察，可分爲極限型與非極限型兩種形態（圖8-10）。

1. 極限型（Determinate type）：極限型的植物在柱頭上開花後，營養生長近乎停止，所以營養生長與生殖生長劃分明顯，如穀類作物。這一類型的植物對營養需求，在各生育期不同，後面將作詳細的說明。根據作物階段性營養的特性，則比較容易利用營養調節技術，做合理施肥。
2. 非極限型（Nondeterminate type）：營養生長與生殖生長兩生長期並行，兩生長期沒有明顯的界限，一面生長，一面開花，如豆類、瓜類、蕃茄等。這一類型作物對營養的需求，尤其是氮肥幾乎是全生長期的，因此營養調節比較困難。

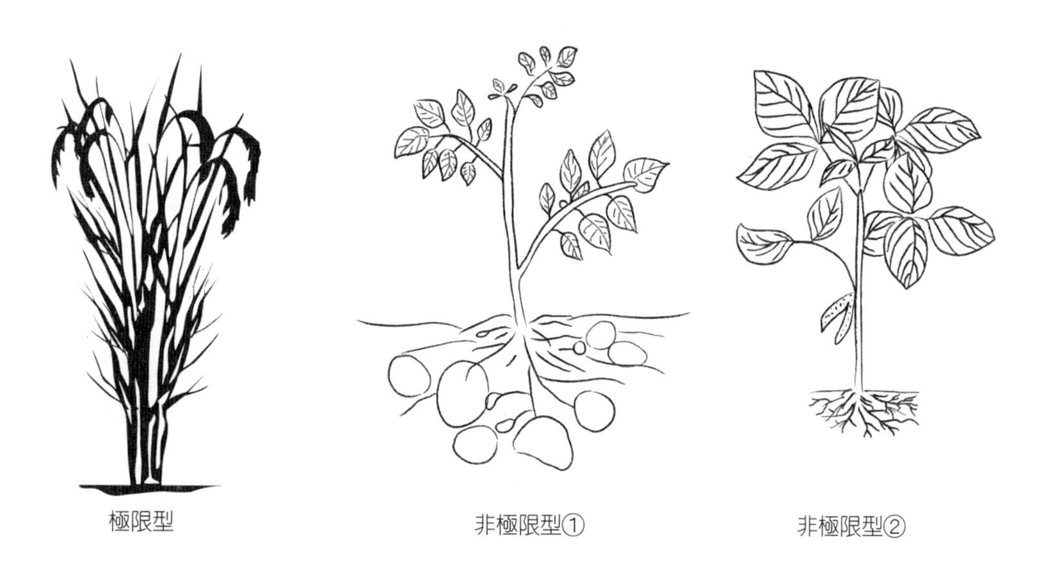

圖8-10　極限型與非極限型

生產型（**Productivity type**）：爲使生產標的物之產量達到最高，所期望的作物生長形態（表現型），謂之生產型。而作物依生產標的物來分類，可分爲：穀類作物、根類作物、油脂作物、葉菜類作物，及果樹。

以下分別介紹作物之生產型與產量：

1. 生物產量及經濟產量

⑴生物產量（Y_B：Biological yield）：即作物的全部產量。

⑵經濟產量（Y_E：Economic yield）：即作物的標的物產量，亦即實際收穫物之產量。

$$Y_E = I_C \times Y_B$$

I_C：收穫指數（Crop Index），指數最大為 1，除了部分蔬菜外，一般作物之收穫指數皆小於 1。以穀類為例，收穫指數多小於 0.5，穀類之經濟產量主要由產量組成成分（yield components）之大小決定，即：

$$Y_E = \frac{\text{株}}{\text{每公頃}} \times \frac{\text{穗}}{\text{株}} \times \frac{\text{粒}}{\text{穗}} \times \frac{\text{重}}{\text{粒}} = I_C\left(\frac{\text{穀粒總重}}{\text{每公頃}}\right) = I_C \times Y_B$$

2. 生產型之調節

I_C 值的提高，可經由育種或利用生長因子之改變，對作物的發生形態予以修飾。要經濟收穫量大，則所有組成成分要大，即穗多，一穗粒多，每粒要重，但這是不可能的。所以需控制作物生長（例如分蘗數、穗長），以期達到適當之生產型。下面舉一個常見的例子。

圖 8-11 是表示水稻施用穗肥前後幼穗及節間之長度(A)，以及施用穗肥前稻株之態勢(B)。因穗肥是決定每穗粒數及粒重的重要因子，在施用時不可不慎。為使水稻葉片增加光合作用效率，縮短無效分蘗期，節間正常生長，保持後期根部的健全，必須使葉片直立，並避免根部吸收多量氮素。因此，何時施用穗肥？施用多少？以及晒田的時間與次數，是水稻能否獲得高產的關鍵。最常用的指標是觀察幼穗的長度、葉片顏色及稻株之態勢。其中較難的是幼穗長度的掌握。若提早施用將使每穗粒數增加過多，會引起稻粒結實率的降低，同時也使下部節間過長，易於倒伏；若延後施用，則同一穗之粒數已定，穗肥之效果不彰（圖 8-11）。

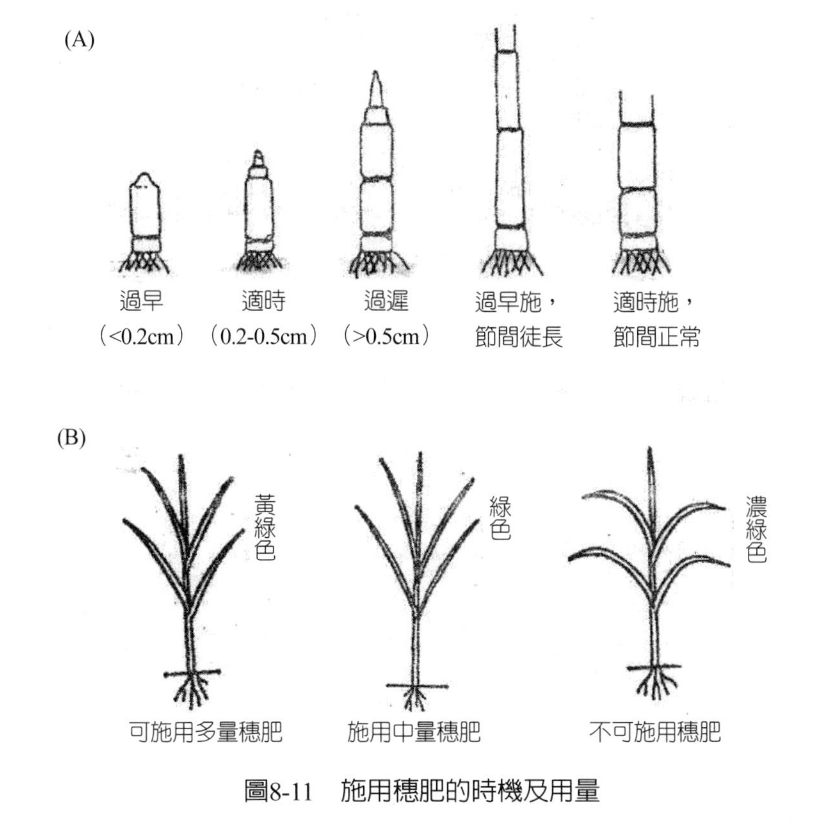

圖8-11　施用穗肥的時機及用量

影響生長的因子

影響生長率的強度因子稱爲生長因子，影響生長的因子主要是遺傳因子及環境因子。

遺傳因子

這是受該植物的基因所決定的因子，它決定植物發育成什麼樣子，即所謂遺傳型（Genotype = A_{max}）。

環境因子

這是植物周圍環境對植物生長影響的因子，例如光照、溫度、水分、空氣組成、土壤（培養基）以及各種生物因素。它可以增強或減弱植物的生長，對植物的生長有修飾（Modification）的效果。遺傳型受這些環境生長因子影響的結果，使植物呈現各種面貌，稱爲表現型（Phenotype = A_i）。植物眞正的生長潛力（遺傳潛力），永遠是不可知的，我們所看到的都是它們的表現型。事實上，影響植物生長的任何環境因子都不是獨立的，而是互相影響的，所以結果是所有因子的綜合表現，即：G（生長量）= f（$X_1, X_2, X\cdots\cdots X_n$）。

當$X_2, X_3\cdots\cdots, X_n$ 固定，只變動其中一個因子（X_1）時，則生長量將隨 X_1 而變動：G=f（X_1）$_{x_2, x_3\cdots\cdots x_n}$。

Mitscherlich 從生長量（y）、生長因子（X_i）與遺傳潛力（A_i）中，發現單位因子所引發的生長增加量，將隨該因子的增加而遞減（圖 8-12），於是他用數學方程式表示出來，即：$\frac{dy}{dx} = c(A-y)$，移項積分後得：$y = A_1(1-e^{-C_1X_1})$。

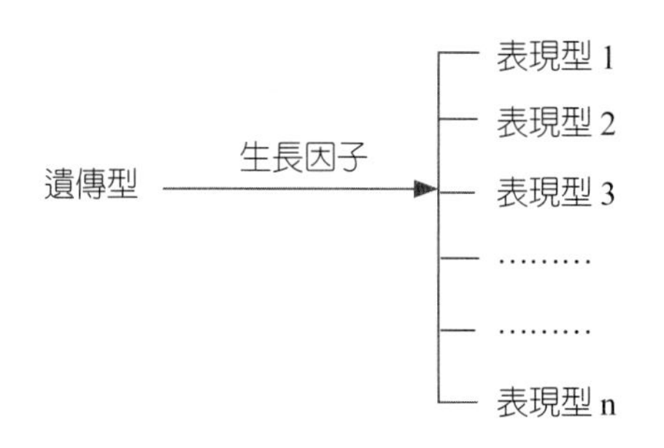

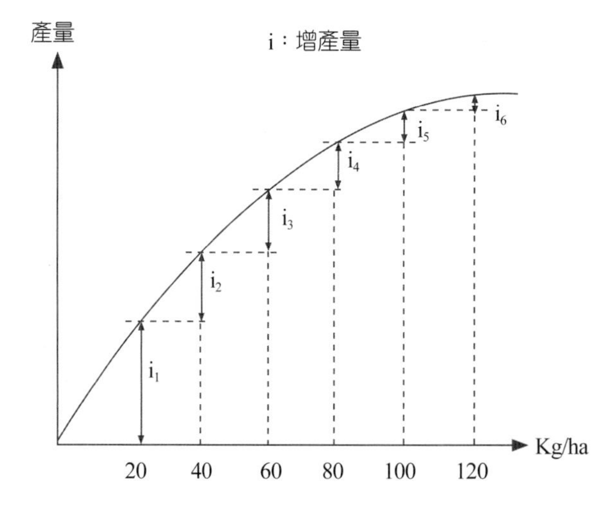

圖8-12　報酬遞減率示意圖

這個方程式所代表之意義是，當增加 X_1 到一定量時，生長量可接近一定水平（A_1），這時再改變另一因子（X_2），則又可達到新的高點（A_2），則：$y=A_2(1-e^{-C_1X_1}X_1)(1-e^{-C_2X_2})$。

當很多生長因子 $X_1, X_2, X_3\cdots\cdots X_n$ 不斷改變時，則可得：

$$y = A_{max}(1-e^{-C_1X_1})(1-e^{-C_2X_2})\cdots\cdots\cdots(1-e^{-C_nX_n})$$

在此 A_{max} 即為遺傳型的生產潛力，當 $X_1, X_2, X_3\cdots\cdots X_n$ 都充足時，則 $e^{-C_iX_i}$ 變得很小，即（$1-e^{-C_iX_i}$）趨近於 1，生產量即越接近遺傳之潛力（A_{max}）（圖 8-13）。但此為不可能的，所以當任何一個因子不充足時，則 $(1-e^{-C_iX_i})<1$，即：$y=A_{max}(1-e^{-C_iX_i})=A_i$。則 $A_i<A_{max}$，因此有不同之表現型出現，如圖 8-13 所示。

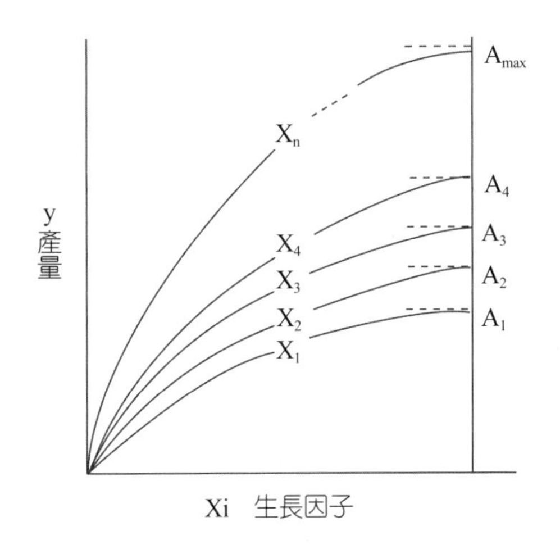

圖8-13　生長因子與遺傳潛力關係圖

植物各生育期的營養特性

植物各階段營養的實質

植物在各個生長發育階段，按照生物特性的要求，吸收各種要素，進行體內之物質代謝。植物體內物質蓄積之順序是細胞內之蛋白質、細胞之膜壁物質（包括脂質、纖維素、半纖維素、木質素等），以及碳水化合物（包括醣及澱粉）。由於營養生長期，水稻製造了大量的蛋白質，所以氮、磷、硫必須吸收很多。幼穗形成後仍需氮磷之供應，故氮、磷在轉入生殖生長期後仍繼續吸收。因為任何植物都容易吸收鉀（鉀的 K_m 值很小），在全生育期會不斷吸收，鈣的 K_m 值則很大，且在植物體的移動性小，故需不斷吸收。唯有鎂於進入生殖生長期時，才開始大量吸收。圖 8-14 則是根據許多水稻試驗結果繪製而成。

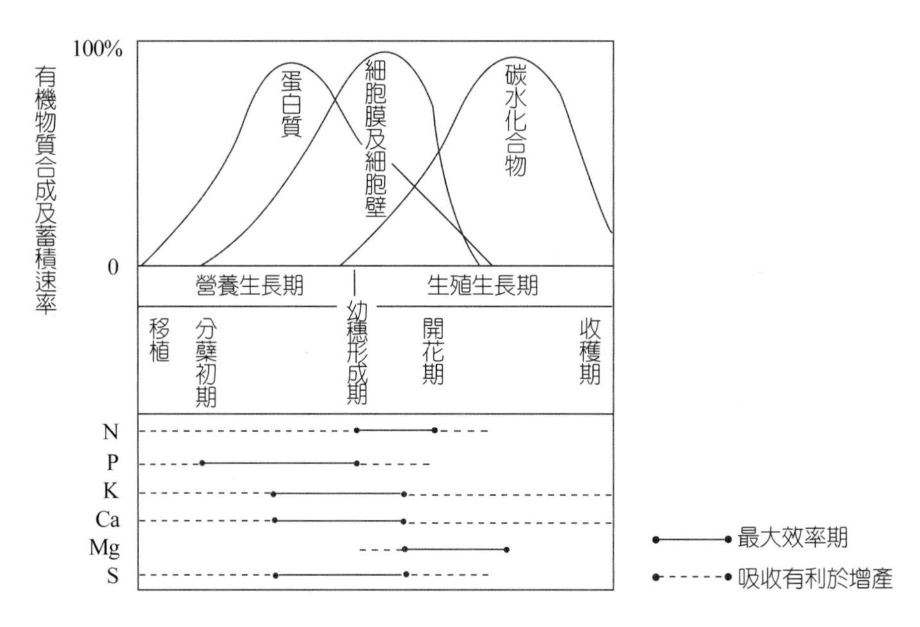

圖8-14　水稻生育初期各要素吸收量及有機物質蓄積速率模式圖（高橋等人，1969）

這種物質代謝是以碳代謝爲基礎，氮代謝爲中心，碳氮代謝互爲條件，互相制約，有節奏進行的過程，貫穿於作物整個生長期。

植物的生長週期是由種子→苗→種子的生產過程，因此實質上可分爲營養生長和生殖生長兩個時期，前者以擴大型代謝爲主，後者以儲藏型代謝爲主。今以中熟種水稻爲例，說明生長發育階段和碳氮代謝之關係（圖 8-15）：

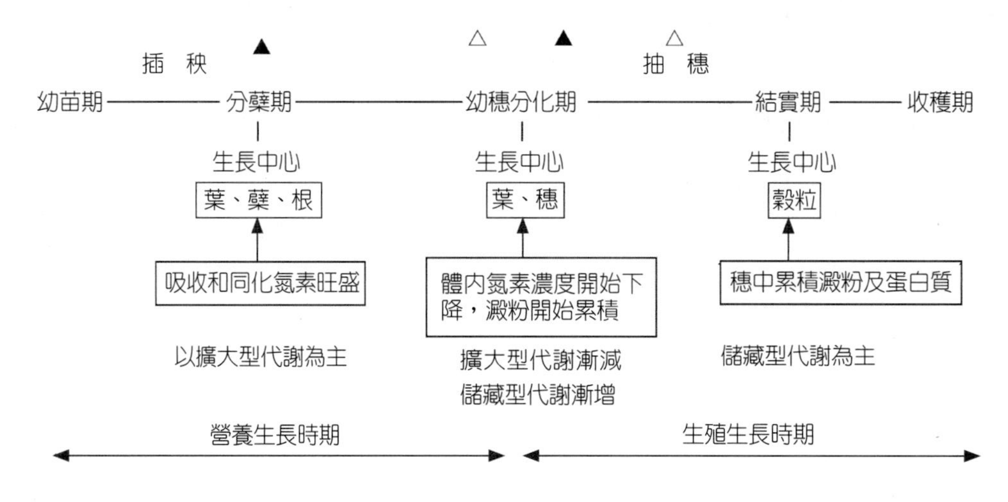

圖8-15　水稻中熟種插秧後生長發育和體內碳氮代謝關係

植物營養的階段性

不同作物在不同生長期隨著有機物質之蓄積及代謝，對營養元素的數量、濃度和比例有不同要求，表8-1 表示四種主要作物在不同生長發育期所吸收的氮磷鉀百分比，我們可以從這裡看出作物吸收養分的規律：生長初期吸收的數量、強度都較低，隨著時間對養分的吸收逐漸增加，到成熟階段，又趨於減少。養分吸收高峰和各生長期對氮、磷、鉀的數量比例，不同作物皆有差異，如水稻養分吸收高峰大致在幼穗形成期與抽穗期之間，開花期所需要的養分則逐漸下降，棉花吸收氮素高峰則在現蕾期及開花期。

表8-1　作物在不同生育期吸收氮磷鉀的比例

作物	生育期	吸收養分的百分比		
		N	P_2O_3	K_2O
冬小麥	越冬前	14.4	9.1	6.9
	反青	2.6	1.9	2.8
	拔節	23.8	18.0	30.3
	孕穗	17.2	25.7	36.0
	開花	14.0	37.9	24.0
	乳熟	20.0	—	—
	完熟	8.0	7.46	—
水稻	秧苗期	0.5	0.26	0.40
	分蘗期	23.16	10.58	16.95
	圓桿期	51.40	58.03	57.74
	抽穗期	12.31	19.66	16.92
	成熟期	12.63	11.47	5.99
玉米	幼苗期	5.00	5.00	5.00
	孕穗期	38.00	18.00	22.00
	開花期	20.00	21.00	37.00
	乳熟期	11.00	35.00	15.00

（續）

作物	生育期	吸收養分的百分比		
		N	P_2O_3	K_2O
玉米	完熟期	26.00	21.00	21.00
棉花	出苗—眞葉	0.78	0.59	0.21
	眞葉—現蕾	9.96	5.21	1.90
	現蕾—開花	52.76	28.80	17.29
	開花—成熟	36.50	65.40	80.60

資料來源：胡，1980。

植物營養的臨界期和最大效率期

植物營養的臨界期

植物在生長發育過程中，常有一個時期，對某種養分的要求，絕對數量雖不多，但很迫切。這時養分缺少或過多時，對植物生長發育所造成的損失，即使以後補施或停施也很難糾正或彌補，這個時期叫植物營養的臨界期。如苗期的氮、磷營養，是很重要的，但苗期一般需要養分較少，特別是氮肥的施用，切忌過多。水稻在分蘗和幼穗分化時，亦是氮營養的臨界期，過多或不足都會影響產量。

植物營養的最大吸收期及最大效率期

植物在生產發育中，有一個對某種養分要求的絕對數量和相對數量都最多的時期，在這一時期中所吸收的某種養分能發揮其生產最大潛力的時期，叫做營養的最大效率期。我們若能在這個關鍵時期之前提供養分，將有獲得最大產量之可能。小麥的最大效率期在拔節至抽穗；棉花在盛，馬鈴薯在塊莖膨大期；水稻則因氮肥施入的多少，在分蘗及抽穗期會出現兩個相對的最大效率期，Kimura（1943）稱其爲氮素部分生產效應（Partial efficiency of nitrogen）。他的做法是利用水耕進行平行兩個系列（A 及 B）的氮（N 及 N_0）處理，其中（A）爲全生長期皆施氮，（B）則分別在不同生長時間予以缺氮處理，最後從 A、B 處理的穀粒收穫量之差（Y_A-Y_B）與全株氮之吸收量之差（N_A-N_B）之比，可找出在接近哪一個生長相，氮之效率最大，即吸收單位氮、穀粒之產量最大（圖 8-16），若以算式表示可寫成：

$$\text{氮之部分效應} = \frac{Y_A - Y_B}{N_A - N_B}$$

Y_A 爲全生長期施氮處理之穀產量

Y_B 爲某一生長期缺氮處理之穀產量

N_A 爲全生長期施氮處理之氮吸收量

N_B 爲某一生長期缺氮處理之氮吸收量

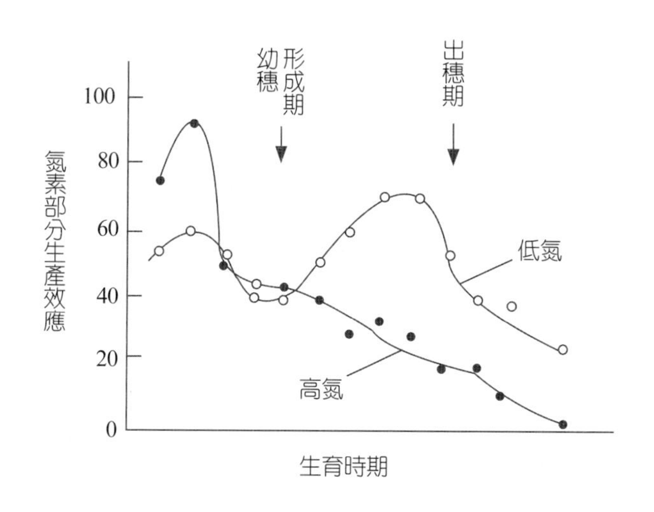

圖8-16　水稻各生育時期的氮素部分生產效應（Kimura, 1943）

施肥與營養調節

肥料與營養素

何謂肥料？所謂凡是施於土壤中之物料，能供給作物營養素或改良土壤之理化、生物性質，藉以增加作物之產量，或改進產品之品質者，皆可稱爲肥料。

肥料與營養素有何不同？由肥料的含意可知，肥料的功能雖然主要是提供作物生長所需的營養素，但肥料又不等於營養素，因爲它除了提供營養素的功能外，也可以改良土壤或其他介質的性質，如有機質及石灰，前者除了可提供少量的營養要素外，主要是改良土壤物理性使土質疏鬆，後者主要是改良土壤之酸鹼度，使作物適宜生長。

肥料之分類與性質

肥料分類

一般肥料分類多依其主要成分分類，但因肥料有不同性質，故有不同分類方法。

1. 按施肥的目的分
   (1)直接肥料：能直接供給植物養分之肥料。
   (2)間接肥料：主要以改良土壤的物理化學及生物性質，間接有助於作物生育的肥料。
2. 依原料來源分
   (1)有機肥料：由有機化合物製成，包括化學合成及由生物體（植物、動物、微生物）或其排泄物製成，後者常稱為有機質肥料。
   (2)無機肥料：由無機化合物製成，主要由礦物而來，其中直接利用研磨後之礦物質，則稱為礦物質肥料。
3. 依肥料來源分
   (1)商品肥料：肥料來自工廠，係由人工以化學方法製造的肥料，又稱為化學肥料或人造肥料。
   (2)自給肥料：肥料來自農場之產物及廢棄物如綠肥、廄肥、堆肥等。
4. 依製造過程分
   (1)礦質肥料：將礦物經物理方法處理而製成之肥料。
   (2)化學肥料：將原料經化學反應製成之肥料。
   (3)混合肥料：兩種以上之肥料，經機械均勻混合而成。
   (4)化成肥料：兩種以上之肥料，經過化學反應製成。
5. 依主成成分
   (1)單質肥料：含一種主成分之肥料，如巨量要素，有氮肥、磷肥、鉀肥；次量要素包括鈣肥、鎂肥、硫肥；微量要素，包括鐵肥、錳肥、鋅肥、銅肥、鉬肥、硼肥……。
   (2)複合肥料：兩種以上之肥料經混合或合成所製成之肥料。
6. 依成分含量分
   (1)高成分含量：肥料要素含量在 30% 以上者。

(2)低成分含量：肥料要素含量在 30% 以下者。

7. 依形態分

可分爲氣態肥料、液態肥料，及固態肥料。

8. 依化學反應分

依肥料溶於水中所呈現之酸鹼反應，可分爲酸性肥料、鹼性肥料，及中性肥料。

9. 依生理反應分

肥料被植物吸收後，土壤所呈現之酸鹼反應，可分爲生理酸性肥料、生理鹼性肥料及生理中性肥料三種。

10.依肥效遲速分

(1)速效性肥料指施用後，能即刻溶入土壤溶液中，顯現其肥效者，像一般的化學肥料。

(2)緩效性肥料指施用後，需慢慢溶解或轉變，才能釋放出有效成分者，最常見的是裹硫尿素（SCU）。

(3)遲效性肥料指一般爲溶解度非常低的肥料，施用後，在土壤中不易被分解，需長時間或利用微生物才能分解，或轉變爲有效成分者，如磷礦粉。

(4)控制釋放肥料指利用不同的包裹材質及溶解度不同的化合物，製成各種顆粒狀肥料，施入土壤後，能配合作物各生育階段之需要，適時釋出其有效成分者。因作物生育與吸收養分常受環境的影響，在商場上稱爲控制釋放肥料的商品，實際上只是一種利用不同技術結合各元素在肥料中速效、緩效性質製作出的一種混合肥料，並無法完全配合作物各生長期之需要。

然而若依單一性質分類，不易周全，故一般多採綜合分類法，表 8-2 即爲常見的簡明分類方法。由於長久以來，肥料主要以氮、磷、鉀三要素爲主，所以表中單質肥料並未將三要素以外的要素計入。其次，表中將屬於有機化合物的尿素放入無機肥料內，亦不妥當。但若希望分類比較精確與完整，則分類表又會變得非常複雜（表 8-3），因此爲顧及肥料分類之實用性，各國常依據實際需要做各種分類。

因新型肥料不斷出現，且原料來源複雜，肥料品質參差不齊，爲使廠商、農民及一般使用之大眾對肥料有更深入之認識，及便於政府對肥料之管理，中央標準局農業國家標準起草委員會於 1988 年將自製及已進口或可能進口之商品肥料歸類，並個別訂立國家標準（CNS），同時對與分類有關之肥料名稱確定其含意。今僅將其彙整後有關肥料中英文對照表（表 8-4）列出，藉此使讀者對各種肥料有一概念，同時能體會到肥料原料之來源，及肥料所涵蓋範圍甚廣。

表8-2　肥料分類

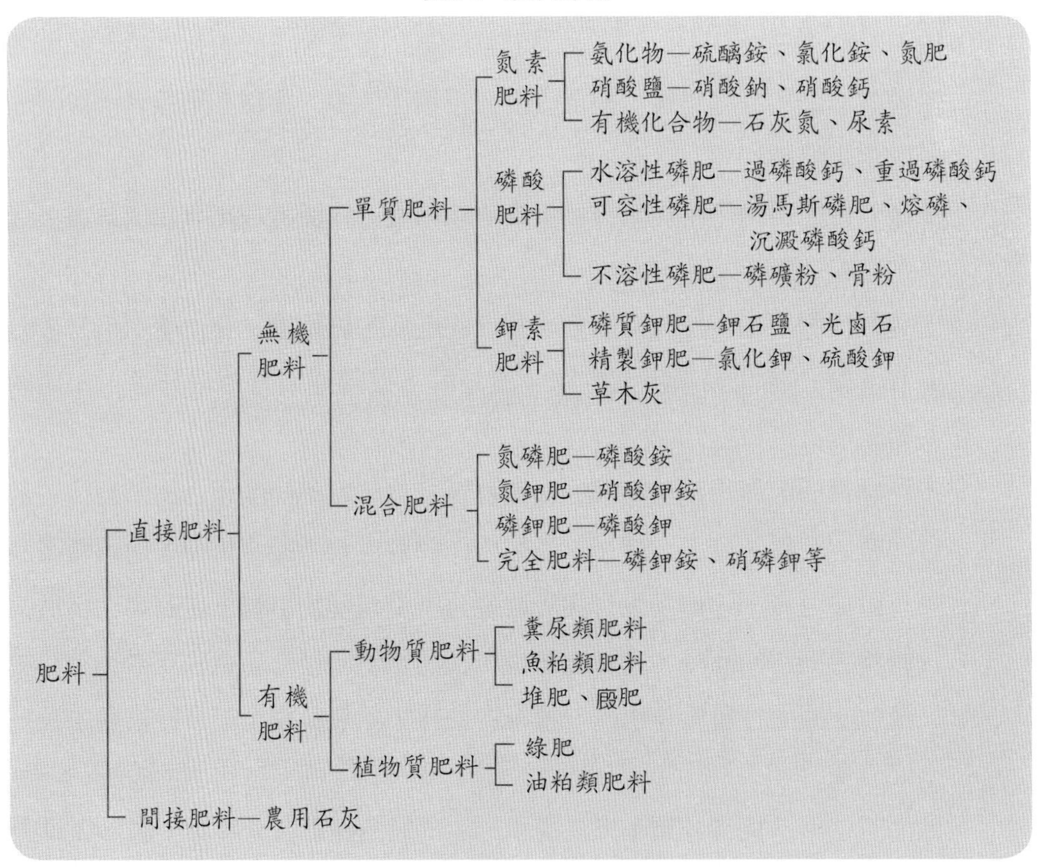

資料來源：盛澄淵，1967。

表8-3　肥料商品分類簡表

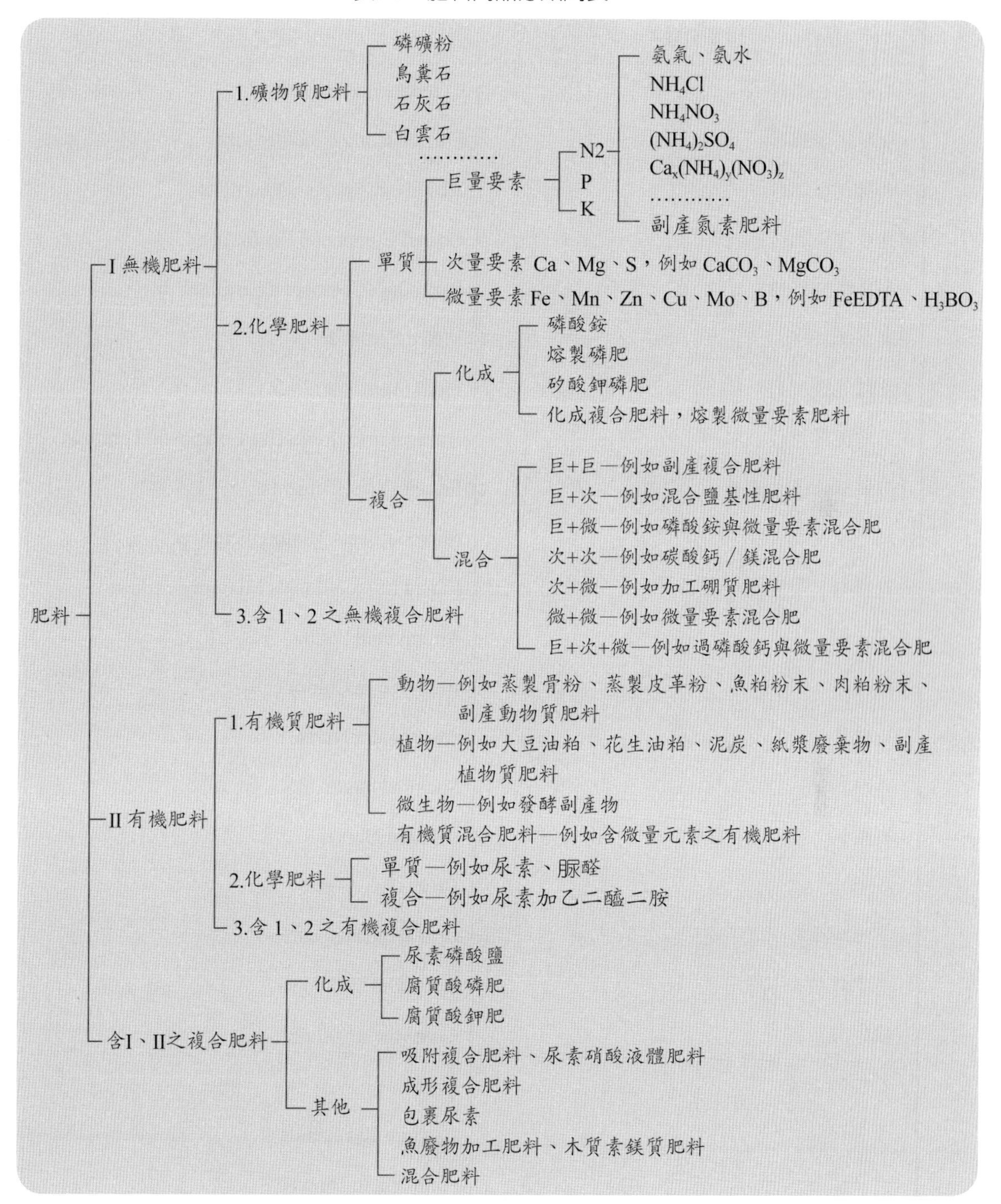

註：1.同一類中各種肥料排列次序以N、P、K、Ca、Mg、S、Fe、Zn、Mn、Mo、B爲序。
2.肥料形態以氣態、液態、固態爲序。
3.副產物列於主產物之後。

表8-4 常見肥料中英文對照表

中文名稱	英文名稱
• 化成複合肥料	Complex Fertilizer
• 成形複合肥料	Formed Compound Fertilizer
• 吸附複合肥料	Absorbed Compound Fertilizer
• 裹覆複合肥料	Coated Compound Fertilizer
• 副產複合肥料	Byproduct Compound Fertilizer
• 混合肥料	Mixed Fertilizer
• 液體混合肥料	Fluid Mixed Fertilizer
• 家庭園藝用複合肥料	Horticultural Home-Use Compound Fertilizer
• 熔製微量要素肥料	Fritted Trace-Elements
• 混合微量要素肥料	Micronutrients Mixture Fertilizer
• 液體微量要素混合肥料	Liquid Micronutrients Mixture Fertilizer
• 硫酸銨	Ammonium Sulfate
• 氯化銨	Ammonium Chloride
• 硝酸銨	Ammonium Nitrate
• 硝酸鈉	Sodium Nitrate
• 硝酸鈣	Calcium Nitrate
• 尿素	Urea
• 丁烯醛縮合尿素	Crotonylidene Diurea
• 異丁醛縮合尿素	Isobutylidene Diurea
• 硫酸脈基脲	Guanylurea Sulfate
• 乙二醯二胺	Oxamide
• 氰氮化鈣	Calcium Cyanamide
• 腐植酸銨	Ammonium Humate
• 裹覆尿素，裹硫尿素	Coated Urea, Sulfur Coated Urea (SCU)
• 脲甲醛	Ureaform (UF)
• 副產氮素肥料	Byproduct Nitrogen Fertilizer

（續）

中文名稱	英文名稱
• 硝酸銨鈣	Calcium Ammonium Nitrate
• 混合氮素肥料	Mixed Nitrogen Fertilizer
• 液體副產氮素肥料	Byproduct Liquid Nitrogen Fertilizer
• 尿素硝酸銨液體肥料	Liquid Urea-Ammonium Nitrate Fertilizer
• 過磷酸鈣（過磷酸石灰）	Calcium Superphosphate
• 重過磷酸石灰	Concentrated Superphosphate
• 熔製磷肥	Fused Phosphate
• 燒成磷肥	Calcined Phosphate
• 加工磷肥	Processed Phosphate
• 腐植酸磷肥	Humate- Phosphate Mixture
• 副產磷質肥料	Byproduct Phosphate Fertilizer
• 混合磷肥	Phosphate Mixture
• 硫酸鉀	Potassium Sulfate
• 氯化鉀	Potassium Chloride
• 磷酸鉀鎂	Potassium Magnesium Sulfate
• 重磷酸鉀	Potassium Bicarbonate
• 粗製鉀鹽	Crude Potassium Salts
• 加工滷汁鉀肥	Amended Bittern Potassium Fertilizer
• 腐植酸鉀肥	Potassium Humate
• 矽酸鉀	Potassium Silicate
• 副產鉀質肥料	Byproduct Potassium Fertilizer
• 混合鉀肥	Mixed Potassium Fertilizer
• 魚粕粉末	Fish Meal
• 肉粕粉末	Flesh Meal
• 肉骨粉	Flesh Bone Meal
• 生骨粉	Raw Bone Meal

（續）

中文名稱	英文名稱
• 蒸製骨粉	Steamed Bone Meal
• 蒸製毛粉	Steamed Feather
• 蒸製皮革粉	Steamed Leather Waste
• 大豆油粕及其粉末	Soybean Meal
• 花生油粕及其粉末	Peanut Meal
• 亞麻籽油粕及其粉末	Linseed Meal
• 米糠油粕及其粉末	Rice Bran Meal
• 乾燥豆腐渣	Dried Bean-Curd Meal
• 氮質海鳥糞	Nitrogenous Guano
• 乾燥菌體肥料	Dry Microbial
• 家禽糞加工肥料	Processed Poultry Manure
• 魚廢物加工肥料	Processed Fish Scrap
• 副產動物質肥料	Animal Byproduct Fertilizer
• 副產植物質肥料	Plant Byproduct Fertilizer
• 混合有機質肥料	Mixed Organic Fertilizer
• 生石灰	Quick Lime
• 消石灰	Slaked Lime
• 碳酸鈣	Calcium Carbonate
• 貝殼粉	Ground Shell
• 副產石灰肥料	Byproduct Lime Fertilizer
• 混合石灰肥料	Mixed Lime Fertilizer
• 矽酸鹽礦渣肥料	Silicate Slag Fertilizer
• 矽質石灰石	Silicate Limestone
• 硫酸鎂	Magnesium Sulfate
• 氫氧化鎂	Magnesium Hydroxide
• 加工鎂質肥料	Processed Magnesium Fertilizer

（續）

中文名稱	英文名稱
•腐植酸鎂肥料	Magnesium Humate
•木質素鎂質肥料	Magnesium Lignosulfonate Fertilizer
•副產鎂質肥料	Byproduct Magnesium Fertilizer
•混合鎂質肥料	Mixed Magnesium Fertilizer
•硫酸錳	Manganese Sulfate
•加工錳質肥料	Processed Manganese Fertilizer
•礦渣錳質肥料	Manganese Slag Fertilizer
•混合錳質肥料	Mixed Manganese Fertilizer
•硼酸鹽	Borax
•硼酸	Boric Acid
•熔製硼質肥料	Fused Boron
•加工硼質肥料	Processed Boron Fertilizer
•含其他要素液體混合肥料	Fluid Mixed Fertilizer With Other Nutrients
•含微量要素之混合肥料	Compound Fertilizer With Micronutrients
•含微量要素之有機肥料	Organic Fertilizer Mixed With Micronutrients
•錳質液體肥料	Manganese Liquid Fertilizer
•硫酸銅	Copper Sulfate
•銅質液體肥料	Copper Liquid Fertilizer
•鋅質液體肥料	Zinc Liquid Fertilizer
•鐵質肥料	Iron Fertilizer
•鋅質肥料	Zinc Fertilizer
•鉬酸鈉	Sodium Molybdate

肥料性質

肥料除要素含量外，物理化學性質也是決定肥料品質之重要屬性，它不但影響肥料之外觀、運輸、儲藏，最重要的是影響作物之吸收及土壤之理化性質。今舉其較重要之性質，分述於後：

1. 物理性質

(1)形狀及粒徑：依施用方法及肥料之溶解度而製成不同之形狀及粒徑。一般粒子越小越易溶解，但粉狀又不利於施用。粒徑較大之柱狀、片狀、球狀，多用於深層施肥，有緩效性效果。

(2)硬度及抗磨性：即肥料抗壓及抗磨的性質，能抗壓及抗磨的肥料不易被擠壓成粉狀，有利於儲存與運輸。

(3)吸溼性：即肥料在空氣中吸收水蒸汽的能力，亦即當空氣中之蒸汽壓大於肥料之飽和溶液之蒸汽壓，或空氣之相對溼度大於肥料之臨界溼度時，肥料開始吸溼。吸溼性大者易潮解或結塊，不利於施用，爲避免吸溼，可採取以下措施：

①應選擇溫度及溼度較低之儲存環境。

②易吸溼之肥料可製成適當之複鹽，可降低吸溼性。如尿素可與硫酸鈣製成 $CaSO_4 \cdot 4CO(NH_2)_2$，或與磷酸鈣製成 $Ca(H_2PO_4)_2 \cdot 4CO(NH_2)_2$。

③應注意肥料間之混合，以避免混合後之肥料吸溼性增加，表 8-5 即爲肥料混合之參考表。

2. 化學性質

(1)酸鹼值（pH）：如分類中所述，肥料施入土壤後所呈酸性或鹽基性反應，可分爲在土壤溶液中之直接反應及被植物吸收後土壤溶液所呈現之反應兩種。因酸鹼值可影響土壤性質、要素存在形式、微生物族群以及作物對要素之吸收，故選擇肥料前必須考慮土壤是酸性或鹼性。

(2)溶解度（Solubility）：即肥料施入土壤（或其他培養基）後，能被土壤溶液溶解之程度。對溶解度小之肥料，可製成粉狀，以增加與溶液接觸之面積。對易流失、揮散、固定之肥料，可製成粒狀、複合肥料或加入塡充劑，製成溶解度較小之緩效性肥料。

(3)鹽指數（Salt Index）：此指數是肥料使土壤溶液滲透壓增加之指標，滲透壓過大將會造成鹽害，使植物不易吸收水分。鹽指數計算之方法是肥料施入土壤後，土壤溶液增加之滲透壓與施入同重量之 $NaNO_3$，增加之滲透壓之比。一般而言，高成分之肥料有較低的鹽指數。以無水氨爲例，它供給一單位氮後之鹽指數爲 0.572，但硫銨則爲 3.25（Rador et al.,

1943）。一般言之，肥料中常見鹽類之鹽指數：磷酸鹽<硫酸鹽<氯化物<硝酸鹽，鹽指數高的，在局部施肥時應與種子及幼根保持一定距離，以免造成鹽害（salt injury）。故施肥前除考慮肥料之形態、酸鹼值、溶解度及價格外，鹽指數的大小也應考慮。

表8-5　肥料混合之參考表

肥料種類	堆廄肥	尿素	硝酸鈉	硝酸鈣	硝硫酸鈣	硝酸鉀銨	硫酸銨	氯化銨	氫氮化鈣	過磷酸鈣	骨灰	粗礦質磷酸鹽	鹼性鋼渣	硫酸鉀	氯化鉀	鉀鹽鎂礬	石灰物質
堆廄肥		▲	×	×	×	×	×	×	×	○	×	×	×	○	○	○	×
尿素	▲		×	×	×	×	▲	▲	▲	×	○	○	○	○	×	×	▲
硝酸鈉	×	×		▲	○	○	○	○	○	▲	○	○	○	○	○	○	○
硝酸鈣	×	×	▲		×	×	×	×	▲	×	▲	▲	▲	▲	▲	▲	▲
硝硫酸鈣	×	×	○	×		○	○	○	×	▲	×	×	×	○	○	○	×
硝酸鉀銨	×	×	○	×	○		○	○	×	▲	×	×	×	○	○	○	×
硫酸銨	×	▲	○	×	○	○		○	×	○	×	×	×	○	○	○	×
氯化銨	×	▲	○	×	○	○	○		×	○	×	×	×	○	○	○	×
氫氮化鈣	×	▲	○	▲	×	×	×	×		×	○	○	○	▲	▲	▲	○
過磷酸鈣	○	×	▲	×	▲	▲	○	○	○		×	×	×	○	○	○	×
骨灰	×	○	○	▲	×	×	×	×	○	×		○	○	▲	▲	▲	○
粗礦質磷酸鹽	×	○	○	▲	×	×	×	×	○	×	○		○	▲	▲	▲	○
鹼性鋼渣	×	○	○	▲	×	×	×	×	○	×	○	○		▲	▲	▲	○
硫酸鉀	○	○	○	▲	○	○	○	○	▲	○	▲	▲	▲		○	○	▲
氯化鉀	○	×	○	▲	○	○	○	○	▲	○	▲	▲	▲	○		○	▲
鉀鹽鎂礬	○	×	○	▲	○	○	○	○	▲	○	▲	▲	▲	○	○		▲
石灰物質	×	▲	○	▲	×	×	×	×	○	×	○	○	○	▲	▲	▲	

註：×不可混合　▲使用時混合　○可以混合使用

(4)中和值（Neutralizing Value）：表示石灰材料中和酸性土壤的效力，可用碳酸鈣當量（Calicium Carbonate Equivalent，簡稱 CCE）表示。例如純碳酸鈣之分子量爲 100，純生石灰爲 56，兩者之中和能力相當，即施用 56 公斤之 CaO，相當於 100 公斤 $CaCO_3$ 之效力，所以純石灰之碳酸鈣當量爲 100/56=179%。同理，碳酸鎂及熟石灰之碳酸鈣含量分別爲 119% 及 135%。臺灣酸性土壤很多，除施用石灰石粉（$CaCO_3$）或白雲石粉（$CaCO_3$、$MgCO_3$）之石灰質肥料外，也常施用鍊鋼之副產物矽酸爐渣，因爲矽酸爐渣不但可以中和酸性，同時亦可補充有些水稻田有效矽之不足。

施肥的目的與原則

施肥的目的

施肥的目的爲：一、滿足作物之營養需求，調節作物之生產型，改良作物品質與增加生產。二、增進介質（主要以土壤爲主）肥力及改良介質之物理、化學、生物性質，以適合作物之生長與發育。

施肥的原則

施肥的原則爲：一、使肥料除滿足作物的需要外，盡量能爲作物吸收，減少被土壤固定。二、施肥應趕在作物生長與分化之前。

施肥的基本原理

施肥的基本原理爲養分歸還與補償、最小因子律、報酬遞減律、因子綜合作用律，分別介紹如下：

養分歸還與補償：植物在生長過程必須從土壤吸收很多養分，因此，土壤中的養分必定越來越少，所以必須不斷添加肥料以補充土壤所損失的部分。

最小因子律：植物生育所需各種礦物質養分，必有一定比例，植物的生長及作物的產量，決定於最小（也就是最缺乏）的營養因子。如果這個因子得不到滿足，儘管其他因子充足，植物的生長也不可能良好，作物產量及品質也不能提高。這個因最小營養因子限制生長產量及品質的現象，稱爲 Liebig 氏之最少養分律（law of minimum）。後 Wollny 氏等認爲除礦物質外，如空氣、水、溫度等皆爲植物生育上不可缺乏之要素，因此訂正此法則，即植物生產量受其生育上必要諸因子中之供給比例最少者之支配。1930 年，Dobleneck 為使一般人容易了解起見，用破水桶（圖 8-17）說明最少養分律，他將每一片木板代表一種要素，各板片之高度表示該要素供應之比例量，若供應量充足（100%），板片的高度即與水桶等高，若僅供給 50% 的量，板片的高度只有水桶高的一半。當將液體加入水桶後，桶內能保留的量，即為生產量，表示該生產量必受某一最低比例要素的限制。因此欲求最高生產量，組成該水桶之各板片必須同時增至與桶同高。我們若把要素及各種生長因子用柱形表示，則可繪成柱狀圖，如圖 8-18。

圖 8-18 是與破水桶相同的道理，只是用 N、P、K 的施肥比例與限制植物生產量的關係，說明最小因子律的意義。

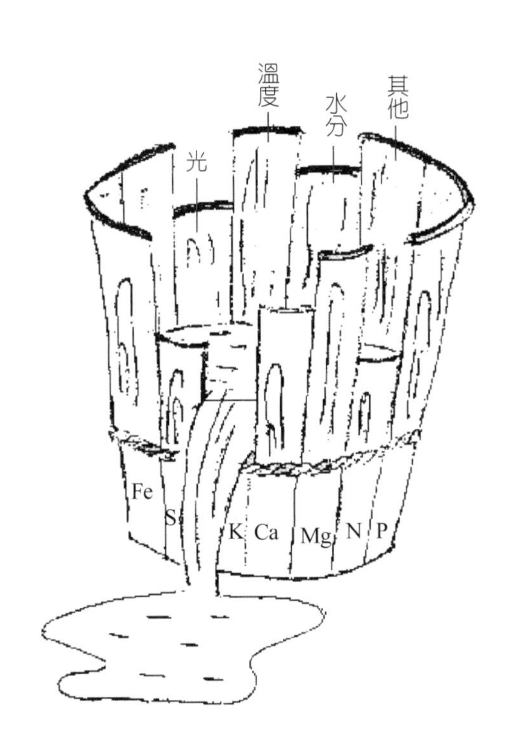

圖8-17　最小因子律：破水桶圖解（Dobleneck, 1930）

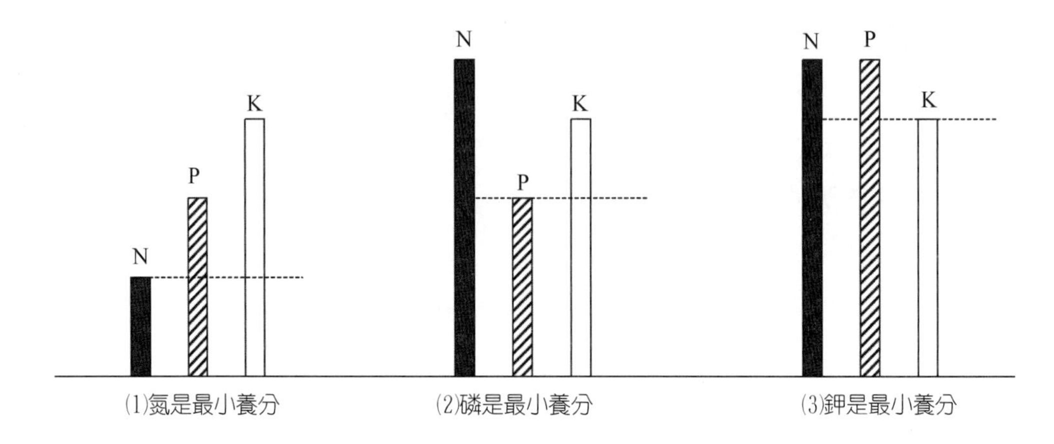

圖8-18 N、P、K 施肥的相對量與限制植物生產量的關係

報酬遞減律：如上所述，在其他生長因子充足時，若對於作物施予某一要素，可增加生產量，但增加至某一限度後，其增加率則漸次遞減，也就是施予一個單位量的收穫率會逐漸減少，如密氏方程式所描述之現象（圖 8-12），此即稱爲報酬遞減律（Law of diminishing return）。此定律雖然說明了報酬遞減的部分，但未提及若施入過量之肥料，不但不能增產，反而會減少收穫之絕對量。

因子綜合作用律：植物生長因子並不只是營養因子之充足與平衡，必須同時配合其他生長因子，如光照、溫度、空氣、品種、耕作條件，才能眞正達到施肥的目的，所以施肥與營養調節必須做整體之考量（圖 8-19）。

施肥前應注意的事項

確定是否與營養素有關（圖 8-20）

1. 對作物性狀栽培歷史與環境的了解

(1)要了解作物的性狀，有些性狀是植物的遺傳特質，並非病症。葉脈呈淺綠色甚至是白色，不要誤以爲是缺鋅的症狀。

(2)若多年來作物皆生長不良，且異常症狀常出現在植株的特定位置，可能是營養問題。

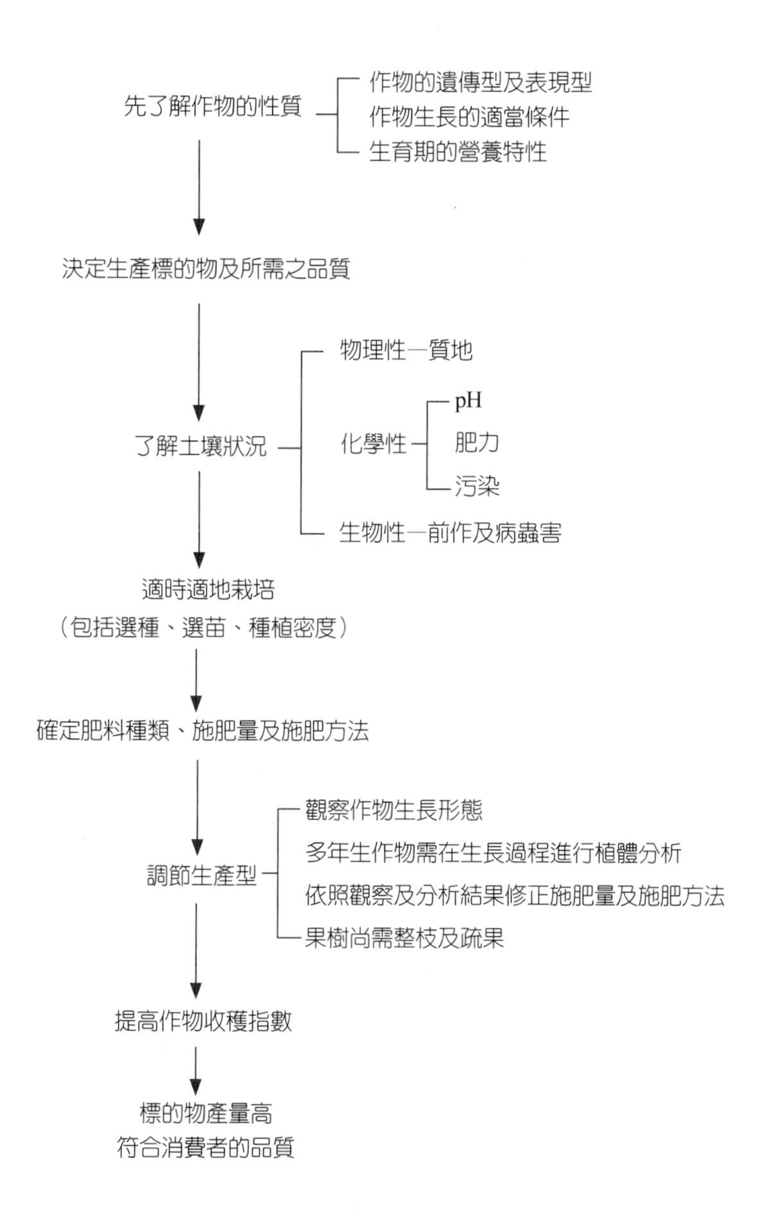

圖8-19　施肥與營養調節流程圖

⑶過去若連續栽培同一種作物，則易引起病蟲害及營養不良的現象。

⑷若病害有擴散現象，而且病斑不侷限於植株特定位置，可能是病蟲害引起。

⑸如果只是暫時性的，則常是由於噴灑農藥或空氣污染物所致。如果連續幾年皆如此，則可能是由土壤因子或附近工廠排放廢氣及污水所引起。

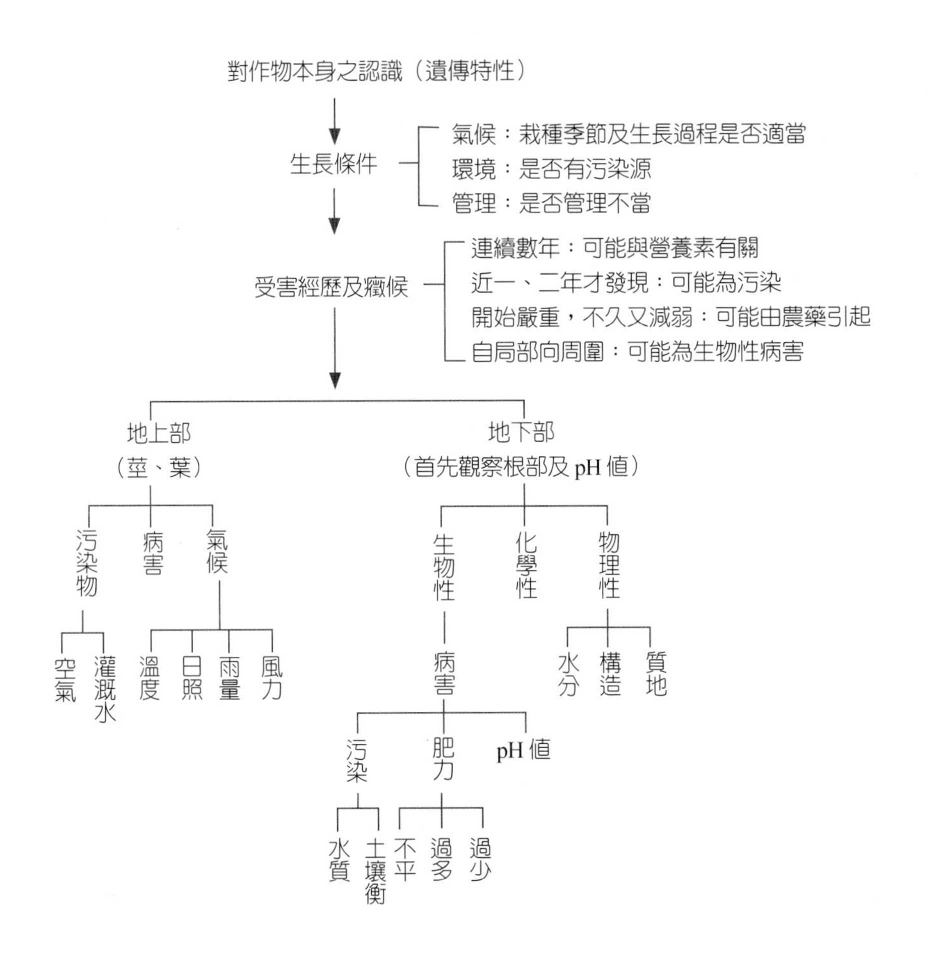

圖8-20　確定是否與營養素有關的流程圖

2. 對土壤的初步診斷

(1)觀察土壤的質地：是否過於黏重？或是砂粒過多？黏質土壤根不易穿透，或果實不易生長，前者如甘藷，後者如落花生；砂質土壤則不易保持水分及養分。

(2)觀察土壤排水：旱作一般怕浸水，地下水位不能太高，否則應做高畦。

(3)測定土壤 pH 值：pH 值過低或過高，不但不適於不耐酸鹼的作物生長，而且影響到要素在土壤中的有效性。一般在強酸土壤，作物容易發生鈣、鎂、鉬缺乏，及鋁、錳、銅毒害；在鹼性（石灰性）土壤，則作物容易發生銅、鋅、硼、鐵、鈣缺乏。

(4)測定土壤的鹽分：若發現土壤表面有白色結晶，可能是鹽分過多，因爲多年連續施用化學肥料，常會累積鹽分，使多數作物生長受阻，可測電導度，初步了解鹽分狀況。

對作物之初步診斷

1. 從發生部位推測

⑴易移動的元素：下位葉先出現症狀。葉脈尚保持綠色，但葉脈間呈淺綠色爲缺鎂。葉緣呈焦褐色爲缺鉀。

⑵不易移動的元素：新葉先出現症狀。新葉黃化爲缺鐵或錳；新葉變皺爲缺鈣；生長點及幼嫩組織死亡爲缺硼；葉片小而狹長爲缺鋅。

2. 營養素缺乏或過多之症狀（表 8-6）

表8-6 作物必需元素缺乏或過多之症狀

元素別	吸收形態	缺 乏	過 多
氮（N）	NH_4^+ NO_3^-	植株矮小，全株葉色淡綠，老葉枯黃	葉色淡綠，大而軟弱，抵抗病蟲害能力降低
磷（P）	HPO_4^{2-} $H_2PO_4^-$	生長受阻，葉片較小，葉色呈暗綠色，有些作物在老葉片或葉柄呈紅色或紫色	可能有缺鐵、鋅的症狀
鉀（K）	K^+	老葉的葉緣或尖端呈燒焦狀	可能有缺鐵、鈣、鎂的症狀
鈣（Ca）	Ca^{2+}	常發生在新葉或頂芽上，開始時葉片尖端部分黃白化，伸長停止，極端缺鈣時，葉易皺捲	可能有缺鐵、鉀、鎂的症狀
鎂（Mg）	Mg^{2+}	老葉之葉脈間有黃化現象，但葉脈仍保持綠色	可能有缺鈣的症狀
硫（S）	SO_4^{2-}	植株矮小，葉色由淡綠而黃化	
鐵（Fe）	Fe^{2+}	老葉正常，新葉黃化，初期葉脈保持綠色而葉肉黃化，隨著缺乏程度，逐漸呈黃白化	可能有缺錳的症狀
錳（Mn）	Mn^{2+}	老葉正常，新葉葉脈保持綠色，葉肉呈淡綠色或黃色，嚴重缺乏時，葉緣有黃色及暗棕色小斑點	全株葉片之葉尖及葉緣黃化、燒焦、捲曲等，下位葉通常較嚴重
鋅（Zn）	Zn^{2+}	首先出現於新梢葉片，一般而言，中度至嚴重缺乏時，葉片小而畸形，葉脈間黃化，節間縮短，而呈小葉簇生狀，在玉米葉片之主脈則成銀白色	可能引發鐵、錳缺乏症狀

（續）

元素別	吸收形態	缺　乏	過　多
銅（Cu）	Cu^{2+}	不同作物種類缺乏症狀有很大差異，一般首先出現在新葉，葉片變小，葉肉黃化，葉片自葉緣向內捲曲	可能引發缺鐵症狀
硼（B）	H_3BO_3	新葉畸形，葉柄變厚易脆裂，生長點及幼嫩組織停止生長或枯死	全株葉片之尖及葉緣黃化、燒焦、捲曲等，下位葉通常較嚴重，與錳過多之症狀相似
鉬（Mo）	MoO_4^{2-}	下位葉首先變淡或出現黃化，柑橘類則有橢圓形病斑，中央褐變	
氯（Cl）	Cl^-	葉尖或葉緣焦枯	

影響施肥的因子

施肥必施用得適當，才能產生最大效果。影響施肥的因子很多，如作物的特性、土壤的性質、氣候的狀況、肥料在土壤中之變動、輪作制度及肥料與農產品價格等，均需做全盤的了解。以下，僅就前四項較重要的因素做一簡要說明：

作物之特性：各種作物在單位面積內所吸收的養分量與比例各不相同，故施肥應按作物之需要而定，同一作物又因栽培目的不同施肥量亦異。如豆科收種實者異於收莖葉者；大麥若作釀酒用，則氮肥不宜多施。同時也應注意作物有深根性與淺根性植物之別，深根植物所施肥料必須使之達到地表下層，反之如禾本科等之淺科作物，則應淺施。其他像作物屬於早生、中生、晚生；一年生、多年生；長日照、短日照；喜矽、喜鈣、喜鋁；耐酸、耐鹽等特性，都應有所了解。

土壤之性質：土壤肥力主要受土壤粒構、土壤反應、土壤有機物三種因子所決定。因一切土壤之理化性及生物性均受其主宰，且爲比較固定之因子，一般在短期內不會有很大的變動。土壤養分雖爲決定作物產量與品質最重要因子之一，然而土壤有效養分之含量及作物對養分之利用率，主要受前述三種因子之影響。凡物理性惡劣的土壤，植物根部不易生長，單位面積產量必低，即使養分供給充足，並不易吸收利用。因此臺灣土壤中的氮磷鉀三要素大部分地區都屬缺乏，唯鈣、鎂及其他微量要素則因地而異。近四十年來，政府爲了減輕農民負擔，採取低肥料價政策，導致肥料使用量偏高，不但浪費，且土壤開始酸化、劣化。因此農委會十年前即開始大力推動「量身減肥」運動（農委會，1998），並鼓勵多施有機質肥料。因為土壤有機質可以增進團粒構造，使土壤疏鬆多孔，吸水及保肥力強，因此物理性良好的土壤必含適量之有機質。肥料之利用率亦受土壤反應之影響，如銨態氮在 pH 值低時，因易與氫離子競爭，磷肥在 pH 值低或高時，易形成溶解度低的鐵鋁或鈣鹽，故利用率皆低。相對而言，硝酸鹽及鉀受 pH 值之影響較小。

氣候之狀況：溫度、雨量及日照等氣候因子適宜時，作物生長量好，產量亦顯著增加。以臺灣而言，因地處亞熱帶，南北緯度雖只差三度多，但氣候形態相差很大。北部溫度較低雨量多；南部溫度較高，日照較強，但是秋冬雨量極少。所以水稻播種期及收穫期皆由南向北逐次延後，屏東和臺北可相差兩個月。由於南部秋季雨量少，才有所謂「看天田」，必須靠人工灌溉。但不論南北地區，第二期水稻受溫度及日照的影響，平均皆比一期水稻減產 20%。肥料中氮肥之效應受氣候因子的影響最大，在下濁水溪及東港溪流域平原溫度最高，雨量亦多，冬春兩季朔風不襲，甘蔗可經年生長，氮肥得以發揮最大效果。反之，在北斗溪及虎尾流域，冬春兩季，朔風嚴厲，溫度低降，日照不足，甘蔗生長幾乎趨於停頓，故氮肥之效應微弱。除此之外，臺灣在夏末秋初常有颱風來襲，對作物常造成嚴重的損害。所以如何選擇適當的作物，在適當的地區及適當的時期栽培是非常重要的。

肥料在土壤中之變動：肥料施入土壤後可能被植物吸收，或被微生物分解利用。也可能經溶解、礦化後吸附於土壤粒子之表面，或形成沉澱，或淋洗至底土，甚至溢散於大氣中。總之肥料一旦進入土中，就開始變動，部分有效養分變為無效，不久部分無效養分又轉變為有效，很難以原有的狀態繼續存在（圖 8-21）。

植物所能吸收之養分主要為水溶性，且在土壤溶液中形成離子態，例如氮磷鉀三要素中的氮為 NH_4^+ 或 NO_3^-、磷為 $H_2PO_4^-$ 或 HPO_4^{2-}、鉀為 K^+。但一般有機質肥料如堆肥、餅肥；化學肥料中之緩效性氮肥如脲甲醛（UF）、裹硫尿素（SCU），以及非水溶性之磷肥，均需經礦化水解或緩慢溶解後，才能被作物吸收。肥料分解之速率除了有機質肥料受碳／氮比影響外，主要是因土壤性質及氣候而異。凡氣候溫暖、雨量豐沛之地區，分解常較快。因一切肥料之分解無論其為化學變化或微生物作用，均受適當的水分、溫度促進。但如果土壤黏重或 pH 值過低或過高，即便是溫度及水分適當，仍會降低植物之利用率。以下僅以氮、磷、鉀為例，繪圖表示三種肥料可能的變動（圖 8-22 至 8-26）。

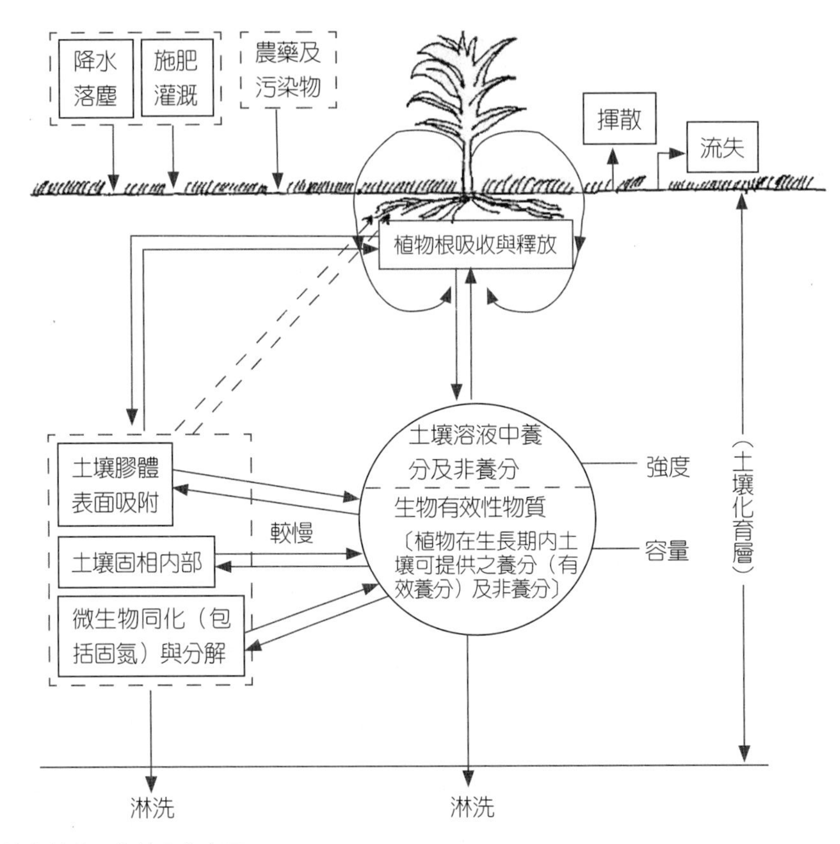

*虛線表示植物養分及非養分的來源

圖8-21　土壤中有效養分的動態平衡示意圖

1. 氮肥

(1)各種形態的氮在土壤中之轉變，見圖 8-22。

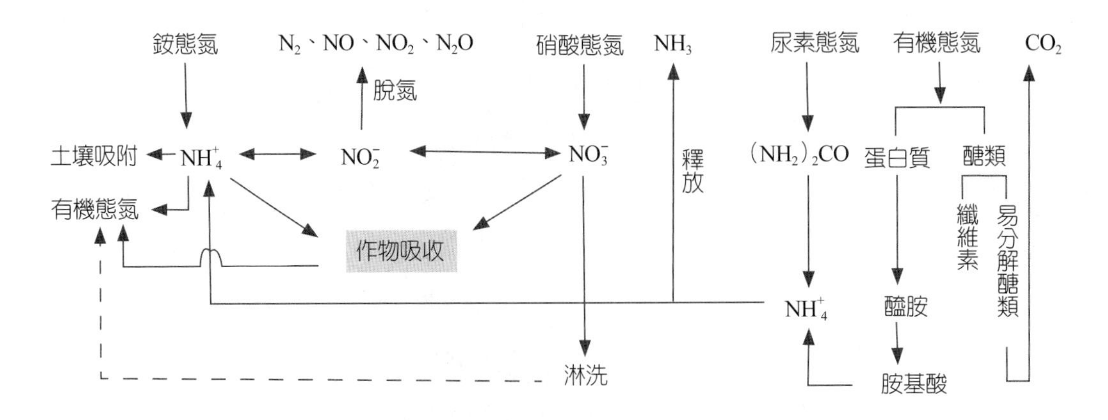

圖8-22　各種型態的氮相互之轉變

⑵含氮有機物之轉變：圖 8-23 表示低氮含量（高 C/N 比）之作物殘體在初級分解時，微生物的數量會因充足之碳源急速增加，會先吸收利用土壤中之 NH_4^+-N 和 NO_3^--N，以供其本身增殖之需要，因此淨有機化（Net immobilization）之氮增加；及至 C/N 比降至 20 以下時，經微生物礦化（mineralization）後所產生之淨無機態氮（NO_3^-）才顯著增加。

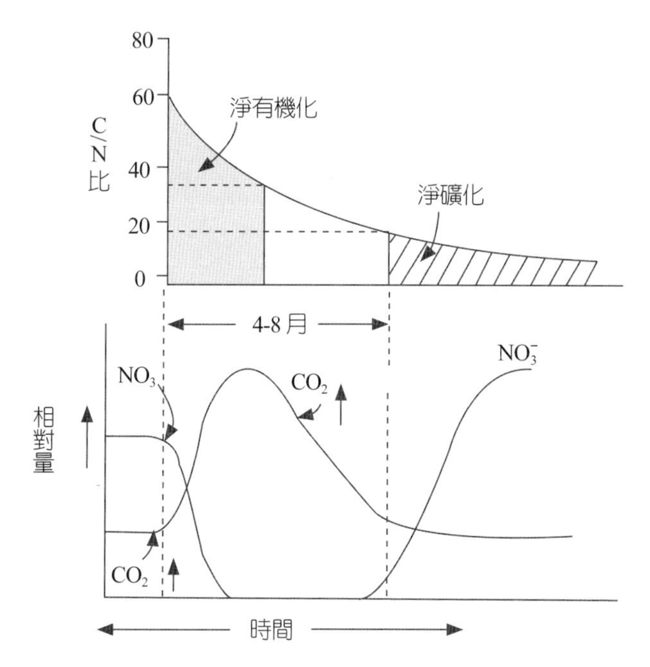

圖8-23　土壤中低氮含量之作物殘體分解過程硝酸態氮（NO_3^--N）之變化
（Tisdale 等人，1985，轉引 B. R. Sabey）

⑶銨態氮之氧化及硝酸態氮之形成：Duisberg 與 Buthrer（1954）曾在旱田中做實驗，圖 8-24 即表示在適當的田間含水量、pH 值及溫度下（Gasser & Iordanou, 1967），所施入之銨態氮（NH_4^+-N）在十四天後幾乎全部被硝化菌（Nitrofyers）氧化爲 NO_3^-。這時土壤 pH 值由微鹼性（pH7.8）降至酸性，已不利於微生物對 NH_4^+的氧化，從下面 NH_4^+氧化爲 NO_3^-的兩個步驟，就可更清楚 pH 值在氧化過程中的意義。

$$2NH_4^+ + 3O_2 \longrightarrow 2HNO_2 + 2H^+ + 2H_2O \cdots\cdots\cdots\cdots (A)$$

$$2HNO_2 + O_2 \longrightarrow 2NO_3^- + 2H^+ \cdots\cdots\cdots\cdots (B)$$

（A）+（B）　$$2NH_4^+ + 4O_2 \longrightarrow 2NO_3^- + 4H^+ + 2H_2O$$

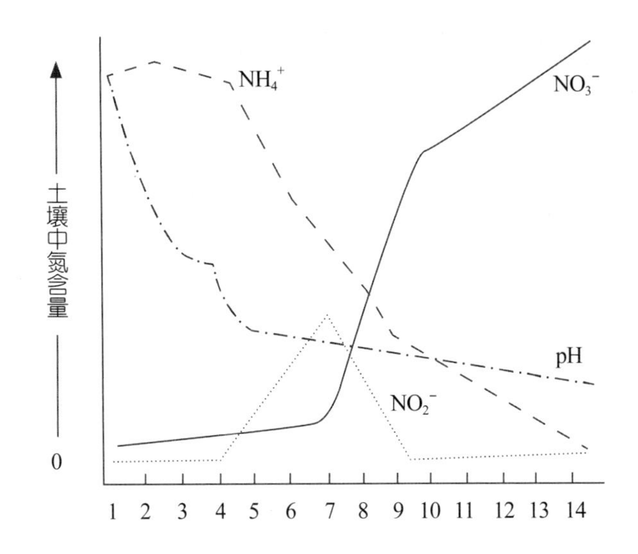

圖8-24　銨態氮之氧化、硝酸態氮之形成與 pH 值變化之關係（Duisberg et al., 1954）

2. 磷肥

各種形態的磷在土壤中之轉變見圖 8-25。

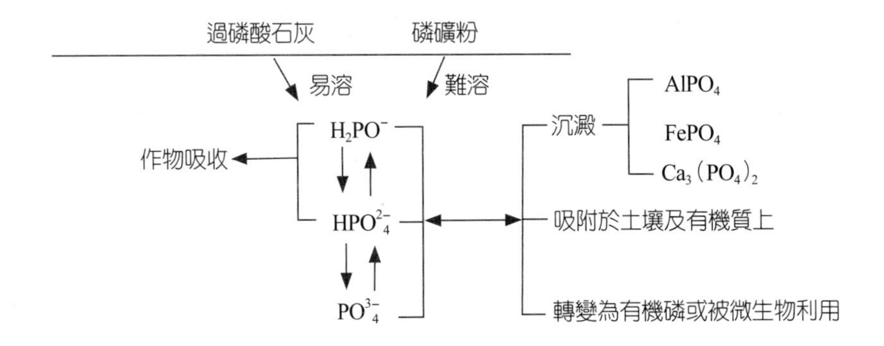

圖8-25　磷肥在土壤中之轉變

3. 鉀肥

鉀在土壤中之轉變，見圖 8-26。

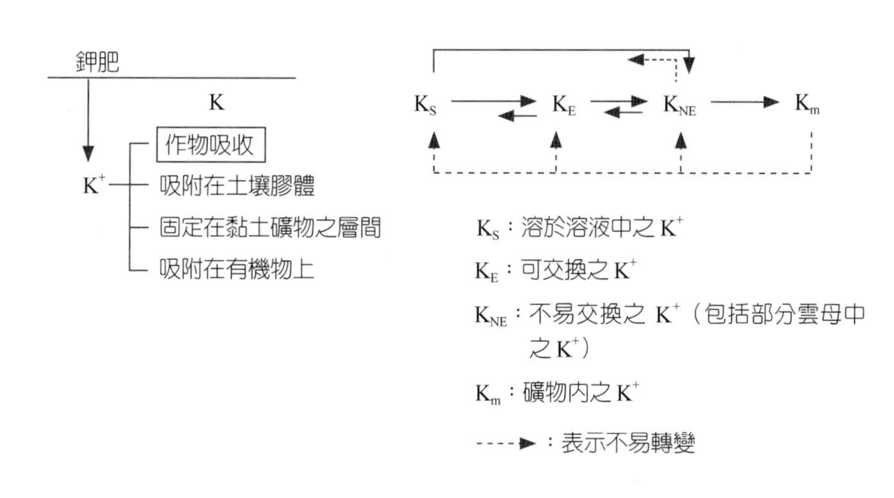

圖8-26　鉀肥在土壤中之轉變

施肥的依據與方法

施肥的方法是調節植物營養最重要的部分，不但要對前面各章植物生理、植物營養的理論有清楚的了解，並且也要能掌握相應的研究方法。這些方法的內容包括很廣，且各有它的特點和侷限性，必須善加利用，才能保證在短時間內較可靠地達成調節營養的目的。

施什麼？

肥料種類不同，所含肥料要素及形態皆不同，在土壤中之變動及對作物營養生理之功能，亦有所不同。

1. 無機肥料

⑴尿素較硫酸銨經濟：過去氮肥多以硫酸銨為主，自從二次大戰以後，尿素成為氮肥的主要來源。許多實驗顯示，尿素之肥效與硫酸銨相當，在水田 1 公斤尿素（含氮46%）之效果，大約與 2 公斤硫酸銨（含氮 21%）相當，但 1 公斤尿素的價格卻低於 2 公斤之硫酸銨，故尿素顯然較硫酸銨經濟。自從世界石油危機以來，各國為節省能源，降低製造成本，提高氮肥利用率，不斷在開發新的氮肥及新的製作方法。像用在深層施肥

的大粒尿素（Urea supergranule, USG）（Juang, 1983）及尿素與緩效性含氮化合物的混合氮肥（Chang 等人，1997）。

⑵硝酸銨鈣宜用於旱作：硝酸銨鈣不宜施於浸水土壤，因硝酸態氮在水田易脫氮及被淋洗，使氮大量損失。雖然實驗證實硝酸銨鈣對甘藷、玉米、鳳梨等作物之肥效與尿素、硫酸銨相同，但由於硝酸態氮，能擴大植物之代謝池，對短期作物之蔬果有較佳之效果。

⑶過磷酸鈣及磷礦粉：過磷酸鈣是速效性肥料，是普遍使用的磷肥。但過磷酸鈣施入土壤中，會受土壤 pH 值的影響，轉變為各種磷酸根的形式（$H_2PO_4^-$、HPO_4^{2-}、PO_4^{3-}），並易與鐵、鋁、鈣形成溶解度極低之鹽類，所以一般農田都累積了許多磷在土壤中。為了節省能源，應設法使土壤中的磷有效化或接種菌根菌，直接使用磷礦粉，應是今後可努力的方向（張等人，1990）。

⑷氯化鉀與硫酸鉀：對於煙草、鳳梨、西瓜、洋香瓜等作物施用硫酸鉀時，其產量及品質均優於氯化鉀，尤其是菸草；若施用氯化鉀，則燃點性明顯變差。對於其他作物，則兩種鉀肥之肥效差異並不顯著，但硫酸鉀比氯化鉀之價格高出許多，故一般作物以施用氯化鉀較為經濟。

⑸其他：除了氮磷鉀三要素之外，尚需依不同土壤及作物的需要施入石灰肥料及微量要素等。

2. 有機質肥料

⑴施用有機質肥料之益處

①提高土壤肥力及有機質含量。

②增加土壤中穩定的團粒，使土壤疏鬆，改善土壤物理性。

③提高微生物在土壤中進行生化反應之能源。

④減輕農畜產廢棄物對環境的污染。

⑤可使資源循環利用，逐漸替代化學肥料，將大量減少能源及資源的消耗，符合人類永續發展的理念。這也是近年來先進國家，普遍重視有機農業的原因。

(2)施用有機質肥料應注意之事項

①有機質養分含量低時，不能充分補充土壤由收穫移走的養分；有機質常不能適時調節作物的生長與分化；不易達成高產量、高品質的目標。

②有機質常會造成養分之固定，土壤缺氧及引發病蟲害。

③有機質來源複雜，有時會含有毒物質。

(3)如何提升有機質肥料之功效

①製造堆肥是最好的選擇：爲提升有機質肥料之功效，將作物廢棄物及禽畜排泄物製成堆肥是最好的選擇。因爲它既符合資源循環利用，又合乎衛生安全，環境保護及經濟效應。實際上人類在進入農業時代，就知道用簡單的方法製造及利用堆肥。進入工業時代，因大量生產化學肥料，堆肥之使用在進步國家，多已罕見。1980 年代後期，歐美國家鑑於地球能源與物質短缺，遂開始提倡「有機農業」，研究堆肥製造的方法，再度成爲熱門。

②有機物質堆肥化的三大優點：堆肥是堆肥材料在堆肥化過程中的產物。堆肥化作用是生物（主要是微生物）把堆肥材料轉化成堆肥的生物化學過程。有機質經堆肥化，除了能使生物廢棄物循環利用，防止廢棄物對環境的污染，同時因發酵後體積縮小，大幅降低了搬運成本外，主要有三個優點，茲分述如下：

- 土壤中可增加理化性穩定的有機質：堆肥材料主要來自作物殘體及禽畜糞。前者可視爲初級材料，後者則爲已經在動物體內通過初步堆肥化的次級材料。次級材料中醣類、蛋白質和脂肪易被微生物消化、分解、利用，菌體和小分子代謝物則構成堆肥中營養性腐植質（nutritive humus）。初級材料中主要包含纖維素、木質素，多是一些不易分解的芳香族類化合物。這些物質在堆肥化過程和微生物代謝產物，經氧化聚合常形成持久性腐植質（durable humus）（參考圖 8-27）。經過這樣的堆肥化過程，有機質的理化性趨於穩定化，施用於土壤後，不但可較持久地增加土壤的有機質含量，而且可改良土壤的理化性。

- 降低 C/N 比：（請參考氮肥在土壤中之變動）有機質肥料之養分釋出需經土壤微生物分解，但稻稈、木屑之碳氮比皆高於 25%，甚至可達 60%。不但在土壤中分解較慢，而且土壤因有機質之添加促進微生物之繁殖，與作物競爭氧氣，造成根系缺氧，危害根之發育和攝取養分的功能。同時也競爭氮磷鉀之養分，對土壤無機態氮有固定之虞。尤其是土壤缺氧，使土壤呈還原狀態，易產生有機酸、硫化氫、酚類等，對作物有毒害作用；另類產物如甲烷、氧化亞氮，易引起地球暖化作用。所以一般碳／氮比高的殘體，常加入豆類或畜產廢棄物（如豬糞、牛糞、雞糞等）製作堆肥，經微生物分解後，降低碳氮比至 20% 以下，可提高土壤中有效氮之含量。
- 高溫可殺死雜草種子、病菌、蟲害：堆肥化的過程會產生高溫，除了可消除病源和殺死雜草種子，而且可加速化學反應，如氧化聚合反應，形成次生大分子腐植素（humin）及腐植質（humus）。

③製造堆肥必須注意幾個關鍵問題：（參考圖 8-27）

- 注意堆肥材料的來源：作物殘體與家禽排泄物是否已遭污染，主要是在發酵過程無法分解或揮散者，如可被植物吸收的有害重金屬。
- 調整適當的碳氮比（表 8-7）：碳氮比值大的有機質材料，如作物廢棄物在發酵過程，雖有足夠之含碳化合物，提供微生物生長代謝之能源，但是氮含量相對少，碳氮比值下降速率緩慢，堆肥化過程所需時間較長。碳氮比值小的有機質材料，如禽畜排泄物，因爲氮含量比例高，在堆肥化過程中會有大量氨氣揮發，而造成氮素的損失。依據前人之研究將不同的堆肥材料混合，碳氮比值若調整爲 30，較有利於發酵（簡，1999）。
- 調整適當的水分：一般而言，製造堆肥最合適的水分含量應該在 55% 至 65% 之間。水分含量太高時，有利於嫌氣性菌生長，而不利於好氣性菌、眞菌及放射菌之生長，後者是堆肥化過程中最主要之微生物。水分含量低，固然有益於好氣性微生物生長，但不利於微生物的繁殖，並會增加堆肥腐熟的時間。

表8-7　幾種製作堆肥材料之水分、碳及氮含量

	碳	氮	水分	碳與氮比值
	---------------- % ----------------			
豬糞	43	3.0	72	14.3
雞糞	34	4.2	56	8.1
牛糞	51	2.7	84	18.8
稻草	53	0.7	14	76.0
稻穀	53	0.6	12	88.3
廢棄菇類木屑	45	0.7	67	64.3
闊葉樹樹葉	55	1.2	15	45.8

資料來源：簡，1999。

- 調節 pH：在堆積過程，多溼少氧之處易產生一些有機酸，會使 pH 值下降，對細菌的繁殖不利。在堆肥化過程所產生的小分子物種，對植物幼根亦常造成損害。在高 pH 值下容易氧化聚合成大分子，因而得以消除對植物的毒性。因此在準備堆積前，應充分了解堆肥材料在堆肥化過程中 pH 值可能的變化，以及如何用石灰提高堆肥材料的鹼度（alkalinity）。
- 供給充足的氧氣：使好氣性微生物增殖時，氧氣提供爲不可或缺的條件。一般禽畜糞在堆積過程中氧氣供給的方法，可分爲攪拌翻堆或強制送風兩種。送風量的要求應爲每立方米送風 0.2-0.4m^3/mm（堆積高度 1.2 公尺）。若送風量太大，容易使原料的水分快速蒸發，並由於送風將熱量帶走，使發酵溫度不易提升（謝，1999）。攪拌翻堆是爲增進空氣與原料均勻接觸，供給微生物充足氧氣及促進材料中水分適當蒸發，翻堆次數則隨開放型或密閉型發酵槽之設計而定。

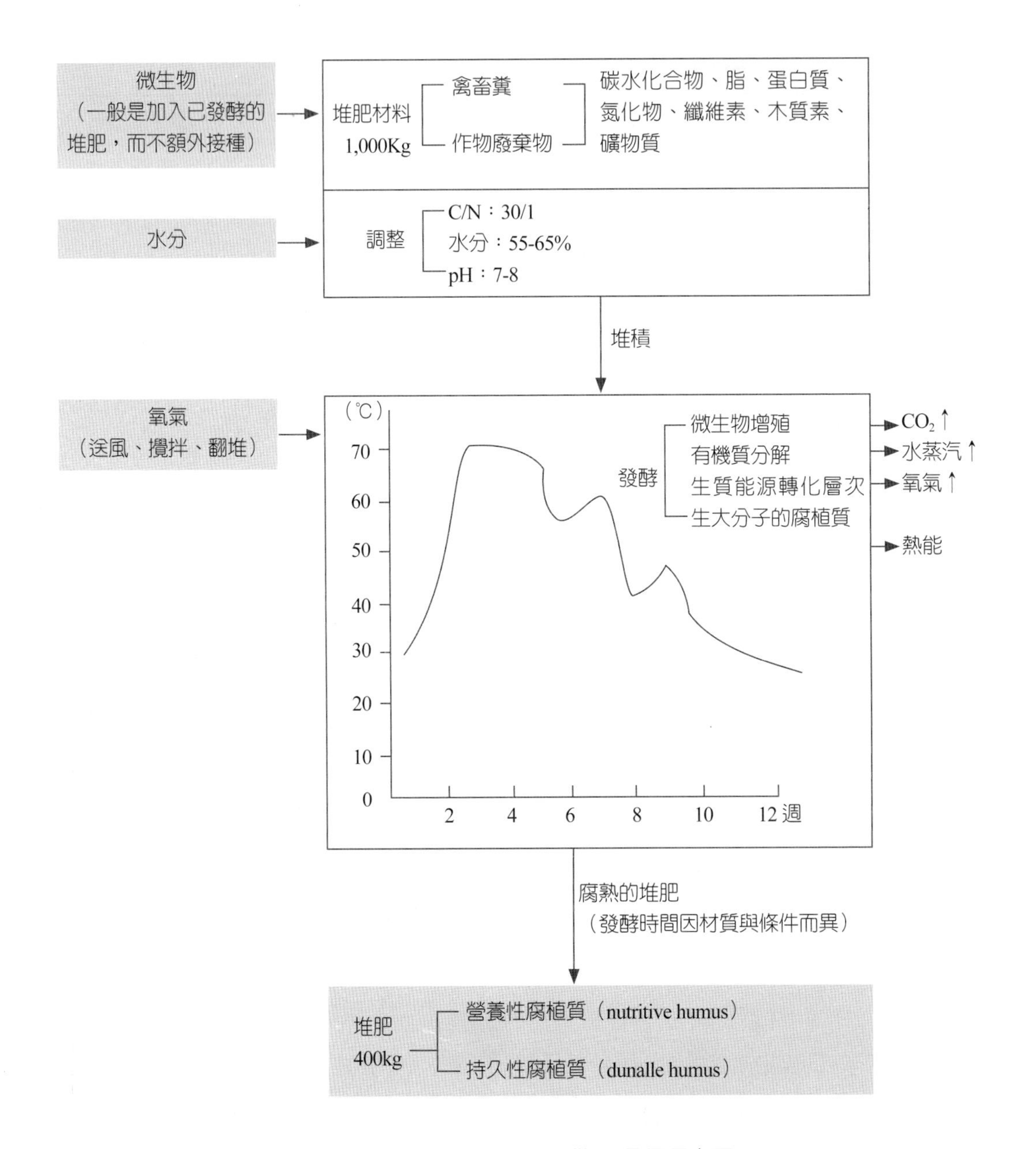

圖8-27　禽畜糞堆肥發酵條件及過程示意圖

④堆肥的製作與施用必須因作物而異：我們在施肥前固然要選擇高品質的堆肥，但同時也要注意施肥對象。在製造及選擇堆肥前，必須要依據文獻之記載或經過盆栽及田間試驗，了解作物在不同地區、季節、土壤栽培時，應施用何種配方的堆肥，以及如何施用，才能配合該作物生長過程中對不同養分的需求與吸收的律動，以期獲得預期的產量與品質。

⑷轉殖植物對植酸的分解與利用：為了有效提高動物對飼料中磷的吸收率，並減少動物糞肥過量施用，造成對環境的污染，飼料中填加植物酸（phytase）已非常普遍（圖 8-28）。目前家畜及家禽飼養業所使用的植酸主要是利用眞菌（Aspergillus niger）發酵（Simons et al., 1990; Denbow et al., 1995）。但由於純化過程繁複，成本高，遂有學者進行植物轉殖的研究。先後在轉殖的油菜、苜宿、大豆、小麥、玉米種子中，篩選到低植酸、高無機磷的植株。洪等人（Hong et al., 2004）則是將細菌的植酸酶基因〔牛瘤胃細菌（Selenomonas ruminatium）及E. coli〕轉殖到水稻，利用其發芽種子可生產大量的植酸酶（圖 8-29），既不需萃取，亦不需加工，可直接作為飼料添加劑，因此大幅降低了生產成本。近年來的研究顯示，轉殖阿拉伯芥（Arabidopsis）的根部可分泌大量的植酸酶，有助於對磷肥的吸收（Xiao et al., 2005）。若轉殖水稻亦能有同樣的表現，則必須增加土壤中有機質磷肥的有效性，可大幅減少肥磷的施用。

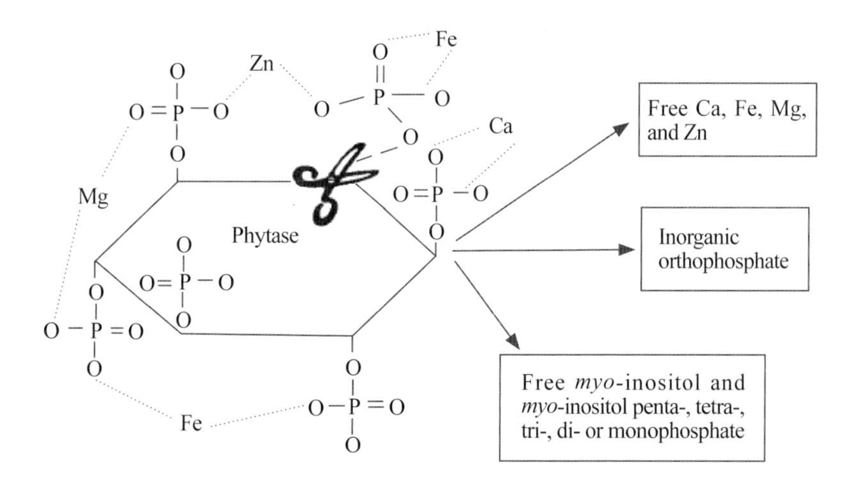

圖8-28　植酸酶分解植酸示意圖。植酸經植酸酶分解後產生 myo-inositol、無機磷及礦物元素等物質（Lei & Stahl, 2001）

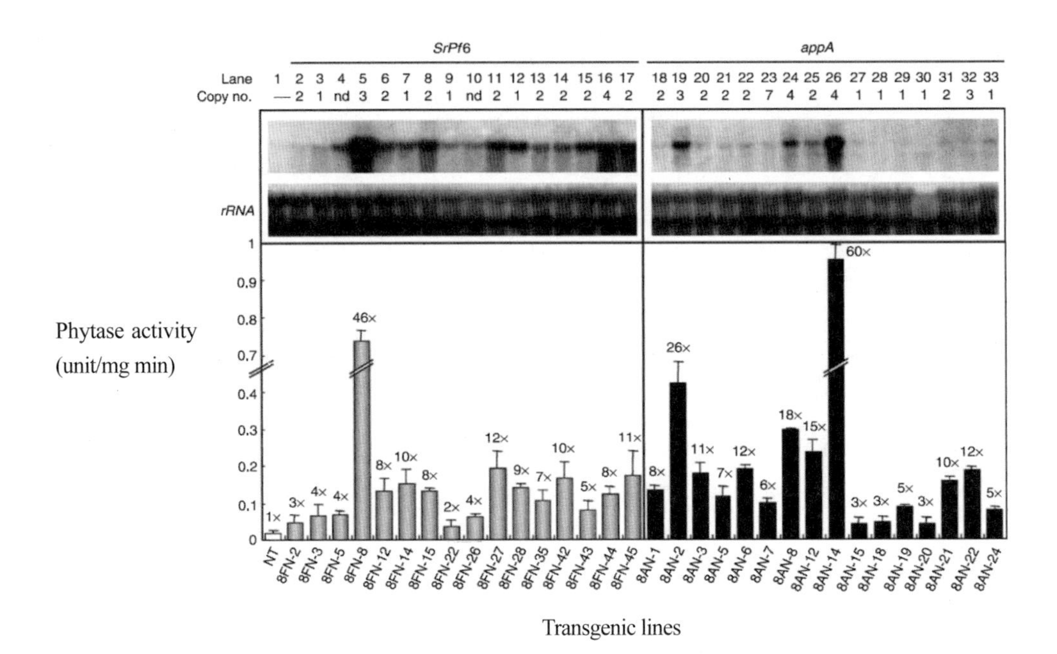

註：*SrPf6* 基因來自牛瘤胃細菌（Selenomonas ruminantium），*appA* 來自大腸桿菌。X表示與未轉殖水稻比較後，植酸酶活性增加倍數。

圖8-29 不同水稻轉殖系的發芽種子中，兩種細菌來源重組植酸酶 RNA 及植酸活性酶表現（Hong et al., 2004）

何時施用？

依施肥之時期可分爲基肥（Basal application）與追肥（Top dressing）。基肥（Basal application）指在播種或移植前施用之肥料，稱爲基肥。施用基肥的時期，需依作物種類、土壤肥料性質和氣候狀況而定。化學肥料中易被土壤固定，不易流失者，如磷鉀肥皆於種植前撒播田間，犁入田中；綠肥則在開花茂盛期，將其割倒埋入土中，俟其發酵數日後才能移植或播種。若欲利用有機質肥之殘效者，即在前作時即需施用。追肥（Top dressing）指在作物生長期間所施用之肥料，稱爲追肥。追肥的優缺點爲：優點可減少固定，增加肥料利用率，及可配合生長與分化時機；缺點爲需增加勞力。

施用多少？

要確定施肥量，必先了解土壤的肥力及作物需肥量。

1. 土壤肥力及作物需肥量試驗

(1)直接法：田間試驗的基本任務，是在一定的自然環境和耕作栽培條件下，研究土壤、作物和肥料三者的關係及其調節措施，以期合理施肥，提高作物產量及改進作物品質。由於田間試驗會受地區性的影響，在應用上受到一定的限制，同時在田間情況下，有許多因子是難以控制和分開的。因此就必須採用盆栽或孵育試驗、化學分析、同位素追蹤試驗，與田間試驗配合使用，才能收到較理想的效果。爲增高田間肥料試驗的可信度，在試驗設計上有三個基本原理必須遵守，以免在辛苦的試驗後，被不正確的結果所誤導。

①試驗設計的基本原理：有重複、隨機排列、局部控制，分述如下：

A. 重複：乃每個處理設置的次數，它的目的是：

- 降低實驗誤差，提高試驗的精確性：根據誤差分布規律，在抽樣觀察中，隨著樣本的增大，即樣本中變量個數（n）的增多，誤差可以減小。由於平均值的誤差（$S_{\bar{x}}=S/\sqrt{n}$）與樣本中變量個數 n 的平方根成反比，變量個數越多，平均值的代表性越大。
- 估計試驗誤差大小，判斷試驗的可靠性：試驗誤差既然不可避免，要判斷試驗的可靠性，就必須估計出試驗誤差的大小。如果試驗結果每一處理只有一個數據，是無法通過數理統計的方法，估計出試驗誤差的大小。
- 增大試驗的代表性：試驗的環境條件對試驗結果有直接的影響，但是在同一試驗中，試驗的環境條件不可能完全均勻一致。同時供試材料個體之間的差異，也會造成試驗誤差，因此若能在不同條件下分別設置重複，就可得到反應較爲全面的試驗結果。

B. 隨機排列：隨機排列就是試驗中的不同處理，都有同等的機會設置在一定試驗條件下的任何部位，這樣就可避免試驗環境的不均勻，如土壤肥力等。

C. 局部控制：爲了提高試驗條件的一致性，可把整個試驗分成不同的組（Group），每組內的條件相對一致，這樣的組稱爲區組或區集（Block）。在一般情況下，於一個區組中可設置一個重複，不同處理在同一區組中的排列是隨機的。這樣各處理的試驗條件就比較一致，因而降低了試驗誤差，這種用區組來控制和減少試驗誤差的方法叫做局部控制。在山坡地或地力分布有方向性時，局部控制是必需的手段，如圖 8-30 所示。

坡頂	A	B	C	D	E	F	G
坡腰	D	E	F	B	G	A	C
坡底	F	G	A	E	C	B	D

*A、B、C、D、E、F、G 為試驗處理代號

圖8-30　山坡地試驗設計中局部控制之一例

從以上三個基本原則，我們可以了解在降低試驗誤差和正確估計試驗誤差上，此三原則是相輔相成的，可用圖 8-31 表示。

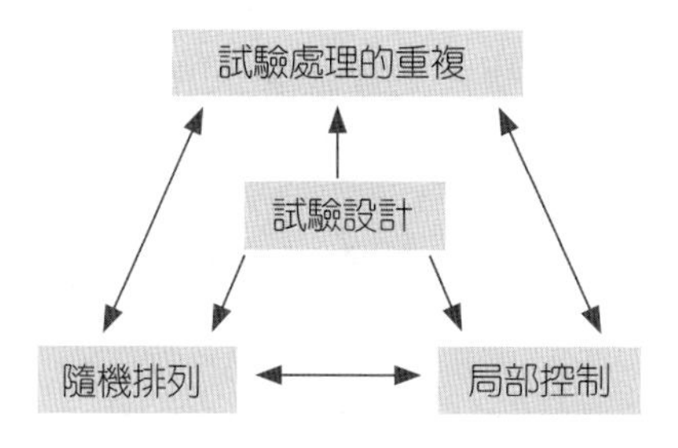

圖8-31　試驗設計的基本原則

②簡易的田間試驗：有定性的肥料效應試驗與定量的肥料適量試驗二種，分述如下：

A. 定性的肥料效應試驗：爲測定土壤提供作物營養要素的能力，最直接的定性方法就是肥料效應試驗。即對特定土壤及特定作物進行田間肥料試驗，觀察作物對使用要素肥料的反應（response）。效應大，則表示土壤供給此元素的肥力低；效應小，則表示土壤供給此要素的肥力高。

例如：試驗處理　　　　$y_i/y \times 100\%$（相對產量百分比）

NPK　　　　y（CK）

N_0PK	y_1
NP_0K	y_2
NPK_0	y_3
$N_0P_0K_0$	y_4

以施用 N、P、K 者爲 100，將不施用 N（N_0）、P（P_0）、K（K_0）之產量（y_i, i = 1,2,…n）與施用 N、P、K 者之產量 y 相比，若相對產量百分比（$y_i/y \times 100\%$）小於 100%，則表示土壤中這種未加的要素缺乏，必須添加此要素。

B. 定量的肥料適量試驗：肥料適量試驗是變換不同施肥量，觀察收穫量，以決定肥料用量。

例如：試驗處理爲 N、P、K 各分四級

N 爲 N_0 N_1 N_2 N_3

P 爲 P_0 P_1 P_2 P_3

K 爲 K_0 K_1 K_2 K_3

總處理數爲 4×4×4×4（重複）$= 4^4 = 256$

但這樣的方法表面看起來還算周全。但若處理數多，工作則非常繁重，而且土壤的肥力在田間常不均勻，又易受到環境因子的影響，應用這樣的方法所獲得結果常與預測値相差甚遠，於是發展了以下各種田間試驗設計。

③田間試驗設計的種類，分述如下：

A. 試驗小區的面積、形狀及重複：小區是構成試驗的基本單位，小區面積的大小形狀，不僅影響工作的便利，而且會影響試驗的準確度。確定小區面積時，要從多方面考慮，例如土壤地力的差異、植物的農藝狀況以及所使用的農具及肥料等。至於試驗誤差雖隨重複次數的增加而降低，而且在總面積相同時，增加重複次數對於降低試驗誤差所產生的作用，比增大小區面積更爲有效（表 8-8）。但這也有一定的限度，如果重複次數過多，試驗面積擴大，一方面要付出更多的人力、物力，同時試驗地的土壤變異範圍也隨之加大，故選擇重複數時，不可不愼。

表8-8　重複次數與小區面積對試驗誤差的影響

每個處理的總面積（M^2）	增加小區面積，不增加重複		增加重複次數，小區面積不變（$25M^2$）	
	小區面積（M^2）	誤差（m%）	重複次數	誤差（m%）
25	25	10.0	1	10.0
50	50	8.3	2	7.1
75	75	7.6	3	5.8
100	100	7.0	4	5.0
125	125	6.7	5	4.5
150	150	6.4	6	4.1
175	175	6.1	7	3.8
200	200	5.9	8	3.5
225	225	5.7	9	3.3
250	250	5.6	10	3.2

資料來源：西北農學院等，1979。

B. 田間排列：爲使小區的田間排列所產生的試驗誤差降至最低，並提高試驗的精確度和正確估計試驗誤差大小的作用，就必須遵守前面所提出的試驗設計三原則，即設置重複、隨機排列和局部控制。重複次數問題已於前面討論，在此主要是舉出四種常被使用的設計方法，簡要的說明運用隨機排列和局部控制原則，如何將小區排列在適當的田間位置。讀者若希望得到對設計方法的進一步資料，請參閱生物統計學中田間設計部分。

(A)完全隨機設計（Completely randomized design, CRD）：採用本設計法，必須遵守下列規則（沈，1998）：

- 試驗材料爲同質，且在相同環境下同時進行試驗：盡量使各處理之試驗材料的變異（Variation）很小，即表示試驗材料近於同質。如一塊平坦的試驗地，其土壤地力分布均勻。全試驗應在同一地點進行，不宜分割數地，或在不同時間中進行。

• 各處理隨機排列（Random arrangement treatment）：各處理必須隨機排列於試驗單位上。例如有三種氮肥（即三種處理），以 A、B、C 代表之，以水稻為試驗材料，比較三種氮肥之效果。各處理若重複四次，共需 12 個小區（Plot）。利用隨機數字（Random number），任取兩位數隨機數字，除以 12（全試驗單位數）所得餘數作為安排處理的號碼。今將 12 個單位劃分成如圖 8-32，每一方格當作一個試驗單位，並按順序編號 1 至 12，若A 以 1-4 代表，B 以 5-8 代表，C 以 9-12 代表，假設從隨機數字表中任取一數為 43，則：43/12=3……餘7。

7 為 B 處理的代號，故第(1)方格安排 B 處理。又如隨機數字為 09，則 9/12=0……餘 9

9 為 C 處理的代號，故第(2)方格排 C 處理，以此類推，而得圖 8-32。

(1) B	(2) C	(3) A	(4) B
(8) A	(7) A	(6) B	(5) C
(9) C	(10) B	(11) C	(12) A

圖8-32　完全隨機設計試驗排列圖

完全隨機設計在試驗上為最普遍被採用的設計法，其優點有：參試處理數與重複次數不受限制，在試驗中，若試驗材料有缺失（Missing），試驗結果仍然可以進行變方分析；各處理之重複次數不必相等，資料分析簡單易行；各處理均值間差異比較時，所犯的損失最少，因為此設計法有最大的機差自由度，故有最小的機差均方。若說完全隨機設計有哪些缺點，只有在試驗材料為異質（Herterogeneity）時，本設計法就不如其他方法。

(B)完全區集設計（Randomized complete block design, RCBD）：此法

第一個要求是將試驗地分成若干個區集，每個區集內各處理均占有一小區。區集內保持條件比較一致（田間試驗著重於地力比較一致），使組內各小區之間可以互比。區集之間的條件可存在較大的差異，這樣就體現了局部控制的原則。第二個要求是區集內各處理落在哪一個小區是隨機決定的，這樣就體現了隨機性的原則，與誤差理論相吻合。

隨機區集排列具有較大的靈活性，可以適應地形多變的條件，重複次數限制較小。只要整個試驗地內有多個局部內地力比較一致的地段，就可以布置試驗。各個區集可以排成一行或多行（圖8-33、8-34）。每行可以包括不同數目的區集，甚至可以根據試驗地的形狀排成不規則的形狀（圖8-35）。RCBD 是田間試驗應用最廣的方法，但也存在一定的缺點。在試驗處理數目多，而小區的面積又要求大的情況下，區集的面積必然較大，比較難於保持區集內地力的一致性。所以一般應用 RCBD 設計時，試驗處理數目要根據區集量來控制。

A	D	C	B	E	B	E	D	A	C	E	C	B	D	A	C	B	A	E	D
		I					II					III					IV		

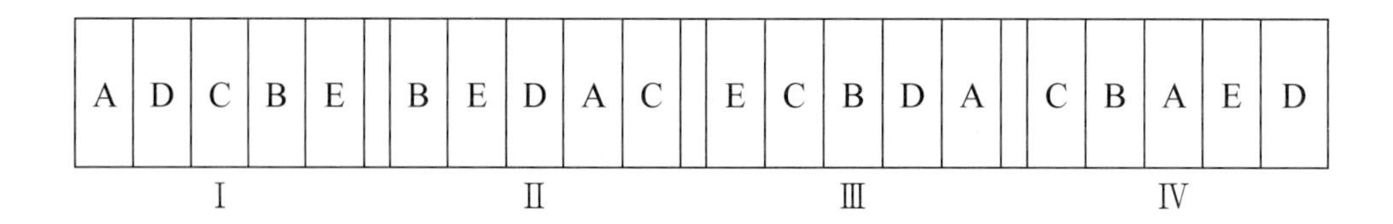

圖8-33　一行式隨機區集排列

I					II				
A	D	C	B	E	B	A	E	D	C
E	C	D	B	A	C	E	B	A	D
III					IV				

圖8-34　多行式隨機區集排列

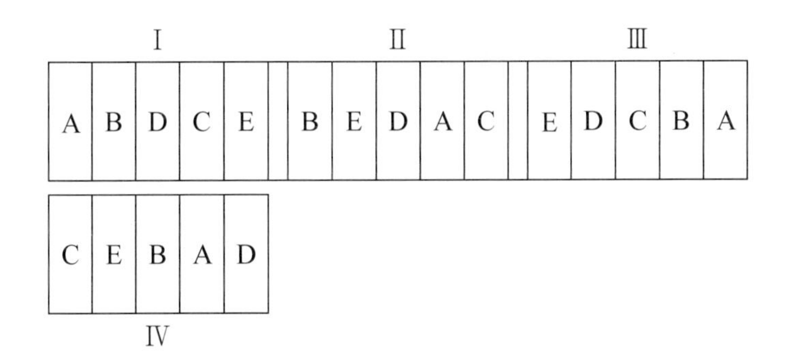

圖8-35　不規則地形的隨機區集排列

(C)裂區設計（Split plot design, SPD）：裂區設計也是 RCBD 的一種特殊形式，它的特點是將小區分裂成面積相等的更小小區，在它上面設置不同的處理來進行試驗。這種分裂可以是兩個或更多個，分裂成的更小小區稱爲副區，安排在副區上的處理稱爲副處理，由副處理合成的小區叫主區，安排在主區上的處理稱爲主處理。裂區設計是複因子試驗中一個有用的試驗方法。

在設計裂區試驗時，一般總是把精確度要求較高的因子，或允許用較小小區進行研究的因子設置在副區中，而把那些要求小區面積較大，或作用差異較大的因子設置在主區內。茲以下列例子來說明裂區的設計模式：此試驗目的是想了解在某種土壤上，施用哪種肥料的肥效最大。肥料種類包括氮、磷、鉀三要素和微量元素肥料。我們知道肥料三要素的效果比較容易肯定，要肯定微量元素肥料的效果，則要求較高的精確度，因此採用裂區設計可能比較好。設計時可將氮、磷、鉀三要素的八種處理組合作爲主處理，微量元素作爲副處理，即在八項主處理中，每一單區都分裂成兩份，一半施用微量元素肥料，另一半不施用。經隨機化後，其田間布置見圖 8-36。

(D)拉丁方格設計（Latin square design, LSD）：拉丁方格設計的特點是重複次數必須與處理數相等，在田間排列成緊靠在一起的橫行（行）數與直行（列）數相等的小區方陣，每行每列中每一處理

區集*								
I	N	O	PK	NP	K	NPK	P	NK
	1 2	2 1	2 1	1 2	1 2	2 1	2 1	1 2
II	NPK	P	K	PK	NP	N	NK	O
	1 2	1 2	1 2	2 1	1 2	1 2	1 2	2 1
III	O	K	NPK	NP	NK	P	PK	N
	2 1	1 2	1 2	1 2	2 1	1 2	2 1	1 2
IV	P	NK	NP	O	NPK	K	N	PK
	1 2	2 1	1 2	2 1	2 1	2 1	1 2	2 1

*Ⅰ、Ⅱ、Ⅲ、Ⅳ：表示區集，各區集內每一方格為一小區
1：不施用微量元素肥料
2：施用微量元素肥料

圖8-36　氮、磷、鉀及微量元素肥效試驗

僅出現一次。可以說，拉丁方格設計是 RCBD 的特殊形式。它從縱橫兩方向看都構成區集，所以它可以從兩個方向控制土壤差異。從列看，它構成一個隨機區集，可以把垂直於列的土壤差異引起的變異剔除；從行看，它構成另一個隨機區集，可以把垂直於行的土壤差異所引起的變異剔除；因此試驗誤差較小，即試驗精確度較高。

由於拉丁方格設計的要求嚴格，總的來說，它的效率比隨機區集高。但在應用時受到很多限制，首先在處理較多時不便使用，因爲其重複次數必須等於處理次數，如果處理數在 8 以上時，重複次數也必須有 8 次以上，這對一般試驗來說是有困難的。其次處理太少時也不好用，因爲處理少時總區數亦少，試驗誤差增大。另外，拉丁方格設計時試驗地的要求嚴格，試驗地不成方形不適用。所以拉丁方格設計只有在處理數爲 4-8個之間，而試驗地又較方正時才可採用。以下任舉一個以五種處理的肥效試驗爲例，利用 5×5 拉丁方格標準方之排列（圖 8-37）。譬如經由隨機數字表或其他方法分別得到直行隨機化之數字 35124 及橫列隨機化之數字 41235，然後將標準方經行隨機化及列隨機化，即得實驗設計拉丁方格之排列。

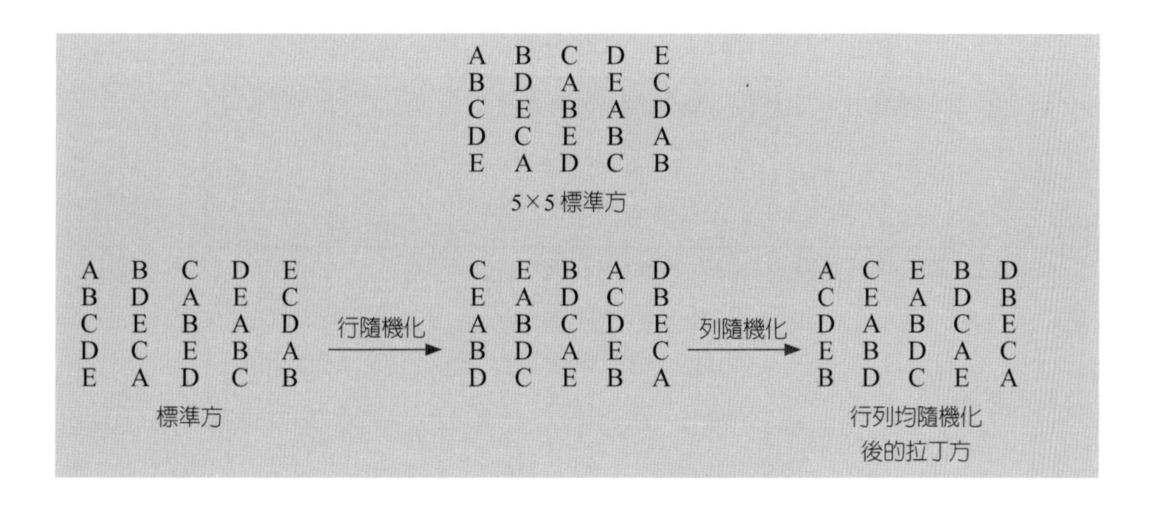

圖8-37　五種氮肥處理之肥效試驗

⑵間接法：取土壤樣品在室內做生物、化學測定，與直接法所獲之結果求相關，選出相關最好的方法。

①生物法：生物法分爲盆栽試驗、Neubauer 幼苗實驗與微生物法三種，分述如下：

- 盆栽試驗：最常用的兩種栽培盆是（1/2000 公畝與 1/5000 公畝）可利用不同土壤及不同作物，在比較容易控制的條件下（生長箱、溫室或人工氣候室），仿照田間試驗的試驗設計方式，進行定性的肥料效應試驗及定量的肥料適量試驗。
- Neubauer 幼苗實驗：這是一種利用大量植物幼苗，在短期內，吸收少量土壤中養分，以測定土壤肥力的實驗。此方法是先將 100 克土壤加入 50 克石英砂，放入一個高 7cm、直徑 11cm 的玻璃或塑膠容器中，並用蒸餾水使土保持在田間容水量。然後在土面上放置 100 粒種子，生長十七天後，測定作物苗中要素的量，可視爲土壤中有效養分的含量，並將此測定質與臨界值比較，判斷土壤的肥力。一般磷、鉀在田間吸收量爲 Neubauer 法之 20-30%，各要素之臨界值因土壤而異。表 8-9 數據是幼苗實驗的結果，爲一般作物生長所需最低量（毫克／100 克乾土），此僅供參考之用，實際應用時，需做田間校正。

表8-9　利用 Neubauer 幼苗實驗測定土壤中有效的磷鉀量

要素	大麥	蕎麥	小麥	馬鈴薯	蕪菁
P_2O_5	6	6	5	6	7
K_2O	24	21	20	37	39

資料來源：Neubauer 等人，1932。

- 微生物法：此方法組分有二種，第一爲 Azotobacter 法，由 Winograndsky 提出，可診斷 Ca、K、P。培養 72 小時後，觀察菌落的大小，菌落的直徑小，即表示缺乏。雖然缺乏 P、K 時，菌落之指標明顯，但比化學方法費時。第二爲 Aspergillus niger 法，適用於微量要素 Zn、Fe、Mo、Cu；可測菌絲（mycelium）量，並且觀察菌絲顏色，色暗者，銅濃度高；並分析菌絲內要素量。

②化學法：此方法可組分爲土壤分析與植體分析二種：

- 土壤分析：利用各種萃取液（Extractant），如鹽類、稀酸、稀鹼、還原劑、嵌形劑、含同位素溶液及水等，模仿根的吸收力，希望抽出或交換出土壤中的養分量與植物體要素含量及產量有一定的相關性。再以田間試驗做校準，此部分請參考土壤化學、土壤分析及本書第九章。
- 植體分析：利用萃取法或分解法測定植物體某種養分之含量，以診斷作物營養狀態，此乃基於植物生長或產量與植物體養分或礦物質成分濃度有一定的函數關係，最後再以田間試驗校準。此部分亦請參考第九章。

2. 肥料推薦量

先由過去之經驗推算，再由間接法及直接法之結果推算。以下將推算之過程，用推估 1 公頃地種植水稻應施用多少尿素爲例做說明：

⑴先求肥料利用率

①根據分析該地區施氮區的水稻吸收之總氮量爲 100 公斤（A）。

②無施氮區水稻吸收之總氮量爲 80 公斤（B）。

③作物由尿素取得的氮爲 A−B=20 公斤。

④若尿素成分要素（N）施用量爲 50 公斤（C），則尿素之利用率，可代入下列肥料成分要素利用率之算式求得。

肥料成分要素利用率公式

$$=\frac{\text{施肥區成分要素吸收量}-\text{無施此肥區成分要素吸收量}}{\text{成分要素施用量}}\times 100$$

$$=\frac{A-B}{C}\times 100\%=\frac{20}{50}\times 100\%=40\%$$

⑵再求肥料成分要素需求量

①由田間試驗得知該品種水稻每公頃需肥量爲 128 公斤，土壤供應要素量爲 80 公斤。

$$\text{②肥料成分要素需求量}=\frac{\text{要素需求量}-\text{土壤供應該要素量}}{\text{肥料成分要素之利用率}}$$

$$=\frac{128-80}{40\%}=\frac{48}{40\%}=120\text{ 公斤氮}$$

⑶肥料需求量（請參考作物施肥手冊）

①由於尿素含氮量爲 46%，則需要尿素量=120/0.46=261 公斤。

②如果已施用有機肥，尿素施用量必須扣除有機質中有效氮量。

③施肥量應考慮土壤質地，每次施入黏質土壤的量要比砂質土壤多。

3. 精準農業的發展

由於土壤是非均質的變動體系，加以微氣候特性、耕作管理、施肥技術、與作物吸收上自然存在之變異，導致田間作物生長和產量具有空間分布不均的現象（Dobermann et al., 1994, 1995; Pan et al., 1997）。但「傳統農業」常採用一致性的施肥，忽略田間的時空變異，常達不到適當調節營養的目的，有時甚至浪費肥料，導致非點源污染（non-point pollution）現象（Follett & Hatfield, 2001; Galloway & Cowling, 2002; Egmond et al., 2002; Howarth et al., 2002; Zheng et al., 200）。

「精準農業」（precision agriculture, site-specific farming）就是爲了改善傳統農業的缺點，要求能精確掌握局地氣候和土壤之時間與空間的變異，以及其對農作物生育的影響，使能經由精準的肥培、施藥等栽培管理手段，進行高效率的農業經營與管理，以提高生產利潤。因此「精準農業」不僅是現代化農業科技的重要發展方向之一，也具有減少農業所產生之非點源污染，保護生態環境的目的（Blackmore et al., 1995; Castelnuovo, 1995; Pierce & Sadler, 1997）。近年來國際稻米研究（IRRI）所極力推廣的「定址養分管理（site specific nutrient management）」，強調需由作物產量與土壤養分供應能力決定施肥量（Pampolino, 2007），即屬於精準農業觀念的應用。

「遙感探測」（remote sensing）是利用非直接接觸的方法，進行地物性狀的測定，能快速進行田間大面積的調查，不僅可以達到及時提供所需的資訊，並可節省所需的人力、時間與經費。因此，遙測技術已成為發展「精準農業」的必要工具。當前「精準農業」多種面向研究中最關鍵的技術，即是如何利用適當的遙測模式，將植被的反射光譜資訊轉化成所需的生物變數物理量，以繪製諸如田間水稻產量、株高、藁重、產量構成要素（穗數、每穗粒數、稔實率、千粒重）和氮營養狀態等重要生育性狀參數之空間分布圖，進而使研究者能探討形成空間分布變異的原因，並據以規劃出田間作物精準施肥的管理組圖（申，2001）。

氮肥是影響水稻生產最重要的肥料，由於各生育期所需氮量不同，一般若能在幼穗形成期施肥適當，對水稻達到高產量常有決定性的作用，雖然有經驗的農民，可藉觀察葉片的顏色判斷氮肥的盈缺，但不易迅速掌握全區的變異。利用以幼穗形成期植被反射光譜在 735nm 的一次微分值（$dR/d\lambda|_{735}$）為自變數，建立之稻株氮營養遙測模式，較利用波段比值的指數（如 NDVI、SRVI）更適於評估穗肥施用期間，田間稻株的氮營養狀態（Lee et al., 2008）。再配合由機載高光譜影像儀所獲得之影像，即可快速繪出田間稻株氮營養狀態的空間分布圖，提供作為田間穗肥精準施用的依據（王等人，2007）。例如，若比對氮含量（圖 8-39）和產量及生育性狀（圖 8-38）之空間分布圖，除植株內 N 含量 3.0% 以下者，可依比例在缺氮小區加施穗肥外，超過 3% 者應適當減量或不施用，以避免因氮營養過高所造成的傷害。

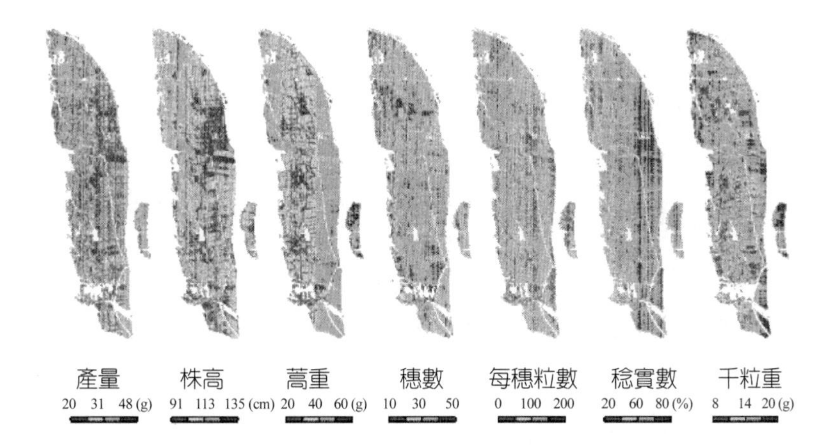

圖8-38　外埔樣區水稻產量和重要生育性狀參數空間分布圖（王等人，2007）

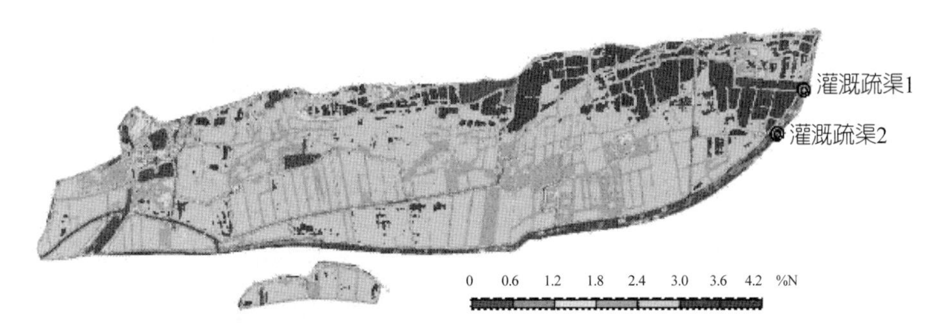

圖8-39　外埔樣區稻株體內氮含量空間分布圖（王等人，2007）

怎麼施用？

1. 土耕

土耕可分爲向根施及向葉施。所謂向葉施即葉面施肥（foliar application），其優點爲吸收快，可迅速改善營養狀況，並可減少流失及被土壤固定。其缺點爲不能一次大量施用，必須分施，以免造成傷害；及噴射後遇雨易被淋洗，日晒時亦不易吸收。而向根施分爲乾施、液施與氣施三種，分述如下：

⑴乾施：肥料以固體狀態施用者，稱爲乾施，如一般固體化學肥料、堆肥及廄肥等。

①土面：撒施（Broadcast application）是將肥料均勻撒播於田中，多用於大面積之土地，如水稻田及牧草地。大面積者需用施肥機，小面積者常用手撒播，撒播會有部分肥料因揮散而損失，尤其對條施栽種作物

頗不經濟，因爲作物對離根較遠的肥料不易吸收。

②土內：施用方法分述如下。

- 條施（Band application, side-band）：條播之作物多用此法，即將肥料依條或行施於作物根際，如甘藷、甘蔗、玉米及馬鈴薯等作物均用此法。
- 穴施（Hill application）：穴施即在作物根旁掘穴，將肥料施入。例如瓜類、鳳梨、蕃茄等一株一穴或兩穴施肥。多年生果樹，根系範圍較廣，常於樹幹四周掘成放射狀之溝穴，稱爲放射穴狀施肥（圖8-40）。近年來爲增加肥效，將尿素製成巨粒，用機械施入水稻間，也是一種穴施。
- 觸施（Contact application）：使肥料與種子施於一處，相互接觸，即爲觸施，常用播種機附帶有施肥機，將播種與施肥於一次完成，但若肥料成分高者，常對種子發芽有害。
- 環施（Ringed application）：常用於果樹或其他多年生植物，以植株爲中心，在其周圍開環狀之溝穴，施肥後再覆土，如柑橘、桃、李等（圖8-40）。

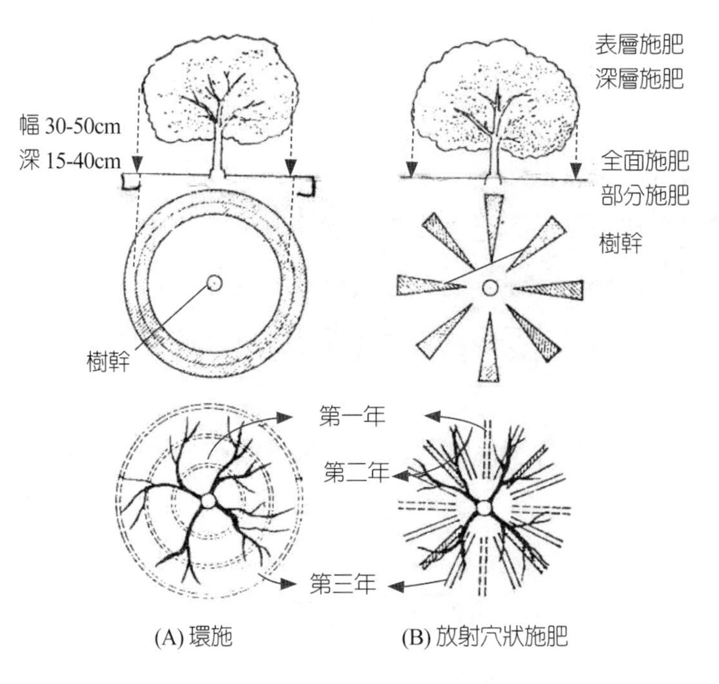

圖8-40　對於果樹之幼樹施肥方法

- 深層施肥（Deep placement）：爲防止肥料之流失、脫氮、揮散，將肥料施於深層，謂之深層施肥，或將棒狀肥料壓入作物旁，竹林常用此法。
- 全層施肥（Whole layer placement）：爲便於根的吸收，將肥料與土壤充分混合，這種方法適於密植及鬚根性的作物。

⑵液施（Fluid fertiliztion）

①灌溉（Fertigation）：將有效態肥料加水溶解或將糞尿稀釋施用。

②注射（Injection）：以施肥機將液體肥料注入土壤中。

③滴施（Drip application）：液體肥料經由塑膠管的細孔，慢慢滴至作物的根部，可以節省水分及肥料。

④噴施（Spraying application）：從塑膠管上之噴頭，將液體肥料向作物葉部噴施，主要是用在果樹上。

⑶氣施：利用施肥機將氨氣（NH_3）注射入土壤，或將固態或液態之 CO_2 釋放或噴撒於田中。

2. 無土栽培（養液栽培）

⑴無土栽培之分類（圖8-41）：液體介質：如水耕；固體及液體介質：如砂耕、礫耕、蛭石耕、岩棉耕、鋸屑耕……。

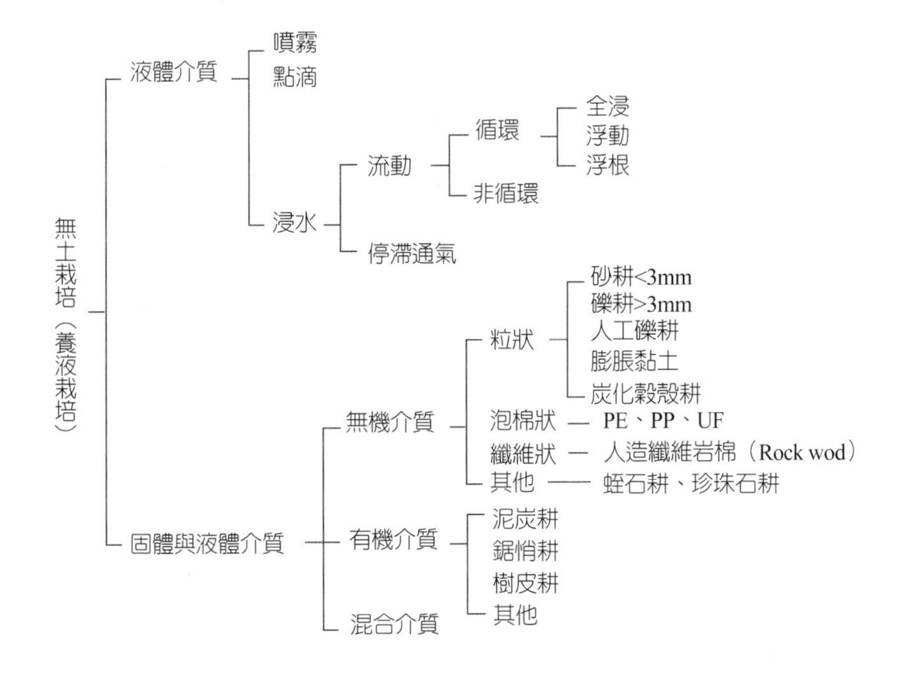

圖8-41　無土栽培之分類

(2)無土栽培之起源與發展

水生植物→水生植物→土耕→土耕→土耕→土耕

陸生植物　水耕　水耕　無土栽培

礫耕　・液體

砂耕　・固體及液體

(3)無土栽培之優缺點

①不需土壤。

②可供給最佳生育條件：營養素之補充可根據生理之需求供給；養分在介質中均勻；不至於有水分不足的現象；根可自由生長；可避免不良環境之影響：例如不良的天候（如高低溫、日照不足、強風大雨）、地利（如貧瘠、酸鹼等）；病蟲害及有毒物質；雜草。

③緩衝力弱。

④需科學管理，設施費高，不易大規模進行。

施肥與營養調節（請參考圖 8-19）

重要原理及步驟

1. 選擇適當的立地環境：選擇對作物最適當的土壤、溫度、光強度、日照長度及溼度等。
2. 選擇適當之種植密度：求得最適之 LAI 和最大之淨同化速率。
3. 選擇適當的施肥位置：撒施、條施、點施、深施。
4. 推估適當的施肥量：(1)根據土壤粒構施用適量的有機質肥料。(2)根據不同作物對養分的需求、土壤肥力以及土壤與肥料之性質，決定施肥量。
5. 選擇適當的肥料與施肥時間：應依據作物生產型及標的物，以及階段性的營養特性，施用不同型態及不同量的肥料。

(1)極限型與非極限型：極限型植物在營養生長期，需大量氮素以發展地上部及根系；進入生殖生長期，因爲子實塡充，大部分醣類轉爲澱粉，則氮的需求量降低。非極限型如豆類植物，子實含氮高，且營養生長與生殖生長同時進行，則氮的需求在生長後期仍高。

⑵標的物：甘藷生育中期氮肥少施，鉀肥之比例增加，才能提高甘藷產量。釀酒的大麥蛋白質含量宜少，所以氮肥應比以食用爲目的者減量。爲增加菸草的可燃性，應避免施用 KCl，而改施 K_2SO_4。

⑶各種作物在不同生長期對要素需要量、吸收率及部分效應皆不同。例如水稻之 V 行施肥法，就是要使幼穗分化期水稻之氮含量適當降低，以利進入生殖生長期。

6. 選擇單一作物或輪作

⑴爲利用前作的殘效或增加土壤肥力，及減少土壤的沖刷及病蟲害的發生率，常選擇輪作。尤其將深根的豆科作物與淺根的作物輪作，不但可以充分利用土壤的養分，又可以增加土壤的有效氮。

⑵有些農地只適合種單一作物，如水田中的水稻及山坡地的牧草。

以水稻氮肥之調節為例

稻作是臺灣耕作面積最大的作物，稻米也是國人的主食。政府遷臺後，相關農業研究機構，以及各大學農學院，對稻作品種改良與培肥技術的研究，不遺餘力，已累積了豐富的成果。由於影響施肥的因子很多，如作物的特性、土壤的性質、氣候的狀況，以及肥料在土壤中之變動等。因此，在決定施肥量、施肥時期、以及如何施時，必須考慮上述各項因素。目前在桃園、臺中、臺南、高雄、臺東等區農業改良場及農業試驗所，均有土壤肥力測定設備，可替農友服務。分析農田土壤肥力，並根據分析結果，及各種影響施肥之因子，向農民推薦肥料施用量及施用方法。由於氮肥施於稻田表面後，極易因脫氮作用，而多量揮散，且有部分流失，其損失量及吸收量隨土壤質地、水溫、生長期而異。因此氮肥施用量與稻穀產量間，在田間複雜條件下，相關常不顯著。所以氮肥除了根據一般推薦量及施肥法（參考前述肥料推薦量之計算法及表 9-1），尚需依靠其他條件之配合，其中最常用的方法，是肉眼觀察（參考圖 8-11）及配合灌溉排水之調節。爲使讀者易於了解，特繪簡圖 8-42，並作扼要說明如下。

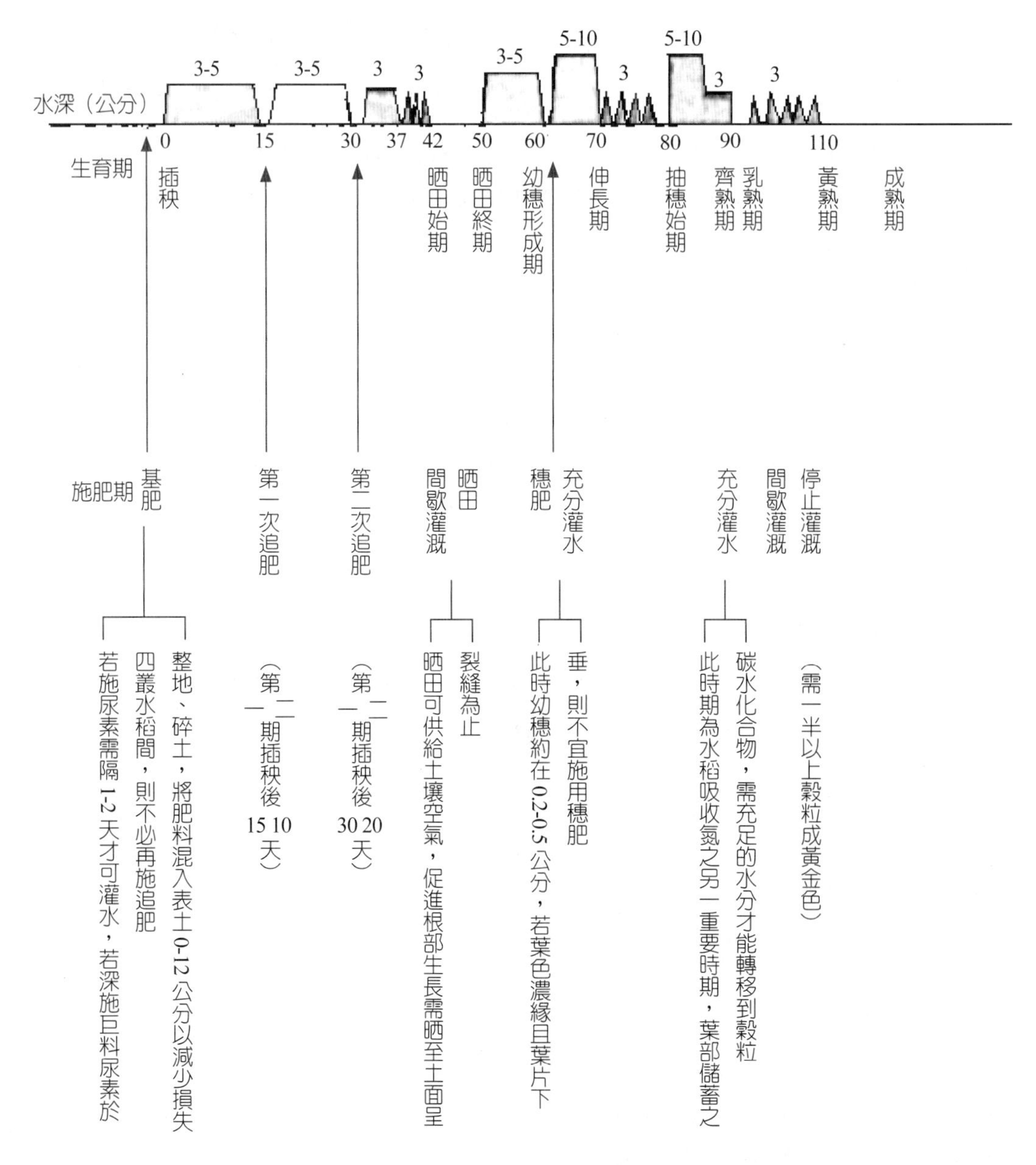

圖8-42　水稻氮肥之施用及灌溉排水之調節

水蜜桃的施肥設計

由於果樹是多年生作物，栽培管理與營養調節，非常不易。栽培者必須具備豐富的理論基礎及多年的實際經驗與直覺能力，除依照以上之施肥與營養調節之原理和步驟外，尚需注意蔬果、整枝、防治病蟲害等繁複過程。爲使讀者對較複雜的營養調節有一整體認識，本章最後特請對果樹栽培有豐富經驗的陳中教授，將栽培水蜜桃的施肥與管理要領（陳，2001），做一精要的介紹。若希望做進一步探究，可參閱果樹栽培專書（諶，1978、1983）。

果樹栽培的目的，在藉由果實的收穫量獲取最高收益，表現爲早果、優質、高量、穩產。要達到此一目的的關鍵，在於掌握好碳素營養及氮素營養的脈動，其中在循環週期的前期，以正確的施肥啓動良好營養生長，迅速形成大量光合功能高的葉片，奠定後期碳素代謝穩定健壯，尤爲邁向成功的前提。

試以正大量栽培於臺灣低海拔地區的臺農甜蜜桃爲例，由圖 8-43 可知：果實生長與展葉抽梢同時於二月開始，至五月果實成熟期前，在果實器官主要爲細胞膨大與碳水化合物的累積；而碳水化合物主要來自當季葉幕合成與先年儲藏轉移，欲令果實分配最多，特別要注意果實生長全程避免或緩和營養生長的競爭與消耗。因此，此時樹體的氮素營養狀態應刻意保持在低檔，特別是在果實成熟之前，果實轉移葉片碳水化合物速率最高的時候。但氮素仍是主導果樹生長爲重要的礦質元素，因此生長季中，若要補充樹體氮素不足，在臺農甜蜜桃，最早的補充期約爲五月果實採收之後（圖 8-43）。此時應是春梢停梢，葉片疲累，樹體碳水化合物也因果實採收而陷入碳素營養緊張的時刻，正如婦女分娩要坐月子補身一樣，需酌施以銨態氮爲主要形式的禮肥，先恢復葉幕疲勞，延緩葉片老化，提振光合功能。惟此期施氮不可過量，若因而刺激七、八月後秋梢生長過旺，既造成此時期合成之碳水化合物無謂消耗，影響同時間正進行的花芽分化與發育。如因此延緩當年生枝成熟於儲藏養分累積，皆對明年的開花結實不利，反而得不償失，另一方面，爲明年基肥補充，若如傳統主張於冬春之一、二月間施下，即在氮素低盪期前，氮肥不及消化，誘發旺盛營養生長，導致大量生理落果的危險。因此爲結實穩定，基肥補充時機亦應策略性的提前，由傳統的一、二月在往前挪，推到基肥不會刺激秋梢的時期越早越好。在植株尚未停止生長前，補充第二年生長所需的礦質元素，如氮、磷、鉀、鈣、鎂等。一方面有利於新雛形器官之細胞增殖、分化與發育；另一方面也有助於各種養分儲藏以備來年需要。也就是說，新的果樹施肥策略是要讓果樹吃飽了才睡覺（休眠），這樣醒來才有精神。可以從從容容的讓各種已半同化的養分，在春萌水解的第一時間內，就近分配於各需求器官。過去讓樹餓著睡，醒來才給東西吃的做法，就難免飢不擇食，囫圇吞棗，繁殖與營養生長矛盾難以調和，表現爲開花不良、著果偏低或生理落果嚴重。

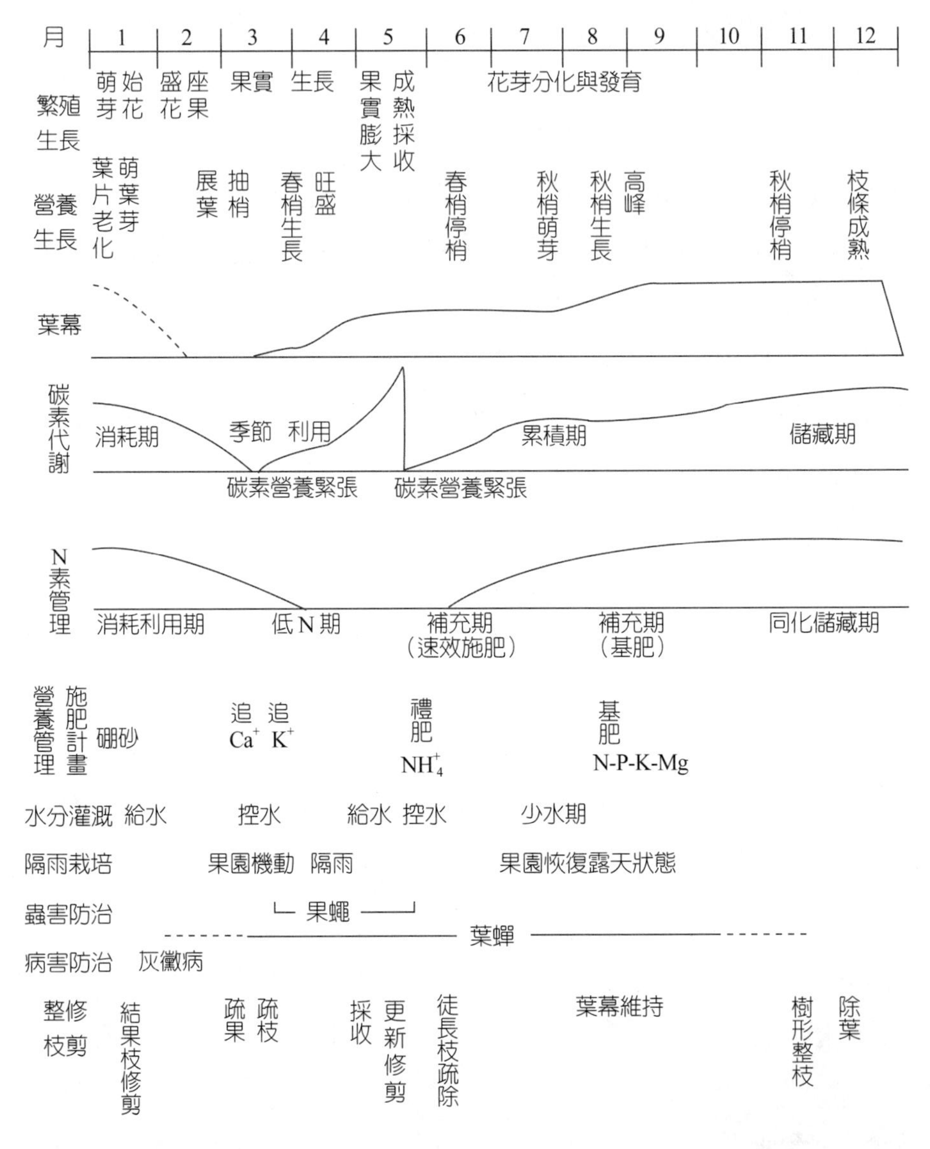

註：基肥：九、十月下旬埋施，讓樹吃飽睡覺，醒來才有精神。有機質多用碳素高氮素少者，再配合三要素，每 0.1 公頃成分量，氮 30 公斤、磷 15 公斤、鉀 20 公斤、苦土石灰 200 公斤，有機質（如腐熟牛糞）2,000 公斤。

追肥：萌芽期噴施硼酸 1,000×，座果期果面施鈣 $CaCl_2$ 500×，每週乙次。果實膨大期地面灑施 K_2SO_4，每分地 4 公斤。

禮肥：地表施銨態氮，每分地 6-10 公斤，葉面噴施磷酸鉀 500×，育花芽。

圖8-43　臺農甜蜜桃在臺灣低海拔地區的年生長規律與栽培管理體系

萌芽開花到果實生長期間（如圖 8-43 之一到五月），雖然正值果樹氮素營養低盪期，但追肥仍十分重要。如開花前期噴施硼砂（1000× 可改善受精著果）；

果實自幼果期開始連續果面噴鈣離子（如氯化鈣 500×，每週）可改善果實質地；在展葉抽梢高峰期，地表中耕苦土石灰可增添鎂肥；待果實生長進入膨大期，埋施磷鉀於地下 2-30 公分處，增進葉片光合作用與碳水化合物向果實轉移。這些肥料需要量不多，只要施肥時機把握得巧，並在時間與空間上處置得宜，即可避免不同元素間拮抗，如施鈣、鎂過多，有造成缺鉀的可能；而施鉀過多，則妨礙鎂、鈣吸收。

藥用植物的營養調節

在第七章植物代謝的整體觀中曾提及，植物體內合成物可分爲初級產物與次級產物。前者是由初級代謝（Primary metabolism）的產物，是指對植物體生長不可或缺，爲所有植物體所共有者，如醣類、蛋白質、脂質等；後者則是初級代謝產物再經過二次代謝（secondary metabolism）後的產物，化學結構複雜，非全部植物體或植物細胞所共有，由特殊的基因組控制，其合成對植物細胞生長本身並不具重要性，如生物鹼（alkaloids）、萜類（terpenoids）、酚類（phenolics）等，但可能具有某些特定的作用，如誘蜂、防蟲、抑病等，且這類產物有些是醫藥上極重要的化合物。

雖然二次代謝產物可以利用人工合成方式製造，但因其常具有複雜的立體結構，用人工合成不但步驟繁複，而且常失去活性。因此，靠植物合成仍不失爲重要手段。

在田間栽培下，二次代謝產物易受大自然環境，如氣候、季節、土壤、水分、養分及病蟲害的影響（Hotin, 1968; Penka, 1968; Mathe & Mathe, 1973; Bernath & Tetenyi, 1980; Haider et al., 2004）。以下僅舉兩例說明在控制其他條件下，利用不同氮肥處理對含氮化合物的生物鹼，在植物體蓄積的影響做一簡介：

1. 氮肥對青脆枝中喜樹鹼含量之影響

   喜樹鹼（camptothecin）具有抗癌作用，它的機轉是在細胞週期 S phase 時（DNA 複製期），抑制拓樸異構酶 1 酶。此酶負責催化 DNA 暫時性的分解與再結合，喜樹鹼則會干擾 DNA，使其沒有機會利用內部修補系統復原，導致癌細胞死亡（Yang et al., 1999）。

   喜樹鹼因有上述價值，吳（2006）利用化肥及兩種不同施用量之牛糞堆肥處理，觀察氮肥對青脆枝各部位之喜樹鹼含量之影響。結果顯示根中的喜樹鹼濃度高於莖葉，而以葉最低（圖 8-45），由於喜樹鹼是在根部合成

（Yamzaki, 2003），根合成後再往地上部傳輸。因此根的乾物重雖小（圖 8-44），蓄積的喜樹鹼卻最多（圖 8-46），且隨種植時間而增加。圖 8-45、8-46 亦顯示兩種施氮量及不同形式的氮肥對喜樹鹼形成之影響並不顯著。

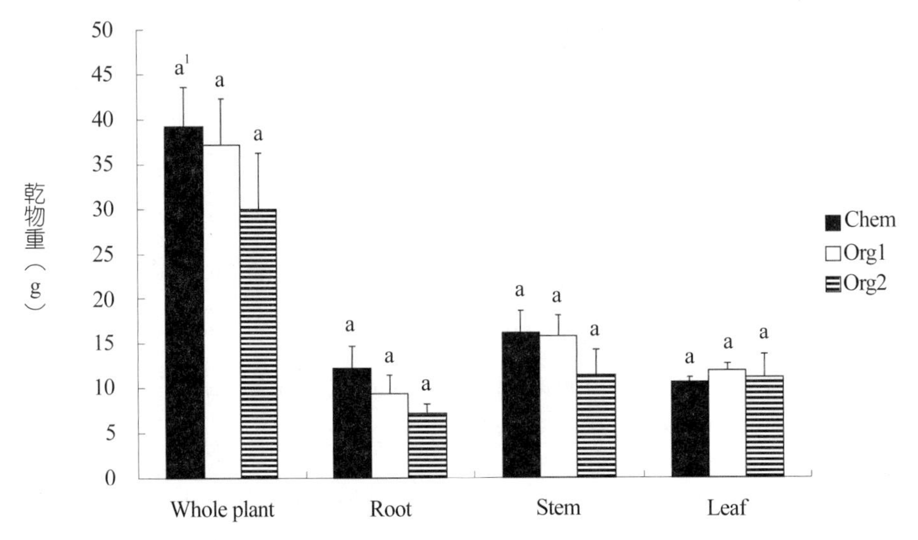

[1] Data are expressed as mean. Averages followed by the same letter are not significantly different ($p<0.05$) as determined by Duncan's multiple range test. Error bar: standard deviation.

圖8-44 不同處理對青脆枝生長的影響（吳，2006）

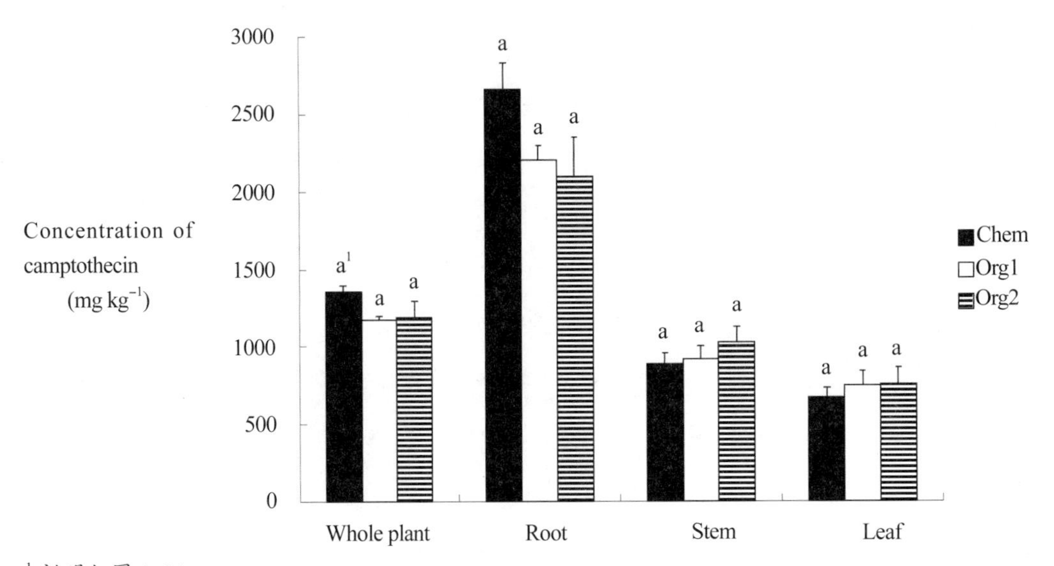

[1] 說明如圖 8-44

圖8-45 不同處理對青脆枝各部位喜樹鹼濃度的影響（吳，2006）

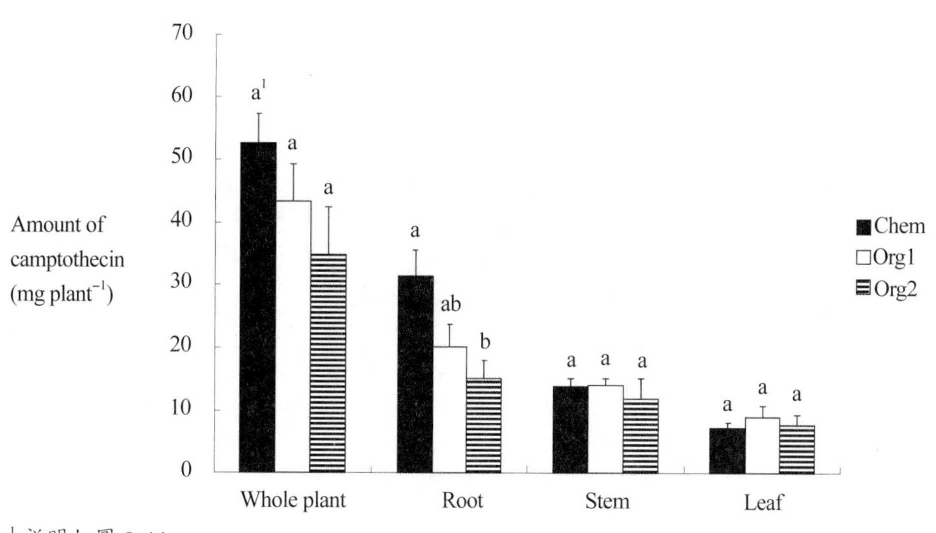

[1] 說明如圖 8-44

圖8-46　不同處理對青脆枝各部位喜樹鹼含量的影響（吳，2006）

2. 氮肥對枸杞中甜菜鹼（betaine）含量之影響

甜菜鹼又名三甲基甘胺酸，是甘胺酸（glycine）的衍生物，植物（尤其是甜菜、青化葉和菠菜）自然產生的物質。

在第六章曾提到植物為避免鹽分進入體內，又不致缺水，細胞會盡量合成許多有機溶質，如 glycine、betaine、proline、D-sorbitol 等，以提高胞內滲透壓，可以增加吸水的能力，使許多代謝中重要酶可保持活性（Rabe, 1990; Rhodes & Hanson, 1993）。

由於甜菜鹼的結構式為（CH_3）$_3N+CH_2COO^-$ 帶有三個不穩定的甲基可以輕易的解離與有害物質結合，使其失去作用；或將其轉化為有用的物質。例如人體內半胱胺酸（homocysteine）含量高會增加心臟病的罹患率，且與憂鬱症、癌症、肝病甚至老年癡呆症的高罹患率都有直接關聯。若服用富含甲基的甜菜鹼，則可使高半胱胺酸轉變為有益的甲硫胺酸（methionine）。另外，甜菜鹼亦可促進淋巴細胞活性，增強吞噬能力。

甜菜鹼因有上述藥效，陳（2003）利用兩變量的化肥（硫酸銨）與有機肥（禽畜糞堆肥）栽培枸杞，觀察氮肥對甜菜鹼蓄積的影響。結果顯示（表8-10），枸杞之乾物重與整株之甜菜鹼量及濃度，皆以化學肥料 Chem2 處理（氮肥施用量為 Chem1 之兩倍，磷、鉀肥則相同）最低，說明施用硫酸銨的氮肥量過高。因為當生長狀態不佳時，植物會先將養分利用在營養生長上，而不會形成非植物所必需之二次代謝產物。有機肥之氮含量雖高於化肥，但整株之甜菜鹼濃度會隨有機肥料施用量增加而增加，惟增加量不顯著，此說明有機肥在土壤中的緩衝效果。在不同的處理中，以葉之甜菜鹼濃度最高，這與喜樹鹼主要蓄積在青脆樹之根部不同，說明了植物間的差異。

表8-10　不同肥料處理對枸杞各部位甜菜鹼量及濃度的影響

Treatment	Root			Stem			Leaf			The whole plant	
Amount, mg/plant											
CK	33	bc[1]	(11)[2]	170	cd	(59)	87	b	(30)	290	c
Chem 1	73	ab	(15)	270	c	(57)	131	b	(28)	474	c
Chem 2	5	c	(13)	22	d	(59)	12	c	(31)	37	d
Org q	118	a	(13)	611	b	(65)	157	b	(22)	887	b
Org2	93	a	(7)	825	a	(63)	387	a	(30)	1035	a
Concentration, g/kg											
CK	12.0	a		10.2			33.8	a		13.9	a
Chem 1	10.7	a		10.3	a		31.2	a		12.7	ab
Chem 2	7.0	b		6.0	b		19.1	b		8.7	c
Org 1	10.3	a		9.0	ab		19.4	b		10.1	bc
Org2	6.0	b		10.9	a		29.0	ab		12.9	ab

[1] Data are expressed as mean. Averages followed by the same letter are not significantly different ($p<0.05$) as determined by Duncan's multiple range test.

[2] The number in parenthesis is the proportion of the whole plant in percentage.

資料來源：陳，2003。

第九章 土壤及植體分析與營養診斷

營養診斷是對作物營養調節的必要條件。營養診斷有許多方法，其中又以化學分析比較精確。但是若希望利用這種方法達成測試土壤肥力或改進作物品質與產量的目的，除了要對營養的吸收與代謝有一清楚的了解，對化學分析的意義及其限制與改進也都應有適當的認識。因此本章所談的營養診斷，除了對土壤及植體分析之原理與其在營養診斷上之應用做一回顧外，同時對目前所普遍使用的資訊查詢系統及模式建立，亦做一簡單介紹，並對營養診斷的困難和未來發展的方向做一檢討，希望引發讀者共同思考。

分析前的初步診斷

當我們發現作物病害時，可從植物全株，尤其是葉子的性狀做初步推測，不必立刻進行植體分析，因為促使作物發生病害除營養因子外，氣候、土壤、pH 值、病蟲害、農藥及各種污染物都可能是致病的原因。這點我們在上一章談到施肥前應考慮的事項中已詳細介紹，在這裡我們只做一個簡要的綜合說明，並繪製流程圖（圖9-1），希望再度提醒讀者在進行繁複的土壤及植體分析前，最好做一些初步的觀察及判斷，以免浪費時間與精力。

第一，先了解作物的遺傳性狀及當地作物栽培之歷史，以確定生長環境是否適當。第二，了解病害在田間的分布狀況，因為營養生理病害是不會傳染的，這類病害在田間發生時，分布面積較大，也較均勻；但傳染性病害則由點到面，多由發病中心向周圍擴展。第三，了解發病時間的長短，如果只是暫時性的，則常是由於噴撒農藥或空氣污染物所致；如果連續幾年，則可能是由土壤因子或附近工廠所排廢水、廢氣所引起。第四，了解立地的環境條件，作物營養生理性病害主要是由於營養素的缺乏、過多或營養素間不平衡以及有毒物質所引起。而營養狀況又與當年作物生長期間的氣候條件，以及歷年來土壤改良、施肥狀況、耕作方法，以及農業環

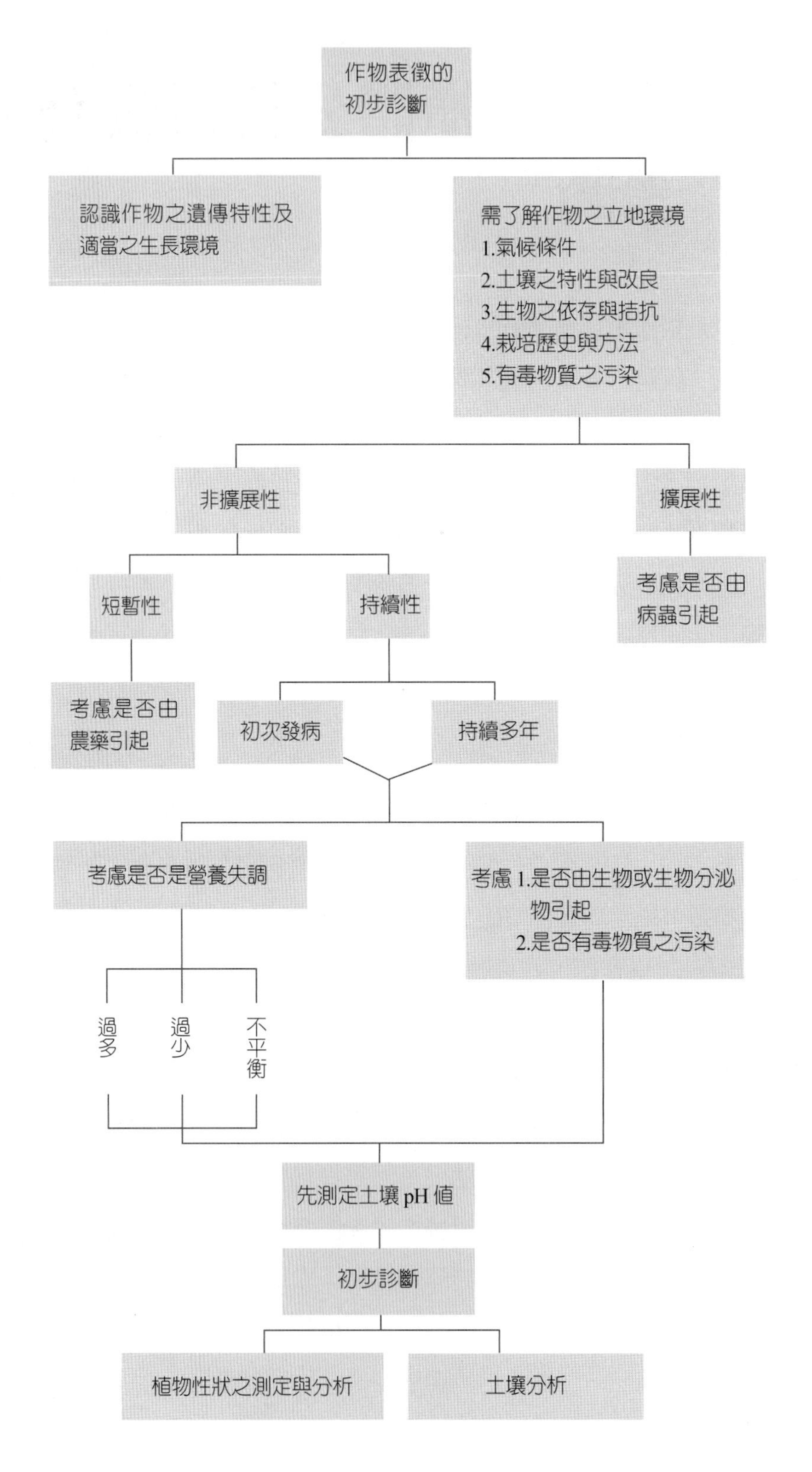

圖9-1 植物病因之初步診斷

境的污染，都有密切關係，因此對環境條件應一一進行調查。

根據上述情況，當在田間觀察到較大面積的大量病株時，應根據它們的症狀和在田間的分布狀況，結合周圍環境中各種因素的異常變化，進行綜合分析，初步判斷如屬營養生理病害，可以再通過對典型植株的外形診斷，葉片及土壤速測及土壤分析（圖 9-2）與植體分析（圖 9-3）進一步鑑定。以下先介紹土壤分析及植體分

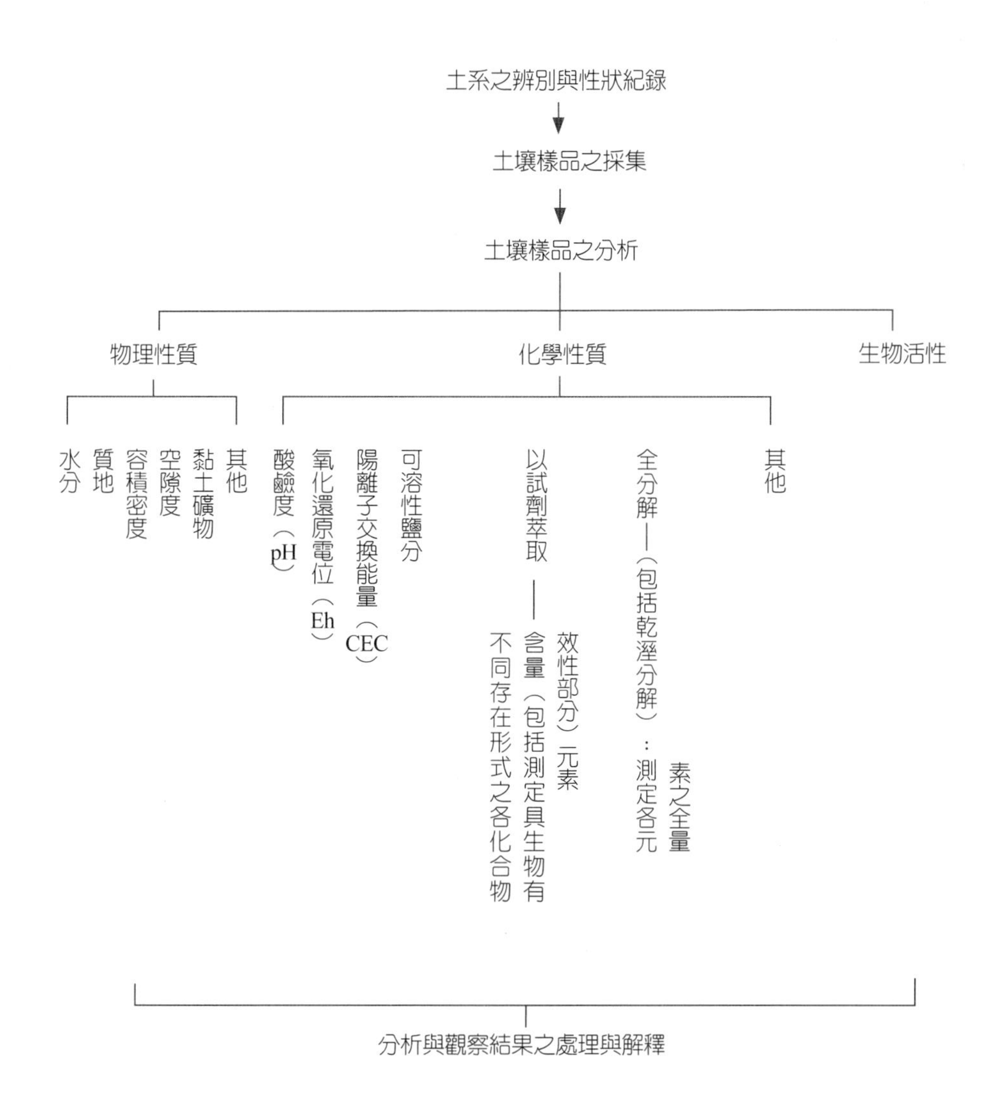

圖9-2　土壤分析結果之處理與解釋

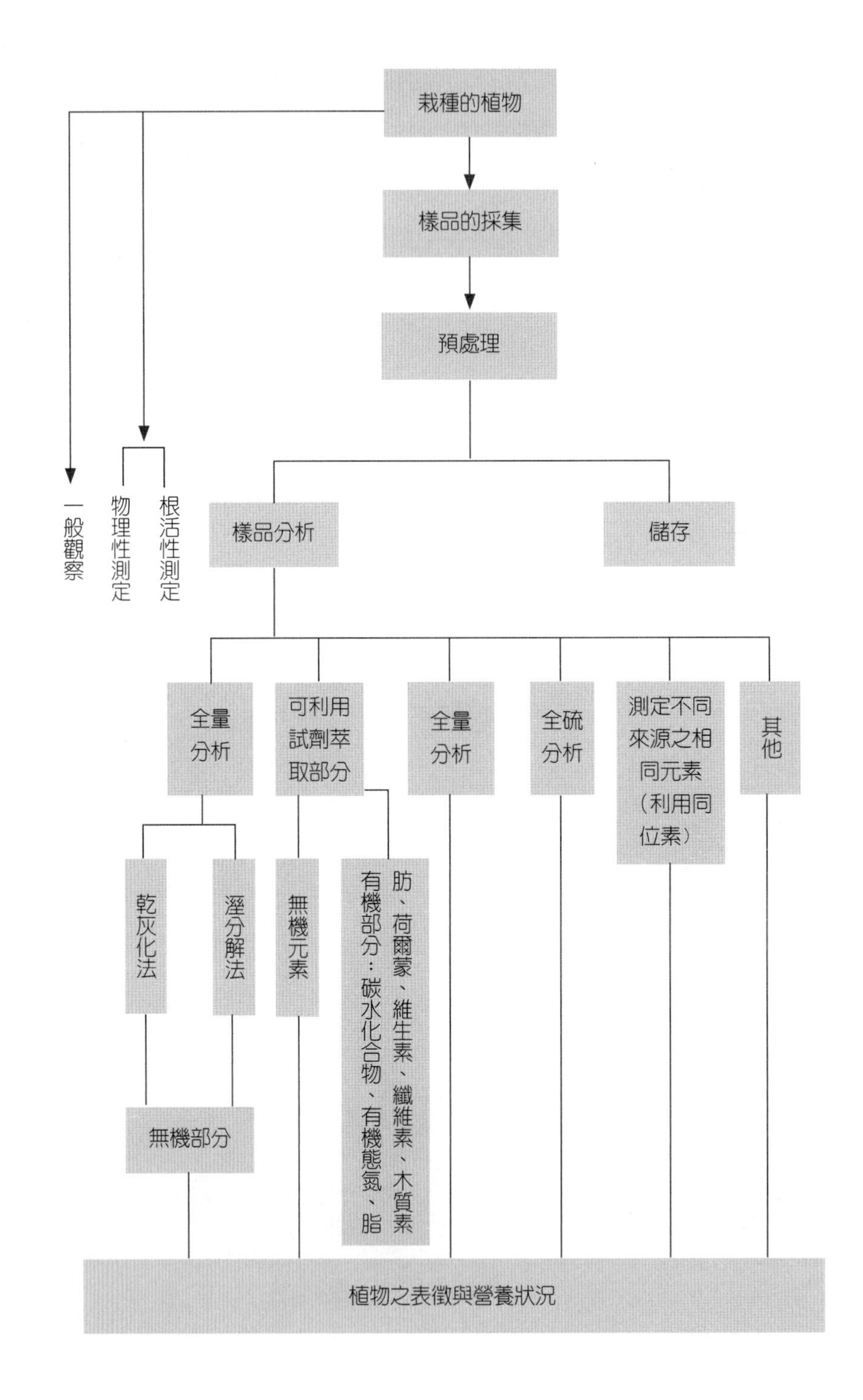

圖9-3　植物性狀之觀察測定與分析

析的發展及基本原理，進而舉幾個在臺灣農業上應用的實例，最後在營養診斷的前瞻中，筆者要特別強調的是：營養診斷的進步固然決定於土壤與植物營養相關學者集體合作的努力，但是營養診斷的正確性及實用性，則與政府是否重視環境與農業有密切的關係。

土壤分析

土壤分析的意義

土壤分析最常見的定義是用化學或物理的方法，去分析土壤的組成成分。但是土壤分析一詞經過長期的使用，已具有狹義與廣義的兩個意義。狹義的土壤分析，係指利用化學速測法，藉測定土壤中各種養分、鹽鹼度以及有毒物質，評估土壤中有效養分及污染狀況。廣義的土壤分析則係根據化學分析的結果，並參考其他因子來解釋或評估土壤肥力以及推薦施肥量。因此土壤分析者除了要能選擇及使用適當的分析方法，並能根據土壤分析結果合理的解釋及判斷土壤物理性、化學性，及生物性的實際狀況。

土壤分析的重要性

土壤的腴瘠是決定作物產量的重要因子，我們判斷土壤養分狀況可經由不同的路徑。如⑴田間肥料試驗；⑵溫室盆栽試驗；⑶作物徵候；⑷植物體分析；⑸快速組織分析；⑹微生物分析；⑺快速化學分析。由於田間及盆栽試驗耗時費力，且盆栽試驗的結果不一定能推動到田間；至於徵候觀察法，常常在作物出現徵候時已來不及補救；植物體或組織分析也只能說明作物生長不良的原因，而缺少預測的能力；微生物法雖然不失爲一種測定土壤肥力可行的方法，但常因費用高又比較費時，現已少用。相對而言，化學分析是比較快速、廉價、準確的方法，所以土壤分析是目前評估土壤肥力最重要及最普遍的方法。

土壤分析原理

全量與有效含量

土壤中所含物質，部分是對植物必需的稱爲植物的必需元素（Essential elements），部分對植物有益但非必需稱爲有益元素（Beneficial elements），但尚有一部分是對植物有害的稱爲有毒物質。對土壤的全分析固然需要分析土壤各成分的全量，但對植物必需和有益的元素而言，測量其全量基本上不能說明其有效含量。不論是有害或無害的物質，只要能被植物吸收皆可稱爲生物有效性物質（Bioavailable matters）。但有效養分與無效養分之間並不易嚴格劃分，因爲土壤中養分的有效化乃是一個過程。在植物生長的季節中，土壤中的養分無時不起化學的、物理化學的與生物化學的變化。其結果使一部分原本無效的養分成爲有效；但也有另一部分養分從有效變爲無效。一般來說，有效養分在土壤溶液主要是以離子狀態存在。除此之外，下面幾種情形也屬於有效養分：⑴土壤表面吸附的離子態養分可與根表面排出的離子進行直接交換部分；⑵土壤中某些錯合或嵌合的分子態化合物；⑶一些由植物殘體分解後的有機態分子。爲了便於讀者理解及加深印象，特將圖 8-21 再一次在此引用（圖 9-4）。

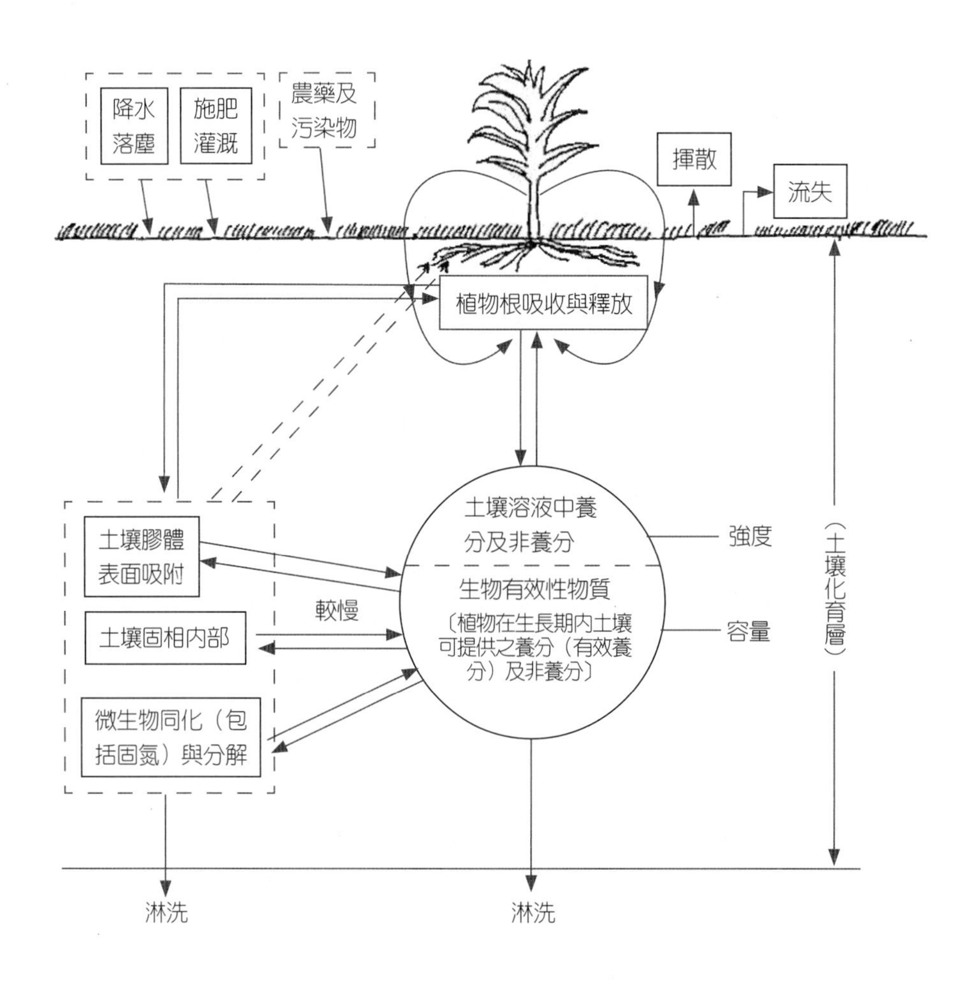

圖9-4　肥料在土壤中的變動以及土壤中有效養分的動態平衡示意圖

有效養分的實際值與相對值

土壤養分有效含量的測定值可分為實際值與相對值，但實際值的測定是很困難的，只有田間或盆栽試驗利用大樣品試驗的結果，才具有實際值的意義。例如：⑴不施該養分區，作物自土壤吸收該養分的量。⑵利用同位素標示肥料，進行盆栽試驗得到的 A 值（A=B×a/b，A 表示土壤中的有效養分，B 為施肥量，a 為作物自土壤吸收量，b 為作物自肥料吸收量）。⑶氮礦化位勢法測得的 N_0 值與 N_t 值（$N_0=N_t/K_t$，其中 N_0 表示土壤氮礦化的容量因素，N_t 為 t 時間氮礦化的累積量，K 為礦化率常數）。

除此之外的任何萃取測定結果均是相對值。它們均指在一定萃取劑，一定條件下萃取得到的值。它們只可供互相比較之用，但不能視之為實際含量。故最好不用公斤／公頃來表示，而只宜用 ppm 表示萃取量對土壤總體的相對比值。

實際值與相對值之間是絕不能任意換算。相對值換算成實際值的先決條件，乃是一系列的相對值與一系列的實際值之間確實存在很好的直線回歸關係，此時就可利用回歸係數來換算。若事前沒有測定兩者之間的相關性與回歸關係，則任意換算是絕不可以的。但各種萃取法所測數值雖是可以相差幾倍，經換算後仍是可以比較的。然而事先必須了解萃取法對所測土壤之適當性，並註明是利用何種萃取法（但不需註明分析方法），否則將無法確實說明土壤肥力真實的狀況。

有效養分的指標

1. 強度指標（Intensity Index）

   強度指標指直接能作用於作物根部或可供作物根部吸收的養分量，一般來說，強度指標指溶解於土壤溶液中的任何養分之測定值。強度指標的優點在於能直接反應測定時，土壤中供應某種養分的強度；缺點在於它只能說明短時間內養分的供應情況，不能說明較長生長期作物的全生長期養分供應狀況。用強度指標說明作物生長期內各個時期的養分狀態之變化是可以的，但企圖以一次測定強度指標來表達土壤的肥力與需肥量之間的關係，則是不相宜的。

2. 容量指標（Capacity Index）

   容量指標是包括儲存在土壤中的全部有效養分之測定值。容量指標的優點在於它能顯示在一定條件下，土壤養分儲存庫中可能供應有效養分的量。

各種萃取的結果儘管它仍都是相對值，但一般均在一定的土壤種類範圍之內與某些供試作物整個生長期的產量有良好的相關性，故有利於說明一季作物生長季節之內的土壤供肥狀況。

3. 速率指標（Rate Index），又名動力指標（Kinetic Index）

由於容量因子與強度因子之間存在的動態平衡，土壤潛在養分可因不同之氣候條件、土壤條件及根系之擴展與活性，以一定速率轉入土壤溶液中，從容量變成強度。這種轉移的速率固然視溶液中養分被吸收而減少的程度而異，但更重要的是土壤膠體對養分吸附或結合牢固的程度。因此土壤養分的速率指標乃是聯繫容量與強度的一個獨立指標，亦即是從容量中之養分補充土壤溶液中強度的速率。由於速率指標不易測定，在有的參考書中常不提速率指標，而只重視緩衝容量（Buffer capacity）。以 $\Delta Q/\Delta I$ 表示，其中 ΔQ 爲土壤中有效養分減少之量，ΔI 爲土壤溶液中濃度之變化量，兩者比值越大，表示保持溶液中養分強度之能力越大。

4. 緩衝指標（Buffer Index）

所謂土壤養分的緩衝指標，一般常稱爲緩衝容量（Buffer capacity），或是緩衝力（Buffer power）。它是指土壤溶液中養分濃度降低時，土壤潛在養分進入土壤溶液或暫時吸附在土壤膠體表面，能提供植物有效養分的能力，也可以說是土壤保持養分強度的能力。是養分有效性的另一個重要指標，土壤養分的緩衝容量與土壤的潛在養分容量有關，亦與潛在養分轉化爲有效養分的速率有關。我們用下面的例子說明養分緩衝容量與養分強度的關係。設有 A 和 B 兩種土壤（圖 9-5），它們對 K^+ 有不同的緩衝能力。設 A 土壤鉀的緩衝容量大，則在一定時間的 A 土壤中有效鉀的量必比 B 土壤多。當植物在吸收了這兩種土壤中相同數量的鉀離子時，在土壤 A 的溶液中鉀離子濃度只下降 ΔI_A，而土壤 B 則下降 ΔI_B；也就是 A 土壤溶液中鉀離子濃度比 B 土壤中鉀離子濃度下降的少，根據下列緩衝容量之計算可知，A 土壤對鉀離子的緩衝容量較 B 土壤爲大。用算式可表示爲：

$$B_K = \frac{\Delta Q}{\Delta I}$$

B_K：土壤對 K^+ 的緩衝容量

ΔQ：植物吸收 K^+ 的量，亦即土壤中有效養分減少之量

ΔI：土壤溶液中 K^+ 濃度的變化

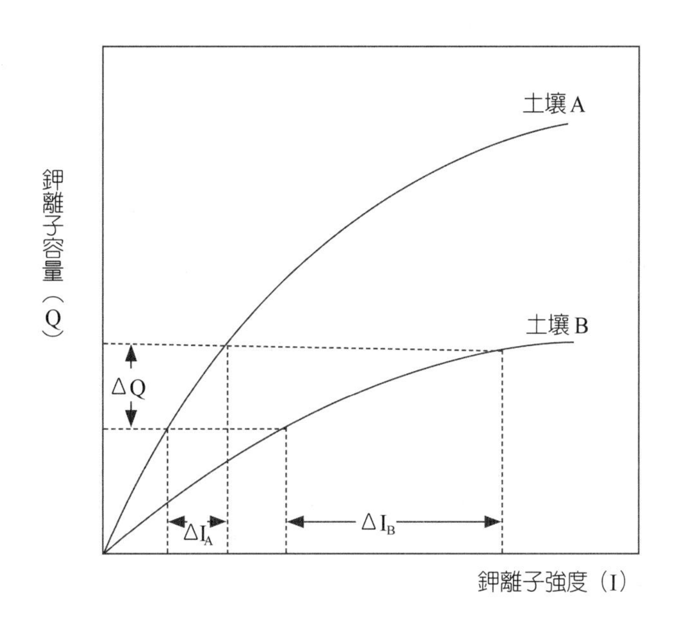

圖9-5　兩種土壤對 K^+ 緩衝力之比較（Mengel & Kirkby, 1981）

緩衝容量雖然是保持養分強度的指標，但是這個指標並未強調速率指標。爲顧慮到補充速率，這裡必須引入臨界濃度的觀念。所謂臨界濃度就是維持植物正常生長的溶液濃度。因爲當植物吸收溶液中養分後，根表面的 K^+ 濃度減少，土壤溶液的養分若低於一定水平，則作物吸收養分不足，生長將受阻礙，就會減產。這個臨界濃度與土壤養分的緩衝容量又有密切相關，即緩衝容量越低，臨界濃度就越高，它可以用圖 9-6 表示。

一般而言，根系吸收的速率大於 K^+ 在土壤中擴散的速率，所以在根表面有一個很明顯的 K^+ 濃度梯度。緩衝容量越大的土壤，耗竭區（depletion zone）的範圍越小。這與土壤黏粒含量有直接關係，請參閱圖 6-10。

實際上當土壤中交換性 K^+ 甚低時，植物所吸附的 K^+ 主要來自非交換性的鉀，圖 9-7 即說明油菜吸收的 K^+ 大部分來自根圈內非交換性鉀。此說明緩衝容量及臨界濃度不但受土壤質地的影響，同時也受到作物吸收養分能力的影響。

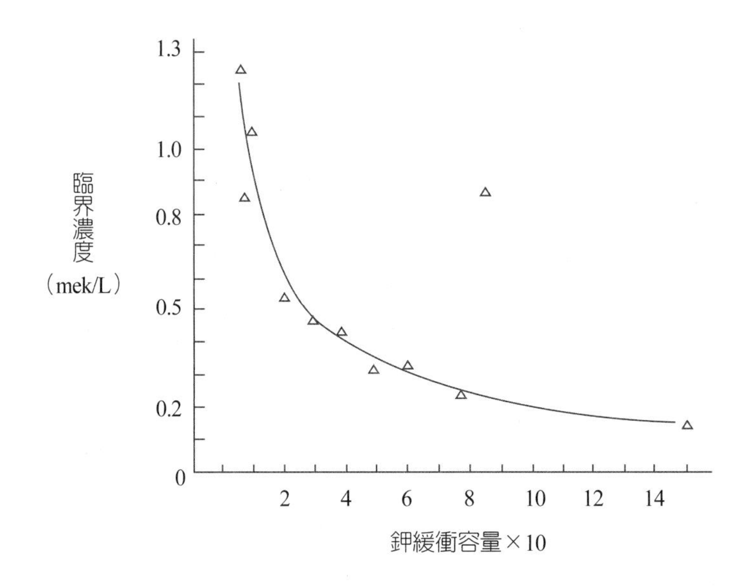

圖 9-6　臨界 K^+ 濃度和 K^+ 緩衝力的關係（Mengel & Busch, 1982）

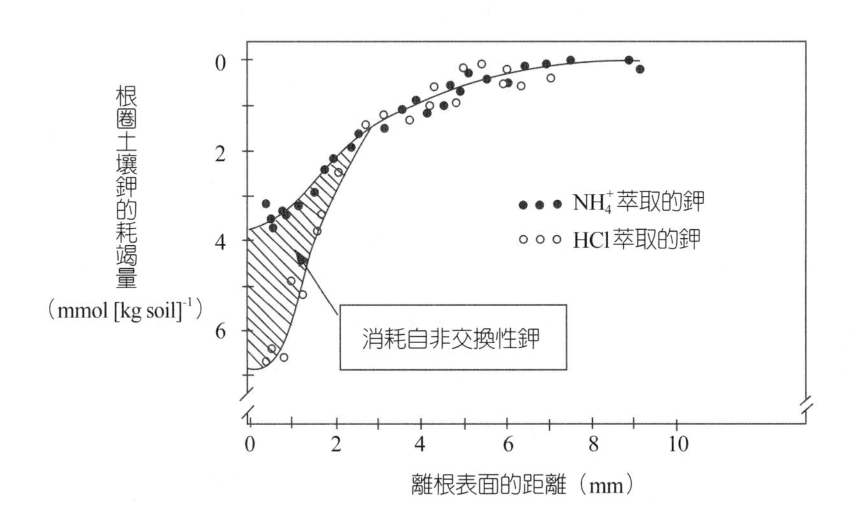

圖 9-7　生長在砂壤質土壤中 7 天的油菜苗根圈鉀之耗竭量（Jungk & Claassen, 1986）

由此可知，土壤中某要素有效部分並非固定值，而是因作物的種類、生長期、生長環境及測定方法而定。對生長期長的作物，很難用一種簡單的方式測知。我們雖然已了解有效養分之指標與原理，但在測定時所採取的方法及利用的數學模式，必須考慮這些變動因子。

土壤分析法之發展與簡介

由於土壤有效成分是土壤肥力的指標，所以土壤有效養分分析在土壤分析發展中占有重要地位。在此土壤分析雖只論及植物生長必需元素之有效養分部分，實際上亦可應用在非必需養分部分。

生物試驗法

1. 田間試驗法

   這是土壤養分測定的最基本與最早發展的方法。用田間作物的生長反應及產量來說明土壤中某一養分的豐缺程度，早在 19 世紀已開始應用，而迄今仍是一種重要方法。但由於田間土壤的肥力變化大，肥力均一的面積相對變小，如果進行大量的田間試驗，或以田間試驗結果作爲化學萃取的參考指標，則必須有很好的試驗設計做基礎。臺灣在這一方面的研究成果非常豐碩，蘇楠榮氏（1982）曾在回顧臺灣肥料研究成果中爲文詳細介紹。

2. 盆栽試驗法

   盆栽試驗是在較能控制的環境下，如人工氣候室、溫室或網室中進行。這樣它的變因將比田間爲少。雖然盆栽試驗開始於上一世紀，但是直至 1930 年德國農業化學家密氏（Mitscherlich）提出其獨創的密氏盆栽法後，土壤中主要養分的有效含量才能經由此法求出。除此之外，盆栽試驗已成爲研究植物生長的相關試驗及校準試驗必備的試驗方法。

3. 植物吸收法

   此法乃利用很多幼苗的根所能吸收竭盡的土壤各養分量，視爲土壤中各養分之有效含量。諾伊包（Neubauer）早於 1923 年就提出幼苗吸收法，用黑麥幼苗自小盆子中對少量土壤的磷鉀作短期吸收試驗，以吸收量視爲土壤中該二元素之有效含量；直至 1957 年史坦福（Stanford）等對該法做了全面改進，稱爲幼苗短期密集吸收法，使本法更加快速而可靠。1954 年由狄恩（Dean）提出 A 值（取自英文之 Available 之字首）及 1955 年由孟松（Munson）與史坦福（Stanford）所提出之 N 值，皆係用多級施肥盆栽試驗，由測定植物吸收量而求出土壤養分有效含量之頗具特色的方法。

4. 同位素標示法

   利用同位素標示法來測定土壤中養分有效含量，最早是應用放射性同位素

^{32}P 標示肥料，透過盆栽試驗測定土壤速效磷的含量。此法原理於 1952 年由傅立德與狄恩（Fried & Dean）二人提出，由於原理與方法的科學性皆很強，故至今仍然是測定土壤養分有效含量的標準方法。用穩定同位素 ^{15}N 標記法測定土壤氮有效含量，則因涉及到質譜儀的發展與應用，故直至 60 年代始由布勞本（Broadbent）等將其實用化，從此即廣被應用。臺灣糖業公司及農業試驗所利用 ^{15}N 之研究論文頗豐。70 年代以後，同位素標示法的應用已擴充至土壤中鐵、錳、鋅等微量元素有效含量的測定。

5. 微生物法

此法利用微生物的生長量、吸收量或其他特徵來測定土壤中主要成分的有效含量。早在 1909 年蘇俄科學家布特開維奇氏已利用黑麴黴菌（Aspergillus niger）的生長，來測定土壤中磷鉀鈣的有效含量。自 20 年代開始本法就普遍被使用，至 1962 年波斯威爾（Boswell）等人又提出綠膿桿菌（Pseudomonas aeruginosa）產生之綠膿菌素（Pyocyanine）的藍色色素，利用比色分析可估算土壤中有效氮量之含量。目前應用微生物測定土壤中有效養分已不多見。

化學萃取法

此法是利用化學試劑溶液，將土壤中部分養分溶出再測其含量。

早期的發展：用化學萃取法測定土壤「速效養分」已有一個半世紀的研究歷史。早在 1840 年農業化學的創始者李比希（Liebig）在提出「礦質營養學說」的同時，就試圖用化學方法分析土壤中養分的全量。1845 年道朋（Deubeng）開始研究土壤速效磷的化學萃取法；1899 年霍夫邁斯特（Hofmeister）提出用腐植酸萃取速效鉀；同年馬克斯威爾（Maxwell）應用 1% 天門冬胺酸萃取速效磷與鉀。作爲一種早期的主要方法應該是達耶（Dyer）於 1894 年至 1901 年所提倡的 1% 檸檬酸萃取速效磷鉀法。

本世紀 20 至 30 年代相繼提出的萃取方法很多，維靈（Wheling）於 1930 年曾對六種萃取速效鉀的結果與幼苗吸鉀量的方法進行了比較研究，但由於對主要養分元素的土壤化學知識不足，又對於植物吸收養分的機制了解不夠清楚，故對眾多的萃取法難以分辨優劣。

1940 至 1950 年的發展：直至本世紀 40 年代各方面的科學都有了進展，在土壤養分測定研究中可作爲參照標準的生物學方法已較爲明確，統計學的應用也較爲普及，而對於植物吸收養分的複雜性也漸有認識，而白雷氏（Bray）就在這段時間（1944 年至 1958 年）連續提出對土壤養分萃取的觀點與方法。他首先認爲用萃取劑來模擬植物根系分泌液與根系吸收乃是不可能的，也是不必要的。因爲萃取劑只能從不同性質的土壤中提取出植物能吸收養分中的一部分，而不可能是全部。故他第一次確認萃取後之測定結果的相對值意義，並認爲所萃取出來的那部分養分量應與植物生長狀況有很好的相關性。他並於 1945 年提出用於酸性及中性土壤的兩種速效磷萃取方法，至今仍爲重要方法；1984 年經臺灣農業試驗所農化系土壤肥力室多次試驗（林家棻，1985），證明不同 pH 値之白雷 1 號（Bray No1.）萃取液所得磷測定値可相差數倍，因此建議萃取液的酸度應調整爲 pH3.5，現已成爲臺灣配製白雷氏 1 號溶液之標準法；由於白雷氏對土壤肥力測定所做出的貢獻是不朽的，他被公認是李比希以後最偉大的農業化學家之一。

1950 至 1960 年的發展：40 年代對土壤中養分元素的化學狀態與變化尚不甚了解，以致所提出的萃取劑仍缺少土壤化學依據。像白雷 1 號與 2 號試劑（Bray No.1 & No.2），奧爾遜（Olsen）試劑（0.5M $NaHCO_3$ 溶液）並不是先有清楚的土壤化學原理依據後才提出的。這一問題對土壤有效磷的萃取特別重要，因爲不同磷形態應選用不同的萃取劑。對土壤中磷的形態與變化雖有多位學者研究，但能對不同形態的磷提出具體的萃取方法及土壤化學原理的依據，此見於張守敬與傑克遜（Jackson）於 1957 年所提出的論文；張氏在文獻中提出了土壤磷的分段萃取法（Fractionation of soil P），將不同形態的磷，以不同的萃取劑依次萃取測定。在此以後，研究工作者的主要發展是把各種形態的磷之總含量與其有效含量區別開來，使這一理論更加完備。

1960 年以後迄今的發展：土壤氮的礦化理論研究雖自 40 年代已開始，但直至 1973 年林家棻等才提出土壤浸水保溫孵育一星期所釋出銨態氮量與水稻吸氮量及稻穀產量均有極顯著之正相關。1975 年史坦福等人對通氣礦化，出井嘉等人對浸水礦化等分別列出了數學式，爲土壤有效氮的測定提供了理論基礎。因爲土壤氮的有效性問題，實質上是一個有機質礦化的問題。土壤鉀的有效性問題到 70 年代也已確定和土壤交換鉀與黏粒礦物的種類與含量有密切關係。臺灣農業由於主要是以水稻爲主，所以對水稻田土壤肥力之測定以及對萃取與測定方法之選擇及修正上，都有極大的成就（蘇楠榮，1982）。

至於土壤中的鈣、鎂、硫、矽與微量養分元素的有效性測定方法，直到 70 年代始有定論。像在蔗田，王傳釗及方英傑等人曾將洪特及普拉特（Hunter & Pratt）法加以簡化修正，可測一般土壤之有效鉀；高銘木與莊作權等人曾訂出蔗田土壤中鋅含量之下限；薛鎭江於 1964 年提出分析蔗田中矽之方法，並訂出甘蔗含矽量之標準。不久，連深亦訂出水稻含矽量之標準。

多種養分元素的有效含量用一種試劑同時萃取的聯合萃取法，乃是 80 年代的重要發展。美國的密立克（Mehlich）於 1982 年提出其 3 號試劑可同時萃取土壤中磷、鉀、鈣、鎂、鈉、錳、鋅、銅、鐵等九種養分元素，並用感應耦合電漿原子發射光譜儀（ICP）一次同時分析，並利用自動化裝置可快速測定大樣品。

物理化學法的發展

用物理化學原理來說明並測定土壤中某些養分元素的有效性之設想，開始於本世紀 50 至 60 年代；至於實際可行的方法之提出約在 60 至 70 年代。物化方法可用於所有各類土壤，不必因土壤性質不同而選用不同方法，這是其凸出的優點。

1. 應用土壤對磷的吸附過程來說明磷的有效性

   這是在物化方法中發展較早的一種方法。早在 40 至 50 年代就不斷有人證明土壤對磷的吸附符合藍格米爾（Langmuir）恆溫式，直至 1965 年伍德魯夫（Woodruff）等人才開始應用最大吸附量的飽和程度作爲土壤磷肥力指標，認爲達到 50% 的飽和即可使旱地作物獲得接近最高產量。同年拉曼莫瑟等人（Romamoorthy & Paliwal）則提出土壤鉀的肥力指標 —— 鉀活性比 KAR（K-activity Ratio）$=a_K/(a_{Ca}+a_{Mg})^{1/2}$ 的概念，並證明此指標與水稻施鉀增產百分率之相關度遠大於其他各種肥力指標，說明影響土壤鉀的有效性之強度因子不僅是鉀的飽和度，更重要的是陽離子的平衡比例。

2. 同位素交換法的研究

   利用同位素磷（P-32）與土壤表面的磷（P-31）進行交換而測定土壤有效磷的方法，早在 1947 年就首先由麥克奧里夫（McAulife）提出，但直至 70 年代才達到實用階段，目前已被普遍利用。

3. 電泳超濾法（Electro-ultrafiltration）

   係由白巢（Becholdi）創始於 1925 年，經德國土壤學家耐梅特（Nemeth）

研究改良後，已於 70 年代正式利用於測定土壤中有效的磷鉀上，並能明顯區分養分強度與養分容量。張愛華曾在土壤肥料通訊第 334 期有詳細介紹。

傳統與現代分析方法之發展

分析方法的發展是由傳統分析方法逐步進展到現代的儀器分析，進而自動化分析。使分析的時間縮短、勞力減輕，並且能獲得更準確的結果。分析土壤常用的傳統分析方法及現代分析方法詳見圖 9-8。

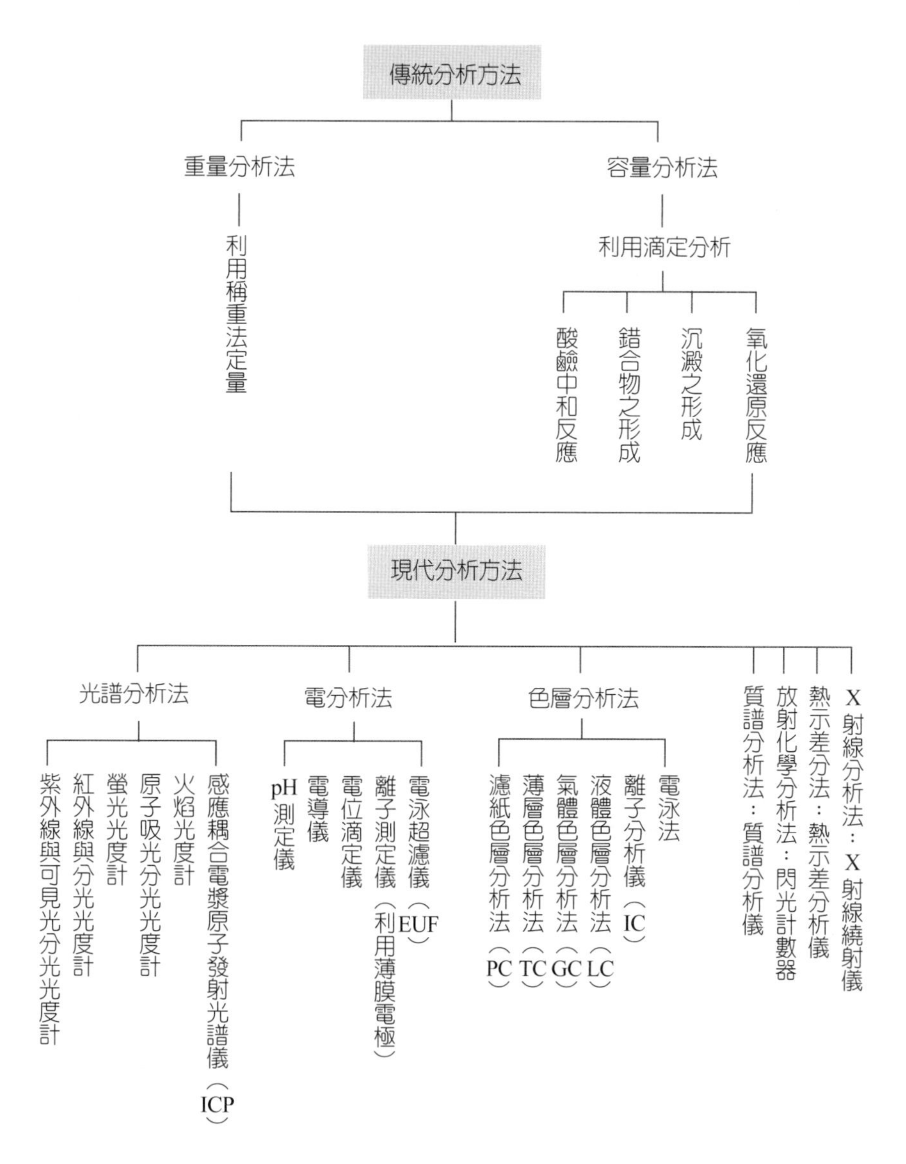

圖9-8　土壤分析常用之分析方法及儀器

土壤分析法的選擇與修正

樣品中待測成分的萃取法和定量的方法往往很多，怎樣選擇最恰當的分析方法是需要周密思考的。一般選擇方法的標準是：安全、準確、省錢、省時、省力、簡單，及干擾因子少。

雖然實際上，由於樣品的特性、分析方法的準確度以及各實驗室的條件不同，這些標準是不易同時達成的，但在分析方法及儀器之選擇上應該綜合考慮下列因素：

分析要求的準確度和精密度

不同分析方法的測量限度、靈敏度、準確度、再現性和安全性各不相同，應根據研究之目的做適當的選擇，而不是一切分析都需要精密儀器。圖 9-9 是幾種分析法的測量限度之比較圖。

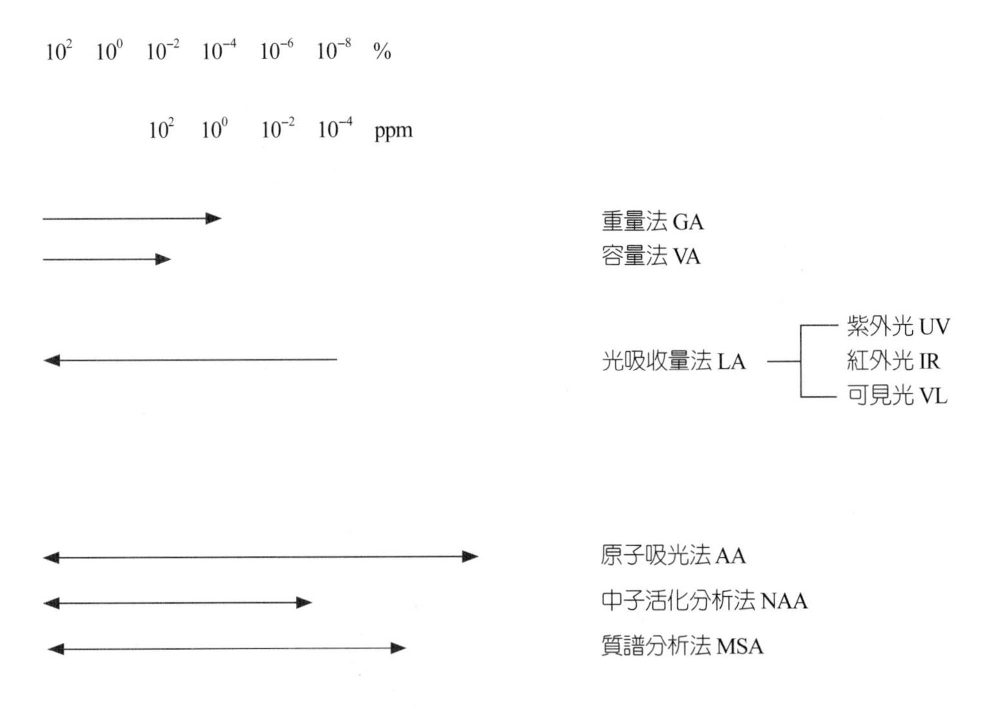

圖9-9　各種分析方法的測量限度

樣品的特性

各種土壤因性質不同，待測成分及可能存在的干擾物質不同，故應選擇適當的萃取劑及能消除干擾的適當分析方法。如測定酸性與鹼性土壤的有效磷，是不宜用同一種萃取液。

要兼顧準確、簡便快速原則

不同萃取及分析方法，操作步驟的繁簡程度和所需的時間、人力、財力各不相同。我們最好能用同一份稱樣的萃取液及各種儀器同時測出需要分析的各種成分，但是在推薦法中未包括的分析項目必須小心查證，不要爲了簡便而達不到分析的目的。也不能爲了快速，省去一些分析步驟，而犧牲了準確度。如測定土壤質地時不去有機物，直接用比重計測定，或在分析土壤氮時未待分解液變色就中止分解等，都會影響測定值的準確性。

要考慮現有條件

現代分析法多利用電子儀器及自動化儀器，這雖是一種發展趨勢，但不表示傳統分析法就應該全部被淘汰了。實際上新發展的儀器，所根據的基本原理多數仍是與傳統分析法相同的，只是加快了分析速度及（或）提高準確度。但是每個實驗室的條件不同，我們在選擇儀器時，尤其是貴重儀器，對於價格、使用及維護能力、使用頻率都應先做考慮，否則將造成經費的浪費或經費不適當的分配。

對分析方法修正的前提

任何一種分析方法都不是沒有缺點，尤其土壤是一種變動與不均勻的體系，很難有一種方法適合於所有土壤。因此當我們利用分析手冊中推薦的分析方法發生問題時，首先應檢視土壤之處理與萃取液之配製，以及分析過程是否有誤，再進而考慮此種萃取方法對此種土壤是否適合，或應根據物理或化學原理做適當的修正。這自然不是每一位分析者都可以做到的事，但是若能在分析前對分析方法之原理與操作有確實的認識，則較易發現分析過程之錯誤或分析方法本身的限制。但方法修正後必須與原來使用的方法做一比較與檢討，進而發表在刊物上以供大家參考與批評。

土壤分析與營養診斷

土壤分析的標準

由於個別農田進行田間肥料試驗之工作非常繁重，一般常用土壤分析代替田間試驗，診斷土壤的肥力。但爲了保證土壤分析值的正確性，必須利用土壤分析的直接測定法校準間接測定法，因此土壤分析的校準最重要的工作是評估及選擇適當的分析方法，並能找到土壤肥力對特定作物的臨界值，作爲肥力分級的依據，進而做施肥的推薦。

1. 分析法的評估與選擇

此這項工作是評估分析值是否反映土壤的眞正肥力狀況。土壤的眞正肥力，可以用肥料試驗的無肥區產量百分率來表示。例如土壤磷素肥力可以用磷肥試驗的無磷區產量百分率來表示，其算法是無磷區產量用最高產量之施磷區（其他要素皆適量）產量來除，再乘以 100。無磷區產量百分率越低，表示土壤越缺乏有效的磷，需要施用越多量的磷；產量百分率越高，表示需要的磷肥料越少。

如分析值高的土壤，其無肥區產量百分率高；而分析值低的土壤，其無肥區產量百分率亦低；此表示分析值可以反映土壤的眞正肥力情形，因而可以斷定所用的測定法有應用價值，否則必須修訂測定法或改用其他方法。

臺灣土壤分析值校準研究做得很多，其中以農試所及糖研所的貢獻最大，圖 9-10 即爲高雄區農業改良場鄭榮賢在水稻土壤分析應用示範計畫下，就高屏地區黏板岩沖積土（部分爲砂岩沖積土）所做之土壤有效鉀校準試驗之結果。

該圖之無鉀區產量百分比計算法經蘇楠榮氏修正爲以最高產量爲 100，與原方法用最高鉀肥用量區的產量作爲 100 不同，原方法的相關係數較低，修改後計算的相關係數已提高爲 0.897，回歸曲線亦有改變，另外蘇氏亦加了臨界值的界定。該圖中有 19 個點，表示 19 處的試驗。其無鉀區產量百分率（y）與孟立克（Mehlich）法有效鉀含量（x）間呈一曲線關係，可用半對數回歸方程式表之。又 Y 與 logX 的相關係數很高，在統計上亦達顯著水準，因此可確定利用 Mehlich 有效鉀分析法，可以作爲判定此地區稻田鉀素肥力高低的方法。

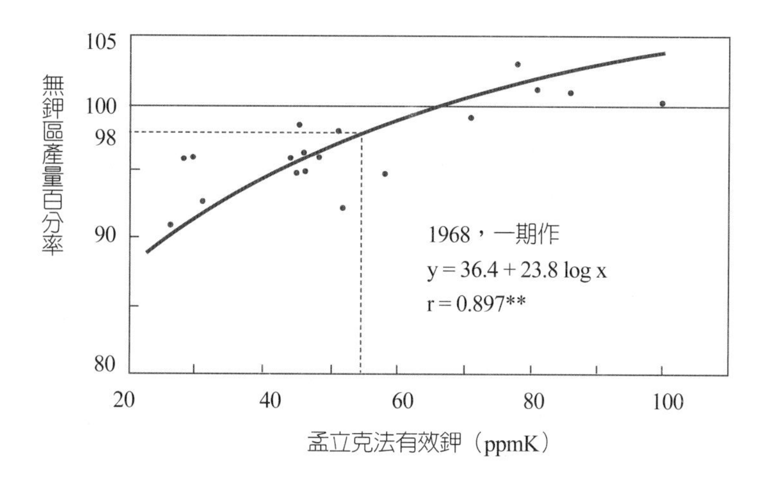

圖 9-10　高屏地區黏板岩及砂頁岩沖積土有效鉀含量與水稻鉀肥間之相關（鄭，1968）

2. 臨界值的判定

從圖 9-10 虛線部分可以了解，若以獲得 98% 產量爲目標，則土壤有效鉀需要 55 ppm，如換算爲氧化鉀（K_2O）則相當於每公頃含 165 公斤有效的氧化鉀；若以 97% 產量爲目標，則土壤有效鉀僅需 50 ppm，或每公頃 150 公斤的 K_2O。因此我們可以依照產量目標分別將有效鉀（K）的臨界值，定爲 55 ppm 或 50 ppm。

求臨界值，有時不必採用回歸方程式的方法，可直接使用 Kate-Nelson 不連續模型的作圖法。圖 9-11 即引用林家棻（1970）使用此法的例子。此要領適用兩條直交而各與 X、Y 軸平行的直線，將圖上的點分爲四區，並使左上方與右下方兩區中的點數盡量少。以此法求得之臨界值是 50 ppm P，相當於每公頃 290 公斤的 P_2O_5。這時不施用磷肥可達到的最高產量爲 97.5%。如依據林氏所用的半對數方程式 Y=26.63 logX+51.30，計算收穫最高產量 97% 所需有效磷爲 52 ppm，收穫最高產量之 96% 所需有效磷則爲 48 ppm，此與直接作圖所得之結果非常接近。

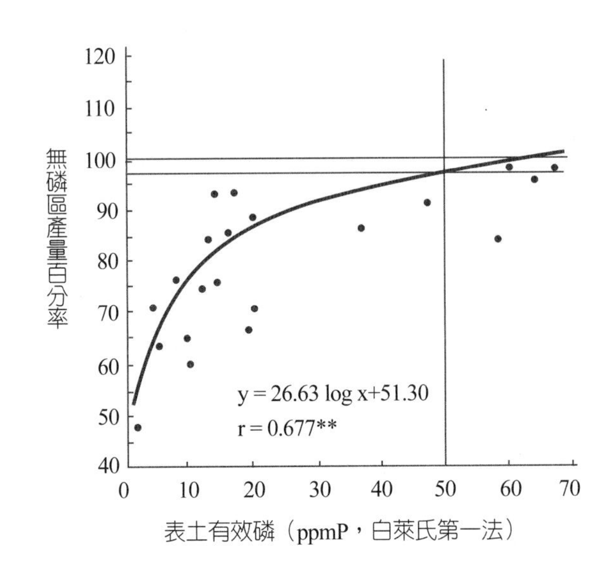

圖9-11　玉米對磷肥之效應與土壤有效磷含量間的關係（林，1970）

土壤分析值的分級及應用

土壤分析的解釋就是要依據分析值，將土壤肥力分級（極高、高、中、低、極低），進而做施肥量的推薦。以下係根據《推薦施肥手冊》（1998）所推薦的水稻施肥量及施肥法（表 9-1）。但如環境條件、品種、栽培管理等與一般情形不同，且足以影響土壤肥力及肥料效果的情況時，便需要調節臨界值，施肥推薦量及施肥法亦應隨之改變。

表9-1　水稻施肥推薦量及施肥方法

一、三要素及矽酸爐渣推薦量（公斤／公頃）

(一)氮素（公斤／公頃）

1. 粳稻（以臺農 61 號爲例）：一期作 110-140、二期作 90-120。
2. 秈稻（以臺中秈 10 號爲例）：一期作 130-150、二期作 100-120。
3. 備註

(1)漏水田北部一、二期作各 130 及 12C，中南東部一、二期作各 160-190 及 150-180 公斤／公頃。

(2)水田直播用量比照一般栽培增加 10-20%。

(3)一期作強酸性土壤減施 20 公斤／公頃，石灰性土壤增施 20-40 公斤／公頃。

(二)磷酐（公斤／公頃）：根據土壤肥力分析（土壤有效性磷）結果磷酐推薦如下：

1. 極低：0-1.6（ppm）：一期作 70-80、二期作 50-60。
2. 低：1.7-5.0（ppm）：一期作 60-70、二期作 40-50。

3. 中：5.1-12.0（ppm）：一期作 40-60、二期作 30-40。
4. 高：12.1-30.0（ppm）：一期作 20-40、二期作 0-30。
5. 極高：大於30.0（ppm）：一期作 0-30、二期作 0-20。

㈢氧化鉀（公斤／公頃）：根據土壤肥力分析（土壤有效性鉀），結果氧化鉀推薦如下：

1. 極低：0-15（ppm）：一期作 60-70、二期作 80-90。
2. 低：16-30（ppm）：一期作 50-60、二期作 60-80。
3. 中：*31-50（ppm）：一期作 30-50、二期作 40-60。
4. 高：大於 50（ppm）：一期作 0-30、二期作 0-40。

㈣矽酸爐渣（公斤／公頃）

根據土壤肥力分析結果推薦矽酸爐渣用量，土壤有效氧化矽濃度低於 40ppm 者，推薦每公頃 3,000 公斤，40-90 ppm 者施用 1,500-2,000C 公斤。易發生胡麻枯葉病、稻熱病之水田及紅壤水田，尤其需要施用矽酸爐渣。施用法以基肥爲原則，爐渣施後對後作亦有殘效，可於停施 1-2 年後根據土壤肥力測定結果再推薦用量。

二、施用肥料量（公斤／公頃）

㈠尿素（公斤／公頃）

1. 粳稻（以臺農 67 號爲例）：一期作 236-300（524-667）、二期作193-258（429-571）。
2. 秈稻（以臺中秈 10 號爲例）：一期作 279-322（619-714）、二期作 215-258（477-571）。

㈡過磷酸鈣（公斤／公頃）：根據土壤肥力分析（土壤有效性磷），結果過磷酸鈣推薦如下：

1. 極低：0-1.6（ppm）：一期作 389-444、二期作 278-333。
2. 低：1.7-5.0（ppm）：一期作 333-389、二期作 222-278。
3. 中：5.1-12.0（ppm）：一期作 222-333、二期作 167-222。
4. 高：12.1-30.0（ppm）：一期作 111-222、二期作 0-167。
5. 極高：大於 30.0（ppm）：一期作 0-167、二期作 0-111。

㈢氯化鉀（公斤／公頃）：根據土壤肥力分析（土壤有效性鉀），結果氯化鉀推薦如下：

1. 極低：0-15（ppm）：一期作 100-117、二期作 133-150。
2. 低：16-30（ppm）：一期作 83-100、二期作 100-133。
3. 中：*31-50（ppm）：一期作 50-83、二期作 67-100。
4. 高：大於 50（ppm）：一期作 0-50、二期作 0-67。

三、施肥法

㈠氮肥分配率（%）

1. 一般水田：粳稻（質地較細者）

   粳稻（質地較粗者）：基肥 25%。第一次追肥（插秧後一期 15 天及二期 10 天）10%、第二次追肥（插秧後一期 30 天及二期 20 天）30%、幼穗形成期（穗肥）25%。

   秈稻（中北部）：基肥 25%。第二次追肥（插秧後一期 30 天及二期 20 天）25%、第三次追肥（插秧後一期 45 天及二期 30 天）30%、幼穗形成期（穗肥）25%。

2. 漏水田：基肥（插秧後一期 7 天及二期 5 天）20%。第一次追肥（插秧後一期 22天及二期 16 天）25%、第二次追肥（插秧後一期 37 天及二期 25 天）30%、穗肥 25%。

3. 直播水田：第一次追肥（4-5 葉期）25%、第三次追肥（一期 10 天及二期 7 天）25%、第四次追肥（一期 20 天及二期 14 天）25% 及幼穗形成期 25%。

㈡磷鉀分配率（%）

1. 磷肥：基肥 100%
2. 鉀肥：基肥 20%。第一次追肥（插秧後一期 15 天及二期 10 天）20%、第二次追肥（插秧後一期 30 天及二期 20 天）40% 及幼穗形成期 20%。

㈢複合肥料之使用

氮磷鉀肥料可分別使用單質肥料，但爲節省肥料混合及運送之勞力，亦可使用複合肥料臺肥 39 號（12-18-12）爲基肥，以施用所需要的全部磷肥及部分氮鉀肥。不足之氮鉀肥以單質肥料或含磷量少之複合肥料當追肥使用。

㈣微量元素肥料施用法

在發生缺鋅病徵水田可任選下列方法之一加以防治。

1. 插秧前施灑氧化鋅粉 30-50 公斤／公頃或硫酸鋅 80-120 公斤／公頃，整地時混入土中，混入深度與插秧深度相同。（每隔 2-3 年施用一次，不發生病徵則不施用）。
2. 將秧苗根部浸入 20% 氧化鋅液後插秧。

註：*排水不良土壤按推薦量每公頃增加氧化鉀 30 公斤。

資料來源：《推薦施肥手冊》，1998。

影響土壤臨界值的因子

可以影響土壤有效養分測定值的因子很多，其中最主要的是品種、氣候、土壤及栽培管理。因此在判定臨界值時，必須根據這些因子做適當的調節。

1. 品種特性

品種的產量潛力越高，通常吸收的養分量亦越多，其土壤有效養分的臨界值應較一般品種爲高。

2. 氣候

⑴溫度：在適當高溫下，根的生長速度快，因此作物吸收土壤要素的效率高，需要的肥料因而較少。在低溫下，情況則相反。這種情況在各要素中，尤以磷素爲最明顯，由於磷的吸收在初期最爲重要，因此生長初期的溫度對磷肥的需求影響最大。臺灣一期稻的磷效大於二期稻，若土壤有效磷含量相似，一期作所需磷肥較二期作多。不過，二期作水稻需要較少磷肥的另一原因，是因爲在高溫下水田有機質的分解快，引起較強的還原狀態，使土壤磷的可溶性大爲提高。

⑵雨量：水分充足對土壤要素的溶解，流動及擴散較快，因此土壤要素的含量不必太高，但乾旱時臨界值要提高，才能足夠。

⑶日照：日照不足時，光合作用受阻，澱粉的合成與聚積減少，這會使作物對氮肥需要量降低，鉀肥需要量提高。因此日照多、雨量少的年度，氮的需要量大幅增加。

3. 土壤物理性

⑴質地：在分析值相同的情況下，質地越黏、有效性越低；質地越砂、有效性越高，因此黏質土壤的施肥量要較砂質土壤增加。同樣的道理，在用石灰矯正土壤的 pH 值時，需要較多的石灰，如果土壤富含有機質，土質疏鬆，滲透性好，保水性佳，根的伸長力強，吸收容易，臨界值則較一般土壤為低。

⑵緊密度：土壤因使用重型農機耕耘而破壞構造，變為緊密時，根的伸長不易，所以在有效鉀分析值相同的情況下，鉀的吸收利用大為減少，緊密度大的土壤，應提高臨界值，增加鉀肥施用量。

4. 土壤化學性

⑴陽離子交換容量（CEC）：若有效養分測定值相似，CEC 較大的土壤需要較多肥料，臨界值亦較高。

⑵氧化還原電位（Eh）：在高溫下水田或排水不良的農田以及地下水位高的旱田，有機物分解旺盛，土壤的 Eh 大幅降低，常產生有毒的還原物質如H_2S，對根的吸收養分有很大的影響，尤其對鉀的影響最為明顯。過去臺灣水稻試驗常發現第二期作鉀肥效應平均較第一期作高，其原因可能在此（蘇，1966）。

⑶pH 值：酸性強時，有效態 Mo 要多；pH 值高時，Fe、Mn、Zn、Cu、B 等要多。

⑷養分的緩衝力：在相似的 Mehlich 有效鉀含量下，紅壤的水稻鉀肥效應顯然大於黏板岩沖積土，這是因為黏板岩沖積土含較多的非交換性鉀的關係。

⑸要素間的拮抗作用

- 土壤中 $CaCO_3$ 及 P 太多時，易產生難溶之 Fe、Zn、磷酸鹽類，常發生 Fe、Zn 缺乏症。

- 土壤中 Al 太多（酸性太強）時，易產生不易溶解的 $AlPO_4$，使磷的有效性降低，因此有效磷的臨界值應提高。
- Mg/K、Ca/K、B/Ca 及 Mn/Fe 間都有拮抗作用，因此一要素的有效性高時，另一要素亦應提高，否則易引起缺乏。

5. 栽培管理

⑴覆蓋及有機肥的使用：覆蓋稻草或其他有機材質，施用堆肥、綠肥或燒稻草時，皆可改變土壤物理性、化學性及生物性，並可增加一定的養分量，因此可降低根據臨界值所定的推薦量。

⑵不整地栽培：近年來爲避免土壤流失，有時採用不整地栽培。因不整地時，有機質的分解較慢，氮的礦化量亦較少，因之氮肥需要量增加。

⑶連作障礙：因連作多年，產量降低時，對要素的需求量也減少。所以不應只從養分缺乏方面進行研究，而應從改種其他作物著手。

植體分析

植體分析的目的

由於吾人對植物營養素之攝取、同化、代謝，以致排泄的全部過程以及對植物體內營養狀況與作物產量及品質間的關係漸趨了解，加以植物之化學、物理分析方法不斷改進，植體分析已成爲研究作物生產及品質的重要工具。

植體分析有兩個主要目的：第一個目的是爲了作物營養診斷，在作物相同或不同生長期採取全植株或某部位的組織進行分析，研究作物對各營養元素的吸收利用和元素之間的拮抗（antagonism）或協同作用（synergism），以及養分新陳代謝的規律，以了解作物體內各養分的累積和轉化的動態。並由作物從土壤和肥料吸收各營養元素及其他物質的量，反映土壤中有效養分及有害物質的存在狀況，進而找出營養狀況的診斷指標。亦可利用植體分析結果，驗證經土壤分析所得土壤有效養分與產量間之關係。並配合其他環境因子，確定肥料施用時期和施用量以及各種改進土壤的方法，以求達到經濟合理施肥的目的。另一個目的是爲了檢定作物品質，分析作物的有關無機及有機成分，藉以評定食品或飼料的營養價值或工業原料的品級，或是爲了了解氣候、土壤、品種、肥料和耕作管理等因素對作物產品品質的影響，以求改良品種和栽培方法，或者爲了查明農產品在儲存過程中有關成分的變化，以求妥善保藏，減少損失，增加收益。

植體分析按測試方法的不同，又可分爲兩類：第一類是定量分析，它是用定量的方法測定植物體內某養分的含量，或利用各種分離方法測定特定部位中結合在植物組織和存於植物汁液中的成分，這種定量分析，一般多利用儀器做精密測定。另一類則是相對量或半定量分析，它是用快速的半定量方法測定植物組織中尚未同化，而僅存於汁液中的可溶性成分的分析，例如作物組織速測。

由於組織速測是一種比較粗放的方法，主要適宜在田間進行，尤其極易受品種、採樣時間及部位的影響，故只能在田間提供初步判斷作物營養狀況之參考。產品或植體分析除了可與一定之標準比較，判定品質之優劣，其另一意義亦是了解作物營養狀況及土壤肥力的一種方法。故本章的重點是放在如何利用植體分析定量做植物營養診斷，以及驗證土壤有效養分，並據此結果改進作物生長因子，進而介紹如何將營養分析結果與氣候、水文、土壤、生長模式、耕作管理等資料結合，對產物的質量做預測及評估，選擇最佳的生產方式，以達到提高作物產量及品質之目的。

植物分析與營養診斷

營養診斷的基本原理

營養診斷是需肥診斷之依據。利用葉片組成分析和土壤肥力測定，進行營養診斷的基本原理爲：葉片組成或土壤要素含量與作物表現間有特定的關係存在，當養分供應及植物體中要素濃度適當時，作物的表現達到高峰，要素缺乏或過多時，作物表現均不佳（圖 9-12）。葉片組成除以植物體中要素濃度（要素重量／植物體乾重 ×100%）表示外，也可以某一要素與另一種（或一群）要素之比值表示。作物表現則以產物的質或量，或兩者的組合（如市場價格）表示。以比值爲基準，除了減少某些要素在不同生育期大幅度之變動外，並可解釋要素間的交互作用。

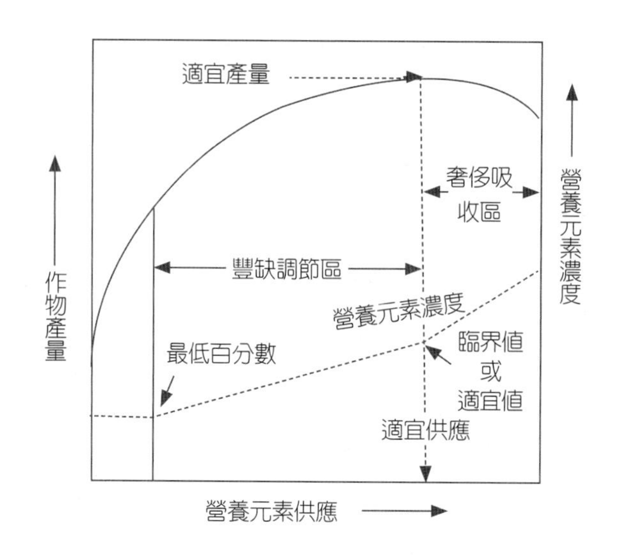

圖 9-12　作物產量和營養元素濃度隨營養元素供應的變化（Brown, 1970）

標準值的確定

作物生長最佳，經濟產量最高時，組織或土壤中之要素濃度，稱之爲標準值（standard value）。標準值一般由兩種方法訂定：一爲由肥料反應曲線直接訂定臨界值（critical value），一爲由大量的田間試驗尋找最適要素濃度（optimun nutrient value）。

1. 臨界值

早期試驗發現葉片或土壤中的要素濃度和作物的生長、產量間有相關。因此在其他條件一定下，進行試驗，以求得某一要素在不同濃度時的產量。將要素濃度對產量作圖，配合一條合適的曲線，並以數學方程式加以描述，再根據方程式決定臨界值。

一般常用的方程式爲：⑴密氏方程式；⑵二次方程式和雙曲線模式（Inverse polynomials and hyperbolic models）。Urich 及 Hills（1967）提出簡單的模式：依產量將要素濃度分爲缺乏、足量和過多三區，並定義臨界要素濃度（critical nutrient concentration）爲達到最高產量 90% 時之要素濃度。Anderson 與 Nelson（1974）提出的「線性—平臺模式（Linear-plateau model）」也屬於這種模式，主要觀點爲當要素濃度超過某一定值時，產量即不再增加。

進一步的模式，如 Dow 與 Roberts（1982）將要素過多區，再細分為過多和毒害區。此模式提示了當要素濃度高於某一定值後，會對作物產生毒害，致使產量減少。此外，他們建議以臨界區代替臨界值，而發展出比較合理的「足量範圍系統（sufficiency range system）」。

不論採用哪一種方法計算臨界值，往往變異很大。例如吐絲期玉米組織中，氮濃度臨界值自 2.19% 至 3.20% 均有報導。原因為進行試驗時，其他要素含量往往不在適量範圍。由於要素間有交互作用，測定一要素之臨界值，必須在其他要素含量均適量時才正確。當我們將各處得到的肥料反應資料合併時，即可發現在不同生長條件下，曲線變異極大。究竟哪一組資料的臨界值才可靠呢？理論上，限制因子越少，產量越高，如圖 9-13。根據此種現象，有些學者提出境界線（Boundary line）的觀念。

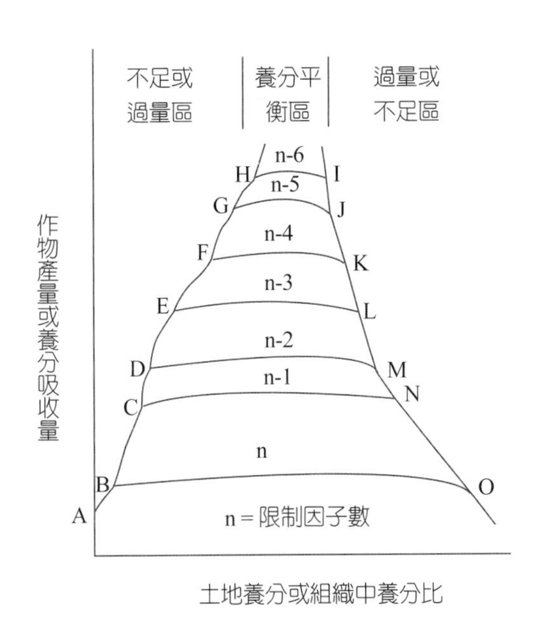

圖 9-13　限制因子數量對作物反應之影響（Sumner & Farina, 1985）

2. 境界線

在觀察一種要素對作物產量的影響時，所有其他能影響產量的因子必須最適量。Webb（1972）認為產量是許多相關變數的函數，當產量對單一獨立變數作圖時，若其他獨立變數改變，則可得到一「點陣列」。對此一獨立變數而言，最大的產量即爲點陣列最上方的點，這些點所構成的曲線稱爲境界線（圖9-14）。因爲觀察到境界線上的點之機率很小，因此必須累積大量資料。Walworth 等人（1986）曾利用由美國、加拿大、非洲、南美、法國所獲得之八千餘玉米在各季節栽培之資料，比較用境界線決定和用高產量族群計算的標準值，結果非常相近。以葉中氮含量爲例，由前者決定的爲 0.0341，由後者計算的爲 0.0317。

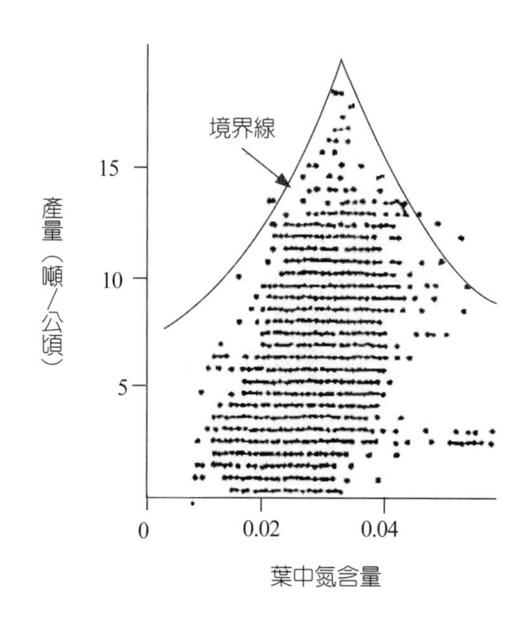

圖9-14　玉米產量與葉中氮含量關係之點陣列（J. L. Walworth et al., 1986）

影響診斷之因子

影響作物需肥診斷的因子主要有：作物品系、環境因子、要素交互作用、生理成熟度及取樣之葉片等。

1. 品系

作物自土壤中吸收要素的能力和其最適要素濃度的需求，並不是同一回事。前者因品系之不同往往有明顯的差異，但這種差異並不致影響作物的最適要素濃度。例如 Payne 等人（1985）發現兩種品系的大豆，雖然自土壤中吸收鋅的能力大異其趣，但利用境界線分析求得的組織最適鋅濃度則相同。Sumner 等人（1982）比較 49 品系大豆對磷、銅和鋅的吸收，雖然因土壤肥力不同而有很大的差異，但其內部的營養需求在品種間則無顯著差異。有些試驗指出，組織最大要素濃度臨界值（critical maximum tissue nutrient levels）可能在品系間有差異；在低濃度時，不同作物品系之容忍度亦有顯著差異，但卻沒有證據顯示組織最適要素濃度會受影響。

2. 環境因子

作物產量常受到營養和遺傳外的因子影響。如溫度、溼度、光和其他環境因子的變動，會改變產量曲線和臨界值，而蟲害和病害等會降低產量之因子，均可能影響生長反應型態。因此自低產量試驗所得的臨界值，其正確性頗令人懷疑，加以資料過少，經境界線法分析所得的最適值，因受歪斜（skewness）影響，其可信度將更低。相反地，高產量資料所獲得的結果則較為正確。

3. 要素交互作用

要素的交互作用可能發生於土壤中、根表面和植物內部。由於此種作用能改變施肥量造成的產量反應，因此亦影響由這些資料所求得的臨界值。例如：植物對氮的反應與可利用的磷有密切關係，在磷濃度低時，施氮肥之效果不大；磷濃度稍提高，葉片中氮濃度為 2.9% 時，有最高產量；如果磷濃度再提高，則葉片中氮濃度需大於 3.0% 以上，才有最高產量。此外，有些要素在植物組織中亦以一定範圍的比例存在。例如：錳的毒性與鐵的吸收有關，馬鈴薯中的錳與鐵比值大於 18 時，才產生錳中毒和鐵缺乏徵狀。氮和硫在植物組織中主要以蛋白質形式存在，其比值範圍一般則很窄。磷與鋅也經常相互依存。Shear 等人（1946）最早依據要素平衡的觀念，提出包含相關要素比例的診斷系統，元素或元素群的比值均曾被作為診斷的指標，例如 Ca+K/Mg、Ca＋Mg/K 等。而 Beaufils（1973）提出作物需肥系統（DRIS），即利用所有可能的兩種要素比綜合成一指標，以作為診斷的依據。

4. 生理成熟度及取樣之葉片

植物吸收營養和累積醣類的速率很少一致。一般氮、磷、鉀、硫、鋅和硼的濃度隨作物成熟而逐漸降低，鈣和錳則濃度漸增，鎂濃度有時漸增，有時保持不變，因此取樣時作物生長期對分析結果影響很大。又因為要素在作物體有再分配（redistribution）現象，取樣葉片的位置不同，要素濃度也有很大差異。解決取樣時期和葉片部位所造成的差異，一般有下列四種方法：

⑴以鮮重爲基底：由於生長過程中醣類逐漸累積，而水分含量逐漸降低，因此要素的含量如以植物體鮮重爲基底，則因分母值變異較小，可減低生長期和葉片位置所造成之差異。例如在 75 週內，甘蔗葉片中氮、磷和鉀對植物體乾重比值的變異係數爲 23.8、12.6 及 17.0%，但對植物體鮮重比值的變異係數則降低爲 14.6、5.8 及 9.3%。惟新鮮植物體處理較爲困難，是其缺點。

⑵定時定位取樣：定時定位取樣可以消除生長期和葉片位置所造成的變異。但若選擇在接近開花期取樣，則失去推薦施肥的意義。提前取樣又因不同生長期對要素的需求量不同，早期要素足量並不能保證晚期不缺乏。如果能建立各生長期的要素臨界濃度，則可在各生長期取樣，但要建立這些標準，工作繁重，而且要正確地判定生長期也不容易。

⑶Moller Nielsen 與 Fris-Nielsen 法（1976）：以作物重量代表不同生長期，將不同要素濃度對作物重量作圖，取樣後以樣本重量爲準與上述圖形比較，再做成推薦決定。但許多因子會影響作物的重量，尤其在同種之不同品系中，其作物大小差異很大，需先加以校正。

⑷比值：Beaufils（1973）發現，氮、磷和鉀在不同生長期改變情形相似，因此建議以要素比值來降低作物生長期的影響。例如在 75 週內，甘蔗中氮、磷和鉀濃度的變異係數爲 23.8、12.6 及 17.0%，但 P/N、N/K 與 P/K 比值的變異係數，則降爲 8.2、10.0 及 10.0%。

營養診斷系統

一般常見的營養診斷系統可分爲兩大類：第一類只考慮營養要素，第二類則考慮營養要素及其他重要的生長因子，前者如臨界值或足量範圍法、平衡指標法（the Balance index）、Moller Nielsen 法與生物技術法；後者如整合經驗模式之作物需肥診斷與推薦的整體系統、效應曲面法及各種機制模式。第一類其中以第一、二種方法因考慮的因子少，而且操作簡便，故應用較廣。第二類則因考慮的因子多，且計算複雜，最初使用者少，但近年來由於電腦發達，複雜的計算可由電腦代勞，而且電腦又可儲存大量資料，使營養診斷系統走向多元化、系統化，又因資訊系統之操作及模式之模擬運算對使用者具有極高的親和性，模式中參數之選擇與修正簡速，故應用漸趨普遍。

1. 第一類診斷系統

⑴臨界值或足量範圍法：將健全的植物組織加以分析，以建立某一要素濃度的標準值爲目的，即爲臨界值，若以建立一標準範圍爲目的，則爲足量範圍。田間的樣品經過分析與標準值比較，即可區分爲缺乏或足量。與標準範圍比較，則可區分爲缺乏、低、足量、高和超量等（圖9-15）。依據田間作物的營養狀況，即可診斷是否應加施某種要素。此兩種基準常以作物乾重爲基準的要素濃度表示（圖 9-15）。

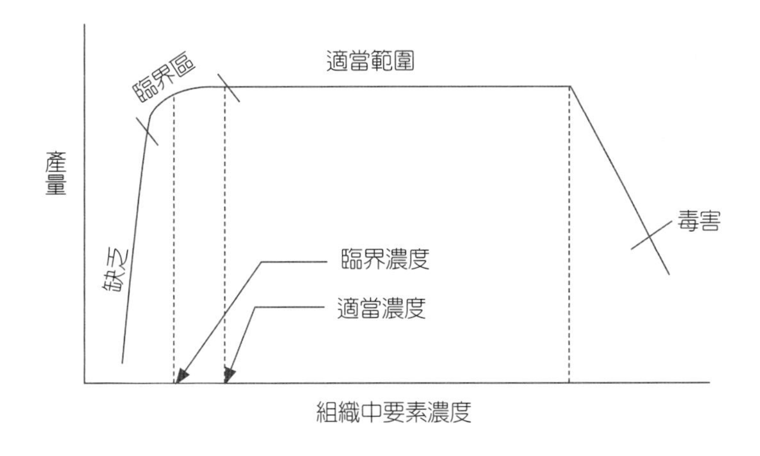

圖9-15　要素濃度與作物產量關係

取樣時作物生長期和取樣部位均應固定，如能訂出各生長期的標準值或範圍，則可增加其實用性，不過作物各部位的生理成熟度不易決定。此外，要素間有交互作用，某一離子的吸收會影響其他離子的吸收及存在狀態。若要素平衡狀況與原試驗狀況不同時，則可能無法使用，因此才有其他營養診斷的方法陸續發展出來。以下舉一診斷水稻營養之例，說明診斷元素之臨界濃度的不易，Tanaka 與 Yoshida（1970）曾經整理以往的研究成果，訂定水稻各種元素的臨界濃度如表 9-2。

表9-2　水稻各種元素之缺乏和毒害之臨界濃度

元素種類	缺乏(D)或毒害(T)	臨界濃度	植體分析部位	生育期
N	D	2.5 %	葉片	Til
P	DT	0.1 % 1.0 %	葉片 稻藁	Til Mat
K	DD	1.0 % 1.0 %	稻藁 葉片	Mat Til
Ca	D	0.15 %	稻藁	Mat
Mg	D	0.10 %	稻藁	Mat
S	D	0.10 %	稻藁	Mat
Si	D	5.0 %	稻藁	Mat
Fe	DT	70 ppm 330 ppm	葉片 葉片	Til Til
Zn	DT	10 ppm 1,500 ppm	莖葉 稻藁	Til Mat
Mn	DT	20 ppm 2,500 ppm	莖葉 莖葉	Til Til
B	DT	3.4 ppm 100 ppm	稻藁 稻藁	Mat Mat
Cu	DT	6 ppm 30 ppm	稻藁 稻藁	Mat Mat
Al	T	300 ppm	莖葉	Til

Til：分蘗期。
Mat：成熟期。
資料來源：Tanaka & Yoshida, 1970.

但連氏（1981）認爲此表所定養分缺乏的臨界濃度，顯然比一般所了解者爲低，而且其中 N、P、K、Zn、Si、Al 與不同來源的標準，亦有相當大的差距，茲摘錄其評述要點如下：

①N：根據 Yoshida 等人之訂定，水稻分蘗期間植體氮濃度爲 4% 時，分蘗最盛。當氮素濃度降至 2%，則分蘗停止，低於 2% 則，分蘗減少。又據 Mikkelsen 之訂定，分蘗期間之氮素濃度適宜範圍爲 3-4%。可見

分蘗初期植體氮素濃度應高達 3-4%，以促進早期分蘗，俟分蘗數達到目標後，氮濃度應降至 2% 左右，以免繼續增加無效分蘗。又依據木內氏，若增加一穗粒數，幼穗形成期之氮臨界濃度為 2.4%。但連氏試驗結果，幼穗形成期氮濃度如高於 1.8-2.0%，則施穗肥無效。

②P：依據 Yoshida 分析，分蘗期間植體 P 濃度為 0.2% 時，分蘗最旺盛，0.03% 時，則分蘗停止。木內氏認為若增加一穗粒數，幼穗形成期 P 濃度需大於 0.2%。Mikkelsen 認為以 2% 醋酸液抽出剛成熟葉之 P，在分蘗盛期及幼穗形成期之臨界濃度分別為 0.1 及 0.08%，但 Angladette 所示出穗期止葉之臨界濃度卻高達 0.18%。

③K：依據 Yoshida 分蘗期間植體 K 濃度達 1.5% 時，分蘗最盛；K 濃度降至 0.5% 時，分蘗停止。又根據木內氏等若要增加一穗粒數，幼穗形成期之 K 濃度以 2% 以上為宜。若增加穗粒重，出穗期之 K 濃度應以 2% 為宜。在本省盛成淵氏等指出，出穗期及收穫期之 K 臨界濃度均為 1.7-1.8% 左右。蘇楠榮氏檢討 Von Uexkull 的結果，亦指出收穫期稻藁之 K 臨界濃度為 1.8% 左右，對若干品種則更高達 2.2-2.3%。由以上結果可見，各人所指出之 K 臨界濃度較 N、P 趨於一致；稻藁之 K 濃度如在 1% 以下，則顯示鉀素嚴重缺乏，K 濃度在 2% 以下時，有施鉀肥之必要。

④Zn：依據 Tanaka 和 Yoshida，分蘗期間水稻之 Zn 濃度如在 10 ppm 以下，則缺鋅，但後來 Forno 與 Yoshida 則將臨界濃度提高為 15-18 ppm。Lantin、Cayton 與 Ponamperuma 則將其提高至 27 ppm。

⑤Si：依據日本及韓國報告，收穫期稻藁之 SiO_2 濃度如低於 10-11%，施矽酸鈣可獲 5% 以上增產效果。但根據連氏試驗，臺灣水稻收穫期稻藁之臨界濃度為 8-9%。

⑥Fe、Al：依據表 9-2 分蘗期水稻植體之 Fe 及 Al 濃度如各高於 300 ppm，則有毒害症狀或生育阻礙。但根據臺灣 120 處稻田之水稻分析結果，其 Fe 及 Al 濃度卻分別高達 600-1,800 ppm 及 500-1,500 ppm。淡水一地的水稻產量很高，其分蘗期植體 Fe 濃度可高達 1,800 ppm，

Al 濃度亦高達 1,500 ppm，故 Tanaka 所做的臨界濃度（上限）值得懷疑。

(2)平衡指標法：由於以健全植物組織之要素濃度平均值作爲診斷基準時，會受生長期和取樣部位的影響，且只能用於相似組織的比較，因此有平衡指標觀念的發展。其公式爲：

$$\text{Balance Index} = \frac{X}{S} \times 100 + \left(1 - \frac{X}{S}\right) \times CV \quad \text{，若 } X<S$$

$$= \frac{X}{S} \times 100 - \left(1 - \frac{X}{S}\right) \times CV \quad \text{，若 } X>S$$

X：樣本要素濃度

S：標準值

CV：變異係數

平衡指標係將每一要素濃度與最適濃度（標準值）之偏差，以常態變異值來表示。因此可以比較許多要素的狀況，同時，各要素對植物表現的相對作用亦可決定。因此平衡指標診斷結果不需區分爲缺乏、足量和超量等，而可以其在植物體組織內的相對存量排列順序。但此系統對生長期和部位的作用以及要素間交互作用的影響均無法消除，在營養不平衡時，仍會做出不正確的診斷。

(3)Moller Nielsen 法：Moller Nielsen（1970）試圖解決有關生理年齡和要素交互作用的影響。其方法簡述如下：首先由要素反應試驗求得各要素濃度與作物累積乾重之一系列曲線。例如：由試驗可求得不同氮素濃度與各生長期之作物乾重之關係。田間取得之樣本，經由上述關係曲線可求得標準之作物乾重。其次，由複因子試驗分析得到標準要素値，利用境界線趨近法決定最適要素濃度，其中只有產量最高的每一要素濃度被用來決定境界線。田間的樣品經分析後，依據作物乾重來與境界線比較，以尋求最高產量預測値。各種要素均可依上法求得最高產量預測値，所獲得値最低的即爲最缺乏的要素。接著利用要素交互作用的境界線來決定在最缺乏的要素存在時，其他要素的最適値，並利用交互作用曲線來預測最終產量。最後，計算最缺乏的要素施用量及對其他要素的作用，必要時再考慮診斷推薦其他要素。

由於，作物的要素濃度和乾重隨生長期變動的相關情形如何還不清楚，這種關係又受肥料形態、作物品種、土壤溫度、要素交互作用等因子影響。在一定乾重下計算要素濃度的觀念應該可以減少葉齡的影響，但以上非營養因子和要素交互作用等因子的影響應加以考慮。此外，由於此系統需先確定的關係較多，其資料又非常缺乏，因此利用此系統仍有極大的障礙。

⑷生化技術法：利用要素、酶和代謝產物間的關係能診斷作物的營養狀況，由未處理樣本的酶活性和經要素處理後的樣本酶活性之比值，可以反應植物葉片的營養狀況，用以評估組織中的氮、磷、鉀、鎂、鐵、錳、鈣、鋅和鉬的狀況。但利用此種系統，一個樣本需經兩次酶測定，手續較煩，而有些酶活性的反應可能由數種元素造成，例如作物中 Mo 與 N 不足時，均會造成硝酸還原酶（nitrate reductase）活性降低。而且環境因子和葉齡也會影響酶活性，所以此法亦有其侷限性。

2. 第二類診斷系統

⑴經驗模式（Empirical model）：經驗模式是以一種數學表示法來描述田間所收集的資料，即以試誤法等建立一函數曲線來符合實驗數據的方法，進而解釋所觀察的資料。如 Thompson（1969）以複曲線迴歸式，解釋美國玉米帶的玉米產量與氣象因子雨量、溫度之關係。但因田間試驗變異性大，常無法掌握所有影響作物生育的因子，所以此種模式只能應用於建立生長函數之數據來源的試驗範圍，或應用在控制條件下進行之試驗，否則預期與實際的效果常有出現很大差距的可能。

以作物需肥診斷與推薦的整體系統（DRIS）為例：作物需肥診斷與推薦的整體系統，代表一種關於作物需肥診斷與推薦的全觀性研究（holistic approach）。首先建立一種綜合性的基準（norm），包含植物組織成分、土壤特性、環境參數和耕作操作等。利用其與作物產量的函數關係，以校正這些特性，而增加改善產量和品質的可能性。

一般葉片成分分析所建立的基準，往往只適用於特定生長期和部位的樣本，建立基準時，又往往固定其他影響因子，而只改變欲觀察的因子，無法消除因子間交互作用的影響，因此所建立的基準無法廣泛應用。DRIS 選擇各種有意義的要素濃度（或其他特性）比值建立基準，可以消除作物生長期、取樣位置和要素間交互作用的影響。此外，建立基準的資料力求完整，包含各地區的各種情況。因此，DRIS 所建立的基準具有資料來源廣泛、考慮之因子較多和使用比值三種特性，而能夠增加診斷的正確性。

此種系統已應用於許多作物上，包括甘蔗、玉米、馬鈴薯、小麥、大豆和果樹等，診斷結果較傳統的臨界值或足量範圍法準確。下面簡述 DRIS 法的原理、應用和限制及其發展。

①基準之建立：首先收集具有代表性的樣本，包括田間試驗和盆栽試驗中大量的樣本，其中來自不同地區、不同生長期的資料，可視爲在一大塊田地上、不同時間和地點的重複試驗。每一樣本應包括土壤和葉片分析資料，並有耕作操作、氣候變異、灌溉、施用肥料種類和施量等各種紀錄。土壤和葉片樣本以傳統方法對各種重要要素加以分析，將所有資料建立資料庫，以期建立和校正如圖 9-16 之各種關係。

這些土壤、作物及產量間的關係也可以用式子表示爲：

土壤性質→作物反應 f_1→產量 ψ_1

氣候因子→作物反應 f_2→產量 ψ_2

耕作操作→作物反應 f_3→產量 ψ_3

土壤處理 + 土壤性質→土壤反應 f_4→產量 ψ_4

土壤反應 + 氣候因子 + 耕作操作→作物反應 f_5

作物反應→產量 ψ

其次，將資料依產量高低分爲兩組，例如：Sumner（1977）收集 N、P、K 之葉片分析與產量資料 1,245 組，依產量 2,600 kg/ha 爲界限，分爲低產量之 A 群和高產量之 B 群。接著計算 A、B 兩群之統計介量（statistical parameter），並進行 SA^2/SB^2 測驗（test）確定其分布均爲常態分布。最後再以 SA^2/SB^2 值顯著之介量進行 DRIS 指標之計算或繪

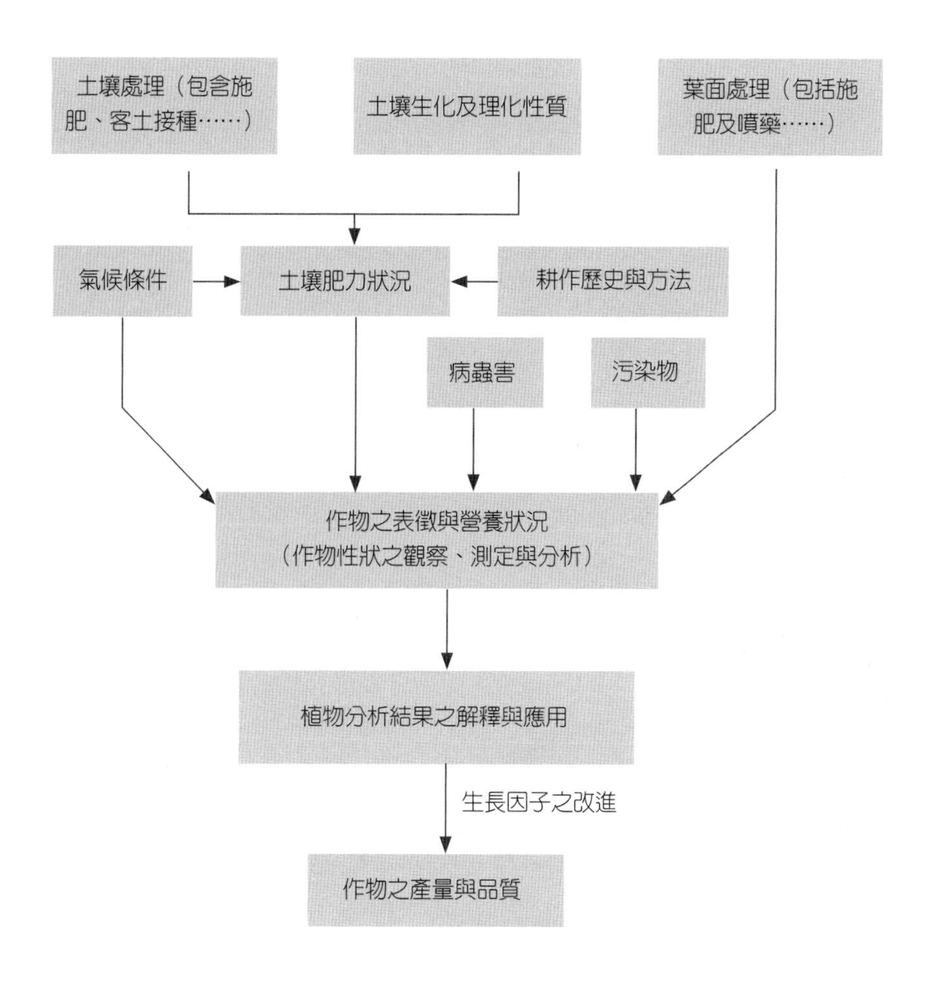

圖9-16 植物分析結果解釋之依據與應用

圖，以作爲判定需肥情形之依據。差異顯著的介值越多，所得的指標越可靠。例如：Sumner（1977）計算了大豆葉片之 N(%)、P(%)、K(%)、N/P、N/K、K/P、P/N、K/N、P/K、NP、NK、KP 等之平均值（μ）、標準偏差（S.D.）、變異係數（C.V.）和變方（S^2），並選擇了 N/P、N/K 和 K/P 三種比值作基準來計算 DRIS 指標值。如果資料來自許多不同的生長期，則由此過程所決定的基準即可穩定運用於各種生長期，但實際上這些資料還很缺乏。在沒有資料可用的情況下，Sumner（1985）則利用要素臨界值或足量範圍的平均值，計算其比值或乘積來作爲計算 DRIS 指標之基準。此外，Walworth（1986）利用境界線來決定玉米各種介值的基準，結果與上述方法也極相近。

②指標的計算：DRIS 指標的一般式爲

$$X_{index}=\left\{\left[f\left(\frac{x}{A}\right)_1\frac{K}{CV(x/A)}+f\left(\frac{x}{B}\right)_2\frac{K}{CV(x/B)}+\cdots\cdots+f\left(\frac{x}{Z}\right)_m\frac{K}{CV(x/Z)}\right]\right.$$

$$\left.-\left[f\left(\frac{a}{x}\right)_1\frac{K}{CV(a/x)}+f\left(\frac{b}{x}\right)_2\frac{K}{CV(b/x)}+\cdots\cdots+f\left(\frac{z}{x}\right)_n\frac{K}{CV(z/x)}\right]\right\}\Big/ n+m$$

式中

- A、B、C，a、b、c，……爲影響植物產量或品質之內在或外在因子中，有判斷價值者。
- f（x/A）之計算

$$f\left(\frac{x}{A}\right)=100\,[x/A/\overline{x/A}-1]\text{，若 x/A>}(\overline{x/A})$$

$$=100[1-x/A/\overline{x/A}]\text{，若 x/A<}(\overline{x/A})$$

- CV（x/A）：x/A 之變異係數。
- K：任選方便之整數（請勿與肥料 K 混淆）。

例如：Beaufils 與 Sumner（1976）計算甘蔗田土壤之磷指標值爲：

$$p_{index}=[f\,(P/K)\times 7.14+f\,(P/Mg)\times 5.49+f\,(P/pH)\times 4.24]$$

$$-[f\,(Ca/P)\times 9.09]/4$$

（設 P = 27 ppm，K = 103 ppm，Ca = 121 ppm，Mg = 58 ppm，pH = 4.1）

$\because \overline{P/K}=0.206$

$CV=\sqrt{0.08319}\times 100/0.206=140.01$

而　$P/K=0.262$

設　K=10

則　$f\,(P/K)=[0.262/0.206-1]\times 100\times 10/140.01=1.94$

同理求得　$f\,(P/Mg)$、$f\,(P/pH)$、$f\,(Ca/P)$

代入公式求得　$P_{index}=22$

同理求得　$K_{index}=14$、$Ca_{index}=-38$、$Mg_{index}=-19$

因此，Ca>Mg>K>P

指標的相對大小即表示要素在組織（或土壤）中之相對豐度，因此由指標大小可以知道植物體營養需求的順序，上例即顯示 Ca 最爲缺乏。

如果基準是乘積而不是比值的形式，如 N×Ca，則令 $X=\frac{1}{Ca}$ ，而 $N\times Ca=\frac{N}{X}$ ，可進行同樣計算。計算指標的有效基準越多，所得的指標越可靠，Sumner（1977）計算小麥的 N、P 與 K 的指標，各使用兩種基準，如下：

$$N_{index}=\frac{f(N/P)+f(N/K)}{2}$$

Sumner（1977）計算玉米葉片 N、P、K 與 Ca 的指標，則使用四種基準，如：

$$N_{index}=\frac{f(N/P)+f(N/K)-f(Mg/N)-f(Ca/N)}{4}$$

Sumner（1981）計算玉米和小麥的 N、P、K、Ca、Mg 與 S 的指標時，使用五種基準。計算指標的基準除要素比值或乘積外，還可用要素與作物乾重或 pH 值等之比值。

③DRIS圖：DRIS 圖具有定性或定量表現植物對要素需求程度之功能。以 Sumner 與 Beaufils（1975）之報告爲例，見圖 9-17，*N/P*、*N/K* 和 *K/P* 之平均值爲 8.20、1.57 與 5.39。圖中圓心爲平均值 μ，在內圈直徑 =4/3 SD，外圈直徑 =8/3 SD，↑↓在內外圈以外表示元素過多或缺乏，→ 在內圈以內表示元素適量，↗↙在兩圈之間，表示稍多或稍缺乏。設取得一樣本：N=2.34，P=0.39，K=1.17，*N/P*=6.0，*N/K*=2.0，*K/P*=3.0。

- *N/P* 在外圈以外，表示 N 缺乏：N↓P、K
- 又 *N/K* 在兩圈之間，表示 K 稍缺乏：N↓P、K↘
- *K/P* 在外圈以外，表示 K 缺乏：N↓P、K↘↓

• 最後 P 的特性為適量：N↓P→K↘↓
所以需肥順序為 K>N>P

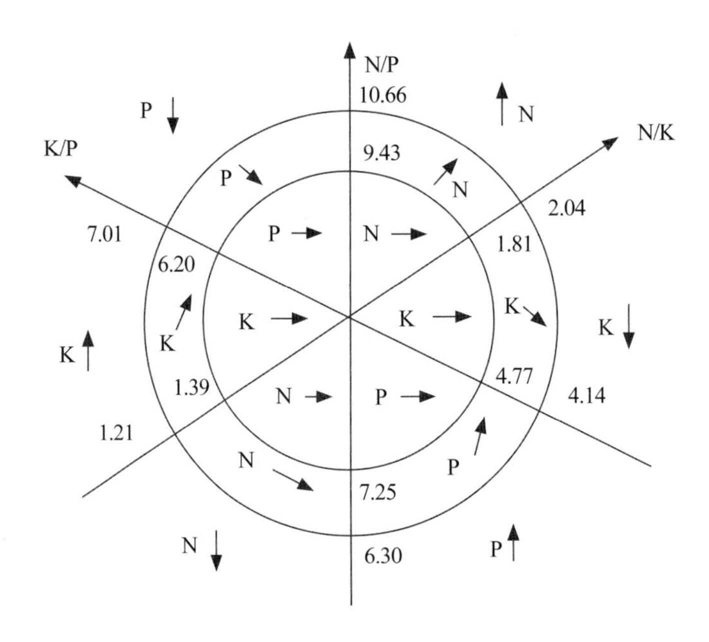

暫訂適當比值之平均值：N/P = 8.2，N/K=1.57，K/P=5.39。

圖 9-17　利用 DRIS 圖說明氮、磷、鉀之營養狀況

④DRIS 與第一類常用的兩系統之比較

• 與臨界值法或足量範圍法之比較：一般比較和驗證兩種系統的效率有兩種方法：一為在已完成之田間試驗中，選擇一試驗結果，以兩種系統分別進行需肥診斷，再找一組符合此種診斷之處理，與原先之產量比較，如有增產即為診斷正確。另有學者將臨界值法診斷為不缺肥之處理，進行 DRIS 之分析，如診斷處理後有增產效果，則表示 DRIS 較佳，反之亦然。

以診斷之準確率和增產效果評估，DRIS 一般較臨界值法或足量範圍法為優。例如：玉米葉片分析，經臨界值法診斷，氮、磷的準確率分別為 75% 和 66%，DRIS 法診斷準確率則分別為 83% 和68%。對甘蔗各種要素之診斷，DRIS 法可將產量由 74.3 公斤／公頃提高

至 85.9 公斤／公頃。DRIS 法除了在固定生長期取樣較臨界值法和足量範圍法為佳外，其最大優點為能降低作物生長期、葉片位置、要素交互作用和果樹的果實狀態等，對診斷結果的影響。臨界值法和足量範圍法的標準值（或範圍）係依據生長較佳作物的要素含量為準，此種值在生長期中變異太大，以此法診斷桃樹的營養狀態，需生長至 120 天，才能診斷出缺乏的情形，其他作物亦往往在生長晚期才有診斷效果，因此失去推薦施肥的意義。反之，DRIS 法的診斷結果往往在全期皆為一致，而具有早期診斷和推薦施肥的實質意義。此外，DRIS 法可以顯示要素需求的順序，以作為推薦施肥的參考。

其他因子如：氣候、作物生理狀態等皆可能影響要素組成，而影響臨界值和足量範圍法的診斷。柑橘在新梢生長時，氮、鉀與鎂含量均顯著下降；果實枝和無果實枝之葉片要素組成亦差異很大，但以 DRIS 法仍可獲得相同營養需求和診斷結果。關於土壤分析的診斷，則依要素種類不同互有優劣。Beaufils 與 Sumner（1976）報導 DRIS 法對鈣、鉀和磷之診斷較為正確，而 Meyer（1981）則指出 DRIS 法對氮和磷的診斷較佳，對鉀的診斷則兩者相近。對微量要素的診斷，DRIS 法對鈣和鋅的效果較差，對鎂則效果較佳。

- 與平衡指標法之比較：平衡指標法與 DRIS 法類似，均以健康或高產作物之要素濃度平均值建立最適標準值，偏差則以高產群的變異係數估計。但 DRIS 法考慮要素的交互作用，以各種比值或乘積形式建立基準。當要素間變動的趨勢一致或相反時，此基準變異較小，因此亦可降低生長期和取樣位置的影響。

⑤DRIS 法的限制：由於 DRIS 的基準綜合許多要素濃度的平均值，因此可以避免許多由肥料反應曲線決定臨界值伴隨而來的問題，而由世界各地資料所得的基準差異很小，更增加其應用的廣泛性。雖然 DRIS 法具有許多優點，但影響作物要素濃度的因子和計算基準的因子，皆可能限制 DRIS診斷的成功機會。以下將 DRIS 有待商榷的幾項問題列舉

於後：

- 作物的取樣時期和部位：因爲作物對營養的需求多隨作物的生育年齡而變，而要素的累積、轉運、稀釋又隨取樣部位而異。因此，不但單一要素的濃度不斷變動，要素間比例亦隨之變動。但 DRIS 法單純假設要素間爲一致或相反地變動，要素間之比例或乘積近於定值，再利用變異係數調節指標計算中基準的權數，以減低生長期或部位的影響。此點主要從統計的觀點出發，缺乏營養需求理論強而有力的支持，如此求得之指標值是否在任何狀況皆爲有效，顯然尚有商榷的餘地。
- 作物的品系：不同品系作物吸收要素的能力可能不同，要素濃度與作物產量的關係亦可能有異。但 DRIS 假設品系間的最適要素濃度相同，營養需求無差異。支持這種假設之證據尚嫌不足，還有待進一步的探討。
- 要素的存在形式：要素被作物吸收累積於根部或葉片後，有的不再轉運，有的可形成不活性的錯合物，前者如鈣，後者如鐵。所以只測量全鈣或全鐵，無法了解要素在各部位的分配，亦無法區別該要素的生物活性，以致可能誤診作物的營養狀況。
- 基準的計算：指標計算公式中使用的基準數目和形式，可影響指標值與診斷結果。如果公式中具有高產量群和低產量群變方比值不顯著的基準，會降低診斷的靈敏性，反之，公式中具有越多顯著的基準，則診斷會較準確，但此種參數的尋找需先有土壤學和植物營養學的基礎資料。選擇的基準不同，計算的指標值即不同，而做成不同的診斷。Sumner 及 Beaufils（1975）所建立的甘蔗氮、磷、鉀需肥診斷指標，可應用於八個受測品種之葉片分析，生育期、灌溉量及季節均不影響其診斷的準確性。但 Meyer（1975）所建立的指標卻受取樣葉片位置、甘蔗生長期，季節和作物品種之影響。Meyer（1981）又報導季節、作物生長期可影響作物的營養需求，故 DRIS 指標亦應改變。Beverly 等人（1984）報導分析柑橘（Citrus sinensis

L.）葉片所得之 DRIS 指標，會受到葉齡和取樣位置影響。Sumner（1985）指出上述試驗中，氮、磷、鉀和鈣、鎂均以比值爲基準，由於此兩群的變動趨勢相反，若以乘積爲基準計算指標，即可消除葉齡、取樣位置，甚至果實生長狀態的影響，但砧木對接枝要素組成產生的影響，DRIS 則無法完全消除。

- 對土壤肥力之反應：DRIS 法因非全株取樣，不易全盤反應土壤肥力狀況診斷結果，只是排列出要素之相對需求量，無法提供眞正之施肥推薦量。況且在土壤貧瘠或養分不足時，有誤診之可能。此時必須配合其他方法，如臨界值法及土壤肥力測定，方可有效。

(2)效應曲面法（Response Surface Methods, RSM）（沈，1999）：效應曲面法（RSM）是研究數個變數（或因子）組合所產生之反應值（Response），在何種變數組合條件下可獲得最適結果（Optimum solution）。如研究氮肥（X_1）及磷肥（X_2）施用於水稻作物，在何種肥料用量組合下可獲得最高稻穀產量（y）。若鉀肥用量固定，則水稻穀產量（y）爲氮肥與磷肥用量之函數以公式表示如下：

$$y = f(X_1, X_2) + \varepsilon$$

式中 ε 爲反應值（產量）觀測值之誤差。若取期望值，則得：

$$E(y) = f(X_1, X_2) = Z$$

由 X_1, X_2 所得之反應值（產量）可構成一曲面現象如圖 9-18，稱爲效應曲面（Response Surface）。如果獨立變數與反應值間有線性函數關係，則其線性函數爲一階模式（First-order model）：

$$y = \beta_0 + \beta_1 X_1 + \cdots\cdots + \beta_K X_K + \varepsilon$$

式中 k 爲獨立變數個數。若其關係爲曲線，則配合二階模式（Second-order model）如下式：

$$y=\beta_0+\sum_{i=1}^{k}\beta_i X_i+\sum^{k}\beta_{ii} X_i^2+\sum_{i<j}\sum\beta_{ij} X_i X_j+\varepsilon$$

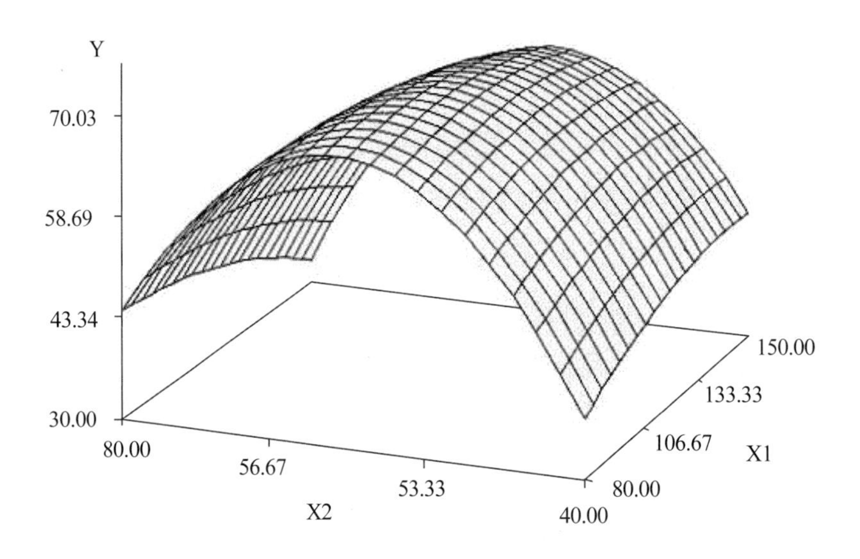

圖9-18　氮肥 X_1 與磷肥 X_2 之稻穀產量效應曲面圖（沈，1999）

大部分的 RSM 問題都是採用上述一個或兩個模式進行。至於其迴歸係數的估算也是採用一般的最小平方法。這種效應曲面分析（response surface analysis）就是配合曲面完成的，故配合效應曲面的設計，稱爲效應曲面設計（response surface design）。

一般 RSM 是逐步進行的，當反應曲面離最適當點尚遠時，很少有曲面現象，這時要配合一階模式。我們主要目的是要指引試驗者快速而有效地沿著此路徑到達最適值的邊緣，只要發現最適值的區域，我們就可使用較適合的二階模式，分析最適值的位置。這種情形就好比爬小山一樣，山的頂點就是最大反應值的位置。

RSM 模式中之變數固然不限定於營養因子，但仍限於可控制之因子。因自然界各種變化很大，難以預測。所以此模式盡量在控制的環境下進行，如在田間進行，仍有其侷限性。

⑶機制模式：機制模式是假設在複雜的農作系統中所觀察到的現象，都可以用一些基本的生物物理假說或法則（Biophysical postulates or laws）來描述，因此需尋找一些機制以解釋所觀察到的現象。而在每個系統中用這些生物物理法則理論或假說，以最適當的數學形式組合起來，以便模擬。這種模式具有下列三種內容：環境上的輸入變數（Environment input variable）、系統上的基本常數（Fundamental constant of the system）及數學方程式（Mathematical equations）。

由於機制模式是基於可被測定的物理化學和生物的過程，它們的參數在科學上都是具有意義的解釋，但是此法的困難爲許多假設、理論或所建立的法則都有待仔細的驗證。下面僅就幾個常見的機制模式做一說明：

①單一作物

- CERES-Maize 與 SOYGRO 模式：CERES-Maize（Crop Environment Resource Synthesis Maize Model）玉米生長模式於 1983 年由美國德州 Temple 之 Agricultural Research Service Crop System Evaluation Unit 所發展，並被廣泛測試、修正與應用於全球其他各處（Jones et al.,1986）。

  SOYGRO 大豆生長模式由 Wilkerson 等人於 1980 年至 1983 年發展完成，對大豆不同品種在世界各地不同氣候形態和土壤環境下不斷的進行模式測試和修正。

  林正金芳等人自 1986 年起，根據 CERES-Maize（玉米生長模式）及 SOYGRO（大豆生長模式）之內容，開始進行模式本土化的工作。分別由驗證 CERES-Maize（謝，1988；林等人，1989）、SOYGRO（陳等人，1992）在臺灣評量田間玉米、大豆生產之可行性，進而用來作爲臺灣農地規劃生產力評估的工具（姚，1994；林等人，1995）。

- SIMRIW 水稻生長模式：SIMRIW（Simulation Model for Rice-Weather relation）爲利用少數植物生長與立地環境的關係式，來模

擬水稻生長、產量與氣候（溫度、日射量、CO_2 濃度）關係的模式（Horie, 1987）。SIMRIW 模式對產量的模擬機制為：

$$Y_G = h\ W_t$$

$$\triangle W_t = C_s\ S_s$$

Y_G：產量（gm^{-2}）

W_t：總乾物重（gm^{-2}）

h：收穫指數

$\triangle W_t$：每天作物增加的乾物重（$gm^{-2}\ d^{-2}$）

C_s：能量轉為作物生質量的效率（g dry matter MJ^{-1}）

S_s：每天作物吸收的能量（MJ $m^{-2}\ d^{-1}$）

$$S_s=S_0\{1-r-(1-r_0)\exp[-(1-m)\ k\ F]\}$$

S_0：每天入射的能量（MJ $m^{-2}\ d^{-1}$）

r、r_0：分別為植被和裸土的反射係數

m：散射係數

k：每天植被對入射能量的消滅係數

F：葉面積指數

$$C_s=C_0\{1 + R_m(Ca\text{-}3300 / [(Ca\text{-}330) + K_c]\}$$

C_0：在濃度為 330ppm 時的能量轉換係數（g MJ^{-1}）

R_m：對 CO_2 相對反應的漸進極限植（asymptotic limit）

C_A：大氣中 CO_2 濃度

K_c：經驗常數

由於此模式只需要很少的作物參數，且很容易由田間試驗得到，故此模式已廣泛的應用於各地，比較不同地點、氣候對產量的影響

（Horie et al., 1992）。近年來亦用於探討各地區氣候變遷，如 CO_2 濃度變化、大氣溫度上升後對稻米產量的影響等（Horie et al., 1995）。

(4)多種作物 EPIC 模式：EPIC（Erosion-productivity Impact Calculator）可譯為沖刷一生產力衝擊計算程式，是從集水區之沖刷量與生產力之關係，所發展出來的一套程式。EPIC 除了主程式之外，還包含八十幾個副程式，可計算集水區在氣象環境與特定土壤狀況下之土壤沖刷、土壤水分、肥力之變化（主要為 N 及P），並與簡化的作物生產模式相配合，用以計算在一套輪耕制度下各作物之整個生長經過及最後產量，也可以估計其中土壤水分及養分（目前僅及於 N 及 P）有效量之變遷情形。

EPIC 模擬程式中的主要副程式為與水文學、氣候、沖刷、植物營養、植物生長、土壤溫度、耕作管理、經濟學和植物環境控制等有關的計算程式所組成。各副程式包含的內容分別為：

①水文學（Hydrology）：地表逕流（Surface Runoff）；逕流量（Runoff Volume）；尖峰逕流量（Peak Runoff Rate）；滲濾（Percolation）；亞表層側流（Lateral Subsurface Flow）；蒸發散（Evapotranspiration）；蒸發潛力（Potential Evaporation）；土壤和植物的蒸發（Soil and Plant Evaporation）；溶融雪水（Snowmelt）；地下水力學（Water Table Dynamics）。

②氣候（Weather）：降雨（Precipitation）；氣溫和輻射量（Air Temperature and Solar Radiation）；風（Wind）；相對溼度（Relative Humidity）。

③沖刷（Erosion）：水（Water）；雨量／逕流（Rainfall / Runoff）；灌溉（Irrigation）；風（Wind）。

④植物營養（Nutrients）：氮（Nitrogen）；硝酸態氮由地表逕流的損失（Nitrate Loss in Surface Runoff）；硝酸態氮的滲濾（NO_3-N Leaching）；硝酸態氮由土壤水分運送（NO_3-N Transport byWater Evaporation）；有機氮由沖刷而運送（Organic N Transport by Sediment）；脫氮作用（Denitrification）；礦質

化作用（Mineralzation）；生物固氮作用（Immobilization）；雨量（Rainfall）；磷（Phosphorus）；溶解的磷於地面逕流的損失（Soluble P Loss in Surface Runoff）；磷由沖刷而運送（P Transport by Sediment）；礦質化作用（Mineralization）；生物固定作用（Immobilization）；礦物磷的循環（Mineral P Cycling）。

⑤土壤溫度（Soil Temperature）。

⑥作物生長模式（Crop Growth Model）：生長潛能（Potential Growth）；水分用量（Water Use）；營養吸收（Nutrient Uptake）；氮（Nitrogen）；磷（Phosphorus）。

⑦生長壓制（Growth Constraints）：生質量（Biomass）；根的生長（Root Growth）；水分用量（Water Use）；作物產量（Crop Yield）；冬季休眠（Winter Dormancy）。

⑧耕作管理（Tillage）：排水（Drainage）；灌溉（Irrigation）；施肥（Fertilization）；殺蟲劑（Pesticides）；畦溝設施（Furrow Diking）。

⑨經濟計畫（Economics）。

以上為 EPIC 模擬程式中與沖刷—生產力之計算有關的九個主要範疇。

至於 EPIC 的組成架構可由圖 9-19 來說明，開始主要由 Data Set 的輸入，然後隨著 Data Set 的設定分別去擷取作物參數檔、耕作資料檔、複式計算檔（Multiple）及列印指令檔的參數，在 EPIC 程式中運算後，輸出使用者設定的項目之運算結果。

EPIC 模擬程式於設計時已經設定了各個資料檔的格式與建立相當多的資料，如各種常見的作物（水稻、玉米、大豆、高粱）、耕作管理（種植方式、灌溉、施肥、噴藥以及各種耕作機械的運用）、氣象資料檔、土壤資料檔等，以供設計模式者使用。

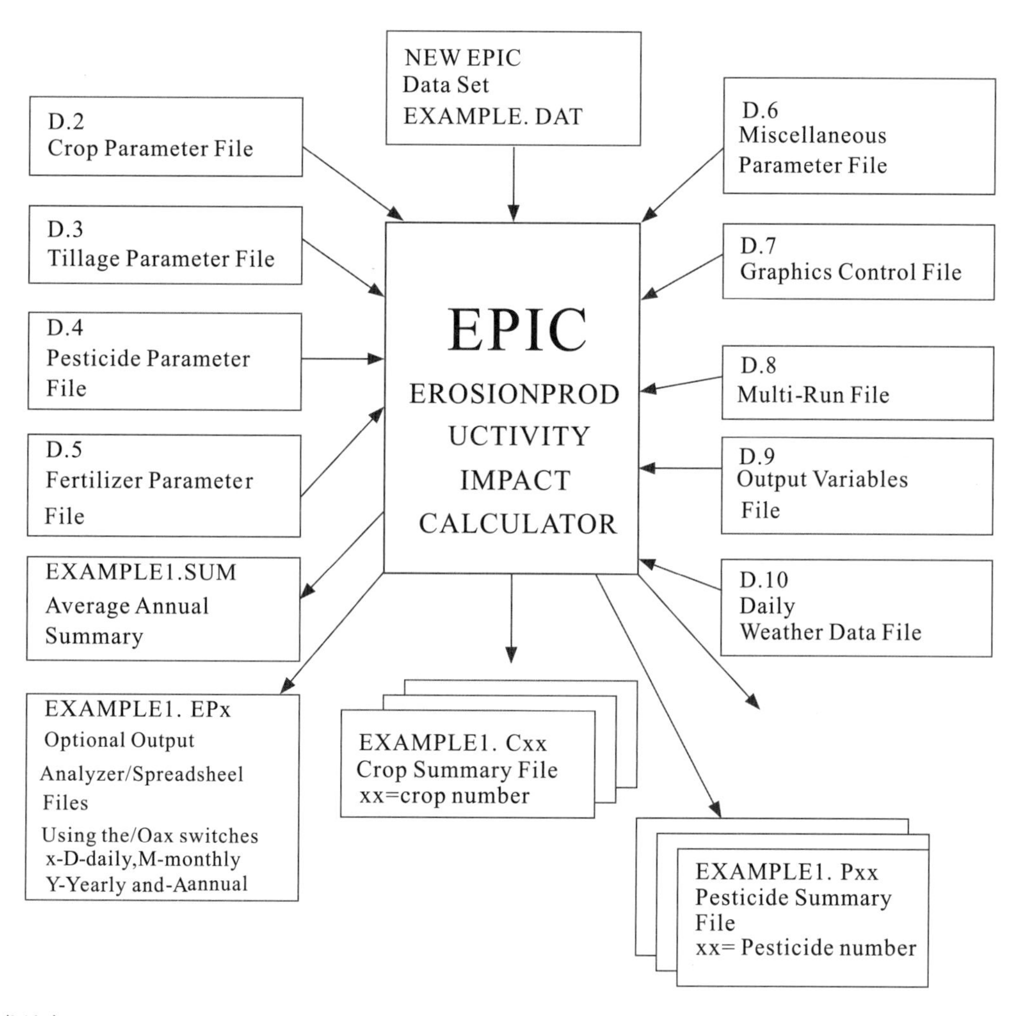

資料來源：EPIC user's guide-draft ver.3030

圖9-19　EPIC 系統結構圖

診斷系統在臺灣農業上之應用

DRIS 之應用

朱惠民（1986）爲探究 DRIS 在茶樹茶葉養分之診斷狀況，將過去各地區之調查與試驗所分析之資料，就個別狀況具較高之產量或較佳之品質者，作爲提供統計之資料，所得樣本具有不同品種、樹齡、地區、氣候等各種因素，範圍相當廣泛。入選樣品共有 212 個，分析元素有 N、P、K、Ca、Mn、Zn、Cu 等 8 種，依

Summer 所發展之公式，先求得平均標準值與變異係數（表 9-3），再根據各試驗區記數的結果，依前述指標值之計算法求出各元素之指標值（ 表9-4），並據以選擇不同程度之限制養分指標。

先求平均標準值與變異係數

表9-3　茶樹葉片成分之平均標準值與變異係數

比值	平均標準值	C.V.%	比值	平均標準值	C.V.%
（1/2）	14.655	13.526	（5/1）	.052	17.345
（1/3）	2.331	17.038	（5/2）	.765	20.608
（1/4）	12.355	34.904	（5/3）	.12	17.87
（1/5）	19.654	16.4	（5/4）	.629	31.409
（1/6）	62.628	110.227	（5/6）	3.348	120.273
（1/7）	1540.008	17.139	（5/7）	81.131	29.07
（1/8）	3801.182	21.213	（5/8）	196.932	22.838
（2/1）	.069	2.559	（6/1）	.024	46.079
（2/3）	.161	17.487	（6/2）	.348	50.88
（2/4）	.862	38.41	（6/3）	.054	41.746
（2/5）	1.361	20.159	（6/4）	.28	41.801
（2/6）	4.265	105.544	（6/5）	.459	41.546
（2/7）	106.385	18.66	（6/7）	36.214	47.436
（2/8）	263.052	23.326	（6/8）	89.595	45.254
（3/1）	0.442	18.025	（7/1）	1E-03	14.454
（3/2）	6.432	18.722	（7/2）	.01	17.698
（3/4）	5.386	36.207	（7/3）	2E-03	24.419
（3/5）	8.594	19.76	（7/4）	8E-03	38.681
（3/6）	27.04	105.373	（7/5）	.013	23.035
（3/7）	681.302	24.324	（7/6）	.041	117.436
（3/8）	1661.711	23.661	（7/8）	2.533	26.733

（續）

比值	平均標準值	C.V.%	比值	平均標準值	C.V.%
(4/1)	.093	38.218	(8/1)	0	57.747
(4/2)	1.365	41.983	(8/2)	4E-03	59.454
(4/3)	.212	37.099	(8/3)	1E-03	66.551
(4/5)	1.769	34.057	(8/4)	3E-03	43.777
(4/6)	6.145	144.476	(8/5)	6E-03	65.94
(4/7)	144.011	44.98	(8/6)	.019	134.769
(4/8)	338.092	35.269	(8/7)	.441	62.666

1 = N，2 = P，3 = K，4 = Ca，5 = Mg，6 = Mn，7 = Zn，8 = Cu
C.V.%：變異係數
資料來源：朱，1986。

利用指標值診斷 N、P、K 處理之影響

表 9-4 顯示三個地區氮肥施用量自零自 360 公斤（新竹橫山至 480 公斤）時，N 之指標值均隨施氮量而增（或負值減少），而在同一地區之葉片含氮量與茶菁產量，亦均隨氮肥施用量而增高，此顯示氮之指標值與葉片成分及產量之表現甚相吻合。在磷鉀肥方面，指標值與施肥量並不一致，此因葉片含磷鉀量與產量均未受磷鉀肥之施用而有明顯的影響。至於三地區鈣鎂之指標值，以新竹橫山為最高，致使氮磷鉀之指標值均為甚大之負值，表示受鈣鎂之抑制，坪林之鈣鎂指標值為次高，其對氮磷鉀之抑制則較少，而頭屋之表現則除氮外，其餘四元素分別已接近平衡，但氮肥逐漸加施至 360 公斤／公頃時，磷與鈣即成缺乏之負值。此顯示由診斷體系之指標值可以表示各種養分之變動狀況。

利用指標值診斷鎂、錳處理之試驗

由表 9-5 各成分之指標值顯示錳肥施用量增加時，無論嫩葉或老葉，在不同時期均明顯隨之增高（負值減少）。但在同一季節中，嫩葉之指標值均遠低於老葉者，顯示錳在老葉積存較多。而春茶葉錳濃度皆低於秋茶葉者，其指標值之負值亦較大，顯示老葉錳有逐漸累積之現象。鎂之指標值雖亦有因加施鎂肥而增大，但其變化不如加施錳肥之有規律，且對茶菁之產量亦無明顯之影響。鈣之指標值無論春茶或秋茶均甚大，而老葉遠大於嫩葉者，顯示鈣在老葉亦有積聚現象。銅與鋅在春

表9-4 三地區茶樹三要素試驗之葉片成分與指標值

試驗地	處理			葉片成分（%）					指標值					產量 Yieldg/bush
	N	P	K	N	P	K	Ca	Mg	N	P	K	Ca	Mg	
橫山	0	1	1	2.77	0.19	1.50	0.70	0.26	−19.4	−18.2	−9.6	41.5	5.6	1,009.0
	1	1	1	2.92	0.19	1.62	0.72	0.25	17.1	−19.6	−9.7	42.4	4.1	1,066.9
	2	1	1	3.06	0.19	1.52	0.71	0.25	−14.5	−20.2	9.7	40.4	4.0	1,140.6
	3	1	1	3.38	0.20	1.50	0.73	0.26	−11.2	−20.3	−11.6	39.2	4.0	1,298.5
	2	0	1	3.02	0.20	1.57	0.74	0.26	−17.8	18.6	−9.8	41.6	4.7	1,149.0
	2	1	1	3.18	0.20	1.49	0.73	0.26	−15.0	−18.5	−11.2	41.2	3.5	1,165.0
頭屋	0	1	1	4.01	0.32	2.16	0.38	0.23	−5.8	2.0	2.1	0.2	1.3	292.5
	1	1	1	4.18	0.31	2.21	0.38	0.24	−3.7	0.1	1.5	0.0	2.0	339.2
	2	1	1	4.43	0.30	2.11	0.38	0.22	−0.8	−1.7	1.6	0.2	1.3	367.4
	3	1	1	4.60	0.31	2.13	0.37	0.23	−0.1	−1.3	1.5	−1.2	1.1	440.2
	2	0	1	4.42	0.31	2.09	0.38	0.33	−1.5	−0.7	1.1	−0.1	1.2	360.2
	2	1	1	4.36	0.30	2.08	0.38	0.23	−1.4	−1.5	1.2	0.2	1.3	368.9
坪林	0	1	1	4.10	0.30	1.74	0.46	0.23	−4.1	−1.0	−3.7	−7.9	1.3	1,688.2
	1	1	1	4.16	0.30	1.72	0.44	0.22	−3.3	−0.7	−3.4	6.6	0.8	1,857.0
	2	1	1	4.30	0.30	1.73	0.45	0.32	−2.3	−1.5	−3.7	6.9	0.6	1,966.0
	3	1	1	4.40	0.30	1.77	0.44	0.23	−1.6	−2.0	−3.2	5.6	1.2	2,205.0
	2	0	1	4.28	0.29	1.72	0.44	0.22	−1.6	−2.4	−3.4	6.6	0.8	1,990.3
	2	1	1	4.26	0.29	1.73	0.45	0.22	−2.0	−2.5	−3.5	7.3	0.7	1,991.8

資料來源：朱，1986。

茶之指標值均甚高，而秋茶除老葉者外，皆呈缺乏現象，尤其是秋茶嫩葉表現更爲嚴重，此乃因氮磷鉀均能逐漸向上移動之故，而同葉位之秋茶較之春茶皆有較嚴重缺乏之表現。因此就這 8 種元素指標值變化之趨勢而言雖屬合理，但若欲藉以決定何種成分爲茶樹最需要或次要，則可能因葉位或季節不同而造成不同結果。故茶樹葉片之診斷，仍需以一定之葉位與季節予以取樣爲宜。

表9-5　鎂錳試驗之茶樹葉片成分之指標值

採期	葉別	處理	指標值								產量
			N	P	K	Ca	Mg	Mn	Zn	Cu	
四月	第三葉	CK	−2.2	−6.4	−7.0	16.5	1.1	−56.0	24.7	29.4	836.7
		Mn1	−4.9	−5.4	−8.8	14.6	−0.9	−47.5	19.7	33.4	888.3
		Mn2	−3.5	−4.0	−9.3	8.0	−1.7	−33.0	19.0	24.6	925.0
		Mn3	−5.3	−3.1	−7.9	8.9	−1.1	−28.0	16.6	20.0	950.0
		Mg1	−0.3	−0.6	−5.4	10.3	2.7	−88.6	39.9	42.0	991.7
		Mg2	−0.9	2.5	−7.1	10.8	1.0	−79.3	34.3	38.5	881.7
		Mg3	−1.7	0.3	−4.8	9.2	1.9	−70.7	26.3	39.4	955.0
	第五葉	CK	−13.4	−24.2	−15.2	46.0	−1.8	−25.0	14.4	19.3	
		Mn1	−10.8	−13.6	−13.5	30.8	−5.2	−25.1	11.7	25.7	
		Mn2	−10.1	−15.6	−11.2	24.4	−5.1	−14.1	14.8	17.1	
		Mn3	−11.4	−14.0	−8.9	23.6	−6.1	−8.7	10.3	15.3	
		Mg1	−6.6	−15.8	−7.9	25.1	−3.7	−28.9	14.4	23.5	
		Mg2	−11.0	−10.2	−11.0	30.4	−4.8	−35.8	21.1	21.5	
		Mg3	−9.5	−11.8	−8.3	27.0	−2.5	−36.5	15.6	25.9	
八月	第三葉	CK	−2.2	−5.0	1.8	14.0	9.0	−16.2	−18.2	−16.9	
		Mn1	−8.5	6.5	2.7	11.8	10.0	−8.2	−21.5	−6.9	
		Mn2	−5.0	−4.1	4.6	22.8	12.6	−4.3	−23.8	−2.7	
		Mn3	−3.0	−11.9	5.5	20.0	11.5	−1.5	−19.9	−0.6	
		Mg1	−2.2	−4.9	5.9	19.7	14.5	−9.2	−17.7	−0.0	
		Mg2	−3.5	−7.6	7.0	15.4	15.6	−15.4	−12.0	.5	
		Mg3	−4.1	−5.4	4.3	13.2	15.3	−16.1	−11.4	.3	
	第五葉	CK	−6.0	−11.1	1.9	14.6	7.1	−3.8	−7.9	5.3	
		Mn1	−7.9	−5.7	−1.8	19.2	7.8	−1.8	−12.8	3.2	
		Mn2	−20.0	−21.2	−7.4	31.7	1.7	0.7	−5.3	9.8	
		Mn3	−10.8	−27.2	−1.4	22.6	3.8	3.8	4.9	4.2	

（續）

採期	葉別	處理	指標值								產量
八月	第五葉	Mg1	−8.6	−16.7	1.1	26.7	9.1	−2.5	−13.6	4.5	
		Mg2	−9.5	−14.7	−0.5	21.0	6.7	−6.3	−7.7	1.2	
		Mg3	−2.4	−29.8	1.9	27.2	13.8	−4.0	−10.9	4.2	

註：處理欄代表鎂錳之不同施用量

CK 不施鎂和錳

Mn_1、Mn_2、Mn_3：每株施錳 2、4、8克

Mg_1、Mg_2、Mg_3：每株施鎂 2、4、8克

資料來源：朱，1986。

從此試驗發現應用 DRIS 之困境

1. 養分以外之指標值是否可以忽略

參加診斷之各成分無論多少，理論上各指標值之總和應爲零；若不爲零，則係由於小數點以下四捨五入影響之結果。各元素之指標值，因參加計算元素個數之不同而異，而正負值受最大或最小元素指標值之支配而變化。如表 9-6 之鎂錳試驗所示，鋅爲最大之指標負值，其次爲鈣，若只計算氮磷鉀三要素之指標值，雖氮仍成限制元素，而據以作爲施肥依據，則將因鈣鋅限制之因素未先予解除，而不能收到高產效果。又如氮肥試驗橫山試區因鈣指標值特高（表 9-4），而需特別增加氮肥施用量。故營養診斷包括元素越多，其結果越可靠。至於限制因素先後之求得，可依次將最大指標予以消除，即可獲得需肥之順序，如表 9-6 所示。最需先予施用者爲鋅，次爲鈣，再次爲氮等，如此方可免因限制因素未去除，而使其他要素未能發揮其效果。但 DRIS 之理論除營養元素外，其他環境因子亦應加入計算，因爲即使所有營養元素皆列入計算，如果問題出在環境因子，則所求得之限制因子，並非眞正之限制因子。所以養分以外之指標值是否可以忽略，是應用 DRIS 時應考慮的問題。

2. 建立指標值最少要多少樣本

診斷體系計算方法中指標值之求得，必須廣泛而可靠，才能獲得合理之診斷結果，雖然 Sumner 係以健康而產量高者爲選擇之對象，但影響作物之健康因素包括內在與外在因子甚多。加上其交互作用則更爲複雜，且植物體某些養分之變化受環境之影響急遽，但其對健康或產量則無影響。如錳

表9-6　逐步選擇不同程度之限制養分指標

指標值 Indices							
N	P	K	Ca	Mg	Mn	Zn	Cu
−4.0	4.6	0.0	−5.4	1.9	−0.5	−14.8	18.2
−1.0	7.1	2.4	−3.2	4.0	2.1	−11.4	−
1.4	−	3.0	−2.8	4.7	2.2	−8.6	−
2.5	−	4.2	−1.8	−	2.3	−7.3	−
4.2	−	−	−1.4	−	2.3	−5.1	−
−	−	−	−1.6	−	1.9	−0.3	−
−	−	−	1.3	−	−	−1.3	−

資料來源：朱，1986。

之含特低量或較高量時對茶菁產量限制並不明顯，鈣、銅、鋅在正常之生長中，其葉片中含量高低可達數倍之多，均將影響標準值之求得，雖然大量收集如 Sumner 所示之多達八千個樣品，或可獲得良好的測定效果，但在一般作物之診斷，實難獲得如此大量之樣本。

3. 指標值與實際狀況之矛盾

各元素指標值的計算甚爲精密，其有效數字在公式需計算至小數點以下第三位，故診斷各成分之數值偶有誤差，可使診斷之結果完全不同。如表 9-7 所示，氮磷鉀之葉片濃度各爲 4.3、0.3、1.8% 時，氮與鉀之指標值爲負，視其爲缺乏者。若磷鉀量不變，氮減少爲 4.2% 時，則氮之指標值爲負數，若氮與鉀不變，磷減少爲 0.29%，則磷成負指標值。若磷增加爲 0.31% 時，則氮與鉀皆成負指標值。倘若增加鉀含量爲 1.9%，則氮爲負指標值。可見氮與鉀只增減 0.1% 或磷增減 0.01%，即可使診斷結果大不相同，此固然可表示診斷體系之精確度，但就植物葉片所含之各種養分之變異而言，如此小之差異，對其產量是否發生影響，實難斷定。而在樣本之採集與化學分析方法方面，亦可能陷入此狹小之誤差，而導致不當診斷之結果。此已顯示有時按 DRIS 計算之指標值，無法反應實際之狀況，因此，此系統有待進一步改進之必要。

表 9-7　指標值對養分含量改變之感應狀況

養分（Nutrients）%			指標值 Indices		
N	P	K	N	P	K
4.3	.3	1.8	−0.5	0.7	−0.1
4.2	.3	1.8	−1.6	1.5	0.0
4.4	.3	1.8	0.4	−0.1	−0.3
4.3	.29	1.8	0.6	−0.8	0.1
4.3	.31	1.8	−1.7	2.2	−0.4
4.3	.3	1.7	0.0	1.2	−1.1
4.3	.3	1.9	−1.0	0.1	0.8

資料來源：朱，1986。

EPIC 之應用

李祿豐（1989）於花蓮縣農業改良場蘭陽分場，以不同插秧期（從 1988 年 7 月 26 日到 1989 年 5 月 15 日止共分 10 次插秧）之試驗，測定日照時數與日射量影響水稻結實力與由 EPIC 模式計算之產量比較，其預估之過程結果如下：

作物參數之建立與篩選

參考宜蘭區參數敏感度測驗的結果，以試誤法建立水稻作物參數值（表 9-8）。爲了解所建立的作物參數能否反映田間的表現，因此以各參數組模擬計算乾物重與相對日齡的田間乾物重比較，分別討論於下。

圖 9-20、9-21 爲宜蘭試區水稻一、二期作，田間乾物重與不同作物參數組模擬計算所得乾物重之比較。由圖 9-20 可知一期作，以參考參數組 GPR 及 ILR3.1 組計算之乾物重曲線與田間（ILF.1）乾物重曲線相差較遠，ILR1.1、ILR2.1 組與 ILF.1 之曲線較接近。ILF.1 與 ILR1.1、ILR2.1 間之決定係數 R^2 分別達 0.97 與 0.98，而 GPR、ILR3.1 與 ILF.1 間之決定係數 R^2 分別爲 0.82 與 0.85，因此 ILR1.1 與 ILR2.1參數組所計算的乾物重曲線，較能代表田間 ILF.1 的表現。

宜蘭試區二期作各參數組計算之乾物重曲線，除 GPR 組外其餘三個參數組都很接近（圖 9-21），GPR 與 ILF.2 間之決定係數 R^2 爲 0.83，而 ILR1.2、ILR2.2、

ILR3.2 與 ILF.2 間之決定係數 R^2 爲 0.97、0.96、0.93。因此，ILR 各參數組所計算之乾物重曲線，皆可充分反映田間 ILF.2 的表現（參數代號之意義請參考附錄八）。

表9-8　宜蘭區一二期作水稻作物參數

參數	第一期				第二期		
	GPR	ILR1.1	ILR2.1	ILR3.1	ILR1.2	ILR2.2	ILR3.2
WA	25.00	25.00	30.00	30.00	20.00	20.00	25.00
HI	0.50	0.50	0.50	0.50	0.40	0.35	0.40
TB	25.00	25.00	25.00	25.00	25.00	25.00	25.00
TG	10.00	12.26	12.26	12.26	12.26	12.26	12.26
DMLA	6.00	6.00	6.00	6.00	5.00	5.00	5.00
DLAI	0.80	0.80	0.60	0.80	0.60	0.60	0.70
LAP1	30.01	20.15	20.10	20.01	20.15	20.15	20.05
LAP2	70.95	80.95	80.95	70.95	70.95	70.95	80.95
RLAD	0.50	1.00	1.00	0.80	1.00	1.00	0.50

資料來源：陳，1986。

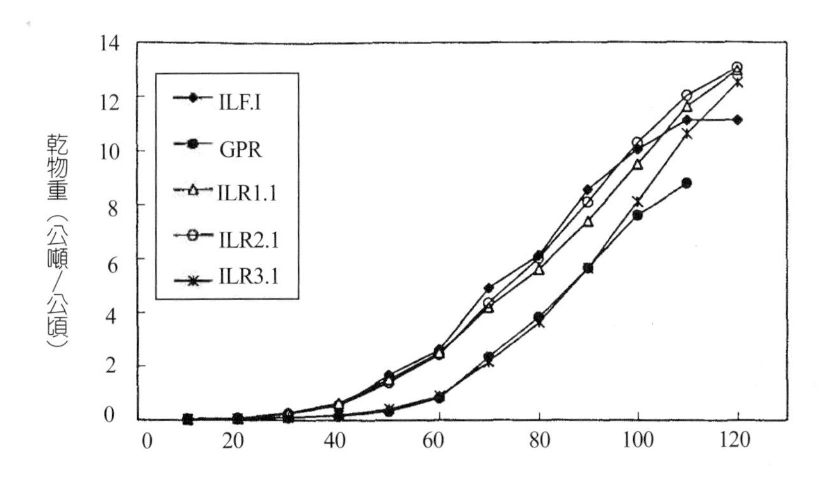

圖9-20　宜蘭試區一期作水稻不同作物參數計算所得乾物重與田間乾物重（ILF.1）之比較（陳，1997）

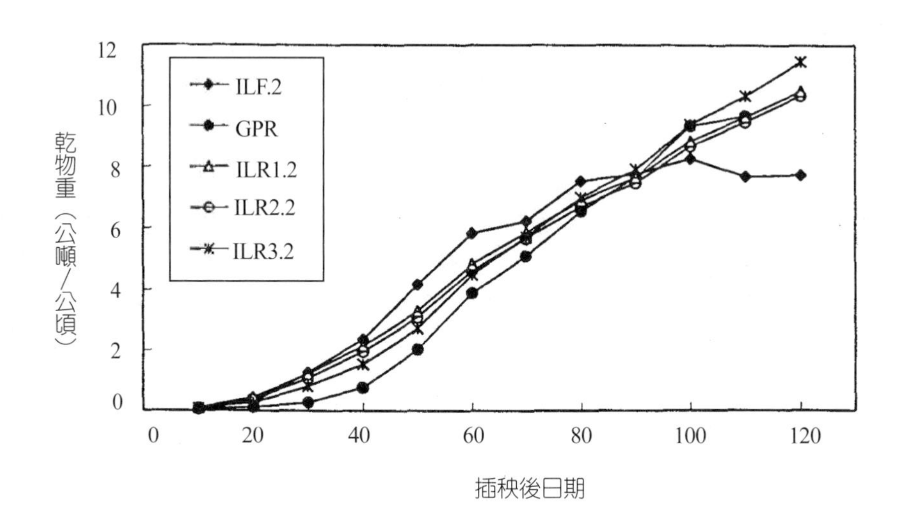

圖9-21 宜蘭試區二期作水稻不同作物參數計算所得乾物重與田間乾物重（ILF.2）之比較（陳，1997）

由 EPIC 模式之計算

根據上述李祿豐十次之試驗，依照 EPIC 模式建立耕作資料檔，分別由 EPIC 模式計算其模擬產量。結果如圖 9-22 所示，圖上前三次的插秧期爲 1988 年二期作（插秧日分別爲 7/26、8/02、8/15），其產量隨著插秧期的延後而降低。圖上第四次到第十次的插秧期爲 1989 年一期作（插秧日期分別爲 2/21、3/08、3/17、3/27、4/08、4/25、5/15）。各插秧期的產量，除了未經修正的參考參數值（GPR）所計算者，如前所討論的，因與田間之表現有顯著的差異，不能與田間乾物重累積曲線的表現相似，故無法反映不同期作的產量差異外，ILR1.1、ILR2.1 與 ILR1.2、ILR2.2 各個參數組所計算不同插秧期的產量與田間收穫產量，在兩個期作間的變化趨勢完全相同。1988 年二期作產量隨著插秧期的延後而降低，此由於二期作因日照時數少、日射量不足，影響光合產物的合成與移轉，致使水稻結實率低而使產量降低（李祿豐，1989）。模式計算亦顯示二期作越晚插秧，以田間的收穫日期收穫時，所能累積的熱單位（heat units）越低，致使產量降低。惟 1989 年第八次插秧期（4/08 插秧）的產量較前後期皆低，乃是因爲其全期日射量較低，結實率低，所以產量低。但用 EPIC 模擬時，產量並未表現下降，此說明自然界許多生長因子的變化難以預測，造成生長模式預估效力的侷限。

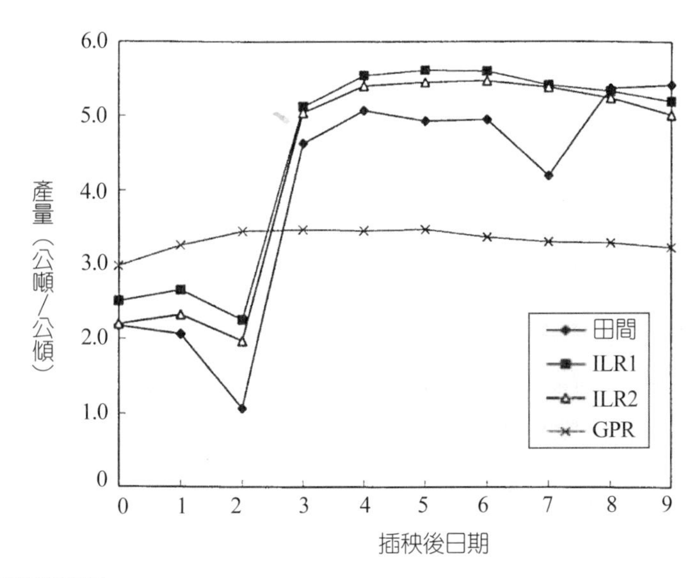

ILF：表示田間實際產量
ILR1、ILR2：利用修正後參數之估算產量
GPR：利用參考參數估算產量
插秧日期：1-3 代表 7/26、8/2、8/15（1988）
4-10 代表 2/21、3/08、3/17、3/27、4/8、4/25、5/15（1989）

圖9-22　宜蘭試區不同插秧期田間產量與 EPIC 模式計算產量的比較（陳，1997）

FoxPro 及 ArcView 之應用

林正金芳等人（1998）曾參考聯合國糧農組織所組織的 1,200 種農地作物適栽性評估的方式，針對整個臺灣區域耕地面積爲對象，建立結合土地自然環境資料庫與作物生長需求資料庫的查詢系統，並進一步導入地理資訊系統空間位置概念，將土地自然環境資料庫結合空間位置與屬性資料庫，提供決策者大區域農田利用之決策依據，以利於更進一步之規劃與利用。

系統開發

臺灣農地適栽性評估資訊系統爲分別在 FoxPro 與 ArcView 兩應用軟體中，建立應用程式。

1. FoxPro 部分查詢系統，提供使用者輸入農地環境條件（利用土壤質地、土壤酸鹼值、土壤排水、溫度、雨量……等土壤、氣候環境因子），查詢農地所適合栽種的作物功能，以及輸入農地環境條件與所欲種植的作物，查詢有哪些環境因子需要改良，以符合所欲種植作物的生長。解決已知土地自然環境，在現有環境條件下哪些作物適合栽種？及已知土地自然環境與已栽種的作物，有哪些環境因子需改進，以符合作物的生長、提高產量？此系統不涉及空間屬性的問題（圖 9-23）。

2. ArcView 部分查詢系統，提供使用者點選農地位置，查詢農地所適合栽種的作物，及使用者選擇特定作物與所欲查詢區域（以縣市為單位）。查詢選定作物在查詢區域中的適栽區位置與其面積大小的功能，已知土地位置但不知土地自然環境，則在現有環境下有哪些作物適合栽種，及若已知某種具競爭性作物之生長特性，有哪些地區適合栽種，面積有多少？此系統涉及空間屬性的問題（圖 9-24）。

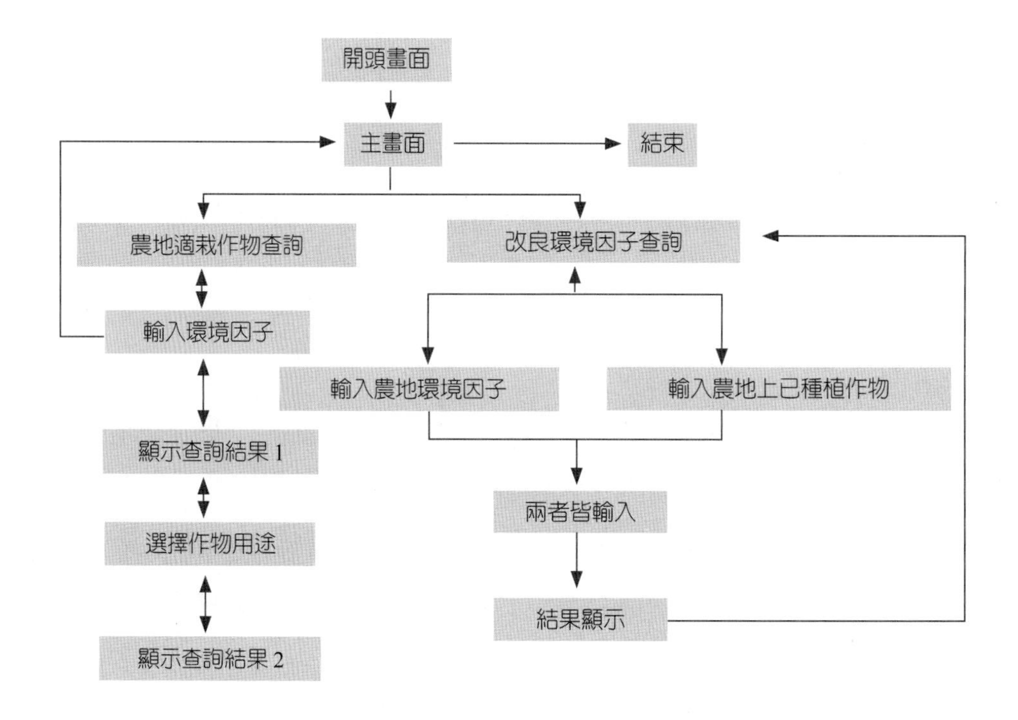

圖9-23　作物適栽性查詢系統 FoxPro 部分系統操作流程圖（林等人，1998）

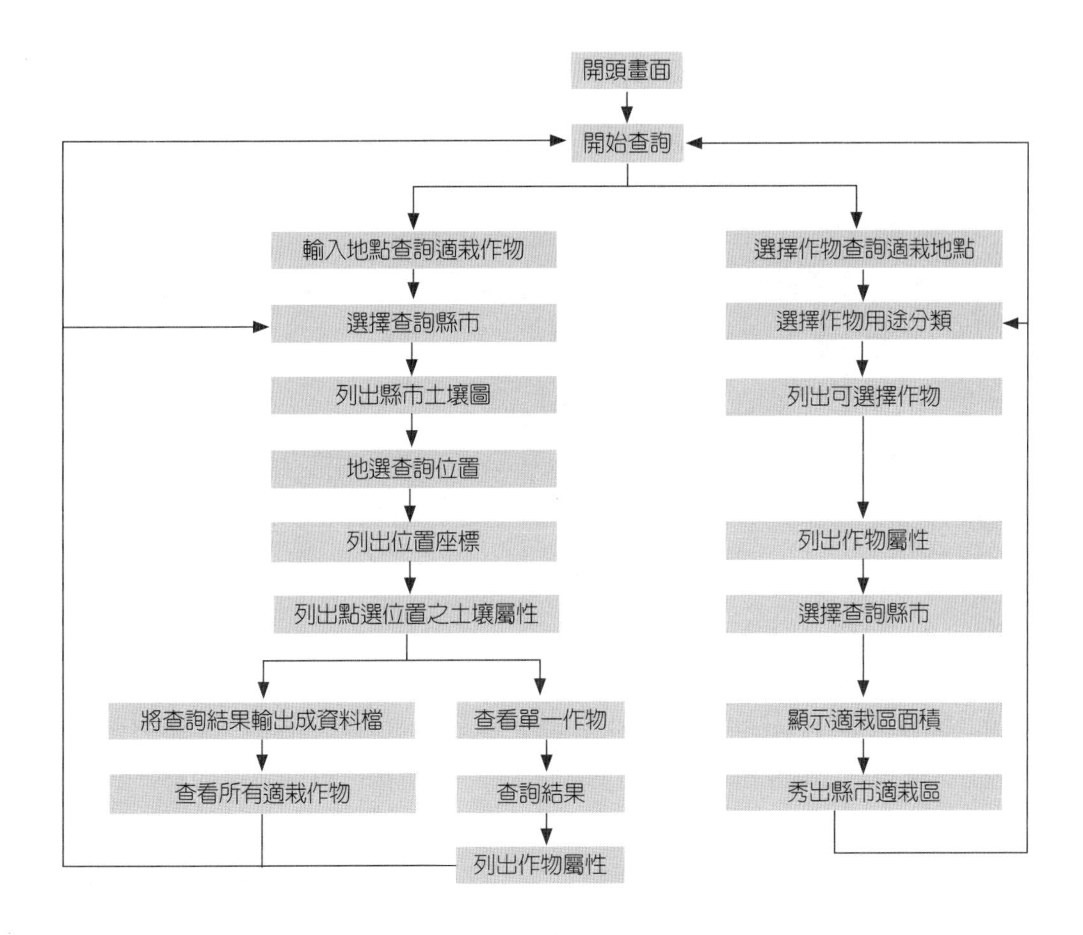

圖9-24　作物適栽性查詢 ArcView 部分系統操作流程圖（林等，1998）

個案舉例

1. FoxPro 部分—「查詢適栽作物」：輸入年均溫（等於 15℃）、年雨量（等於 1,000mm）及土壤酸鹼值（等於 7.0），然後以滑鼠單擊「開始查詢」按鈕，查詢以上立地環境是否適合種植玉米。最後進入「結果顯示」畫面，顯示溫度 15℃、雨量 1,000mm、土壤 pH7.0 等，皆符合玉米之生長。
2. ArcView 部分—「輸入地點查詢適栽作物」：「選擇所欲查詢縣市」的對話視窗，查詢玉米在彰化縣栽培的狀況，按查詢步驟進行選擇。結果顯示「玉米」在彰化縣之適栽面積為 57,053.9 公頃。

系統未來發展

1. 將兩查詢系統進一步整合：兩查詢系統各自在不同的軟體下執行，欠缺整體性。在未來可進一步利用 Visual Basic、Delphi……等程式語言開發軟體，對 FoxPro 與 ArcView 兩軟體進行整合。

2. 進行進一步驗證工作：查詢所得之結果僅能作爲粗略之參考，查詢結果之準確度則有賴進一步的驗證工作，後續可進行小規模的田園調查，或調閱農戶耕種資料，以評估本系統查詢結果的可信度。
3. 納入社會及經濟條件因子：將作物產量、產值、生產所需成本、勞力需求、土地價值及土地利用目標等社會及經濟條件因子，納入系統查詢中，進一步擴展到全面性的土地評估查詢系統。
4. 發展主從架構擴大服務層次：可將查詢系統建構在網際網路上，讓遠端使用者能以終端機模擬器或全球導覽器等連上伺服器進行查詢，達到資料共享的目標。

TALMIS 系統之應用

將土地及其相關的資源作最有效的利用，是促進國家發展及社會進步最重要的方法，而土壤調查則是了解土壤性質及評估農業生產潛力不可或缺的步驟，其結果不僅可以提供土壤合理利用所必需的資料，並可作爲農業政策規劃及擬定的依據，尤其將來爲配合精準農業（precision farming）實施變率施肥（variable rate fertilizer application），土壤資料的資訊化更是當務之急。

有鑑於過去的調查資料大多爲分級或評估性的非量化資料，資料的解析度及分析項目均無法滿足農業對土壤資訊的需求，因此自 1992 年起由行政院農業委員會及臺灣省政府農林廳提供經費，以建立完整國土資訊系統之土壤資料爲目標。由農業試驗所、茶業改良場及桃園、臺中、臺南、高雄、臺東、花蓮等農業改良場，與國立中興大學土壤環境科學系及臺灣大學農業化學研究所，共同進行全省網格式之土壤調查工作。以 6.25 公頃爲採樣單位，每個採樣點採取六層土壤，對全省 87 萬餘公頃的農地進行土壤採樣，整個計畫估計將會產生超過 2,500 萬筆的資料。加上過去完成的「耕地土壤詳測調查」及全省超過 15 點的「長期監測區」等資料，其資料量估計將超過 1 GB。因此，如何有效的管理及應用這麼大量的資料，將是未來土壤科學發展的重要關鍵。

爲此陳吉村、李達源、郭鴻裕等人（1996）發展一套以地理資訊系統爲工作平臺的土壤肥力管理改良資訊系統——「臺灣地區農田土壤肥力管理及改良資訊系統」（Taiwan Agricultural Land Management Information System, TALMIS）（圖 9-25），以開放性的資料庫架構，結合土壤科學知識及過去研究的成果，利用地理資訊系統強大的空間分析及查詢功能，簡化繁瑣的資料檢索步驟，提供使用者即時的分析及查詢工具。此系統第一版已於 1997 年提供給各農業改良場使用，農業試驗所亦已將本系統部分功能架構於網路上，使用者可上網查詢，網址 http://www.tari.gov.tw/，因為此系統是以農業主管及基層農業人員為終端使用者，因此系統採用親和性設計，操作盡量簡單化，所有分析條件均為內建，存於資料庫中，使用者僅需具備基本電腦操作能力即可，所有的選項均採下拉式選項，僅部分數字需在系統的提示下，以填空的方式輸入。

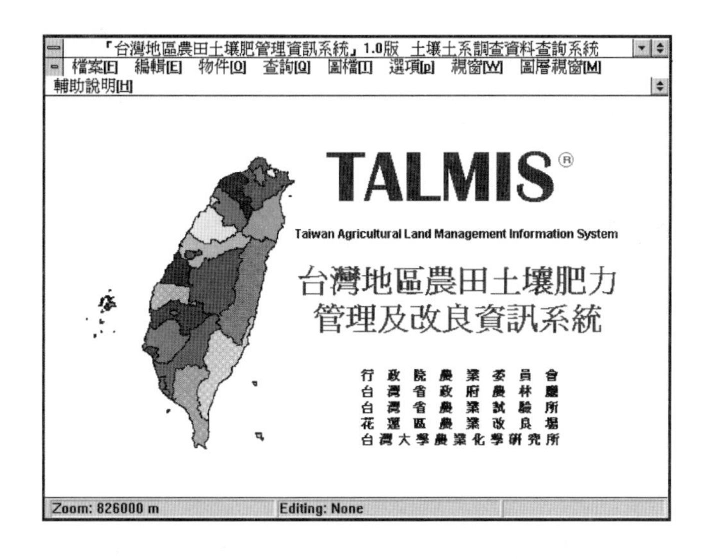

圖9-25　「臺灣地區農田土壤肥力管理及改良資訊系統」之首頁畫面（陳，1997）

此系統目前已建立包括「耕地土壤詳測調查」、「250 公尺網格土壤調查」、「四處長期監測區」、「12 個臺灣地區具代表性土系」及「12 個中央氣象局之基本氣象資料」等五大資料庫及九個應用子系統，初步已可提供使用者土壤調查資料查詢、石灰需要量、水分滲漏速率分級、作物適栽區分級、施肥管理改良、土壤資料空間分析、溶質移動評估、磷肥施肥推薦及稻田生產力分級等工作的應用工具及資料（圖 9-26），讓使用者能夠透過這個系統，很容易得到所需要的資訊，而其結果並可透過地理資訊系統的空間圖形展示能力，使資料在空間上的分布位置能一目瞭然，以作爲施肥管理或決策擬定之參考依據。另外，此系統亦提供資料空間分析功能及建立與其他模式結合的管道，以提供進一步研究的需要，以下僅就五個子系統的功能做一簡要的說明：

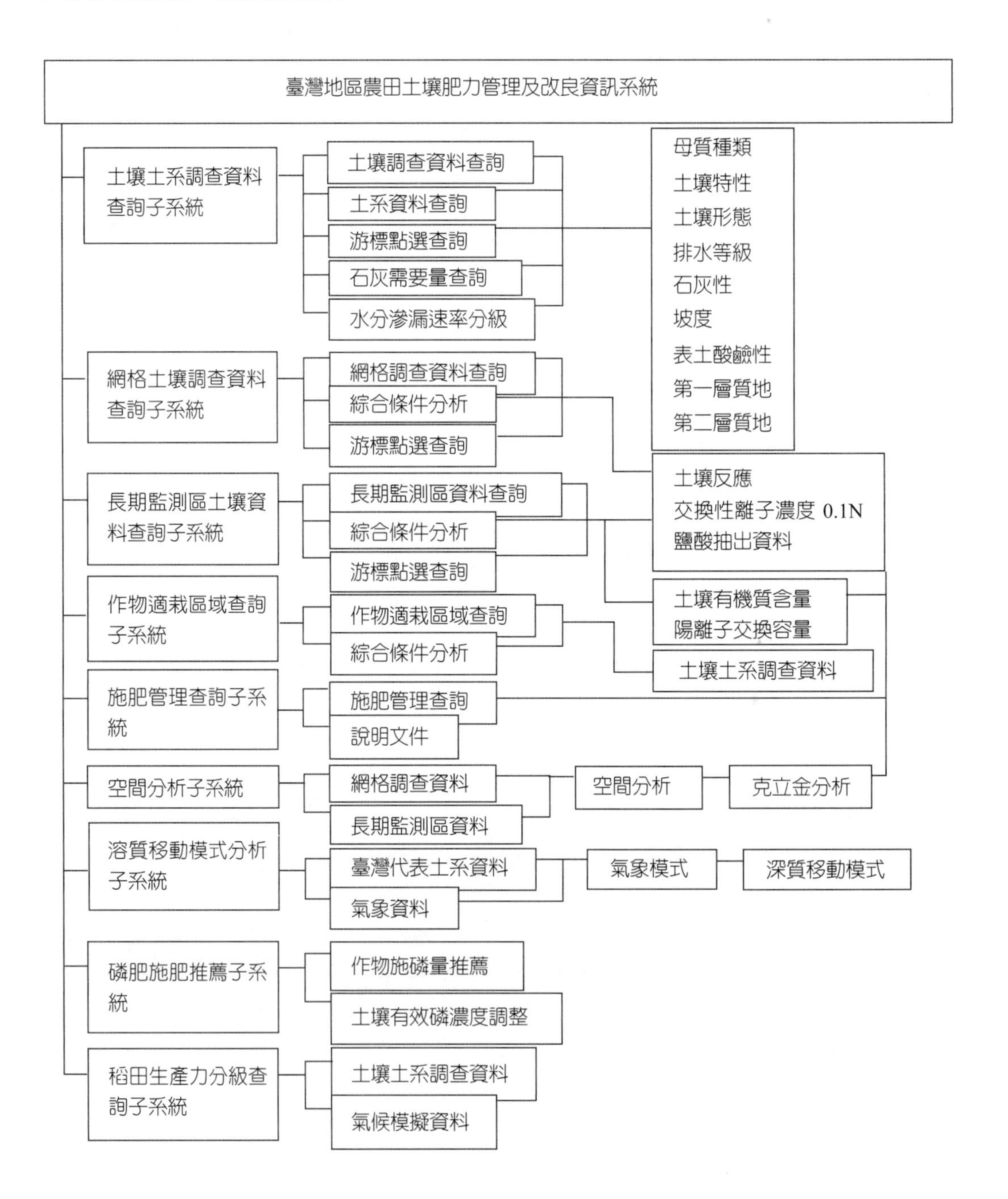

圖9-26　「臺灣地區農田土壤肥力管理及改良資訊系統」之系統架構圖（陳等，1996）

土壤土系調查資料查詢子系統

此子系統所提供之查詢資料為 1991 年數化完成的「土壤圖」資料，這些「土壤圖」的資料是根據 1962 年至 1974 年所進行之「耕地土壤詳測調查」的資料所整理繪製而成的，其屬性資料包括有母質種類、土壤特性、土壤形態、排水等級、石灰性、坡度、表土酸鹼性、面積、周長、英文土系名稱、中文土系名稱及四個不同深度之質地等十五項屬性資料（表 9-9）。本子系統之查詢功能包括「土壤調查資料查詢」、「土系資料查詢」、「游標點選查詢」、「石灰需要量查詢」及「水分滲漏速率分級」等五項功能，圖 9-27 即為土系之查詢結果。

表9-9　土壤土系調查資料之屬性資料項目表

母質種類	坡度	表土酸鹼性（0-30公分）
土壤特性	面積	第一層質地（0-30公分）
土壤形態	周長	第二層質地（30-60公分）
排水等級	英文土系名稱	第三層質地（60-90公分）
石灰性	中文土系名稱	第四層質地（90-150公分）

資料來源：陳，1997。

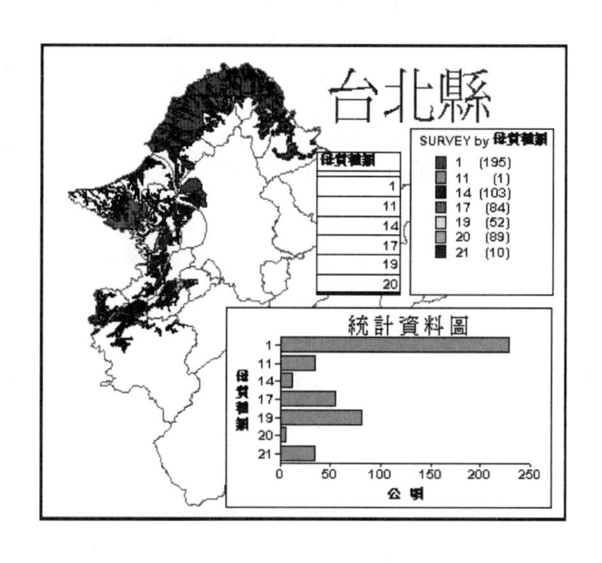

圖9-27　「土壤土系調查資料查詢子系統」之出圖結果（陳，1997）

作物適栽區域查詢子系統

此子系統是根據「耕地土壤詳測調查」數化完成的土壤圖資料及縣與鄉鎮的行政區域圖爲底圖，作物適栽分級條件主要是參考林正及蔡彰輝於 1994 年所出版的《臺灣耕地土壤及作物適栽性評估圖鑑》之條件再加以修改而成。此系統將作物區分成糧食作物、特用作物、果樹、蔬菜等四大類，其中蔬菜又細分成根莖菜、花葉菜及果菜等三類，共六個選項 132 種作物之適栽條件，以表土質地、土層深度、坡度、表土酸鹼性及排水等五項因子爲篩選條件，分成「最適合」、「適合」、「普通」及「尚可」四級，本系統有兩項查詢功能分別爲「作物適栽區域查詢」及「綜合條件分析」，圖 9-28 爲宜蘭水稻適栽區域之查詢結果。

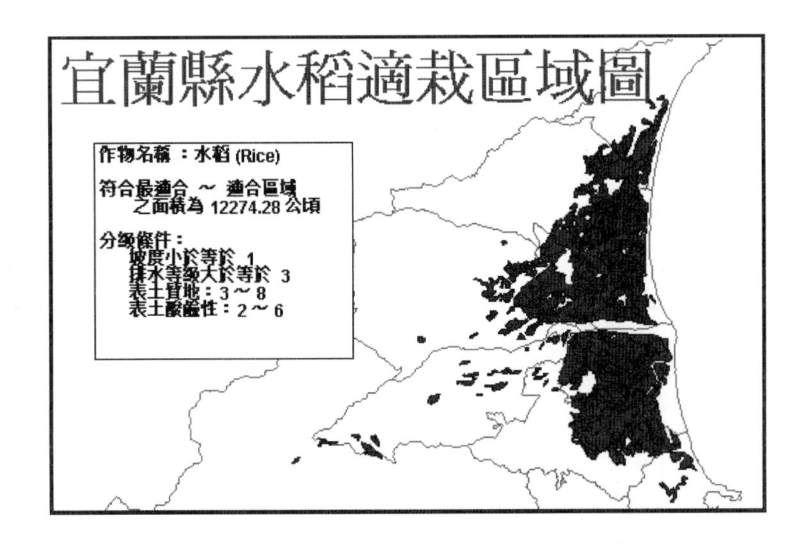

圖9-28　「作物適栽區域查詢子系統」之出圖畫面（陳，1997）

施肥管理查詢子系統

此子系統參考《作物施肥手冊》、臺灣農家要覽等資料，提供包括水稻、果樹、葉菜類、其他蔬菜、雜糧作物、豆科作物、瓜類作物、特用作物、花卉及蘭科作物等十大項，共 110 種不同作物的肥培管理條件。若將不同期作及地區之條件都加以計算，則本系統總共提供了 171 種作物的肥培管理條件可供選擇，其中水稻 20 種、果樹 26 種、葉菜類 15 種、其他蔬菜 34 種、雜糧作物 20 種、豆科作物 11 種、瓜類作物 8 種、特用作物 25 種、花卉 7 種及蘭科作物 5 種。

在肥料方面，此子系統參考《作物施肥手冊》，提供硫酸銨、硝酸銨鈣、尿素及臺肥複合肥料等農民常用的肥料 31 種，以提供氮肥來源的選擇，而不足的磷肥及鉀肥，則以過磷酸鈣及硫酸鉀或氯化鉀補充，此子系統可從系統資料庫查出基本土壤資料，進行肥料使用量的分析，因此可作爲種植前先期評估之參考資料，圖 9-29 爲查詢之結果畫面。

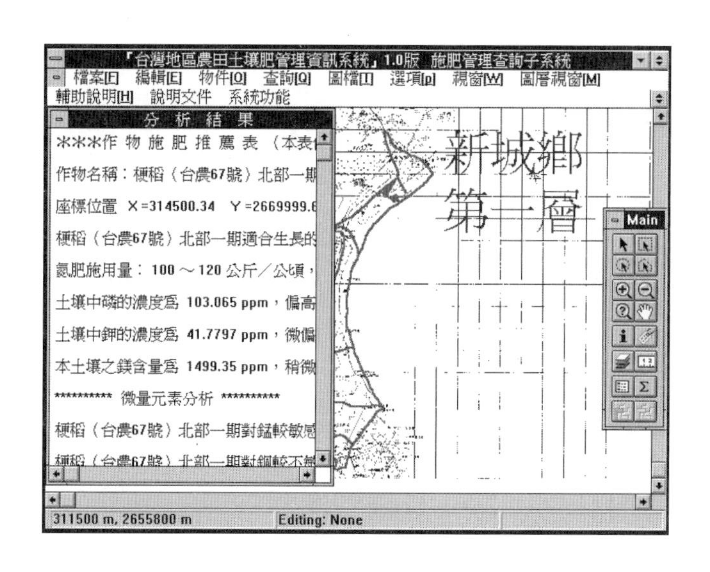

圖9-29　「施肥管理查詢子系統」之畫面（陳，1997）

磷肥施肥推薦子系統

過量施用磷肥不僅浪費肥料，也會造成逕流水及地下水的污染，因此磷肥的施用應該考慮土壤磷肥的有效性指標來作調整。當土壤固定磷能力強時，土壤磷肥有效性指標較小，需要提高磷肥的施用量；反之，則需減少磷肥的施用量。因此，本子系統配合空間分析子系統及土壤磷肥有效性指標推估磷肥的施用量，提供「作物施磷量推薦」及「土壤有效磷濃度調整」兩項功能，希望能改變傳統磷肥的施用習慣，增加考慮土壤固定磷肥的因素，以提高磷肥的施用效率，降低污染環境的機會。

稻田生產力分級查詢子系統

本研究以「臺灣地區稻田生產力分級規範及調查總報告」中，稻田生產力分級之理論爲基礎，利用系統中「土壤土系調查資料」中四個不同深度的質地、表土酸鹼性、面積、母質種類等土壤資料，及利用氣候模擬程式（WGEN）得到五年的平均氣候模擬結果，作爲稻田生產力分級的評估依據。此子系統與 1992 年至 1996 年臺北縣、臺中縣及臺南縣各鄉鎮各期作之稻米平均產量做比較，發現除臺北縣第二期作有差異外，其他各縣各期之平均產量均無顯著差異，而且此子系統可以配合氣候模擬程式，對稻米產量做以鄉鎮爲單位的預估，顯示本子系統對稻米產量的評估有相當的參考價值。

營養診斷的前瞻

上述可知影響營養診斷的因子很多，雖然可用土壤分析及植體分析作爲營養診斷的基礎，但如何採樣及選擇適當的分析方法，以及如何利用分析結果評估土壤肥力及植物營養狀況，尚需具備許多相關的知識及經驗。

以土壤分析而言，它絕非是僅對所採集之土壤做一些物理或化學的分析而已。從實驗設計、土壤採集與處理、萃取與分解、分析與測定，一直到數據之處理及解釋（圖 9-2），皆需謹慎從事，尤其在測定土壤中生物活性時，採樣及測定方法之不當，更易產生假象。

今後在逐漸邁向自動化後，用同一試劑萃取的方法，將更爲普遍。但應如何校準？如何降低離子間的干擾？將是分析者常遇到的問題。又由於土壤分析的目的漸形擴大，除了作爲推薦施肥的標準及土壤分類的依據外，對土壤污染之鑑定亦成爲土壤分析的重要目的之一。如何界定被污染的土壤對作物有害？分析者除具備化學的知識外，亦需有作物營養學及土壤學的素養。

而且土壤分析是隨土壤化學、土壤物理學、土壤微生物學、土壤分類學、植物營養學、醫學及數學等知識之累積，及分析化學、電算學之發展日益精進。雖然使用之方法沒有國界，我們可以不斷使用新的儀器及分析方法，但是從土壤分析的歷史及科學本土化觀之，由於土壤成土因子不同，有其顯著的區域性，尤其在萃取方法及腴瘠訂立的標準上，絕不能將國外的方法全盤移植。每一位土壤分析者理應是一位潛在分析方法的創造者與修正者。如在土壤的化學分析法中所言，爲了使白雷氏 1 號測値容易互相比較，臺灣省農試所曾經做過修正（林，1985）；而糖試所爲了適合甘蔗田，也對亨特氏測鉀的方法做過適當的修正（方，1982）。如果每一位分析者都能在分析過程發現問題、解決問題，或者以改進分析方法作爲終身職責，則必能建立一套更能反映土壤本質的分析方法。

至於植體分析不論是全量分析還是對特定形式的組織內含物分析，對於農業生產和農業科學研究確實能提供有用的訊息。但只靠植體分析結果有時是不易對作物營養狀況做出合理的判斷，必須從多方面綜合考慮，才能取得比較正確的結論。關於植物分析的本身，諸如樣品的採集和處理、分析方法的改進與標準化、適宜指標的擬定、標準樣品制度的建立、分析數據的處理和應用、各地區資料的彙集和相互借鏡等都還存在不少問題，皆有待不斷研究、改進。因此，當今世界先進國家多已建立其自己的營養診斷方法及施肥推薦制度，早在十九年前臺灣省農試所即結合了土壤及肥料界的學者們，精心編著了一本《作物需肥診斷技術》（林，1981），使本省各農業改良場及相關研究機構對土壤肥力測定及肥料推薦工作有所依據，是一件非常重要的工作。

近年來中華土壤肥料科學會爲因應各方的需要，邀請了更多的學者專家，再一次彙集了多年來土壤與植體分析的經驗，編輯了《土壤分析手冊》（1995）及《植體分析手冊》（陳，2003）。並鼓勵土壤與植物營養學者不斷根據多年來，國內外土壤肥料研究的經驗，積極建立適合於國內的營養診斷方法及肥料推薦制度。

本章雖在 DRIS 及 EPIC 上著墨較多，其目的並不是鼓勵大家採用此法，而只希望藉這些方法使讀者了解營養診斷及生產模式建立之不易，以及它們所面臨之困境。不論是經驗模式或機制模式，欲達到理想的地步，尙有漫長的路。雖有時不必大費周章，直接可從作物組織要素濃度及土壤有效養分推論營養狀況，但其他生長條件必須適當。因此當我們應用任何一種方法診斷作物營養及預測生產狀況時，必須要知道它的優缺點，同時應了解影響作物生長的重要因子對此診斷法的影響。因爲植物體內某一種物質在特定的植物器官中之濃度，是該物質合成、分解、輸入、輸出速率及其他物質累積量對該物質之稀釋速率的綜合結果。另一方面，物質之分配在器官間有優先的順序。是故，利用組織中某物質之濃度推定植物營養的供應狀態，必須愼重爲之。

同時模式之建立、參數之選擇必須依賴機制模式準確之描述，及常年累積經驗之驗證。前者必須對植物生理及植物生態之變化機制有廣泛與深刻的了解，後者必須彙集各地可信度高的資料。有鑑於此，近年來國科會推動大型計畫，結合了十幾個領域的學者，希望建立一個理想的研究團隊，這的確是一個有前瞻性的做法。不過這必須是一個長期而全面的有機結合計畫。當各地研究成果陸續呈現時，才能逐步掌握立地環境、營養調節與作物生產間複雜的關係。在各項資訊不斷充實及修正下，「臺灣地區農田土壤肥力管理及改良資訊系統」（TALMIS）必將發揮迅速提供評估農業生產潛力資訊的能力。因此，在營養診斷系統之應用中，對 TALMIS 系統特別做了一些簡要的介紹。

近年來國內外皆高呼節約能源及農業之永續發展，今後在農業生產的研究上，獨立作戰的時代已經過去，必須不斷檢視、批判及吸收全球新知，拋棄本位主義，擴大合作範圍，尤其應加強兩岸學者之交流。從優良品種之選擇、遺傳因子之轉殖、環境因子的改善、資訊的整合以及在邁向適時、適地、適肥、適作，全面掌握生產的脈動上，皆需共同努力。在這些研究過程中，土壤分析及植體分析必能提供重要的訊息。不過，最令人擔心的還是政府缺乏一貫的農地政策。當全國作物的立地環境與植體分析資料齊備，作物生產的機制模式亦逐漸確立時，若一夕之間肥沃的農田變爲工廠或觀光區，農業工作者數十年來的辛苦和盼望，將成爲泡影。實際上這種不幸的事早已在各地發生了。問題是我們是否還要繼續眼睜睜地看著經過千萬年才化育成的土壤，被一片片地污染、破壞，對政府缺乏遠見的農業立法及政策不聞不問，還是要爲我們的子孫盡一點知識份子應盡的責任。

第十章 有機農業的發展與展望

1960 年代，世界上許多國家追求綠色革命（green revolution），藉由高產品種、化肥、農藥、機械化從事單一作物大面積之生產，解決飢餓問題及提高農民收益。但由於不當且過量使用化肥與農藥，使土壤鹽化或酸化、土質劣化、地下水及河川也遭受污染、農產品中農藥殘留也影響消費者健康。這些現象對農業生產環境、生物資源利用及生態平衡構成嚴重威脅，進而影響農業之永續發展，因此在下一階段不論是農業生產或植物營養學的研究必定要求考慮到經濟面、社會面、環境面，並結合多學科做綜合研究。經過各界不斷的探索與努力，各種形式的農業理論與實踐，陸續出現。如有機農業、生態農業、永續農業、再生農業等概念應運而生，雖然名稱不同，但其基本原理與思想是相近的，都是將農業生產建立在重視食品（糧食）安全、食品（糧食）主權的永續發展的生態學基礎上，有機農業就是在這一背景下出現的一種選擇，一種能夠保證生產充足、生產安全食品又能維持生態平衡的農業生產模式。

有機農業發展的背景

本章開始雖已對有機農業發展的背景做一簡單描述，但對重視農業發展史的讀者而言可能過於簡略，因此為了提供較詳細的歷史背景資料，特增加此節，希望讀者能對有機農業發展背景有一較全面的概括性理解。

自然農耕時代

人類的生存最早是依賴採集狩獵的生活，一萬年前左右才發明農耕，農業產生是人類歷史上的一次巨大革命，農業革命讓人類從食物的採集者轉變為食物的生產者，這一獲得食物方式的轉變，改變了人與自然的關係。最初的農耕常常是先砍伐森林，然後焚燒，在燒過的土地上種植作物。作物的生長主要是仰賴陽光、水與土壤中的養分，作物收成後作為食物、飼料，人與牲畜的排泄物與遺體等又回歸土壤，分解後又成為作物的養分，如此循環周而復始，可視為封閉式農業，這也是最原始的永續農業。但長期在同一塊土地上耕作，產量漸減，必須另覓新地，所以也是一種移地農耕制度。文明誕生後鄉村人口大量移至城市，致使原來要回歸農地的有機物流失到河川、海洋，最後造成農地的貧瘠，於是發展出種植綠肥來補充土壤養分，農地的利用得以延續。這就是輪作、間作、混作、種植豆科植物以及施加化肥演變的主因。

化學肥料施用的時代

在植物營養的研究上，自從 Liebig 於 1840 年發表了礦質營養學說（Mineral theory）後，德國博物學家 A. V. Humboldt 在南美探險時曾注意到鳥糞石（Guano）及硝石（Saltpeter）的肥效，這對 19 世紀初期尚未製造化學肥料前，改善歐洲農田肥力及刺激化學肥料的生產，產生一定的作用。自從 19 世紀中期，肥料工業發達後，中歐穀產量增加了四、五倍，請參照表 2-2。

綠色革命的興起

農業的綠色革命是指使用高產品種、灌溉、機械化和大量施用化肥，化學農藥，促進糧食增產。上世紀 60 年代末期印度開始提高水稻增產試驗，產量大幅提高，史稱綠色革命。亞洲其他國家如斯里蘭卡、菲律賓、日本亦紛紛仿效，並設研究中心，在此期間，美國、澳大利亞國家也在利用矮化基因，培育和推廣矮桿、耐肥抗倒伏的高產水稻、小麥、玉米等新品種，進行農業技術革新，獲得了極大的進展。世界糧食在 1960 年到 1995 年的 35 年間增加了將近兩倍。

化學農業的遺害

農業的綠色革命雖然解決了糧食增產問題，但也帶來了其他問題，如環境問題、社會問題，以及政治問題等。農業是一個極其複雜的產業體系，需要人付出一定的勞動，且農產品不同於工業產品，受氣候、土壤、動植物微生物，尤其人與制度的因素影響很大。綠色革命後出現的問題，可分六點說明如下：

第一，綠色革命最大的成功是解放了勞動力，但也造成了從事農業勞動人口比例下降，農民必須被迫離開農地，另覓工作。

第二，生產農藥化肥過程產生了汙染。製造化肥、農藥、除草劑等所需的原料及能源大部分是來自石油及礦物，所以要鑽油井，開礦山，必會產生廢氣、廢水、廢渣等汙染物，嚴重地影響了環境土壤與河川，也影響了生產者及民眾的健康。

第三，大量施用化肥造成地下水、湖泊、河川水庫等水體中營養物富集，形成優養化現象，致使水生植物和魚類大量死亡。農藥噴撒到農田裡，僅僅暫時控制了害蟲，但有些益蟲益鳥也逐漸消失，造成嚴重生態失衡。1962 年美國海洋生物學家 Rachel Carion（1907-1964）出版了一本「寂靜的春天」（Silent Spring）就披露了農藥的使用帶來世紀的浩劫。

第四，農藥大量使用，不但向環境施放了許多汙染物，造成食物鏈被汙染，也因農藥、激素、抗生素在作物中的殘留，引發食安問題。

第五，溫室氣體大量產生影響氣候暖化。製造化肥需要大量燃煤，於是增加 CO_2 的排放，大量施用氮肥不但會造成地下水的汙染，水田中亦易形成 N_2O，兩者都是農業系統造成的溫室氣體。

第六，在企業大農制的經營下常常是單一作物，常常有高生產力，但是如果受到病蟲侵襲，很容易迅速擴張，農作物會遭到極大損失。

基因改造作物之出現

自從 1994 年基因改造的蕃茄商品化後，基因改造的糧食作物也陸續出現，1996 年是基因改造作物大面積（166 萬公頃）種植的第一年，自此之後耕種面積快速增加，到 2007 年全球耕種面積已達 1 億公頃。主要商業化之基改作物是大豆、玉米、棉花、油菜，其中基改的大豆已占大豆種植面積的 61.5%。究竟這一波可稱爲第二次綠色革命的基改技術爲什麼這樣受人重視，對今後世界農業發展有什麼影響，已是大家矚目的焦點。

在談基改作物對農業發展的影響前，我們應確定一下什麼是基因改造（簡稱基改）？什麼是基因改造作物（簡稱基改作物）？根據臺灣「食品安全衛生管理法」第三條第十一項，「基因改造」（Genetical modifcation）意指使用基因工程或分子生物技術，將遺傳物質轉入活細胞或生物體，使其表現外源基因或使自身特定基因無法表現之相關技術；而傳統育種、同科物種之細胞及原生質體融合、雜交、誘變、體外受精、體細胞變異及染色體倍增等技術不包含在內。基因改造作物（Genetically modified crops）則是指利用基因工程技術生產獲得特性改造之作物，現有之技術所能達成之改造特性，包括增加生長速度、提昇營養價值、抗蟲、抗病、抗除草劑、抗低溫、延長保存期限、耐運送或利於加工等等。

從基改與基改作物的定義，很清楚知道基改作物與傳統育種最大的不同，除了是不經過雜交、誘變等過程外，最特殊的是它可以將不同界、門、綱、目、科、屬、種的生物細胞內之基因轉殖入另一生物體的基因組中。因爲這是一種非自然的育種方法，所以引起很多人的爭議。贊成基改者強調它的優點，反對者則提出諸多疑慮，以下僅作簡述，提供讀者判斷的參考。

基改作物發展的原因與優點

1. 糧食需求與經濟利益：世界人口已突破 77 億（2019年5月），每年以 8100 萬的新生人口增加，到了 2050 年預估人口總數將達 94 億，估計糧食的需求量將增加 4 倍，爲了提高農作物產量，工業生產大國藉販賣基改種子及操縱糧食生產謀利是基改背後主要動因。
2. 提高產量並能抵禦不利的生產環境：增強作物耐除草劑、抗病蟲害，並能克服過熱、過寒、抗寒、抗澇等不利的生產環境。
3. 可減少農藥使用：可培育出許多抗蟲或抗病毒的作物，減少農藥的使用，降低對作物及農田的污染。
4. 增加食物的營養素：例如增加作物中蛋白質、維生素。如含 β-胡蘿蔔素的黃金米就是成功的例子。

對基改作物的疑慮

1. 可能危害人體健康：因爲作物在基因改造時，往往都加入外來基因，已打破有性生殖同種間交配之界限，這種以人工的方式利用同一物種和跨物種的基因轉移以產生改良的或新的生物體是否隱藏了不可預期的風險與變數，例如是否會改變了原有的營養，或產生了毒素、過敏原，導致人類在長期食用後身體荷爾蒙正常分泌的改變，破壞人體新陳代謝途徑，或產生對食物過敏或免疫系統失調，這種疑慮已在老鼠試驗中呈現。這是由法國巴黎環保團體綠色和平組織委託研究機構所做實驗的報告，他們是針對美國 Monsanto 生技公司所開發的 MON 863 基改玉米每天餵食老鼠，90 天後發現老鼠的肝臟與腎臟出現「毒性反應（Signs of toxcity）」。這個委託研究發表於 Archives of Environmental Contamination and Technology 期刊上，目前歐盟已訂定「防衛條款」，基改玉米 MIr604 已禁止進口（范倩瑋）。

2. 違反自然及破壞生態平衡：基改作物因不是透過生物同科物種交配、雜交和基因突變深化而成，它是違背了自然規律，擾亂了生態平衡法則，遏阻生物的多樣性的發展，加速了物種消失的速度。
3. 引發害蟲及雜草的抗藥性：基改作物固然可抗蟲害、抗病毒、耐除草劑，但蟲菌的抗藥性也日益增加。產生了超級抗藥的雜草，迫使農民更加依賴農藥，使生態汙染日益嚴重。
4. 研發「絕種基因種子」使農作物只限繁殖一代，可有效控制品種源頭，種源公司可謀取高額利益，大量增加農民負擔。
5. 農民過度依賴基改品種，當地幾世代經雜交產生的優良品種被棄置不用，甚爲可惜。
6. 種植基改作物時常因隔離失效，汙染了有機農場，使有機農場的認證被撤銷，而且也有種子公司刻意汙染鄰近以慣行農法耕種的農地，借機誣告農民竊取他們的種子，使弱勢農民倍受煎熬。
7. 造成食物倫理的混淆，挑戰宗教禁忌與紀律：素食者及佛教、回教、印度教等宗教團體無法抵擋植入動物基因的基改食物所造成的混亂，引發信仰倫理的危機。

精緻農業的興起

全球正處於一個信息時代，信息處理和決策實施，加以人工智慧（AI）的廣泛應用，構成了精緻農業完整技術體系。由於精緻農業技術尚處於發展階段，須不斷深化研究，通過部分人工採集信息和改造常規農機實施調控措施，以降低目前採用全自動化所帶來的昂貴費用，進行準精緻調控管理。因爲精緻農業多在人工控制環境下進行，受自然的影響小，具有類似工廠化生產的條件，對設施種植養殖和加工業的精緻化管理，也比大面積農田來得容易，對耕地面積小，自然耕作條件差的已開發國家而言，可能是一種不錯的選項。很明顯地這種依賴新科技發展的高耗材、高耗能、仍需化肥的化學農業，若希望漸漸走向低耗材、低耗能、少施化肥、物料循環利用，尚須一段漫長的路。

跨國公司對世界農業發展的控制

目前歐美已開發國家基本上壟斷了農業上游行業。杜邦、孟山都、先正達等三家跨國公司控制著世界 50%以上的種子市場；杜邦、孟山都、先正達、拜耳、巴斯夫、陶農科等六家公司控制著農藥生產 76%的市場；十家大公司控制著 41%的化肥市場；四大糧商（美國 ADM、美國邦吉、美國嘉吉、法國路易達孚）壟斷了國際 80%的糧食市場，加以世界農業新技術不斷研發，又隨著人工智慧技術的發展，未來工廠化設施農業、無土栽培技術、養殖物聯網等都將普遍出現在農業生產中，可以想到的是未來人口不斷增加，可耕地可能日益減少，農業人口也會大量減少，這必是未來面臨的處境。

有機農業的定義

雖然有機農業有眾多定義，但其基本內涵是一致的。有機農業是指遵循可持續發展原則，依靠生態系統管理而不依靠外來農業投入的系統。根據農委會 2018 年 5 月 30 日所發布的有機農業促進法，對有機農業的定義是「有機農業是指基於生態平衡及養分循環原理，不施用化學肥料及化學農藥，不使用基因改造生物及其產品，進行農作、森林、水產、畜牧等農產品生產之農業」。

美國國家有機標準局（National Organic Standards Board, NOSB）在 1995 年將有機農業定義爲「一個用以提昇和強化生物多樣性、生物循環再生和土壤生物活動，以生態爲導向之生產管理系統」。聯合國糧食與農業組織（FAO）的農業委員會（Committee on Agriculture）在 1999 年也在羅馬會議中強調統一「有機定義」的重要性，認爲應特別重視其生產過程的陳述，故而將有機農業定義爲「一種旨在提昇或強化農業生態系統健康的全方位生產管理系統」，在此所謂生態系統健康包括確保生物多樣性、生物性循環、土壤的長期肥土和土壤的生物活動。爲了維持生態系統的健康，FAO 特別強調除了要杜絕農業經營中所有可能產生的汙染外，一定要健康地使用農場土壤、水和空氣，同時要將農場所產生的動植物廢棄物轉化成土壤的養分加以再利用。很明顯的 FAO 和 NOSB 的定義都已經將「健康」的觀念導入有機農業，說明了有機農業和生態系中所有生物和自然環境的健康是息息相關的，也凸顯農業生產的最後目的應該是維持和促進生命體和環境的健康。

國際有機農業運動聯盟（The Intenational Federation of aganic Agriculture Movements, IFOAM）起源於 1972 年，是現代全球有機農業發展的重要組織之一，目前已經集合了 116 個國家，超過 750 個團體，爲促進有機農業而努力。它們對有農業的定義是：

「有機農業是一種能維護土壤、生態系統和人類健康的生產體系，遵從當地的生態節律、生物多樣性、及適合當地環境的自然循環系統，而非利用會造成負面效果的一些資源或材料。有機農業是傳統農業、創新思維和科學技術的結合。有利於保護我們所共享的生存環境，並能提昇包括人類在內的自然界的公平與和諧關係及良好的生活品質。」該聯盟揭櫫了有機農業四大原則：健康（Health）、生態（Ecology）、公平（Fairness）、謹慎（Care）。「健康」是認為有機農業乃是將土壤、作物、動物、人類與地球視為一個整體，來維持整體健康的生產體系；「生態」是指有機農業乃是基於生態系統及其循環，其操作需要仰賴學習，以及維護生態循環的生產體系；「公平」意即有機農業的運作需要注意到農民、工人、加工者、運銷貿易商、消費者以及其他生物的平等、尊重、公道與關懷；而「謹慎」則強調有機農業的動作需要採取預警的以及負責的態度，來保護環境與今生來世人類的健康或福祉。例如基改的風險難以控制，所以禁止採用。從 IFOAM 對有機農業的定義我們發現有機農業的最終目標已超越生產面，同時重視生活、生態和生命等層面的平衡發展，呈現濃郁的環保哲學與綠色生產、綠色消費精神，已達到心靈解放的層次。

有機農業的興起與演變

有機農業的初倡

1909 年美國農業部土地管理局長 F. H. King 考察了中國農業數千年興盛不衰的經驗，於 1911 年寫成《四千年的農民》，書中特別強調中國農民如何利用人畜糞便和一切廢棄物、塘泥等還田培養地力，該書對植物病理學家 Albert Howard 影響很大。Howard 曾於 1905 年被任命到印度普薩（Pusa India）的農業研究所工作，觀察到印度實施自然農法的成效，不但土壤肥沃、產量高，而且甚少病害。他並研發出受中國啟發的製作堆肥的方法，可使棉花增產三倍。Howard 在 King 的基礎上進一步探究中國傳統農業的經驗，於 20 世紀 30 年代提出了有機農業的概念，由 Eve Balfaur 夫人和英國土壤學會首先實驗和推廣，並編著了《農業聖典》，推崇中國及其他東方各國重視有機肥的經驗，此書已成爲當今指導國際有機農業運動的經典著作之一（喬、曹，2015；吳，2016）。

自然農業的創立

1940 年美國 J. I. Rodale 受 Albert Howard 的影響，開始進行有機園藝的研究與實踐，1942 年了出版了《有機園藝》，英國 Lady Eve Balfour 第一位進行慣行農法與自然農業方法比較研究的長期試驗。在她的推動下，1946 年英國成立了「土壤協會」，日本的岡田茂吉（Mokichi Okada）於 1935 年創立了自然農業（Naturial agricultuce），強調尊重自然、重視土壤、協調人與自然關係，農耕過程中只增加有機質，不施用化肥和農藥（馬世銘，J. Sauerborn, 2004）。另一位是福綱正信（Masanobu Fukuoka），1938 年回故鄉當農民，以種植柑橘、稻米證明自己「一切無用論」的想法，從此開始實踐自然農法，他的理論可稱「無爲農法」，他認爲種植作物主要是利用大地生機，盡量不用人爲的力量及添加外物，包括耕犁土壤、施用肥料與農藥、製備堆肥、強力除草，乃至於不當的果樹修剪。這種「無爲農法」可視爲「無爲生態農業」。很明顯的是這種「無爲農法」必須在適當的條件才有可能，如果在非常貧瘠的土壤是難以實行的。

永續農業的提倡

1984 年澳洲學者 McClymont 基於農業生態學的農業生產體系，提出永續農法（Sustainahle farming），其後引起全球學術界的回響。1989 年美國農藝學會（American Society of Agronomy）對永續農業下的定義是：永續農業是一種農業系統，長期行之，可以增進資源以及環境品質，以作爲農業之所依據；可以提供人類糧食以及纖維之所需，並且在經濟上爲可行，而能增進農民以及整體社會生活的品質。（郭，2014）

綠色農業的提出

2011 年聯合國計畫署在 2011 年的論文集中指出綠色革命嚴重破壞環境，而友善環境的「綠化農業（Greening agriculture）」則不但可以增加小農的利潤，也能提供生態服務，有助於克服氣候變遷。這可是綠色革命「褐化農業（brown agriculture）」所不能及的；要確保糧食足夠，需要由褐化農業轉型到綠化農業。

綠色農業的範疇是遵行良好農業操作（GAP）、有機、生態農法，並且講求公平貿易，取得生產者與消費者的最大利益。其優點在於(1)持續提供糧食與生態系服務，(2)減少外部成本，(3)減少汙染、善用資源，(4)可克服氣候變遷，(5)增加小農的利潤。（郭，2014）

生態農業的提出

1971 年美國土壤學家 William Albreche 提出生態農業（Ecological agriculture）主張在盡量減少人口管理的條件下進行農業生產、保護土壤肥力和生物種群的多樣化，完全不用化學肥料、化學農藥，實現永續發展。（喬、曹，2015）

聯合國人權委員會糧食權利特別報告員 Olivier De Shutter 不論在一般報告或向大會與人權委員會所提的年度報告都強調生態農業、種子自主權、土地權、婦女，以及氣候變遷等相關議題。

國際有機農業運動聯盟成立

1958 年日本成立了自然農法國際研究中心，1972 年國際有機農業運動聯盟（International Federation of Organic Agricultural Movements, IFOAM）由美國、英國、法國、瑞典、南非五個國家的五個組織倡導，在法國成立，是國際間和有機農業有關的第一個組織，而且是一個非政府組織（NGO）的國際組織，1995 年英國成立了有機農業研究會，進入了 20 世紀 90 年代，世界上大多國家都成立了相關的有機農業組織，並訂了認證標準及諮詢與執行機構。

利用連續耕種穀類作物（CGC）的自然農法

在英格蘭牛津區（Oxford）附近有一位植物考古學家 John Letts，在 20 英畝比較貧瘠的砂礫質土壤中種植約十幾種穀類，每一種有上千的品種，種子的來源主要取自英國國家種子儲藏庫，但也有來自其他較溫帶國家的。他採取在同一塊地撒播同一穀類，但多品種的方式（參考文後的照片），只間種三葉草（Clover）及覆蓋前期作物的桿葉，收穫量稍遜於有機農法，但因爲不休耕，所以多年來平均產量會稍優於有機農法。他獨自一人經營這農場已十餘年，經過不斷的觀察與改進，已對自己發展的 CGC（Continuous grain cropping）的自然農法，頗具信心，他計劃在五年內擴充到 50000 英畝。筆者之所以特別介紹這個案例，主要目的是希望我們在大力推廣有機農業的同時，也能參考一些國外的作法，實際上 Letts 最初也是受到日本福岡正信所創的無爲自然農法的啟發，經過逐年的試驗，現在已經找到適當在牛津附近農場的耕作方式了！（Marina Chang, 2019）

照片中的農地位於英國Buckinghamshire郡內，面積約2公頃，共混合種植了35個品種的spelt小麥及10個品種的emmer小麥，於2018年4月播種，9月收穫。種子是取自英國各地有機農場多年所選留的優良種子（攝於2018.8.27）

有機農業的發展趨勢

國際有機農業現況（FiBL 及 IFOAM 2019）

有機農業用地

2017 年全球有機農地面積爲 6985 萬公頃，擁有最多有機農地的地區是大洋洲，爲 3590 萬公頃；其次是歐洲 1460 萬公頃、拉丁美洲 800 萬公頃、亞洲約 610 萬公頃、北美 320 萬公頃以及非洲 210 萬公頃。

大洋洲的有機農地數量占全球總量的一半，歐洲近年一直保持穩定增長，目前已超過了全球有機用地的 20%；隨後是拉丁美洲，占全球有機農地的 11%（圖 10-1）。

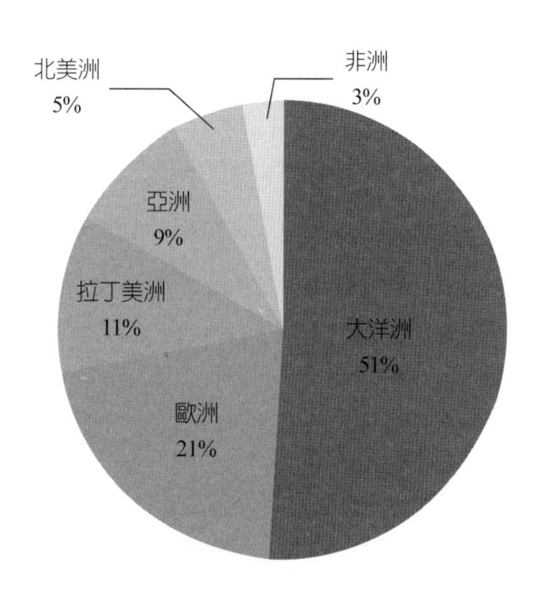

圖 10-1　2017 年全球有機農地分布

資料來源：FiBL 調查，2019 年。

澳大利亞是目前擁有有機農地最多的國家，其中 97%都是廣闊的草原。阿根廷則居第二位，美國則是第三，前十位國家總共有近 5500 萬公頃的有機農民，占世界有機農地的 3/4（圖 10-2）。

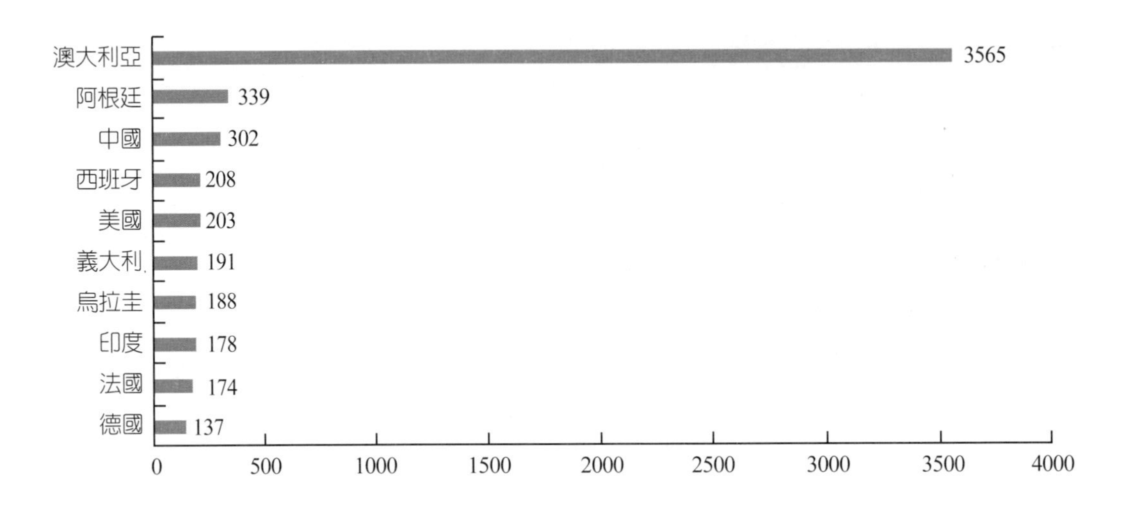

圖 10-2　2017 年有機農地面積位列前十位的國家／地區

資料來源：FiBL 調查，2019 年。

有機農地比例

世界有機農地面積占農地面積 64%，有機農地比例最高的是義大利（8.5%），其次是歐洲（2.9%），以及拉丁美洲（1.1%）。歐盟擁有 7.2%的有機農業用地面積。其他區域有機農地比例不足 1%。世界有 14 個國家用於有機生產的土地超過 10%，大部分是歐洲國家（圖 10-3），在已獲得相關數據的國家當中，尚有 56%的國家擁有不到 1%的有機農業用地（圖 10-4）。

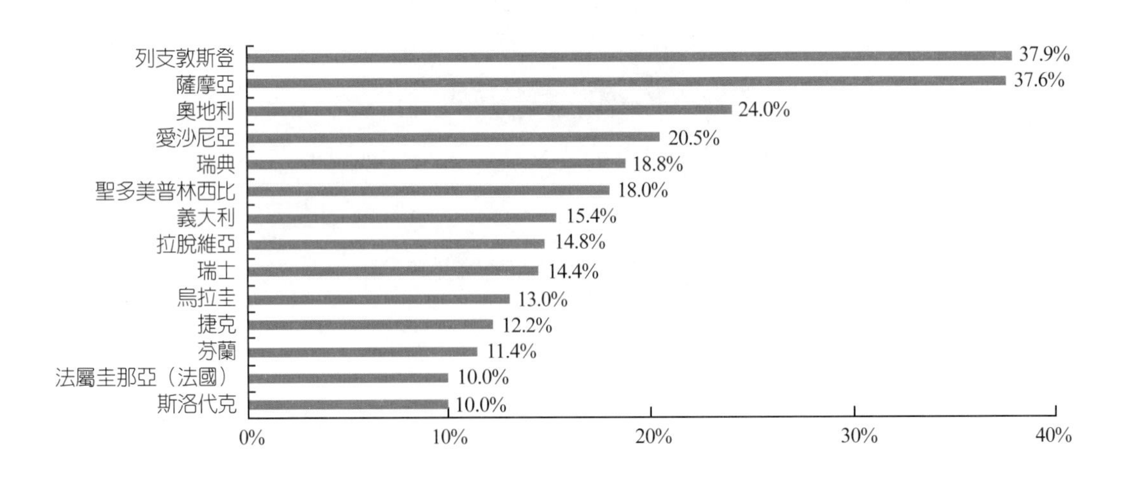

圖 10-3　2017 年有機農地占農地比 10%以上的國家／地區

資料來源：FiBL 調查，2019 年。

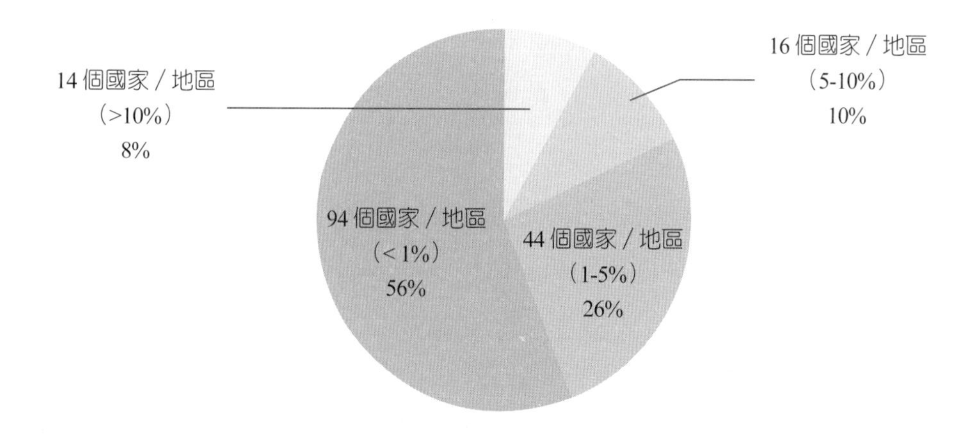

圖 10-4　2017 年全球有機農地占農地比分布情況

資料來源：FiBL 調查，2019 年。
註：( ) 內數字爲各國家／地區有機農地占農地百分比。

有機農地的增長

20 年前（1999 年）世界有機農地僅有 1100 萬公頃，目前全球有機農地的數量已增長了五倍。2017 年有機地的面積比 2016 年增加了 1170 萬公頃，增幅將近 20%。（圖 10-5）

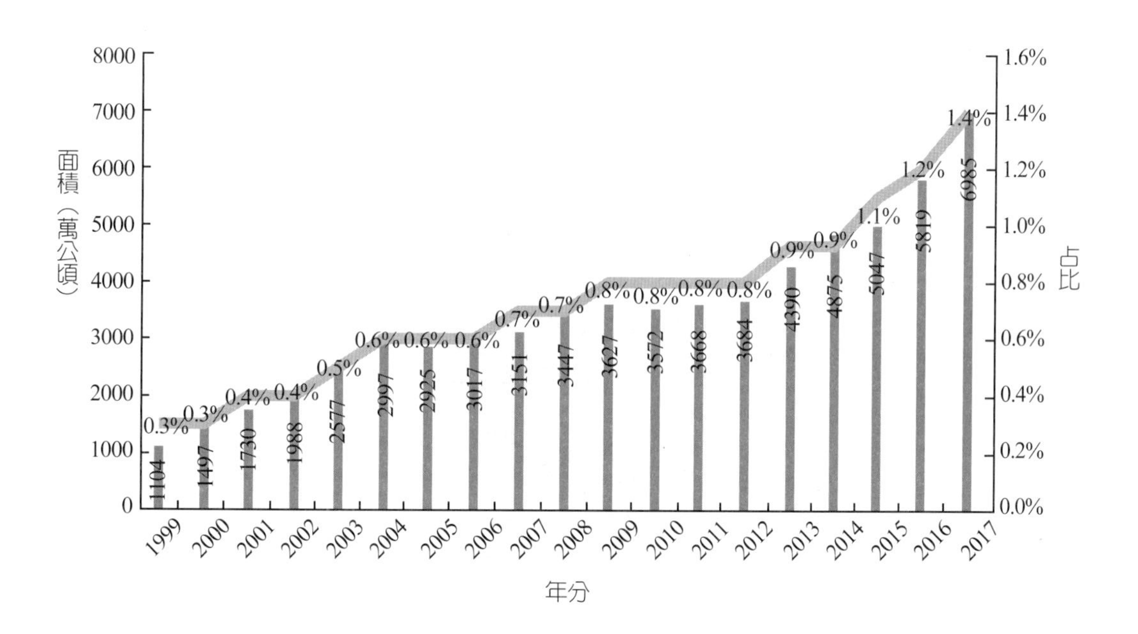

圖 10-5　1999-2017 年全球有機農地面積和有機農地占農地百分比增長的趨勢

資料來源：FiBL-IFOAM-SOEL 調查，2000-2019 年。

2017 年，大部分的區域有機農地面積都有不同程度的增長，圖 10-6 表示該年有機農地增長量位列前十位的國家／地區。

其他用途的有機用地

除了有機農地外，其他用途的有機用地主要是野生採集區和養蜂區。此外還包括水產、林區和牧場，這些區域的總面積是 4240 萬公頃，因此全球有機面積共有 1.1 億公頃（圖 10-7）。

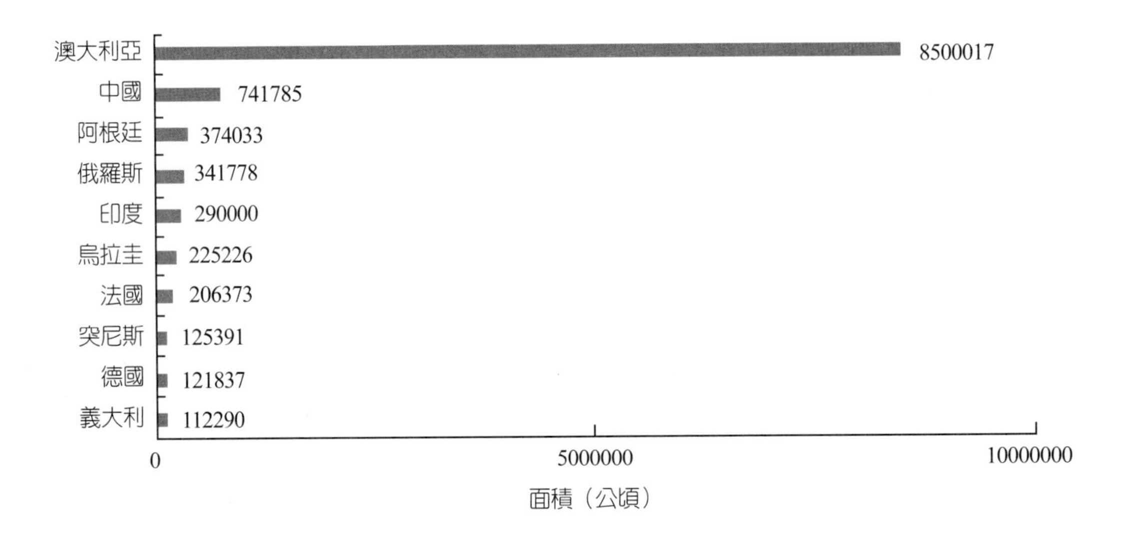

圖 10-6　2017 年有機農地增長位列前十位的國家／地區

資料來源：FiBL 調查，2019 年。

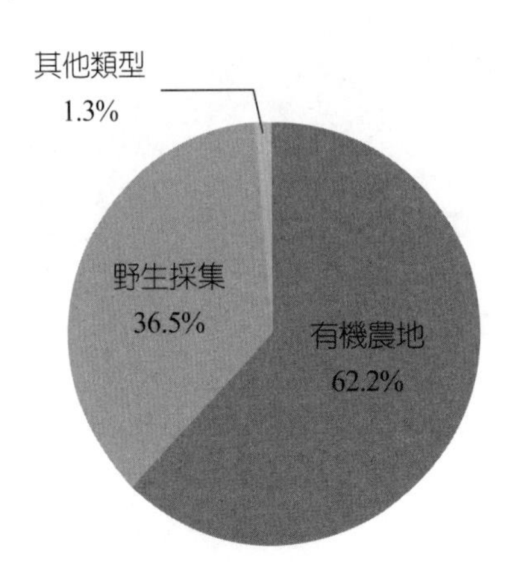

圖 10-7　2017 年全球有機用地面積分布情況（總計 1.1 億公頃）

資料來源：FiBL 調查，2019 年。

有機農業生產者

目前，全球有超過 290 萬名有機生產者，超過 80%的生產者位於亞洲、非洲和拉丁美洲（圖 10-8）。北美最少，大洋洲則因有機農地多爲草原。擁有最多有機生產者的國家是印度，其次是烏干達與墨西哥（圖 10-9）。

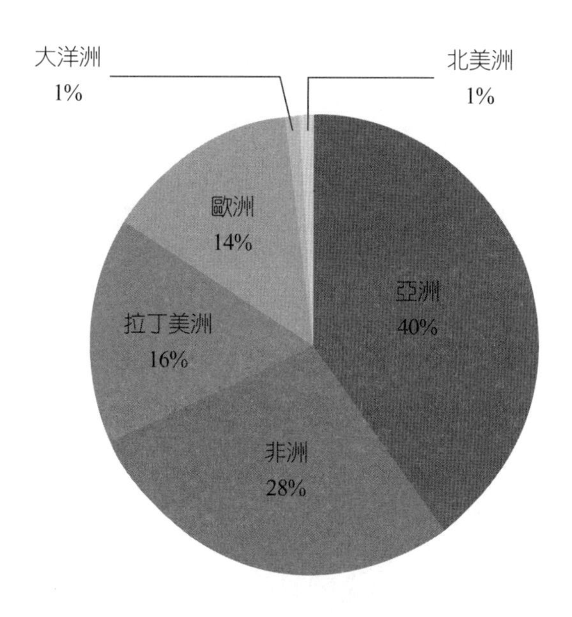

圖 10-8　2017 年全球有機生產者分布情況（總計 290 萬名生產者）

資料來源：FiBL 調查，2019 年。

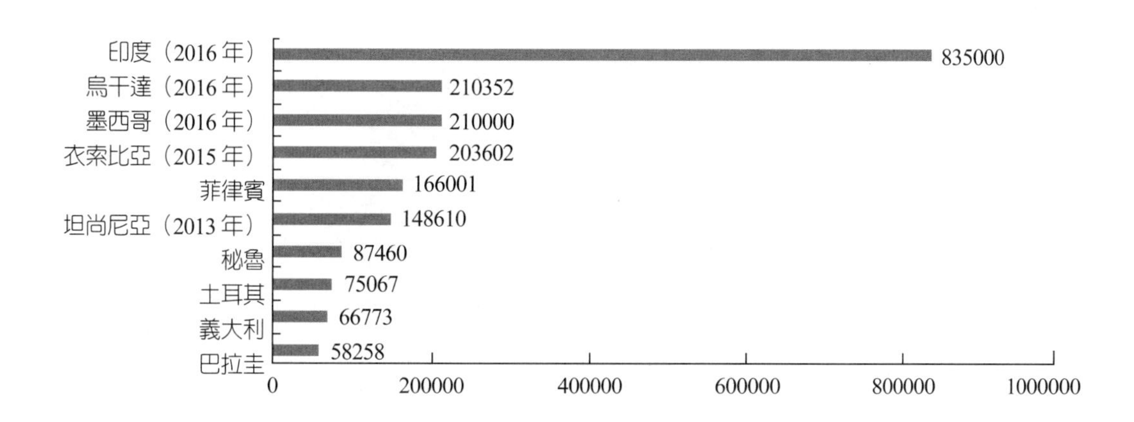

圖 10-9　2017 年有機生產人數位列前十位的國家／地區

資料來源：FiBL 調查，2019 年。

零售額與國際貿易概況

美國是最大的有機食品市場（451.9 億美元），其次爲德國（113 億美元）、法國（89.2 億美元）和中國（85.9 億美元）（圖 10-10）。最大的單一市場是美國，其次是歐盟和中國，從地域的角度來看，北美遙遙領先，其次是歐洲和亞洲（圖 10-11）。

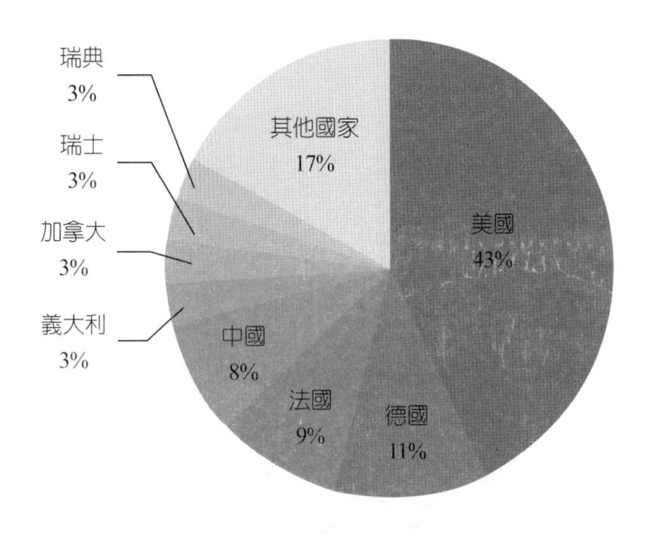

圖 10-10　2017 年各國／地區有機食品銷售額分布

資料來源：FiBL-AMI 調查，2019 年。

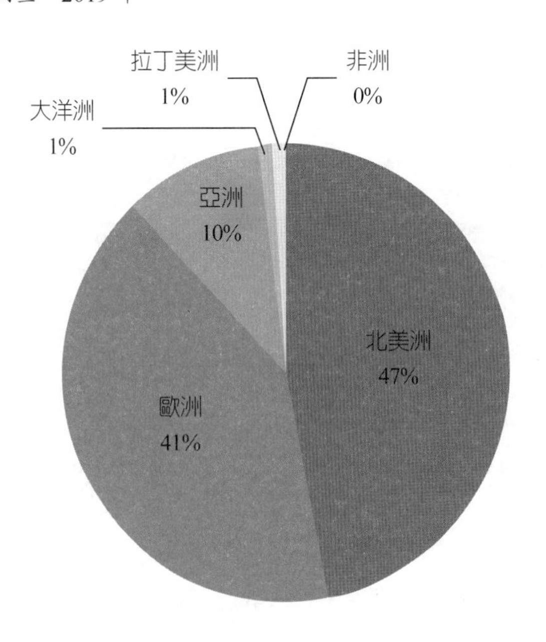

圖 10-11　2017 年有機食品區域銷售額分布

資料來源：FiBL-AMI 調查，2019 年。

2017 年全球有機市場零售額列前十位的國家／地區（圖 10-12）。

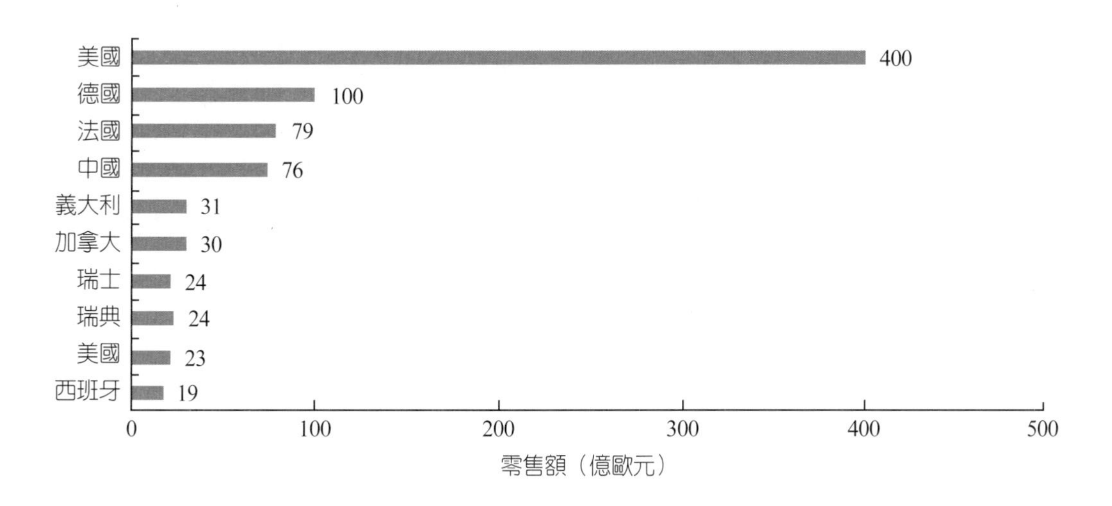

圖 10-12　2017 年全球有機市場零售額位列前十位的國家／地區

資料來源：FiBL-AMI 調查，2019 年。

全球人均消費最高的國家是瑞士，丹麥和瑞典分列第二、第三位（圖 10-13）。有機食品所占市場額領頭的十個國家依次是丹麥、瑞士、奧地利、盧森堡、美國、德國、荷蘭、法國、義大利，都是世界國民所得高的國家，他們享受的有機食品也多是經嚴格驗證合格的，但相對地這些國家參與有機農地生產的人數卻較少。

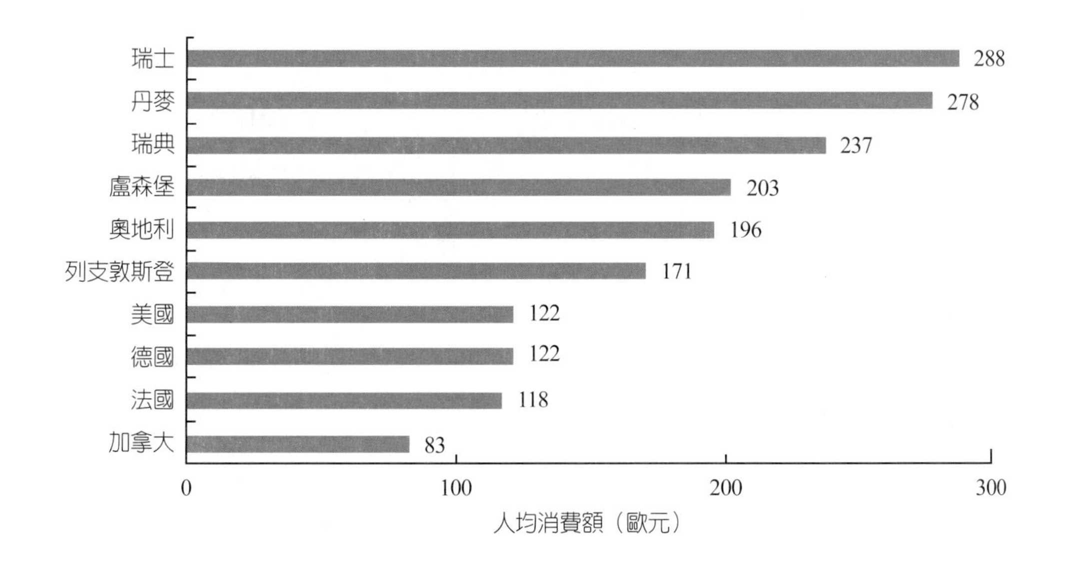

圖 10-13　2017 年全球有機食品年人均消費位列前十位的國家／地區

資料來源：FiBL-AMI 調查，2019 年。

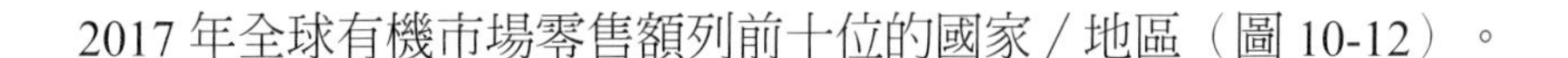

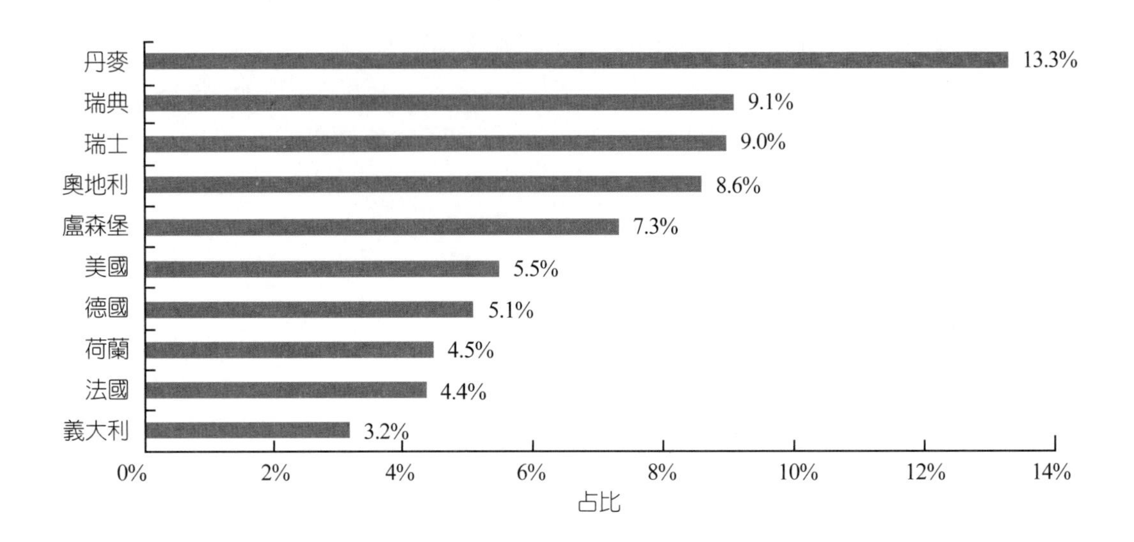

圖 10-14　2017 年全球有機食品份額位列前十位的國家／地區

資料來源：FiBL-AMI 調查，2019 年。

綜合以上的資料顯示，有機農業急速的增長是未來全球的趨勢，而且消費最大宗的大多是高所得的國家，擁有最多有機生產者的國家印度、烏干達與墨西哥沒有一個進入全球有機食品年人均消費列前十位的國家（圖10-14）。

有機農業的標準與法規

FiBL 對於有機立法和公共標準的研究表明，截至 2018 年全球已有 93 個國家制定了有機法規，另外有 16 個國家正在起草相關法案，其中一些國家除了第三方面有機認證機構外，還明確認可了參與式保障系統（PGS）。2018 年，有機行業的標準和法規有許多新動向，歐盟開始著手落實新的有機法，此新法將於 2021 年全面實施。

臺灣有機農業概況

臺灣農業的三個階段

臺灣農業發展可簡單的分爲三個明顯的變化階段，分別爲⑴1895 年前以地方本土知識爲基礎的自然農法；⑵1895 年至 1986 年科學主義導向的精耕小農制；⑶1986 年後在環境保護主義影響下的有機農業的發展（黃，2013）。

臺灣有機農業的起步

臺灣有機農業起步於 20 世紀中期，1995 年，當時的臺灣農林廳為發展有機農業，積極發展水稻、果樹、蔬菜及茶葉 4 項作物的有機栽培示範，進行推廣。不過要到 2007 年 1 月 29 日才公布實施「農產品生產及驗證管理法」，有機產品驗證制度才算具有法律位階，以後各項相關法規陸續制定，使有機農業的發展漸漸走上正軌。我國有機耕作面積的進展很遲緩，1996 年至 2013 年，經過 17 年才由 160 公頃增加到 5936.8 公頃，但近 6 年來增長迅速，2019 年已達 9048.7 公頃，以臺灣耕地 80 萬公頃計，有機農地占總耕面積已達 1.1%，已與世界有機農業占比 1.4%接近，但與歐洲許多國家相比，仍有很大的差距。臺灣縣市雖均有有機農田，但仍以花蓮、屏東、臺東最多，苗栗、雲林、嘉義、南投、桃園次之，其中約三分之一是栽培水稻，蔬果次之。若盼望各縣市都能普遍推廣，且能多元化經營，尚有待努力。但毫無疑問的有機農業在臺灣已普遍受到國人重視，也是未來必走的路。

友善農業是慣行農業轉型的橋梁

推廣有機農業必須要考慮農民的教育與實地的驗證，近年來各地農會及友善農耕團體不斷透過「友善耕作田間栽培及肥培管理」講習與實地觀察，邀請官學界研商，鼓勵更多慣行農業的生產者投入有機農業。2017 年夏天甲安埔區曾發生芋頭軟腐病，就因鉀肥使用太多，造成鈣的缺乏，芋頭抵抗力減弱，加上大雨及高溫所致，除了使農民知道化肥並不是提高產量的唯一方法，防治病蟲害也並非只能施用化學農藥，許多生物防治的方法可以使用，尤其作物健康時，本身就有抗病蟲害的可能。除了生產技術之外農友也關心行銷通路，有機農業賣的是消費者對健康的需求，田間必須對消費者開放，也就是所謂社群支持型農業（CSA）或稱參與式保證系統，消費者與生產者互相承諾與合作，消費者安心，即便價格稍高，也會購買。農糧署 2018 年已推出「有機及友善農業生產及加工設備輔導計劃」，協助慣性農業逐步轉型為有機農業。所謂友善農業是鑑於有機認證困難，先從不使用農藥及化肥著手，保護生產者與消費者健康，逐步走向有機農業，永續經營臺灣的農地。

談到友善農業有兩個團體值得向讀者介紹，一為樸門永續設計，另一個是 KKF 自然農法，兩者對臺灣民間發展友善農業和自然農業發揮了很大的推廣作用，以下我們分別做一簡單的介紹。

樸門永續設計

在 1970 年代，澳洲的生態學家 Bill Mollison 及 David Holmgren 從整體設計的概念開創了「樸門永續設計」的生活實踐方法，來發展永續性農業。臺灣已有許多實踐者，用樸門設計的理念來推動有機農業，在官方推動的友善農業入法上，也將樸門農業列爲推動的農法之一。樸門設計的發展是將土壤、水、生物、社會性、能源五個主要元素整合在一起思考，在種植的規劃上做多樣性栽培的安排以分擔風險。樸門設計除了重視環境，也關心到社會面及經濟面以符合樸門的三個倫理：照顧地球，照顧人，分享多餘來思考。樸門永續設計的講師 Tammy Turner 在臺灣已經營 30 餘年。

KKF 自然農法

自 2012 年 8 月以來，KKF 自然農法推廣中心邀請泰國米之神基金會（Khao-Kwan Foundation）執行長 Daycha 來臺講述 KKF 自然農法。它的要點主要是農民自己選種、留種，並自行採土養菌，用以改善土壤，並且利用微生物菌來分解稻桿，使其成爲最便宜而方便的有機質來源，更可用微生物菌水來製作低成本及再生資源的液肥與堆肥，並要學習認識害蟲，學習適地適種及輪作等觀念。至於菌種的來源主要是採自原始的腐植土，這需要到附近山區沒有汙染的樹林中，採取經長久時間由微生物菌分解落葉而形成的腐植土，通常在潮濕陰暗的樹下，或傾倒的腐木下，撥開落葉找到顏色褐黑鬆軟的腐植地。2013 年 KKF 自然農法學習課程已普遍在全臺各鄉鎮開課、實作，目前臺灣很多農地已在實施 KKF 自然農法。

學界及民間大力推動永續農業

值得慶幸的是除了農糧署大力推動外，國內外民間關心有機農業發展的 NGO 團體及不同形式的有機農業組織，紛紛出現在臺灣農田及媒體上，如前文所介紹的樸門永續設計及泰國米之神基金會（KKF）。專家學者們也陸續發表了有機農業專書（吳文希，2016）及相關的論文並大量引介國內外的文獻（郭華仁，2012、2013、2014）；也有從有機農業的本質探討有機農業的哲學與心靈層面的著作（董時叡，2007）。也有藉詳盡介紹臺灣先民對水稻新品種的培育、保存、利用的艱辛歷程與輝煌的成就，喚起大家對保存與使用在地培育的品種的重要（謝、劉，2017）。更有從食品安全的角度去探討有機農業暗藏的危機（松下一郎，2011；水野葉子，2012）。不但一般傳統實行慣行農法的農民已逐漸改變農作方式，有許多青年學子也爲了保護臺灣的生態、食安及土壤永續利用，毅然投入有機農業的行列。但從長遠計，仍需從國土規劃著手，儘早規劃農業專業區及嚴格控管汙染源，否則既便是有機農地大量增加，國民的食安與生態環境仍得不到實質的保障。

有機循環暗藏的危機

古代的農民所用的自然農法，就相近於我們目前所提倡的有機農業，但當時的環境很少有由工廠、研究機構或家庭產生的有毒廢棄物，家禽數量少，排泄物亦少；空氣、水、土壤也很少受到汙染；也很少集約耕種單一作物，病蟲害也不嚴重，也不會用化學製造的農藥殺蟲殺菌，所以作物的生長、物質的流動是在一封閉環境內的自然循環。但今日的社會，農地多被城市或工廠侵入，想找到一個乾淨的農地，是很不容易的，所以在現代社會要推動有機農業必須要注意到有機循環暗藏的危機，謹慎地掌握實施有機農業的全貌，瞭解特殊的國情及農地環境，並依照國際有機農業組織或政府訂立的有關有機農業及有機肥料的各項合理的法規制定各地實行有機農業策略，才能眞正得到食物安全的保障。以臺灣目前的處境，著者希望藉以下各項建議及附圖（圖 10-15），提供制定及實施有機農業策略與民衆選用有機農產品的參考：

一、缺乏嚴謹的認證標準：目前有機農產品之認證，雖然已訂有各項法令與規範，但仍缺乏一套嚴謹的驗證標準與程序。因爲眞正的有機農業必須在整個生產、採收、運輸、加工的過程，都完全要符合生產規範才可以使用此名稱。譬如行政院農委會所大力推行的吉園圃（GAP: Good Agricultural Practice）蔬菜，其實重視的是生產過程中減少農藥使用時間和使用量，標榜的是安全的農藥殘留量，並不符合有機的生產規範，但一般民衆仍誤以爲這就是有機蔬菜。

二、對作物生長環境的選擇：要遠離有汙染源的地區或設法消除汙染源，農委會從 2011 年以來已完整盤點農地和林地，八十萬公頃農地中，有六萬七千公頃被非農業生產的行爲占據，包括違規工廠、農舍、餐廳等，使有心進行有機農業的農民常會遇到不易克服的困難。

三、對土壤現況的瞭解：需瞭解該土地過去種植或未種植作物的歷史，並進行物理化學及殘留汙染物的分析。

四、堆肥製作標準化：控管堆肥材料及堆肥製作過程。

五、有機肥製作前必須瞭解原料的來源，並分析原料的成分，尤其是牲畜排泄物常含有重金屬、病原體、抗生素、生長激素，不能不察。

六、施用有機肥前必先瞭解土壤的肥力及有機肥必要元素的含量。

七、擬在較貧瘠的耕地實施有機栽培，除提供含營養素的物質及能合成或溶出被固定的營養素之細菌如固氮菌、溶磷菌外，有時施入適當的微量要素的化肥應該是可以被考慮的。

八、盡量減少糧食與肉類進口，一方面可減少廢棄物的產生，另方面可減少土壤累積汙染物的機會。我們糧食進口主要來自美國，但美國有機農地只有 200 萬公頃，占全部農地的 0.8%，糧食生產主要是利用慣行農法，因此我們必須增加糧食自給率，減少國外進口糧食。

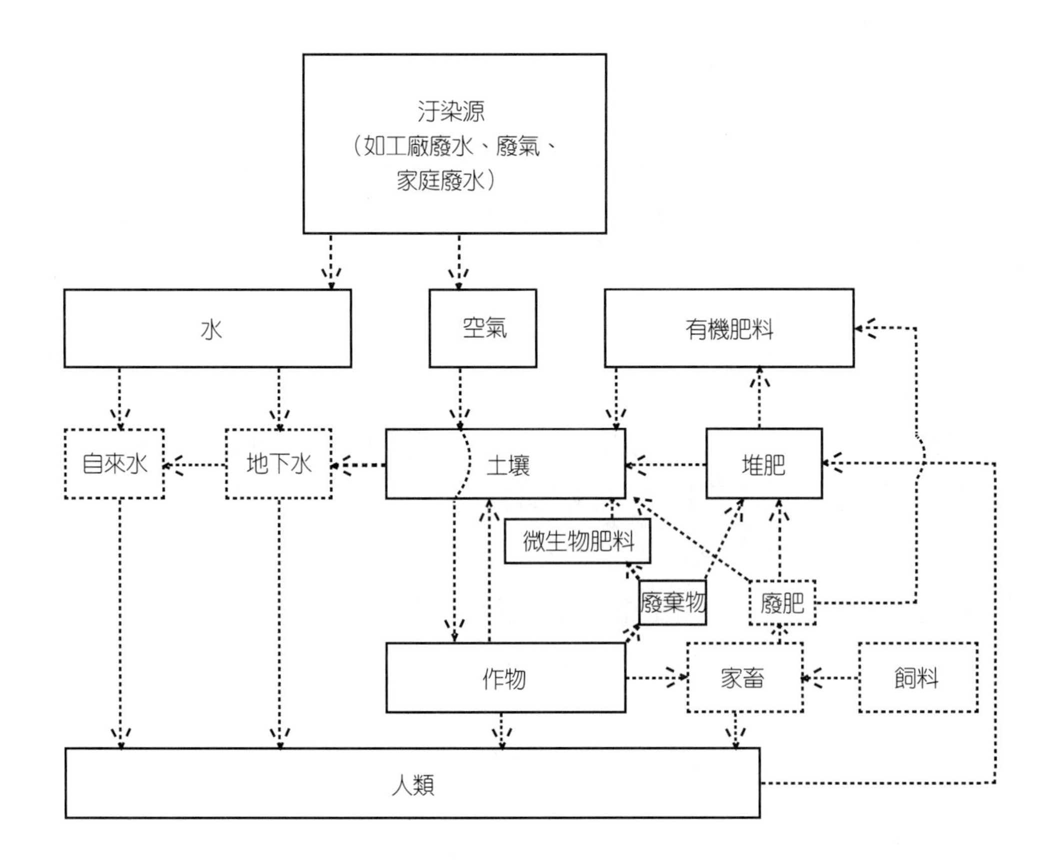

圖 10-15　有機循環暗藏的危機（虛線表示可能的汙染物或病源）

總之，關鍵的立法與施政是發展有機農業的必要條件，如儘早對國土盤點，劃定農業專業區，對汙染源嚴加控管，否則即便是各縣市有機農地大量增加，國民食安與生態環境健康仍得不到保障，這也是爲什麼自然農法雖然產值低，但仍受很多人的信賴與推崇，因爲自然農法的原則爲維護土地的潔淨，不使用市面上的有機肥或人畜糞便或外來廚餘，主要以枯葉或植物性物料爲堆肥，甚至也不使用任何形式的農藥殺蟲滅菌，提倡充分利用健康的土壤的力量，尊重生態環境，相信在這樣的環境下，農作物才得以健康地生長，人們才能吃到健康的農產品。但要眞正達到這個目標，大多數人必須在盡量維護生態平衡的條件下，先能做到食物安全，進而能享有食物主權，可能是應最先追求的！

糧食主權是落實有機農業的必要條件

環境權是有機農業、生態農業成功的基本的保障

《聯合國人類環境宣言》指出：人類享有在一種確保有尊嚴和舒適的環境中，獲得自由、平等和充足的生活條件的基本權利，而且承擔著爲當代人和後代子孫保護和改善環境的神聖職責。環境人權的提出和確立，彰顯了保護大自然就是保護人類本身的人類農業與生態文明的發展，也體現了人類文明持續發展就是有賴人類的文明與自然文明的有機統一，所以環境權必須入憲，有機農業、生態農業、永續農業才能得到保障。

從食品安全、糧食安全到糧食主權

食品安全（Food safety）、糧食安全（Food secunity）與糧食主權（Food soverignty）這三個概念與有機農業的發展和每一個人是否能獲得安全充足的食物都是息息相關的，所以在此特別介紹一些國外發表的重要文獻（Lena, 2011; Hodson, 2017; Michel, 2009）及農民爲爭取糧食主權、糧食安全所進行的農民運動。

食品安全（Food Safety）

食品安全是指食品從生產到收獲、加工、儲存、分配，一直到製備和消費的每個階段都保持安全，不會危害食用者的健康，不過食品安全不包括獲得充分食品

的保障，因此才有「糧食安全」的出現。此處關於 Food Safety 的譯名是值得指出的，究竟應譯爲「食物安全」還是「食品安全」呢？目前皆譯爲「食品安全」，但實際上食物與食品不同，食物是人體生長所需之營養物質，人體沒有食物，人類就無法生存。食品則是食物加工品，製造過程常加入一些非食物的添加劑，對身體而言，不但是非營養物，有時可能對身體有害，所以將 Food Safety 譯爲食品安全是值得討論的，尤其有機農業也是主張食用天然的食物而不是加工的食品，何況廣義的食物也應該包括食品才是。食品安全已成爲全球最受關注的問題，我們應透過媒體與教育，呼籲民衆重視與瞭解「食品安全」的眞相〔瑪麗恩（Marion Nestle），2004〕。

糧食（食物）安全（Food Security）

1996 年世界糧食安全巨頭會議（World Food Summit）定義糧食安全爲「任何人在任何時候均能實質且有效的獲得充分、安全且營養之糧食，以迎合其飲食及糧食偏好的活力健康生活」，但糧食安全沒有說明食物的來源或生產方式，所以糧食安全仍得不到實質的保障，於是才有糧食主權的出現。

糧食（食物）主權（Food Sovereignty）

糧食主權是由「農民之路」（Via Campesina）成員於 1996 年創造的一個術語，它的涵義是生產、分配和消費食品的人應該控制糧食生產和分配的機制和政策，是全球食品體系的主導者，而不是由跨國公司和市場機構所控制。

2007 年 2 月 27 日，在馬里 Sélingué 舉行的糧食主權論壇上，來自 80 多個國家的約 500 名代表通過了 Nyéléni 宣言，其中部分說：

> 糧食主權是人民通過生態健全和可持續的方法生產健康和文化上適宜的食物的權利，以及他們定義自己的糧食和農業系統的機制，它將生產、分配和消費食品的人置於糧食系統和政策的核心，而不是市場和企業的需求，它捍衛下一代的利益和包容，它提供了抵制和摧毀當前公司貿易和食品製造的戰略，以及由當地生產者確定的食品、農業、牧業和漁業系統的方向。糧食主權優先考慮地方和國家經濟和市場，並強化農民家庭式農業，人手捕魚漁業，牧民主導的放牧以及基於環境、社會和經濟可持續性的糧食生產、分配和消費。

2008 年 4 月，國際農業科學和技術促進發展評估（IAASTD）通過了以下定義：「糧食主權被定義爲人民和主權國家的權利，以民主方式確定自己的農業和糧食政策」。

2008 年 9 月，厄瓜多爾成爲第一個在其憲法中規定糧食主權的國家，預計將通過禁止轉基因生物，保護該國許多地區免於開採不可再生資源以及阻止單一栽培，並保護生物多樣性爲集體知識產權，並承認自然權利。

2011 年 8 月 21 日歐洲糧食主權論壇（European Forum for Food Sovereignty）發表歐洲糧食主權宣言，重申糧食主權的國際框架：人民有權可以民主地定義自己的糧食和農業系統，而不傷害其他人或環境。

農民的覺醒與行動

農業現代化在發展中國家已不斷出現各種弊端，在發展中國家正在掀起新一輪的抵抗，少數跨國公司操縱世界的食品體系，當地農民正在動員社區居民反對單一種植，展開大範圍的活動，反對基因資源和傳統知識的私有化。一些非正式的網路或聯盟正在形成，主要圍繞著種子保存、農場育種、農民研究、糧食安全、糧食主權等問題，要求歸還對於生物多樣性的控制權。目前在亞洲已出現很多民間組織，如印度以婦女爲主的生態農業、孟加拉以社區爲主導的種子財富中心，以及菲律賓以農民爲主導的育種方式。以下僅以菲律賓爲例。

菲律賓以農民為主導的育種方式

以農業發展爲基礎的農民科學家聯盟協會（簡稱爲 MASIPAG）是一個以農民主導的網路非政府組織。該組織主要透過農民對遺傳資源和生物資源、農業生產以及相關知識的控制，在科學家的幫助下，以一種農民參與式的育種方式進行育種，這就可以使農民重新取得種子控制權，也是一種眞正的參與式農民賦權的方式，經過將近 20 年的努力，他們重新找回了幾千個適合當地種植條件的本地品種，不僅產量高，而且口感好、營養豐富，還對不同的病蟲害具有抵抗能力。

他們的努力並沒有局限於農民培育當地物種，他們是將傳統的以化學品爲基礎的農業轉變爲有機農業，從單一種植轉變爲多元化綜合農業系統，從單一的生態系統轉變爲以社區爲基礎的廣泛的生態農業系統。爲此，他們開展了多種形式的培訓課程，傳授科技知識，以提高農民在管理生物多樣性上的技能。

從有機農業走向永續農業

兩種思維典範的對話

人類演化到今天，很多人都看到科技帶來的驚喜，對未來都抱著無限的希望；但也有人注意到科技帶來的災難，引發對未來的憂慮。實際上這是兩種不同思維的典範在推動著這個世界前進。一種是偏向於「機械論」、「實證論」認爲科學萬能，人定勝天；另一種則是從「整體論」、「有機體論」、「永續論」出發，認爲萬物都是有機地連結，許多複雜的因子一時難以發現，有時即使發現也難以控制，所以在解決農業問題上常採取順應自然、人與自然共生的立場，隨時關心生態平衡的問題。這就是精緻農業與有機農業、生態農業分流的基本原因。當今科技的進步日新月異，它能提供人類便利、舒適、多彩多姿的生活，在農業生產上也能節省勞力，若使用設施農業尙可不受環境與氣候的影響，繼續提供高產量、高品質的產品，致使科技萬能派者愈加相信人的力量，但在此同時也因不斷開發造成物資能源的短缺、環境的汙染、貧富懸殊，危脅到許多人的生存與健康，尤其是基因轉殖作物普遍引起「永續論」者疑慮。從基改作物的發展來看，我們應肯定基改作物的研發與實踐在醫學、生物學、農學上所展現的成果，但若將基改種子應用在田間，就會引起生態學者的疑慮，況且某些基改作物已危害到許多益蟲、益鳥的生存，這時究竟應否停止基改種子在田間的使用，就產生了「機械論」與「整體論」的爭議。

共同走向永續發展的路

面對以上新科技所造成的後果，即便是堅信科技萬能的人，也必須設法利用科技的方法節能減碳、節省物資、研發各種資源循環利用的方法，對基改作物的研發也應謹慎從事。但由於全球氣候變遷及其他原因引起的天災是難以避免的。精緻農業因爲多在室內進行，正可以解決這些農業生產上的難題，況且世界農地各處的環境與地力差異很大，有些農地缺乏水源，或過於貧瘠，或已遭到嚴重汙染，戶外已不適合從事生態農業，這時精緻農業可能在這些地區發揮潛力，所以可見的未來必是精緻農業、慣行農業、生態農業三分天下的局面，在相互學習，相互對話與合作下，精緻農業、慣行農業也必漸漸向生態農業轉移，共同向永續農業前進。因爲地球只有一個，需要大家共同關心與維護。（圖 10-16）

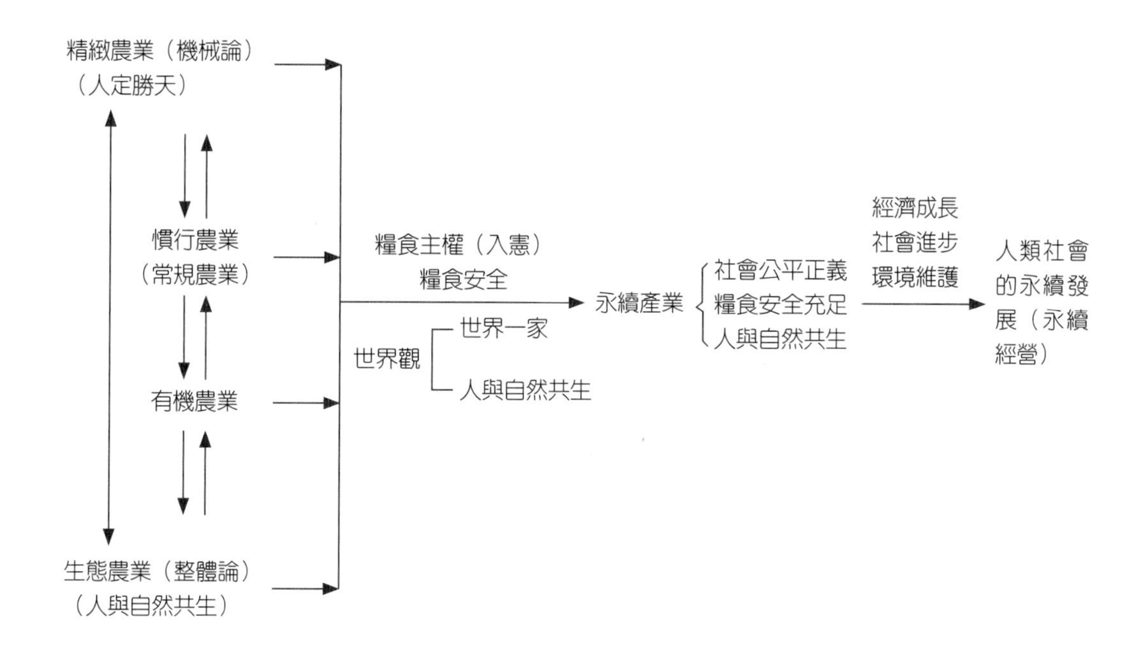

圖 10-16　有機農業、永續農業與社會永續發展關係圖

聯合國世界環境和發展委員會（World Commision on Environment and development, WCED）1987 年在其報告《我們共同的未來》（Our common future）一書中，已特別強調「永續發展」理念，認爲人類未來的發展應能滿足當代的需要而同時又不損及後代追求其本身需要之開發。以往以爲地球之自然資源取之不盡、用之不竭，或經濟發展與環境品質互不相容的想法已經被淘汰，代之以環境保護與經濟發展應兼籌並顧、相輔相成以改善人民生活品質之理念。已將永續的涵義擴大，必須是延續世世代代之福祉。

距聯合國當年提出的報告已經過 32 年，世界永續發展已有多少進展？有機農業、生態農業又有多少進展？究竟參與有機農業、生態農業的主權掌控在誰的手上？產品的分配又掌控在誰的手上？所以目前世界除了關心農業永續發展外，更迫切的是如何解決 8 億人口長期飢餓及 20 億人口缺乏微量要素的營養問題。如果我們認爲世界一家，人與自然共生是我們最終的目標，我們必須早日解決這些弱勢的世界公民食的問題，因爲這是作爲一個人的基本人權。當世界公民都享有糧食主權，當人類都能安全健康有尊嚴、有自主性的活著，才是人類社會能眞正走向和諧自由幸福永續發展的保障。

第十一章 人的營養和農產品品質

人類爲了生存和社會活動，必須從外界攝取生活資料。農產品是生活資料的重要來源之一。農產品主要來自動物、植物及微生物，而動物和大部分微生物直接或間接靠植物利用太陽能、空氣、土壤製造的食物爲生。人類除了食物及氧氣和其他動物一樣需要植物提供及補充外，現代文明所需的生活資料很多都來自植物。因此植物不但是自然生態系，而且也是人控生態系中物質流與能量流不可或缺的重要環節。由於本書是以植物營養爲主，而植物營養與人的營養又是密不可分的，所以在最後一章規劃人的營養與農產品品質。其目的除了探討人類主要需要什麼營養，什麼樣的植物性農產品可以滿足人類的需要，以及如何利用營養調節的方法達到改進農產品品質的目的。最後特別要呼應第一章所強調的植物營養學並不是一門孤立的學問，它必須在可合理控制的立地環境下與相關領域知識與經驗密切結合，才能將研究的成果，有效地落實在農產品的生產上。

人類需要哪些營養素

組成人體的必需營養素

人體的必需養分雖然與植物不盡相同，但必需元素大部分與植物所需相同。人類除了需要無機的物質外，還需要植物或其他動物合成的有機物，以下將人所需要的養分整合爲四部分，其中在元素前有「*」標誌者，表示也是植物的必需元素，藉此可與植物需要的 16 種元素做一比較。

脂肪酸

必需的有 2 種，爲次亞麻油酸（linolenic acid）和亞麻油酸（linoleic acid）。

胺基酸

存在於蛋白質的胺基酸有 22 種，必需的有 8 種，其餘的可經由轉胺基作用（Transamination）轉變而成，這 8 種必需胺基酸分別爲：(1)纈胺酸（Valine, Val）；(2)白胺酸（Leucine, Leu.）；(3)異白胺酸（Isoleucine, Ile.）；(4)甲硫胺酸（Methionine, Met.）；(5)苯丙胺酸（Phenylalanine）；(6)色胺酸（Tryptophan, Trp）；(7)羧丁胺酸（Threonine, Thr.）；(8)離胺酸（Lysine, Lys）。其他如精胺酸（Arginine, Arg.）及組胺酸（Histidine, His）只在幼年期需要。

維生素

維生素可分為脂溶性和水溶性。脂溶性維生素包括A、D、E、K 4 種；水溶性維生素包括 C 及 B 複合劑等共 9 種。

必需元素

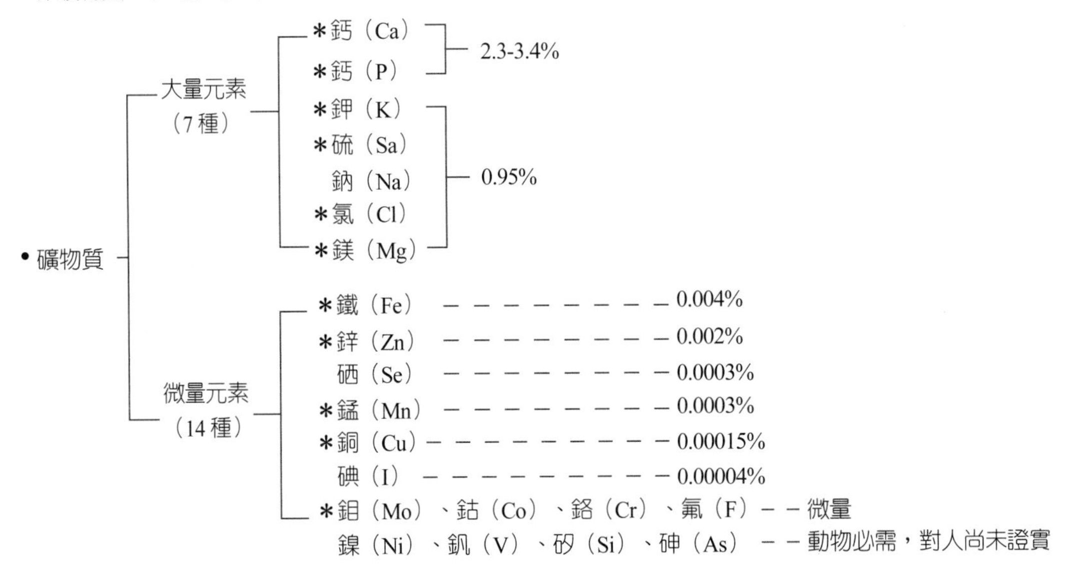

人體需要的八大類營養成分：主要來自植物體中的營養物

一般書籍常把人體需要的營養分分為五大類，沒有把水分包括在裡面，筆者認為還是加入水分為宜；而雖然醣類不是必需營養素，但醣類轉換成能量，最直接有效，且蛋白質、脂肪攝取多，對身體不宜。同樣地纖維素也不是必需營養素，但它對食物的消化及排泄扮演重要功能，所以纖維素也是食物中不可或缺的。至於植化素是近年來營養學家們特別重視的一些植物次級產物，所以也一併放入人體需要的營養成分內。

醣類

包括單醣、雙醣、寡糖、多醣。

蛋白質

蛋白質是有生命物質的主要成分之一，是一種含碳、氫、氧、氮及少量硫、磷與碘等元素，複雜且變化很大的有機巨型分子。主要由一條或多條肽鏈構成，胺基酸為肽鏈的構成單位，共包括 20 餘種胺基酸，其中 8 種為人體的必需胺基酸。

油脂

由脂肪酸和甘油所構成，植物的油脂於室溫下多呈液體。含飽和脂肪酸者：如月桂酸（Lauric acid, $C_{12}H_{23}COOH$）；棕櫚酸（Palmitic acid, $C_{15}H_{31}COOH$）；硬脂酸（Stearic acid, $C_{17}H_{35}COOH$）。含不飽和脂肪酸者：如油酸（Oleic acid, $C_{17}H_{35}COOH$）；亞麻油酸（Linoleic acid, $C_{17}H_{31}COOH$）；次亞麻油酸（Linolenic acid, $C_{17}H_{29}COOH$）。

維生素

有水溶性維生素及脂溶性維生素兩種。水溶性維生素有維生素 C（Ascorbic acid）、B_1（Thiamine）、B_2（Riboflavin）；菸鹼酸（Niacin）、B_6（Pyridoxine）、B_{12}^{*}（Cobalamin）、泛酸（Pantothenic acid）、葉酸（folic acid）、生物素（Biotin）、膽鹼（Choline）。脂溶性維生素有維生素 A、D^{*}、E、K。

礦物質（對植物而言）

有必需元素及有益元素兩種。必需元素為 N、P、K、Ca、S、Mg、Fe、Mn、Cu、Zn、Mo、B、Cl。有益元素為 Na、Si、Al、Se、Co、Ni。

植化素

植化素實際上是植物的次級產物。它雖然不是人體必需的營養成分，但是有些次級產物的確對人體健康的維護有明顯的效果。營養學家也呼籲民眾每天要多吃一些不同顏色的蔬果，所以我們可以稱這些植化素為有益的植物次級產物。它大致可以分為六大類，分別是類黃酮素、類胡蘿蔔素、酚酸類、有機硫化物、植物性雌激

---

* 表示植物內罕見者。

素以及未分類的共六大類。（請參閱第七章〈植物的次級產物〉）

纖維素

水分

人類的食物為什麼有主食與副食之分

主食與產食革命

人類在依靠狩獵與採集維生的時代裡，食物的供給無法維持一個持續與穩定的程度。自從人類學會自己栽培作物，食物的供給才逐漸改善。但是，作物的生長常受氣候的影響，新鮮的蔬果又不易儲存。直到發現植物的儲藏器官，如種子（豆、麥）、塊根、塊莖，在低溫乾燥的環境下，呈休眠狀態，能長期保存；而且，皆含有較高的熱量及養分密度。一般儲藏器官多含有澱粉、蛋白質及油脂類，次級產物含量則甚低。又因有好的運輸性，故可避免季節性及地域性的限制。因此，儲藏性器官逐漸普遍的被人類當作主要的糧食來源。我們稱這些可提供大量能源及營養物質的作物爲食用或糧食作物，其中可食用的部分即作爲我們的主食，如稻米、小麥、玉米、小米等。

如果從人類發展的角度觀察，人類大量栽培及食用植物儲藏器官，是人類進入文明的重要關鍵。由於人類的食物自此以後有一個穩定與持續的來源，人類可以有更多的時間從事產食以外的活動，並創造出更複雜、更豐富的文化內容。所以，人類學家常稱這種改變是「產食革命」。有趣的是，考古學家發現，這種由許多民族在不同的地區、在相近的時間內，平行發展出的產食中心，多集中在亞洲、非洲與南美；在近三百年人類歷史裡扮演主要角色的歐美文化，卻在一萬多年前的產食革命裡缺席（表 11-1）。因此，李亦園（1994）在其論文中對此一現象做了以下的結語：「自整體人類的觀點來看，文化是由所有民族的經驗所彙集累積而成的，沒有一個民族可以聲稱比其他人貢獻的更多。今日人類的文明，是所有民族集體創造的成就。」

表11-1　世界七個主要的動植物栽培中心

	地區	種植與豢養種類
舊大陸	近東小亞細亞南部黃河流域	大麥、小麥；馬、羊、小米、黃米……
	黃河流域	小米、黃米、大豆；雞、鴨
	長江流域南部	芋頭、稻米；豬
	東非與北非	高粱、珍珠稗（小米的一種）；牛、駱駝
新大陸	祕魯	甘藷、樹藷；駝馬、駝羊
	墨西哥南部、中美洲北部	玉蜀黍、南瓜、豆類；火雞
	密西西比河流域	向日葵

資料來源：李，1994。

爲什麼有主副食之分

植物儲藏器官固然可以提供澱粉、蛋白質和油脂，但是從人的營養來看，光依靠「主食」是不夠的，必須配合一些「副食」。顧名思義，副食是用來補償主食的不足。最常見到的副食就是蔬菜，因爲蔬菜可以補償主食中限制性胺基酸、礦物質、維生素以及纖維素等，使營養均衡。但由於蔬菜主要取食部位只是幼嫩的莖、葉，多爲高度水化的建構，代謝速率快，儲藏的醣類及胺基酸很快分解，或轉化成木質素，纖維素及各種次級代謝產物堆積在細胞壁或液胞內，這個過程也就是老化。所以蔬菜採收後，運輸及儲存的方式不當，很容易老化及腐敗。由於蔬菜不易儲存及運輸，所以有其季節性和地域性的限制；有時造成稀有，有時則造成過剩，而導致取得的不穩定性。因此，蔬菜不能取得主食的位置。臺灣目前爲了健康，流行素食，但是對蔬菜的稚嫩以及安全性則較少注意。不過近年來溫室的水耕蔬菜漸漸增加，蔬菜的品質及供應量已逐漸改進，但生產仍受日照的影響。

我們的老祖先在蔬菜的生產中，有一項很重要的技術，就是孵綠豆芽；它既不受氣候的影響，也不受地域的限制。綠豆芽含多種胺基酸，可以補充主食胺基酸的不足，又可增加食感性，其中纖維素又可幫助消化排泄，更沒有農藥的顧慮。由於綠豆芽整齊清潔，又可減少廚餘，眞是偉大的發明。不過商人爲了豆芽菜根的發育粗壯多汁，又在水中浸入植物生長激素 2-4D，使人產生了另一項的顧慮。

農產品的營養品質如何判定

農產品品質

植物性農產品的功能很多，除了食用外，還有建材、保育、觀賞等很多功能。爲了符合這些目的，人類對農產品品質就產生了一定的要求，如營養化學上的營養品質、加工製造上的原料品質、儲運品質，以及作爲嗜好品的材料品質等，本章的重點則放在營養品質上。

農產品之營養品質如何判定

是否含必需營養素的成分及符合食用者的喜好？

1. 澱粉

(1)稻米品質：哪一種品質重要，需視利用對象而定。

①碾米品質：主要爲碾米率，尤其是完整米率。

②米粒外貌：米粒大小、形狀、透明度、腹白、心白、背白與胚芽缺刻度大小。除日本、韓國及我國偏好粗短形之黏性米外，絕大部分亞洲地區的消費者喜歡長粒細長形米（Juliano, 1966, 1970）。在國際市場上，這種形狀且透明之米，亦具較高之市場價格（Chang, 1971）。

③烹調及食用品質：包括糊化溫度、直鏈性澱粉含量、消化率、膠體性質、蛋白質含量以及米飯之食味等。

④加工及釀造品質：例如作米粉以直鏈性澱粉含量高者爲佳，釀酒則以蛋白質含量低者爲佳。

(2)馬鈴薯主要是澱粉含量，甘藷除澱粉外，單醣、雙醣、胺基酸及纖維素含量的多寡，也是判定品質的重要依據。

2. 蛋白質

可分爲完全蛋白質及不完全蛋白質。完全蛋白質指所含必需胺基酸種類齊全，含量充足，比例適當，可以滿足人體生長之需要者，謂之完全蛋白質，亦稱爲高生物型蛋白質。不完全蛋白質指缺乏某一個或某些必需胺基酸，又稱低生物型蛋白質，一般植物性蛋白質多屬此類。

胺基酸評分（amino acid score）：由於胺基酸是蛋白質構成之基本單位，蛋白質之品質主要決定於胺基酸的組成，因此有完全蛋白質及不完全蛋白質之分，胺基酸評分是評估蛋白質品質中，必需胺基酸是否充足的一種重要項目，它是將蛋白質中某種胺基酸與某年齡層所需蛋白質中此種必需胺基酸含量之比值。

$$\text{胺基酸評分} = \frac{\text{蛋白質樣品中某種必需胺基酸的含量}}{\text{參考蛋白質中必需胺基酸的含量}} \times 100$$

蛋白質化學價：如果經胺基酸評分後發現評分低於 100 的，即爲限制胺基酸，該蛋白質的利用效率即受其限制而降低。其中含量最低的必需胺基酸，稱爲第一限制胺基酸。我們常利用此胺基酸來評估蛋白質的化學價（chemical score），實際上蛋白質的化學價就是第一限制胺基酸評分，它更能顯示蛋白質的利用效率。

$$\text{蛋白質化學價} = \frac{\text{第一限制胺基酸含量}}{\text{參考蛋白質中該胺基酸的含量}} \times 100$$

通常各種胺基酸的含量在植物中含量較低的必需胺基酸，常常是離胺酸、甲硫胺酸、色胺酸，成爲限制胺基酸，各種胺基酸的含量因來源而異。表 11-2 爲一些常見的食品中，限制胺基酸含量及胺基酸評分的比較，表 11-3 則爲高品質蛋白質與豆類和米類中，三種限制胺基酸含量的比較。

表11-2　一些常見的植物性蛋白質中限制胺基酸之含量和胺基酸評分

食物來源		限制胺基酸	胺基酸評分
穀類	大麥	離胺酸	68
	玉米片（整片磨成粉）	離胺酸、色胺酸	53、57
	燕麥片	離胺酸	73
米	糙米	離胺酸	75
	白米	離胺酸	71
麵粉	粗麵粉（未去麩）	離胺酸	56
	白麵粉	離胺酸	41

（續）

食物來源		限制胺基酸	胺基酸評分
豆類	紅、黑、白、花蓮豆	甲硫胺酸、色胺酸	73、95
	豇豆	甲硫胺酸、色胺酸	86
	利馬豆	甲硫胺酸、色胺酸	86、75
堅果	杏仁	離胺酸、色胺酸	44、80
	腰果	離胺酸	91
	花生	離胺酸、色胺酸 甲硫胺酸	70、96 92
	大胡桃（北美產）	離胺酸	89
	胡桃	離胺酸、色胺酸	30、95

資料來源：黃等人，1998。

表11-3　高品質蛋白質與豆類和米類中三種限制胺基酸含量的比較

	離胺酸	甲硫胺酸 +胱胺酸	色胺酸
高品質蛋白質中胺基酸的含量： 毫克／克蛋白質	51	26	11
豆類： 毫克/克蛋白質 胺基酸評分	74 145	20 77	9 82
米： 毫克／克蛋白質 胺基酸評分	39 77	32 123	11 100
米和豆類的平均值： 毫克／克蛋白質 胺基酸評分	57 112	26 100	10 90

資料來源：黃等人，1998。

3. 油脂

植物油品質的優劣，主要由其安定性與脂肪酸組成，作爲評定標準。植物油的安定性多隨飽和與單元不飽和脂肪酸（18：1）含量之增加而提高，而隨多元不飽和脂肪酸（18：2、18：3 等）含量的增加而降低（Cobia et al., 1975）（表 11-4）。對人體營養而言，主要考慮油脂中之必需脂肪酸是

表11-4　各種油脂食物的飽和與不飽和脂肪酸含量

食物名稱		全部脂肪含量（%）	脂肪酸			
			飽和脂肪酸（%）	單元不飽和脂肪酸（%）	多元不飽和脂肪酸（%）	亞油酸（%）
沙拉油及烹調油	紅花子油	100	9	12	74	73
	葵花子油	100	10	21	64	64
	玉米油	100	13	25	58	57
	黃豆油，未氫化	100	14	24	57	50
	棉子油	100	26	19	51	50
	芝麻油	100	15	40	40	40
	黃豆油，氫化	100	15	43	37	32
	花生油	100	17	47	31	31
	棕櫚油	100	48	38	9	9
	橄欖油	100	14	72	9	8
	椰子油	100	86	6	2	2
植物性脂肪	烤酥油，家庭用	100	25	44	26	23
餐桌上用油	人造奶油					
	紅花子油（液）：桶裝	80	13	16	48	48
	玉米油（液）：桶裝	80	14	30	32	27
	玉米油（液）：黏性	80	15	36	24	23
	黃豆油（氫化）：黏性	80	15	46	14	10
	牛油	81	50	23	3	2
動物性脂肪	雞油	100	32	45	18	17
	豬油	100	40	44	12	10
	牛脂	100	48	42	4	4
魚（生的）	鮭魚	9	2	2	5	1
	鮪魚	8	2	2	3	<0.5
	鯖魚	10	2	4	2	<0.5
	鯡魚	6	2	2	1	<0.5

（續）

食物名稱		全部脂肪含量（%）	脂肪酸			
			飽和脂肪酸（%）	單元不飽和脂肪酸（%）	多元不飽和脂肪酸（%）	亞油酸（%）
核果類	核桃：English	63	7	10	42	35
	Black	60	5	11	41	37
	Brazil	68	17	22	25	25
	Pencan	71	6	43	18	17
	花生	48	9	24	13	13
	花生醬	52	10	24	15	15
蛋類	蛋黃	33	10	13	4	4

資料來源：黃等人，1998。

否充足，以及脂肪酸組成之比例是否合宜。一般而言，飽和脂肪酸、單元不飽和脂肪酸、多元不飽和脂肪酸之比以 1：1：1 爲佳。實際上油脂的攝取，從營養化學的角度去探討，並不單純。因爲除了要考慮不飽和脂肪酸的優點外，還要考慮它的缺點。因爲不飽和脂肪酸，尤其是多元不飽和脂肪酸，固然有降低血液中膽固醇的功能，並可防止心臟病、心肌梗塞、腦血栓病、動脈硬化，但同時易氧化產生自由基，又會促進血小板的凝聚，易造成血栓。所以近年來，營養學者倡議食用橄欖油，主要因爲此類油含多元不飽和脂肪酸少。並建議攝取魚油，因爲魚油所含不飽和脂肪酸的 EPA（Eicosapentaenoic acid）與 DHA（docosahexaenoic acid）不僅能降低血中膽固醇，又能抑制血小板的凝聚，對預防心臟或血管系的成人病非常有效。不飽和脂肪酸有易被氧化而變成過氧化脂質的缺點，所以買魚一定要選新鮮的，吃魚的時候，也一定要配合足量的新鮮蔬菜類，因蔬菜類會有抗氧化的維生素 C、E 與胡蘿蔔素。據李敏雄（1988）的研究，茶葉內也含有抗氧化物質，尤其是綠茶之萃取物，對大豆油之抗氧化效果最佳，甚至優於 BHA（butylated hydroxyanisole）及 BHT（butylated hydroxytoluene）。至於飲茶是否有抑制自由基在人體中產生的效果，則需待實驗證明。

是否容易被利用

營養學者對營養素的利用率，研究最多的是蛋白質，一般評估蛋白質的利用率有三種指標，分別為：

1. 生物價（Biological Value，簡稱 BV）

生物價是測量蛋白質中，氮在體內保留量與吸收量之比。即：

$$生物價=\frac{N\ 保留量\times 100\%}{N\ 吸收量}=\frac{[N（攝取量）-N（糞）-N（尿）]}{N（攝取量）-N（糞）}\times 100\%$$

2. 蛋白質利用率（Net protein utilization，簡稱 NPU）

是測量蛋白質中，氮在體內保留量與攝取量之比，亦即蛋白質在體內消化率越高，淨利用率越大。此關係可用下式表示：

$$蛋白質利用率=\frac{N\ 保留量\times 100\%}{N\ 吸收量}=生物價\times 消化率$$

3. 蛋白質效率（protein efficiency ratio，簡稱 PER）

是測量人體攝取一克蛋白質可增加多少體重。即：

$$蛋白質效率=\frac{體重增加量}{蛋白質攝取量（克）}$$

我們把測定農產品之營養素及利用率結合起來，就可以了解下面由國際糧農組織及世界衛生組織所提供的有關食物蛋白質中必需胺基酸評分資料。每一最常見的限制胺基酸下有兩項數字（表 11-5）：左邊一欄表示食物中每克蛋白質所含該胺基酸之量（mg/gm，即毫克／克），右邊一欄則表示該胺基酸之評分。今以 2 至 6 歲學齡前兒童為例，若此兒童蛋白質來源為花生，離胺酸將為其第一限制胺基酸，它的計算方法，即是用胺基酸評分法：36/58=62%；表中其他括號中之數字皆為第一限制胺基酸。

由於蛋白質對人體健康的重要，以及在很多國家的國民食物中，蛋白質都不足，所以在食物中對蛋白質的研究特別重視，並提出許多評估方法。澱粉也可以用攝入量及排出量之差異訂定消化率，惟因澱粉在蒸煮後之消化率都很高，所以在此

表11-5 在食物蛋白質中必需胺基酸（EAA）的含量與 FAO / WHO 參考值比較

	最常見的限制胺基酸								通常飲食中充分的胺基酸					
	離胺酸		甲硫胺酸十胱胺酸		丁胺酸		色胺酸		組胺酸	異白胺酸	白胺酸	苯丙胺酸	胺酸	總EAA
需要量估計值														
mg/gm 飲食蛋白質														
12 歲以上成人	16		17		9		5		16	13	19	19	13	127
6-12 歲學童	44		22		28		9		19	28	44	22	25	241
2-6 歲學齡前兒童	58		25		34		11		19	28	66	63	35	339
2 歲以下嬰幼兒	66		42		43		17		26	46	93	72	55	460
食物蛋白質組成	mg/gm	%	mg/gm	%	mg/gm	%	mg/gm	%	mg/gm					
蛋	70	121	58	232	51	150	15	136	23	62	88	99	68	535
牛奶	72	124	34	136	44	129	14	127	34	64	125	131	74	592
牛肉	89	153	40	160	46	135	12	109	34	48	81	80	50	480
黃豆	64	110	26	104	39	115	13	118	25	45	78	81	48	419
花生	36	(62)	24	96	26	76	10	91	24	34	64	89	42	349
樹薯葉	62	107	28	112	47	138	14	127	22	48	86	94	57	458
樹薯（根）	41	(71)	27	108	26	76	11	100	21	28	39	41	33	201
馬鈴薯	48	83	19	76	38	112	16	145	15	38	60	67	47	348
小麥（全麥）	29	(50)	40	160	29	85	11	100	23	33	67	75	44	351
小麥（白麵粉）	21	(36)	40	160	27	79	11	100	21	36	70	72	41	339
玉米（整顆）	27	(47)	35	140	36	106	7	64	27	37	125	87	48	429
糙米	38	(66)	34	136	39	115	12	100	25	38	82	86	55	409
白米	36	(62)	37	148	33	97	13	118	23	42	82	80	58	404
1/3 蛋，2/3 馬鈴薯	55	(95)	32	128	42	124	16	145	18	46	69	78	54	410
1/3 牛奶，2/3 麵粉	38	(66)	38	152	33	97	12	109	25	45	89	92	52	424
1/3 黃豆，2/3 白米	45	(78)	33	132	35	103	13	118	23	43	1	80	55	408

（續）

	最常見的限制胺基酸								通常飲食中充分的胺基酸					
	離胺酸		甲硫胺酸十胱胺酸		丁胺酸		色胺酸		組胺酸	異白胺酸	白胺酸	苯丙胺酸	胺酸	總EAA
1/3 牛肉，2/3 玉米	38	(66)	36	144	39	115	8	73	29	41	110	85	49	435
1/3 樹薯葉，2/3 樹薯（根）	48	(83)	27	108	33	97	12	109	21	35	55	58	41	330

註：( ) 表示第一限制胺基酸

　　% 表示胺基酸評分

資料來源：國際糧農組織（Food Agriculture Organization, FAO）

　　　　　世界衛生組織（World Health Organization, WHO）

沒有提及澱粉的消化率。嚴格而言，澱粉類作物產品皆會因澱粉之直鏈與支鏈以及蛋白質含量，影響到口感、消化率與營養價値。所以除了重視一般的外觀、嗜好、原料等品質（宋，1993 與附錄三）外，對國人作爲主食之米及麵粉，亦應及早訂出簡易的評估標準。實際上，除了蛋白質和澱粉外，人類在其他營養素的利用上，也遇過很多問題；如蔬菜中的鐵素不如動物中的鐵容易被吸收。因爲植物體所含的鐵，主要以非血原素鐵的形式存在，動物中的鐵主要以血原素鐵（如血紅素及肌紅蛋白中的鐵）的形式存在，有些有機酸如檸檬酸、蘋果酸，則可增加非血原素鐵的吸收二至四倍（鐵，2000），所以純吃素的人對鐵的吸收要特別注意。又如鈣離子在含草酸多的菠菜中，則會結合成草酸鈣，不易被吸收，我們則需要利用選種或利用營養調節的方法加以改進。

是否安全

世界的植物有幾十萬種，可食用不過幾百種，這些被當作作物的植物，都是經過人類長時期精挑細選的。工業革命後，肥料施用量不斷增加，生產量也普遍提高，但空氣、土壤、河川，卻不斷遭到污染，因此原本對人是無害的作物，也不是在任何情形下都可以任意食用。一般民眾最關心的是食物是否新鮮、清潔，有沒有受到昆蟲的侵害及病毒感染，對食物是否包含不安全的物質則較不重視。以下我們只提出幾項不常被注意的問題與讀者一起討論。

1. 農藥的殘毒

目前臺灣除了少數有機農業的業者外，大部分的作物都需要施用農藥。農藥的毒性很高，極微量即會傷害身體（表 11-6）。固然有些農藥可經過光、溫度、微生物或作物可以分解，但有些經植體代謝或在土壤中分解後，殘存物仍具有毒性（圖 11-1）。況且農民常爲防止蟲害，提高商品價値，在採收前幾天仍在噴灑農藥。政府雖然也有抽樣檢驗，但因人員不足，無法做到徹底監督及取締的地步，消費者只有自求多福了。所以我們對蔬菜或一些薄皮水果在烹調或生食前，除了清洗外，最好浸泡一段時間，可使附著的水溶性農藥降至最低，至於油溶性農藥或已吸收入植物體內無法代謝者，則不易溶出。

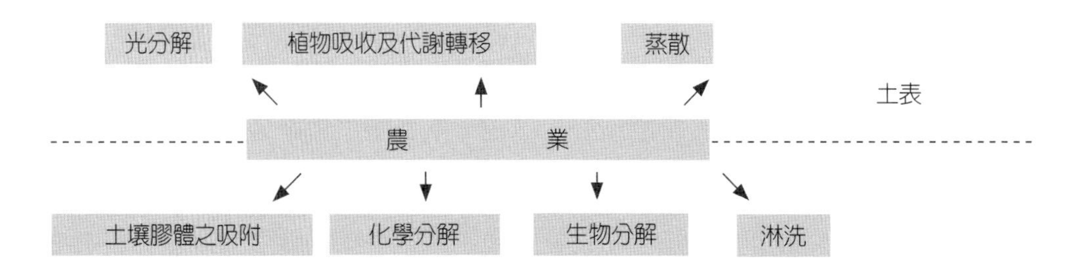

圖11-1　農藥在環境中之轉變

表11-6　農藥之毒性

毒性分類	LD$_{50}$(mg/kg)				LC$_{50}$(mg/l)
	口服		皮膚		呼吸
	固體	液體	固體	液體	
極劇毒	<5	<20	<10	<40	<0.5
劇毒	5-50	20-200	10-100	40-400	<0.5-2.0
中等毒	50-500	200-2,000	100-1,000	400-4,000	2-20
輕毒	>500	>2,000	>1,000	>4,000	20-100

註：LD$_{50}$ 是致死半量（毫克藥量／公斤老鼠體重），表示服用這樣劑量的老鼠會有一半死亡。
LC$_{50}$ 是致死半量（毫克藥量／公斤空氣體積），表示空氣中的藥劑有這樣的濃度老鼠會有一半死亡。

資料來源：廖，1984。

2. 硝酸鹽的疑慮

由於銨態氮在通氣土壤中適當的 pH 値下，可轉變爲硝酸態氮，因此在旱田中施用銨態氮的肥料，植物可能也是吸收硝酸態氮。雖然硝酸態氮有利於一般作物的生長，但是在日照不足的環境下，植物體內很容易累積硝酸態氮。臺灣很多種蔬菜中硝酸鹽的含量，常超過數千 ppm，這樣的蔬菜在採收後，若堆積在通氣不良的環境，硝態氮（NO^-_3）很容易被硝酸還原菌還原成亞硝態鹽（NO^-_3）。直接取食含亞硝酸鹽多的蔬菜，會有急性中毒的危險，例如引起藍嬰症（Blue baby），若亞硝酸鹽與有機化合物上的胺基形成亞硝胺及疊氫化合物則更具毒性。據 Bendar 等人（1994）的研究，人體內的硝酸鹽在小腸中約有四分之一可能被還原爲亞硝酸鹽（NO^-_2），再由二級胺及亞硝酸鹽轉化成亞硝胺（nitrosoamine）等之致癌物（Hotchkiss et al., 1987），所以不但飲水或食物中不宜含過量之 NO^-_3 或 NO^-_2，而且蔬菜放入冰箱內，除了眞空包裝，也不宜密封於塑膠袋內存放很久，以免 NO^-_3 轉化爲 NO^-_2。

3. 重金屬及有毒廢棄物的污染

臺灣自從農業社會轉型爲工業社會後，工業對環境的污染日益嚴重，昔日都市內小溪的魚蝦今日於河川中亦難得一見。近年來雖然民間的環保意識逐漸高漲，但由於政府重視經濟發展，對取締工業污染物仍不願全力推動，以致鎘米事件、美國無線電公司（RCA）在桃園工廠有毒廢棄物及有機溶劑對地下水污染事件、台塑的汞污泥事件，層出不窮。根據朱海鵬等人（1992）之報告，臺灣農地土壤重金屬含量超過第四級（偏高）地區已有 5 萬公頃，目前經細密調查後，已確認屬第五級（高含量）的約 300 多公頃，分散於多處農田。但非農田土地之污染不但鮮有紀錄，恐怕政府尚無暇注意於此。很多污染事件都是事後由民眾舉發，才被環保單位重視，受害民眾已不知多少。我們在媒體上時常看到因工廠利用暗管排放污水，造成大批養殖魚蝦死亡，當然附近的農田也不能倖免。我們每天吃的蔬菜，並不知其產地，各地衛生局或農業局對蔬菜只能針對幾種特定的農藥抽檢，由於缺乏分析儀器與人力，也未做重金屬分析。喧騰一時的臺塑汞污泥及長興化工廢棄物事件，就充分曝露出政府對工業污水及廢棄物的處置，缺乏整體的規劃與監督。環保署在台塑公司將固化汞污泥運出時未盡到嚴格檢驗責任，至於高雄林園掩埋場掩埋部分，當地環保局及負責掩埋的工程公司既無掩埋方法及地點的確切紀錄，也無掩埋場定期滲流水檢測資料，更是匪夷所思。尤有甚者，屏東縣大園鄉赤山巖又挖出 6 千噸未經處理的汞污泥，約爲棄之於柬埔寨的三倍。實際上，在臺灣除汞污泥以外的環境污染物不計其數，像高屏溪曾被不肖廢棄物處理廠商傾倒二甲苯有毒廢溶劑，致使高雄市 60 萬戶大停水，造成民眾恐慌。直到媒體揭露臺灣每年生產 147 萬公噸的有毒廢棄物，只能處理 20%，而且很多還不知去向的事實，才驚醒了全臺灣的民眾。當想到我們正處在充滿潛在危機的社會時，怎麼會不爲我們每日呼吸的空氣、飲用水及農產品的安全擔憂？

實際上重金屬來源不僅是來自工廠或研究機構的排放水及廢棄物，它也來自汽機車的廢氣（含鉛），甚至土壤本身。像嘉南部分地區土壤中含砷的比例較高，因此飲用地下水或長年食用當地的農作物產品，居民罹患烏腳病者亦較多。農政單位應對此地區的農田做詳細的調查，決定農民是否應繼續種植食用作物及飲用當地的水。

4. 微生物黴菌和病毒的感染

近年來臺灣都市人口不斷增加，衛生環境並沒有大幅改善，因飲食集體中毒的案例時有所聞，這主要由細菌、黴菌及病毒所引起。但這都不是從食物表面可以觀察到的。像臺灣的花生常易感染黃麴毒素（alfatoxin），民眾又很喜歡食用花生製品，但是民眾並不知道自己食用的花生是否安全。

5. 檸檬茶的聯想

我們談談檸檬茶對健康的關係。爲什麼要談檸檬茶呢？主要是醫學界對鋁離子的重視，而茶又是含鋁最多的植物。因爲鋁如果能進入血液，就可能流入腦部。Perl（1980）曾發現老人癡呆症（Alzheimer Disease）患者的大腦皮質有高濃度的鋁蓄積，以致造成神經原纖維糾結。雖然目前學界多認爲引起老人癡呆症的原因很多，而且又與遺傳有關，鋁並不是主要原凶。但鋁若在腦組織中沉澱多了，頭腦一定會受損害，則是無庸置疑的。

由於茶是鋁累積型植物（Aluminium accumulator），據日人 Matsumuto（1976b）的報導，茶樹的老葉可以蓄積至 30,000 ppm（ppm 即百萬分之一）以上的鋁，也就是 100 克乾重的茶葉中含有 3 克的鋁，這的確是很驚人的。所以很早就有人擔心茶中的鋁是否對人體不利，實際上一般的茶湯中能浸泡出的鋁很少。依據梁等人（1998）分析綠茶茶湯，只有 5.4 ppm。雖然濃度很低，還是有人擔心它會不會在人體中累積？所幸在一般胃腸的酸鹼值下，鋁不易形成鋁離子，因此也不易被人體吸收，所以大家對茶不必有過分的疑慮。況且飲茶的優點很多（李，1984、1985；岩淺，1990），例如綠茶含有豐富的兒茶素（catechins）及多元酚（polyphenols），具有抗氧化劑的效用與防癌功效，同時亦有降低血脂、預防高血壓、心血管疾病與降血糖、預防齲齒、抑菌、抗潰瘍及抗過敏等功效。尤其「茶道」也是國人的一種高尚文化。

不過近年來又激起另一波對鋁在人體吸收的研究，起因於醫生在臨床上新的發現。由於內科醫生對胃酸過多的病人多開含氫氧化鋁〔$Al(OH)_3$〕的胃乳劑給患者服用，如果胃乳劑與含檸檬酸的物質一起服用，則血液中的鋁濃度會提高。爲了確認這個現象，Priest（1996）特別邀請了兩位志願男士做實驗，讓他們在服用含同位素鋁 -26 的氫氧化鋁時，一人加入檸檬酸，另一人則不加檸檬酸，在一定時間內抽取血液。結果發現：檸檬酸確實可以提高鋁在血液中的濃度，亦即說明檸檬酸鋁是容易被胃腸吸收的形式。這就使我們聯想到市面上流行的檸檬茶。若根據 Priest 的報告，檸檬酸鋁容易被吸收，而檸檬茶中又有檸檬酸鋁，那麼我們喝了檸檬茶不就容易提高血液中鋁的濃度嗎？如果鋁離子進入腦部而又沉澱下來，對大腦不就有可能造成傷害嗎？雖然在這方面的實驗還沒有具體的結論，但是我們已可體會到它的嚴重性了。

實際上，鋁對人體健康影響的研究，在第二次世界大戰後，即已開始，國內的研究也很多。遺憾的是科學家每年用了很多納稅人的錢做研究，所獲得的成果，主要是發表在專業的期刊上，一般的民眾很難在短時間內享用，這是我們做科學研究的人都應該反省的。

6. 基因改造食品的潛在問題

在臺灣大力推動生物科技的同時，我們不但應早日立法對進口基因改造食品嚴加管制，對國內生產的基因改造食品，也必須在銷售前評估其對公共衛生和環境造成的危害，以免產生不良後果，尤其應教育民眾重視基因改造食品的潛在問題（請參考附錄四）。

7. 蛋白質與癌症的關係

最近有一本美國康乃爾大學營養生物化學系教授坎貝爾（T. Colin Champbell）等合著有關營養的暢銷書，書名是《救命飲食》（原書名爲 *The China Study*）（呂等人，2008）著者收集了許多實驗結果，推論出若攝取動物性蛋白質含量多的食物會增加因誤食黃麴毒素（主要來自花生）而致癌的機率，尤其酪蛋白對某些人而言，是很強的促癌物，雖然還需要更多的實驗來確認這一推論，但最少能使我們再一次警覺到營養素與營養是不同的。同一種營養素，對不同的人可能產生相反的效果。

植物營養及農產品品質

植物營養學的最終目的，是利用營養要素調節植物的生育，使標的物的產量與品質符合生產者、加工者或消費者的期望與需要。尤其在臺灣進入世界貿易組織（World Trade Organization, WTO）之後，廉價的國外農產品大量進口，如果我們的農產品品質不力求改良或品質不能穩定，必將缺乏市場的競爭力，所以今後臺灣農產品品質的保證比產量的提升更爲重要（請參考附錄六）。然而對作物而言，要控制品質，除了營養調節外，品種選擇、立地環境、栽培季節、土壤性質以及灌溉水的來源，都要做適當考量（圖 11-2）。尤其是臺灣地狹人稠，在工業與商業用地不斷增加下，適合耕耘且未遭到污染的土地日漸減少。爲了保障農地應有的最小面積及避免污染，國土規劃及有效管制已刻不容緩。而且爲了農作物產品品質保證，任何田間作物栽培的研究，必須詳細記載栽培過程的氣候及土壤資料，因此農業專業區及農業資料庫的建立非常重要。由於過去研究作物栽培、人體營養、農產品加工的學者間缺乏密切聯繫與合作，所以作物收穫前與作物收穫後整合性的文獻甚少，且研究者多著重於產量的增加，常忽視品質的提升與穩定。

由於各個領域對農產品品質良劣的認定，尚未完全統一。所以筆者以下所引用有關營養管理對各種作物產量及品質影響的文獻中，所謂的品質，部分是該篇作者認爲是重要的，並不能視爲通則。

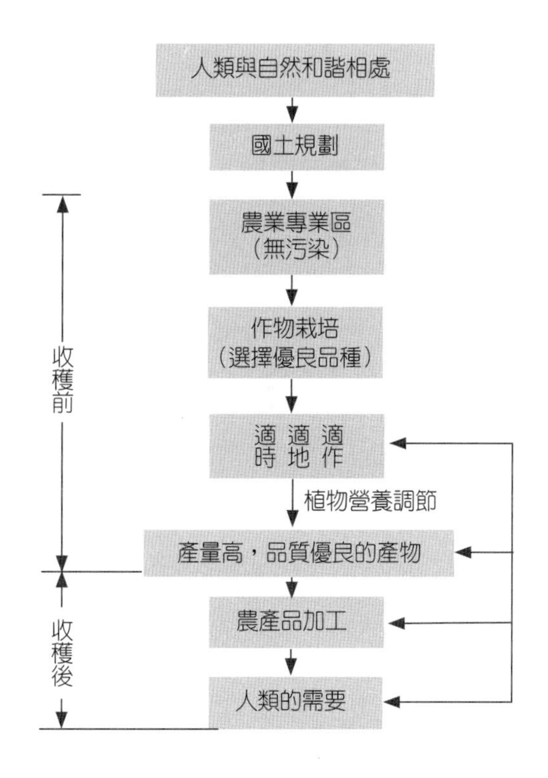

圖11-2　植物營養調節與農產品品質的關係

氮磷鉀是巨量要素中，最常用以調節作物生育的三種要素，其中尤以氮素更是栽培作物不可缺少的元素。因此，16 種必需元素，筆者在巨量要素中，只舉以氮磷鉀調節作物產品品質爲例；微量要素則舉硼爲例；繼之以有機質及菌根菌爲例；最後則以土壤及其管理對品質之影響爲例。

氮肥與作物產品品質

氮肥與作物品質關係（參考第七章氮的代謝）

氮肥與作物品質關係有促進光合作用，增加碳水化合物含量；提高必需胺基酸及蛋白質含量；影響飽和脂肪酸及不飽和脂肪酸之含量；重施氮肥導致作物體內碳水化合物含量下降，也有提高葉菜類 NO_3^- 含量之虞；缺氮使果實變小，著色不良，成熟延遲，甜味不足，品質下降。

氮對作物產品品質的影響

1. 稻米

以氮肥施用量及施用時機調節稻米品質爲例。稻米爲臺灣主要之糧食作物，亦為國人之主食。但近年來由於小麥大量進口，加以國人對副食之重視遠超過主食，所以食米之消費量已有逐年下降趨勢。四十年前，每人每年約消費 140 公斤，目前消費已不及其半量。政府有鑑於此，已於 1986 年開始，實行良質米輔導產銷計畫，但在各種生長條件下利用營養素調節品質之文獻仍不多見。

謝伯東等人（1971）曾用六種等級的氮肥，於不同時期施用於六種水稻之栽培，探討氮肥對水稻品質之影響（表 11-7）。首先分析白米之一般組成，發現各種水稻隨氮肥施用量之增加，澱粉含量有減少，粗蛋白質含量則有增加的傾向。直鏈性澱粉（amylose）含量並無隨氮肥之增加而有顯著差異，且三種在來米之澱粉中的直鏈性澱粉含量均較蓬萊米澱粉的含量為高，粗蛋白含量亦多有偏高的傾向（表 11-8）。

表 11-7　氮肥處理條件

處 理	施用總量	施用時機		
		基肥（kg-N/ha）	分蘗盛期（kg-N/ha）	幼穗形成期（kg-N/ha）
A	80	40	40	0
B	80	20	40	20
C	120	60	60	0
D	120	30	60	30
E	160	80	80	0
F	160	40	80	40

資料來源：謝等人，1971。

各種肥料處理對白米糊化黏度之影響，可由下列糊化黏度測定圖 11-3（Amylogram）及表 11-9 得知。

一般而論，含較多量 amylose 之澱粉粒對於糊化作用之耐力較強，但如表 11-8 所示，同一品種間各肥料處理區所得白米澱粉 amylose 含量之差異並不顯著；而由表 11-9 得知，各處理所得白米之 amylogram 上，其黏度開始急遽增加時之溫度，有隨其粗蛋白質含量之增加而提高之傾向。當加熱至 94.5℃ 時，蓬萊米溶液之糊度即達最高值，然後由於澱粉粒之極度膨大而

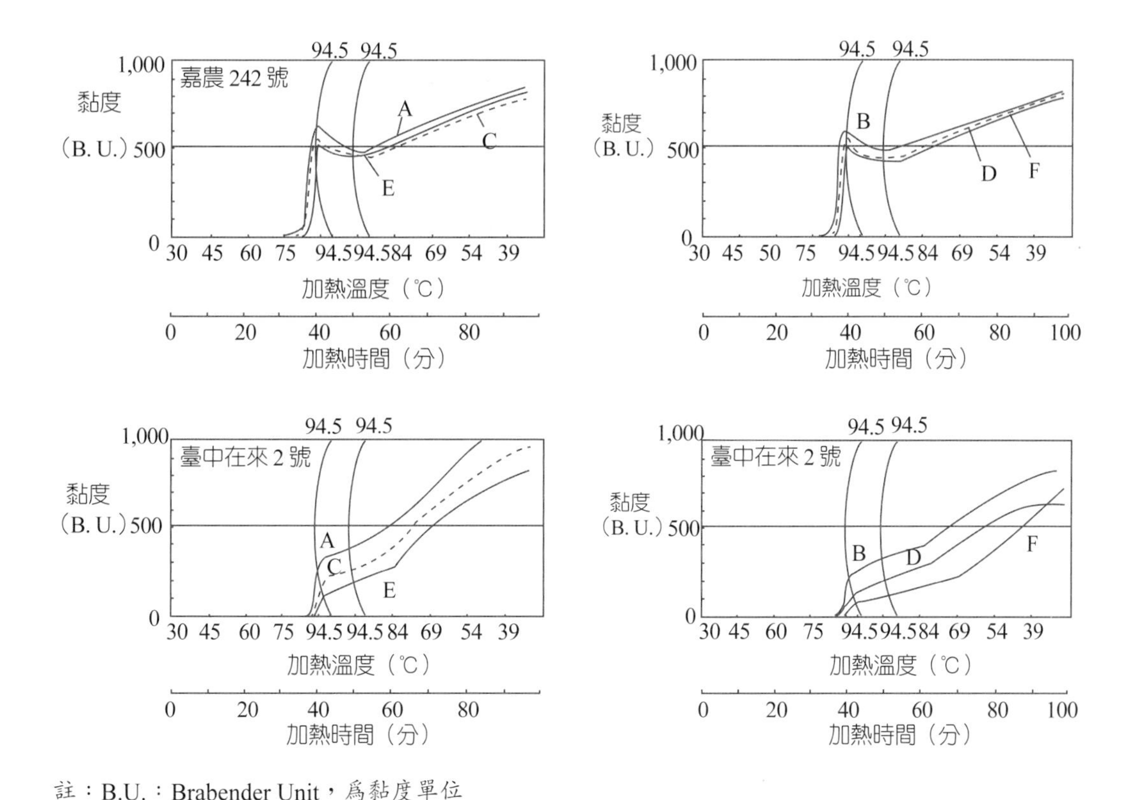

註：B.U.：Brabender Unit，爲黏度單位

圖 11-3　各種肥料處理所得白米之黏度測定圖（謝等人，1971）

破裂，乃使黏度降下。但在來米之 amylogram 則與蓬萊米者迥異，即當溫度達 94.5℃ 時，其黏度並未達最高值，卻繼續增加。在 94.5℃ 時，在來米之黏度，如表 11-9 所列，顯然較蓬萊米爲小。故顯示粗蛋白質含量之增加對於白米之膨大糊化作用有抑制作用。Gortner 及 Hamalainen 認爲，在澱粉粒之外圍有一層蛋白質膜。因此可推想，由於蛋白質含量之增加，亦即蛋白質膜之增厚，而限制了澱粉粒之膨大及糊化。因此，增加氮肥之施用量，或於幼穗形成期施用氮肥，可增強澱粉粒之構造，使白米需要較高之溫度才能煮熟。雖然該文作者強調蛋白質含量之增加與澱粉粒之膨大及糊化有密切之關係，然而與直鏈性澱粉含量之影響相較，孰重？需進一步探討。唯一遺憾的是，此實驗之土壤及氣候條件未出現在文獻中，但此試驗的方法及結果，對稻米之加工者及研究者仍具參考價值。

表 11-8　由各處理區所得之白米一般成分分析

品種	處理	水分 (%)	粗蛋白質 (%)	粗脂肪 (%)	灰分 (%)	澱粉質 (%)	直鏈性澱粉 (%)
臺南 5 號	A	11.1	7.31	1.88	0.86	89.5	13.9
	B	11.7	7.49	1.36	0.77	88.8	13.7
	C	12.5	8.72	1.85	0.74	88.0	13.8
	D	12.2	9.04	1.77	0.83	87.5	13.5
	E	12.0	8.61	1.36	0.74	88.1	13.4
	F	11.2	9.50	1.55	0.84	86.5	13.6
臺中 186 號	A	11.7	6.96	1.15	0.80	90.0	15.2
	B	11.5	8.14	1.03	0.70	88.4	15.8
	C	11.4	8.39	1.41	0.87	8.5	15.6
	D	11.3	10.35	1.06	0.79	87.0	15.6
	E	11.1	8.59	1.12	0.74	87.8	15.5
	F	11.5	10.60	1.14	0.86	87.1	15.8
臺農 242 號	A	11.3	7.91	1.25	0.73	89.4	14.2
	B	11.3	8.70	1.67	0.88	88.0	14.0
	C	10.9	9.17	1.56	0.83	87.7	14.5
	D	11.2	9.66	1.72	0.80	85.4	14.6
	E	11.1	10.22	1.51	0.92	86.4	13.7
	F	10.9	11.31	1.57	1.01	85.9	14.2
高雄稻 1 號	A	12.0	8.04	1.38	1.04	89.2	14.9
	B	12.2	8.62	1.24	0.93	88.1	15.1
	C	12.7	8.86	1.13	0.88	88.4	14.6
	D	12.4	10.46	1.20	1.06	87.0	14.6
	E	12.5	9.16	1.21	0.99	87.4	14.7
	F	12.0	11.72	1.14	1.16	85.0	14.7
臺中在來 2 號	A	10.6	10.76	1.57	0.60	86.3	22.3
	B	10.6	12.53	1.35	0.54	84.7	22.8
	C	10.6	12.36	1.41	0.59	84.6	21.2
	D	10.7	14.79	1.26	0.47	83.0	21.6
	E	10.4	13.74	1.10	0.57	83.5	21.5
	F	10.4	15.17	1.21	0.64	82.4	21.2

（續）

品種	處理	水分（%）	粗蛋白質（%）	粗脂肪（%）	灰分（%）	澱粉質（%）	直鏈性澱粉（%）
IR-8 號	A	10.7	9.51	1.58	0.77	88.9	23.8
	B	11.9	10.05	1.45	0.82	87.1	24.0
	C	10.9	10.72	1.61	0.63	86.2	24.2
	D	10.6	11.70	1.62	0.50	85.3	24.0
	E	10.2	11.50	1.66	0.62	85.4	24.4
	F	10.8	12.60	1.68	0.63	84.5	24.2

註：各成分之含量（%）除直鏈性澱粉以澱粉值爲計算基礎，其他皆以乾燥白米爲基礎。
資料來源：謝等人，1971。

表 11-9　各種肥料處理對白米黏度變化之影響

品種	處　理	黏度開始急遽增加時的溫度（℃）	溫度達 94.5℃ 時的黏度（B.U.）
蓬萊米（嘉農 242 號）	A	75	620
	B	76.5	610
	C	76.5	540
	D	79.5	530
	E	81	510
	F	81	505
在來米（臺中在來 2 號）	A	81	300
	B	82.5	200
	C	84	180
	D	84	150
	E	88	120
	F	88	90

資料來源：謝等人，1971。

2. 向日葵油（葵花子油）

以不同栽培期及氮肥量調節油成分爲例。油用向日葵與大豆、花生及油菜並列爲世界四大一年生食用油作物。國內於 1969 年自國外引進，目前農民栽培常用的品種，有雜交油用向日葵、臺南 1 號及臺南 2 號。

向日葵子實產量及品質深受子實成熟期間的氣溫及日照之影響（Pereira, 1978; Robinson, 1967），因此播種日期的選擇，非常重要。氮素營養是向日葵產量及品質之另一重要控制因子（Coic et al., 1972）。鄭雙福等（1989）曾探討種植時間與氮肥量對向日葵子實產量油含量及脂肪酸組成之影響。所得之結果，如表 11-10、表 11-11 及表 11-12。

表 11-10　季節與氮肥量對雜交向日葵臺南 1 號子實產量、粗油脂產量及油產量之影響

播種期	氮肥施用量（公斤 N / 公頃）				
	$N_0(0)$	$N_1(50)$	$N_2(100)$	$N_3(150)$	平均
子實產量 g/m^2					
秋作（1987）*	61.4 d[1]	155.4 bc	226.0 a	196.9 ab	159.9 a[2]
春作（1988）	54.6 d	128.8 c	144.5 bc	168.4 b	124.1 b
平均	58.0 c[1]	142.1 b	185.3 a	182.7 a	
粗油脂濃度 %					
秋作（1987）	44.67 abc[1]	46.75 ab	47.33 a	45.92 abc	46.17 a[2]
春作（1988）	38.83 d	37.85 de	36.40 def	35.03 ef	37.03 b
平均	41.75	42.30	41.87	40.48	
油產量 g/m^2					
秋作（1987）	27.43 g[1]	72.65 c	106.97 a	90.42 b	74.37 a[2]
春作（1988）	21.20 g	48.75 def	52.60 de	58.99 cd	45.39 b
平均	24.32 c[3]	60.70 b	79.79 a	74.71 a	59.88

註：[1、3] Duncan's MRT（ρ=0.05）；[2] Duncan's MRT（ρ=0.01）
*秋作在 1987 年 9 月 29 日播種，12 月 28 日收穫；春作在 1988 年 2 月 6 日播種，5 月 3 日收穫。
資料來源：鄭等人，1989。

由表 11-10 可知：子實產量及油產量，隨氮肥量之增加而增加。但秋作每公頃施 150 公斤氮，產量有下降趨勢。春作子實粗油脂濃度，隨氮肥量之增加而降低，但對秋作而言，這種關係不顯著。秋作子實產量、粗油之濃度及油產量分別比春作約增加 29%、25% 及 64%，顯示秋季爲本省南部種植油用向日葵的最適季節。季節及氮肥處理對子實產量及油產量的交感效應均達顯著水準。其中達顯著正交感者有：S（Spring）$\times N_0$ 及 F（Fall）$\times N_2$ 兩處理，而達顯著負交感者有：FN_0 及 SN_0 兩處理。這種結果顯示秋季氮肥

對於子實產量及油產量的效果大於春季作。

表 11-11 季節與氮肥量對雜交向日葵臺南 1 號總不飽和脂肪酸、油酸、亞麻油酸及次亞麻油酸濃度之影響

播種期	Nutrogen rate				
	$N_0(0)$	$N_1(50)$	$N_2(100)$	$N_3(150)$	平均
	不飽和脂肪酸(18:1+18:2+18:3), %				
秋作（1987）	89.48 b[1]	90.07 a	90.24 a	90.26 a	90.01
春作（1988）	89.62 b	89.96 ab	90.19 a	90.32 a	90.02
平均	89.55 b[3]	90.02 a	90.22 a	90.29 a	
	油酸 (18:1), %				
秋作（1987）	27.59 def[1]	25.71 f	27.28 ef	31.12 cde	27.93 b[2]
春作（1988）	42.79 a	37.20 b	35.23 bc	31.55 cd	36.69 a
平均	35.19 a[3]	31.46 b	31.26 b	31.34 b	
	亞麻油酸 (18:2), %				
秋作（1987）	61.68 abc[1]	64.15 a	62.74 ab	58.91 bcd	61.87 a[2]
春作（1988）	46.51 g	52.49 f	54.61 def	58.51 bcde	53.03 b
平均	54.10 b[3]	58.32 a	58.68 a	58.71 a	
	次亞麻油酸 (18:3), %				
秋作（1987）	0.23 c[1]	0.22 c	0.22 c	0.23 c	0.23 b[2]
春作（1988）	0.32 ab	0.28 bc	0.36 a	0.27 bc	0.31 a
平均	0.28	0.25	0.30	0.25	

註：[1、2] Duncan's MRT（ρ=0.01）；[3] Duncan's MRT（ρ=0.05）
資料來源：鄭等人，1989。

表 11-11 顯示季節與氮肥對子實總不飽和脂肪酸及其組成成分油酸（Oleic acid, 18：1）、亞麻油酸（Linoleic acid, 18：2）與次亞麻油酸（Linolenic acid, 18：3）含量之影響。子實不飽和脂肪酸約占總脂肪酸含量之 90%。季節對不飽和脂肪酸含量的影響不顯著，但不飽和脂肪酸有隨氮肥量之增加而增加的趨勢，這種關係與氮肥對飽和脂肪酸的影響恰好相反（鄭等人，1986）。雖然總不飽和脂肪酸濃度，不受季節影響，季節對油酸、亞麻油

酸及次亞麻油酸濃度的影響，卻均達極顯著。油酸與亞麻油酸濃度受季節及氮素的影響，實際上爲互補關係，亦即油酸與亞麻油酸濃度之總和常維持一定。季節與氮肥處理對油酸及亞麻油酸濃度的交感效應，亦均達極顯著水準。

植物油品質的優劣，主要由飽和脂肪酸及不飽和脂肪酸之比例決定，已於農產品品質如何判定中詳述。表 11-12 顯示秋作子實之飽和脂肪酸／亞麻油酸，及油酸／亞麻油酸，比值均低於春作。季節影響脂肪酸組成成分比例量，主要受開花至種子成熟期間，氣溫變化的影響（Canvin, 1965）。本試驗期間月平均溫度如表 11-13 所示。秋季種子成熟期間，氣溫是逐漸降低（圖 11-4），因而使子實亞麻油酸濃度高於油酸濃度。春季子實成熟期間，氣溫則逐漸上升（圖 11-4），亞麻油酸與油酸含量的關係，則與秋季子實相反。飽和脂肪酸／亞麻油酸及油酸／亞麻油酸比值不但受栽培期氣溫變化的影響，同時也受氮肥施用量的影響。對春作而言，此二比值均隨氮肥量之增加而降低；對秋作而言，油酸／亞麻油酸比值是隨氮肥施用量之增加而增加。因此葵花油的品質，可利用調節種植時間及氮肥管理加以控制。譬如本省南部種植向日葵，將秋穫期調整在三月前，可能會獲得品質較優的葵花子油。

表 11-12　季節與氮肥對向日葵子實飽和脂肪酸／亞麻油酸及油酸／亞麻油酸比值之影響

播種期	氮肥施用量（公斤 N／公頃）				
	$N_0(0)$	$N_1(50)$	$N_2(100)$	$N_3(150)$	平均
	不飽和脂肪酸／亞麻油酸				
秋作（1987）	0.16	0.15	0.15	0.16	0.16
春作（1988）	0.22	0.19	0.18	0.17	0.19
平均	0.19	0.17	0.17	0.17	
	油酸／亞麻油酸				
秋作（1987）	0.45	0.40	0.43	0.53	0.45
春作（1988）	0.92	0.71	0.65	0.54	0.69
平均	0.65	0.54	0.53	0.53	

資料來源：鄭等人，1989。

表 11-13　向日葵生長期間月平均溫度

秋作（1997）		春作（1998）	
九月（29-30）	25.9℃	二月（6-29）	20.9℃
十月	26.9℃	三月	22.7℃
十一月	25.1℃	四月	23.8℃
十二月（1-28）	19.6℃	五月(1-3)	27.2℃

註：月平均溫度=（月平均最高溫+月平均最低溫）/2

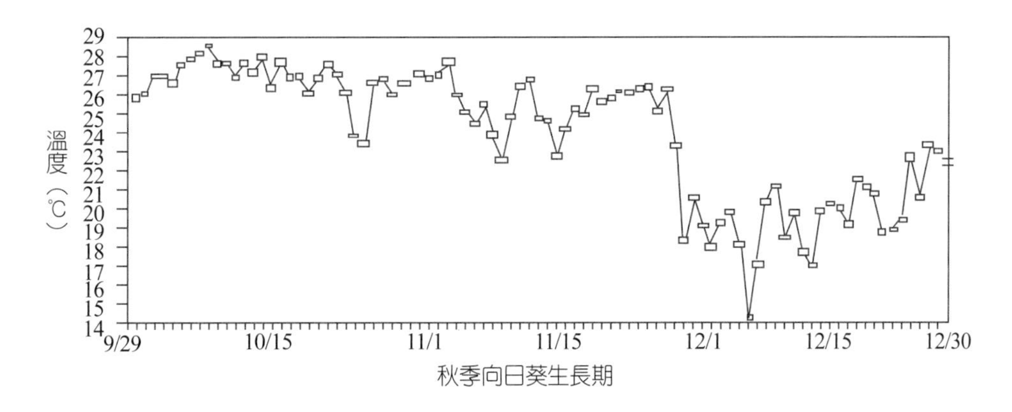

圖 11-4　秋季向日葵生長期間日平均溫度變化

磷肥與作物產品品質

磷肥與作物品質關係（參考第七章磷的代謝與功能）

1. 施用磷肥可促進蔗糖、澱粉、蛋白質及脂肪的合成。
2. 增加產品中的總磷量，反芻動物的飼料中，含磷量是評定品質的要項之一。
3. 氮磷比例的適當有利於葉中的含氮化合物及醣類向穗部輸送。
4. 對於水果而言，缺磷時，一般果汁中的酸增加，特別是柑桔缺磷時，果實小、果皮增厚，品質變差；磷過剩時，柑桔果實著色不良，糖、酸、維生素 C 含量都減少。

磷對作物產品品質的影響

以柑桔爲例（資料引自臺中區農業改良場）。

1. 材料與方法

試驗地位於臺中縣新社鄉（麥氏座標 743 822）屬紅壤銅鑼圈土系（Tc5A-B），表土質地為壤土。柑桔為十四年生，單株區，行株距 5×4 米。採用複因子設計，在四個磷含量土壤 (1)低於 200ppm；(2)200-400ppm；(3)400～600ppm；(4)高於 600ppm），分別施以三種磷肥用量（P_2O_5：0、300g、600g／株），組合成十二處理。三重複，計 36 小區。全部氮肥於十一至十二月，一次施用完畢，氮、鉀肥用量均分別固定為 N 600g／株、K_2O 450g／株，並參照農林廳編印《作物施肥手冊》之柑桔施用法施用。

2. 試驗結果

表 11-14　不同土壤磷含量及磷肥施用量對柑桔產量、粒數及粒重之影響（1991-1994）

土壤磷 P (ppm)	磷肥 P_2O_5（克／每株）	產量（公斤／每株）				平均	指數 (%)	粒數（粒數／每株）	粒重（克）
		91	92	93	94				
<200	0	48.5[c]	58.8[cde]	66.9[a]	66.0[bcde]	60.6[bc]	100	318[bd]	191[e]
	300	73.9[b]	51.2[e]	69.9[a]	98.6[a]	73.4[ab]	121	360[c]	204[bc]
	600	95.5[ab]	72.5[bc]	77.6[a]	78.0[abcd]	80.9[a]	133	402[b]	201[c]
200-400	0	75.5[b]	69.4[bcd]	81.8[a]	68.8[bcde]	73.9[ab]	122	354[c]	209[a]
	300	57.8[bc]	56.5[de]	69.6[a]	50.7[a]	58.7[c]	97	288[e]	205[b]
	600	104.3[a]	106.6[a]	75.6[a]	62.5[cde]	87.2[a]	144	433[a]	201[c]
400-600	0	72.7[b]	103.0[a]	81.4[a]	60.5[cde]	79.4[a]	131	407[ab]	195[d]
	300	107.2[a]	52.7[e]	75.9[a]	53.4[de]	72.3[ab]	119	353[c]	204[bc]
	600	60.9b[c]	48.9[e]	69.2[a]	79.5[abcd]	64.6[b]	107	329[d]	196[d]
>600	0	86.4[ab]	61.8[cde]	91.9[a]	103.8	86.0[a]	142	438[a]	196[d]
	300	56.5[bc]	62.1[cde]	71.2[a]	91.2[ab]	70.3[ab]	116	363[c]	194[de]
	600	74.4[b]	82.5[b]	95.5[a]	82.7[abc]	88.8[a]	138	409[b]	205[b]
	Mean	76.1	68.8	77.2	74.8	74.3	123	371	200

由表 11-14 可知，土壤有效磷不足時，加施磷肥，除 93 年度增產不明顯之外（可能由於土壤中磷的殘效），其他年分都有明顯的增產趨勢；但在土壤有效磷高時（>600ppm），若再加施磷肥，92 及 94 年度卻明顯地有減產趨勢，此可能肇因於磷與金屬離子結合，而降低了這些必需要素的有效性。

表 11-15　不同磷含量土壤及磷肥施用量對柑桔糖度之影響

土壤磷 P（ppm）	磷肥 P_2O_5（克／每株）	91	92（Brix）		93		94		平均	
		A*	A	B	A	B	A	B	A	B
<200	0	9.9^{ab}	9.7^{cd}	9.7^{cde}	11.0^{a}	10.4^{a}	9.0^{cde}	9.1^{abcd}	9.9^{ab}	9.7^{b}
	300	10.3^{ab}	9.8^{bc}	10.6^{b}	10.9^{a}	10.3^{a}	9.2^{abcde}	8.8^{d}	10.1^{ab}	9.9^{ab}
	600	10.7^{a}	10.3^{ab}	9.9^{c}	10.8^{a}	10.3^{a}	9.4^{abcd}	9.1^{bcd}	10.3^{ab}	9.8^{b}
200-400	0	10.4^{ab}	9.3^{cde}	9.7^{cde}	10.6^{a}	10.0^{a}	9.3^{abcde}	9.2^{abcd}	9.9^{ab}	9.6^{b}
	300	9.6^{b}	9.0^{e}	9.8^{c}	10.6^{a}	10.2^{a}	9.6^{ab}	9.4^{abc}	9.7^{b}	9.8^{ab}
	600	10.5^{ab}	10.5^{a}	11.2^{a}	11.3^{a}	10.8^{a}	9.6^{a}	9.6^{a}	10.5^{a}	10.5^{a}
400-600	0	10.1^{ab}	9.6^{cde}	9.9^{c}	10.6^{a}	10.5^{a}	9.5^{abc}	9.5^{ab}	10.0^{ab}	10.0^{ab}
	300	10.0^{ab}	9.6^{cde}	$9.4d^{ef}$	11.0^{a}	10.8^{a}	9.5^{abc}	9.2^{abcd}	10.0^{ab}	9.8^{b}
	600	10.0^{a}	9.4^{cde}	9.6^{cde}	11.0^{a}	10.6^{a}	9.4^{abc}	9.3^{abcd}	10.1^{ab}	9.8^{ab}
>600	0	9.9^{ab}	9.7^{cd}	9.8^{cd}	10.5^{a}	10.2^{a}	8.9^{de}	8.9^{cd}	9.7^{b}	9.6^{b}
	300	10.3^{ab}	9.6^{cde}	9.2^{f}	10.5^{a}	10.1^{a}	8.9^{e}	8.8^{d}	9.8^{ab}	9.3^{b}
	600	10.2^{ab}	9.1^{de}	9.3^{ef}	10.4^{a}	10.2^{a}	9.1^{bcde}	9.1^{abcd}	9.7^{b}	9.5^{b}
	Mean	10.2	9.1	9.8	10.8	10.4	9.3	9.2	10.0	9.8

註：*果實大小直徑，A 為 25-30 公分；B 為 17-25 公分。
*Duncan's MRT（ρ=0.05）

從表 11-14 到表 11-18 各項與柑桔品質有關的資料中，雖然每一年都可找到何種處理可獲得好的品質，但每年的結果都不相同，所以想從其中找到一定的規律是很困難的。因此在選擇到底應用何種處理時，應先觀察何種處理可得到較高產量，然後再從這些處理對品質的影響去選擇。不過表中所列的各種品質，不但受磷的影響，也同時受氮、磷、鉀肥量及比例，以及其他各種要素之影響。因爲缺少土壤理化性質之資料，不易做進一步之探討。

表 11-16　不同土壤磷含量及磷肥施用量對柑桔酸度之影響

土壤磷 P (ppm)	磷肥P_2O_5 (克/每株)	91	92 (g/100ml)		93		94		平均	
		A	A	B	A	B	A	B	A	B
<200	0	0.70^{ab}	0.62^{a}	0.62^{e}	0.73^{ab}	0.72^{a}	0.64^{d}	0.78^{abcd}	0.07^{bc}	0.71^{a}
	300	0.64^{bc}	0.65^{a}	0.66^{cd}	0.71^{ab}	0.74^{a}	0.71^{bcd}	0.73^{cd}	0.60^{b}	0.71^{a}
	600	0.67^{abc}	0.65^{a}	0.67^{bcd}	0.72^{ab}	0.75^{a}	0.75^{a}	0.81^{ab}	0.70^{ab}	0.74^{a}
200-400	0	0.68^{ab}	0.62^{a}	0.66^{cd}	0.63^{b}	0.67^{a}	0.76^{a}	0.84^{a}	0.67^{bc}	0.72^{a}
	300	0.69^{ab}	0.58^{a}	0.66^{cd}	0.69^{ab}	0.73^{a}	0.67^{bcd}	0.72^{d}	0.66^{bc}	0.70^{a}
	600	0.77^{a}	0.73^{a}	0.75^{a}	0.81^{a}	0.85^{a}	0.72^{abc}	0.76^{bcd}	0.76^{a}	0.79^{a}
400-600	0	0.73^{ab}	0.64^{a}	0.64^{cd}	0.70^{ab}	0.73^{a}	0.73^{ab}	0.80^{bc}	0.70^{ab}	0.72^{a}
	300	0.57^{c}	0.42^{a}	0.65^{cde}	0.68^{ab}	0.76^{a}	0.73^{ab}	0.76^{bcd}	0.60^{c}	0.72^{a}
	600	0.68^{ab}	0.61^{a}	0.70^{b}	0.72^{ab}	0.78^{a}	0.74^{ab}	0.77^{abcd}	0.69^{ab}	0.75^{a}
>600	0	0.77^{a}	0.63^{a}	0.68^{bc}	0.71^{ab}	0.81^{a}	0.75^{a}	0.77^{abcd}	0.71^{ab}	0.75^{a}
	300	0.70^{ab}	0.66^{a}	0.65^{bcd}	0.69^{ab}	0.74^{a}	0.66^{cd}	0.75^{bcd}	0.68^{b}	0.71^{a}
	600	0.70^{ab}	0.64^{a}	0.68^{bc}	0.73^{ab}	0.77^{a}	0.73^{ab}	0.81^{ab}	0.70^{ab}	0.75^{a}
	Mean	0.69	0.62	0.67	0.71	0.75	0.72	0.78	0.69	0.73

註：*果實大小直徑，A 爲 25-30 公分；B 爲 17-25 公分。
*Duncan's MRT（ρ=0.05）

表 11-17　不同土壤磷含量及磷肥施用量對柑桔果實糖酸比之影響

土壤磷 P (ppm)	磷肥 P_2O_5 (克/每株)	91	92		93		94		平均	
		A	A	B	A	B	A	B	A	B
<200	0	14.4^{b}	15.6^{abc}	15.7^{ab}	15.2^{abc}	14.7^{a}	14.1^{ab}	11.7^{cd}	14.8^{ab}	14.0^{a}
	300	16.1^{ab}	15.2^{abc}	16.1^{a}	15.5^{abc}	13.9^{a}	13.2^{bc}	12.3^{bc}	15.0^{bc}	14.1^{a}
	600	16.2^{ab}	15.9^{ab}	15.2^{abc}	14.9^{abc}	13.7^{a}	12.5^{gc}	11.4^{cd}	14.9^{ab}	13.4^{a}

（續）

土壤磷 P（ppm）	磷肥 P_2O_5（克／每株）	91	92		93		94		平均	
		A	A	B	A	B	A	B	A	B
200-400	0	15.3^{ab}	15.1^{abc}	14.9^{bcd}	16.5^{a}	15.0^{a}	12.5^{bc}	11.3^{d}	14.9^{ab}	13.7^{a}
	300	13.9^{b}	16.2^{a}	15.2^{abc}	15.4^{abc}	14.2^{a}	14.4^{a}	13.2^{a}	15.0^{ab}	14.2^{a}
	600	13.9^{b}	14.4^{c}	14.9^{bcd}	14.2^{c}	13.0^{a}	13.4^{abc}	12.8^{ab}	14.0^{b}	13.6^{a}
400-600	0	13.9^{b}	15.0^{abc}	15.5^{ab}	15.4^{abc}	14.5^{a}	13.2^{abc}	12.1^{acd}	14.4^{b}	14.0^{a}
	300	17.5^{a}	16.0^{ab}	15.0^{abcd}	16.3^{ab}	14.5^{a}	13.4^{abc}	12.2^{bcd}	15.8^{a}	13.9^{a}
	600	15.7^{ab}	15.6^{abc}	13.7^{e}	15.5^{abc}	13.9^{a}	13.0^{abc}	12.2^{bcd}	14.9^{ab}	13.3^{a}
>600	0	15.5^{ab}	15.3^{abc}	14.6^{bcde}	15.2^{abc}	12.8^{a}	12.0^{c}	11.8^{cd}	14.5^{ab}	13.0^{a}
	300	14.9^{b}	14.6^{bc}	14.2^{cde}	15.3^{abc}	13.6^{a}	13.4^{abc}	11.7^{cd}	14.5^{ab}	13.2^{a}
	600	14.6^{b}	14.4^{c}	14.0^{de}	14.3^{bc}	13.5^{a}	12.5^{bc}	11.4^{cd}	$14.^{0b}$	12.9^{a}
	Mean	15.2	15.3	14.9	15.3	13.9	13.1	12.0	14.7	13.6

註：*果實大小直徑，A爲25-30公分；B爲17-25公分。
*Duncan's MRT（ρ=0.05）

表 11-18　不同土壤磷含量及磷肥施用量對柑桔果實品質之影響

土壤磷P（ppm）	磷肥P_2O_5（克／每株）	果皮厚度（mm）		果皮水分含量（%）		果汁含量（%）	
		A	B	A	B	A	B
<200	0	3.30^{ab}	2.97^{abcd}	68.2^{b}	76.8^{a}	93.4^{ab}	92.0^{ab}
	300	3.34^{ab}	3.15^{a}	77.3^{a}	76.5^{a}	93.0^{ab}	93.0^{a}
	600	3.24^{ab}	3.01^{abcd}	77.1^{a}	76.5^{a}	93.1^{ab}	92.2^{ab}
200-400	0	3.22^{ab}	3.01^{abcd}	77.2^{a}	76.8^{a}	93.1^{ab}	92.7^{a}
	300	3.31^{ab}	3.06^{abc}	77.7^{a}	77.3^{a}	92.7^{ab}	92.1^{ab}
	600	3.18^{b}	2.86^{d}	75.8^{a}	75.3^{a}	92.5^{ab}	92.1^{ab}
400-600	0	3.36^{ab}	3.07^{abc}	77.0^{a}	76.0^{a}	93.2^{ab}	92.5^{a}
	300	3.28^{ab}	3.05^{abc}	77.2^{a}	76.0^{a}	92.2^{b}	91.2^{b}
	600	3.31^{ab}	3.10^{ab}	78.5^{a}	77.3^{a}	92.5^{bc}	92.0^{ab}

（續）

土壤磷P（ppm）	磷肥P_2O_5（克／每株）	果皮厚度（mm）		果皮水分含量（%）		果汁含量（%）	
		A	B	A	B	A	B
>600	0	3.43[a]	3.18[a]	77.8[a]	77.2[a]	92.9[ab]	92.7[a]
	300	3.28[ab]	2.89[cd]	77.2[a]	76.8[a]	93.3[ab]	92.5[a]
	600	3.25[ab]	2.93[bcd]	77.7[a]	76.3[a]	93.4[a]	92.4[ab]
	Mean	3.30	3.02	76.6	76.6	92.9	92.3

註：*果實大小直徑，A爲25-30公分；B爲17-25公分。
*Duncan's MRT（ρ=0.05）

鉀肥與作物產品品質

鉀肥與作物品質的關係

鉀肥有利於蔗糖、澱粉和脂肪的累積。缺鉀導致植物體內，單醣相對增加而多醣減少。而適當施鉀可增加籽粒蛋白質之含量，但是鉀過量，反而減低籽粒蛋白質的含量。果樹缺鉀，果實變小，產量減少，所以鉀肥又稱爲果肥。蘋果、桃、梨缺鉀，則著色不良；葡萄缺鉀，則糖度降低；柑桔缺鉀，則果皮變薄，酸量減少，糖分提高，易腐爛，儲藏性下降，過剩易發生缺錳、缺鈣、缺鎂現象，有損產量和品質。

氮鉀對作物產品品質之影響

以巨峰葡萄爲例（資料引自臺南區農業改良場）。

1. 材料與方法

自 1994 年起，於信義鄉豐丘一處葡萄園，設置氮鉀肥用量處理，分別爲⑴N1K2；⑵N2K2；⑶N3K2；⑷N1K1；⑸N2K3。1994 年一期作氮素、氧化鉀變級處理，均爲 140、200、260kg/ha 三級；二期作則均爲 190、250、310kg/ha 三級。1995 年一期作氮素、氧化鉀變級處理爲 100、200、300kg/ha 三級；二期作則爲 150、250、350 三級。1996 年一期作與 1995 年二期作處理相同。另每期作均施用磷酐 150 公斤／公頃、氧化鎂 150kg/ha，即堆肥（臺肥 1 號有機肥）6ton/ha，計五處理，四重複，逢機完全區集設計，每小區二十五分之一分地。

2. 試驗結果

表 11-19　氮鉀肥用量處理對巨峰葡萄果實收量與品質之影響

處理	收量（ton/ha）	每果穗重（g）	每穗粒數（個）	每果粒重（g）	果汁率（%）	糖度（Brix）	酸度（g/100ml）	果汁鉀含量（ppm）	果汁氮含量（ppm）
N1K2	20.6a	306a	38a	7.7c	86.0a	17.6a	0.707a	1,615b	209a
N2K2	21.1a	326a	42a	7.1c	85.7a	15.4c	0.693a	1,652ab	197a
N3K2	20.0a	320a	38a	8.1ab	86.2a	16.2bc	0.669a	1,685ab	205a
N2K1	21.9a	304a	37a	8.3a	83.7a	17.2ab	0.670a	1,767ab	210a
N2K3	22.0a	308a	37a	8.0ab	86.5a	17.1ab	0.675a	1,816a	206a
差異顯著性	NS	NS	NS	**	NS	**	NS	**	NS

註：*信義鄉豐丘 1995 年二期，12 月 28 日採收。
*Duncan's MRT（ρ=0.05）

由表 11-19 得知，1995 年第二期以 N2K1 處理有較佳之結果，當鉀肥增加時，N2K2 糖度反而降低，每粒果重則如 N1K2 處理一樣降低，但 N1K2 處理除每粒果重降低外，果汁鉀含量亦降低，此說明果汁鉀含量的減少並非鉀之不足，而是氮的缺少。然而氮過量時，N3K2 糖度反而減少，此說明氮肥與鉀肥的比例必須適當，亦即利用任何要素調節營養時，不能只顧慮單一要素的增減，必須同時要考慮施用要素的比例。

氮磷鉀肥與作物產品品質

以楊桃為例（資料引自臺南區農業改良場）。

氮磷鉀肥之施用量

處理	N	P_2O_5	K_2O
1	200	300	600
2	400	300	600
3	800	300	600
4	400	300	300
5	400	300	900

註：公斤／公頃

試驗結果

表 11-20　不同施肥量對楊桃果實產量及品質之影響（86 年度）

處　理	果重（公克）	果汁重（公克）	果汁率（%）	酸量	糖酸比	屈折率（Brix）	產量（公斤／株）
1	231[a]	168[a]	72.7[a]	0.58[a]	14.7[a]	8.6[a]	115(100.0)[c]
2	228[a]	168[a]	73.7[a]	0.56[a]	16.5[a]	9.2[a]	131(113.9)[a]
3	223[a]	160[a]	71.7[a]	0.55[a]	16.4[a]	9.1[a]	125(108.7)[ab]
4	236[a]	171[a]	72.5[a]	0.58[a]	15.3[a]	8.8[a]	118(102.6)[bc]
5	231[a]	171[a]	74.0[a]	0.57[a]	15.5[a]	8.8[a]	127(110.4)[a]

由表 11-20 得知，以處理 2 之效果最佳，說明氮（N）少於 400 公斤，鉀（K_2O）少於 600 公斤，產量皆降低，但楊桃之品質幾乎不受肥料處理之影響，此與巨峰葡萄對肥料之反應迥然不同。

微量元素與作物產品品質

微量元素功能已在第三章說明，因爲作物對微量元素的需要量極少，所以在一般土壤中常不虞匱乏。然而當任何一種微量元素缺乏時，植物體內重要代謝功能喪失，將出現不同的癥候，進而使收穫物的質量下降。臺灣一般土壤常被重視的微量元素爲鐵、錳、銅、鋅、硼、鉬等。它們有時在土壤中含量過高，有時則含量不足，所以需要根據土壤含量及作物需要做適當的調節。下面我們只舉硼爲例。

硼與作物品質關係

硼在植物代謝中的地位非常重要，其重要功能有以下七點：⑴促進體內碳水化合物的運輸和代謝；⑵促進核酸和蛋白質合成及生長素的運輸；⑶參與半纖維素及有關細胞壁物質的合成；⑷促進細胞伸長和細胞分離；⑸促進生殖器官的發育；⑹調節酸的代謝和木質化作用；⑺提高豆科植物根瘤菌的固氮能力。

由於硼有以上的功能，若缺硼時，作物常會出現許多典型症狀：如甜菜的腐心病、油菜的花而不實、棉花的蕾而不花、花椰菜的褐心病、小麥的穗而不實、芹菜的莖折病、蘋果的縮果病等。總之，缺硼不僅影響產量，而且明顯影響品質。

硼對作物產品品質的影響

以印度棗爲例（資料引自臺南區農業改良場）。

1. 材料與方法

⑴試驗地點：臺南縣玉井鄉及楠西鄉各一處。

⑵供試品種：玉井試區──特龍；楠西試區──黃冠。

⑶供試材料：三要素肥料、臺肥 1 號有機質肥料、硼砂（$NaB_2O_3 \cdot 10H_2O$ 含 B 約 11%）、水溶性硼素（含 B 約 66%）。

⑷試驗設計：採逢機完全區集共五處理、三重複、每處理兩株，共三十株。

⑸試驗處理：①不施硼素；②施硼砂每株 20 公克；③施硼砂每株 40 公克；④施硼砂每株 20 公克 + 噴施硼素液（水溶性硼素稀釋五百倍），自開花期每兩週噴一次，連續五次；⑤噴施硼液（水溶性硼素稀釋五百倍），自開花期每兩週噴一次，連續五次。

* 三要素施用量依據土壤分析值並參照《作物施肥手冊》推薦量，每株印度棗每年採收後施用 10 公斤之有機肥（臺肥 1 號有機質肥料）當基肥。

2. 試驗結果

表 11-21　不同硼素處理對印度棗產量及品質之影響

試區	處理	單果重(g)			果肉重(g)			產量(kg/株)			糖度（Brix）		
		82	83	84	82	83	84	82	83	84	82	83	84
玉井	1.不施硼素	60.1^{b}	31.5^{a}	92.1^{b}	56.3^{c}	29.0^{b}	87.5^{b}	47.3^{b}	51.8^{b}	42.4^{c}	11.9^{a}	10.1^{b}	11.5^{b}
	2.施硼砂 20g/株	75.9^{a}	32.3^{a}	101.8^{a}	71.5^{a}	29.6^{ab}	96.5^{a}	54.9^{ab}	57.9^{ab}	44.9^{bc}	12.3^{a}	11.8^{a}	12.3^{a}
	3.施硼砂 40g/株	69.6^{b}	34.6^{a}	102.2^{a}	56.2^{c}	31.9^{a}	97.3^{a}	51.0^{b}	62.9^{a}	44.8^{bc}	12.6^{a}	11.7^{a}	12.7^{a}
	4.施硼砂 20g/株及噴施硼液	70.0^{b}	33.2^{a}	104.8^{a}	66.0^{b}	30.5^{a}	100.6a	66.8^{a}	63.5^{a}	47.3^{ab}	12.7^{a}	12.0^{a}	12.4^{a}
	5.噴施硼液	67.6^{bc}	33.0^{a}	104.1^{a}	63.3^{b}	29.8^{ab}	99.4^{a}	67.0^{a}	66.3^{a}	48.5^{a}	12.4^{a}	11.3^{a}	12.9^{a}
楠西	1.不施硼素	79.1^{b}	69.2^{b}	97.1^{b}	74.6^{b}	64.9^{a}	92.3^{b}	64.4^{d}	102.5^{b}	163.0^{b}	9.8^{a}	10.7^{b}	9.1^{b}
	2.施硼砂 20g/株	83.4^{a}	73.3^{a}	106.5^{a}	79.3^{a}	68.1^{a}	101.5^{a}	75.9^{c}	110.5^{b}	165.7^{ab}	10.0^{a}	11.5^{a}	9.5^{b}
	3.施硼砂 40g/株	77.7^{bc}	71.5^{a}	107.6^{a}	73.4^{b}	66.8^{a}	102.7^{a}	84.7^{b}	111.8^{b}	169.3^{ab}	10.1^{a}	11.1^{a}	9.2^{b}
	4.施硼砂 20g/株及噴施硼液	77.6^{bc}	72.2^{a}	99.3^{b}	73.1^{b}	67.4^{a}	94.2^{b}	95.6^{a}	121.2^{a}	172.3^{ab}	10.1^{a}	11.2^{a}	9.4^{ab}
	5.噴施硼液	75.0^{c}	72.9^{a}	98.5^{b}	71.1^{b}	68.4^{a}	94.8^{b}	98.1^{a}	122.2^{a}	176.0^{a}	9.3^{a}	11.3^{a}	10.3^{a}

註：相同字母者，表示在多變域（Duncan's）測驗未達到 5% 顯著水準。

由表 11-21 得知：在玉井試區施硼三個年度，在品質方面，除 82 年度的糖度及 83 年度的單果重外，其他硼肥施用者各項品質皆有顯著改善，且每株施 20 克已足夠。但在楠西試區，除 83 年度的增產並不明顯外，其他各項品質也多不受硼肥施用的影響。究竟是楠西土壤有效硼已充足，抑或其他原因，因缺少土壤理化性質之資料，難以研判。

有機質肥料與作物產品品質

有機質肥料與作物品質的關係

永續性農業為世界各先進國家所追求的目標，有機農業（organic farming）則為其中重要的一環。所謂有機農業，又名再生農業（renewable farming），可能更適合稱為生態農業（Ecological farming）。這是在耕耘過程全部用有機肥料（主要以農業廢棄物與廄肥為主）及天然礦物粉末，完全不施用或僅施用極少量化學肥料，有時加入輪作綠肥，盡量使農業生產體系內的物質與能量循環利用，同時完全不施用農藥，以維持生態平衡，並減少污染之自然農法（圖 11-5）。在整個生產過程完全不使用化學合成物的農產品，才可稱為有機農產品。用此法所生產的農產品，因為沒有受化學藥品的污染，又常被稱為「有機食物」或「健康食物」。

對有機農業有二點需注意的是：第一，有機農業原則上是一個相對的封閉體系，除了太陽能由外界供給外，其他則靠體系內物質與能量的循環利用，但當作物或家畜被人類利用後，很明顯的，只靠作物殘體及人畜排泄物，很難長期充分提供作物所需的養分，必須由體系外適時予以補充。第二，有機農業必須採用與一般農業不同的策略，如利用作物殘體及禽畜類製做堆肥，供應作物生產所需的養分，實行適合當地條件的輪作制度，其他包括以豆料作物作為綠肥作物，以維持對主作物氮之供應；在同一農場栽培不同作物，以維持地力與降低病蟲的為害；利用覆蓋作物防止雜草叢生；減少耕耘，防止沖蝕，維持良好的土壤耕性；這些都需要充分的知識與嫻熟的技術，絕不是一般人所認為的只要不施農藥及化學肥料即可達成目的的有機農業。所以有機農業若要合理的發展，必須綜合許多領域的知識與經驗，尤其是農民對這種綜合性、物質循環利用的生態農業要有新的認識，政府更要從永續發展的觀點有計畫地推動與配合，如盡速促使進步的國土計畫法立法、國家整體經濟發展方向確定、相關必要的法律與政策的制定與嚴格執行，以及積極地提升國民素質。否則一般民眾食用的，很可能只是徒具有機之名，價格昂貴，仍然受到污染與營養不良的產品；第三，目前檢索到的文獻，多針對作物有限的品質項目做鑑定，至於如何施用有機質肥料，可使作物的有機成分含量或比例改變，以致有利於人體健康，迄今尚缺少詳細的比較觀察，這也是今後重要的研究方向。行政院農委會自 1989 年開始委請中興大學土壤系及臺大農化系、臺中、臺南及高雄區農業改良場之學者專家，以田間試驗探討有機農業在臺灣地區自然環境資源，以及現有科技生物條件下之可行性後（黃等人，1990），即大力推動與協助民間發展有機農業，目前民間已有多處頗具規模之企業化經營的有機農場（謝等人，1989）。

總之，從地球蘊藏的能源與化肥原料快速消耗觀之，發展有機農業除了可改良土壤的理化及生物性，提供作物生長所需之養分及解決農業廢棄物的問題外，最重要的是它能利用當今及以後的科技，循環利用及管理農業資源，維護生態環境、生產安全的農產品，使農業得以永續發展。請參考附錄一圖2。

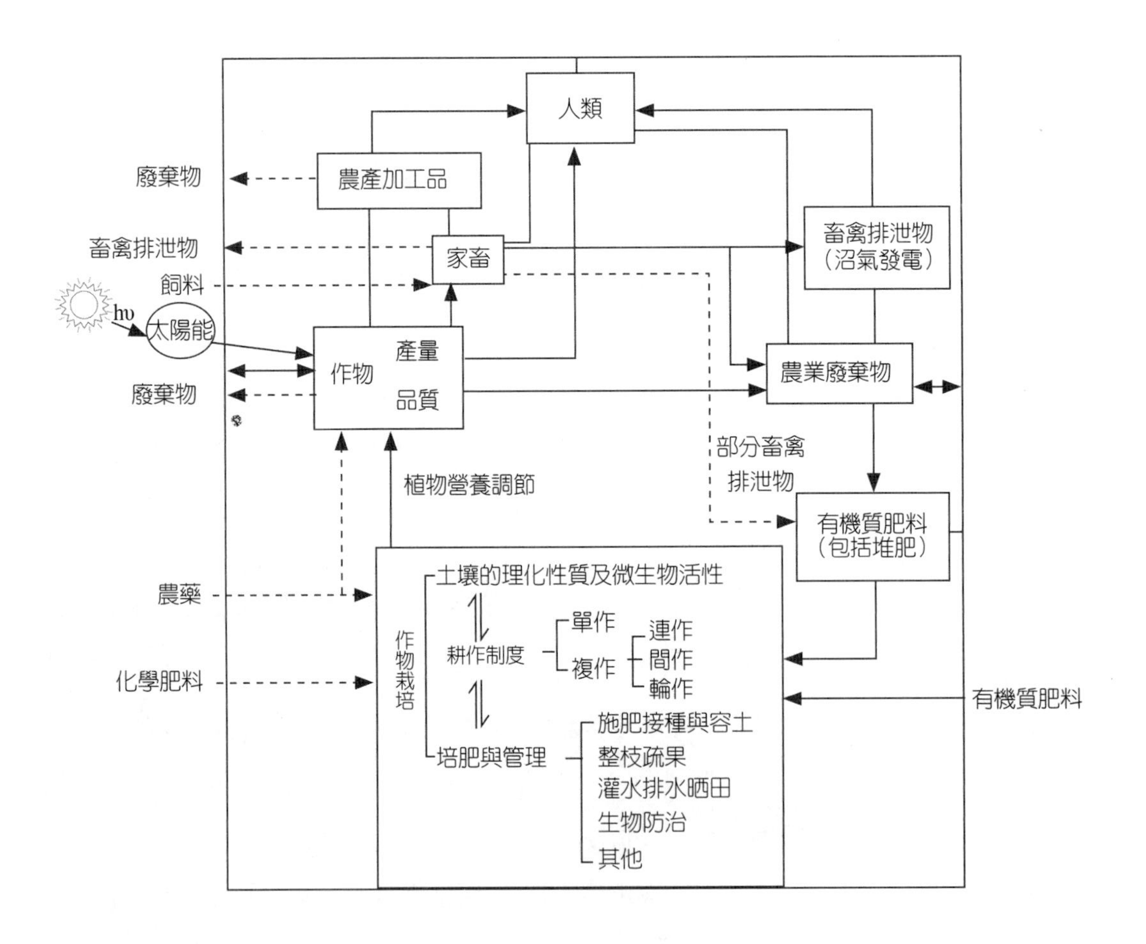

圖 11-5 有機農業與傳統農業對農地生態系物質與能量流動之影響

有機質肥料對作物產品品質的影響

以水稻爲例，比較有機栽培及一般傳統栽培（化學栽培）之優劣（資料引自臺中區農業改良場，李健捀，1997）。

1. 材料與方法

⑴每公頃施用 N：P_2O_5：K_2O 爲 120：40：60 公斤，氮肥使用硫酸銨、磷肥使用過磷酸鈣、鉀肥使用氯化鉀，並於水稻生長期間，依植物保護手冊推薦，施用殺草劑、殺蟲劑及殺菌劑等農藥。

⑵水稻生長所需之養分，以有機質肥料菜子粕（N：P_2O_5：K_2O=5.3：2.3：1.3）代替化學肥料，每公頃施用量爲 4,000 公斤，水稻生長期間，以自然藥劑性費洛蒙及生物防治法等防治病蟲害。

2. 試驗結果

表 11-22　有機栽培對稻米品質影響之綜合變因分析（1995 年及 1996 年二期作）

變　因	自由度	糙米率	白米率	完整米率	直鏈性澱粉	粗蛋白質
年期（Y）[1]	1	24.48**	8.31**	6.80*	2,369.64**	29.49**
栽培方式（F）[2]	1	2.16	0.46	48.72**	608.10**	0.11
YXF	1	8.07**	0.73	2.59	1,680.41**	203.57**
品種（V）[3]	3	79.13**	6.52**	11.41**	980.41**	38.36**
YXV	3	7.35**	1.29	8.21**	51.35**	49.87**
FXV	3	0.44	0.43	4.21*	433.13**	31.83**
YXFXV	3	2.96*	0.35	0.69	242.53**	2.93

註：[1]年期：1995 年二期作及 1996 年二期作
[2]栽培方式：化學栽培及純有機栽培
[3]品種：臺農 67 號、臺中 189 號、臺粳 9 號及臺中秈 10 號

表 11-23　有機栽培對水稻碾米品質及化學成分之影響（1995 年二期作）

栽培方式	品種	糙米率（%）	白米率（%）	完整米率（%）	透明度	心腹白	直鏈澱粉（%）	粗蛋白質（%）	凝膠展延性
化學栽培	臺農 67 號	81.3abc	74.3ab	72.6a	3	2	21.2d	7.5ef	66Sef
	臺中 189 號	81.0bcd	73.4abc	71.1abc	2.5	1	21.1d	7.8d	68Sde
	臺粳 9 號	80.4de	72.7abc	69.9cdef	3	0	21.1d	7.9c	67Se
	臺中秈 10 號	79.5fg	70.6c	68.7fg	2.5	0	21.1d	7.7de	64Sf
	平均	80.6	72.8	70.6	2.75	0.75	21.1	7.7	66S
有機栽培	臺農 67 號	81.1bcd	74.4ab	69.7cdef	4	2	22.7a	7.7de	67Sde
	臺中 189 號	8.06de	73.2abc	70.8bcd	3	1	21.8b	6.9h	76Sb
	臺粳 9 號	80.0ef	72.6abc	68.9efg	3	0	19.3h	7.2g	77Sb
	臺中秈 10 號	78.2i	70.6c	67.2g	3	0	19.1i	7.2g	69Sde
	平均	79.9	72.7	69.2	3.25	0.75	20.7	73	72S

表 11-24　有機栽培對水稻碾米品質及化學成分之影響（1996 年二期作）

栽培方式	品種	糙米率（%）	白米率（%）	完整米率（%）	透明度	心腹白	直鏈澱粉（%）	粗蛋白質（%）	凝膠展延性
化學栽培	臺農 67 號	81.7ab	74.7ab	72.2ab	3	1	19.4g	7.3g	78Sab
	臺中 189 號	81.5ab	73.8ab	71.8ab	3	1	19.1i	7.2g	81Sa
	臺粳 9 號	81.7ab	74.4ab	72.1ab	3	0	19.1i	7.1g	78Sab
	臺中秈 10 號	78.4hi	71.8bc	70.6bcde	3	0	17.7j	8.1b	72Sc
	平均	80.9	73.7	71.7	3	0.5	18.8	7.4	77S
有機栽培	臺農 67 號	81.8ab	75.0a	68.3fg	3	1	21.2d	8.2ab	78Sab
	臺中 189 號	81.1bcd	73.5abc	69.6cdef	3	1	21.4c	7.6ef	78Sab
	臺粳 9 號	82.0a	74.9a	70.7bcde	3	0	19.8e	7.5f	76Sb
	臺中秈 10 號	79.1gh	70.9c	69.1def	3	0	19.7f	8.3a	70Scd
	平均	81.0	73.6	69.4	3	0.5	20.5	7.9	76S

表 11-25　有機栽培對水稻米飯食味評鑑之影響（1995 年及 1996 年二期作）

年期及栽培方式	品種	外觀	香味	口味	黏性	硬性	總評
1995年二期作有機栽培	臺農 67 號	0.000	0.042	0.083	0.083	−0.167	0.042
	臺中 189 號	0.030	0.000	0.091	0.000	−0.303	0.061
	臺粳 9 號	0.121	0.030	0.061	0.091	−0.212	0.061
	臺中秈 10 號	0.000	0.000	0.000	0.133	−0.033	0.000
	平均	0.038	0.018	0.059	0.077	−0.179	0.041
1996年二期作有機栽培	臺農 67 號	−0.500	0.000	−0.167	−0.333	0.067	−0.167
	臺中 189 號	0.000	0.000	0.000	0.000	−0.042	0.000
	臺粳 9 號	0.000	0.133	0.167	0.020	−0.067	0.133
	臺中秈 10 號	0.033	0.000	0.078	0.020	−0.067	0.000
	平均	−0.0467	0.033	0.020	0.017	−0.027	−0.009

註：以化學栽培作爲對照品種，0、−（粗體）分別代表比對照品種優、相同及劣

綜合表 11-22 至 11-25 之結果，有機栽培對稻米品質之影響結果顯示，有機栽培對糙米率、白米率、白米外觀及粗蛋白質含量與化學栽培比較，並無明顯差異。但是有機栽培的完整米率卻顯著低於化學栽培，其原因可能與穀粒充實程度較差有關。有機栽培雖然直鏈性澱粉含量與化學栽培比較顯著增高，但平均差距僅 0.65%，因此對稻米品質並無影響。此點可由 1996 年二期作（表 11-24），兩種耕作法之凝膠展延性表現一致，可以得到證明。品種之間以臺粳 9 號在有機栽培下，因具有較優良的碾米品質、白米外觀與較低的直鏈性澱粉與粗蛋白質含量，因此，其稻米品質較優良。此試驗雖然比較了有機栽培及傳統化學栽培的優劣點，可惜缺少土壤理化性質及相關的資料，難以說明造成這樣結果的基本原因。

土壤微生物對作物產品品質之影響

土壤微生物與作物品質關係

農地中的土壤微生物，直接或間接地影響作物生長，其中常被討論的，包括固氮菌、菌根菌、硝化菌以及各種分解菌等。每種土壤微生物都扮演著不同的角色

（林，1993；楊，1997）。例如增進氮素來源、增加養分的有效性、分解有機物釋放養分、轉化養分的型態，以及施放植物生長激素與分解土壤中有毒物質等。現代農業常過度使用農藥及化學肥料，土壤又常遭到污染，嚴重的影響了土壤微生物相互平衡，及有益微生物的生長。若這樣繼續下去，即使發展有機農業，也不易改變現況。因爲農業生產必須先有未經污染的農地，再充分了解土壤的理化性質及微生物，才能利用接種及培肥管理，達到保育土壤及生產目標。由於土壤微生物對產品品質之影響，多爲間接的，而且是與其他因子共同作用的，目前這方面的文獻，主要是從單因子或複因子處理間的差異去推論影響作物品質的原因，但其中錯綜複雜的因果關係，所知仍很少，尙待相關領域的學者們共同研究與發掘。

土壤微生物對作物產品品質的影響

以菌根菌對洋香瓜產量及品質之影響爲例（資料引自臺南區農業改良場，1992）。

菌根菌是一種與菌共生的眞菌，可增加根系的表面積，增進作物吸收各種營養，並有助於吸收難溶的磷鹽（鐵、鋁、鈣結合磷）及磷礦石中的磷肥（Mosse et al., 1976；Hayman, 1982；楊等人，1986）。近年來，菌根菌是否對作物的品質產生影響漸受重視，以下以洋香瓜爲例，觀察產量與甜度是否受接種菌根菌的影響。

1. 材料與方法

⑴洋香瓜：選用狀元、天蜜兩品種。

⑵肥料及接種：①化學肥料：硫酸銨、過磷酸鈣、氯化鉀、硫酸錳；②豬糞堆肥。

⑶菌根菌（VA mycorrhiza：以孢子接種）。

2. 實施期間

1991 年 7 月至 1992 年 6 月止。

3. 試驗地點

屏東縣恆春鎭、高雄縣梓官鄉。

4. 試驗設計

⑴栽培方式：分爲高屏地區一般慣行法及隧道式栽培法。

⑵培肥處理。

- 三要素區（N 150kg、P_2O_5 180kg、K_2O 210kg）。
- 三要素+菌根菌。
- 三要素 + 每公頃施豬糞堆肥 3,000 公斤。
- 三要素 + 菌根菌 + 每公頃施豬糞堆肥 3,000 公斤。
- 三要素 + 硫酸錳每公頃 200 公斤。
- 三要素 + 菌根菌 + 硫酸錳每公頃 200 公斤。
- 三要素 + 菌根菌+硫酸錳 200 公斤 + 施豬糞堆肥 3,000 公斤。

(3)田間設計：兩種栽培方式及七個不同的培肥處理，完全組合後，共有 14 個試驗處理。田間設計採裂區設計，以栽培方式為主區，培肥處理為副區，四重複，共計 56 個處理。

5. 試驗結果

表 11-26 顯示，一般栽培法優於隧道式栽培法。表 11-27 顯示，F 處理產量最高，ABE 之處理產量最低，這說明了土壤有效養分之不足。將 A 處理加入菌根菌（B 處理）後，雖然已有明顯的增量，但仍小於 F 處理。若 B 處理再加入硫酸錳，即可達到最高產量，說明土壤中有效錳之不足。但三要素只加硫酸錳也不能提高產量，顯示土壤除了錳不足外，尚有其他要素需要補充。菌根菌則能利用不易被作物根部吸收的養分，並將其輸送到根部。至於洋香瓜的甜度除 E 處理外，其他與產量有相似的趨勢。

實際上，洋香瓜的甜度並不是品質唯一的指標，像大小、色澤、各種成分的含量，都應在分析之列。土壤化學分析亦非常重要，因此表 11-27 的結果，若能與這些資料對照，對調節洋香瓜之生育及品質的改進將有莫大的幫助。

表 11-26　不同栽培方式洋香瓜果實甜度比較

地點 / 肥培管理法	恆春（79）甜度（Brix）	恆春（80）（Brix）	梓官（81）（Brix）	平均（Brix）
一般栽培法	13.72	13.79[a]	13.34	13.34
隧道式栽培法	13.54	13.18[b]	13.07	13.07

表 11-27 不同肥料處理對洋香瓜果實產量與甜度之影響（1991 年恆春）

	處　　理	產量（kg/ha）	比較 %	Brix	順　位
A	三要素（N 150kg；P_2O_5 180kg；K_2O 210kg）	12,554c	100.00	11.03b	7
B	三要素＋菌根菌	15,123bc	120.56	12.50b	6
C	三要素＋每公頃施豬糞堆肥 3,000 公斤	15,255ab	121.52	13.50a	5
D	三要素＋菌根菌＋每公頃施豬糞堆肥 3,000 公斤	15,231ab	121.42	13.38a	4
E	三要素＋硫酸錳每公頃 200 公斤	12,523c	97.60	14.13a	3
F	三要素＋菌根菌＋硫酸錳每公頃 200 公斤	16,072a	128.13	14.00a	2
G	三要素＋菌根菌＋硫酸錳 200 公斤＋施豬糞堆肥 3000 公斤	15,748ab	125.44	14.25a	1

土壤及其管理對作物產品品質之影響

土壤及其管理與品質的關係

到目前為止，我們討論影響作物產品品質的因子，重點主要放在培肥上，包括不同的肥料、不同的施肥時間及施肥方式對作物產品品質的影響。實際上，影響作物品質的因素甚多，除肥料因子外，品種、氣候、土壤及栽培管理，都可能影響產品品質的優劣。同時在強調品質時，產量和抗病性也應該一併考慮。崛末（1983）指出影響米質的因素，除了品種之外，最重要者為產地之土壤。茶村等人（1972a）曾在米的食味與土壤類型之關係中，指出日本之沖積土第三紀及洪積層土壤，比黑火山灰土及泥碳土生產之稻米品質為佳。主要因為後者含腐植質、全氮及黏粒較多，或陽離子交換容量較大，在水稻生育後期易吸收過量氮素，使稻米蛋白質含量高，米質及食味變差。生產於沖積土及第三紀層土之稻米，由於澱粉含量較高、蛋白質含量較少，食味較佳，米質良好。臺灣各地土壤的理化性質相差很大，各稻米品質必有不同的影響，所以在使用培肥及其他管理方法之前，參考土質對各種稻米品質影響的背景資料，是非常重要的。

土壤及其管理對稻米品質之影響

以土壤母質與水分管理及肥料處理對米質的影響為例（資料引自陳世雄等人，1988）。此試驗不但探討不同土類之土壤及栽培管理對稻米品質之影響，而且也觀察到肥料調節與栽培管理應如何配合，對米質改良才能有較佳的結果。

1. 材料與方法

⑴試驗時間及地點：1985 年二期作及 1986 年一二期作，分別在桃園、臺中、彰化、雲林選擇 18 處稻田進行。

⑵土壤：包括桃園之紅壤，中部之砂頁岩沖積土，以及濁水溪下游之粘板岩沖積土。

⑶品種：選用越光（Viet Kung）、臺農 68 號（TN68）、臺農 67 號（TN67）為對照。

⑷試驗設計：試驗區每處面積為 1,000 平方公尺，裂區設計，含品種與水分管理，二重複，進行標準栽培。

①施肥方法

- 對照區：氮肥每公頃施用 120 公斤（N），磷鉀肥依推薦量施用，且氮肥之調節應避免幼穗形成期葉片之黃化與過綠。
- 處理區：主區按對照區氮肥減施三分之一（每公頃施用 80 公斤），副區每公頃增施磷礦石 1,500 公斤、硫酸鋅 100 公斤。

②水分管理：除晒田處理外，並調查土壤排水等級對稻米品質之影響。

- 對照區：按當地慣常灌溉、晒田作業行之。
- 處理區：在分蘗數達 12-15 時，即開始停水晒田，分別晒至 0.3 和 0.7巴兩種張力。

2. 試驗結果

⑴土壤母質對米質之影響：表 11-28 顯示粘板岩沖積土（老、新沖積土平均）與砂頁岩沖積土稻米之平均產量十分接近，分別為 5.88 噸及 5.90 噸。惟游離糖差異較大，粘板岩沖積土為 0.275%、砂頁岩沖積土為 0.22%，兩者相差為 0.055（約多出25%），粗蛋白質則以老粘板岩沖積土較高。

表 11-28　不同土類間米質的差異（1985 年二期作，TN67）

沖積土類別	千粒穀重 (g)	糙米率 (%)	完整米率 (%)	灰分 (%)	粗蛋白質 (%)	直鏈性澱粉 (%)	游離糖 (%)	產量 kg/ha
老粘板岩（11）*	22.9	81	68	0.32	8.7	21.6	0.27	5,700
新粘板岩（2）	23.9	82	69	0.29	8.3	22.0	0.28	6,034
砂頁岩（4）	22.2	81	71	0.32	8.4	22.0	0.22	5,900

註：*括號內的數字表示採樣地點數

粘板岩老沖積土及新沖積土之間，二期作產量及米質無大差異，但一期作則有很大差異。兩個品種在粘板岩老沖積土皆較新沖積土有較高之產量及完整米率（表 11-29）。臺農 67 號產量之差異較大，臺農 68 號則差異小。臺農 67 號完整米率在老沖積土較新沖積土高出 14%，臺農 68 號則更高出將近 20%，故老沖積土食米外觀較佳。但影響稻米食味之游離糖則老沖積土較新沖積土低 22%（臺農 67 號）和 24%（臺農 68 號），且臺農 68 號之粗蛋白質含量在新沖積土較老沖積土低 1.3%。根據茶村等人（1972b）之結論，稻米蛋白質含量高者食味劣，故以食味而言，新沖積土米質可能優於老沖積土。

表 11-29　不同品種（TN67 及 TN68）在不同土類之米質分析（1986 年一期作）

品種	沖積土類別	千粒穀重 (g)	糙米率(%)	完整米率 (%)	灰分 (%)	粗蛋白質 (%)	直鏈性澱粉 (%)	游離糖 (%)	產量 kg/ha
TN67	老砂頁岩	25.5	80	41	0.27	7.5	20.0	0.22	5,689
	老粘板岩	23.7	79	53	0.38	7.8	19.8	0.18	7,300
	新粘板岩	23.9	79	39	0.36	7.3	20.1	0.22	6,031
TN68	老砂頁岩	25.1	81	40	0.28	7.8	19.8	0.21	4,527
	老粘板岩	24.1	80	66	0.33	7.5	20.1	0.17	5,950
	新粘板岩	23.4	79	47	0.30	6.2	20.2	0.21	5,764

兩期作比較，一期作產量雖然較高，但一期作完整米率顯然低於二期作（表 11-28、11-29）；一期作完整米率偏低，可能與其穀粒充實期之高溫有關，高溫使澱粉顆粒累積疏鬆，以致碾白時容易碎裂（Khush, 1979）。因此，一期作稻米產量雖然較高，但影響米質外觀之完整米率顯然比二期作差。

品種之間，臺農 67 號平均產量優於臺農 68 號，粗蛋白質、灰分、完整米率則臺農 68 號優於臺農 67 號，但兩品種在其他米質分析上並無差異。

⑵曬田及肥料處理對米質的影響：表 11-30 顯示較高之張力（0.7 巴）曬田者，較之低張力（0.3 巴）曬田者，其生產之稻米粗蛋白質含量有增加之趨勢。Juliano 等人（1972）指出，高蛋白質含量之稻米，黏性彈性均降低，色澤較差，米質劣。故高張力曬田應配合氮肥減施，才能提高稻米食味品質，但此試驗在高張力曬田處理下，減施氮三分之一含量，稻米之蛋白質含量並無差異。增施磷鋅肥料似乎有降低稻米蛋白質含量的效果。高張力曬田及減施氮肥，皆能降低稻米直鏈澱粉含量，磷鋅肥之增施影響則不明顯。

但不同曬田張力對稻米游離糖含量並無影響，增施磷鋅肥，在全量氮肥及低張力曬田下，則對游離糖含量會有增加之效果。故增施磷鋅肥有降低稻米蛋白質及增加游離糖之可能，有助於增高食米品質。

表 11-30　不同曬田張力、氮肥及磷鋅之施用對稻米（越光）蛋白質含量（%）、直鏈性澱粉含量（%）及游離糖含量（%）之影響

氮	磷、鋅	曬田張力		平均
		0.3 bar	0.7 bar	
粗蛋白質（%）				
120kg/ha	＋	9.24	9.25	9.25
	－	9.89	9.70	9.79
80kg/ha	＋	9.06	9.70	9.34
	－	9.13	9.98	9.55

（續）

氮	磷、鋅	晒田張力		平均
		0.3 bar	0.7 bar	
平均		9.33	9.64	9.48
直鏈性澱粉（%）				
120kg/ha	+	16.40	16.98	16.69
	－	16.4	16.75	16.58
80kg/ha	+	16.92	15.99	16.46
	－	16.65	15.90	16.27
平均		16.59	16.40	16.50
游離糖（%）				
120kg/ha	+	0.78	0.71	0.75
	－	0.72	0.73	0.72
80kg/ha	+	0.67	0.70	0.68
	－	0.70	0.72	0.71
平均		0.72	0.71	0.71

註：P 爲 磷礦石1,503kg/ha、Zn 爲 硫酸鋅 100kg/ha。

由表 11-31 可知，氮肥減施降低水稻稔實率及糙米率，高張力晒田及增施磷鋅肥料，則可增加稔實率及糙米率，但低氮肥區稻米之千粒重較高氮肥區爲高。高張力晒田可有效降低碎米率，提高完整米率 7-9%。顯示改善通氣、降低土壤密度以促進根系發育，有助於稻米之充實，降低碎米率。

表 11-31　不同晒田張力、氮肥及磷鋅之施用對稻米（越光）農藝及碾米性狀之影響

<table>
<tr><th>晒田張力</th><th>氮</th><th>磷、鋅</th><th>稔實率（%）</th><th>千粒重（%）</th><th>糙米率（%）</th><th>完整米率（%）</th></tr>
<tr><td rowspan="4">0.3 bar</td><td rowspan="2">120kg/ha</td><td rowspan="2">＋</td><td>88</td><td>23.9</td><td>82</td><td>72</td></tr>
<tr><td>86</td><td>25.0</td><td>82</td><td>72</td></tr>
<tr><td rowspan="2">80kg/ha</td><td rowspan="2">－</td><td>87</td><td>24.5</td><td>81</td><td>77</td></tr>
<tr><td>86</td><td>24.1</td><td>80</td><td>72</td></tr>
<tr><td rowspan="4">0.7 bar</td><td rowspan="2">120kg/ha</td><td rowspan="2">＋</td><td>89</td><td>24.4</td><td>83</td><td>81</td></tr>
<tr><td>89</td><td>24.4</td><td>81</td><td>79</td></tr>
<tr><td rowspan="2">80kg/ha</td><td rowspan="2">－</td><td>86</td><td>25.2</td><td>81</td><td>77</td></tr>
<tr><td>85</td><td>24.5</td><td>79</td><td>79</td></tr>
</table>

綜而言之，此試驗是一個涵蓋多項因子的試驗，作者先探討品種、土類、排水等對作物的影響，然後再進一步利用培肥及晒田調節水稻之生育與觀察稻米品質之改變。由於每個處理只有兩重複，且缺乏統計分析，難以判斷處理間的差異是否有顯著性。不過陳世雄等人（1994、1997）於 1989 年至 1992 年繼續從土壤特性及土壤管理對稻米品質之影響，做了更深入的研究。若能在影響的機制上有所著墨，將是探討品種、土壤、氣候、培肥管理對稻米品質影響較完整的試驗，亦將對建立臺灣稻米改良之資訊系統及發展機制模式，提供重要的貢獻（請參考第九章）。實際上利用營養調節的方法改進作物的品質，除了應重視品質、土壤、氣候等因子外，基因的篩選（Wang, 1999）與轉殖以及各種植物荷爾蒙間的消長（黃，1999），同樣應作爲今後研究的對象。

怎麼才能吃到安全而又健康的農產品

由此可知，我們若想吃到安全而又營養的農產品，條件是我們必須有一個適於種植作物及未受到污染及病蟲害嚴重危害的環境。因爲沒有良好的生產環境，即使有先進的生產技術，也是無濟於事的。不幸的是，臺灣除了森林或未開發的高山，已很難找到完全沒有污染的土地、水源及河川。由於臺灣近五十年來，重視經濟發

展，缺乏正確的環保觀念與政策，雖然部分縣市的工廠集中於工業區，農業亦設有專業區，但前者污水的排放及廢棄物處理多未符合環保署的新訂標準，農業專業區亦多已名存實亡。加以農地不斷釋放，工廠、住宅、農田相鄰，灌漑水、地下水及土壤多被工廠及住宅排放之污水及任意傾倒的垃圾和廢棄物所污染。政府若不及早對國土做整體規劃，早日將各工業區、商業區、農業區、住宅區，依土地的位置、土壤的肥力、公眾的需要做合理的劃分，並嚴格監督工廠對廢棄物及污水之處理，同時加速污水下水道的建設，恐怕將來更不容易找到適合耕耘的土地。在確保土壤沒有污染時，才能栽種作物，並利用營養調節的方法，生產品質優良的產品，進而對產品的儲存及烹調技術做適當調整，烹調後的食物也不可受到任何污染，而且還要考慮食用者本身的生理、心理狀況，民眾才有可能享受到營養與安全的農產品。根據多年來的經驗，我們不能只被動期待政府各部門負責人自動做好環境保護與農產品生產的監督工作，必須加強公民的環境教育，使民眾獲得充分的環境與健康的資訊及知識，發動持續的公眾壓力，把農業生產的問題，提升到國土規劃及民生系統的安全維護層次。盡速完成國土綜合發展計畫法、環境保護法及與民生系統安全有關法案之立法，使臺灣的環境不再繼續惡化，使臺灣經濟的發展能朝向永續經營的方向邁進。這樣農業生產從選種、栽培、採收、加工、運輸、儲存、烹調，每一步驟的用心與改進才具有意義，農產品對國民的安全與健康才能獲得保障。植物營養學以及相關農業生產的研究成果，才能眞正落實到臺灣的土地上，不致徒作虛功（請參考圖 11-6 及附錄）。

二十年前凌依義（1976）曾在檢討以使用高產品種及大量施肥爲特點的「綠色革命」時寫到：「光從產量的觀念，『綠色革命』毫無疑問的是一個成功的例子，但在產量之外，它不僅帶來生態環境的危害，同時破壞社會、經濟、政治與文化的傳統結構，阻礙社會農村的進步。這些由『綠色革命』直接或間接導致的後果，卻鮮少爲人提及。」目前生物技術對農業生產及植物營養而言，可視爲另一次的「綠色革命」，我們企盼科學家們都能重視科技、環境與社會密不可分的關係，人既能開發科技，也要能防止科技不當的使用，否則以基因重組爲核心的生物技術，不但對生態的影響難以估計，對人類的健康與延續都將造成莫大的威脅（請參考附錄四）。

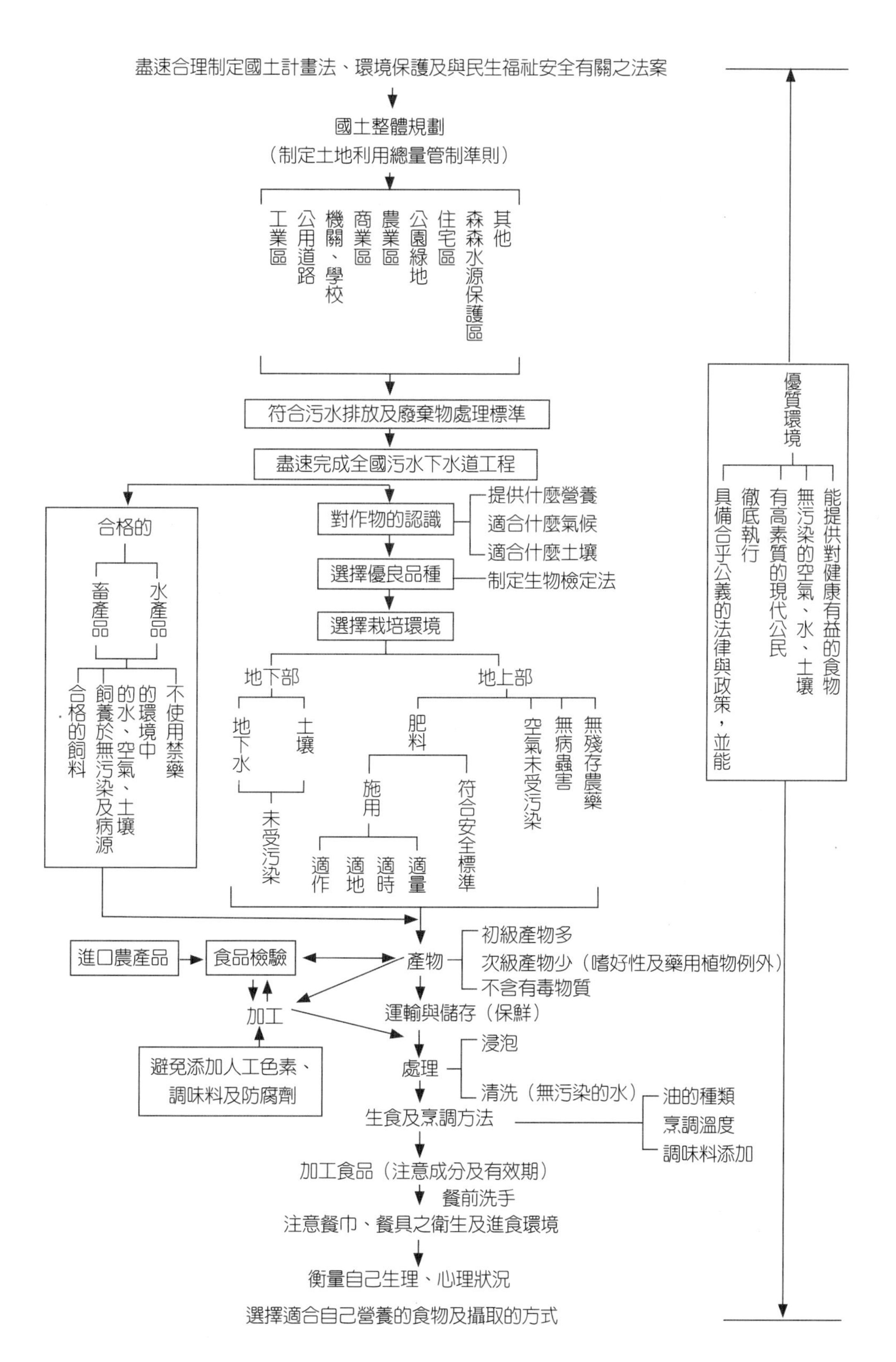

圖 11-6　如何才能吃到安全而又有營養的農產品

附錄一　怎麼吃才能有營養

營養是什麼

營養若從字義上看，營就是經營，養就是從羊就食。羊是音，食是義，養就是吃的意思。所以簡單的說，經營吃的事就叫做營養。吃了對身體有益的，就叫做滋養。中國人對吃一向很重視。如好吃的就叫做珍饈、送行宴客叫餞行、送禮叫饋贈、年老時含飴弄孫，這些詞都與吃有關係，最後並希望頤養天年，希望吃到很老，而且中國菜是世界聞名，所以說我們是一個很講究吃，而且有豐富吃的文化的國家，應當是當之無愧的。但是中國人雖然以吃聞名世界，但對吃的營養知識並不是很普遍，目前很多國民不但沒有吃出健康，反而吃出很多病來。所以我們有必要對營養做進一步的認識。如以目前對營養的理解，以上對營養的解釋則顯得太籠統了。如果具體的說，可以把營養定義爲從養分的攝取、消化、吸收、同化、異化排泄的全部過程。雖然動植物有些不同，但總體言之，生理的代謝大同小異。因爲它們都是同一個祖先。所以我們要談吃的營養，應該是吃了衛生而含人類必需營養素的食物，完成攝取、消化、吸收、同化、異化、排泄的全部過程，而又能對身體有益，才算是有營養（圖 1）。營養學則是專門研究食物的成分，以及這些成分經由攝取、吸收利用及排泄等一連串新陳代謝過程，以達到維持人體正常生理功能與發育的學問。實際上，營養學並不是獨立於其他學問之外的科學；解決或研究營養問題，也不是像想像的那麼單純。除了生物化學與生理學是研究營養學的基礎外，農業、食品、醫藥、經濟、政治、公共衛生與大眾傳播，以及人的社會地位、心理狀態都與營養有密切的關係。

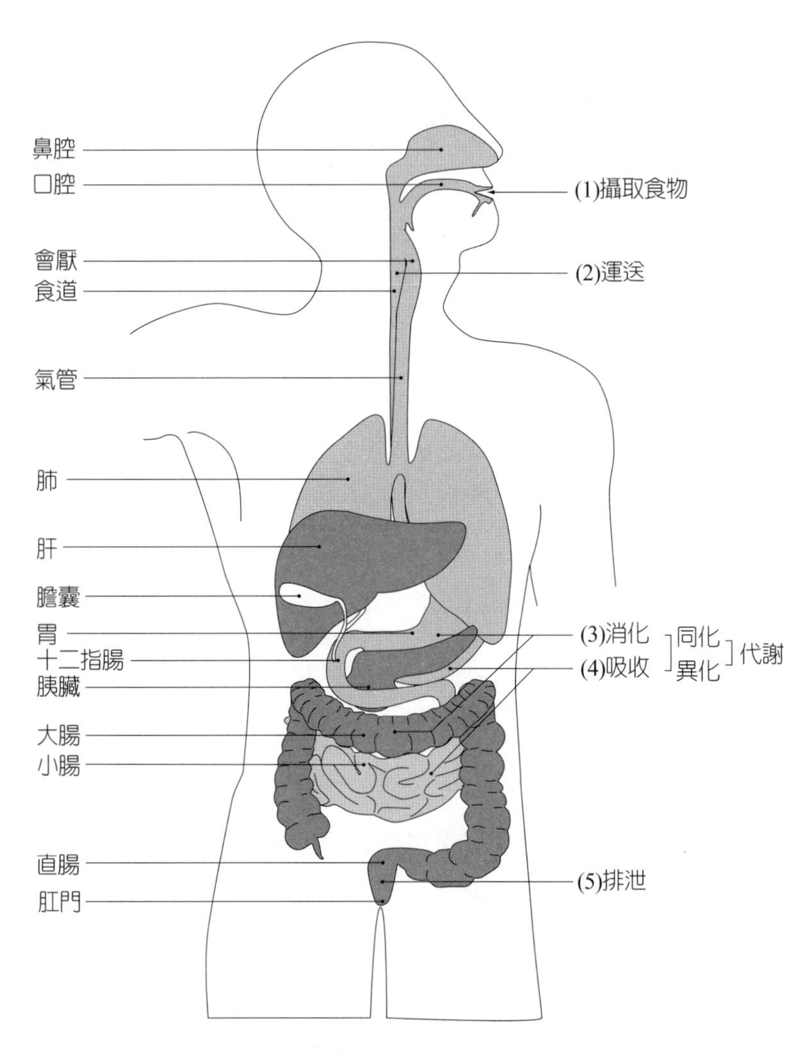

圖 1　人體營養示意圖

我們需要什麼營養物？

營養與營養物不同

一般人常把營養與營養物混爲一談。實際上，我們吃營養物不一定有營養。這要看誰吃？怎麼吃？吃多少？譬如一個熱騰騰的饅頭，給一個很飢餓的健康之人，吃得很有營養；但是給一個身體虛弱而又有胃病的人吃，就不一定有營養。

營養物與必需營養物不同

營養物或是營養素是指含有營養成分的一切物質，一般分爲五類，如果把穀類、纖維素、水包括在內，可分爲八類：⑴碳水化合物——五穀（米、麥、雜糧）、根莖類（馬鈴薯、甘藷）；⑵蛋白質——奶、蛋、豆、魚、肉；⑶油脂——植物油、動物油；⑷維生素——蔬菜、水果；⑸礦物質——蔬菜、水果；⑹植化素——穀類、堅果類、蔬果、豆類、可可、茶；⑺纖維素——五穀、根莖類、蔬菜、水果；⑻水。這些都是我們每天都要攝取的。至於攝取量及攝取比例則因人而異。

而必需營養物或稱必需營養素，則是我們必需攝取的營養物。這些都是包括在以上五種營養物內，但不是以上五種營養物的全部。譬如碳水化合物就不是必需的，因爲它主要是提供身體的能量，如果不攝取碳水化合物，熱量可由蛋白質及油脂獲得，只是這樣做是非常不經濟的。所以從正常代謝及能量之獲取觀之，葡萄糖應是列爲必需的。至於組成蛋白質的 21 種胺基酸，也只有 8 種是必需的，因爲其他的 13 種人體可以合成。表1中，即簡單說明人的必需營養物有哪幾種。

到目前爲止，我們知道人的必需營養物共 44 到 47 種，包括有機與無機的營養物，但植物則只需無機元素 16 種，生命所需的有機物質都可自製，很行。

表 1　人與植物所需營養物之比較

必需營養物		人	植物
無機元素		21	16
有機化合物			
葡萄糖		1	
胺基酸	8-10		
脂肪酸	2		
維生素		23-25 種	0
ADEK	4		
B類	8		
C	1		
共計		44-47 種	16 種

註：油脂由脂肪酸及甘油組成；蛋白質由胺基酸組成。

我們的營養物從哪裡來？

世界上的生物可分成兩大類，一類是自營性的生物，一類是異營性的生物。自營性的生物如植物，它利用太陽能行光合作用，同化二氧化碳（CO_2）或某些微生物能利用無機物爲能源，經氧化作用，獲得能量去同化二氧化碳。這些生物都是僅用無機物作原料，一點一滴將其同化成自己體內的一部分。異營性生物如動物和某些細菌，大多利用自營性生物體或其一部分維持生命。所以這些生物基本上是消費者，植物則是生產者或非消費者。由於人懂得捕捉及飼養動物，所以動物（包括家畜與水產）也是人類營養物的來源。一般食用植物雖然生長得很快，但是比起人的代謝速率則是緩慢得多了。一棵水稻一季 100 天只生產幾十克的穀粒，我們把它煮成飯沒有幾口就吃完了。一位 50 公斤的人，每日以攝取相當於半公斤白米的澱粉計算，一百年就要吃掉 18 噸的稻穀（360×0.5×100=18,000 公斤）。如果一天吃相當於五兩肉的蛋白質及油脂，每人兩年也要吃掉一隻豬。所以說，人類是霸王消費者實不爲過。不過以目前全球 50 億人口計算，糧食生產還有足夠供應的能力。但是由於各種因素，一個人的命運常因出生的國家、出生的家庭而定，像富裕的家庭會出現朱門酒肉臭，在衣索比亞則會路有餓死莩。

色香味是怎麼產生的

我們每天所攝取的營養素不論是取自植物或動物，攝取量最大的是澱粉、蛋白質和油脂三大類，因爲有味道的食物多數是含小分子之化合物。這三類食物的分子量都比較大，所以吃起來沒有什麼味道，而且食感（palatability）很差。譬如我們很少把澱粉直接做成漿糊來吃，多半是做成饅頭或麵條，而且還要配菜吃。像豆腐、白斬雞都要加一點醬油，而且是有顏色的醬油。沙拉油要與許多配料做成沙拉。連喝水也要加茶葉、咖啡、沙士、薄荷，因爲這樣吃才有味道，而且有不同的顏色也有刺激食慾的效果。

那麼這些顏色、香味主要是從哪裡產生的呢？顏色主要是由於每一種物質都會吸收太陽光中某一範圍的光，不能被吸收而反射出來的就是我們看到的顏色。胡蘿蔔則是其中的胡蘿蔔素吸收了橙色以外的光。紅莧菜則是葉中的花青素吸收了紅色以外的光。香氣則是食物的分子能擴充到空氣，刺激了鼻子的嗅覺細胞。味道則是水溶性的化合物刺激了舌頭的味蕾。有時雖都是水溶性分子，且原子數和分子數都一樣，如果構造不同，味道的濃淡會相差很大。像我手上拿的兩個六碳醣的模型在水中兩者都是以六角環存在，但環上或環外氫氧離子的排列則有些差異，所以果糖的甜度要比葡萄糖高很多。大分子的澱粉如饅頭必須放在嘴裡咀嚼後，才可水解爲麥芽糖，使人感到甜味。豆子經過水解或微生物發酵會變成小分子的胺基酸，就是我們常當作佐料的味精。酒放久了其中的有機酸和酒精起變化，變成有香味的酯。其次植物或微生物體內或排泄於體外的一些小分子之次級產物也會產生味道。這些有的是植物的中間代謝物，有的則是植物的終極產物。因爲植物不像動物一樣可以將最後身體不需要的代謝物排至體外，它們大部分都存在非生命系統，如液胞、細胞壁、導管、篩管等地方。人類則常常食用對人沒有毒害的那部分。

譬如我們喝的咖啡，含辣味的蔥、蒜、辣椒則多來自植物鹼；茶葉中的單寧則是來自酚類，很多香氣則常來自萜類或松烯類。但是這些次級產物的色香味主要是增加食感或食慾，對補充必需營養物而言貢獻不大。所以有些刺激性的食品不宜多用，尤其是人工色素更應避免使用。近年來中山北路曾有日本料理店模仿日本用金粉撒在飯上，據說既色美又養顏，但不知有何營養學的根據。各位眞是那麼喜歡金子，不妨買個金戒指或金項鍊戴起來，吃了實在太可惜了。說不定有人吃了反而會造成傷害。

我們為了口腹付出了什麼代價

1. 爲了吃沒有蟲的菜用了很多農藥，這些農藥常常是還沒有完全分解就到廚房及我們的胃裡。
2. 爲了吃美味的肉類，高血壓、膽固醇、糖尿症、肥胖症的病人越來越多，患者的年齡也越來越降低。
3. 吃檳榔的人口全國有 180 萬人，如以每人吃兩顆計算，則每日要用掉 180 萬×2×20=7,200 萬元。我們都知道吃檳榔的人容易罹患口腔癌。
4. 爲了在高山種植水果，濫伐森林、濫墾土地，造成坍方，水壩內的淤泥也急速增加，減少水壩的壽命。

5. 我們爲了貪饜山珍，濫殺動物，臺灣山區的動物已瀕臨絕種。

我們要怎麼吃才能有營養？

從以上幾點說明，各位可能體會到吃雖然是我們從小就會的事，但是要使每一個人都能吃得有營養，並不是一件容易的事。那麼到底怎麼吃才能有營養呢？最少要做到下面四點：

要有正確的營養知識

1. 首先要具備生理及衛生知識，了解營養是吸收、消化、同化、異化、排泄的全部過程。如果吃了食物能順利完成此全部過程，使身體獲得精力與健康，才能算是眞的有營養。
2. 要依照自己身體狀況，攝取無污染的營養物，細嚼慢嚥。
3. 要從五種營養中獲取均衡營養，不要偏食，如每天吃素，一定要知道食物蛋白中的某種胺基酸是否不足，如何利用其他食物補充。一般蛋白質淨利用率及生物價高的蛋白質（如表 2、3）中，必需胺基酸的含量亦高。（參考第十章人的營養和農產品品質）
4. 多喝清潔的水，吃清潔的青菜與水果。早上起床最好喝 500cc 以上的水，並做適當的運動，必有利於將廢棄物排掉。
5. 少吃油膩及含鹽多的食品，少吃零食，少喝各種人工飲料。
6. 保持愉快的心情，因爲再均衡的營養食品，如果心情不好，吃了不能消化吸收，還是不營養。

口腹適可而止

在生活達到某一水平時，享受一下口腹之欲也是人之常情，但在享受之餘，也應考慮到身體之健康、資源的浪費以及生態環境的保護。

要有良好的環境品質

1. 要有乾淨的空氣、水、土壤，才能種出無污染的植物，飼養出無污染的家畜，人才能吃進無污染的食物。

表 2　各種食物蛋白質之蛋白質淨利用率

食品	蛋白質淨利用率	食品	蛋白質淨利用率
牛奶	82	麵粉	52
蛋	90	麵筋	37
牛肉	80	黃豆粉	65
魚	83	馬鈴薯	71
米	57	豌豆	44
玉米	52	甘藷	72

資料來源：黃青眞等人，1995。

表 3　蛋白質與其生物價

食品	生物價	食品	生物價
人奶	95	糙米	75
蛋	94	麵粉（全穀）	67
牛奶	90	洋山芋	67
肝臟	77	酵母	63
牛肉	76	玉米	60
魚	76	花生米	56-60
黃豆	75	豌豆	40

資料來源：黃青眞等人，1995。

2. 目前臺灣環境污染已非常嚴重（參考圖 2）

⑴由於工廠排放黑煙，汽機車排氣，空氣品質已十分惡化。

⑵河川已有一半以上受到中度污染，污染源主要是來自上游的農藥，工廠排水，養豬戶的排泄物。

⑶自來水水源監控不當，管線太舊，水塔蓄水池疏於清洗，且近 25% 蓄水池與化糞池相鄰，以致水質一直無法符合標準。爲了全程消毒，水廠加氯過多，易與不潔的原水中或配管中的有機物結合，形成致癌物質，如氯仿（$CHCl_3$），顯然飲水問題已亮起紅燈。

⑷耕地已有五萬公頃受重金屬污染，約占耕地之面積 5.7%（依據 1990 年版臺灣農業年報）。由於耕地一旦污染，不易恢復，故工廠與農地必須分開，目前似乎不易做到。所以在污染的農地所種植的作物，皆有被污染的可能。

⑸在臺灣我們使用世界上最昂貴的吸塵器，是我們的肺；最昂貴的過濾器，就是我們的腎；最昂貴的毒物收集器，就是我們的肝。

有民主文化素養的社會

1. 要重視吃的問題，但不要讓吃占據了我們大部分的生活。
2. 培育全民的民主文化素養

⑴因人會思考，所以會想到生命的意義究竟在哪裡？我們人與動物的差別在哪裡？我們應該如何與人相處？我們應該如何對待大自然？我們到底要如何的生活，希望建立一個怎樣社會？

⑵因人有感情，所以人的心理特別複雜。

①有人因爲受到不公平待遇，心中悶悶不樂，如家境不好，無法如願升學；C 段班或後段班的學生常受到老師及同學的歧視。

②有的老師雖然滿懷教育熱忱，但他（她）的教育理念與教學方法得不到校長及學生家長的賞識。

③有的學生考了 90 分高高興興的回家，卻被爸爸媽媽罵笨蛋。

④有的人打開電視看到高速公路連環車禍，隨即想到早上南下的親友有沒有被波及？

⑤有的人辛苦了一天希望睡個好覺，但隔壁的卡拉 OK 及巷子內的汽車噪音不斷。

⑥反對興建核四的人，當知道立法院強行通過解凍台電興建核四的預算。這些朋友就算是吃了衛生且含均衡營養物的美食，消化也會受到影響。

因此，我們要發展全民教育，提升國民的道德與知識水準，培養全民的民主文化素養，使每一位國民都懂得愛護環境與尊重別人，並有判斷是非善惡的能力。我們要熱心參與公共事務，先從關心自己鄰里、鄉鎮做起。我們要努力共同建立一個公平正義的社會，與爲全民服務的政府。

結語

吃是人類的本能，但是要吃的有營養，必須要有正確的營養知識及良好的環境品質，至少要有清潔的土壤、空氣與水。要達到這個目的，除了要有一個能爲全民服務的負責民主政府，更要有具備道德心及豐富知識的人民，這就必須從教育著手，從幼兒教育及國民中小學教育著手。臺北縣有 58 萬國中及國小的學生，如果這 58 萬人都能快快樂樂地接受教育，都有現代國民應具備的知識與道德素養，都能關愛自己居住的土地，關愛居住在這塊土地上的人民，他們每一個人如能再影響 10 個人，則至少有 600 萬人能眞心愛護這塊土地，那時候我們就有能力爲保護這塊土地而自己來制定所需要的制度和法律。這主要靠各位老師的努力與奉獻，到那時我們就是吃青菜豆腐，一碗熱騰騰的飯就很營養了。因爲那時的空氣新鮮，飲水清潔，食物不含污染物，尤其是每天心情愉快，吃的怎麼會不營養呢？

很抱歉，今天所講的題目雖然是怎麼吃才有營養，但是講到現在，我也沒給各位一點吃的營養，反而各位求知若渴的精神給了我精神無限的營養。如果今天下午各位能從我的演講中也獲得一點精神營養，我就非常滿足了。最後，謝謝大家耐心的聽完我的演講，也請大家給我批評指正，謝謝！

＊臺北縣國民中小學教師研習會演講（1995）。

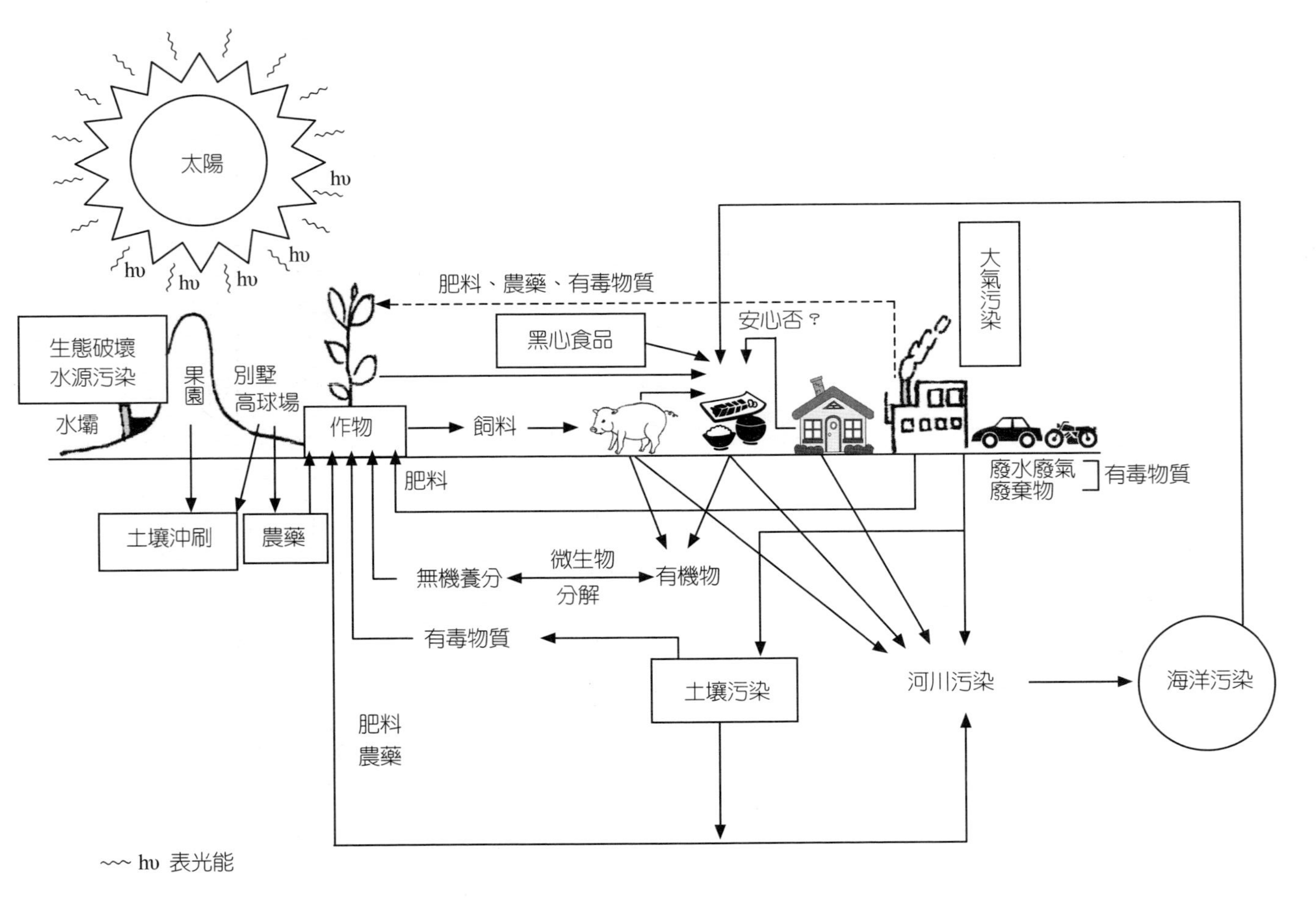

圖 2　臺灣目前環境示意圖

附錄二　你不可不知的臺灣農業

——只有短視的政府，才會忽視立國之本的農業

各位敬愛的關心臺灣農業議題的朋友們大家好：

今天有機會參與農業願景會議的討論感到非常興奮，因爲這個已不被政府重視的重要議題，終於由社大憂心臺灣農業未來的朋友們提出了，而且邀請了有關臺灣農業發展各領域有長期豐富經驗的朋友一起討論，相信這個會議一定會有實質的收獲。我個人則抱著一種學習的心情，僅就個人有限的知識及引用一些官方與重視臺灣農業朋友們在書籍、簡報與雜誌上所提供的資訊以及個人的一點淺見，做爲這次會議的引言，精彩的經驗分享與討論將在下午開始。在此，除預祝會議圓滿成功，並衷心盼望大家給予指正。

為什麼農業這麼重要

㈠糧食的獲得是地球上絕大多數人生存的基本條件

㈡國家的糧食能自給自足，才是人民能持續生存的最大保障

㈢農產品的生產與消費，除了應考慮農產品的營養、取得的方便性以及居民的文化特性外，必須重視作物培育的立地環境、產銷與食用過程，以及國家的環境與生態保護

㈣因此要想保障全民生存與健康，最重要的國家農業政策就是站在區域特性、族群文化、國家生存、人類共生、地球生態的基礎上發展永續農業

臺灣農業目前的處境

㈠世界的現況：瞭解世界的背景對認識與解決臺灣農業問題將會有莫大的啓示與助益。

1. 因近年來全球氣侯變遷詭異，影響到各地的氣溫、降雨量，對糧食生產有

直接的影響。因此任何國家糧食產量都具有風險性，甚至當氣溫昇高時，低海拔地區的國家常有被淹沒之虞。

2. 按照有些生態學專家從全球植物的總產量估計，地球只能養活80億人口，若以目前人口增長速度，不到20年，人類食物的收獲和消費的平衡將被打破，全球性的食品短缺和糧荒便會不可避免地爆發①。
3. 聯合國「糧食及農業組織」警告，許多富裕國家的政府與企業爲確保長期的糧食供應安全，正大舉收購開發中國家的農地。規模已達數百萬公頃。」這種勢將犧牲貧窮國家飢餓人民，以滿足富國糧食需求的做法，無疑是另一次殖民主義②。
4. 經濟大國利用經過補貼的低價糧食，去援助亞非拉的貧困小國，結果他們的糧食賣不出去了，幾年後就會轉種經濟大國所需要的經濟作物。譬如香蕉、香料、咖啡豆等，一旦經濟作物價格低落時，無法換取足夠糧食，就會產生嚴重糧慌。
5. 經濟大國透過世界貿易組織（WTO）大量向小農經濟國家傾銷低價的糧食，使當地農產品滯銷，農民漸漸離開農地謀生，當糧價上漲後，這些國家就買不起糧食，常會造成社會動亂，最近位於加勒比海的海地就因缺糧引起的動亂就是最好的例子。

㈡臺灣的現況

1. 農業產品已由過去佔生產總額九成降至3.5%。
2. 以栽種稻米爲主食的臺灣，已無昔日風光。耕耘面積已由1975年的79萬公頃降至2010年的24萬公頃，稻米產量亦由1976年271萬公噸降至2010年116萬公噸（參考表一）③。
3. 農田已普遍受到工廠汽機車直接或間接的污染（參考圖一）⑧。

表 1　臺稻米歷年種植面積與產量

民國	種植面積（公頃）	糙米產量（公噸）	民國	種植面積（公頃）	糙米產量（公噸）
42	778384	1641557	70	668823	2375096
43	776660	1695107	71	659591	2482602

（續）

民國	種植面積（公頃）	糙米產量（公噸）	民國	種植面積（公頃）	糙米產量（公噸）
44	750739	1614953	72	645855	2485197
45	783629	1789829	73	587186	2244175
46	783267	1839009	74	564392	2173536
47	778189	1894127	75	537723	1973823
48	776050	1856316	76	502081	1900475
49	766409	1912018	77	471460	1844785
50	782510	2016276	78	476552	1864590
53	764935	2246639	81	397252	1627854
54	772918	2348042	82	391457	1819774
55	788635	2379661	83	366340	1678776
56	787097	2413789	84	363499	1686535
57	789906	2518104	85	347989	1577289
58	786592	2321634	86	364278	1662733
59	776139	2462643	87	358405	1489392
60	753451	2313802	88	353122	1558594
61	741570	2440329	89	339949	1540122
62	724164	2254730	90	332183	1396274
63	777849	2452417	91	307037	1460670
64	790248	2494183	92	272128	1338287
65	787516	2712985	93	237351	1164580
66	779487	2648870	94	269120	1187596
67	752851	2444490	95	263194	1261804
68	722171	2449817	96	260159	1098268
69	638445	2353590	97	252321	1178178
79	455417	1806596	98	255415	1306021
80	428938	1818732	99	243876	1167974

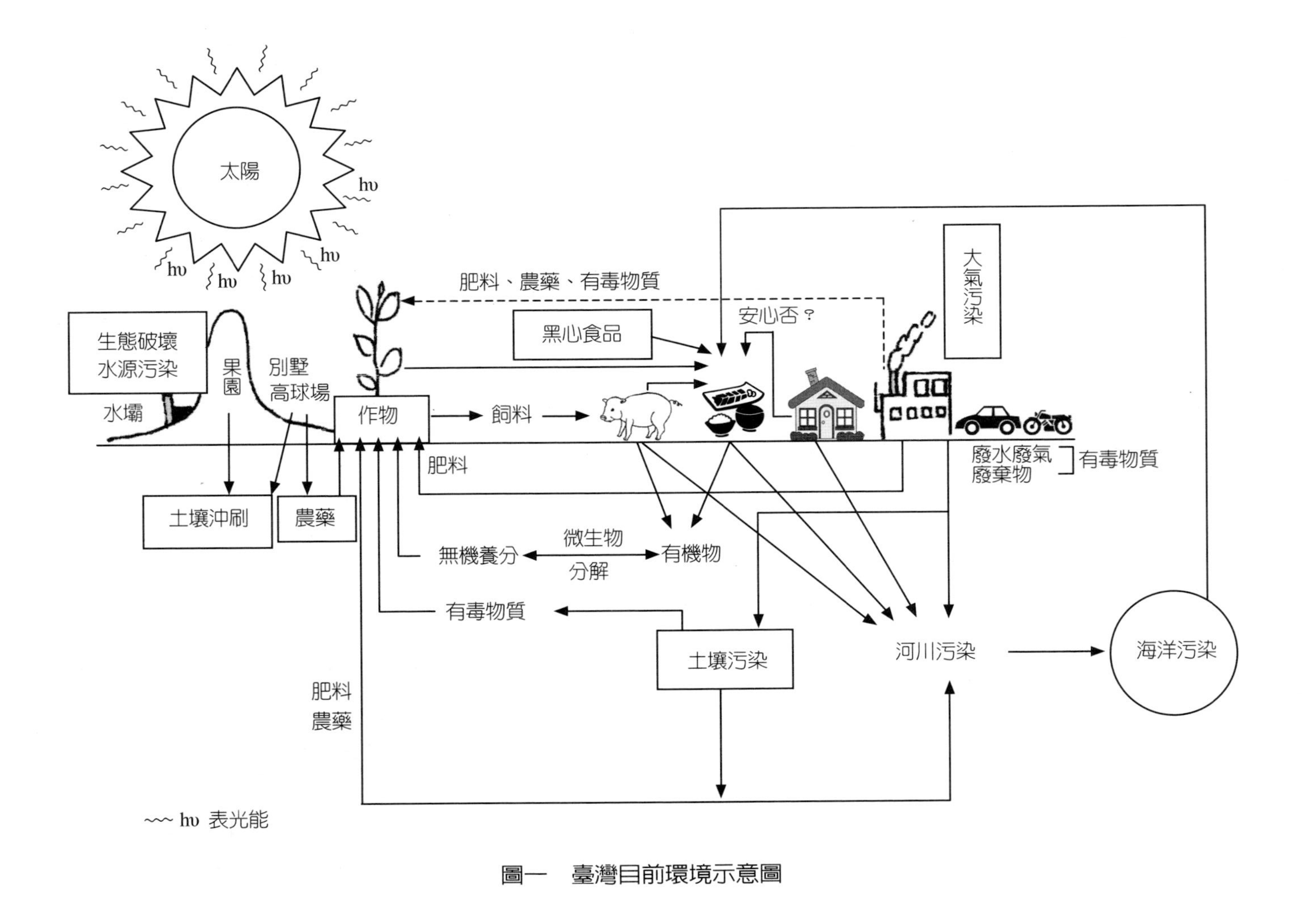

圖一 臺灣目前環境示意圖

4. 自從經濟部爲了解決經濟成長中所面臨砂石不足的問題，公布了「非都市土地農牧用地容許採取土石審查作業要點」，使砂石業者在農地採取砂石成爲合法。致使多數農田被挖得千瘡百孔面目全非，更有不肖業者把的空洞做爲事業廢棄物的回塡處。
5. 因爲稻米生產多不敷成本，政府寧願讓農民休耕給予少許補貼，也不願鼓勵農民繼續耕種，由政府照合理價格收購。
6. 農村生活疾苦，大部分的農只靠耕田無法維持生活，必須進到競爭激烈的城市或工廠另謀生路，因此弱勢家庭無法提供子女接受完整的優質教育。使惡運永遠循環，難以逃脫。
7. 由於一般民眾對有機農業缺乏全面的認識，致使打著有機認證的產品，常以不合理的高價出售。在市場上有機農產品已成爲有錢人吃的健康食品，這樣並不符合永續農業的發展原則。
8. 多數年長的農民知識不足，對國內外資訊所知甚少，凡事只能聽天由命，自求多福。
9. 一般民眾尚未警覺到臺灣農業發展對自身的重要性，也缺乏對食物的選擇與實用的正確知識。

臺灣農業何以如此悲慘？

臺灣農業缺乏長期與整體的規劃

1. 政府囿於生產毛額數字的提昇，又缺乏對農業本質的認識，因此，在政府遷臺初期，全力「以農養工」後，即長期忽視臺灣立國之本的農業。既無長遠的生產規劃及合理的產銷制度，又開拓不了外銷市場，更持續進口外國農產品，使臺灣農業看不到未來。
2. 政府囿於擴張主義思維，鼓勵財團開發，不斷釋出農地，以致農地面積日見減少，多數耕種的農地，也遭到工業的污染。
3. 錯誤的農業政策及長期受美國經濟與飲食文化的操控，嚴重影響了臺灣永續農業的發展。
4. 政府對WTO缺乏周邊的因應措施。

5. 民眾普遍缺乏農業知識，也難以得到正確的農業與食物資訊。

戰後臺灣農業之回顧

前事不忘後世之師，我們不能做一個遺忘歷史的人。我們簡單回顧一遍臺灣戰後到現在的歷史將有助於瞭解臺灣農業何以落至如此慘景，本節的主要內容是引自吳音寧「江湖在那裡」，有括號者是文章的原文。以下只是一種臺灣農業發展表達的方式，盼望各位能有機會參考與比較其他相關史料，歷史不宜當流水帳來讀，我們應從不同歷史紀錄中發現眞相與發展脈絡，尤其重要的是不要輕易放棄自己對歷史的詮釋權。

1)1945～1950：國府接收期

- 1945年中華民國政府派行政長官陳儀來臺接收
- 1946年開始將大批糖米運往大陸，粳米價額飆漲，路邊開始出現餓莩。專賣局成立，嚴格進行緝查，引發了228事件，3月20日展開全島「清鄉」

2)1950年代：經濟起飛期（此期農民是最大的奉獻者）。

- 1950年蔣介石宣稱「一年準備，兩年反攻，三年掃蕩，五年成功」是年美國總統杜魯門發表聲明，表示將繼續給予戰敗的國民政府經濟援助，美援機構—農役會也自大陸遷臺，美國第七艦隊也開始巡防臺灣海峽，臺灣已成爲太平洋上「反共抗俄防堵共產黨入侵」的據點。
- 1951年立院通過「耕地三七五減租條例」希望佃農們感恩於政府，努力生產，增加外匯。
- 1953年通過「耕者有其田條例，臺灣省施行細則」，使農民有自己的田地，提昇增產意願，並言明地主只能保留水田三甲或旱田六甲，政府利用接收日人公私土地及收購大地主部分土地與放領給佃農土地，以及收取田賦，已成爲全省最大地主，掌控了全省糧食生產供應與分配，這也是部分大地主對政府不滿，日後主張臺灣獨立的原因之一。
- 同年通過「臺灣省內煙酒專賣專行條例」不准私人釀酒，原住民之小米田隨之消失，公賣局賣的酒精則來自美國進口的小米。
- 同年制訂了「臺灣經濟四年自自足方案」
- 同年成立「四健會」協助農民學習農村生產活動，包舌使用新的農耕技術（施用高價化肥、農藥、新型農耕機械。此係今後造成農民借貸、負債的主因）、飼養美國進口的豬種、倡導「多吃麵、少吃米」發展麵粉工業，節省的米可以外銷，增加外匯，因為當時臺灣外銷九成是農產品。

- 1956年推行「多造林、多伐木、多繳庫」造成今後水庫淤積，山林土石流為害的主要原因。
- 此時期美援以「放長線、釣大魚」的方式入侵臺灣，先以撥款或透過各種器材、原料、設備、工程師、農產品等「援助」臺灣，再協助少數臺灣臺灣財團及誇國企業設立大型工廠，建水庫、造橋舖路，並直接兜售機械設備、農產品，最後不但臺灣成了美國的代工廠及主要糧食銷售地、廉價勞工的來源，更嚴重的是臺灣乾淨的土地遭到嚴重污染，臺灣的飲食與精神文化也起了極大的改變。
- 1954年美援會成立「工業發展投資中心」，要求開放投資環境、給予企業優惠。
- 據農復會調查「整個50年代，臺灣農村的勞動力平均每年遷移出六萬名青年」原因是穀價受政府壓抑過低，農民賦稅沉重，年青人已看不到農村的未來，只有都市或工廠發展，這也是符合政府踩著農業發展工業的政策。
- 發生八七水災，農民深受山洪爆發及田地被淹沒之苦，但二期田賦的應征額，便要多繳四成的「水災復興建設捐」。臺灣由颱風造成的災害幾乎每年都有，這是臺灣無可避免的命運只有做好防颱措施，將災害降最低。
- 此時有許多臺灣有志之士，為了反極權、反飢餓、反美帝犧牲了自由與生命，以上就是50年代史稱白色恐怖的時代背景。

3)1960年代：農村衰退期

- 自由中國雜誌被封閉，雷震被捕入獄，胡適則幸免於難。美國持續反對臺灣民主化，所關心的是儘早開放官營企業民營化。
- 立法院通過了「獎勵投資條例」。
- 美援會也提出了十九點財經措施及「加速經濟計畫發展大綱」
- 「國民黨政府更公布，第三期的四年經濟建設計畫，除了延續扶植王永慶的塑膠、辜振甫的水泥、伐木的林業、壟斷的化學肥料等，「更上一層樓」的朝能源工業（電力、燃煤、石化業等）及重工業（鋼鐵、機械、造船、嚴氏家族的裕隆汽車等），大大的發展」

- 1961「聯合國統計臺灣蔗糖單位面積產量，世界第一；茶葉單位面積產量，世界第五。香蕉、鳳梨、柑桔等，佔輸出總值第一位，賺入最多的外匯（1965年）。日本報紙指出，臺灣蘆筍罐頭產量，世界第二，香蕉外銷到日本逾600萬簍，創空前紀錄（1967年）」
- 1964雖然味全奶粉廠在臺中開工，開始了價格稍低，可以與外國競爭的自製奶粉，但對一般農民而言，購買被宣傳爲神奇的奶粉，仍是一大負擔。諷刺的是，日後當發展到牛奶粉普遍取代了母奶後，衛生署才宣導餵母乳的好處。
- 新年初臺南縣白河鎮東山鄉，嘉義市發生大地震，房屋倒塌約一萬多間，210人死亡，這是因爲臺灣地處歐亞板塊與菲律賓板塊交會點，形成多數斷層帶，易引起地震災害的另一命運。
- 煤礦災難，時有所聞，患塵肺者更不計其數。光這一年就有基隆、臺北、新店、新竹等五處煤礦瓦斯爆炸，多人罹難。
- 1965臺北派出駐外農耕隊「揚名國際」。
- 遠東第一高壩—石門水庫完工，目前因水源地的山林遭到大量砍伐，該水庫已嚴重淤積，造成桃園民衆經常無水可用之苦。
- 立法院通過「國軍退除役官兵輔導條例」凡爲退除役官兵，不管那一座山都可以依法開發使用，加速了山林破壞。
- 公家單位合資成立「臺灣土地開發公司」承包各項開發工程。
- 美軍轟炸越南，美國終止對臺美援。
- 各地化學工廠中毒事件，層出不窮。
- 1966紡織品取代農作物，成爲臺灣最大宗的出口物品。
- 1967行政院全面開放美國小麥自由進口。
- 1968可口可樂來了，紅葉少棒隊打敗剛獲得世界冠軍的日本隊引發全國狂熱歡騰。但很少人警覺到臺灣農業開始一路衰敗下去：水稻田耕作面積及甘蔗產量逐年減少。
- 1969高雄青果運銷合作社發生舞弊事件（俗稱剝蕉案）蕉農被青果合作社至少剝削達二億元。
- 金龍少棒隊打敗美國隊，榮獲威廉波特世界少棒冠軍，全國歡呼聲已掩蓋了台塑高雄廠爆炸後，毒氣瀰漫及死傷二十人的報導。

- 稻穀總產量已達232萬公噸，「每公頃收成6376公斤的稻穀榮登世界第一」。耕者有其田實施後，大多數承領農戶已還清折合的稻穀量，並領取「土地所有權狀」，有了自己的土地，但是由於農民每年所繳納的稅賦過重：包括田賦，隨賦征購（米價低於市價，強制收購）、肥料換各（價格比國際市場高出甚多）、房捐、戶稅、防衛捐、水租、綜合所得稅，以致多數農家負債，必須向農會或高利利貸借款。因此農民雖然種稻，但很多農家吃的常是蕃薯簽摻米飯。此後臺灣向世界炫耀的將不再是稻米產量，而是世界少棒！

4)1970年代：農村凋零期

- 1970就讀康乃爾大學的留學生黃文雄和同伴鄭自財在美國刺殺蔣經國失敗，被捕過程說了句「Let me stand up Like a Taiwanese」（讓我像個臺灣人一樣站起來）。
- 「經過60年代，臺灣已經倚靠人口密度集中的廉價勞動力，倚靠超時工作，倚靠無污染管制的開放，以及圖利（主要是外資）企業的免稅優惠等，取得國際分工體系中的一席之地，加工（代工）的基地；美國及日本的外商公司持續加碼投資，官僚企業主導收編造船、鋼鐵、重化工業等，和官方關係良好的家族型集團企業，如台塑、國泰、裕隆、大同、遠東、台泥、台南紡織等，以及在商場被置於保護政策之外，卻仍蓬勃發展的中小企業，零星企業等，都全面增加著產值」。
- 政府大力倡導「客廳即工廠」，多數小孩們就在機油淌地、化學氣味四溢、棉絮纖維滿屋飄浮，機具聲不斷的紡織、電鍍、焊接的房屋內嬉鬧成長，埋下疾病的種子。
- 「深陷越戰泥沼中的美國，駐臺美軍達上萬人，臺北城因美軍進駐興起酒吧業；大學生普遍認爲聽英文歌才比較有『水準』」。畢業後也以能留學美國爲榮。
- 美國銀行貸款數億元給國民黨政府購買設備，建立起首座核能發電廠，緊接著蓋起第二第三第四座。
- 七十年代持續戒嚴，聽不到反映眞實生活的歌曲，更少聽到臺語發音的歌曲，聽到的多是鳳飛飛白嘉莉唱的流行歌，像「奔向彩虹」之類。大受全島歡迎的閩南語布袋戲「雲州大儒俠」在播出數月後，被當時任新聞局長的宋楚瑜停播，「幾年後當「史艷文」重現江湖（電視）時，換成講國語，而一度被觀衆竊竊私語說是在暗指國民黨政府的「藏鏡人」角色，仍在幕後口白著：「順我者生，逆我者亡。哈、哈、哈！」。

- 1971美國國務院宣布要把釣魚台列嶼的主權交與日本，國內外大學生紛紛抗議，不久後，分成獨派、統派、革新保台派的保釣運動。
- 臺灣退出聯合國。
- 1972日本政府宣布與臺灣斷交，謝東閔任首位本省籍的省主席。
- 1973蔣經國宣布十大建設計畫，主要爲重污染的鋼鐵、造船、石化工業以及建設不到幾年就淤積廢棄的臺中港，四年後又推出12大建設，改變了整座島嶼的面貌。
- 經濟部國資局表示，要撥款一千萬元臺幣，輔導臺灣農產品外銷，同時卻用了八億美金，購置美國的農產品。
- 1974由於石油危機，稻穀市價從100斤220攀升到450左右，農會全面沒有上限的收購，農民所得的大幅提昇，不過只此一年而已，政府與人民都未從這裡獲得啓示。
- 1975連續當五任總統，統治臺灣20餘年的蔣介石去世，由其子蔣經國繼續掌權。
- 1976發生了「郵包事件」炸傷了謝東閔的手，主角爲旅美回臺的王幸男，隔年被以「懲治叛亂條例」判處無期徒刑。
- 每顆定價80元的進口蘋果賣的煞煞叫，每簍40公斤只叫價50元的蕃茄卻賣不出去，只有倒掉任其腐爛，柳丁12公斤100元，桶柑每公斤僅1.5元成本都不夠，外銷日本的香蕉已被菲律賓蕉及南美蕉取代，鳳梨罐頭加工業也已衰退。種菜吧！甘藍菜1斤只有0.157元400公斤才能買一張瓊瑤集團正在盛行的愛情片電影票，稻穀每公斤換不到一包長壽煙。
- 1977黨外侯選人首次聚集在「黨外」的名稱下，參與地方公職人員選舉，許信良脫離國民黨後，以黨外身分競選桃園縣長，投票當天發生了「中壢事件」。
- 1978這時雖然已有很多鄉村文學反映了農村生活，但也有很多學者可能只是看過「模範農家」報導，而未親身體驗農民的生活，像臺大教授王文興就認爲農村的老人，可能比都市的老人還要幸福一些，否則虧本的生意怎麼會有人肯做？實際上農民是無可奈的，他們也不知道該怎麼做，只是不願意讓祖先辛若留下來的美好良田，眼看它生草荒蕪吧！

- 1979增額中央民意代表（國代，立委）選舉，黨外人士整合起來公布「臺灣黨外人士共同政見」在條列的「十二大政治建設」中，攸關農業的是「廢止田賦，以保證價格無限制收購稻穀，實施農業保險。」當已分出獨派、統派、共產主義、自由主義等不同意識傾向的黨外人士。
- 12月凌晨美總統卡特宣布，將於明年和中華人民共和國建交和中國民國（臺灣）斷交，消息一出，蔣經國立刻宣布暫時取消選舉，黨外人士則發表聲明應從速恢復選舉活動才是「處變不驚，莊敬自強」最有力的表現。國民黨政府顯然不予採納。
- 歐洲共同市場決定把臺灣最後能大宗出口的洋菇和蘆荀配額，轉配給中華人民共和國。至此，農民再也不知道該種什麼，因爲農政單位（農發會、農村廳、糧食局、農政場、青果合作社等）從來沒有爲臺灣農業發展做過整體的長遠規劃及建立合理的產銷制度又開拓不了外銷市場，更持續進口外國農產品，使臺灣農產品輸出，只有任人宰割，農民只有聽天由命。
- 年尾以「美麗島」雜誌社成員爲主的黨外人士，因國民黨政府逮捕余登發父子而引起戒嚴中首次示威遊行。然後在國際人權日當晚，再度舉火把遊行，此即爲爭取人權而引發的美麗島事件。

5)1980年代：農民憤怒期

- 林義雄的母親，及他的雙胞胎女兒，被謀殺身亡，兇手至今仍逍遙法外。
- 四月球最大的蔣介石銅像，座落在剛落成的中正紀念堂裡，全島中小學、圖書館、公園……到處都是偉人蔣介石的銅像。
- 新竹科學園區揭幕，酸雨也首度證實已降臨本島。
- 多年來流傳於臺中、彰化一帶的怪病，終於被證實是米糠油中多氯聯苯所致，一般有錢人家不會食用米糠油的。
- 五月梅雨季節，降雨量卻比往年少了一半以上，破了臺灣八十幾年來的氣象紀錄，致使嘉南平原二期稻作約六萬公頃水田無水可耕。在傳出缺水警訊時，正有「理由」加快水利工程發包的腳步，各處的水庫如，苗栗的鯉魚潭水庫、臺北的翡翠水庫都在此時趕工中（包括砍代水源頭的樹林，舖設引水隧道）也爲日後水庫淤積優氧化，造成生態破壞等問題埋下伏筆。

- 七月颱風帶來雨水，但南部沿海海水倒灌，九月一場大雨造成基隆山坡地上興建的房子倒塌四十幾間，死掉十個人。據報載此災情爲三十幾年所僅見，此後颱風來襲房屋倒塌已時有所聞，原因在於人口快速成長，房地產已成爲賺錢的龍頭產業，爲了趕工賺錢，地基、坡度、坡向的勘察、砂石的選擇，鋼筋水泥的調配，已不再堅守最起馬的信譽與安全原則。
- 這時農地、林地、山坡地、濱海的沙質土壤地的地目一地接一地的逐漸被變更，正如廖永來在「這村庄剩下的住屋」所寫：

這土地立即要剷平　　這村庄馬上要解體
鄰居業已全部遷移　　他們找到一塊新生的土地
做工幹活樂做生意　　像蒼蠅到處觸菌麕集

- 農村人口繼續外移，伴著股市、地價上漲，汽機車也迅速突破六百萬大關。轉作經濟作物，開闢魚塭，從事養殖業，或投資做小生意，抑或蓋起鐵皮的違章工廠，在農地上、在道路兩側及住宅區內林立。廠房兼住家、黑手兼頭家的小企業主、以全世界超高工時的勤奮，接受訂單，隨時出貨，出貨給合法的大廠，甚至是外國廠商，既有助於大廠的生產成本降低，又能讓小廠來分擔市場景氣波動的衝擊。
- 八○年代初Made in Taiwan 仍是全球物件的主要供應地
- 留美學人陳文成回國，被警總約談後陳屍臺大校園
- 國民黨政府此時的口號定調爲「三民主義統一中國」
- 與美國簽訂穀物貿易協定，承諾五年內購買50億美元讓臺灣稻作與雜糧農作市場萎縮的大宗穀物
- 行政院核定出「第二階段農地改革方案」主要內容爲：
    ⑴核撥17億購地貸款到農會，鼓勵農民買地，擴大耕作面積
    ⑵推行共同、委託或合作經營，以擴大農場規模
    ⑶加速辦理農地重劃
    ⑷加強推行機械化（因臺灣大片平地不多，並不適合美國大農場的機耕模式，在七十年代已證實行不通）

- 人口迅速增長，據1981年統計每位婦人平均生2.45個小孩。
- 配合臺灣省政府李登輝主席提倡開創農村新面貌之措施，發展示範村計劃。主要進行的工作分爲兩大類：

 ⑴人的輔導：

 a.鼓勵農村青年加入四健會，增產報國，擔負起復興農村的大任。

 b.推廣家庭計畫：兩個孩子恰恰好。

 ⑵環境的改善：包括以低利鼓勵農民貸款，擴建或新建住宅，闢建農村住宅，開闢農村小公園，架設路燈……等。

- 每年農委會都舉辦票選十大「經典農村」的活動至到2006年選出最美的十大村莊，號召遊客來參觀。實際上，村庄景點之外，農地被盜挖，垃圾被傾倒，水源被污染，農業所得低到難以餬口，則刻意被政府忽視。
- 臺灣省主席李登輝又透過農林廳推出水果廣告，並在示範村的運作中促銷他「八萬農業大軍」的政策，「計畫培養、萬戶的核心農家，保其子弟送往農業專科學校，學習最新的農業科技，擘畫臺灣未來的農業藍圖」。曾有人分析這八萬農業大軍，在李登輝的構思裡，早就有意識地於全島農村暗藏八萬支樁腳的布局。
- 1983年12月行政院以「生產過剩」爲由，通過經建會所指「稻米生產及稻田轉作六年計畫」，預計六年達到全島14.7萬公頃水稻田轉作的目標，凡計畫面積以外生產的稻米，農會一律不收購，麥當勞也隨著轉作計畫進駐臺北城！
- 政府鼓勵農民轉作玉米、高粱、水果、花卉、園藝、養殖漁業等，只要按期繳納田賦與水租，農地荒著也無所謂，只要不再種稻米就可以了。
- 大多數農民並不清楚爲什麼政府幾年前還在研究稻作一年三期的可能性，1981年才剛推出第二階段農地改革方案及低利購地貸款,鼓勵農民擴大面積種植，1983年更宣傳八萬農業大軍計畫，但馬上又下令轉作說是稻米「生產過剩」
- 農民在被迫轉作的狀況下，只要能賺錢，從事什麼經濟行爲皆可，其中最搶手的是種蓮霧，另外種檳榔及荖花。據說「只要一分地荖花仔的三、兩年收入，幾乎比整世種一、二甲地的稻子獲益還要多」所以當時檳榔粒被視爲「綠金」，蓮霧打響品牌的稱爲「黑珍珠」。
- 釀酒用的金香葡萄也在農民不斷創新的栽培技術中大大提高了甜度。在1979年公賣局透過農會和農民簽訂爲期十年的收購契約後，因爲有價格的保障，單種釀酒葡萄的農人更多了。

- 好景不常，沒幾年茎花「敗市」（價格下滑），茎花園也「敗叢」（得病），種植茎花的農民只好認賠，又轉回種稻。1986年政府決定開放洋酒（包括葡萄酒）進口後，引發葡萄農的抗爭，到1995年酒廠突然停止收購，更引發民代（身兼中盤商）帶領「千餘果農圍堵省府，爆發衝突」。總之農業收入並沒有因轉作政策而有什麼增加。
- 至於其他作物，像花生已由過去70.80年代的六萬公頃減至1990年的三萬公頃，蕃薯從1986年的兩萬公頃，到1990年，已在十大作物排行榜外；大豆則因美國黃豆進口，幾乎已不再種植。只有檳榔在短短幾年間，攀升至1990年全島種植約六萬公頃。
- 1984年政府開始推行米食運動，要大家吃米。原因是70年代初臺灣實施稻米保價收購後，米糧生產穩定，外銷也增加，影響到美國米的利益，於是美官員多次要求臺灣當局減少稻米外銷美。與美國協商後只好以「生產過剩」爲由，要求農民轉作，同時擬定「餘糧撥作飼料處理點」，把糙米三十萬公噸充做飼料，並與美國達成協議，簽下「中美食米協定」：臺灣米五年外銷數量總數不得超過137.5萬噸（五年後再續約）且不准再賣到美國去，但臺灣必須購買美國的雜糧穀物水果（日後還包括購買美國米）。
- 農村中長期依附人與人之間的信任感而存在的互相幫助的粟仔會（穀會）也開始有倒會跑路的事發生，在1981年據監察院報告顯示，全臺銀行呆帳金額已達170億,金融犯罪正在自由化。稽查，控管的法令都遠遠落後。1985年臺北十信弊案爆發，震驚投資人，最後則不了了之。這時金錢已脫離實體，進入全球化的金融體系，號子（證券交易所）已一間一間的設立，買空賣空的一秒鐘，可能瞬間致富或破產潛逃。眞實在田間勞動三四個月也只有千元的報償、田地也不再分辨是良田、瘦田，而是有沒有可能變更地目，成爲炒作的地皮。
- 過去「以農養工」的時代，農業縣市雖然政策刻意壓低米價，並課以重稅，但農民生活過的還算穩定。當農業所得一路滑落後，只得告別田地。在沒有背景沒有學歷，又耐不住做工必須付出大量的汗水和勞力，同時眼看投機者當道，「城市處處燈紅綠」，索性就賭一次人與死的最後運氣吧！於是在貧窮的村庄，鋌而走險，走向黑道的大哥小弟不在少數。據日後估計，全臺超過70%的男警女警來自彰化、雲林、嘉義、屏東等農業縣境，（這些地區同樣是黑道的發源地）他／她們由於中小學讀書的環境不是很理想，必須加倍努力才能考取警察學校。

- 1981年抽樣調查臺灣35條主要河流中，有13條已受嚴重污染，隔三年再調查，36條主次要河川中，受污染的範圍迅速增加到28條。臺灣40萬公頃稻田，其中五萬公頃已受嚴重污染，這還不包括各地的工廠對土地與空氣的污染，直接或間接造成對民衆健康有形與無形的爲害。
- 1988年初春三月農民權益會發出第一分傳單，寫到「憤怒吧！全臺灣的農民！爲著土地，爲後代，咱著勇敢站出來」：

> 親愛的農友：
>
> 　　四十年來的臺灣農業史，正是一部廣大農民在政治上被壓迫、經濟上被剝削、意識上被迷亂的歷史。
>
> 　　從福佬庄頭到客家村落，從臺灣頭到臺灣尾，從山頂到海邊，我們，臺灣的農民，共同體驗了一次又一次的打擊。先是在「農業扶植工業」政策中，純農勞動所得在糧價普遍被壓低的情況下，再也法維持農家的生存，於是乎，我們的子女遠離祖先遺留下來世代賴以維生的土地，一群群的流入都市或工廠充當勞工；我們每一次的耕耘，每一次的收成，所得到的卻是一次比一次嚴重的虧空，我們的生活，也越來越不像人。直到今天，當政府高唱的「工業回饋農業」口號還絲毫未見落實之時，美國，這個帝國主義的侵略者，為了她自己國內農產品的出路，想要藉由「中美貿易談判」來壓迫我國，甚至想要在十年內迫使政府完全撤銷對國內農產品的保護措施！一旦我國政府在這個談判中低頭、讓步，那麼，今年，將成為臺灣農村和臺灣農業走向全面毀滅、全面破敗的一年了！——引自（臺灣農民三一六行動宣言）

- 1988年三一六農民北上示威抗議，遊行過美國在台協會，國貿局及國民黨中央黨部。遊行結束，總指揮林豐喜及領隊陳文輝以違反集會遊行法，移送法辦。於是以農權會爲主的農運人士決定四月二十六日再度北上，這次的傳單寫到「據統計，民國七十五年臺灣農戶人口計四百二十九萬人，約佔全臺灣人口數22%而每五個人當中至少一個是來自農家的人」。然而在中央總預算的社會安全項目中，「國軍退休，撫卹及保險」佔47.93%，「農民保險試辦及虧損補助」卻只佔0.71%。

- 臺灣農民四二六行動宣言中吶喊到「老農不死，也絕不凋零！」這一次遊行隊開著「鐵牛仔」「耕耘機」「拼裝車」直衝向李登輝總統家門的封鎖線，對峙衝突直到入夜後才散去。
- 四月過後雲林農權會決定在李登輝就職日（五月廿日）再次北上街頭表達七大訴求：1、提前全面辦理農保2、免除肥料加值稅3、有計畫收購稻穀4、廢除農會總幹事遴選制5、改善水利會6、農地自由使用7、成立農業部。當天宣傳車在臺北街頭大聲喊話，戴斗笠的農民隊伍來到立法院前與警察對峙，警方用棍棒水柱強制驅散、毆打群衆，群衆也撿磚塊石頭回擊。總指揮林國華父女及到總指揮蕭裕珍等人被抓入囚車，警察持續踩過第一線靜坐的學生們，展開大規模逮捕。520農民事件，警方在血流成河的街頭，共逮捕3120多名抗議的群衆。隔日法院以違反集遊法等罪名，起訴林國華等92人，主流媒體及多位知名作家一面倒的指稱農民是暴民並爲文譴責，甚至懷疑農民團體預謀暴力，在菜籃底暗藏石頭，從雲林二崙運到臺北準備攻擊員警。後經教授團調查後發表「五二〇事件調查報告書」駁斥預藏石頭之說根本是不實之指控。清華大學人社院的教授們也發起「我們對五二〇事件的呼籲」，促使300多位教授，當時罕見的連署支持社會運動。
- 從民進黨中央黨部作的聲援傳單中，可以發現不同的思維，不再抗議四二六農民宣言中所提的「美國農產品大肆傾銷，農業政策搖擺不定，中間剝削嚴重，農村人口外流、產銷失調、農民收入不敷成本、農會功能癱瘓……等」轉而將矛頭全部簡化爲「揪出『五二〇』的元兇——大陸人統治集團」日後歷史也將證明，「臺灣人」掌權後，當時所提的農業問題，仍繼續存在。
- 經過五二〇之後農保終於正式實施，農民健保條例終於通過；參與農權總會運作的鄭南榕，因在雜誌上刊登「臺灣共和國草案」，被以「涉嫌叛亂」起訴，繼而行使抵抗權，爭取言論自由，自焚死亡。鄭南榕出殯那天，送葬的遊行隊伍走到總統府，長期參與民主運動的義工詹益樺，也當衆引火自焚，張開手臂，撲倒在蛇籠鐵絲網上。

- 八十年代出生彰化縣溪州的詹澈寫了以下這首「土地請站起來說話」：

  土地，親愛的土地，如果您是農民的母親　請告訴我們　如何？　我們才能與您相依爲命？　才不必去外地打工？　請告訴我們　是誰？　把我弄成這款地步？土地，請站起來告訴我們　只有我們農民落魄到這款地步嗎？　還是全世界的農民都這樣？　土地，請站起來和樓房比比高低　請站起來說話呀！

6)1990年代：農地淪陷期

- 1990年李登輝主政的國民黨政府通過八兆五千七百六十九億的六年國家建設計畫，預計進行七百七十五項工程，曾負債六十億停工的彰濱工業區又復工了。
- 臺灣農漁牧養殖業陸續傳出污染，世紀之毒的戴奧辛發電廠、石油公司、焚化爐日夜排放的黑煙，各工業區所排放及垃圾掩埋場滲入地下水層的有毒物質，在空氣中、水中、土壤中以及人體中循環：「污染——抗爭——賠償」的模式不斷上演。
- 曾經的農鄉、農地節節敗退、變更地目給高耗能、高耗水、高污染的工業廠房進駐、台塑六輕進駐雲林麥寮鄉就是一個很好的例子。李登輝把1950多公頃國有土地（約麥寮鄉的三分之一）以每坪96元價格出售給臺灣「經營之神」王永慶，1993年臺灣創紀錄地出現「枯水年」，水資源局將各大水庫列爲「救旱階段」，並表示翌年一期作將大面積停灌。台塑六輕就在此時不顧居民的抗議動工了，政府爲了暗中提供六輕用水，編造了很多無法達成的堂而皇之的理由，花費300多億元，迅速完成了「集集共同引水工程，並爲了集集攔河堰，還徵收了下游約72公頃的私有地，並用掉將近500公頃的河川地及公有林地」。
- 1990年才取消電視台不得播出過量「方言」（閩南語）的限制。
- 1991年「天下」雜誌舉辦「發現臺灣」攝影展。
- 臺北城是臺灣資源充足的行政、教育、文化、商業、醫療、媒體中心，走在臺北的精華區，巧遇名人（或富人）的機率，恰如走在海口二林，碰到基層員警與黑道兄弟的比例。
- 1991年5月檢調進入清華大學男生宿舍，逮捕廖偉程等人，理由是廖等參加過「台獨會」，研讀過史明寫的「臺灣人四百年史」。隨有「反白色恐怖及政治迫害遊行」、一〇〇行動聯盟「反閱兵、廢惡法」、環保聯盟發起反核遊行。
- 1992年民進黨要求「總統直選」

- 1993年原住民高喊「反侵佔、爭生存」
- 1994年工人立法行動委員會發起「工人鬥陣、車拼相挺」爲勞工權益上街頭。
- 1995年「反金權、反高爾夫」遊行，反對高爾夫球場破壞水土保持。據統計，此時全臺有百餘座高爾夫球場，其中40中家非法竊佔國土，六十九家違法超挖山坡地。而佔地面積達全島運動場地90%的高爾夫球場，只提供給不到5%的打球人口使用。
- 1997年。經濟部以「水旱田利用調整計畫」之名，會同農委會全島發放「休耕補助」。廢耕的田地孕育草與虫，造成隔壁自然種作物的農人的困擾。有些休耕的田成爲盜採陸砂的對象，被盜採過後的坑洞，又回填一些由城市及工業區運來的垃圾及廢棄物。「這等於是政府花錢補助20%休耕田，卻變相懲罰其他80%耕作農田，休耕的田地到2005年已達到28萬公頃，已首度超過全島水田耕作面積」。
- 1999年。12月立法院兩黨都爲了選票趕在總統大選前，通過了農發條例修正草案的初審，雖然立法院外，新黨結合105位學者教授呼籲：「農地買賣自由化後，農地興建農舍之規範，爲求周全起見，應在總統選舉後再議」，但這種呼籲在立法院內，並未起任何作用。這表示雖然一黨獨大的時代過去了，但政治民主化，由各地方選出的民意代表，其所代表的民意只是個人與政商私人的民意，並非多數人的民意，農發條例修正草案就是一個不顧生態保護、糧食安全，完全以炒作農地致富爲考量的典型案例。
- 12月7日一萬五千多名來自外縣市的農民聚集在臺北中正紀念堂廣場抗議，高喊「開放農舍，農民有救」隨後在虧空50億的臺灣省農會主導下遊行至立法院，受到兩黨立委熱烈歡迎與聲援，這種抗議的遊行是代表農民心聲，還是爲了替虧空的農會解套、幫助財團炒地皮，答案已經是很清楚了！

7) 2000年代：「國際稻米年」反諷期

- 2000年。年初立法院三讀通過了農業發展條例（簡稱農發條例）的修正草案。由200多個民意代表決定了臺灣農地的命運。

  最後通過的條文確定了農地不但可以讓企業集團自由買賣，自由蓋起像別墅的「農舍」，更可以申請以「集村」的方式蓋出整排連棟的上千萬，上億之房子。在農發條例修正草案通過後，不久我們在高速公路上已可看到如雨後春筍般在農地上冒起無數的華麗的「農舍」，連一向愛鄉愛土的美濃鎭的郊農地也有外來者開價到一分地三、四百萬，這樣的農發條例還說是爲了農民、農村與農業的發展，有誰會相信呢？

- 一年來神秘的白米炸彈客本尊24歲的楊儒門終於在國際稻米年（2004）11月26日現身了，旋即被關入鐵窗內。實際上他所組合的極簡陋的「炸彈」既便按了開關也只是冒出一點煙火，並不具殺傷力，況且他還特別貼上「炸彈勿按」的字樣，他主要目的是呼籲政府「一、不要進口稻米，二、政府要照顧人民」
- 2004年12月2日包括民主行動聯盟、臺灣社會研究季刊、美濃愛鄉協進會及各大學的學運社團等，共同在立法院召開「政府無能，造反有理－聲援楊儒門、搶救農業」記者會，記者會中指出「白米炸彈客」是政治良心犯。
- 2005年3月2日聲援楊儒門聯盟公布，共十七國的農工運團體，聲援楊儒門的連署名單。
- 10月19日楊儒門一審被判七年半的徒刑，併科罰金十萬元。
- 12月13日到18日，WTO部長級會議在香港召開，全球反WTO社運、工運、農運人士，集結前往香港抗議。臺灣的社運及工運人士，也去參加。楊儒門在看守所內展開六天六夜的絕食行動表達對WTO的抗議
- 12月23日高院二審第一次開庭作證的主委賴幸媛認爲「白米炸彈的出現，是一個談判籌碼，也起了槓桿作用」
- 2006年1月5日高等法院二審改判楊儒門五年十個月，併科罰金新臺幣十萬元
- 2007年6月立法院達成共識，建請總統特赦楊儒門，隨後於6月21日楊儒門步出監獄
- 2008年總統大選年，兩黨除了爲爭取農民選票，不斷在老農年金上加碼，過去520農民的流血抗戰與楊儒門爲喚醒政府及民衆應對農業的重視所做的犧牲，好像已經被遺忘了。
- 2008年年關將至，臺灣受全球金融風暴的影響，各大公司、工廠紛紛裁員，首當其衝的是非正式員工的派遣人員，而這些臨時性的工作收入正是離農的農村子弟重要的生活費來源，但在行政院決定全面發放3600元的消費券後，在全國一片歡欣中，誰還想到農民的生活以及臺灣農業的未來？

永續農業才是臺灣農業發展的正確方向

什麼是永續農業？

1. 定義：簡單說永續農業就是使農業能持續發展，不斷能就近提供人類足夠的無污染有營養分的食物的農業。因此，永續農業是走向永續社會的基石。
2. 永續農業必須符合的一些基本條件：
   (1)我們的農產品是生產於無毒及無污染的環境中
   (2)我們的農產品要符合節能省碳的原則
   (3)我們種植的植物盡量少用化肥及不用有毒的農藥，而改用生物防治的方法
   (4)不斷能就近提供居民足夠的可以維持生命健康的農產品
3. 永續農業與有機農業的關係（參考圖二）

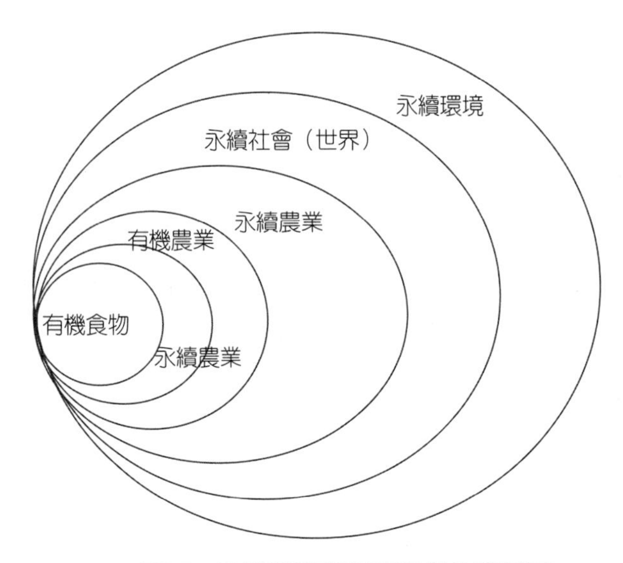

圖二　永續農業與有機農業的關係圖

國內外成功的案例

我在這裡只舉兩個例子，其他可參考本會議其他的討論與報告。

1. 第一個案例是彭明輝所寫的「韓國農業改革的借鏡」⑤。一般人都知道，

近年來韓國（南韓）在高科技及演藝文化的出色，鮮少注意到他們的農業進步。韓國在1960年代，農民「住草屋、點油燈、吃兩頓飯」。經過政府制定了完善的，以農業基本法爲基礎的農業法律體系，利用「新村教育」，10年內培育了165萬農民幹員，並配合農業協同組織及農協銀行的功能，鼓勵民衆響應「身土不二」（即當地人吃當地出產的食物）與農都不二，（即城市和鄉村不分離）的兩大呼籲，使韓國農產品在國內的售價與政府之補貼高居世界之冠。到了1993年，農民擁有彩色電視率已達123.6%，燃氣灶100.4%，電話99.9%；1997年農業總1產值已達到293億韓元，是1970的36倍，令各國嘖嘖稱奇。加入WTO後，又利用「一村一社」（所謂一村一社，即城市的公司企業與鄉村建立合作交流關係，透過直銷與訂購進行「一幫一」的資源），以及建立各種非關稅障礙，以進行國內消費者教育，來對抗來自其他國家廉價農產品之威脅。這說明了，政府如能推動眞正爲全民利益著想的政策，民衆一定會很願意配合，很快地發揮了凝聚力，共同提升國家競爭力及爲保護自己的權益而努力！

2. 第二個案例則爲光爸所寫的「零位思考，一體共生，我在日本幸福會的研鑽生體驗」⑥。幸福會最早名爲「山峰會」。創始人名叫山岸已代藏（1901-1961），他於15、16歲已經有了理想社會的想法，二次戰後日本百廢待舉、山岸先生與20多位擁有共同理念的朋友，集資購買田地，成立第一個實顯地（實際顯現幸福會的理念村），實踐生活一體化的獨特生活模式，幸福會在日本約有三十個實顯地，分布在全日本各地；另外在美國、巴西、瑞士、澳洲、泰國、南韓等九個國家，也有幸福會的實顯地，大部分是移民至該國的日本僑民所建。幸福會的規定，一個人一生須參加一次由「研鑽學校」舉辦的八天七夜「特別講習研鑽會」（簡稱「特講」）。全世界參加特講的人數，已有四、五萬人，特講的課程中，沒有授課老師，也沒有作息表。除了吃飯、睡覺以外，大部分時間，大家在榻榻米教室圍坐一圈，由四位帶領者輪流提出一些讓人摸不著頭緒的問題，讓來自各方不同身分的人，平等地，自由地一起「研鑽」。慢慢地，大家逐漸瞭解這些無聊問題的背後，是我們生命要面對的最根本問題。每一個人似乎獲得重生一般，重新去思考原本自己認爲理所當的事，也重新看待與他人的關係。深刻體會整個社會是一體的：唯有當所有人都幸福時，才是眞正的幸福。此際即所謂「零位思考，一體共生」。根據這種思想，山岸發展出「循環農業村」。也就是農業即人的生活，應該和大自然一樣，是不斷循環；而且農業生產及人的居住，不能破壞自然，而是與自然和諧共生。以大的循環來說，人的生活隨著四季的變化，生產不同的作物，讓人與土地生生不息。在這裡生活的人與萬物，從生到死、從老到少都能夠得到安頓。幸福會生產的農產品，在日本具有相當好的口碑，這也是幸福會最重要的經濟來源。整個幸福會的農業生產，是由實顯地、鄰近社區、以及都會區的「境外村民」共同支撐起來。透過村民們親密合作與「研鑽」，生產出愛的結晶。而農產品也成爲宣傳幸福理念的最佳工具。這說明了，有了堅定正確信念、及實現的決心、再困難的事都可以成功。

3. 第三個是古巴案例由綠色陣線吳東傑講述
4. 第四個是國內的案例由高市、林口、宜蘭等社大與大家分享他們的寶貴經驗
5. 由其他各社大、各NGO團體或個人分享國內外及個人的經驗

我們應採取那些行動：

在經過大家充分討論後，若能對農業發展的基本理念與行動綱領取得共識，我們就應該設法積極行動。以下僅就個人淺見提出以下九點，望能起拋磚引玉的作用。

1. 早日制定符合國家整體與永續發展的國土計畫法，農業基本法、農村再生條例以及與永續農業相關的法令與政策
2. 積極保護全國的生態與環境
3. 積極保留、保護及合理使用現有農地
4. 拒絕種植機改作物
5. 都市永續農業應從社區營造做起
6. 發展以水田種植的稻米爲主食的農業並保障所有從事農業生產的農民都有合理的收入

⑴水田有防止水患、補充地下水、減緩地層下陷、調節氣溫的功能，又可

吸收大量的二氧化碳（CO_2）

⑵臺灣氣候適合水稻生長，臺灣已有400餘年的食米文化

7. 勵行節能減碳的生活，改變飲食習慣，先從多吃永續食物做起⑨
8. 中小學課程應融入永續農業、永續社會以及永續環境的知識（圖三、圖四）
9. 共同創造一個關懷、簡樸和諧、零污染的生活環境。每個人都能分配到維持健康的永續食物。

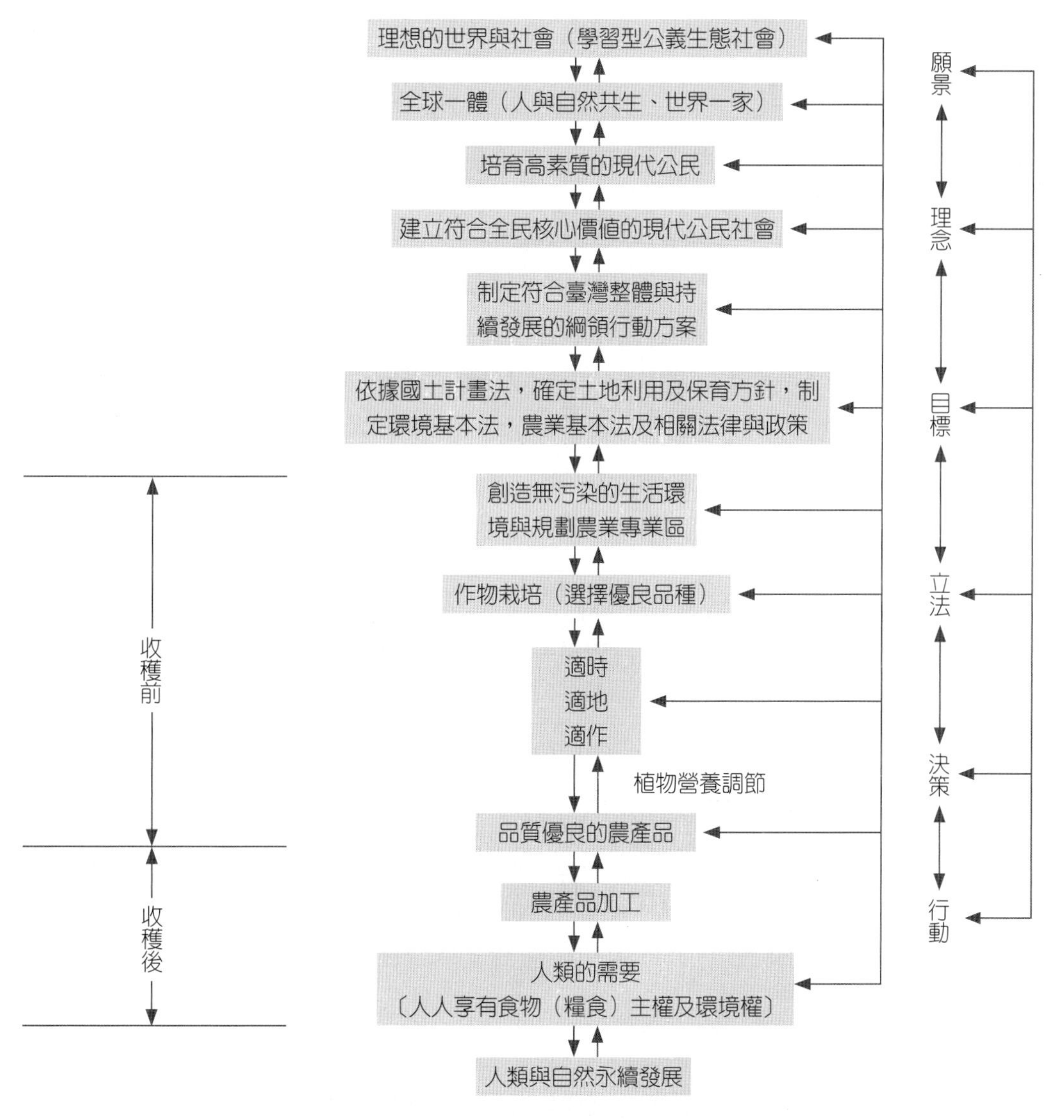

圖三　食物主權、環境倫理、國土規劃與農產品品質關係圖

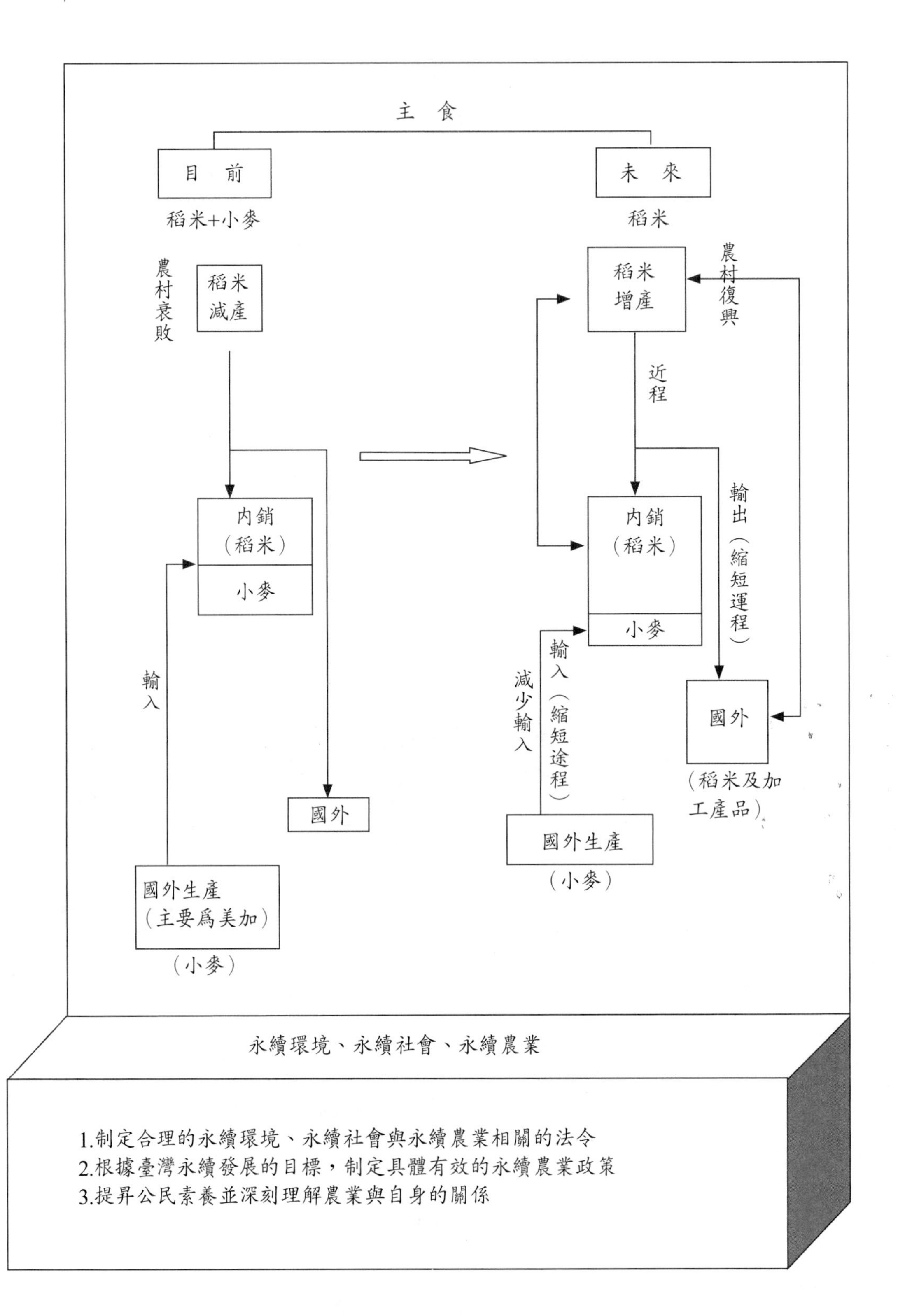

圖四　永續農業與有機農業的關係圖

結語

當有一天我們需要的糧食只能仰賴進口；臺灣教育培育出的主要是爲利是圖，以增加國內生產總值(GDP)爲目標的國民；政府又提不出促使臺灣走向永續發展的策略；最後連臺灣數百年來先民在農村傳承的關懷、簡樸、勤勉、合作、相互信任與自然和諧共生的寶貴文化遺產，亦隨著農村的凋蔽而逐步式微。試問臺灣人民除了享有尚不完整的民主、法治、人權外還有什麼能引以爲傲，可以受到世人的敬重呢？

我有一個農業願景的夢

1. 社區大學能結合所有關心臺灣農業議題的NGO團體與個人，集思廣益，共同型塑出臺灣農業願景，做爲臺灣農業發展的共同目標。
2. 根據這個願景每個縣市或地區制定出當地具體發展策略，並由NGO團體協助民間及督促縣市政府全面推動
3. 臺灣能早日實現免試免費的12/13 年的優質國民基礎教育，並建立終身教育體系，使生活化、多元化、趣味化的學習與思辨眞正能爲社會改革提供動力。同時社會改革最重要項目之一的永續發展的農業理念與實踐也能早日落實在中小學教育及社大師生的課程與生活裡。
4. 透過各種型式的藝術喚起民衆對臺灣農業的重視，譬如拍一部「無米死」（「無米樂」過於溫和、涵蓄，官員們刻意當做文藝片看）澈底揭穿目前農業及農民生活的眞相，同時也如實反映社會改革者進步的一面，使民衆在鬱卒中看到希望，能早日覺醒，從改變生活方式與飲食習慣做起，進而參與解救臺灣農業的實際行動，使政府必須既早改變錯誤的觀念與農業政策。

我相信對臺灣的未來各位都會有一個美麗的夢，我上星期曾參加臺北縣社大赴日參訪團，參觀了日本關西的幾個社區營造的實際案例。當看到他們志工們努力與堅持的精神及令人驚奇的成果時，使我相信只要大家有持續關懷臺灣的心，並瞭解到目前臺灣農業的嚴重性，認眞思考今天討論的問題，必定能找出解決的方法，大家向著共同目標努力以赴，「夢」一定會實現！

參考文獻

1. 周立、劉永好著（特約撰稿人）糧食戰爭，機械工業出版社（2008）
2. 陳文和綜合報導「新殖民主義，富國收購貧國農地」，刊於中國時報（2008.11.23）
3. 臺灣稻米歷年種植面積與產量：資料來源為行政院農業委員會農糧署。http://stat.coa.gov.tw/dba_as/asp/a47_Ir.asp？stat＝34&done＝96（與另一篇～/a45～合併）
4. 吳音寧著，江湖在哪裡？——臺灣農業觀察　印刻出版公司（2007）
5. 彭明輝著，韓國農業改革的借鏡（一）（二），青芽兒20（2006）
6. 光爸著，我在日本幸福會的研鑽生活體驗，青芽兒20（2006）
7. 張則周著，臺灣，你要走向何方？人才是臺灣的未來，板橋社區大學出版（2007）
8. 張則周著，植物營養學（首頁、P427、436）五南出版社（2008）
9. Saurabh F.Dalal,AGlohal Dietary Impemtive to Global Warming , International Vegetarian Union WWW ivu.org president@vsdt.org

附錄三 高品質的農產品才是提升國際競爭力的保障

——以澳洲的小麥與臺灣的稻米為例

摘要

21世紀是知識經濟的時代，知識成為支持經濟持續發展的動力。臺灣農業必須因應時勢潮流，選擇適合栽培於國內生長條件的作物，結合收穫前與收穫後農業各領域的知識與經驗，提升與保障作物的品質及研發附加價值高的農業品，打造臺灣的品牌，提升國際的競爭力。無疑地，稻米是臺灣最適合栽培的作物之一，因為稻米不但是國人的主食，且水田在生態保育上也占有重要的地位。本文擬以小麥及麵粉之分類及品質為借鏡，說明今後臺灣稻米及米穀粉研發之潛力。

關鍵詞：稻米、小麥、品質

Key words: Rice、Wheat、Quality

去年（2001年）11 月 11 日臺灣正式加入世界貿易組織（WTO），也是臺灣在1971 年退出聯合國後，歷經了二十四年，臺灣才又重回國際舞臺。本應感到慶幸才是，但是島內並看不出樂觀氣氛，反而充滿了憂慮：農民會失業；農產品何去何從？這時農委會也透露，為因應 WTO 的衝擊，即將減少五萬餘公頃的水稻田，好像 WTO 對臺灣而言是個悲劇。

其實只要用一般的生活經驗來檢視，我們會說，若有信心魄力及完善的規劃，臺灣農產品很可能會因 WTO 而重生，更有機會使臺灣成為東南亞高品質農產品的製造中心，實在沒有悲觀的理由。以蔬果為例，因臺灣地處亞熱帶，平地較少，很多適於溫帶或寒帶的蔬果也可在臺灣種植。加以栽培技術不斷改進，品質日益提高，走遍全世界的臺灣人，大都承認臺灣是蔬果王國，不但品種多、口味好，全世界除了泰國之外，沒有國家能與臺灣相提並論。

幸聞農委會及農試所，本年度將推出多項「產學合作計畫」，選擇高價值、高技術的蔬果和花卉與產業界攜手量產，並規劃設置「非疫區」，以打開外銷至美、日和新加坡等國的市場，令人興奮。

但蔬果與花卉的產量畢竟有限，且蔬果之消費具有替代性，未來國外蔬果大量多樣化的進口，勢將造成國產蔬果減產及價格下挫的壓力，相對於蔬果及花卉，稻米則可能具有穩定的競爭潛力。因爲稻米爲國人主食，種植的面積廣，且國人一向習慣於國內生產的稻米，所以農業開發的重點仍應以水稻爲主。又因水稻田不但可以生產稻穀，而且也有蓄水及生態保育的功能。在加入 WTO 後，若因國外可能有廉價稻米輸入，即消極地廢耕減產，這顯然是未戰先敗的預兆。

臺灣近五十年來由於稻米品種不斷改良，耕作及培肥技術之精進，單位面積產量大幅提高，總生產量早已超過國民所需。加以近年來小麥之進口量年有增加，現已達 120 萬公噸。由於多數人逐漸習慣麵食，稻米消費量已由 133 公斤（1966 年）降至 67 公斤（2000 年），又因我國生產成本太高，無法拓展外銷市場，使得稻米生產過剩。因此稻米種植面積已被迫由 1971 年之 75 萬公頃降至目前之 34 萬公頃，糙米產量則由歷年最高產量 270 萬公噸（1976 年）降至 154 萬公噸（2000 年）。水稻耕種面積減少後，部分土地改爲旱田或廢耕，部分則變更地目改爲工廠及住宅的建地。表面上是提高了土地利用價值，但對周圍農田的污染，對降低在豪雨及乾旱時調節及儲蓄水分之功能，其遺害之大，難以估計。因此，如何協助農民繼續栽培水稻及鼓勵國人重視我國固有的米食文化，並開拓外銷市場以增加稻米消費量，應是目前重要的農業問題。

不過若希望水稻能像小麥一樣進入世界市場，必須要提高稻米以及以稻米爲原料的食品品質。然而目前各國以稻米爲原料之食品加工廠商對稻米品質的要求，遠不如對小麥及麵粉要求之嚴格，所以我們今後除了了解各稻米生產國及消費國對不同型稻米之喜好外，更應提升稻米的品質，訂定不同品種特徵之指標以及以米爲原料之加工食品指標，相信必能增加稻米及其加工食品之國際競爭力。以下先簡述目前評估稻米品質的指標，然後再以小麥及麵粉之分類與品質規格爲例，作爲今後稻米及米穀粉之品質分類與改良之參考。

稻米

稻米品質之評估

米飯之品質

1. 品評員之品評

⑴由品評員根據米飯之外觀（Appearance）、香味（Aroma）、口味（Flavor）、黏性（Cohesion）、硬性（Hardness），以及前述五項之綜合評估（Overall），分別評分。較對照佳者，評分大於零；比對照差者，評分小於零，與對照不分上下者，評分等於零。

⑵機械分析：以質地分析儀（Texturometer, Zenken）分析米飯物理性之均衡度（黏度／硬度）（Okabe, 1979）[(6)]。

2. 米飯各項品質間之相關性

陳世雄等人多年來，從事土壤特性與耕作方法對稻米品質之影響，不遺餘力，1994 年分析米飯各項食味指標與均衡度之關係（表1）[(1)]，以了解品評員官能品評與機械分析數值之相關，與是否可用機械分析代替品評員之評比。

表1　米飯各項食味指標與均衡度間之相關性[(1)]

	Overall*	Appearance	Aroma	Flavor	Cohesion	Hardness	Balance
Overall	1.00	0.90**	0.69**	0.97**	0.96**	−0.91**	0.74**
Appearance		1.00	0.65**	0.89**	0.88**	−0.90**	0.72**
Aroma			1.00	0.70**	0.68**	−0.61**	0.61**
Flavor				1.00	0.97**	−0.92**	0.75**
Cohesion					1.00	−0.93**	0.76**
Hardness						1.00	−0.73**
Balance							1.00

*：Overall sensory evaluation by panel test.

**：Significantly different at α=0.01 by Spearman correlation analysis.

米粒與米穀粉之品質

1. 米粒之主要品質

⑴粒長、粒寬：一般雖認爲長粒米的飯粒較不會黏結在一起，且較蓬鬆，也較硬；中粒米和短粒米的飯粒，則較有黏性，也較軟。實際上，常有例外，所以不能視爲通則。

⑵千粒重：一千顆米粒的克數。

⑶透明度及完整率：前者表示胚乳中澱粉之均勻度，後者爲碾米後米粒是否完整。

2. 米穀粉之主要品質

⑴澱粉含量：澱粉約占米粒 90%，澱粉又包括直鏈性澱粉和支鏈性澱粉。直鏈性澱粉是稻米食用及加工品質之主要影響因子，若依直鏈性澱粉含量之多寡，可將稻米分爲糯（0-2%）、極低（2-10%）、低（10-20%）、中（20-25%）和高（25-32%）四種。直鏈性澱粉含量和米飯的硬度呈正相關，和米飯之黏性呈負相關（圖 1）。一般臺灣蓬萊米含直鏈性澱粉較在來米低，所以黏性較高。

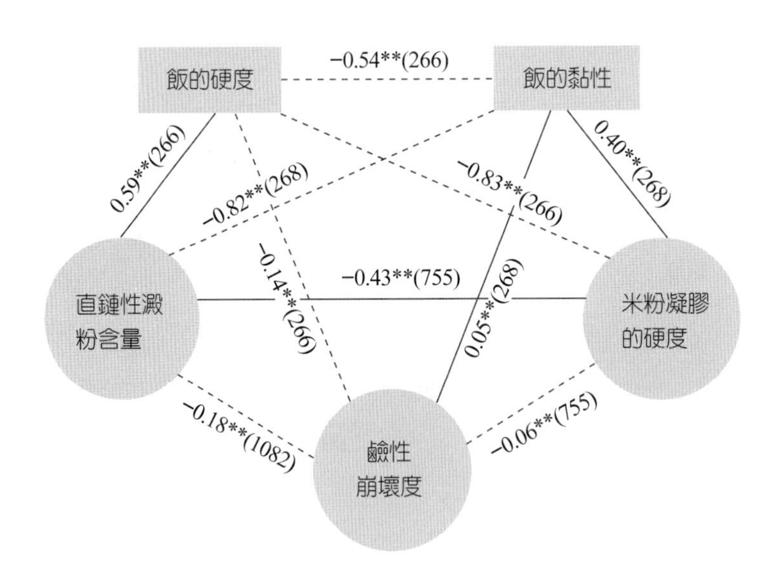

圖1 米的特性與飯的性質之間的關係

⑵蛋白質含量：一般蛋白質含量高者，米質較差（Chamura et al., 1972）[(5)]，但有利於國民營養中蛋白質不足的國家。

⑶灰分含量：與種植地的土壤有效元素含量有關。

⑷米穀粉凝膠的硬度：米磨成粉後，加水加熱形成糊狀，冷卻後觀察其米粉糊之延伸。米穀粉凝膠越軟，其延伸越長，越有黏性；反之越硬，則米飯有硬而不黏的傾向。

⑸鹼性崩壞度：容易崩壞的米，糊化溫度較低；不容易崩壞的米，糊化溫度較高。

⑹澱粉糊化黏度：將糊狀之米穀粉由 30℃ 加熱至 94℃ 時，會達到最高黏度，即尖峰黏度值（peak viscosity）。繼續在此溫度下加熱，黏度會減弱，此時會得到最低黏度值。將其冷卻至 50℃ 時，黏度會再度上升，而得到最終黏度值。將尖峰黏度值減去最低黏度值，即爲崩解黏度值（breakdown viscosity）。將最終黏度值減去最低黏度值，即爲回升黏度值（setback viscosity）。通常尖峰黏度值和崩解黏度值與米飯的口感成正相關，此值越高者，口感越佳。若回升黏度值越高時，一般米飯皆有硬而不黏的傾向。

3. 米粉各項性質間之相關性

Juliano（1993）根據全世界 67 個國家的資料，統計米飯特性間之相關性，如圖1 及表 2。

臺灣稻米的特點

世界稻穀生產量約 4.9 億噸（1989），亞洲占 4.5 億噸。世界稻穀消費量約 4.2 億噸（1986-1988 年），亞洲則占 3.8 億噸。因此不論生產量或消費量，亞洲都占世界 90% 以上。

世界稻米生產量中除了少數國家（像美國），主要以出口爲主外，大部分以本國食用爲主，平均只有 4% 是被用來做貿易的。所以我們必須知道世界，尤其是亞洲稻米特性的概況，以及各國的喜好，才能評估我們面對國際市場所應發展的方向。

表2　稻米特性間具有相關性之國數（根據全世界 67 國之資料）[3]

特性	標示相關數據之國數（相關數據符號別）							
	米飯黏性	直鏈性澱粉含量	鹼性崩壞度	米粉凝膠硬度	回升黏度值	黏度值	粒長	粒寬
米飯硬度(+)	1	28	13	2	28	25	7	4
(−)	15	2	1	36	1	3	2	11
米飯黏性(+)		−	−	11	−	−	1	2
(−)		12	2	1	13	15	1	2
直鏈性澱粉含量(+)			12	3	36	33	5	2
(−)			3	26	1	1	5	8
鹼性崩壞度(+)				−	14	6	2	3
(−)				12	−	−	2	−
米粉凝膠硬度(+)					−	1	3	6
(−)					22	22	3	2
澱粉回升黏度值(+)							3	2
(−)							1	4
澱粉黏度值(+)							5	1
(−)							1	6
粒長(+)								2
(−)								15

由表 3 觀之，世界栽培稻米蛋白質含量平均為 7.7%，遠低於野生稻。但以直鏈性澱粉含量而言，除了歐洲及澳洲外，不論栽培稻或野生稻，含直鏈性澱粉「高」的品種皆比「中」「低」者多；而鹼性崩壞度則「易」者比「中」多；米粉凝膠的硬度除了在非洲「硬」的比較「多」，其餘地區則「軟」的比「中」或「硬」的多。

表3　世界稻米之蛋白質含量、直鏈性澱粉含量、鹼性崩壞度、米粉凝膠硬度之分類[3]

地區	試料數	蛋白質含量(%)		直鏈性澱粉含量[a]					鹼性崩壞度[b]				米粉凝膠的硬度[c]		
		變異範圍	平均	糯	極低	低	中	高	易	中	稍難	難	軟	中	硬
【栽培種Oryza sativa】															
亞洲	1,626	4-14	7.8	150	26	334	378	783	976	542	83	17	574	333	426
澳洲	24	5-10	6.7	2	0	13	7	2	17	6	1	0	19	2	1
北美	190	4-13	7.2	5	1	52	55	77	125	55	8	2	84	53	40
南美	301	5-13	7.9	0	0	72	95	134	233	58	8	2	107	82	99
歐洲	233	5-13	7.0	0	0	119	106	8	217	12	3	1	137	56	20
非洲	300	5-11	7.3	0	0	53	62	185	169	117	11	2	93	64	112
合計	2,674	4-14	7.7	112	27	643	703	1,190	1,737	790	114	24	1,014	590	698
【野生種】															
Oryza glaberrima	194	9-14	12.0	0	0	4	53	138	181	14	0	0	99	66	15
其他	49	8-17	11.9	1	0	14	21	13	13	24	0	12	2	0	0
合計	244	8-17	11.9	1	0	18	74	151	194	38	0	12	101	66	15

註：a糯＜0-5.0%＞、極低＜5.1-12%＞、低＜12.1-20.0%＞、中＜20.1-25.0%＞、高＜25%以上＞。
b易＜6-7＞、中＜4-5＞、稍難＜3＞、難＜2＞。
c軟＜61-100mm＞、中＜41-60mm＞、硬＜25-40mm＞。

由表 4 得知，世界絕大多數的人喜食較有黏性而軟的米飯，臺灣的稻米（表 5）主要是以直鏈性澱粉含量較低的品種爲主，應較受歡迎。不過爲了擴大市場，應像小麥及麵粉一樣詳細分類，並做到品質管制，才能開拓市場。

表4　各稻米生產國對不同直鏈性澱粉含量型之喜好[3]

糯	低	中	高
亞洲			
寮國 泰國（北部）	中國、日本、韓國、尼泊爾、臺灣（粳型米）、泰國（北東部）	緬甸、中國（粳型米）、印度、印尼、馬來西亞、巴基斯坦、菲律賓、泰國（中部）、越南	孟加拉、中國（秈型米）、印度、巴基斯坦（IR 6型）、菲律賓、泰國（北部、中部、南部）

糯	低	中	高
亞洲以外			
	阿根廷、澳洲、古巴、馬達加斯加、俄羅斯、西班牙、美國	巴西（陸稻）、古巴、義大利、象牙海岸、賴比瑞亞、馬達加斯加、美國（長粒）	巴西（水稻）、哥倫比亞、幾內亞、墨西哥、祕魯

表5　亞洲和大洋洲稻米的蛋白質含量、直鏈性澱粉含量、鹼性崩壞度、米粉凝膠硬度之分類[3]

地區	試料數	蛋白質含量(%)		直鏈性澱粉含量[a]					鹼性崩壞度[b]				米粉凝膠的硬度[c]		
		變異範圍	平均	糯	極低	低	中	高	易	中	稍難	難	軟	中	硬
【亞洲】															
孟加拉	58	5-12	7.7	0	0	2	7	49	40	15	3	0	23	14	15
布丹	40	5 - 9	6.9	0	0	2	22	16	37	3	0	0	6	11	23
汶萊	11	6-13	7.9	0	1	0	4	6	9	1	1	0	1	4	6
高棉	34	4-12	6.4	0	0	4	5	25	23	8	3	0	7	10	9
中國	75	6-13	8.3	4	0	18	12	41	46	28	1	0	24	23	22
印度	52	6-11	8.5	0	0	2	8	42	34	17	1	0	24	6	15
印度（婆羅洲）	14	5 - 8	6.3	0	0	0	2	12	6	8	0	0	4	5	5
印尼	133	5-11	7.9	5	2	5	50	71	52	70	7	2	34	46	39
伊朗	33	5-12	9.2	0	0	11	15	7	13	20	0	0	3	12	5
日本	67	5-12	7.2	5	0	57	5	0	61	4	2	0	21	6	0
韓國	147	6-10	8.2	4	2	121	19	1	140	7	0	0	99	33	0
寮國	20	6 - 9	7.4	11	2	1	5	1	16	3	0	1	7	2	3
馬來西亞（沙巴）	10	6 - 8	6.8	0	0	0	3	7	5	3	2	0	0	6	4
馬來西亞（沙勞越）	27	5-14	7.1	0	3	4	6	14	9	14	1	3	12	6	3
西馬來西亞	46	6-11	7.4	3	0	0	5	38	18	20	6	2	20	12	5
緬甸	61	5-11	6.9	1	11	12	19	18	39	21	1	0	24	11	16
尼泊爾	46	5 - 9	7.0	0	0	10	8	28	36	8	2	0	19	8	19
巴基斯坦	66	6-10	8.1	0	0	3	33	30	44	18	4	0	10	15	30
菲律賓	331	5-14	8.2	39	3	23	100	166	136	145	42	8	83	60	104
斯里蘭卡	67	6-13	8.8	0	0	0	6	61	13	52	2	0	26	10	17
臺灣	58	4-11	7.6	10	0	34	6	8	50	8	0	0	36	2	4
泰國	83	4-14	8.0	22	2	6	13	40	53	22	1	1	33	12	23

（續）

地　區	試料數	蛋白質含量(%)		直鏈性澱粉含量[a]					鹼性崩壞度[b]				米粉凝膠的硬度[c]		
		變異範圍	平均	糯	極低	低	中	高	易	中	稍難	難	軟	中	硬
土耳其	14	6-10	7.4	0	0	13	1	0	13	0	1	0	9	3	2
越南	133	5-11	7.7	1	0	6	24	102	83	47	3	0	49	16	58
合計	1,626	4-14	7.8	105	26	334	378	783	976	542	83	17	574	333	426
【大洋洲】															
澳洲	24	5-10	6.7	2	0	13	7	2	17	6	1	0	19	2	1
紐西蘭	4	8-13	10.8	0	0	0	4	0	4	0	0	0	2	1	0

註：a糯＜0-5.0%＞、極低＜5.1-12%＞、低＜12.1-20.0%＞、中＜20.1-25.0%＞、高＜25%以上＞。
b易＜6-7＞、中＜4-5＞、稍難＜3＞、難＜2＞。
c軟＜61-100mm＞、中＜41-60mm＞、硬＜25-40mm＞。

小麥

小麥之分類及品質

臺灣每年輸入 120 萬公噸小麥，其中 85% 是由美國進口，其餘分別由加拿大和澳洲進口。各出口國的麥種不同，故性質各異，且同品種之小麥其理化性質亦深受種植地區的土質、施肥、雨量及病蟲害等影響。所以於加工時，仍需在配方、製程條件等方面做適度的調整，才有可能得到品質保證的產品。以下分別從小麥主要出口國及其分類（表 6）以及如何調控品質的方法簡述如後。

表6　小麥主要出口國及其分類[(2)]

國家	小麥分類		國家	小麥分類
美國	1. 杜蘭麥	(1)硬琥珀色杜蘭麥	加拿大	1. 加西紅春麥（CWRS）
		(2)琥珀色杜蘭麥		2. 加西紅冬麥（CWRW）
		(3)杜蘭麥		3. 加西軟白春麥（CWSWS）
	2. 硬紅春麥	(1)北部深色硬紅春麥		4. 加西紅和加西白大草原春麥（CPS-R, CPS-W）
		(2)北部硬紅春麥		5. 加西多用途小麥（CWU）
		(3)硬紅春麥		6. 加東白冬麥（CEWW）
	3. 硬紅冬麥			7. 加西琥珀杜蘭麥（CWAD）
	4. 軟紅冬麥		澳洲	1. 澳洲優質硬麥（APH）
	5. 白麥	(1)硬白麥		2. 澳洲硬麥（AH）
		(2)軟白麥		

	(3)克拉伯白麥		3. 澳洲標準白麥（ASW）
	6. 未分類小麥		4. 澳洲軟白麥（AS）
	7. 混合小麥		5. 澳洲杜蘭麥（AD）
法國	1. 冬麥		6. 澳洲一般用途用麥（AGP）
	2. 杜蘭麥		7. 澳洲飼料用麥（AF）
英國	軟、硬麥	阿根廷	1. 硬白春麥
			2. 杜蘭麥

小麥品質之標示：以澳洲麵條小麥（Australian Noodle Wheat）為例

澳洲麵條小麥是專門做帶鹹味的白麵條及帶鹼性的黃麵條之用。前者是自軟粒麥（Soft-grained wheat）提取，後者則以澳洲第一硬麥（Australian prime hard wheat）爲原料。由於各產地的氣候不同，所以同一品種品質亦常有差異。爲了繼續供應日本及南韓一定品質的軟粒小麥，必須將不同品種的小麥做適當的混合。表 7 之資料，除顯示小麥之出產地及出口地外，小麥及麵粉之各項理化性質亦羅列甚詳。

表7　澳洲麵條小麥生產地、出口地及各項品質[4]

LOADING TERMINALS

VIC	WA	QLD		NSW		
Geelong Portland	Geraldron Kwinana	Brisbane Gladstone Mackay		Newcastle		
WHITE SALTED NOODLES		YELLOW ALKALINE NOODLES				
WHEAT						
85.0	83.0		83.0		83.0	Test Weight (kg/hl)
40.1	36.2		33.4		35.8	Thousand kernel weight (g)
22	22		16		14	Grain Hardness (PSI)
10.0	10.1		14.5		14.4	Protein (%) (11% moisture basis)
1.21	1.24		1.34		1.37	Ash (%)
350	345		404		470	Falling Number (sec)
1.7	2.9		2.0		2.8	Screenings (%)
0.07	0.20		0.08		0.08	Foreign Material (%)
		STRAIGHT RUN	RAMEN	STRAIGHT RUN	RAMEN	Flour extraction (%)
60.0	60.0	76.7	60	77.3	60	

（續）

VIC	WA	QLD		NSW		
Geelong Portland	Geraldron Kwinana	Brisbane Gladstone Mackay		Newcastle		
WHITE SALTED NOODLES		**YELLOW ALKALINE NOODLES**				
FLOUR		STRAIGHT RUN	RAMEN	STRAIGHT RUN	RAMEN	
8.7	8.8	13.4	13.3	13.3	13.2	Protein (%) (13.5% moisture basis)
22.0	21.0	37.0	37.0	36.0	37.0	Wet Gluten (%)
85	96	182	166	182	155	Diastic activity (mg)
−2.8	−2.0	−0.5	−0.9	−0.7	−1.4	Colour grade
94.1	94.0	91.8	92.6	92.5	92.9	Minolta colour values : L-value
−2.7	−2.5	−2.0	−1.9	−1.9	−2.0	a-value
9.5	9.0	9.5	9.2	9.0	9.0	b-value
0.38	0.39	0.42	0.39	0.43	0.38	Ash (%)
4.6	4.6	2.5	2.5	2.7	2.6	Yellow Pigment (ug/g)
FARINOGRAM						
55.1	54.4	64.1	63.0	64.7	63.3	Water absorption (%)
2.8	2.0	5.7	8.0	6.6	13.5	Development time (min)
3.6	5.8	13.0	14.0	14.0	>15	Stability (min)
EXTENSOGRAM-45 MIN PULL						
19.3	17.8	23.0	23.5	24.2	26.0	Extensibility (cm)
275	380	350	415	370	460	Maximum height (BU)
75	94	118	135	125	166	Area (cm2)
VISCOGRAM						
1,000	770	580	640	450	520	Maximum height (BU)
140	200	60	40	40	30	Breakdown (BU)
69	68	68	66	68	66	Gelatinisation temperature (℃)
26	24	25	24	25	24	Time to gelatinisation (min)
RAW NOODLE SHEET – (24 HRS AFTER SHEETING)						
85.9(81.1)	85.5(79.1)	80.4(71.0)	81.1(73.0)	80.0(70.0)	82.0(73.8)	Minolta colour values : L-value
−1.5(−1.0)	−1.1 (−0.4)	−1.2 (0.2)	−1.1 (0.0)	−1.3 (0.3)	−1.4 (−0.2)	a-value
24.9(27.8)	22.4(24.5)	23.9(25.1)	23.2(24.9)	25.0(25.4)	23.6(25.0)	b-value
COOKED NOODLE						
78.5	77.9	67.7	71.8	65.8	73.5	Minolta colour values : L-value
−1.2	−0.8	−0.9	−3.5	−1.0	−3.8	a-value
26.7	24.8	26.5	27.4	25.5	26.7	b-value

小麥蛋白質含量與最終產品之關係

蛋白質是小麥的重要性質，圖 3 表示不同產品需不同蛋白質含量的麵粉。食品加工者可依不同的需要（圖 2）選擇不同出產地不同品種的小麥或麵粉（圖 3）。

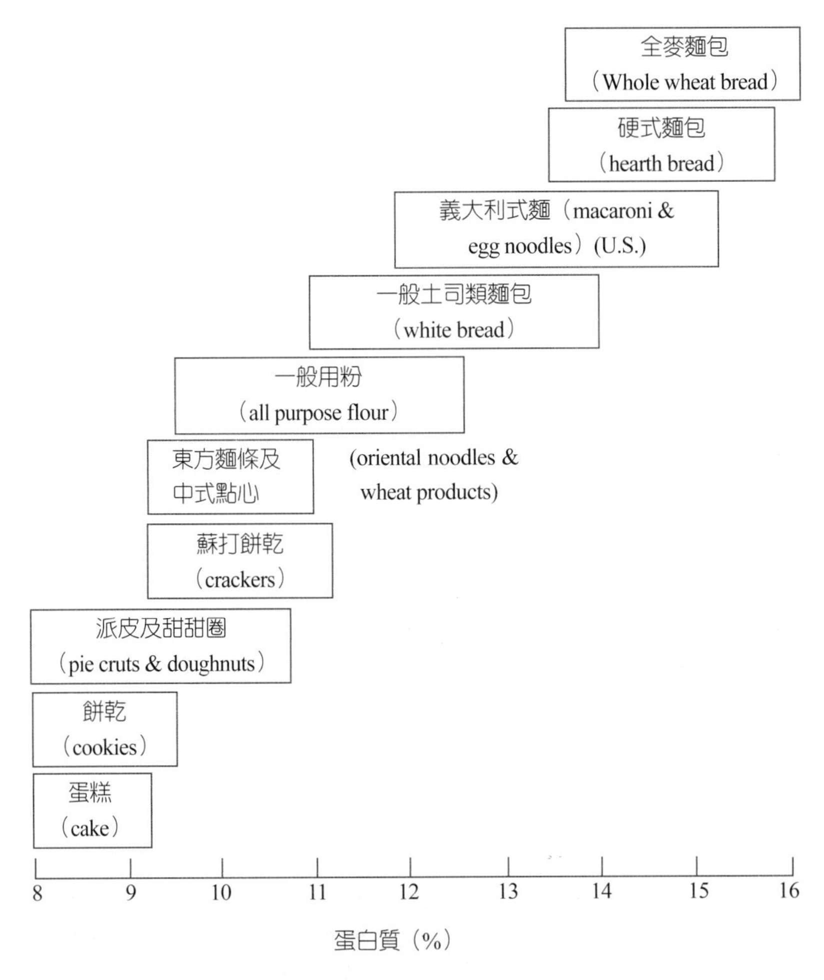

圖2　小麥蛋白質含量與最終產品之關係[2]

小麥、麵粉品質之調控

一般麵粉的規格除非有特別要求，否則僅提供灰分、蛋白質含量，如表 8、9、10。但實際上，麵粉之各項理化性質對各種加工品之品質都有不同之影響。各栽培地所出產之小麥固然因品種而有不同之特性，但每年因立地環境之影響，品質不易穩定。所以爲保證麵粉之特定品質，必須在磨粉過程做適當的調節。如依麥粒的提取部位，收集成分和理化性質各異之粉道，再依照麵粉規格要求將適當粉道之麵粉混合在一起，或與其他麥種所磨出之麵粉混合，以達到使用者之需要（圖 4）。

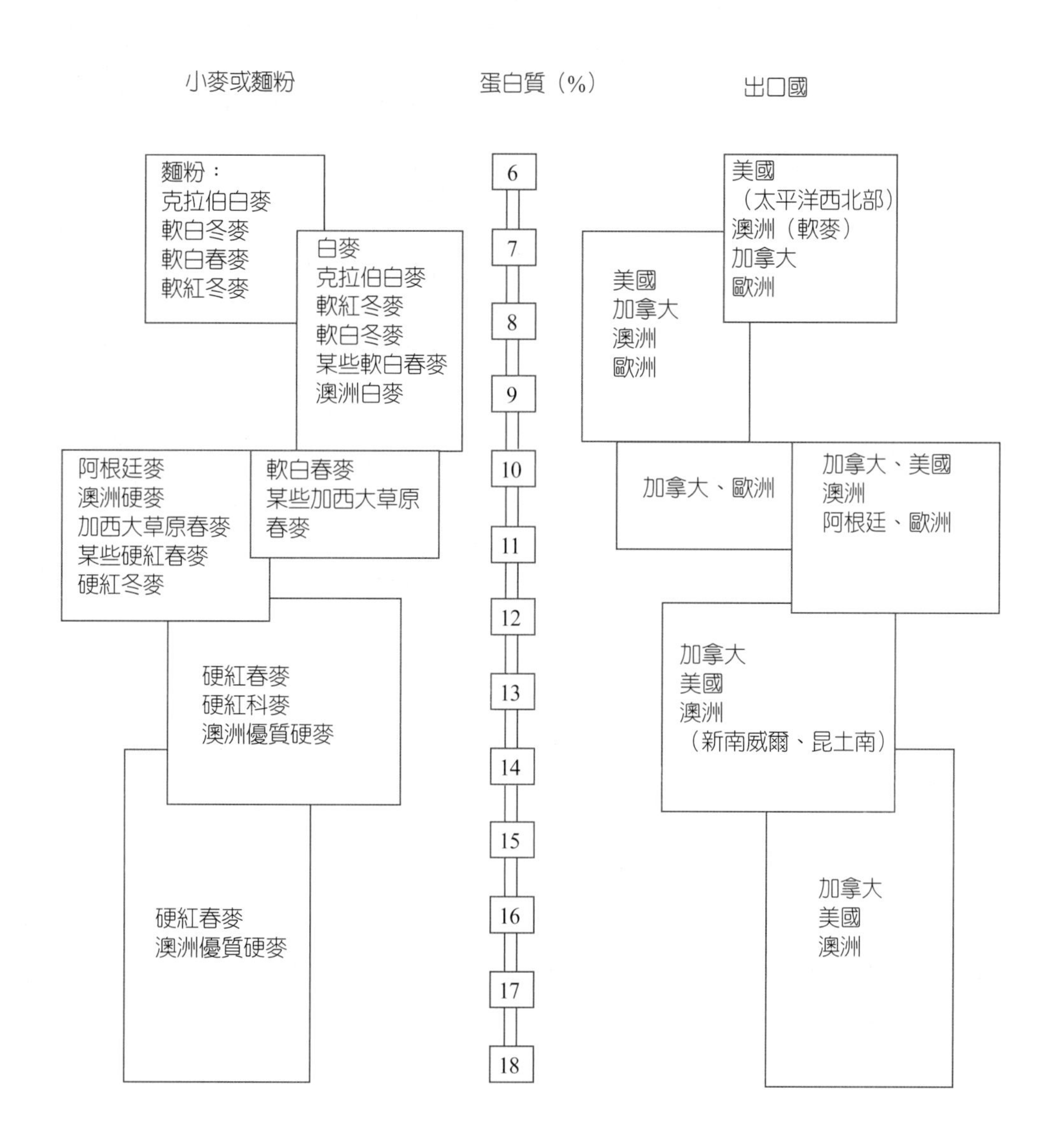

圖3　主要小麥出口國之小麥蛋白質含量[2]

表8 中國國家標準（CNS）麵粉標準（1980年訂定）[2]

類別	細度（最大）	水分（最大）	粗纖維（最大）	灰分	粗蛋白質	用途
特高筋	•100%通過試驗篩 0.2CNS386 •40%通過試驗篩 0.125CNS386	14 %	0.60 %	1.00 %	13.50 %以上	麵包、油條
高筋	•100%通過試驗篩 0.2CNS386 •40%通過試驗篩 0.125CNS386	14 %	0.60 %	0.70 %	11.50 %以上	麵包、麵條
粉心	•100%通過試驗篩 0.2CNS386 •40%通過試驗篩 0.125CNS386	14 %	0.60 %	0.60 %	10.50 %以上	包子、饅頭、中式點心、麵條
中筋	•100%通過試驗篩 0.2CNS386 •40%通過試驗篩 0.125CNS386	13.8 %	0.50 %	0.55 %	9.50 %以上	中式麵食、點心、西式點心
低筋	•100%通過試驗篩 0.2CNS386 •40%通過試驗篩 0.125CNS386	13.5 %	0.50 %	0.50 %	6.50 %以上	蛋糕、餅乾、小西餅

註：粗纖組乙項暫供參考之用。

表9 法國常用麵粉之規格(2)

麵粉種類		灰分（%）	蛋白質（%）	產品應用
硬麥粉（hard wheat flour）	粉心粉（top patent）	0.35-0.40	11.0-12.0	丹麥類、甜麵團、發酵類及小體積麵包和餐包
	一般烘焙用粉（first baker's）	0.50-0.55	13.0-13.8	一般麵包、餐包、軟式小麵包捲、泡芙類（puff pastry）
	一級次級粉（first clears）	0.70-0.80	15.5-17.0	裸麥麵包
	二級次級粉（second clears）			非食品用

（續）

	麵粉種類	灰分（%）	蛋白質（%）	產品應用
軟麥粉（soft wheat flour）	蛋糕粉（cake flour）	0.36-0.40 若氯化則至 pH4.5-5.0	7.8-8.5	重成分蛋糕、天使蛋糕、蛋糕捲
	西點粉（pastry flour）	0.40-0.45 氯化至pH 5.0-5.5	8.0-8.8	蛋糕、西點、派皮
	餅乾粉（cookie flour）	0.45-0.50	9.0-10.5	餅乾、配粉
裸麥粉（rye flour）	淡色裸麥粉（light rye）（75 % 出粉率）	0.55-0.65		可用至 40% 以製作裸麥麵包
	中等色澤裸麥粉（medium rye）（87 % 出粉率）	0.65-1.00		可用至 30% 以製作裸麥麵包
	深色裸麥粉（dark rye）（100 % 出粉率）			可用至 20% 以製作裸麥麵包

表10　美國常用麵粉之規格[2]

麵粉種類*	灰粉（%）	蛋白質（%）	顏色指數**
粉心粉（short patent, 65%）	0.39	10.8	100
一般用粉（standard patent, 95 %）含65 % patent + 30 % clear	0.45	11.1	97
總粉（straight, 100 %）含65 % patent + 30 % clear + 5 % low grade	0.48	11.3	95
次級粉（clear, 30 %）	0.60	12.3	85
低等粉（low grade, 5 %）	0.90	13.0	75

註：* 以硬冬麥（hard winter）爲範例所碾磨之粉。
　　**以粉心粉之適當色澤爲100 %。

由以上對小麥及麵粉規格及與最終產品間之關係觀之，臺灣之稻米若能根據消費者及業者的需要，除了在收穫前重視選種、栽培時期、地點、土壤、災害防治及營養調節外，在收穫後又能對稻米之研磨、篩分技術加以鑽研，可配製及提供任何規格的稻米和米穀粉，並不斷研發新的米製品，同時鼓勵民眾利用各種粒徑不同及不同附加物的小包米穀粉，自製米漿及糕餅食物，必能爲臺灣今後生產的稻米開拓一條寬廣的路。

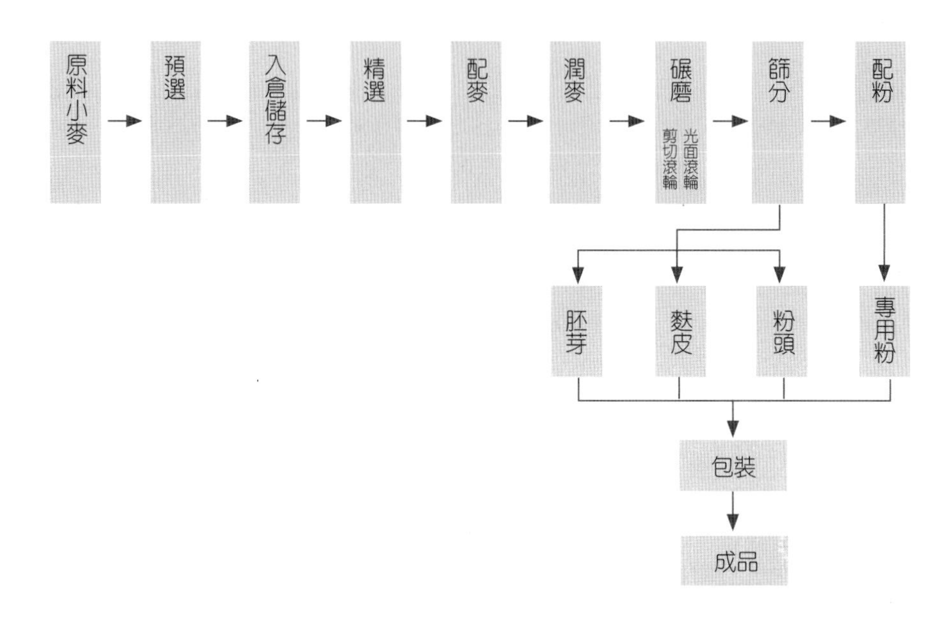

圖4 小麥磨粉簡單流程[2]

結語

農業是國家發展、國人生活及生態保育的基礎，臺灣是一個地狹人稠的島國，天然資源貧乏，利用植物將太陽能做有效的利用，將是臺灣今後重要的發展方向。尤其臺灣農業已面臨加入 WTO 的衝擊，因應策略，絕不能只消極的廢耕或減產，應積極主動出擊。以知識爲基礎，生物科技爲手段，掌握研發及開拓的契機，不斷追求創新與進步，才能維護農業生產、生活、生態的永續發展。

21 世紀是知識經濟的時代，知識成爲支持經濟持續發展的動力，臺灣農業必須因應時勢潮流，選擇栽培適合於國內生長條件的作物，結合收穫前與收穫後農業各領域的知識與經驗，保障作物的品質及研製附加價值高的農業品，打造臺灣的品牌，提升國際的競爭力。無疑地，稻米是臺灣最適合栽培的作物之一，因爲稻米不但是國人的主食，且水田在生態保育上也占有重要的地位。若能在已有的基礎上，配合稻米下游農產品的需要，利用整合的力量，不斷研發與推廣，形成一種臺灣特有的稻米文化，必能突破目前農村所遭遇的困境，開創臺灣農業的新紀元。

誌謝：本篇承蒙農化系賴喜美教授提供資料及寶貴意見，特此致謝。

參考文獻

1. 陳世雄、蘇慕容、黃俊欽、宋勳（1994）。土壤特性對稻米品質之影響㈠土壤母質對米飯食品之影響。Chinese Agron J. 4:173-181。
2. 賴喜美（1995）。小麥與麵粉（上）烘焙科學。中華穀粒食品工業技術研究所。Vol. 64。
3. 横尾政雄譯（1993）。世界稻米之品質評鑑。譯自Juliano & Villareal C.P. Grain Quality Evaluation of World Rices. IRRI, P.O. Box 933, Manila 1099, Philippines, pp.205.
4. Australian Wheat Boad. (1996). Crope Report: Wheat 1995-96.
5. Chamura, S., et al., (1972). Crop Sci. Soci. Japan 41:244-249.
6. Okaba, M. (1979). J. Texture Studies 10:131-152.

* 本文發表於科學農業 50(1, 2): 139-149(2002)。

附錄四 政府施政，人民應有參與和監督的機制

——參加「基因轉殖生物相關議題研討會」有感

本月十五日由國科會等五個單位，共同舉辦「基因轉殖生物相關議題研討會」。與會者，除了生物科技相關領域的專業學者外，也吸引了許多非生命科學領域的聽眾，是一次成功兼具學術與教育功能的研討會。

「基因轉殖」（Genetically modified）也可稱作爲基因改造。簡單的說，就是將具有功能的外來基因，直接轉移到動物、植物、微生物的細胞內，達到改良生物品種的目的。這個名詞在生物界及部分先進國家的公民，就像「電腦」一樣的熟悉，但國內一般民眾了解的並不多。我們每天可以不接觸電腦，卻不能避免基因改造的生物（Genetically Modified Organisms，簡稱 GMOs）及食物，對人體及生態可能引起的潛在問題。

由於經過基因改造的生物或具有抗病蟲害的能力；或可提高產量或食物的營養價值，因此美國、加拿大等生物技術發達的國家，爲了拓展貿易，並未做長期的安全試驗，即大量生產，混入天然糧食如大豆、玉米和馬鈴薯等農作產品中，並將其外銷其他國家。我國便是主要的輸入國之一。

近年來各國已陸續發現基因轉殖的生物及食品，對人體及生態產生負面效果的例證，因此環保團體，尤其是西歐國家積極抵制美國基因轉殖穀物的進口。美國則認爲基因轉殖的食品應是被允許的，除非有明顯的證據，顯示其危險性，否則任意抵制，將影響全球貿易的自由化。爲解決這個歧見，今（2000）年 1 月 29 日 30 個國家在加拿大簽訂「卡塔黑納生物安全議定書」（Cartagena Protocol on Biosafety），達成兩點協議：一、要求出口商對可能含有基因轉殖的商品加貼標示；二、基於預防的理由，縱使缺乏產品安全的充分科學證據，各國仍可以暫時禁止基因轉殖商品的進口。

此一協議顯然對出口國不利，而美國所以願意讓步，主要是美國國內消費者，也開始關心基因轉殖的食品，而且美國也不願意看到世界貿易組織（WTO）因無法消除這類爭議而瀕臨瓦解。

在研討會中令筆者印象深刻的是，周際先生所舉歐陸小國丹麥的例子。因爲丹麥政府一向對公眾的健康及意見非常重視，該國早在 1980 年代中期即開始對生物科技投注大量的研究，同時於生物科技對人民的健康與環境之衝擊都有多面向的思量與關懷。在 1992 年及 1996 年先後舉行了基因轉殖動物的共識會議及基因轉殖作物的公聽會；1999 年則舉辦相關議題的全民共識會議。這樣的集會不但達到了喚起社會大眾，重視與自身密切相關的問題，讓非專家也能一窺科技領域研發的成果。更直接地促成專家與非專家間、決策者與市民之間的對話機制，以此作爲決策之參考。

反觀我們的政府，許多重要的決策、立法，民眾都沒有機會關心和參與。政府未積極規範基因改造生物，僅是其中一例而已。其他如核四的興建，政府一直未能堅守原則；鋪設全國衛生下水道及增設綜合高中，進度緩慢；影響國土整體規劃與生態保育的基本大法——「國土計畫法」，至今仍未定案。這一切主要是人民缺乏參與決策、立法和監督政府的機制。

新政府以全民政府自許，決策與施政理應透明化。最簡而易行的是在網站及各大媒體上開闢立法與施政報告及公共論壇專欄，隨時公布重大議題研討會及公聽會的時間地點；立法院及地方議會立法、問政與審查預算以及行政部門決策過程及施政進度。使民眾清楚了解政府的立法與施政動向，並能與官員、代議士、學者專家對話、互動，有充分學習、討論及參與決策立法及監督政府的機會。

總之，從這次研討會深深感到：我們的教育與生活脫節；科技與人文脫節；政府與人民脫節。對世界上已發展二十年以上，與每個人生命都息息相關的「基因轉殖」多缺乏認識。政府在六年前即自美國進口基因改造食品，至今仍未告知民眾，亦未在食品上作任何標示，更未積極立法。不過可喜的是：盼望政府、立法者及民眾重視基因改造問題的研討會已邁出了一大步，如何進一步發展爲全民的議題，進而引導民眾共同關心公共事務，並建立民眾參與決策、立法與監督的機制，則視新政府是否眞心認爲人民才是國家的主人。

附錄五 21世紀的顯學：土壤科學

——土壤是地球珍貴的資源

古人與現代人怎麼看「土」

古人怎麼看土：古代的人因重視農業，所以對「土」特別珍視，以希臘及中國爲例：

1. 希臘的元質說：土、水、風、火是四大元質。
2. 中國：(1)五行：金、木、水、火、土；(2)土的造字：根據說文解字，土者，地之吐生物者也，二象地之下，地之中，物出形也；(3)有土斯有財。

現代人怎麼看「土」：自從社會由農業轉向工業，居民從農村移向都市，人類慢慢與農地及「土」地疏離，對「土」的觀念也開始改變。

1. 忽視土：生命的要素已沒有土，只有陽光、空氣、水。
2. 貶抑土：我們常聽到的是塵土、廢土、棄土，不但不珍惜土，而且刻意壓抑它、掩埋它、污染它。

土壤科學將是 21 世紀的顯學

土壤是稀少及珍貴的資源

土壤為什麼稀少？

土壤要在適當的條件下，歷經數百年甚至數十萬年才能由岩石化育而成。但在很多地區，由於地質、地形、氣候以及人類不當開發的影響，土壤每年由風雨沖蝕、移走的速率，已遠超過移進及化育的速率，致使地殼表面的土壤漸漸減少。因此，當地的土壤已可視爲有限的稀少資源。

土壤為什麼珍貴？

土壤為什麼珍貴？因為：(1)土壤是生物孕育及作物生產的理想介質；(2)土壤可涵蓄及調節陸地上的水分；(3)土壤可調節空氣及地表的溫度；(4)土壤有淨化地下水

的功能；(5)如果陸地上沒有土壤或所剩土壤皆被污染，人類將難以生存與延續。

「土」應屬於維持生命的要素之一

1. 生命的三要素：營養素、能量、信息。但一般常講的陽光、空氣、水，應加入「土」，因爲土還包括生命所需的礦物質。
2. 生命的五元素：「第五元素」是一部電影的名字，編劇者認爲愛是風、水、土、火等四元質以外的第五元素，以現代科學的解釋，風即表示流動的空氣，火可視爲能量，是由太陽能轉變而來，故用陽光代替火更爲恰當。愛則是延續及維繫生命和諧發展的重要元素。五元素與生命的關係可用圖 1 表示：

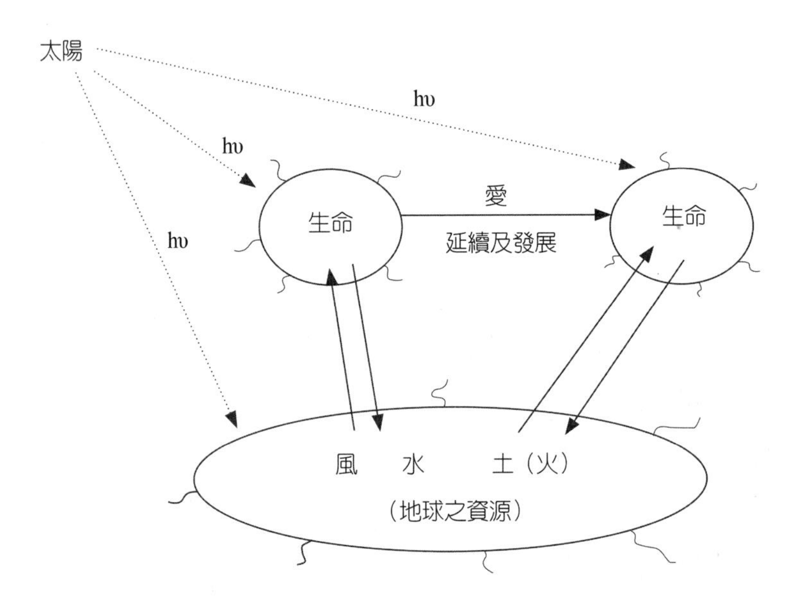

＊hυ 表示光能，∼ 表示發散的熱

圖 1　生命五元素示意圖

土壤科學是 21 世紀的顯學？

土壤科學可提供農業生產及環境科學的基礎知識

農業是唯一不可取代的基本產業，只有農業能夠保證人類生命的存在，21 世紀將是一個非常重視環境的時代，土壤則是環境中最重要的因子，是農業生產的最佳介質。

土壤科學是最具挑戰性的學問

目前認為 21 世紀的顯學是太空科學、資訊科學、生物技術、心靈學、環境科學等。這些科學不僅是對人類的生活重要，而且對生命的延續及生命本質的探討，皆深具挑戰性。但土壤科學將是更具挑戰性的學問，因為土壤比水、空氣、陽光要複雜得多，更隨時都在變動，有時掌握變動的軌跡比預測火箭的路徑以及尋找導致疾病的基因更困難，但土壤又是培肥與生態保護的重要依據，尤其是今後研究外太空星球的土壤，將更凸顯土壤科學之重要及其難預測性，必引起更多研究者的興趣。

土壤科學對人類的生存發展雖然這麼重要，但不可否認的是目前土壤肥料界仍然存在一些急需勇敢面對並應積極設法解決的問題，以下僅提出幾點臺灣土壤及土壤肥料界所面臨的關鍵問題，並試擬幾項解決方案，以就教於各位。

臺灣土壤及土壤肥料界面臨的問題

臺灣土壤面臨的危機

1. 農地任意變更為建地，暴殄天物而不自覺。
2. 生態嚴重破壞，土壤大量流失。
3. 土壤被污染的面積日益擴大。

臺灣土壤肥料界面臨的困境

1. 受內在因子之影響：⑴土壤肥料學界的同仁，默默耕耘，不擅宣傳，在社會上沒有受到應有的重視；⑵土壤肥料學界的同仁，在農業重大決策中缺乏參與管道來影響或監督農業的相關措施；⑶土壤肥料學界內部聯繫不足，與外界合作亦少，研究成果很難發揮巨大影響力；⑷土壤肥料學會缺乏有力的資訊、研究與諮詢中心，以致尚未建立土壤肥料界應有的聲譽。
2. 由於農業生產占全國生產毛額之比例日減，土壤肥料界的工作難尋，辛苦培育的人才逐漸未受到社會的重視。
3. 土壤肥料界的研究多偏重國內的應用，在以 SCI 為主流的學術環境下，很難與其他領域的研究者競爭。
4. 土壤科學界領域以外的學者專家，常誤認土壤肥料是一門簡易的應用科學，甚至被窄化成一種培肥技術。這種錯誤的認知常誤導了對農業生產及生態保護政策的制定。

5. 由於農地不斷變更爲建地，並遭到污染，使多數研究成果無法應用，浪費無數人力與財力。

臺灣土壤肥料界如何走出困境

土壤肥料界的密切合作

1. 長期的合作計畫。
2. 試驗設計者與試驗執行者應經常討論。
3. 周延的設計，確實的執行，正確的分析，爲後代累積經驗。

積極與其他領域的研究者合作

1. 提供其他領域的研究者有關土壤肥料的知識與經驗，以匡正其對土壤肥料錯誤的概念。
2. 吸取其他領域的經驗與專業知識，如園藝學的「剪」「接」技術，植物學的組織培養，藥物學的醫療機制，數學的模式建立，地質學的地球變遷，大氣科學的氣候預測，不但可以擴大土壤肥料的研究領域，而且可以突破研究的瓶頸。

經常與國外相關領域的學者聯繫

1. 舉辦或參加土壤肥料的國際會議。
2. 經常與國外交換研究成果與經驗。

改進土壤肥料研究的環境

1. 積極推動國土計畫法之立法。
2. 農委會應及早確定符合永續發展的農業與農地政策。
3. 環保署應嚴格執行「土壤與地下水污染整治法」，並鼓勵民眾參與監督。

土壤肥料界同仁應善盡社會責任

1. 提供農民改良土壤及施肥方面之服務。
2. 教導民眾重視土壤及提供土壤與植物營養學的知識，以提升民眾對生態保育的意識。⑴透過社區舉辦說明會及公聽會，邀請學者專家及當地農改場、農會、民間社團及相關農業專業人員，進行知識與資訊的交流與討論；⑵透過電視、電臺及各種平面媒體提供新知及服務資訊。

對中華土壤肥料學會的幾點建議

1. 擬定土壤肥料界今後發展的中長期計畫。
2. 評估臺灣應保留之農地面積及參與國土規劃及制定農地政策。
3. 建立完整而確實的臺灣農地及非農地之土壤及地下水之資料檔。
4. 出版及修訂《土壤分析手冊》及《植物體分析手冊》，作爲今後全國土壤及植物體分析的範本。
5. 成立土壤及植物體分析（包括有毒物質之分析）與農地管理之資訊中心。
6. 增加中小學土壤及土地倫理的教材，使國民自小即重視土壤，愛惜自己生長的土地，維護地球的珍貴資源。
7. 鼓勵土壤肥料界的工作伙伴從政或參選立委，以期政府能早日制定國土計畫法與相關法律，及推行正確的農業及保護土壤的政策。

過去五十餘年，由於土壤肥料界的前輩及後進默默耕耘，發揮了他們無比的智慧，才能對臺灣農地有整體及深入的認識，使臺灣農地的產能大幅提高，爲農業生產奠定了良好基礎，同時也爲工業起飛及發展做了最好的準備。雖然這些輝煌的成就都被社會忽略了，但是它的歷史永遠不會被磨滅的。今天我們的責任除了要發揚前輩們腳踏實地的精神加倍努力，更要改變以往過於謙卑與收斂的心態，而要盡量凸顯我們土壤肥料界的特色與專業，在內部要緊密團結與合作，與外界要資訊交流相互學習。使「土壤」的觀念深植人心，使土壤與植物營養的知識廣惠人群，讓土壤肥料學界的專書及研究成果廣被引用。讓我們以無比的信心來迎接這極具挑戰的21世紀，共同負起發展永續性農業及維護生態環境的責任。

杜思妥也夫斯基在《卡拉馬助夫兄弟》中曾說：
「這個世界中所發生的一切，
我們全體都有責任，
而我較其他的人更有責任，
而每一個『我』之間都不可以相互轉移這個責任。」

最後我用圖 2 來表示目前的處境及美好的未來。

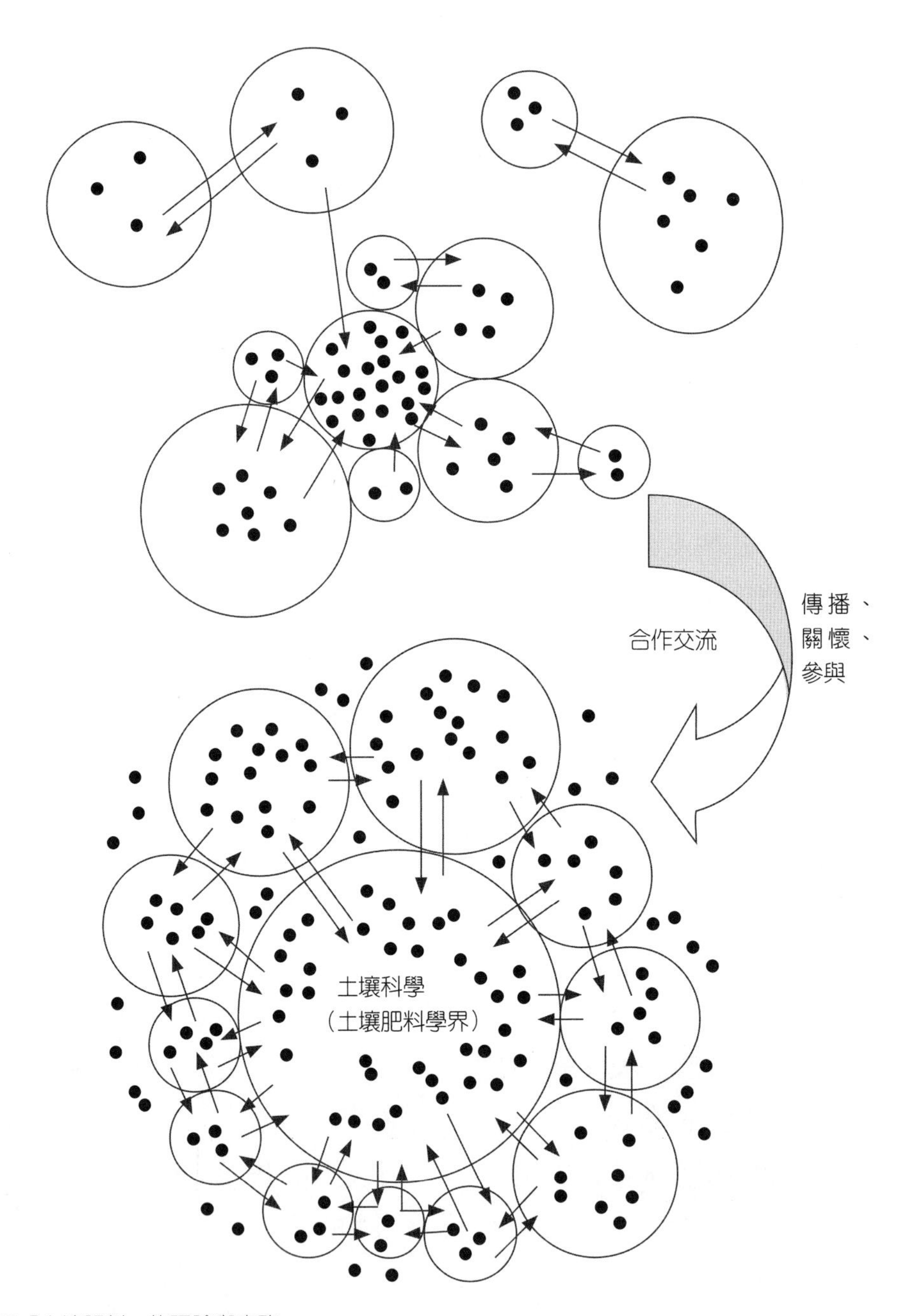

●表示「土壤肥料」的理論與實務
○ 土壤肥料學界周圍的小圓表示其他各領域。

圖 2　土壤肥料界目前的處境及美好的未來

＊本文發表於中華土壤肥料學會 1999 年會員大會。

附錄六 土地利用整體規劃讓人與自然和諧

一面高喊落實農地農用，一面大量釋出；經濟成果如徹底破壞環境，將與永續發展背道而馳。

立法院即將開議，對關心環保及臺灣永續發展的民眾而言，最關心的是三黨爲爭取農民選票，將「農業發展條例」依照行政院的版本通過，但是當從電視得知，行政院長蕭萬長已在 9 月 10 日下午迅速宣布政府決心開放農地自由買賣政策，李登輝總統也表示願向民眾下跪，希望在農地開放後千萬不要炒作土地，種種跡象不免更令人擔憂。

實際上，有關農地是否應該農用，一直是一個糾纏不休的問題，可惜在今年準備已久的第四屆全國農業會議上，除了兩位大會主講人外，在分組中並未進行實質的討論。當時，農委會彭作奎主委認爲，「爲了因應我國加入世界貿易組織（WTO），配合整體經濟發展與保障糧食安全的理由，應『放寬農地農有，落實農地農用』」。中研院李遠哲院長則從農地自由化觀點認爲「農地農用的管制，應限制在公共財性質的農地（如景觀、綠地、森林、交通）。而其餘生產私有財的農地應使其自由化，讓市場價格決定其適當用途。」這正代表了長久以來社會上對農地農用的兩種態度，由於贊成農地不必農用者已將「農地」的概念提升到「土地」的層次，所以兩者難有交集。

因此我們若希望釐清土地利用問題，不應先侷限在農地或土地利用的爭辯上，應從更根本的環境問題思考。首先要問「我們希望將來生活在怎樣的一個環境？」如果我們希望生活在一個舒適及永續發展的環境，除了合理的人文與經濟發展，同時必須維護我們賴以生存的自然環境。像保護森林，並在坡地及平地上保留綠地，適當栽種樹木。因爲森林、綠地不但可提供一個賞心悅目的環境，而且也有固定土壤、涵蓄水分、調節溫度、溼度以及淨化空氣與水的作用，至於農地生產只是土地的一個功能而已。但是農地、綠地一旦變爲建築用地後，則很難恢復原有的功能。

如果有了這樣的共識，我們才能問「臺灣到底需要多少森林及綠地？」估算了森林、綠地所需的面積以及確定了臺灣土地利用的現況，再根據國土計畫法，依照臺灣人口結構、政經環境、全球性資源分配及氣候變遷所可能引發的農業災變，才能做出合理的全國土地利用整體規劃。但遺憾的是，這些重要的工作，政府至今仍未完成，我們聽到的只是一面高喊落實農地農用，一面又將農地大量釋出，實在看不出政府對土地利用的最高原則。

沃納斯基（Vernadsky）在五十年前就已提出智慧圈（noosphere）的觀念，他認爲全球經濟與環境對決的過程，環境的改變是必然的，智慧圈的建立在於利用人類的智慧，使人控生態系統能與自然生態系統和諧，共存共進，避免人類被科技巨獸吞噬。臺灣人民多年來已累積了充足的知識與經驗，我們從民眾對人權與環保意識的覺醒及社會改革團體蓬勃發展，相信我們一定有能力在智慧圈內善盡職責，共同創造一個舒適而永續發展的居住環境。不幸的是，政府一直忽視了這潛在的力量，政府的決策常缺乏透明化，極少主動公開徵詢意見，或誠心舉辦公聽會及研討會來吸取民間的智慧。許多不完善的法案常在強力動員中通過，對重要的公義法案的制定與審查則又延宕時日，最後總在民眾反彈及抗爭後才略有改善。然大錯已鑄，把原本可以產生巨大建設性的能量完全消耗在官民對抗、人民相互猜忌、歧視與殘害上。

明顯的是，目前臺灣發展的方向正在與全民利益及永續發展背道而馳，過去的經濟成果是犧牲了臺灣美麗的環境及多數人的幸福換取來的。尙未被破壞的環境與民間智慧是臺灣僅存的最大資產，如果政府不能善用民間智慧，繼續破壞環境，眞可能是一條不歸路了！

＊資料來源：中國時報 1998/9/11

附錄七 動土與棄土，應有整體規劃

本月初中壢工商綜合區樹籽購物廣場舉行動土典禮，多位政要應邀觀禮，鑼鼓喧天，場面十分熱鬧，此購物中心是地上四層，地下三層，兼具購物與休閒功能，據經濟部長王志剛表示，全省不久將有十多家陸續動工，在各地民眾歡慶世界級的購物中心即將出現在自己居住的縣市時，很少人會想到數百公頃的綠地將從此消失；一座購物中心的廢土就大約可堆成像購物大樓一樣高的一座山。

可是我們目前除了在中壢交流道旁可看到一座棄土山外，這麼多年來因大量開發而產生的廢土究竟倒去哪裡？早期政府並未正視廢土問題，業者可以在郊區任意傾倒，迨棄土量逐年增加（每年全省至少有兩千五百萬立方公尺的廢土，相當於四百萬臺卡車的容量），政府才開始規劃棄土場，並嚴格取締違規棄土。但因合法棄土場數量有限，業者棄土工作常在夜間進行；有的將廢土棄置山谷，有的則散卸在山路兩旁；有的甚至撒在公路上，最後尚需由地方環保單位派人清理。

近年來政府為解決日益嚴重的棄土問題，鼓勵民間設置棄土場，放寬林牧地使用限制，申請者相當踴躍。業者表面上響應政府解決棄土問題，實際上是希望填土後可將農牧用地變更為建築用地。申請案中有的是溪水流經的山谷；有的則是草木旺盛、風景宜人的窪地；倘若變為棄土場，不但破壞了景觀，而且林木蓄水的功能也將喪失。一旦暴雨來臨，難免重蹈「賀伯」的覆轍。但遺憾的是，很多縣市申請案可輕易的通過，這固然由於設置棄土場的需要，但是制定與執行土地政策的官員，一般多不重視土壤及生態保育，也是重要的原因。

土壤是地球上生物賴以生存的重要媒介，也是一個國家最珍貴的資源，因為土是由岩石風化而成，土壤則是歷經數千年甚至數萬年由當地岩石化育或由其他地區藉自然力搬運而來的土層。因此，能在岩石上留有土壤的國家是大自然的恩賜。我們在高山上能有千百年的大樹；田野裡能看到金黃飽滿的稻穗；大部分的地區用水還不虞匱乏，皆仰賴深厚肥沃之土壤的滋養與含蘊。由於我們的無知，不但毫無憐惜地把土壤從岩石上一層層地剝下，而且又利用它去破壞已嚴重受損的生態環境，眞是何其不幸。以下僅提出幾點淺見，供國人及主管國土的諸公參考：

第一、國土整體的規劃：應盡速成立跨部會的國土規劃委員會，根據各縣市土地調查資料，兼顧土地有效利用、生活品質及生態保育，制定農、工、商、教、住宅及休閒區綜合發展之土地政策，使國土開發與塡土、造地同時規劃。

第二、規劃及決策透明化：重新釐訂相關單位對土地規劃及管理的權責，並每月公布各主管機關及委員會的名單及決策與執行事項，使全民了解土地的規劃、開發及監督過程。

第三、設定農林地安全底線：基於糧食供給，農地應設定安全底限，不應以經濟發展爲藉口，不斷進行公地及農地釋放、自由買賣，造成土地過度開發及圖利財團炒作。

第四、保護林地及預留綠地：基於涵養水源、淨化空氣，應嚴禁砍伐天然林，並要有計畫的造林。同時規定任何建築，必須要預留一定比例的綠地，利用公有土地多設公園，而且公園要以草地和樹木爲主，附近盡量降低汽機車密度。若綠地及公園地之土壤貧瘠，可藉變更用途的肥沃土壤之表土作爲客土。

第五、積極教育大眾：應在教科書中編列有系統的土壤與生態系之教材，並經常在媒體上介紹綠色經營的觀念，使民眾珍惜土壤、愛護環境，共同提升生活品質。

＊資料來源：中國時報 1997/2/14

附錄八 由聯考及有機蔬菜看事實眞相

當每天看到或聽到意外傷亡、違法亂紀、互相指控的新聞時，讀者或聽眾只能對受害者同情、嘆息或是對當事人的形象及操守質疑，但很難了解新聞的全部眞相，也很少人會去思考事件發生的深層原因，更遑論何時才能減少羅生門現象重演及隨時大禍臨身的可能。

就以大家目前都很關心的高中職聯考與有機蔬菜兩件事來作例子吧！前者多被視爲戕害學子身心的元凶，後者則被視爲增進健康的食品。爲什麼這種似是而非的觀念會深深地印入民眾的心裡呢？主要是部分政府官員及學者們不願把事實的眞相告訴民眾。

其實聯考只不過是一種甄試入學的方式，如果說它是戕害學子身心的元凶，那麼爲什麼教育部林部長還要急於宣布 2001 年將實施基本學力測驗呢？基本學力測驗不也是另一種形式的聯考嗎？兩者的差異只在於分發的方式不同而已。若爲了推卸政府的責任，也只能勉強說元凶是「合格的公立高中容量不足」。因此在沒有增加入學容量，改進師資品質及增加教育資源的條件下，廢除高中職聯考後不論改用任何入學方案，皆難以減輕升學壓力，甚至可能因實施多元入學方案，更增加了卡位戰的激烈程度。

至於有機蔬菜，民眾所知更少，多數人認爲有機蔬菜是一種天然食品，在栽培過程中未施用農藥及化學肥料，吃了一定有益於身體健康，實際上這種觀念只是在一定條件下才是正確的。臺灣耕地常與住宅、工廠、河川毗連，多數農田及土壤已受到污染，當我們購買有機蔬菜時，有多少人會問蔬菜的出產地？又有多少人會想到蔬菜是用什麼有機肥料種植的。可能更少人知道是否用有機肥料種植的蔬菜之安全性及營養價值一定比用化學肥料種植的高？實際上，業者本身也曾發現過有機蔬菜中的硝酸態氮含量高於施用化學肥料的蔬菜，而硝酸態氮的含量又正是判斷蔬菜品質的重要指標。

也許有人會說，聯考與我何干？但是你可不必關心聯考，卻不能不關心蔬菜，因爲蔬菜是任何人每天都不可或缺的食物。在政府及部分學者們爲了商機，罔顧臺灣生態平衡，大力推動釋放農田土地，農業專業區已形同虛設。農田在住宅、商家及工廠環伺下，工廠的業主爲了降低生產成本，在廢水廢氣排放前不願做淨化處理；農民爲了增產任意施用農藥；政府官員爲了表現政績，也不願將污水下水道工程預算優先編列；這樣的農田種出的蔬菜能吃出健康嗎？

因此，對聯考而言，民眾需要知道的不是什麼時候要廢除聯考，而是孩子們什麼時候可依照自己的志願快快樂樂地進入合格的高中、高職、專科或各類大學讀書；對有機蔬菜而言，民眾需要知道的不是什麼時候大家都能吃到有機蔬菜，而是什麼時候可以安心地吃到健康蔬菜。

我們吝於教育投資，民眾又不知事實的眞相及原因，代價是民眾的素質不斷降低，自殘與互殘將越演越烈。

＊資料來源：中國時報 1998/7/28

附錄九 作物參數資料檔

CROP PAPRMETERS

	RICE	SOYB	CORN
WA	40.0	20.0	40.0
HI	.55	.30	.30
TB	25.0	25.0	25.0
TG	10.0	10.0	8.0
DMLA	5.0	5.0	5.0
DLAI	.80	.90	.80
LAP1	30.010	15.010	15.050
LAP2	70.950	50.950	50.950
FRS1	5.010	5.010	5.010
FRS2	15.950	15.950	15.950
RLAD	.50	1.00	1.00
RBMD	.50	1.00	1.00
ALT	4.0	3.0	3.0
CAF	1.00	.85	.85
GSI	.0080	.0100	.0070
WAC2	660.31	660.31	660.44
WAVP	6.0	5.0	8.0
VPTH	.5	.5	.5
VPD2	4.75	4.75	4.75
SDW	50.0	35.0	20.0
HMX	.80	.80	2.00
RDMX	.60	2.00	2.00
CVM	.030	.200	.200
CNY	.0200	.0650	.0175
CPY	.0030	.0091	.0025
WSYF	.2500	.2200	.0100
PST	.60	.60	.60
COSD	.10	.33	2.51
PRY	50.00	370.00	100.00
WCY	.14	.13	.15
BN1	.0500	.0524	.0440

BN2	.0200	.0265	.0164
BN3	.0100	.0258	.0128
BP1	.0060	.0074	.0062
BP2	.0030	.0037	.0023
BP3	.0018	.0035	.0018
BW1	3.390	1.266	.433
BW2	3.390	.633	.433
BW3	.320	.729	.213
IDC	4	1	4

作物參數資料檔內參數說明：

WA-Biomass-energy ratio 10-50
HI-Harvest index .010-.950
TB-Optimal temperature for plant growth (deg C) 10-30
TG-Minimum temperature(deg C) 0-12
DMLA-Maximum potential leaf area index .5-10
DLAT-Fraction of growing season when leaf area declines 0.4000-0.9900
DLAP1-First point on optimal leaf area development curve .0000-100.0000
DLAP2-Second point on optimal leaf area development curve .0000-100.0000
FRST1-First point on frost damage curve 0.9900-30.0000
FRST2-Second point on frost damage curve 0.9900-30.0000
RlAD-Leaf area index decline rate parameter 0-10
RBMD-Biomass-energy ratio decline rate parameter 0-10
ALT-Aluminum tolerance index(1=sensitive；5=tolerant) 1.00-5.00
CAF-Critical aeration factor 0.7500-1.0000
GSI-Maximum stomatal conductance 0.00-5.00
WAC2-CO_2 Concentration in future atmosphere/resulting WA value 0.01-900.50
WAVP-Parm relating vapor pressure defficit to WA 0.0000-999.0000
VPTH-Threshold VPD (SPA) (F=1) 0.0000-999.0000
VPD2-VPD value(KPA) /F2 1 0.0000-999.0000
SDW-Seeding rate 3.0000-100.0000
HMX-Maximum crop height (m) 0.100-3.000
RDMX- Maximum root depth(m) 0.500-3.000
CVM- Minimum value of C factor for water erosion 0.0010-.5000
CNY-Fraction of nitrogen in yield 0.150-0.650
CPY- Fraction of phosphorus in yield 0.150-0.650
WSYF-Lower limit of harvest index 0.200-0.200
PST-Pest(insects、weeds、and disease) factor .05-1.0
COSD-Seed cost ($/kg) 0.1-100
PRY-Price for yield ($/t) 10-1000
WCY-Fraction water in field 0.0500-0.8000
BN1-Nitrogen uptake parameter (N fraction in plant at emergence) 0.0400-0.0600

BN2-Nitrogen uptake parameter (N fraction in plant at 0.5 maturity) 0.0150-0.0300
BN3-Nitrogen uptake parameter (N fraction in plant at maturity) 0.0100-0.2700
BP1-Phosphorus uptake parameter (P fraction in plant at emergence) 0.0600-0.0090
BP2-Phosphorus uptake parameter (N fraction in plant at 0.5 maturity) 0.0020-0.0050
BP3-Phosphorus uptake parameter (N fraction in plant at maturity) 0.0015-0.0035
BW-Wind erosion factor for standing live 0.400-3.500
BW-Wind erosion factor for standing dead 0.400-3.500
BW-Wind erosion factor for flat residue 0.400-3.500
IDC-Crop category number 1.000-7.000
2.氣象資料檔
OBMX-Average monthly maximum air temperature (deg c) -10…42
OBMN-Average monthly minimum air temperature (deg c) -30…30
SDTMX-Mon. standard deviation max. daily air (deg c) 1-15
SDTMN-Mon. standard deviation min. daily air (deg c) 1-15
RMO-Average monthly precipitation (mm) 0-500
PST2-Monthly standard dev of daily prec. (mm) 0-50
PST3-Monthly skew coefficient for daily precipitat 0-7
PRW1-Monthly probability of wet day after dry day 0.00-.95
PRW2-Monthly probability of wet day after wet day 0.00-.95
DAYP-Average number days of rain per month (days) 0-31
WI-Monthly max 0.5h rainfall for period of record in Tp24 (mm) 0-125
OBSL-Average monthly solar radiation (MJ/M**2 or LY) 0-750
RH-Monthly average relative humidity (fraction) .100-1.00
3.風象資料檔
MVL1-Average monthly wind velocity (m/s) .5-10
DIR1-N wind during each month (%) 0-50
DIR2-NNE wind during each month (%) 0-50
DIR3-NE wind during each month (%) 0-50
DIR4-ENE wind during each month (%) 0-50
DIR5-E wind during each month (%) 0-50
DIR6-ESE wind during each month (%) 0-50
DIR7-SE wind during each month (%) 0-50
DIR8-SSE wind during each month (%) 0-50
DIR9-S wind during each month (%) 0-50
DIR10-SSW wind during each month (%) 0-50
DIR11-SW wind during each month (%) 0-50
DIR12-WSW wind during each month (%) 0-50
DIR13-W wind during each month (%) 0-50
DIR14-WNW wind during each month (%) 0-50
DIR15-NW wind during each month (%) 0-50
DIR16-NNW wind during each month (%) 0-50
4.土壤資料檔
Z-Depth from surface to the bottom of the soil layer (m) 0.1-3
BD-Bulk density of the soil layer (t/m**3) 0.25-2.3
U-Wilting point (1500 kpa for many soils) (m/m) 0.01-0.65
FC-Field capacity (33 kpa for many soils) (m/m) .05-.80

SAN-Sand content (%) 0-100
SIL-Silt content (%) 0-100
WN-Organic N concentration (g/m*-3) 20-5000
PH-Soil pH 4-9
SMB-Sum of bases (cmol/kg) 0-150
CBN-Organic carbon (%) 0.05-5
CAC-Calcium carbonate (%) 0-100
CEC-Cation exchange capacity (cmol/kg) 0-150
ROK- Coarse fragment content (%vol) 0-30
WN03-Nitrate concentration (g/m*-3) 0-30
AP1-Labile P concentration (g/m*-3) 0-30
RSD-Crop residue (t/ha) 0-15
BDD-Bulk density (oven dry) (t/m**3) 0-2.5
PSP-Phosphorus sorption ratio 0-.75
SC-Saturated conductivity (1) (mm/hr) 0-50
RT-Subsurface flow travel time (Not used in epic1840+) 0-1000
WP-Organic P conductivity (g/m*-3) 10-1000

資料來源：EPIC user's guide-draft ver.3030.

參考文獻

中日文文獻

大川 金作：珪酸の植物に對する生理的機能に關する研究。土肥誌 10(1)：95-105（1936）。

中華土壤肥料學會編：土壤分析手冊。中華土壤肥料學會（1995）。

水野子著，陳嫻若譯：吃眞正的好食物。商周（2012）。

王淑姿、吳振記、申雍：高光譜影像儀在精準農業之應用研究。科儀新知 29(3): 22-28（2007）。

王銀波、李國欽、陳尊賢：臺灣土壤中重金屬資料庫與其含量分布。第一屆土壤污染防治研討會論文集。pp.137-152（1989）。

王銀波主編：臺灣地區常見之作物營養障礙圖鑑。中華土壤肥料學會編印。

王銀波編著：植物營養學。中興大學（1991）。

王慧雲編著：植物營養素的力量。pp. 27-34。天下文化（2013）。

史金納著，潘震澤譯：外遺傳也會遺傳？科學人雜誌154期（2014）。

申雍：精準農業體系整合應用。「精準農業」第八章 pp. 186-203。陳俊明主編。中興大學農學院農業自動化中心出版（2001）。

朱海鵬、章莉菁、吳文娟：臺灣地區土壤重金屬含量現況之分析及探討。第三屆土壤污染防治研討會論文集。pp.1-14（1992）。

朱惠民：「診薦體系」在茶樹葉片營養診斷之應用。臺灣茶業研究彙報 5：145-152（1986）。

西北農學院、華南農學院主編：農業化學研究法。農業出版社（1979）。

何念祖、孟賜福編著：植物營養原理。上海科學技術出版社（1987）。

余傳韜、蘇仲卿主編：生物化學概論。正中書局（1986）。

吳文希：有機農業。新學林（2016）。

吳妍儒：不同量牛糞堆肥對青脆枝生長及生理營養的影響，國立臺灣大學研究所碩士論文，臺北，臺灣（2006）。

吳映蓉著：營養學博士教你吃對植化素。pp. 26-28。臉譜（2010）。

吳敏慧、高銘木、趙震慶、劉黔蘭：連作蔗田毒害甘蔗優勢菌之生理與生態。臺灣糖業研究所研究彙報（68）：31-42（1975）。

吳慶榮總策劃：農戶達人慢享臺東。臺東縣政府農業處（2014）。

呂奕欣、倪婉君譯，T.Colin Campbell 著：救命飲食（原名The China Study）。柿子文化（2008）。

宋勳、許愛娜、洪梅珠：臺灣的稻米品質、稻米加工自動化研討會（1993）。

李亦園：文化的原始與累積人文學概論下冊第 47 章 p.314。國立空中大學發行（1994）。

李約翰譯：糧食第一：世界飢餓與糧食自賴。遠流（1987）。

李敏雄、余瑞琳、許金土、蔡玉吉：茶葉天然抗氧化劑之安全性試驗。中國農業化學會誌。22（1, 2）：128-135（1984）。

李敏雄、余瑞琳：茶葉抗氧化劑之萃取及其在不同食用油中之抗氧化活性。中國農業化學會誌。22（3,4）：226-231（1984）。

李敏雄：喝茶保健益身益心。自立晚報（1995）。

李祿豐：日照時數及日射量影響花宜地區水稻結實能力之探討。稻作改良年報。pp.101-129（1989）。

李祿豐：良質米品種有機栽培法比較試驗。稻作改良年報。149-153（1997）。

李學勇編著：普通植物學（上下冊）。文苑（1965）。

李學勇編著：植物學要義。正中（1986）。

沈明來編著：試驗設計學。九洲圖書文物公司（1999）。

周桂田、徐健銘：從土地到餐桌上的恐慌。商周（2015）。

岩淺潔：茶抽出成分とその生理的機能。「茶抽出成分の機能と活性作用の研究開發の最近の進步」特集。pp.11-12 Fragrance Journal（1990）。

東京大學農學部農藝化學科編：實驗農藝化學。朝倉書店（1961）。

松下一郎：有機神話的謊言。世茂（2011）。

林正錺、林欣華：適地適作，利於農業與生態平衡研討會專刊。pp.6-1～6-21。國立中興大學土壤環境科學系編印（1998）。

林正錺、陳琦玲、姚蘭香：臺灣地區玉米生產潛力分析。中華農學會報（新）172：24-53（1995）。

林正錺、蔡正廷、莊作權：機制性玉米生長模式調適之研究。中華民國農學團體78年聯合年會特刊。pp.101-129（1989）。

林正錺、蔡彰輝：臺灣耕地土壤及作物試栽性評估圖鑑。行政院農委會（1994）。

林良平編著：土壤微生物學。國立編譯館。南山堂（1993）。

林家棻、張愛華、曾肇清：土壤中不同型態磷含量與作物對於磷肥效應之關係。中華農學會報（新）69：19-32（1970）。

林家棻：作物需肥診斷技術。臺灣省農業試驗所編印（1981）。

林基興：基因改造的美麗與哀愁。天下文化（2013）。

林鴻淇、張則周：溫度與日照對水稻生育及營養之影響㈡中國農化會誌。15（1.2）：59-70（1977）。

奈莎・卡雷著，黎湛平譯：表觀遺傳大革命，貓頭鷹（2019）。

前田正男著，諶克終譯：果樹之營養診斷與施肥。徐氏基金會出版（1978）。

姚蘭香：臺灣地區大豆生產潛力分析。國立中興大學土壤環境科學研究所碩士論文（1994）。

施云：臺灣有機生態家園。晨星（2015）。

洪崑煌：三十年來臺灣土壤肥料工作之研究成果與今後展望。臺灣省土壤肥料學會編印（1982）。

洪淑彬、張則周：作物需肥診斷系統。科學農業。35（3-4）83-92（1987）。

紀錄片《殺戮農場：餵養企業化農場的戰爭》，見http://www.youtube.com/watch?v=nzWgadTrA28

胡靄堂主編：植物營養學（上下冊）。北京農業大學出版社（1995）。

范倩瑋：基因改造食品將為人類帶來是福？是禍？

凌依義：綠色革命：科技、環境與社會、中國論壇。2（6）41-47（1976）。

茶村修吾、川瀨金次郎、橫山榮造、本多康邦：米の食味と土壤型との關係 第一報 土壤型とその化學的性質が水稻の生育食味に及ほず影響。日本作物學會紀事。41：27-31（1972a）。

茶村修吾、本多康邦、飯田耕平、土平川藤夫：米の食味と土壤型との關係 第二

報 米粒の物理化學的性質と食味の關係。日本作物學會紀事。41：244-249（1972b）。

馬世銘、Sauerbom J.：世界有機農業發展的歷史回顧與發展動態。中國農業科學 39(10)：1510-1516（2004）。

高井康雄等編，敖光明、梁振興譯，廉平湖校：植物營養與技術。農業出版社（1988）。

高景輝編著：植物荷爾蒙。華香園（1985）。

高橋英一、谷田　道彥、太平幸次、山田芳雄、田中　明著：作物榮養學，朝倉書店（1980）。

崛末登：稻米品質改良、檢定分級及運銷。臺灣農業 19(2)：24-40（1983）。

張仲民編著：普通土壤學。國立編譯館（1988）。

張庚鵬、張愛華：蔬菜作物營養障礙診斷圖鑑。臺灣省農業試驗所特刊第 65 號（1997）。

張則周、鍾仁賜、陳秀貞、鄭穹翔：長期施用磷礦粉對酸性土壤磷酸能位及玉米生長的影響㈢內生菌根菌對磷肥殘效之影響。中國農業化學會誌。28(1):6-16（1990）。

張則周：土壤水分狀態對磷酸固定之影響。碩士論文（1969）。

張爲憲等編著：食品化學。國立編譯館。華香園（1995）。

張福鎖等著：環境協迫與植物根際營養。中國農業出版社（1998）。

梁致遠、顏江河、林鴻祺：依離子層析儀分析綠茶湯中鋁物種的研究。中國農業化學會誌。36:344-352（1998）。

盛澄淵：肥料學。正中（1967）。

莊作權、譚鎮中譯：植物營養學。國立編譯館（1989）。

莊作權：海峽兩岸土壤學術研究之發展。土壤肥料通訊。92-97（2000）。

許惇偉：表現遺傳學是什麼？科學月刊565期（2017）。

許輔、林欣微：2009有機新法問與答。臺大農業推廣專輯⑦。臺大農推會（2009）。

連深：作物分析結果的解釋與施肥推薦。作物需肥診斷技術。pp.66-75。臺灣省農業試驗所編印（1981）。

郭華仁：有機農業的必然與實現。「聯合國糧農組織FAO與有機臺灣」研討會（2012.05.05）。

郭華仁：綠色農業與農業的永續經營。編入「永續發展教育叢書」綠色產業。國家教育研究院（2014）。

陳中：水蜜桃的施肥設計（未發表）（2001）。

陳世雄、楊策群、吳青柳、劉慧瑛：稻米品質與土壤及其管理之關係。稻米品質研討會專輯（1988）。

陳世雄、蘇慕容、黃俊欽、宋勳：土壤特性對稻米品質之影響㈠。土壤母質對米飯食味之影響。中華農藝會誌。4:173-181（1994）。

陳世雄、蘇慕容、黃俊欽、宋勳：土壤特性對稻米品質之影響㈡。土壤肥力對米飯會味之影響。中華農藝會誌。4:183-189（1994）。

陳吉村、李達源、郭鴻裕：臺灣地區農田土壤肥力管理及改良資訊系統之建立。中華地理資訊學會研討會論文集（1996）。

陳吉村：臺灣地區農田土壤肥力管理及改良資訊系統之建立。國立臺灣大學農業化學研究所博士論文（1997）。

陳吉村主編：有機生態環境營造與休閒多元化發展研討會專刊。行政院農委會花蓮區改良場（2008）。

陳宗仁主編：肥料應用手冊。臺灣肥料股份有限公司（1975）。

陳武雄等編輯：堆肥製造技術。農業委員會農業試驗所特刊第 88 號，59-72（1999）。

陳玠廷、蕭崑杉：臺灣有機農業的發展與未來希望。農業推廣文彙第55輯。

陳勁君：氮肥種類及用量對枸杞生長及生理營養的影響，國立臺灣大學研究所碩士論文，臺北，臺灣（2003）。

陳能敏編著：永續農業過去現在未來農業科學資料服務中心（1996）。

陳啓烈、洪崑煌：以 EPIC 模式評估作物轉作制度之嘗試。農地生產力評估技術之開發與應用研討會論文集。pp.39-61（1984）。

陳啓烈：EPIC 作物模式對臺灣作物轉作方式下作物產量預估之應用研究。博士論文（1997）。

陳尊賢、李達源：臺灣地區重要土系中重金屬全量之調查。行政院環保署研究計畫報告（計畫編號：EPA.82-E3H1-09-01(1)（1993）。
陳琦玲、蔡正廷、林正錺：大豆生長模式應用於生產潛量估算之分析。農地生產力評估技術之開發與應用研討會論文集，pp.59-88（1992）。
陳聖明：鋁離子對茶樹胚根細胞原生質體鉀電流的影響。博士論文（1998）。
陸景陵主編：植物營養（上下冊）中國農業大學出版社（2000）。
喬玉輝、曹志平主編：有機農業。化學工業出版社（2015）。
黃山內：「有機農業可行性」研究之初步結果。農情半月刊。194：11-17（1998）。
黃山內：有機農業之發展及其重要性。有機農業研討會專集。pp.21-30。農委會（1981）。
黃伯恩等著：合理化施肥推廣手冊。農委會編印（1998）。
黃伯超、游素玲編：營養學精要。健康文化（1992）。
黃青眞、蕭寧馨、林璧鳳編：營養化學講義。臺大農化系營養化學研究室（1998）。
董時叡：有機之談——有機農業的非技術面思考（2007）。
黃曉菊：Indole-3-acetic acid Cytokinins 與 Abscisic acid 在水稻（oryza sativa L.）穀粒發育期間的變化。碩士論文（1999）。
黃樹民：臺灣有機農業的發展及其限制——一個技術轉變簡史。臺灣人類學刊11(1)（2013）。
黃鎮海等編著，王銀波、張淑賢審查：作物施肥手冊。農委會編印（1996）。
奧田東、高橋 英一：作物に對するケイ酸の榮養生理的役割について（第二報）。土肥誌。32：481-488（1961）。
楊世木主編：植物生物學。科學出版社（2004）。
楊光凰主編：有機農場在臺灣。臺灣有機食農遊藝教育推廣協會（2006）。
楊光盛：肥料推薦量系統模式建立研究。博士論文（1991）。
楊秋忠、趙震慶、張永輝：臺灣酸性土壤接種菌根菌及施用磷礦石粉對玉米生長之影響。中華農學會報（新）136:15-24（1986）。
楊秋忠著：土壤與肥料。農藥世界叢書（1997）。
楊灌園：鋁離子及蘋果酸對小麥種子根細胞內、外向電流之影響。博士論文

（1998）。

瑪麗恩．內斯特爾著，劉文俊等譯：食品政治：影響我們健康的食品行業，社會科學文獻出版社（2004）。

瑪麗恩．內斯特爾著，程池等譯：食品安全：令人震驚的食品行業眞相，社會科學文獻出版社（2004）。

瑞士有機農業研究所（FiBL）IFOAM國際有機聯盟編著，正谷農業發展有限公司譯：世界有機農業概況與趨勢預測。中國農業科學技術出版社（2019）。

廖月娟譯：大崩壞－人類社會的明天？時報文化，臺北（2006）。

廖龍盛編著：實用農業（1984）。

福岡正信著：無Ⅲ實踐篇自然農法。臺灣綠活（2013）。

臺中區農業改良場編：推薦施肥手冊（1998）。

趙震慶：臺灣長期進行有機農耕法之我見。土壤肥料通訊 81:98-103（2000）。

劉大江、林俊義主編：有機作物栽培技術研討會專刊。行政院農委會農業試驗所（2008）。

蔡吉豐、朱德民：光合產物的運輸——韌皮部裝載與細胞間隙卸載的型式。科學農業。44（3, 4）：71-77（1996）。

蔣德安主編：植物生理學。pp. 348-367。高等教育出版社（2011）。

鄭建仙主編：植物活性成分開發。pp. 81-95, 131。中國輕工業出版社，北京（2005）。

鄭榮賢：稻田磷鉀速測應用示範報告。臺灣省高雄區農業改良場（1968）。

鄭福、余伍洲：季節與氮肥量對向日葵籽實產量，油含量及脂肪酸組成之影響。中國農業化學會誌。27（3）：291-298（1989）。

鄭福、陳國、廖秋榮：水分與氮素管理對於向日葵養分吸收及籽實品質與產量之影響。中國農業化學會誌。24（4）：412-420（1986）。

橫尾　正雄譯：世界稻米之品質評鑑。國際稻米研究所出版（1993）。

諶克終編譯：圖解果樹整枝剪定新法：徐氏基金會出版（1983）。

賴光隆著：糧食作物。黎明文化（1992）。

錢迎倩、魏偉、蔡衛國、馬克平：轉基因作物對生物多樣性的影響。生態學報（AES）21（3）（2001）。

謝文德：玉米適栽評估模式之校正與驗證。國立中興大學土壤環境科學研究所，碩士論文（1988）。

謝兆樞、劉建甫：蓬萊米的故事。磯永吉學會（2017）。

謝伯東、蔡錫舜、吳家鐘、黃炳燕、陳宛霞：氮肥施用條件對於食米理化性質之影響。中國農業化學會誌。9（1-2）：92-97（1971）。

謝順景、謝慶芳主編：有機農業。中華農學會編印（1998）。

鍾仁賜、蘇育萩、張則周：不同種類磷肥下內生菌根菌對玉米生長及磷鋅吸收的影響。中國農業化學會誌。27（4）：496-504（1989）。

羅茲瑪麗（Rosemary Morrow）：地球使用者的樸門設計手冊。大地旅人（2011）。

譚賢明：當基因不再是命運的主導者——淺談表觀遺傳學研究（2010）。

蘇楠榮：土壤測定結果的解釋與施肥推薦。作物需肥診斷技術。pp.34-44。臺灣省農業試驗所編印（1981）。

蘇慕容、陳世雄：土壤特性對稻米品質之影響㈢。土壤理化性質對米飯品質之影響。中華農藝會誌。7:163-170（1997）。

蘇慕容、陳世雄：土壤特性對稻米品質影響㈣。土壤管理模式的探討。中華農藝會誌。7:171-179（1997）。

鐵忠明：鐵代謝—基礎與臨床。pp.42-65。科學出版社。北京（2000）。

英文文獻

Alleweldt, G., During, H. and Waitz, G.: Untersuchungen zum Mechanismus der Zuckereinlagerung in wachsende Weinbeeren. *Angew. Bot*. **49**:65-73 (1975).

Anderson R. L. and Nelson L. A.: A family of models involving straight lines and concomitant experimental designs useful inevaluating response to fertilizer nutrients. Biometrics 31:308-318 (1975).

Anderson, W. P. and Reilly, E. J.: A study of the exudation of excised maize roots after removal of the epidermis and outer cortex. *J. Expt. Bot*. **19**:19-30 (1968).

Arnon, D. I. and Stout, P. R.: The essentiality of certain elements in minute quantity for plants with special reference to copper. *Plant Physiol.* **14**:371-375 (1939).

Atkin, R. K., Barton, G. E. and Robinson, D. K.: Effect of root-growing temperature on growth substances in xylem exudate of Zea mays. *J. Exp. Bot.* **24**:475-487 (1973).

Barber S. A.: Growth requirement for nutrients in relation to demand at the root surface. In '*The Soil-Root Interface* (Harley, J. L. and Scott-Russell, R. Eds.) pp.5-20. Academic Press. London. (1979).

Barber S. A.: Soil nutrient bioavailability: A mechanistic approach. John Willey and Sons (1984).

Barber, S. A.: A diffision and massflow concept of soil nutrient availability. *Soil Sci.* **93**:39-49 (1962).

Barber, S. A.: Soil Nutrient Bioavailability. John Wiley and Sons, U. S. A. (1984).

Barber, S. A.: Soil Nutrient Bioavailability. A Mechanistic Approach. John Wiley, New York. (1984).

Beaufils E. R.: Diagnosis and recommendation integrated system (DRIS). *Soil Sci. Bull.* No. 1, Univ. of Natal, S. Afr. (1973).

Beaufils, E. R., and Sumner, M. E.: Application of the DRIS approach for calibrating soil, plant yield and 2 plant quality factors of sugarcane. *Proc. S. Afr. Sugar Tech. Assoc.* **50**:118-124 (1976).

Bendar, C. and Kies, C.: Nitrate and Vitamin C from fruits and vegetables: Impact of intake variations on nitrate and nitrite excretions of humans. Plant Foods Human Nutr. **45**:71-80(1994).

Bernath, J. and P. Tetenyi: Alternation in compositional character of Poppy chemotaxa affected by different light and temperature conditions. Acta Hort., **96**:91-98 (1980).

Berry, J. A. and Downton, J. S.: Environmental regulation of photosynthesis. In: Photosynthesis, Development, Carbon *Metabolism and Plant Productivity*. Vol. 11, pp.263-343, Govindjee, Ed. Academic Press, New York (1982).

Berry, J. and Bjorkman, O.: Photosynthetic response and adaptation to temperature in higher plants. *Annu. Rev. Plant Physiol.* **31**:491-543 (1980).

Bewley, J. D. and Black, M.: Seeds physiology development and germination plenum

Press (1994).

Bienfait, H. F.: Regulated redox processes at the plasmalemma of plant root cells and their function in iron uptake. *J. Bioeneg. Biomembr.* **17**:73-83 (1985).

Bienfait, H. F.: Preventation of stress in iron metabolism of plants. *Acta Bot. Neerl.* **38**:105-129 (1989).

Blackmore, B.S., P.N. Wheeler, J. Moris, R.M. Moris and R.J.A. Jones.: The role of precision farming in sustainable agriculture: A European perspective. In: "Site-Specific Management for Agricultural Systems". Robert, P. C., R. H. Rust and W. E. Larson (eds.). p.777-793. ASA, CSSA, SSSA. (1995).

Bouma, D.: Diagnosis of mineral deficiencies using plant tests. In: A. Lachli and R. L. Bieleski (Eds.) *Encyclopedia of plant physiology*. Vol. 15A. Inorganic plant nutrition. Springer Verlag. Berlin. (1983).

Boyer, J. S.: Plant Productivity and Enviroment. *Science* **218**:443-448(1982).

Broyer, T. C., Carlton, A. B., Johnson, C. M. and Stout, P. R.: Chlorine－a micronutrient element for higher plants. *Plant physiol* **29**:526-532 (1954).

Bruce, A. et al.: *Molecular Biology of the cell*. p.303 Garland N. Y. (1983).

Castelnuovo, R.: Environmental concerns driving site-specific management in agriculture. In: "Site-Specific Management for Agricultural Systems". Robert, P. C., R. H. Rust and W. E. Larson (eds.). p.867-880. ASA, CSSA, SSSA. (1995).

Cate, R. B. and Nelson, L. A.: A simple statistical procedure for partitioning soil test correlation data into two classes. *Soil. Sci. Soc. Amer. Proc.* **35**:658-660 (1971).

Cavin, D. T.: The effect of temperature on the oil content and fatty acid composition of the oils from several oilseed crop. *Can. J. Bot.* **43**:63-69(1965).

Chang, T. C. and Leif, J. Y.: Response of Rice Plant to Combination Nitrogen Fertilizer Containing Urea and Slowly Available Nitrogen (SAN) Compounds. *J. of the Chin. Agric. Chem. Soc.* **35**(5):495-502 (1997).

Claassen, N. and Barber, S. A.: Potassium influx Characteristics of corn roots and interaction with N. P. Ca and Mg influx. *Agron. J.* **69**:860-864 (1977).

Claassen, N. and Junk, A.: Kaliumdynamik in wurzelnahen Boden in Beziehung zur

Kaliumaufnahme von Maispflanzen. Z. Pflanzenernarh. *Bodenk.* **145**:513-525 (1982).

Creelman, R. A., Mason H. S., Bemen, R. J., Boyer, J. S. and Mullet, J. E.: Water deficit and abscisic acid cause differential inhibition of shoot versus root growth in soybean seedlings. Analysis of growth, sugar accumulation, and gene expression. *Plant Physiol* **92**:105-214 (1990).

Da Silva, M. C. and Shelp. B. J.: Xylem-to-Phloem transfer of organic nitrogen in young soybean plants. *Plant Physiol* **92**:797-801 (1990).

Davis, T. A. : High root-pressures in palms. *Nature* **192**:277-278 (1961).

De Vos CHR, Schat H, DeWaal MAM, Vooijs R, Ernst WHO: Effect of copper on fatty acid composition and peroxidation of lipids in the roots of copper tolant and sensitive Silene cucubalus. *Plant Physiol Biochem* **31**:151-158 (1993).

Denbow DM, Ravindran V, Kornegay ET, Yi Z, Hulet RM: Improving phosphorus availability in soybean meal for broilers by supplemental phytase. Poult Sci **74**: 1831-1842. (1995).

Desai, N. and Chism, G. W.: Changes in cytokinin activity in the ripening tomato fruit. J. Food Sci. **43**:1324-1326 (1978).

Dey, P. M. and Harborne, J. B.: Plant Biochemistry. Academic Press (1997).

Diamond, J. M.: Collapse: How Societies Choose to Fail or Succeed. Penguin Group, New York (2005).

Dilip Nandwani; Organic Farming for Sustainalde Agriculture, Springer (2015).

Dobermann A., J. L. Gaunt, H. U. Neue, I. F. Grant, M. A. Adviento and M. F. Pampolino. Spatial and temporal variability of ammonium in flooded rice field. Soil Sci. Soc. Am. J. **58**:1708-1717. (1994).

Dobermann A., M. F. Pampolino and H. U. Neue.: Spatial and temporal variability of transplanted rice at the field scale. Agron. J. **87**:712-720 (1995).

Dow, A. I. and Roberts, S.: Proposal: Critical nutrient ranges for crop diagnosis. Agron. J. **74**:401-403(1982).

Duisberg, P. C. and Buthrer, T. F.: Effect of ammonia and its oxidation products on rate of nitrification and plant growth. *Soil Sci.* **78**:37-49 (1954).

Dunlop, J.: The kinetics of calcium uptake by roots. *Planta.* **112**:159-167 (1973).

Egmond, V., T. Bresser, and L. Bouwman.: The European nitrogen case. Ambio 31: 72-78. (2002).

Epstein, E.: Dual pattern of ion absorption by plant cells and by plants. *Nature.* **212**:1324-1327 (1966).

Epstein, E. and Leggett, J. E.: The absorption of alkaline earth cations by barley roots: kinetics and mechanism. *Am. J. Bot.* **41**:785-791 (1954).

Epstein, E. and Rains, D. W.: Carrier-mediated cation transport in barley roots: Kinetic evidence for a spectrum of active sites. *Proc. Nat. Acad. Sci.* **53**:1320-1324 (1965).

Epstein, E., Rains, D. W. and Elzam, O. E.: Resolution of dual-mechanisms of potassium absorption by barley roots. *Proc. Nat. Acad. Sci.* **49**:684-692 (1963).

Epstein, E.: *Mineral Nutrition of Plants: Principles and Perspectives*. Wiley, New York (1972).

Fang Cheng and Zhihui Cheng: Research Progress on the use of plant Allelophathy in Agriculture and the Physiological and Ecological Mechanisms of Allelopathy. Front Plant Sci. 7: 1697(2016).

FAO, The future of food and agriculture, Trends and Challenges (2017).

FAO, The future of food and agriculture Alternative Pathways to 2050 (2018).

Finn, R.: *Equilibrium Capillary Surfaces*. Spinger-Verlag New York (1986).

Food and Water Watch, The Killing Fields - the battle to feed factory farms. https://www.youtube.com/watch?v=nzWgadTrA28

Follett, R. F. and J. L. Hatfield (eds).: "Nitrogen in the Environment: Sources, Problems, and Management". Elsevier (2001).

Foy, C. D. and Fleming, A. L.: Aluminium tolerance of two wheat genotypes related to nitrate reductase activities. *J. Plant Nutr.* **5**:1313-1333 (1982).

Franke, W.: Mechanism of foliar penetration of solutions Annu. Rev. *Plant Physiol* **18**:281-300 (1967).

Galloway, J. N. and E. B. Cowling.: Reactive nitrogen and the world: 200 years of change. Ambio **31**:64-71 (2002).

Galston, A. W. and Sawhney, R. K.: Polyamines in plant physiology. *Plant Physiol*. **94**: 406-410 (1990).

Gent, M. P. N.: Effect of defoliation and depodding on long distance translocation and yield in Y-shaped soybean plants. *Crop Sci*. **22**:245-250 (1982).

Gerendas, J. and Sattelmacher, B.: Influence of nitrogen form and concentration on growth and ionic balance of tomato (Lycopersicon esculentum) and potato (Solanum tuberosum). In *Plant Nutrition-physiology and Application* (M. L. van Beusichem, Ed.), pp.33-37, Kluwer Academic, Dordrecht (1990).

Gerke, J.: Phosphate, aluminium and iron in the soil solution of three different soilds in relation to varying concentrations of citric acid. Z. *Pflanzenernahr. Bodenk*. **155**:339-343 (1992a).

Glass, A. D. M. and Dunlop, J.: The regulation of K^+ influx in excised barley roots. Relationship between K^+ influx and electrochemical potential differences. *Planta*. **145**:395-397 (1979).

Goldbach, H. and Michael, G.: Abscisic acid content of barley grains during ripening as affected by temperature and variety. *Crop Sci*. **16**:797-799 (1976).

Goldbach, H., Goldbach, E. and Michael, G.: Transport of abscisic acid from leaves to grains in wheat and barley plants. *Naturwissenschaften*. **64**:488 (1977).

Goodwin, T. W. and Mercer, E. I.: *Introduction to Plant Biochemistry* (1983).

Grauer, U. E. and Horst, W. J.: Effect of pH and nitrogen source on aluminium tolerance of rye (Secale cereale L.) and yellow lupin (Lupinus luteus L.) plant. *Soil* **127**:13-21 (1990).

Grusak, M. A., Welch, R. M. and Kochian, L. V.: Does iron depiciency in Pisum sativum enhance the activity of the root plasmalemma iron transport protein? *Plant Physiol* **94**:1353-1357 (1990).

Gunes, A., Post, W. N. K., Kirby, E. A. and Aktas, M.: Influence of partial replacement of nitrate by amino acid nitrogen or urea in the nutrient medium on nitrate accumulation in net grown winter Lettuce. *J. Plant Nutri*. **17**(11):1929-1938 (1994).

Haeder, H. -E. and Beringer, H.: Long distance transport of potassium in cereals during grain filling in detached ears. *Plant Physiol* **62**:433-438 (1984a).

Haeder, H. -E. and Beringer. H.: Long distance transport of potassium in cereals during grain filling in infact plants. *Plant Physiol* **62:**439-444 (1984b).

Haider, F., P. Dwivedi, S. Singh, A. A. Naqvi and G. Bagchi: Influence of transplanting time on essential oil yield and composition in *Artemisia annua* plants grown under the climatic conditions of sub-tropical north India. J. Flavour Fragr., **19**:51-53 (2004).

Hall, S. M. and Baker, D. A.: The chemical composition of Ricinus phloem exudate. *Planta*. **106**:131-140 (1972).

Headey, D. and S. Fan: Anatomy of a crisis: the causes and consequences of surging food prices. Agricultural Economics 39: Supplement Sl, p375-391 (2008).

Heldt, H. W., Flugge, U. I. and Borchert. S.: Diversity of specificity and function of phophate translocators in various plastids. *Plant Physiol.* **95**:341-343 (1991).

Heldt, H. W.: *Plant Biochemistry and Molecular Biology*. Oxford University Press (1997).

Hiatt, A. J. and Hendricks, S. B.: The role of CO2-fixation in accumalation of irons by barley roots. *Z. Pflanzenphysiol*. **56**:220-232(1967).

Higgins, T. J. V., Zwar, J. A. and Jacobsen, J. V.:Gibberellic acid enhances the level of translatable mRNA for α-amylase in barley aleuzone layers. *Nature* **260**:166 (1976).

Higinbotham, N., Etherton, B. and Foster, R. J.: Mineral ion contents and cell transmembrane electropotentials of pea and oat seedling tissue. *Plant physiol* **42**:37-46 (1967).

Hodges, T. K.: Ion absorption by plant roots. *Advances in Agronomy* **25**:163-207 (1973).

Hong CY, Cheng KJ, Tseng TH, Wang CS, Liu LF, Yu SM: Production of two highly active bacterial phytases with broad pH optima in germinated transgenic rice seeds. Transgenic Res 13: 29-39 (2004).

Hope A. B. and Stevens, P. G.: Electrical potontial difference in bean roots on their relation to salt uptake. *Aust. J. Sci. Res. Ser.* **B5**:335-343. (1952).

Hopkins, H. T., Specht, A. W. and Hendricks, S. B.: Growth and nutrient accumulation as controlled by oxygen supply to plant roots. *Plant Physiol* **25**:193-208 (1950).

Horie, T., Nakagawa, H., Centeno, H. G. S. & Kropff, M. J.: The rice crop simulation model SIMRIW and it's testing. In: *Modeling the impact of climate change on rice production in Asia.IRRI*. Los Banos,Philippines(1995).

Horie, T., Yajima, M. & Nakagawa, H.: Yield forecasting. *Agricultural Systems*. **40**:211-236(1992).

Horie, T.: A model for evaluating climatic productivity and water balance of irrigated rice and its application to Southeast Asia. *Southeast Asia Studies* **25**(1):62-74(1987).

Horst, W. J., Wagner, A. and Marschner, H.: Mucilage protects root meristems from aluminium injury. *Z. Pflanzenphysio*. **105**:435-444 (1982).

Horst. W. J. and Marschner, H.: Effect of silicon on manganese tolerance of beanplants (Phaseolus vulgaris L.). *Plant Soil* **50**:287-303 (1978a).

Hotchkiss, J. H. and Cassens, R. G.: Nitrate, Nitrite, and Nitroso compounds in foods. *Food Tech*. **41**(4):127-136 (1987).

Hotin, A. A.: Effect of environment factors on the accumulation of essential oils, 35-43 (1968). In "Essential oil plants and their processing" Smplyanov A. H. (ed). Cited by Bernath and Hornok (1992).

Howarth, R.W., E.W. Boyer, W.J. Pabich, and J.N. Galloway.: Nitrogen use in the United States from 1961-2000 and potential future trends. Ambio 31: 88-96. (2002).

Iton. S. and Barber, S. A.: Phosphorus uptake by six plant species as related to root hairs. *Agron J*. **75**:457-461 (1983a).

Jameson, P. E., McWha, J. A. and Wright. G. J.: Cytokinins and changes in their activity during development of grains of wheat (Triticum aestivum L.) *Z. Pflanzenphysiol* **106**:27-36 (1982).

Jeschke, W. D. and Pate, J. S.: Modelling of the partitioning assimilation and storage of nitrate within root and shoot organs of castor bean (Ricinas communis L.) *J. Exp. Bot*. **42**:1091-1103 (1991a).

Jeschke, W. D., Pate, J. S. and Atkins, C. A.: Partitioning of K^+, Ka^+, Mg^{2+} and Ca^{2+} through xylem and phloem to component organs of nodulated white lupin under mild salinity. *J. Plant Physiol* **128**:77-93 (1987).

Jones, C. A. & Kiniry, J. R.(ed.) :*CERES-Maize, a simulation model of maize growth and development*. Texas A&M University Press(1986).

Juang, T. C.: Increasing nitrogen efficiency through deep placement of urea supergranule and other modifiedurea fertilizers under paddy conditions in Taiwan. *Preceedings of Republic of China-Federal Republic of Germany Seminar on Plant Nutrition and Soil Science* 87-92 (1983).

Juliano, B. O., Onate, L. U. and Del Mundo, A. M.: Amylose and protein contents of milbed rice as eating quality factors. *Phlilppine Agricurturist.* **56**:44-47(1972).

Keller, P. and Deuel, H.: Kationenaustauschkapazitat und Pektingehalt von Pflanzenwurzein. Z. Pflanzenernahr. *Dung Bodenk* **79**:119-131(1957).

Kenworthy, A. L.: Leaf analysis as an aid in fertilizing orchards. In: *L. M. Walsh and J. D. Beaton (Eds.) Soil testing and plant analysis*. Soil Sci. Soc. Amer., Madison, WI. (1973).

Khush, G. S., Paul, C. M. And La Cruz, N. M.: Rice grain quality evaluation and improvement in IRRI In proceedings of the *workshop on chemical aspects of rice grain quality* pp. 21-34 IRRI, Los Banos, Philippines(1979).

Kimura, J. and Chiba, H.: Studies on the efficiency of nitrogen absorbed by the rice plant for the yields of grain and straw. *Jour. Sci. Soil and Man., Nippan* **17**:479 (1943).

Kirkby E. A. and Mengel, K.: Ionic balance in different tissues of the tomato plant in relation to nitrate, urea, or ammonium nutrition. *Plant Physiol* **42**:6-14 (1967).

Klotz, F. and Horst, W. J.: Effect of ammonium-and nitrate-nitrogen nutrition on aluminium tolerance of soybean (Glycine max, L.). *Plant Soil* **111**:59-65 (1988b).

Kourie, J. and Goldsmith, M. H. M.: K^+ Channels are responsible for an inwardly rectifying current in the plasma membrane of mesophyll protoplasts of Avena sativa. *Plant Physiol* **98**:1087-1097 (1992).

Kraffczyk, I., Trolldenier, G. and Beringer, H.: Soluble root exudates of maize: influence of potassium supply and rhizosphere microorganisms. *Soil Biol. Biochem*. **16**:315-322 (1984).

Kuhn, S. T.: *The Structure of Scientific Revolution*. The University of Chicago Press, Ltd.,

London(1970).

Lappe, M. and J. Collins: Food First: Beyond the Myth of Scarcity, Houghton-Mifflin, Boston(1987).

Lee, M.-H.: Natural antioxidant from teas. *Proc. of the Intern. Sym. on Rec. Devel. In Tea Production* pp.299-314 (1988).

Lee, Y. J., C. M. Yang, K. W. Chang, and Y. Shen.: Field Test of the Simple Spectral Index using 735nm in Mapping of Nitrogen Status of Rice Canopy. Agron. J. **100**:205-212 (2008).

Leggett, J. E. and Gilbert, W. A.: Magnesium uptake by soybeans. *Plant Physiol* **44**:1182-1186 (1969).

Levitt, J.: *Responses of Plants to Environmental Stresses*. Academic Press (1972).

Lundegardh, H.: *The Nutriont Uptake of Plants*. Verlag G. Fisher, Jena (1932).

Lur, H. S. And Setter, T. L.: Role of auxin in maize endosperm development-timing of nuclear DNA endoreduplication, zein expression and cytokinin. *Plant Physiol.* **103**:273-280(1993).

Lyshede, O. B.: Structure of the outer epidermal wall in xerophytes. In: *The Plant Cuticle* (D. F. Cutler, K. L. Alvin and C. E. Price, Eds). pp.87-98. Academic Press London (1982).

Maas, E. V. and Ogats, G.: Absorption of magnesium and chlonide by excised corn roots. *Plant Physiol* **46**:35-360 (1979).

Malkin, R. and Niyogi, K.: Photoanalysis. In: *Biochemistry and Molecular Biology of Plants* (Bob, B. B., Wilhelm G. and Russell. L. J.(Eds)). Amer. Soc. of Plant Physiol., Maryland (2000).

Marschner H.: *Mineral Nutrition of Higher Plants*. Harcourt Barcourt Brace & Company (1995).

Marschner, H., Haussling, M. and George, E.: Ammonium and nitrate uptake rates and rhizospheoe-pH in non-mycorrhizal roots of Norway spruce (Picea abies (L.) Karst.). *Trees* **5**:14-21 (1991).

Marina Chang and Jack Ashton (https://www.kingscrossbun.co.uk/blog/2019/8/7/visit-tojohns-heritage-wheat-farm).

Martin P.: Stem xylem as a possible pathway for mineral retranslocation from senescing leaves to the ear in wheat. *Aust. J. Plant Physiol* **9**:197-207 (1982).

Mason, T. G. and Maskell, E. J.: Studies on the transport of carbohydrates in the cotton plant. I. A study of diurnal variation in the carbohydrates of leaf bank, and wood, and of the effect of ringing. *Am. Bo*t. **42**:189-253 (1928a).

Mastsumoto H., Hirasawa, E., Morimura, S. and Takahashi, E.: Locatization of aluminium in tea leasves. *Plant Cell Physiol* **17**:627-631 (1976b).

Mathe, I. Jr., and I. Mathe: Data to the European area of the chemical of *Solanum dilcamar* L. Acta Bot. Acad. Hung., **1**:441-447 (1973). Cited by Bernath and Hornok (1992).

Mathews, C. K. and Holde, K. E.: Biochemistry. The Benjamin / cummings Publishing Company, Inc. (1990).

Mejare, M. and Bulow, L.: Metal-binding proteins and peptides bioremediation and phytoremediation of heavy metals. *Trends Biotech* **19**:67-73 (2001).

Mengel, K. and Kirkby, E. A.: *Principles of Plant Nutrition*. International Potash Institute (1982).

Metzger, J. D. and Zeeraart, J. A. D.: Effect of photoperiod on the levels of endogenous gibberellins in spinach as measured by combined gas chromatography- selected ion current monitoring. *Plant Physiol* **66:**846 (1980).

Michael, G. and Beringer, H.: The role of hurmones in yield formation. *Proc. 15th colloq. Int. Potash Inst. Bern* pp.85-116 (1980).

Moller Nielsen, J. and Friis-Nielsen, B.: Evaluation and control of the nutritional status of cereals. I. Dry matter weight level. *Plant Soil* **45**:317-338 (1976).

Moller Nielsen, J.: Diagnosis and control of nutritional disorders in cereals based on inorganic tissue analysis. In: *Recent Advances in Plant Nutrition*. Coll. Plant Anal. Fert. Prob. Tel. Aviv. (1970).

Mugwira, L. M. and Patel, S. U.: Root Zone pH changes and ion uptake imbalances by triticale, wheat and rye. *Agron. J.* **69**:719-722 (1977).

Mukherji, S., Dey, B., Paul, A. K. and Sircar, S. M.: Changes in phosphorus fractions and phytase activity of rice seeds during germination. *Plant Physiol* **25**:94-97 (1971).

Münch, E.: *Die stoffbewegungen in der Pflanze*. Gustar Fischer, Jena. (1930).

National Institutes of Health: A Scientific Illustration of How Epigenetic Mechanisms Can Affect Health (2018). https://commonfund.nih.gov/epigenomics/figure

Neubauer, H., Schneider, W.: (G) The nutrient uptake of seedings and its application for the estimation of the nutrient content in soils. *Z. Pflanzenernähr, Düng, Boden*. **A2**: 329-362(1932).

Nicholas, D. J. D.: Minor mineral nutrients. Ann. Rev. P*lant physiol* **12**:63-90 (1961).

Nissen, P.: Uptake of sulfate by roots and leaf slices of barley: Mediated by single, multiphasic mechanisms. *Physiol. Plantarun* **24**:315-324 (1971).

Noggle G. R., Fritz G. J.: *Introductory Plant Physiology*. Prentice Hall Biological Sciences Series (1976).

Ogawa, M., Tanaka, K. and Kasai, Z.: Energy-dispersive X-ray analysis of phytin globodies in aleurone particles of developing rice grains. *Soil Sci. Plant Nutr.* (Tokyo) **25**:437-448 (1979b).

Okuda, A. and Takahashi, E.: The role of silicon. Min, Nutr. *Rice Plant. Proc. Symp. Int. Rice Res. Inst. Manila* pp.123-146 (1965).

Pampolino, M. F., I. J. Manguiat, S. Ramanathan, H. C. Gines, P. S. Tan, T. N. Chi, R. Rajendran, and R. J. Buresh.: Environmental impact and economic benefits of site-specific nutrient management (SSNM) in irrigated rice systems. Agricultural Systems **93**:1-24 (2007).

Pan, W. L., D. R. Huggins, G. L. Malzer, C. L. Douglas, Jr. and J. L. Smith.: Field heterogeneity in soil-plant nitrogen relations: Implications for site-specific management. In: "The State of Site Specific Management for agriculture". Pierce, F. J. and E. J. Sadler (eds.). p.81-99. ASA, CSSA, SSSA (1997).

Parthier, B.: Jasmonates, new regulators of plant growth and development: many facts and few hypotheses on their actions. *Bot. Acta*. **104**:446-454 (1991).

Pate, J. S.: Exchange of solutes between phloem and xylem and circulation in the whole plant. In: *Encyclopedia of Plant Physidogy*, New series (M. H. Zimmermann and J. A. Milburn, Eds.), Vol. 1, pp.451-468. Springer-Verlag, Berlin (1975).

Penka, M.: Changes in water economy and morphine content in irrigated plants of *Papaver somniferum* L. Acta Universitat Agri. Brno., **16**:579 (1968).

Ponting, C.: A Green History of the World: The Environment and the Collapse of Great Civilizations. Penguin Book, Ltd, New York (1991).

Pierce, F.J. and E.J. Sadler (eds.).: "The State of Site Specific Management for Agriculture". ASA, CSSA, SSSA (1997).

Popper, R. K.: *Conjectures and Refutation. -The Growth of Scientific Knowledge*. Rainbow-Bridge Book Co,.Ltd (1984).

Portis jr, A. R.: Effects of the relative extrachloroplastic concentrations of inorganic phosphate, 3-phorphoglycerate and dihydroxyacetone phosphate on the rate of starch synthesis in isolated spinach chloroplasts. *Plant Physiol* **70**:393-396 (1982).

Priest, N. D. et. al.: The bioavailability of ^{26}Al-labeled aluminium citrate and aluminium hydroxide in volunteers. *Biometals* **9**:221-228(1996).

Qureshi, F. A. and Spanner, D. C.: Unidirectional movement of tracers along the stolen of saxifraga sarmentosa. *Planta* **101**:133-146 (1971).

Rabe, E.: Stress physiology: the functional significance of the accumulation of nitrogen-containing compounds. J. Hortic Sci., **65**:231-243 (1990).

Rader, L. F., White, L. M. and Whittaker, C. W.: The salt index - a measure of the effects of fertilizers on the concentration of the soil solution. *Soil Sci* **55**:201 (1943).

Rhodes, D. and A. D. Hanson: Quarternary ammonium and tertiary sulphonium compounds in higher plants. Ann. Rev. Plant Physiol. Plant Mol. Biol., **44**:357-384 (1993).

Richardson, P. T.: Baker, D. A. and Ho, L. C.: The chemical composition of cucurbit vascular exudates. *J. Exp. Bot*. **33**:1239-1247 (1982).

Robinson, N. J., Tommey, A. M., Kuske, C. and Jackson, P. J.: Plant Metallothioneins. *Biochem. J*. **295**:1-10 (1993).

Rost, T. L., Barbour, M. G., Thornton, R. M., Weier, T. E. and Stocking, C. R.: *Botany, A*

Brief Introduction to Plant Biology. John Wiley and Sons. N. Y. (1979).

Russell, E. W.: *Soil Conditions and Plant Growth*. 10th ed. Longmans (1973).

Russell, R. S.:*Plant Root System: Their Function and Interaction with the Soil*.McGraw-Hill Book Company (UK)(1997).

Sauerbeck, D. and Johnen, B.: Der Umsatz von Pflanzenwurzeln in Laufe der Vegetationsperiode und dessen Beitrag zur Bodenatmung. Z. Pflanzenernahr. *Bodenk*. **139**:315-328 (1976).

Scharrer, K. and Jung, J.: The influence of nutrition on the cation/anion ratio in plants. Z. Pflanzenernahr. Dung. *Bodenk*. **71**:76-94 (1955).

Schimansky, C.: Der Einfluss einiger Versuchsparameter auf das Fluxverhalten. Von ^{28}Mg bei Gerstenkeimpflanzen in Hydrokulturversuchen. *Landwirtsch. Forsch*. **34**:154-165 (1981).

Schonherr, J.: Water permeability of isolated cuticular membranes: the effect of cuticular waxes on diffusion of water. *Planta* **131**:159-164 (1976).

Seelig, J.: Structure of lipids in biological membranes. *Paper presented at the Biophys. Collog*. Giessen (1980).

Sharp, R. E., Silk, W. K. and Hsiao, T. C.: Growth of the maize primary root at low water potentials. I Spatial distribution of expansive growth. *Plant Physiol* **87**:50-57 (1988).

Shear, C. B., Crane H. L. and Myers, A. T.: Nutrient-element balance: A fundamental concept in plant nutrition. *Proc. Amer. Soc. Hort. Sci*. **47**:239-248. (1946)

Siedow, N. J., Day. A. D.: Respiration and Photorespiration. In: *Biochemistry and Molecular Biology of Plants* (Bob, B. B., Wilhelm G. and Russell. L. J.(Eds)). Amer. Soc. of Plant Physiol.. Maryland (2000).

Simons PC, Versteegh HA, Jongbloed AW, Kemme PA, Slump P, Bos KD, Wolters MG, Beudeker RF, Verschoor GJ: Improvement of phosphorus availability by microbial phytase in broilers and pigs. Br J Nutr **64**:525-540 (1990).

Singh, B. K. and Pandey, R. K.: Production and distribution of assimilate in Chickpea (Cicer arietinum L.). *Aust. J. Plant Physiol* **7**:727-735 (1980).

Singh, U.: A crop growth model for predicting corn performance in the tropics. *Ph. D.*

Thesis. University of Hawaii. Honolulu. Hawaii(1985).

Spanswick, R. M. and Williams, E. J.: Electrical potentials and Na, K and Cl concentrations in the vacuole and cytoplasm of Nitella translucens. *J. Exp. Bot.* **15**:193-200 (1964).

Stout, P. R. and Hoagland, D. R.: Upward and Leteral movement of salt in certain plants as indicated by radioactive isotopes of potasium, sodium, and phosplorus absorled by roots. *Am. J. Bot.* **26**:320-324 (1939).

Streeter, J. G.: Allantoin and allantoic acid in tissues and stem exudate from field-grown soybean plants. *Plant Physiol* **63**:478-480 (1979).

Sumner, M. E., and Farina, P. M. W.: Phosphorus interactions with other nutrients and lime in field cropping systems. In: *Phosphorus in Agricultural Systems* (J. K. Syers (Ed.)). Elsevier Pub., N. Y. (1985).

Sumner, M. E.: Preliminary N, P and K foilar diagnostic norms for soybeans. *Agron. J.* **69**:226-230 (1977b).

Sumner, M. E.: The diagnosis and recommendation integrated system (DRIS) as applied to sugarcane. *Inter-American Sugarcane Seminar Soil Fert. & Manag*. Int. Amer. Trans. Equip. Co. Miami. (1983).

Sumner, M. E.: The diagnosis and recommendation integrated system (DRIS) as a guide to orchard fertilization. *Int. Sem. on Leaf Diagnosis as a Guide to Orchard Fertilization*. Food & Fert. Tech. Center for Asia & Pac. Reg. Suweon, Korea (1985).

Sutcliffe, J. F.: *Mineral Salts Absorption in Plants*. Pergamon Press (1962).

Takagi, S., Nomoto, K. and Takemoto, T.: Physiological aspect of mugineic acid, a possible phytosiderophore of graminaceous plants. *J. Plant Nutr*. **7**:469-477 (1984).

Tanaka, A. & Yoshida, S.: Nutritional disorders of the rice plant in Asia. *IRRI Technical Bulletin* **10**(1970).

Taylor, G. J.: Mechanism of aluminium tolerance in Triticum aestivum (wheat) V. Nitrogen nutrition. Plant-induced pH, and tolerance to aluminium; correlation without causality. *Can. J. Bot*. **66**:694-699 (1988b).

Terman, G. L. and Nelson, L. A.: Comments on use of multiple regression in plant analysis interpretation. *Agron. J.* **68**:148-150 (1976).

Thompson, L. M.: Weather and technolegy in the production of corn in the U. S. corn belt. *Agron J.* **61**:453-456(1969).

Tisdale, S. L., Nelson, W. L. and Beaton, J. D.: Soil Fertility and Fertibizers. Macmillan Publishing company N.Y. (1985).

Ulrich, A. and Hills, F. J.: Principles and practices of plant analysis. In: M. Stelly (Ed.) Soil testing and plant analysis. Part II. Plant analysis. Soil Sci. Soc. Amer. Spec. Pub. 2. Madison, WI. (1967).

Van Bel A. J. E. and Gamalei, Y. V.: Ecophysiology of phloem loading in source leaves. *Plant Cell and Environment*. **15**:265-270 (1992).

Van Bel, A. J. E.: Strategies of phloem loading. Amu. Rev. Plant Physiol. *Plant Mol. Biol.* **44**:253-281 (1993).

Viets, F. G.: Calcium and other polyvalent cations as accelerators of ion accumulation by excised barley roots. *Plant physiol* **19**:466-480. (1944).

Walker, D. A.: Regulation of starch synthesis in leaves - the role of orthophosphate. *Proc. 15th Colloq. Int. Potash Inst. Bern*. pp.195-207 (1980).

Walsh, L. M. and Beaton, J. D.: *Soil Testing and Plant Analysis*. Soil Sci. Soc. Amer. Inc. Madison, WI. (1973).

Walworth, J. L., Letzsch W. S., and Sumner M. E.: Use of boundary lines in establishing diagnostic norms. *Soil. Sci. Soc. Amer. J.* **50**:123-128 (1986).

Wang, A. Y., Kao, M. H., Yang, W. H., Sayion, Y., Liu, L. F., Lee, P. D. and Su, J. C.: Differentially and Evelopmentally regulated expression of three rice pucrore synthase genes. *Plant Cell Physiol* **40**(8):800-807 (1999).

Ware, G. C., Chki, K. and Moon, L. C.: The Mitscherlich plant growth model for determining critical nutrient deficiency critical levels. *Agron. J.* **74**:88-91 (1982).

Webb, R. A.: Use of the boundary lines in the analysis of biological data. *J. Hort. Sci.* **47**:309-319 (1972).

Westerman, R. L.: *Soil Testing and Plant Analysis*. Soil Sci. Soc. Amer. Inc. Madison, WI. (1990).

Xiao K, Harrison MJ, Wang ZY: Transgenic expression of a novel M. truncatula phytase gene results in improved acquisition of organic phosphorus by Arabidopsis. Planta **222**:27-36 (2005).

Yamzaki, Y., U. Akiko, H. Sudo, M. Kitajima, H. Takayama, M. Yamazaki, N. Aimi, and K. Saito: Metabolite profiling of alkaloids and strictosidine synthase activity in camptothecin producing plants. Phytochem., **62**:461-470 (2003).

Yang, S. C., L. F. Lu, Y. Cai, J. B. Zhu, B. W. Liang, and C. Z. Yang: Body distribution in mice of intravenously injected camptothecin solid lipid nanoparticles and targeting effect on brain. J. Control. Release, **59**:299-307 (1999).

Zelitch, I.: *Photosynthesis, Photorespiration and Plant Productivity*. Academic Press, Inc., New York (1971).

Zhang, F., Romneld, V. and Marschner. H.: Release of zinc mobilizing root exudates in different plant species as affected by zinc nutritional status. *J. Plant Nutr*. **14**:675-686 (1991a).

Zheng, X., C. Fu, X. Xu, X. Yan, Y. Huang, S. Han, F. Hu, and G. Chen.: The Asian nitrogen cycle case study. Ambio **31**:79-87 (2002).

索引（依英文字母排序）

A

B

C

D

E

F

G

H

I

J

K

L

N

O

P

Q

R

S

T

U

V

W

X

Y

Z

索引（依中文筆畫排序）

一畫

二畫

三畫

四畫

五畫

六畫

七畫

八畫

九畫

十畫

十一畫

十二畫

十三畫

十四畫

十五畫

十六畫

十七畫

十八畫

十九畫

二十畫

二十一畫

二十三畫

二十四畫

二十五畫

國家圖書館出版品預行編目資料

植物營養學／張則周著. -- 三版. -- 臺北市：五南圖書出版股份有限公司, 2019.10
面； 公分
ISBN 978-957-763-650-8 (平裝)

1.植物生理學 2.營養

373.14 108014982

5P14

植物營養學

作　　者／張則周（206.3）
發 行 人／楊榮川
總 經 理／楊士清
總 編 輯／楊秀麗
副總編輯／王俐文
責任編輯／金明芬
封面設計／斐類設計工作室、王麗娟
出 版 者／五南圖書出版股份有限公司
地　　址／106台北市大安區和平東路二段339號4樓
電　　話／(02)2705-5066　　傳　　真：(02)2706-6100
網　　址／https://www.wunan.com.tw
電子郵件／wunan@wunan.com.tw
劃撥帳號／01068953
戶　　名／五南圖書出版股份有限公司
法律顧問／林勝安律師
出版日期／2008年9月初版一刷
2011年11月二版一刷
2019年10月三版一刷
2023年3月三版二刷
定　　價／新臺幣720元